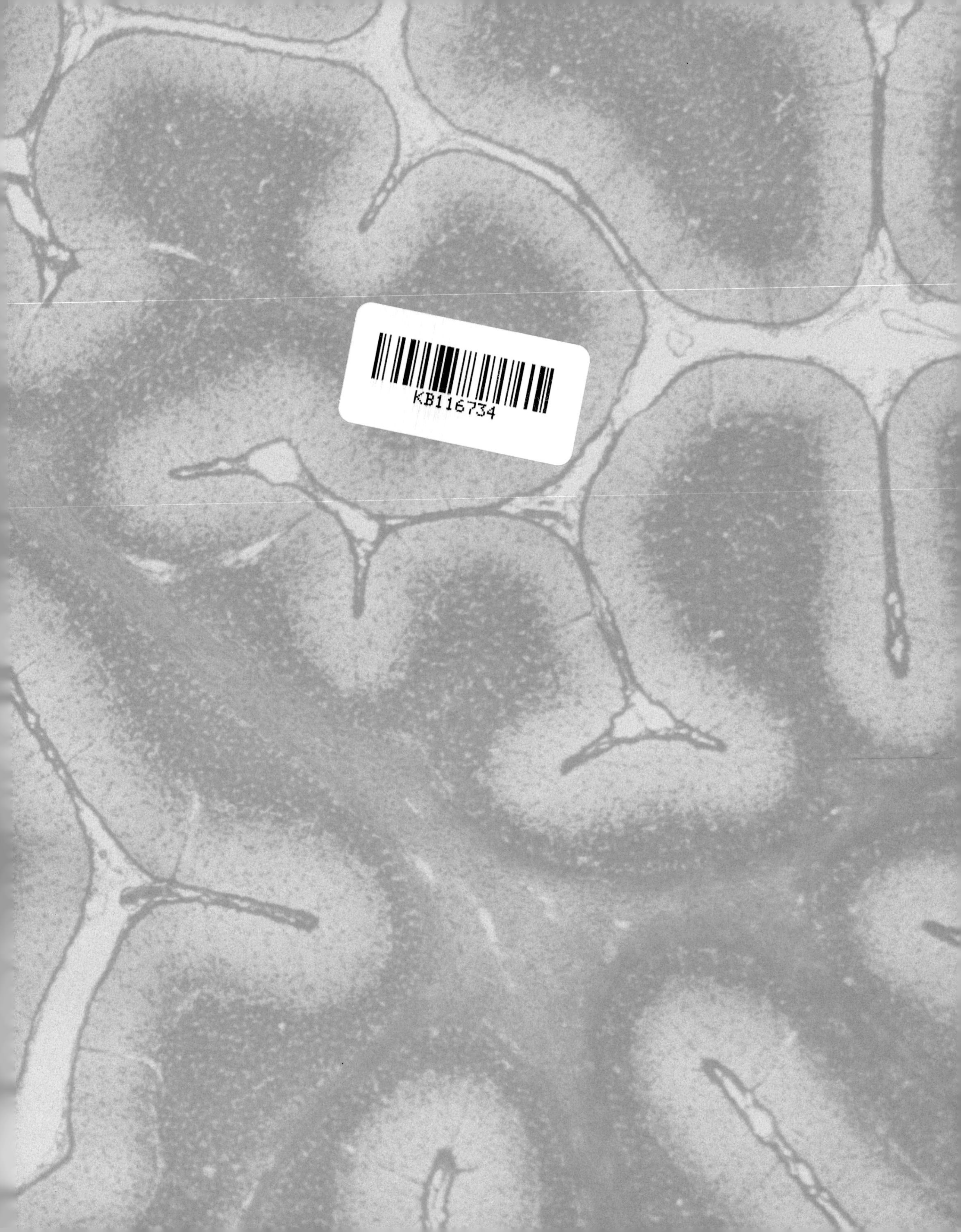

THE BRAIN BOOK
인간의 뇌

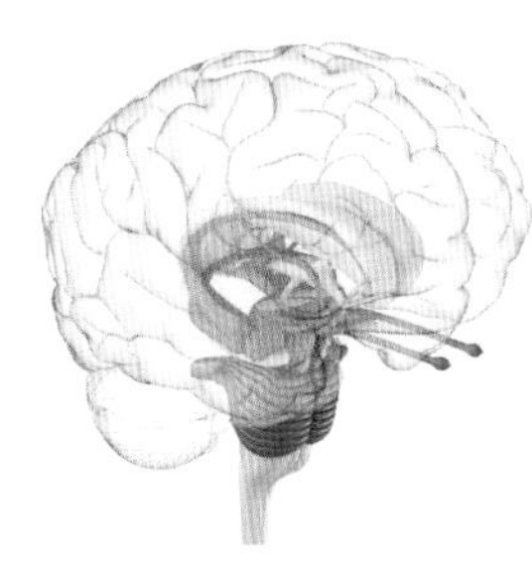
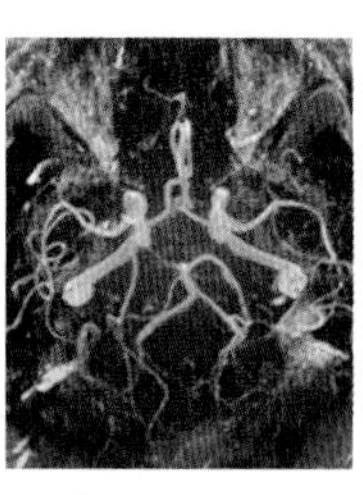
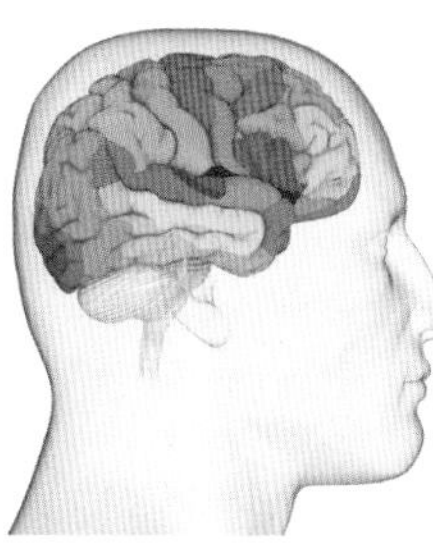
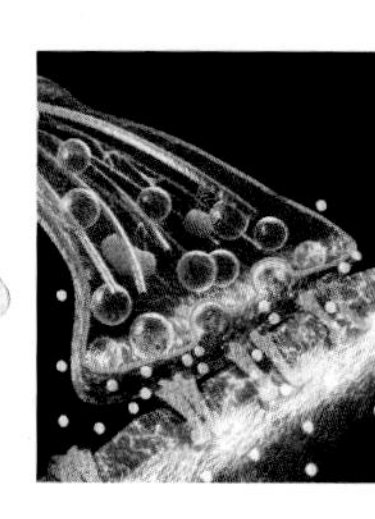
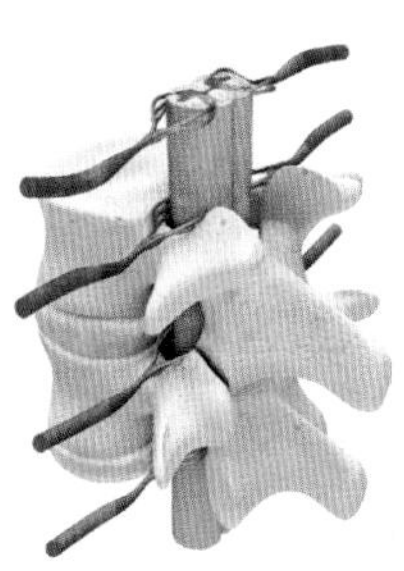

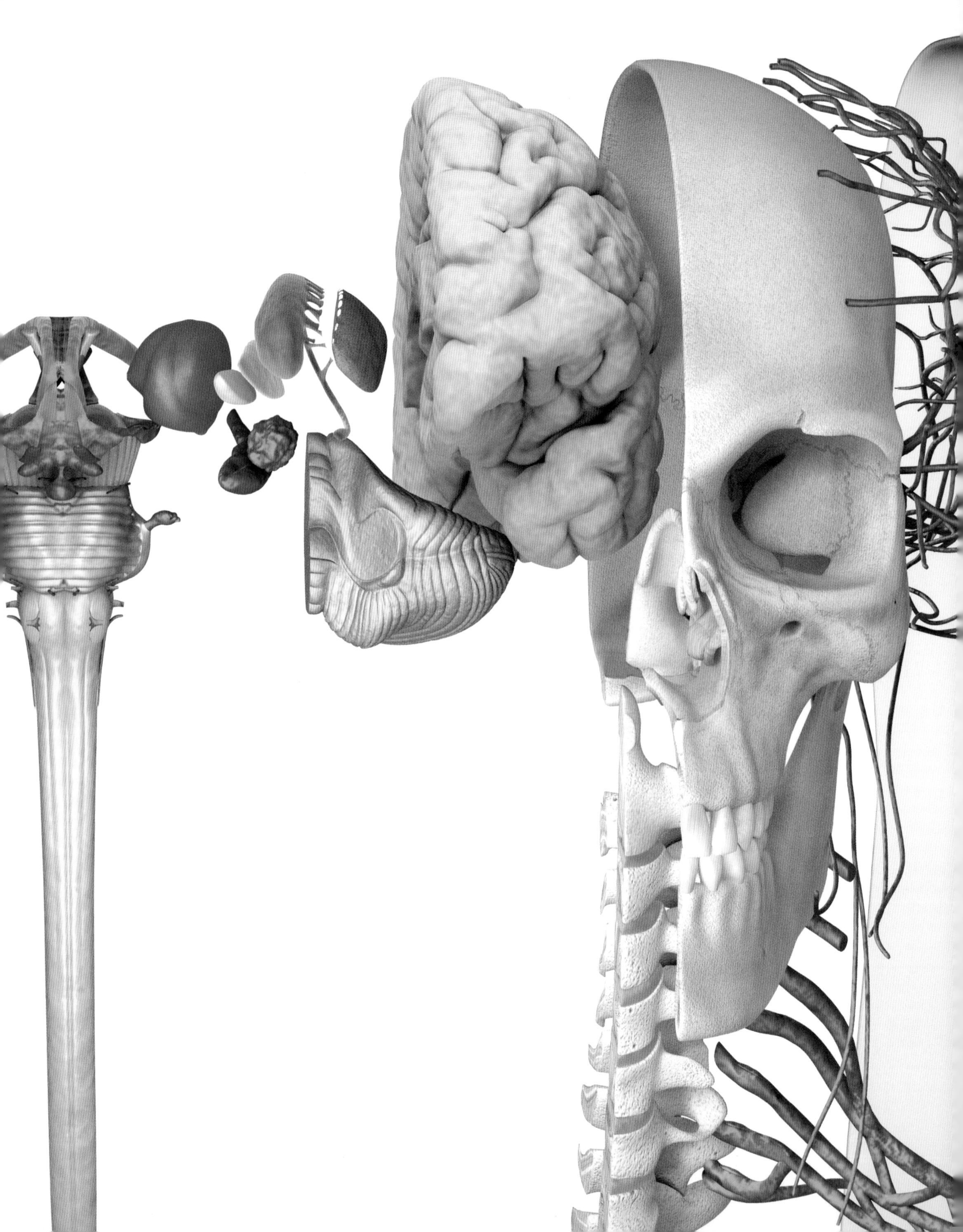

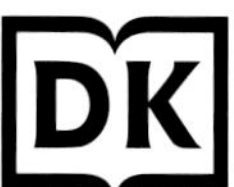

THE BRAIN BOOK
인간의 뇌

리타 카터

크리스 프리스, 유타 프리스 자문
장성준, 강병철 옮김

김영사

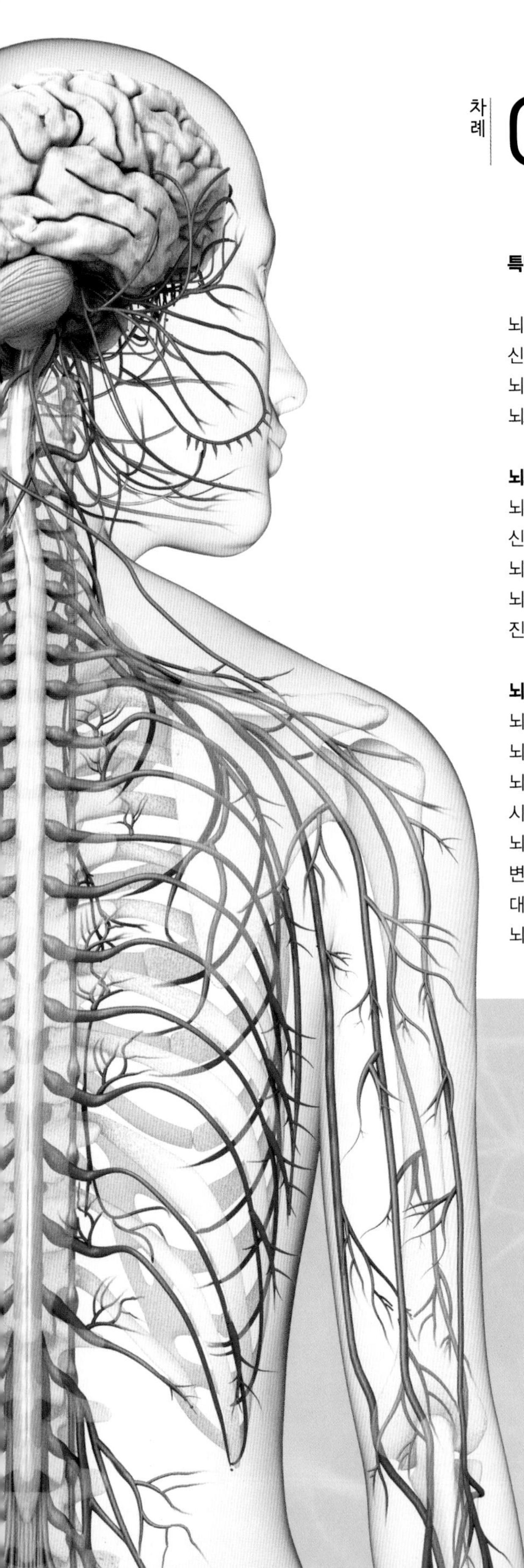

차례

CONTENTS

지은이

리타 카터
과학, 의학 저널리스트. 의학 저널리즘에 대한 공헌으로 두 번이나 영국 의학저널리스트 협회상을 받았다. 여러 권의 책을 썼고, 영국 왕립학회 과학도서상 후보에 올랐다. 세미나, 컨퍼런스, 워크숍에서 다양한 사람들에게 뇌, 의식, 행동에 대해 이야기한다.

감수

크리스 프리스
심리학자이자 유니버시티 칼리지 런던의 웰컴트러스트 신경과학영상 센터 명예교수. 오르후스 대학교의 인터랙티브 마인드 센터 초빙교수이자 철학연구소 연구위원, 옥스퍼드 올소울스 칼리지 콴덤 펠로이기도 하다.

유타 프리스
유니버시티 칼리지 런던의 인지신경과학연구소의 발달심리학자. 주요 연구 분야는 자폐성 장애와 아스퍼거 증후군, 난독증이다. BBC 〈호라이즌〉의 2015년과 2017년 에피소드를 선보였다.

옮긴이

장성준
한양대학교 의과대학 의학과를 졸업하고 대학원 의학과에서 석사과정을 졸업했다. 서울대학교병원 핵의학과 전공의 과정을 마치고 현재 서울대학교병원에서 위탁 운영하는 아랍에미리트 왕립 쉐이크 칼리파 전문병원에서 근무하고 있다.

강병철
서울대학교 의과대학을 졸업하고 같은 대학에서 소아과 전문의가 되었다. 영국 왕립소아과학회의 '베이직 스페셜리스트' 자격을 취득했다. 현재 캐나다 벤쿠버에 거주하며 번역가이자 출판인으로 살고 있다. 도서출판 꿈꿀자유, 서울의학서적의 대표이기도 하다.

인간의 뇌

1판 1쇄 인쇄 2020. 12. 1.
1판 1쇄 발행 2020. 12. 25.

지은이 리타 카터 옮긴이 장성준·강병철

발행인 고세규
편집 이승환 디자인 유상현 마케팅 윤준원, 신일희 홍보 박은경
발행처 김영사
등록 1979년 5월 17일(제406-2003-036호)
주소 경기도 파주시 문발로 197(문발동) 우편번호 10881
전화 마케팅부 031)955-3100, 편집부 031)955-3200 | 팩스 031)955-3111

값은 뒤표지에 있습니다. ISBN 978-89-349-9203-5 03400

홈페이지 www.gimmyoung.com 블로그 blog.naver.com/gybook
페이스북 facebook.com/gybooks 이메일 bestbook@gimmyoung.com

좋은 독자가 좋은 책을 만듭니다.
김영사는 독자 여러분의 의견에 항상 귀 기울이고 있습니다.

이 도서의 국립중앙도서관 출판예정도서목록(CIP)은 서지정보유통지원시스템 홈페이지(http://seoji.nl.go.kr)와 국가자료공동목록시스템(http://www.nl.go.kr/kolisnet)에서 이용하실 수 있습니다.(CIP제어번호 : CIP2020036914)

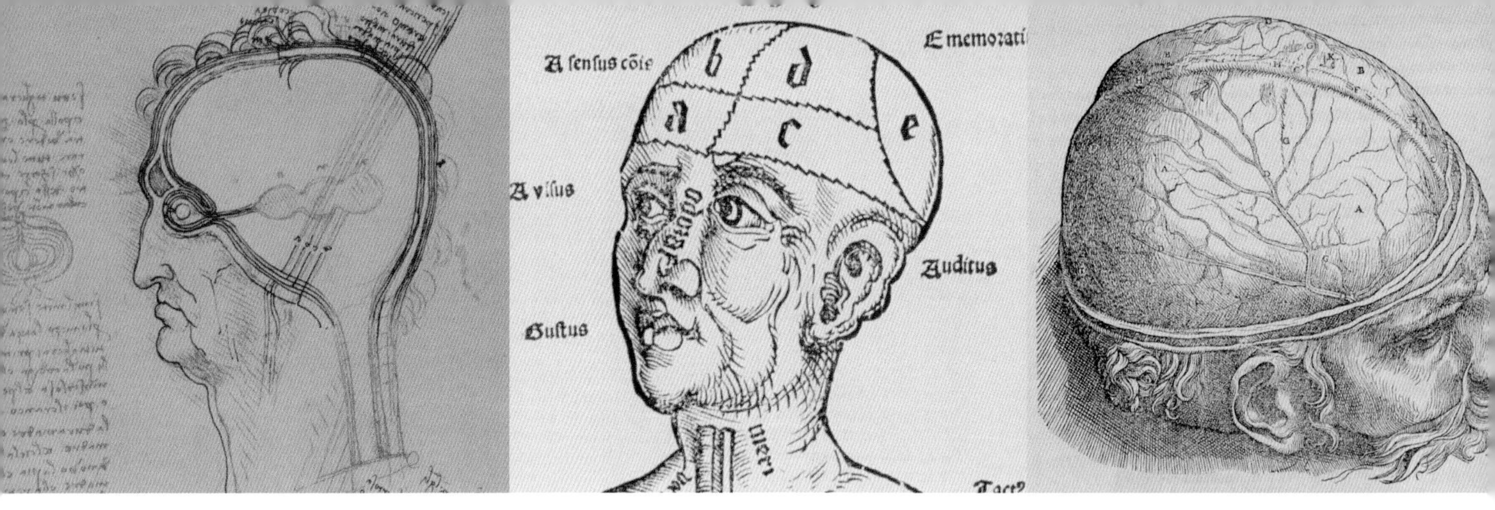

특별한 기관

인간의 두뇌는 몸의 다른 어떤 장기와도 유사한 점이 없다. 무게는 약 1.4킬로그램이며, 젤리 혹은 차가운 버터만큼 무르고, 여러 개의 주름이 있다. 폐처럼 팽창과 수축을 하지 않으며, 심장처럼 안에 있는 혈액을 뿜어내지 못한다. 방광처럼 그 안에 있는 소변을 배출하지도 못한다. 만약 살아 있는 사람의 두개골을 열어 놓고 그 안을 들여다보아도 별다른 활동을 볼 수 없을 것이다.

의식의 자리

수 세기 동안 사람들은 몸에서 머리가 그다지 중요하지 않다고 생각했다. 고대 이집트인들은 미라를 만들 때 심장은 매우 소중하게 보존했지만, 두개골에 구멍을 내 뇌는 빼버렸다. 고대 그리스의 철학자인 아리스토텔레스는 뇌와 두개골이 혈액의 열을 식혀주는 방열기라고 생각했다. 프랑스의 과학자인 데카르트는 뇌를 정신과 몸의 교감에 필요한 안테나의 일종으로 보았다.

뇌의 가장 기본적인 기능은 생명 유지다. 즉 뇌는 몸의 각 장기와 기관이 제 기능을 할 수 있도록 관리하고 유지하는 기관이다. 뇌 안에 있는 무수히 많은 신경세포는 호흡을 유지하고, 심장의 박동을 유지하고, 혈압을 조절한다. 또한 일부는 배고픔, 목마름 등의 기본적인 욕구와, 성욕, 수면 주기 등을 조절한다. 뇌는 감정, 인식, 그리고 사고를 관장하는데, 이것이 사람의 행동을 조절한다. 또한 행동을 결정하고 실행하는 과정도 두뇌가 조절한다. 최종적으로 두뇌는 의식, 마음 그 자체다.

역동적인 두뇌

100년 전만 하더라도 뇌와 마음이 서로 연관되어 있다는 증거는 “자연 실험”, 즉 머리 부상에 따른 이상 행동을 관찰하는 것을 통해 얻을 수밖에 없었다. 이 분야를 연구하던 의사들은 환자가 살아 있을 때의 성격 및 행동의 결점과 실제 뇌의 손상 부위를 서로 연결했다. 그러나 이 연구는 그 대상이 사망한 뒤 실제 뇌의 손상 부위를 확인해야 했기 때문에 시간이 많이 걸렸다. 그 결과 20세기 초까지 연구 결과는 지극히 적었다.

20세기 이후 과학과 기술의 진보는 뇌신경과학 분야에도 혁명을 일으켰다. 현미경이 개발되어 뇌의 세부적인 구조를 들여다볼 수 있게 된 것이다. 전기신호를 감지하는 기술이 발달하여 뇌전도EEG를 검사하고 분석하는 방법이 개발되었다. 뇌의 기능을 영상으로 볼 수 있는 기계가 개발되어 살아 있는 두뇌의 내부를 실시간으로 들여다보고 그 기능을 확인하는 새로운 길이 열렸다. 지난 20년 사이 양전자방출단층촬영PET, 기능성자기공명영상fMRI, 뇌자도MEG 기술이 등장하여 뇌의 기능을 더욱 자세히 확인할 수 있게 되었다.

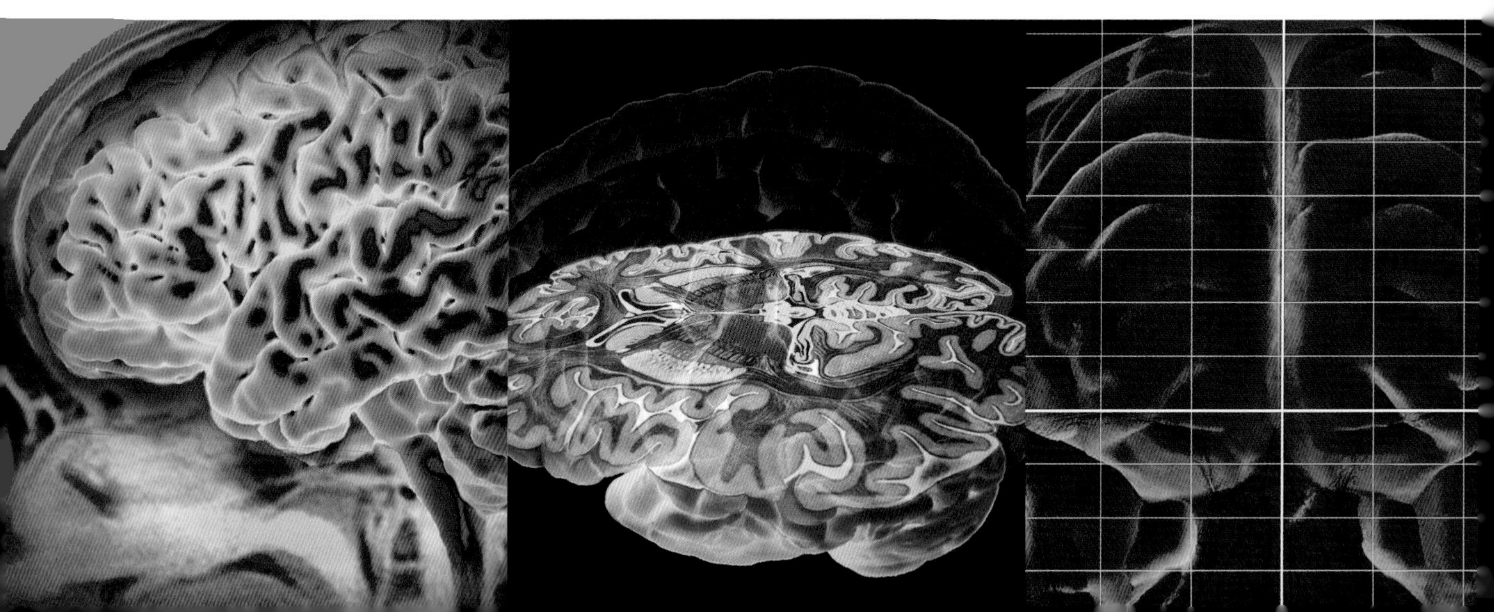

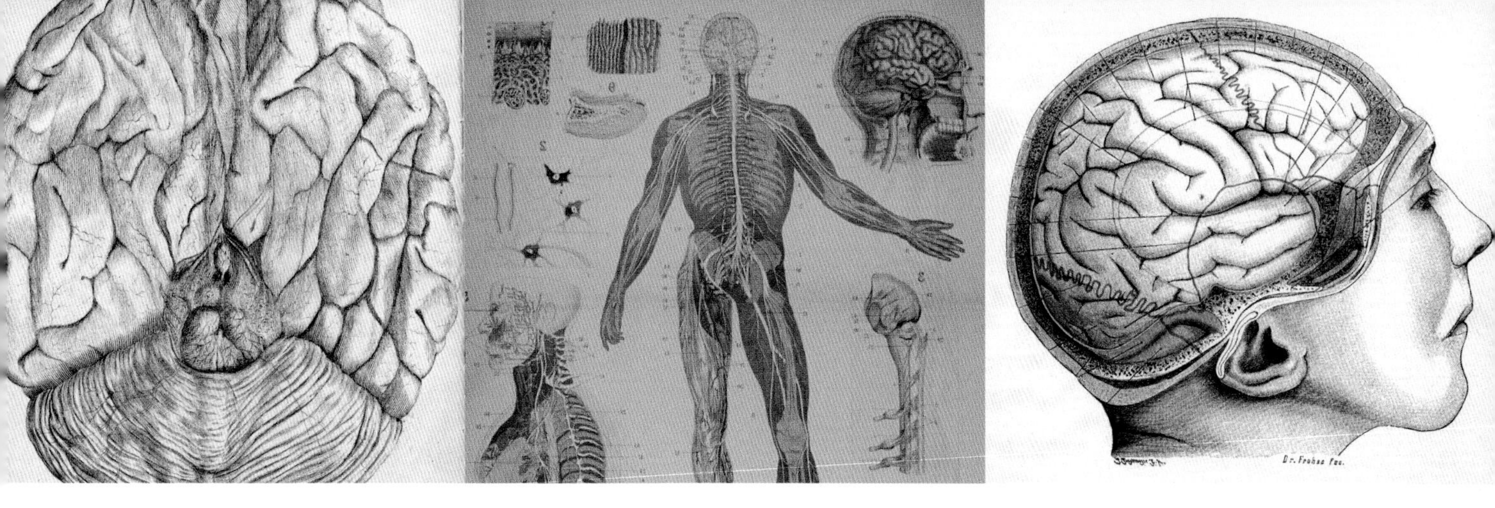

무한의 지평

오늘날 우리는 인체의 생명 유지 기능에서 가장 중요한 과정을 이해할 수 있다. 신경전달물질을 만드는 세포와, 세포에서 세포로 전해지는 시냅스 신호의 전달 과정, 그리고 신경섬유를 통해 몸의 각 부위에서 전달되는 감각정보와, 팔다리를 움직이는 신호까지 이해할 수 있게 되었다. 감각기관에서 빛이나 소리를 전기신호로 바꾸는 과정과, 각각의 감각에 대응하는 특정 뇌 피질 부위로 연결되는 신경 전달 경로를 추적할 수도 있다. 그러한 자극들이 뇌 속 깊숙이 자리하고 있는 작은 뇌 조직인 편도에서 감정으로 바뀐다는 것도 알고 있다. 대뇌 관자엽의 해마는 저장된 정보, 즉 기억을 관장하고 있으며, 이마엽의 앞쪽을 의미하는 이마엽앞피질은 도덕적인 판단과 관련되어 있다. 또한 즐거움이나 타인에 대한 감정이입, 심지어는 타인의 패배를 보고 '남의 불행이 나의 행복'이라는 행복을 느끼는 샤덴프로이데(독일어로 고통과 슬픔을 뜻하는 Schaden에 기쁨을 뜻하는 Freude를 합한 것으로, 남의 불행에 기쁨을 느끼는 심리이다 - 옮긴이)에 이르기까지 감정의 변화에 따른 신경계의 반응 양상도 이미 알려져 있다. 이제 연구자들은 단순히 관련된 부위만 찾는 것이 아니라, 복잡하고 민감한 두뇌의 전체가 어떤 반응을 보이는지 밝혀내고 있다. 예를 들어 고차원의 인지기능을 수행하는 이마엽은 감각을 수용하는 부위에 영향을 준다. 따라서 사물을 볼 때 망막에 닿는 빛의 효과뿐 아니라 우리가 기대하거나 예상하는 것을 보게 된다. 반대로 뇌의 가장 복잡한 기능이 때로는 가장 저차원의 기제에 영향을 받기도 한다. 예를 들어 지적 판단은 감정에 대한 신체 반응의 영향을 받으며, 의식은 원초적인 기능을 담당하는 뇌줄기의 손상으로 멈출 수 있다. 더욱 혼란스러운 것은 뇌와 신경계는 머리와 목에서 끝나지 않고 손가락이나 발가락 끝까지 연결되어 있다는 것이다. 뇌신경계는 마음을 둘러싼 모든 것, 그리고 그 너머의 것과 상호작용한다는 주장을 할 수도 있다. 두뇌에 대한 신경과학 연구는 아직 진행 중이며, 누구도 그 끝이 어떻게 될지 모른다. 두뇌는 너무나도 복잡해서 그 자체를 완전히 이해하기 어려울지도 모른다. 따라서 이 책은 두뇌에 대한 완벽한 해설서가 아니다. 그저 오늘날 인간의 뇌에 대해 알려진 모든 아름다움과 복잡함을 전반적으로 훑어볼 뿐이다. 놀라운 세계가 펼쳐질 것이다.

리타 카터

Rita Carter

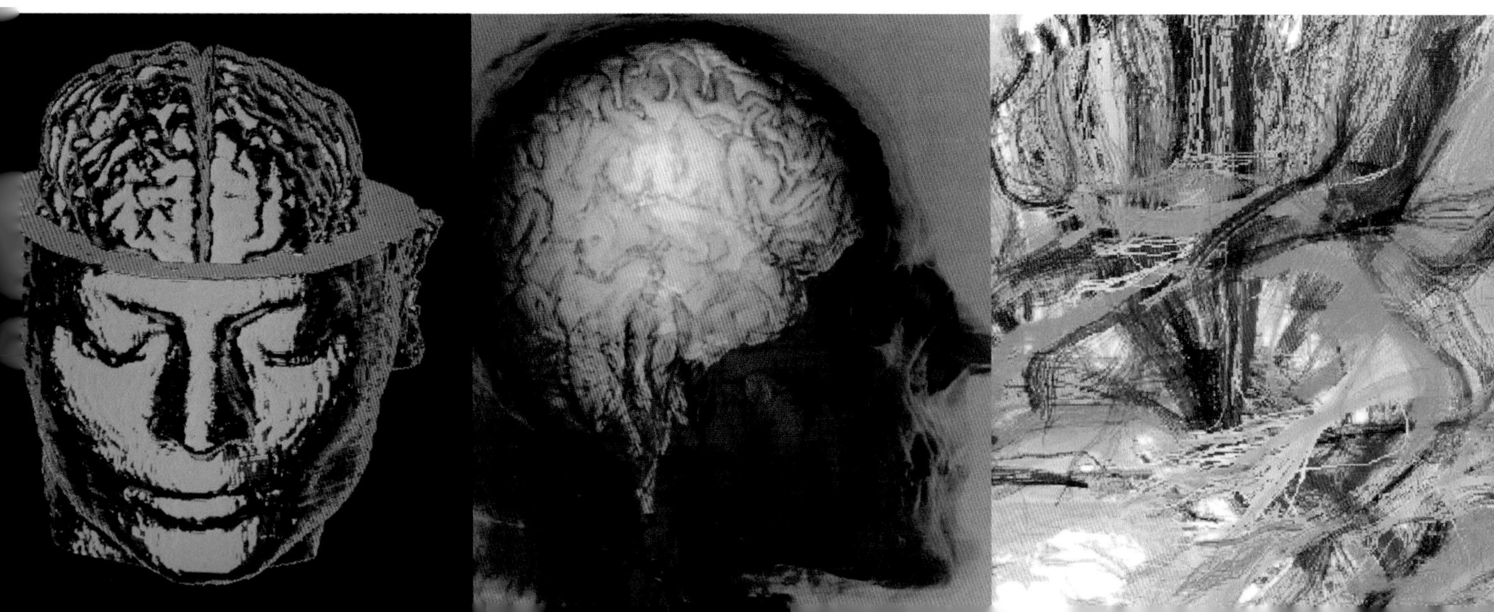

뇌 연구의 역사

인체의 여러 장기 중 가장 늦게 그 비밀이 밝혀진 곳이 바로 뇌다. 오랜 세월 인류는 뇌의 기능조차 모르고 있었다. 뇌의 형태와 기능을 알아낸 과정은 천 년이 넘는 오랜 세월에 걸친 기나긴 여정이었다. 뇌에 대한 인간의 지식이 쌓여온 과정을 돌아보자.

뇌를 탐험하다

뇌는 구조적으로도 섬세하고 그 안에서 일어나는 현상을 육안으로 확인할 수도 없어 연구하기가 무척 어렵다. 뇌의 주요 기능이 만들어내는 의식은 실체가 보이는 물리적 과정과는 다르기 때문에 우리의 선조들은 의식과 뇌를 서로 연관 지어 생각할 수 없었다. 수 세기 동안 철학자들과 의사들은 뇌에 대해서 아는 바가 없었다. 최근 25년 사이에 뇌를 촬영하는 기술이 등장하여 신경과학자들은 지금까지 미지의 영역이었던 뇌의 자세한 지도를 만들 수 있었다.

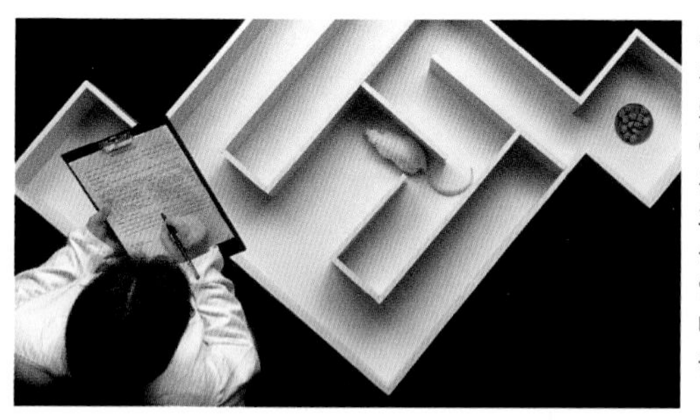

쥐를 이용한 실험
쥐의 뇌는 사람의 뇌와 매우 유사하다. 살아 있는 뇌를 촬영하는 기술이 생기기 전 과학자들이 뇌 조직을 직접 살펴보는 유일한 방법은 쥐 또는 다른 동물의 뇌를 이용하는 것이었다.

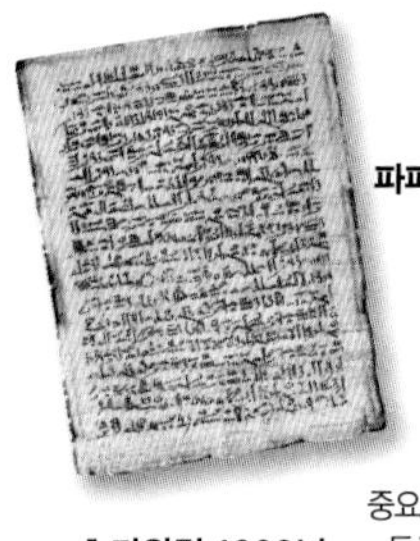

파피루스

기원전 4000년
수메르인들은 양귀비 씨앗에 환각 효과가 있음 발견하여 기록을 남겨 놓았다.

기원전 2500년
두개골에 구멍을 뚫는 천두술이 여러 문화권에서 보편적으로 사용된 흔적이 있다. 아마도 간질과 같은 질병의 치료나 종교적 의식의 하나로 시행된 것으로 보인다.

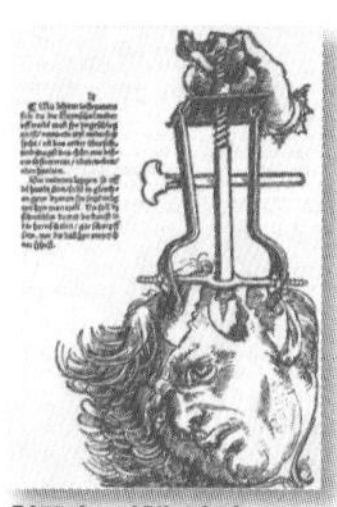

천두술 시행 장면

기원전 1700년
이집트의 파피루스에는 뇌에 대한 자세한 기록이 있다. 그러나 이집트인들은 뇌를 중요한 장기로 생각하지 않은 듯하다. 시체를 미라로 만들 때 뇌를 제거했다. 아마도 죽은 육신이 부활할 때 뇌는 필요없을 거라고 생각한 듯하다.

기원전 450년
고대 그리스인들은 뇌에 인간의 감각이 집중된다는 것을 깨닫기 시작했던 것으로 보인다.

플라톤

기원전 387년
그리스의 철학자 플라톤은 아테네에서 제자들에게 뇌가 인간의 정신 기능을 담당하고 있을 것이라고 가르쳤다.

기원전 335년
그리스의 철학자 아리스토텔레스는 심장이 몸에서 가장 중요한 장기라는 전통적인 믿음을 재확인했다. 그는 뇌가 몸의 열기를 뿜어내는 방열판 같은 기능을 한다고 주장했다.

아리스토텔레스

기원전 170년
로마의 의사 갈레노스는 사람의 기분과 성격은 뇌 안에 있는 뇌실 속 네 가지 "체액"에 의해 결정된다는 이론을 주장했다. 이 이론은 이후 천 년 동안 유지되었다. 여러 세대의 의사들이 널리 사용한 갈레노스의 해부학적 설명은 주로 원숭이와 돼지를 대상으로 한 실험 결과를 바탕으로 한 것이었다.

갈레노스의 집도 장면

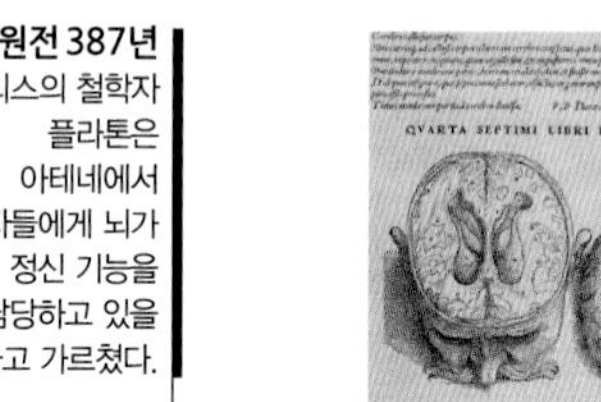

뇌 그림

1543년
유럽의 의사였던 안드레아 베살리우스가 최초로 인간의 뇌를 자세히 그려 놓은 삽화가 포함된 '근대적' 해부학 책을 집필했다.

데카르트

1649년
프랑스의 철학자 르네 데카르트는 뇌가 수압으로 조절되는 기관이며, 인간의 행동을 조절한다고 설명했다. 그러나 고도의 정신적 기능은 신성한 존재가 생성하는 것이며, 몸의 솔방울샘(송과체)을 통해 몸과 상호작용한다고 주장했다.

1664년
옥스퍼드대학교의 생리학자 토머스 윌리스가 최초로 뇌의 다양한 기능을 뇌의 각 부위에 연결한 《뇌 도감》을 출판했다.

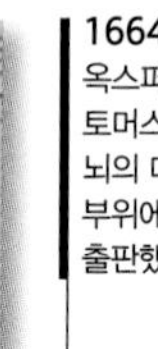

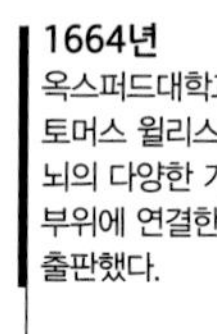

《뇌 도감》

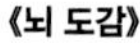

1774년
독일의 의사 프란츠 안톤 메스머가 '동물적인 마음을 끄는 힘'이라는 개념을 소개했다. 이 개념은 훗날 최면술로 발전한다.

1791년
이탈리아의 물리학자 루이지 갈바니는 개구리의 다리가 움찔거리는 현상을 통해 신경계의 전기적 성질을 발견했다.

루이지 갈바니

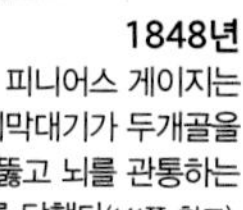

1848년
피니어스 게이지는 쇠막대기가 두개골을 뚫고 뇌를 관통하는 사고를 당했다(141쪽 참고).

1849년
독일의 물리학자 헤르만 헬름홀츠가 신경전달 속도를 측정했으며, 인간의 지각력은 '무의식적인 추론'에 의한 것이라는 개념을 만들었다.

기원전 4000 | 기원전 3000 | 기원전 2000 | 기원전 1000 | 1500 | 1600 | 1700 | 1800

영상 기술의 출현

과학자들이 뇌 기능을 활발히 연구하게 된 것은 최근 들어서 가능해진 일이다. 그전에는 시각, 감정, 언어 등 각각의 기능을 담당하는 뇌의 부분을 알아내려면 뇌 손상으로 특정 뇌 기능에 이상이 생긴 사람을 찾아서 그 사람이 죽은 뒤에 뇌 손상의 위치와 정도를 직접 부검으로 알아내는 방법이 유일했다. 그 방법 이외에는 사람들의 행동을 관찰해서 어떤 변화가 생기는지 확인하는 방법뿐이었다. 오늘날에는 fMRI와 EEG 같은 새로운 기술이 등장하여 신경과학자들이 뇌에서 일어나는 다양한 전기적 현상을 살펴볼 수 있다. 이로써 다양한 행동과 감정 상태와 뇌의 특정 부위의 활성을 서로 연결할 수 있다. 살아 있는 사람의 뇌를 자유롭게 들여다볼 수 있는 기술의 도움으로 신경과학 분야의 지식은 폭발적으로 늘어났으며, 뇌와 뇌의 기능에 대한 이해도 훨씬 깊어졌다.

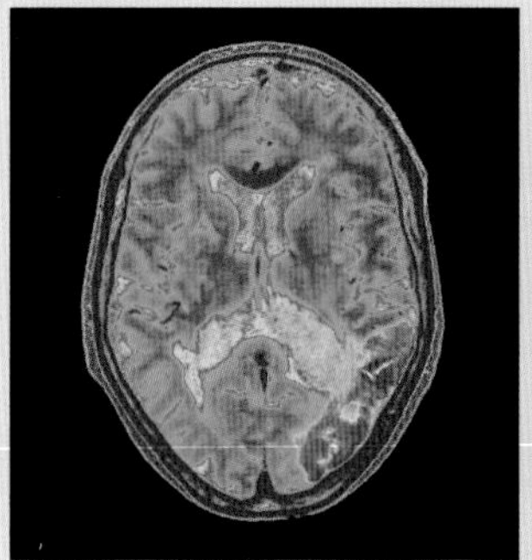

자기공명영상 MRI를 이용한 뇌단층촬영 결과 사진에 붉은색으로 표시된 부분이 뇌졸중으로 손상된 부위임을 알 수 있다.

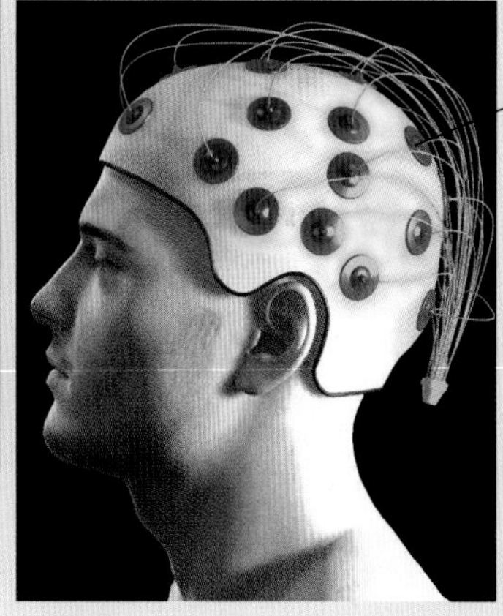

전극이 부착된 모자

전극
신경 활동은 두피에 부착한 전극으로 측정할 수 있다. 전극으로 뇌에서 발생하는 전기적 활동을 감지하여 디지털 신호로 바꾸어 저장한다.

1850년
프란츠 조셉 갈이 골상학을 창시했다(10쪽 참고). 골상학은 뇌의 특정 부위와 성격의 차이를 연관 짓는 데 기여했다.

1859년
찰스 다윈이 《종의 기원》을 출판했다.

1862-74년
폴 피에르 브로카와 카를 베르니케가 뇌에서 언어를 담당하는 두 곳의 중요 부위를 발견했다(10쪽 참고).

1873년
이탈리아의 과학자인 카밀로 골지가 질산은 염색법으로 신경세포를 관찰할 수 있음을 발표했다. 이후 1906년에 노벨상을 받았다.

신경세포

1874년
카를 베르니케가 뇌 손상 이후 발생한 실어증에 관한 논문을 발표했다.

1889년
산티아고 라몬 이 카할은 저서인 《신경세포 학설》에서 신경세포는 독자적인 인체 구성 요소이며, 뇌의 가장 기초적인 구성 단위라고 주장한다.

1900

1900년경
지그문트 프로이트가 신경과를 포기하고 정신역동학 공부를 시작한다. 프로이트의 정신분석법이 성공하면서 신경생리학적 정신의학은 이후 반세기 동안 암흑기에 들어간다.

지그문트 프로이트

1906년
산티아고 라몬 이 카할이 신경세포가 서로 신호를 주고받는 과정을 설명하는 이론을 제시한다.

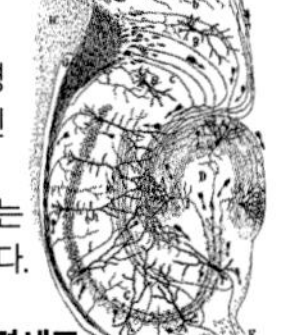

쥐의 해마 신경세포

1906년
알로이스 알츠하이머가 초로기의 신경 퇴행성 변화에 대해 서술한다(231쪽 참고).

1909년
코비니안 브로드만이 신경 구조를 바탕으로 피질을 52개 구역으로 나누어 설명하는 이론을 발표한다. 이 영역들은 현재도 그대로 통용되고 있다(67쪽 참고).

피질 구역도

1914년
영국의 생리학자인 헨리 핼릿 데일이 신경전달물질 중 최초로 아세틸콜린을 분리해낸다(73쪽 참고). 이 업적으로 1936년 노벨상을 받는다.

1919년
아일랜드의 신경학자인 고든 모건 홈스가 시각을 담당하는 뇌 피질 부위가 줄무늬 모양의 일차시각피질임을 발견한다.

1924년
한스 베르거가 최초로 뇌전도 검사를 실시한다.

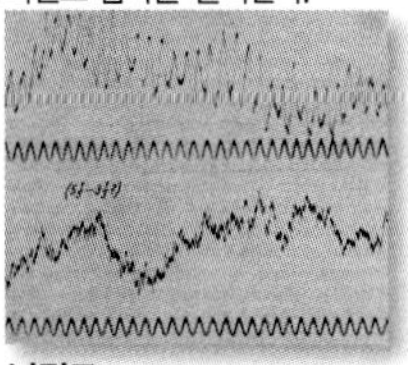

뇌전도

1934년
포르투갈의 신경학자 에가스 모니즈가 최초로 이마엽백질절제술을 실시한다. 이 수술은 나중에 뇌이마엽절제술로 불리게 된다(11쪽 참고). 그는 혈관조영술을 개발했으며 이 검사법으로 과학자들은 처음으로 살아 있는 뇌에 대한 영상검사를 할 수 있게 된다.

에가스 모니즈

1953년
브렌다 밀너가 뇌의 해마 부위에 수술을 받은 뒤 기억 이상을 앓는 환자 HM의 증례를 발표한다(159쪽 참고).

1957년
펜필드와 라스무센이 몸의 각 부분의 감각과 운동을 담당하는 뇌의 영역을 도식화한 호몬쿨루스라는 것을 고안한다(10쪽과 103쪽 참고).

1970-80년
살아 있는 뇌를 촬영하는 기법이 개발된다. 양전자방출단층촬영, 단일광자방출컴퓨터단층촬영, 자기공명영상, 뇌자도 등의 검사 기법이 이 시기에 등장한다.

1973년
티모시 블리스와 테리예 로모가 장기시냅스강화에 대해 설명한다(156쪽 참고).

초창기 자기공명영상장치

1981년
로저 월콧 스페리가 뇌 좌우 반구의 서로 다른 기능을 설명한 업적으로 노벨상을 받는다(11쪽과 205쪽 참고).

1983년
벤저민 리벳이 의욕conscious volition이 생기는 순간에 대한 논문을 발표한다(11쪽 참고).

1992년
이탈리아의 파르마에서 활동하던 지아코모 리조라티가 거울뉴런이라는 신경세포들을 발견한다(122-123쪽 참고).

2000

2013년
유럽연합과 미국에서 인간 뇌 시뮬레이션 프로젝트를 시작한다. 전 세계적 협력 프로젝트인 커넥톰에서 뉴런 사이의 연결을 보여주는 첫 번째 도표를 발표한다.

신경과학의 주요 사건

뇌에 관한 지식의 대부분은 수많은 연구진의 끈질긴 노력이 낳은 산물이다. 그러나 때로는 어느 과학자의 극적인 발견이나 창의적인 생각으로 신경과학의 역사가 다시 쓰인 경우도 있었다. 이러한 것 중에는 획기적인 발견으로 확인되는 경우도 있었지만, 일부는 결국 폐기되는 것들도 있었다.

골상학
프란츠 조셉 갈

같은 두개골의 외형을 만져보면 그 사람의 성격을 알 수 있다고 생각했다. 그는 다양한 정신의 기능이 뇌의 특정 위치와 연관되어 있을 것이며, 두개골의 모양과 깊은 관련이 있을 것이라는 이론을 발표했다. 19세기에 미국과 유럽 곳곳에 골상학 학원이 생길 정도로 골상학은 매우 인기있는 학문이었다. 말도 안 되는 듯이 보이지만, 뇌의 기능이 특정 부위와 연관되어 있다는 갈의 생각은 대부분 맞는 것으로 확인되었다. 각종 영상 검사 기법으로 뇌 기능의 위치를 확인하려는 것을 "현대의 골상학"이라고 한다.

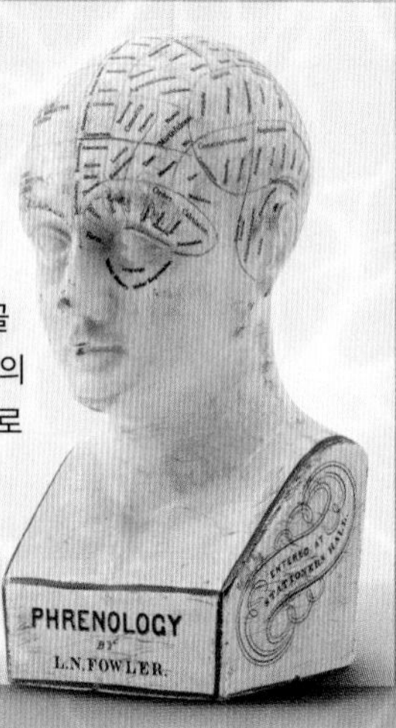

골상학 머리 모형
두상에서 튀어나온 부분에 따라서 사람의 성격이 다르다고 보았다. 그러한 분류에는 온화한 성격, 자비심 등이 있다.

자기 자신을 잃어버린 사나이
피니어스 게이지

철도공사장 감독관이었던 피니어스 게이지는 어느 날 쇠막대기가 두개골을 관통한 채로 박혀 뇌의 일부가 손상되었다. 그 뒤 그는 아주 불경스럽고 저속한 성격으로 변했다. 그의 사례는 사회적, 도덕적 판단 기능을 관장하는 부위가 뇌의 이마엽임을 최초로 보여주었다.

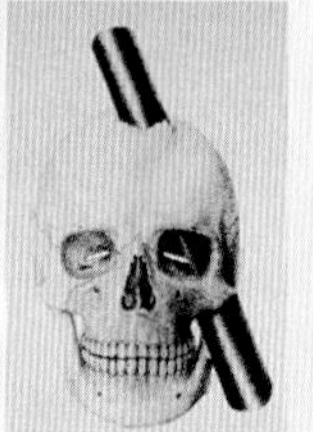

치명적인 손상
이 그림은 쇠막대기가 게이지의 두개골을 뚫고 이마엽 일부에 손상을 입힌 모습이다.

폴 브로카 카를 베르니케

언어영역
브로카와 베르니케

1861년, 프랑스의 의사 폴 브로카는 오직 "탄Tan"이라는 소리만 낼 수 있어서 "탄"이라고 명명한 환자에 대해 발표했다. 탄이 죽은 뒤 브로카는 환자의 뇌를 부검하여 대뇌 왼쪽 반구의 이마엽피질 일부가 손상된 것을 확인했다. 그는 이 영역을 브로카 영역으로 정했다(148쪽 참고). 1876년 독일의 신경과 의사 카를 베르니케는 두뇌의 다른 부위(베르니케 영역)가 손상되어도 언어 장애가 발생할 수 있음을 발견했다. 이 두 과학자는 최초로 뇌의 기능적 영역을 명확하게 정의했다.

초기 두뇌 이식물
호세 델가도

스페인의 신경과 의사 호세 델가도는 전자파로 원격 조정할 수 있는 두뇌 이식물을 개발했다. 그는 이 장치를 이용해서 동물이나 사람의 행동을 버튼 하나로 조절할 수 있음을 발견했다. 1964년에 그는 두뇌 이식물을 삽입해둔 황소가 자신을 향해 달려드는 상황에서 이식물을 작동시켜 바로 앞에서 멈추게 하는 유명한 실험을 했다. 또한 그는 주변의 다른 침팬지를 괴롭히는 침팬지의 뇌에 이식물을 삽입했다. 그리고 침팬지 우리에서 괴롭힘을 당하는 녀석이 상대 침팬지의 나쁜 행동을 통제할 수 있도록 조작 스위치를 설치하는 실험을 했다.

델가도와 황소

두뇌 지도 만들기
와일더 펜필드

인간의 뇌 기능에 대한 자세한 지도는 캐나다의 신경외과 의사 와일더 펜필드가 최초로 작성했다. 그는 간질 치료를 위해 수술을 받은 환자들을 대상으로 연구했다. 환자의 의식이 있는 상태에서 두개골을 일시적으로 제거하여 뇌를 노출시키고서 펜필드는 전극이 장착된 탐침을 뇌의 피질에 접촉해 부위별 반응을 기록했다. 펜필드는 뇌의 관자엽이 기억에 관여한다는 사실을 최초로 알아냈으며 몸을 움직이는 운동 조절 능력과 관련된 부위와 신체의 부위별 감각과 대응되는 뇌 지도를 만들었다.

캐나다 우표에 나온 신경외과 의사 와일더 펜필드

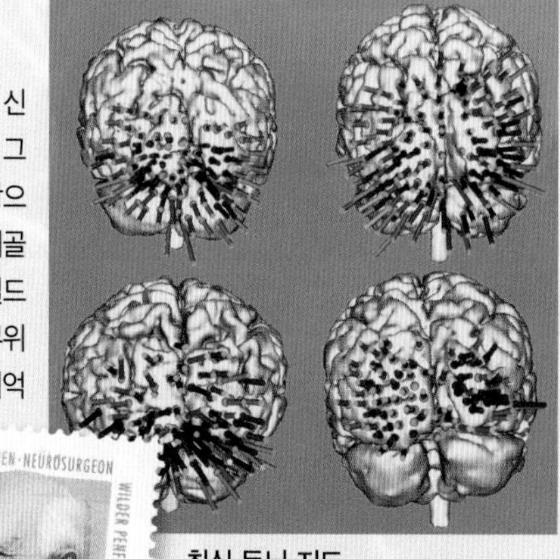

최신 두뇌 지도
오늘날에는 진일보한 영상 검사법 덕에 감정과 관련된 신경 활성도를 지도화할 수 있게 되었다. 그러나 기초적인 두뇌 지도의 대부분은 펜필드가 만든 것을 바탕으로 하고 있다.

이마엽절제술

최초의 이마엽절제술은 1890년대에 시술되었다. 그러나 본격적으로 시행된 것은 1930년대 포르투갈의 신경외과 의사인 에가스 모니즈가 이마엽피질에서 시상으로 이어지는 신경을 끊는 수술을 받은 환자들에게서 정신병적 증상이 사라지는 것을 발견한 이후였다. 모니즈의 연구 성과는 미국의 외과 의사 월터 프리먼에 의해 개선되었다. 1936년부터 1950년대까지 그는 이마엽절제술의 효과를 옹호했으며, 대략 4만-5만 명의 환자가 이 수술을 받았다. 뇌이마엽절제술은 과도하게 사용되었으며, 지금은 효과가 인정되지 않지만 수많은 사례에서 환자들의 증상을 완화했다. 영국에서 이 수술을 받은 환자의 41퍼센트가 치료되었거나 상당히 호전되었다고 응답했다. 28퍼센트의 환자는 호전이 미미했으며, 25퍼센트는 호전이 없었다. 환자 중 4퍼센트는 이 수술 후 사망했으며, 2퍼센트는 더욱 증세가 나빠졌다.

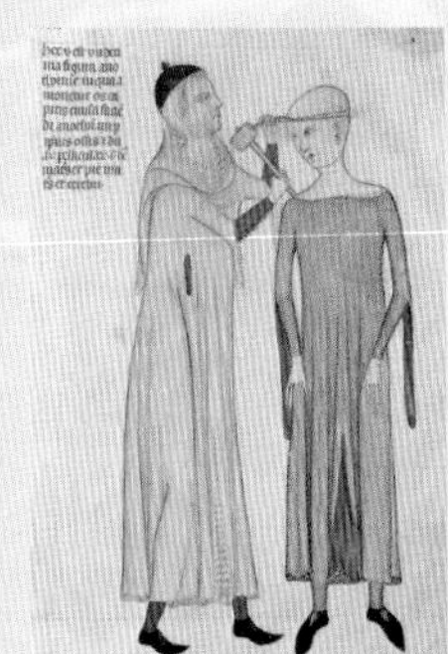

두개골천공술
두개골에 구멍을 뚫는 치료법은 선사시대부터 다양한 질병을 치료하는 데 활용되었다. 현대 의학에서는 두개골 안의 압력이 상승할 경우 감압을 위해 개두술을 시행하는 것이 이와 유사한 치료법에 해당한다.

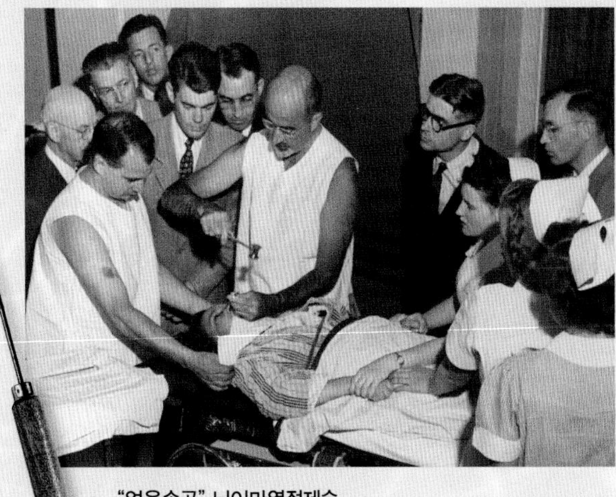

얼음송곳

"얼음송곳" 뇌이마엽절제술
월터 프리먼은 환자를 국소마취만 해놓은 상태로 얼음 깨는 송곳 같은 도구와 망치를 이용해서 환자의 눈 바로 위를 관통한 다음 도구를 앞뒤로 움직여서 뇌이마엽절제술을 할 수 있음을 발견했다.

기억 만들기
헨리 몰래슨

1953년 27세의 "HM"이라고 알려진 환자는 심한 간질을 억제하기 위해 미국에서 수술을 받았다. 그 당시에는 뇌의 일부인 해마의 기능이 알려지지 않았다. 그때 집도한 외과 의사는 환자의 뇌에서 해마 주변을 상당 부분 제거했다(159쪽 참고). 수술 후 환자는 평생 새로운 것을 기억할 수 없게 되었다. 이 비극적인 사고로 해마가 인간의 기억에 주요한 역할을 한다는 것이 밝혀졌다.

얼어붙은 시간
헨리 G. 몰래슨은 흔히 "HM"이라고 알려져 있으며 현대 의학의 역사에서 가장 연구가 많이 된 환자로 꼽힌다.

의식의 결정
벤저민 리벳

미국의 신경과학자 벤저민 리벳은 1980년대 일련의 매우 정교하고 독창적인 실험으로 우리가 의식적으로 선택했다고 믿는 것이 실제로는 무의식적으로 뇌가 내린 선택에 따라 반응한 것일 뿐임을 증명했다. 리벳의 실험은 자신이 하려고 하는 것을 의식적으로 선택하지 못한다는 것을 의미하기 때문에 과연 인간에게 자유의지가 있는가에 대한 심오한 철학적 의미를 담고 있다.

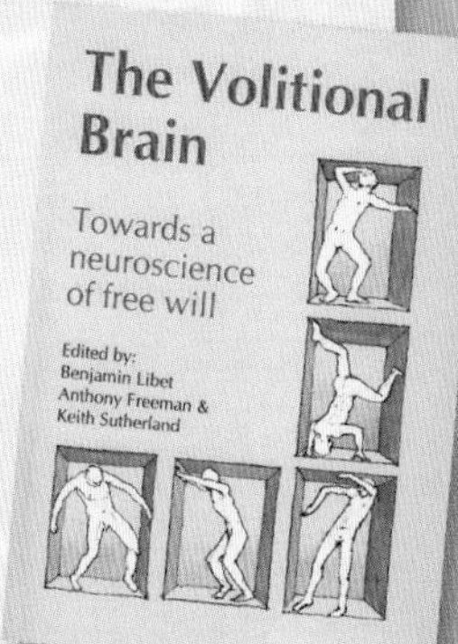

자유의지의 평가

두뇌 분리 실험
로저 스페리

신경생물학자 로저 스페리는 간질의 치료를 위해 대뇌 양쪽 반구를 서로 분리하는 수술을 받은 환자들에게 두뇌 분리 실험을 실시했다(204쪽 참고). 이 실험으로 특정 상황에서 두뇌의 양측 반구는 서로 다른 생각과 의도를 지니고 있음이 밝혀졌다. 이런 실험의 결과 과연 한 사람의 자아는 양쪽 중 어느 것이냐에 대한 심원한 질문이 제기되었다.

로저 스페리는 1981년 노벨 생리의학상을 받았다.

거울뉴런

거울뉴런은 1995년 우연히 발견되었다(122-123쪽 참고). 지아코모 리조라티가 이끄는 이탈리아의 연구진이 원숭이가 손을 뻗어 물건을 잡으려고 하는 동작을 할 때 뇌의 신경 활동을 관찰하고 있었다. 원숭이가 지켜보고 있는 곳에서 한 연구자가 무심코 원숭이의 행동을 따라 했고, 원숭이의 뇌에서는 마치 자신이 행동했을 때와 같은 양상의 신경 활동이 발생하는 것이 감지되었다. 거울뉴런은 감정, 흉내 내기, 그리고 공감 이론의 근본으로 받아들여지고 있다.

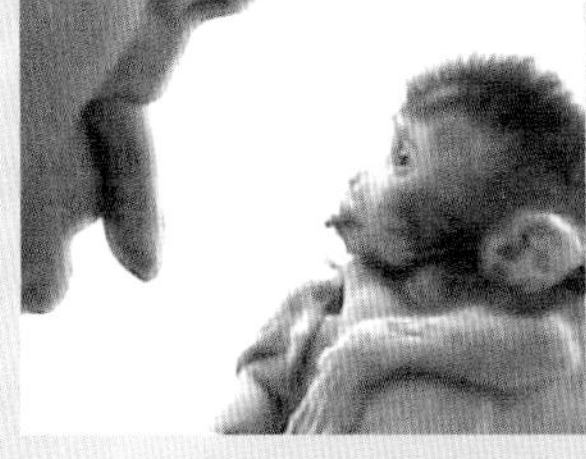

흉내 내는 짧은꼬리원숭이
거울뉴런은 관찰자의 뇌에 실제 행동을 하는 사람의 두뇌에서 발생하는 신경활동과 유사한 상태를 만들어 자동적으로 행동을 따라하게 한다.

뇌 영상 검사

뇌 영상 기법은 뇌의 구조에 대한 정보를 제공하는 해부학적 영상과 뇌가 실제 작동하는 기제를 연구할 수 있게 하는 기능적 영상으로 나뉜다. 이 두 가지 영상 기법을 함께 사용하면서 신경과학은 혁명적으로 발전했다.

PET 영상
검사를 받는 사람에게 방사능물질이 표지된 포도당을 주사하고, 이 포도당이 뇌 세포에 흡수된 정도를 평가한다. 사진에서 붉은색으로 보이는 곳이 뇌 세포에서 연료로 포도당을 많이 사용하는 곳을 의미한다. 이 검사로 뇌에서 활발하게 작동하고 있는 부위를 찾을 수 있다.

뇌를 보여주는 창문

뇌의 구조는 이미 잘 알려져 있다. 그러나 생각하고 감정을 느끼며 주변을 인식하는 뇌의 작동 과정은 최근에야 밝혀지고 있다. 영상진단 기술의 발전으로 이제는 살아 있는 사람의 두뇌의 내부를 들여다볼 수 있고, 그 기능까지도 확인할 수 있다. 뇌의 기능은 아주 미묘한 전기적 신호로 작동한다. 기능적 영상 검사법은 두뇌의 어느 부분에서 이러한 전기적 신호가 가장 활발한지 찾아낸다. 이는 전기 신호를 측정하거나(EEG), 전기적 신호에서 발생하는 자기장을 탐지해서 영상으로 보여주거나(MEG), 뇌 세포에서 사용하는 포도당의 양을 영상으로 표시하여 대사의 정도를 측정하거나(PET), 국소적인 혈류량의 차이를 측정한다(fMRI).

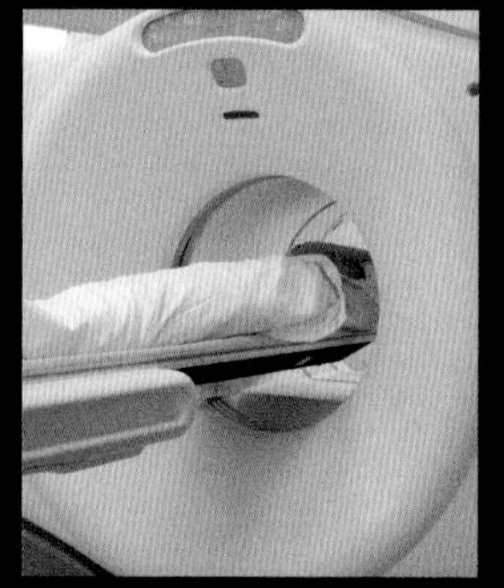

PET 검사장비
PET 검사는 방사능물질이 포함된 성분이 조직 세포 안에서 방출하는 방사선을 측정해 활성화된 뇌 부위를 보여준다.

기능

기능적 뇌 영상 검사는 뇌의 특정 부위와 특정한 신체 기능의 연관성을 확인시켜준다. 이러한 검사 덕에 뇌의 어느 부위에서 감각, 언어와 기억, 감정, 신체의 움직임을 담당하는지 알게 되었다. 다양한 뇌 기능이 서로 어떻게 작용하는지 눈으로 확인할 수 있게 되면서 인간의 복잡한 정신 세계에도 과학적으로 접근할 수 있게 되었다. 예를 들어 결정을 내려야 하는 사람의 뇌를 들여다보면 이성적인 결정이 감정을 지배하는 부위에서 나오는 것을 확인할 수 있다. 체스 고수의 뇌를 검사해보면 연습을 통해 전문가가 되는 이유를 알 수 있다. 또한 겁먹은 표정을 본 사람의 뇌를 검사해보면 감정은 주변에 전파된다는 것을 알 수 있다.

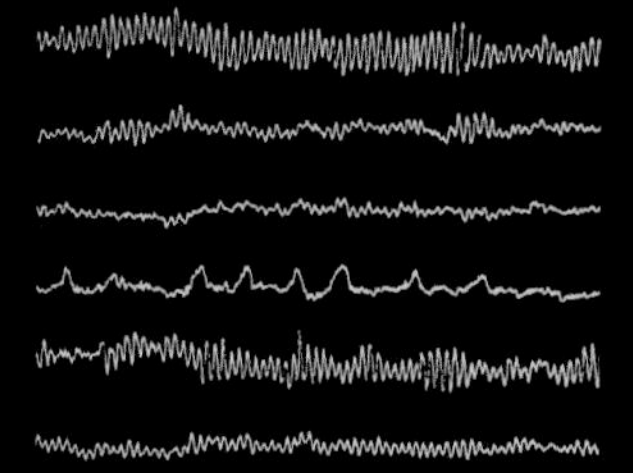

뇌파
EEG는 뇌의 신경세포에서 발생하는 전기적 신호를 측정하여 도식화하는 검사법이다. 이 검사로 마음 상태에 따라 다른 뇌파를 감지할 수 있다.

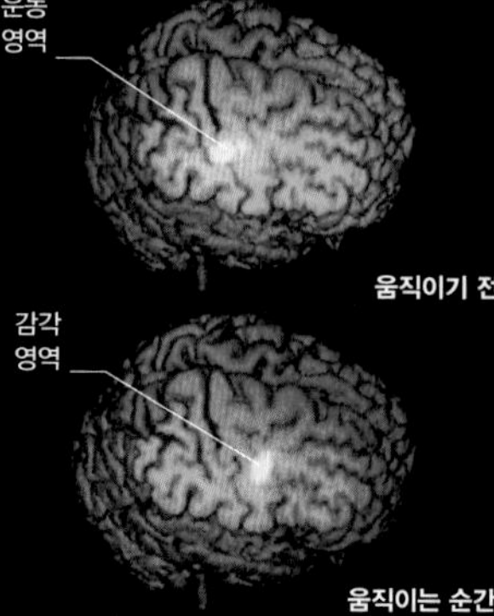

실시간 뇌활동
MEG는 뇌의 활동을 자기력의 변화로 측정해 순간적인 변화를 감지해낸다. 위의 그림은 뇌에서 손가락을 움직일 계획을 세웠다가 실제 움직인 뒤 0.04초(40밀리초) 후의 뇌 활동 변화를 보여준다.

해부학적 구조

뇌는 어떻게 보는가에 따라서 달라진다. CT는 컴퓨터와 엑스선을 이용해서 여러 장의 단면 영상을 만들어낸다. 이 검사로 보통은 볼 수 없는 뇌 구조를 원하는 각도와 깊이로 선명하게 확인할 수 있다. 영상에 색을 입혀서 주변과 더욱 차이가 나게 할 수도 있다. CT는 오직 구조적인 정보만을 제공한다. 그 장기의 기능에 대해서는 정보를 얻을 수 없다. 또한 이 검사는 뼈와 같은 단단한 조직과 그 이외의 연부조직의 차이를 명확하게 보여주기 때문에 종양이나 혈전을 진단하는 데 매우 유용하다.

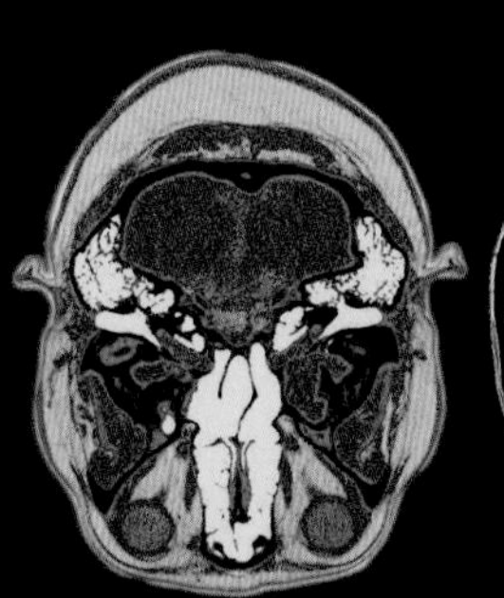

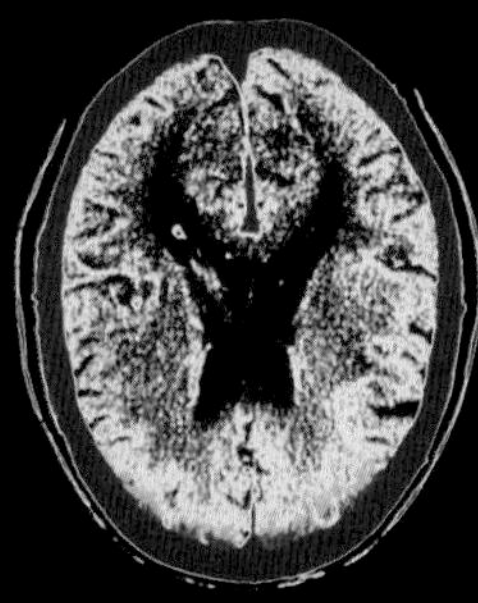

세부구조
왼쪽 사진의 붉은색은 뇌와 안구이며, 파란색과 녹색은 두개골이다. 밝은 노란색은 부비동과 귓속의 빈 부분이다. 오른쪽 영상은 정상인의 뇌 단면으로, 아래쪽이 얼굴 방향이다. 가운데 검은 영역은 뇌척수액이 있는 뇌실이다.

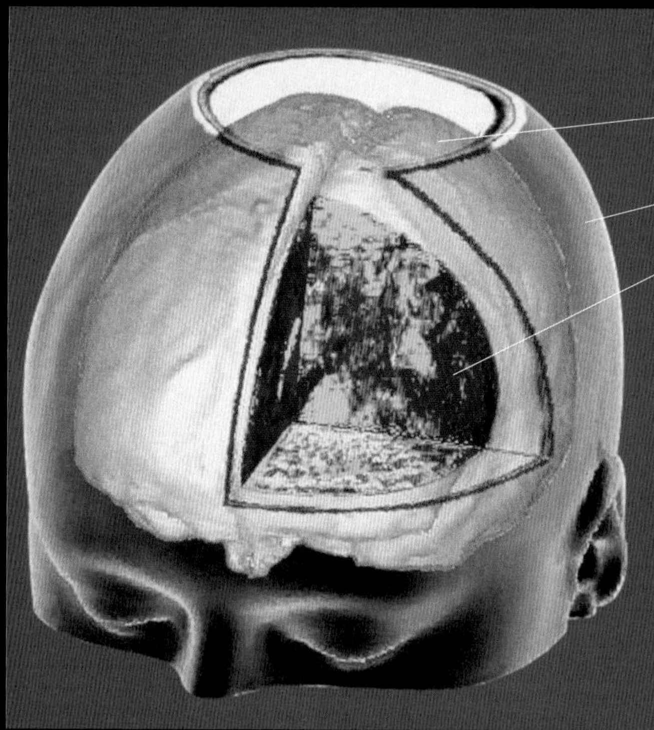

3차원 뇌 영상
CT를 이용하면 뇌를 3차원 입체 영상으로 볼 수 있다. 그리고 원하는 부위를 잘라서 그 안의 구조물을 자세히 들여다볼 수 있다. 이 영상은 뇌의 오른쪽 앞은 피부가 덮인 상태로, 그리고 그 반대쪽은 내부를 볼 수 있게 표면을 잘라낸 것이다.

MRI

MRI는 CT보다 조직의 차이를 더 확연하게 보여준다. 엑스선이 아니라 강력한 자기장을 사용하여 몸의 세포마다 들어 있는 수소 원자를 정렬시킨다. 원자의 핵들이 자기장을 만들면 이것을 감지해서 3차원 영상으로 만들어낸다. 뇌 단면 영상은 보통 2-3초에 한 장씩 찍을 정도로 빠르다. 단면 영상 자체는 CT의 영상과 유사하다. 신경 활동이 증가하면 혈액의 흐름이 달라지고 해당 지역의 산소량도 달라지면서 자기장에도 변화를 일으킨다. fMRI는 뇌의 전기적 활성의 차이를 감지해서 해부학적으로 자세한 기본 MRI 위에 기능적인 차이를 함께 보여준다.

뇌 안에서의 신경 주행
MRI를 확산텐서영상(또는 분산장영상)이라는 새로운 기법으로 재처리하면 신경섬유를 따라서 이동하는 물 분자를 추적할 수 있다. 이 그림에서 파란색 선은 위에서 아래로, 녹색 선은 앞에서 뒤로, 그리고 붉은 선은 양측의 대뇌반구 사이를 오가는 신경섬유를 의미한다.

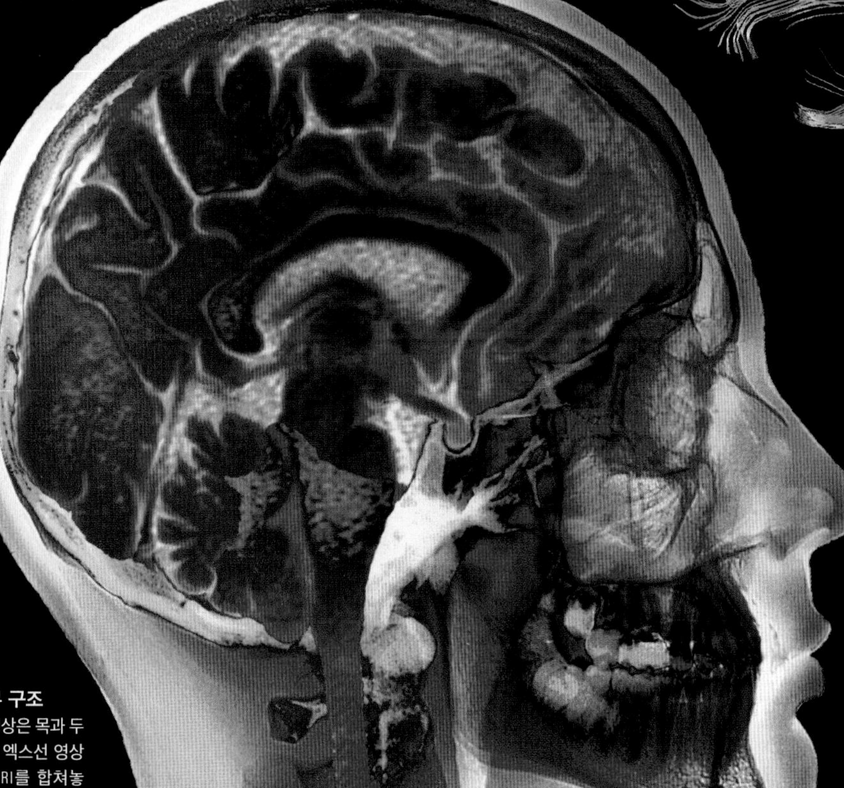

내부 구조
이 영상은 목과 두개골 엑스선 영상과 MRI를 합쳐놓았다. MRI는 복잡한 뇌 조직들을 자세히 보여준다.

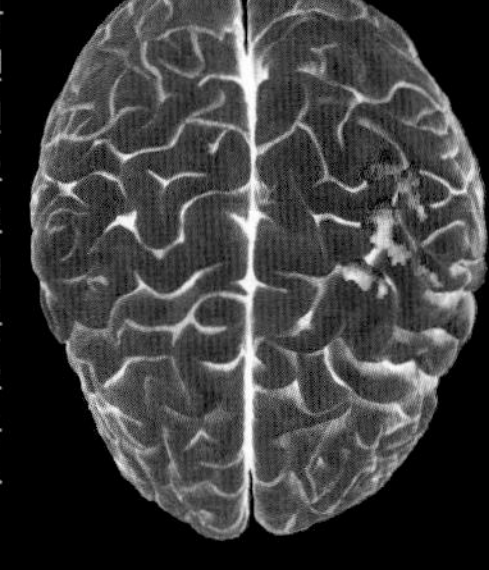

운동
fMRI는 두뇌에서 활성이 나타나는 부위를 잘 찾아낸다. 옆의 영상은 뇌의 전면이 위를 향하고 있는 것으로 여기에 붉은색으로 표시된 부분은 왼손을 움직이는 것과 관련된 기능을 담당하는 부위다. 몸의 오른쪽 부분과 왼쪽 부분은 각각 그 반대편 대뇌반구가 조절한다.

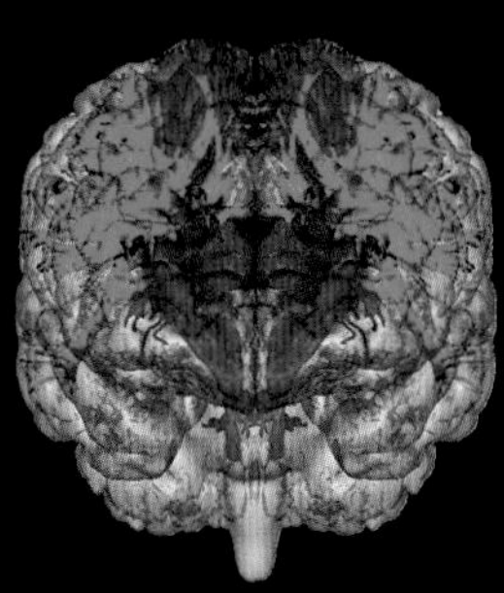

신경섬유 분포도
이 영상은 신경섬유의 분포를 보여주는 확산텐서 영상이다. 녹색 신경섬유는 변연계의 여러 부위를 연결하고 있다. 파란색으로 표시된 신경섬유는 소뇌에서 시작되어 척수로 모인다. 붉은색 신경섬유는 양측 대뇌반구를 서로 연결한다.

결합 영상

영상 기법마다 각각의 장점이 있다. MRI는 조직의 매우 세부적인 차이를 보여줄 수 있지만 매우 빠르게 변하는 것은 영상으로 담아내지 못한다. EEG와 MEG는 매우 빠른 변화를 감지하지만 정확한 위치를 보여주지 못한다. 따라서 빠른 변화를 감지하면서 그 위치를 추적할 수 있도록 두 가지 또는 그 이상의 검사를 병용한다. 오른쪽 그림은 15분에 걸쳐 촬영한 고해상도의 MRI에 해상도는 조악하지만 촬영 시간이 몇 초에 불과한 fMRI를 동시에 표시해서 언어를 듣고 이해하는 순간에 작동하는 뇌의 부위를 상세히 보여준다. 뇌의 기능 부위는 상황에 따라서 급변하며 서로 조화를 이뤄야 한다. 같은 기능을 보여주는 부위가 사람에 따라 다를 수 있어 연구를 위해서는 여러 대상자의 기능 부위를 평균해서 사용한다.

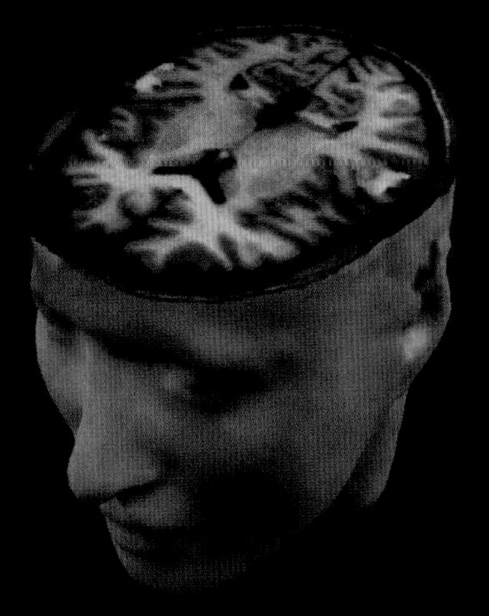

언어 학습
사람의 언어 중추는 대부분 대뇌 왼쪽 반구에 있어서 다른 사람의 말을 들을 때 이 부위가 더 활성된다. 그러나 높낮이와 운율 등을 분석해 소리를 완벽하게 듣기 위해서는 오른쪽 대뇌반구도 기능을 한다.

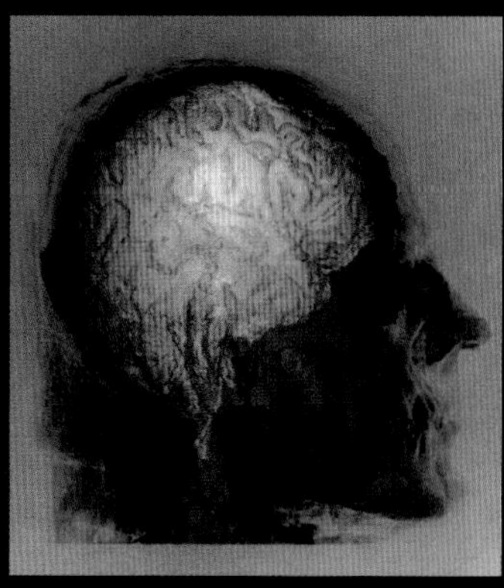

융합 영상
이 영상은 PET와 MRI를 융합해서 뇌의 표면과 두개골, 경추를 동시에 보여준다.

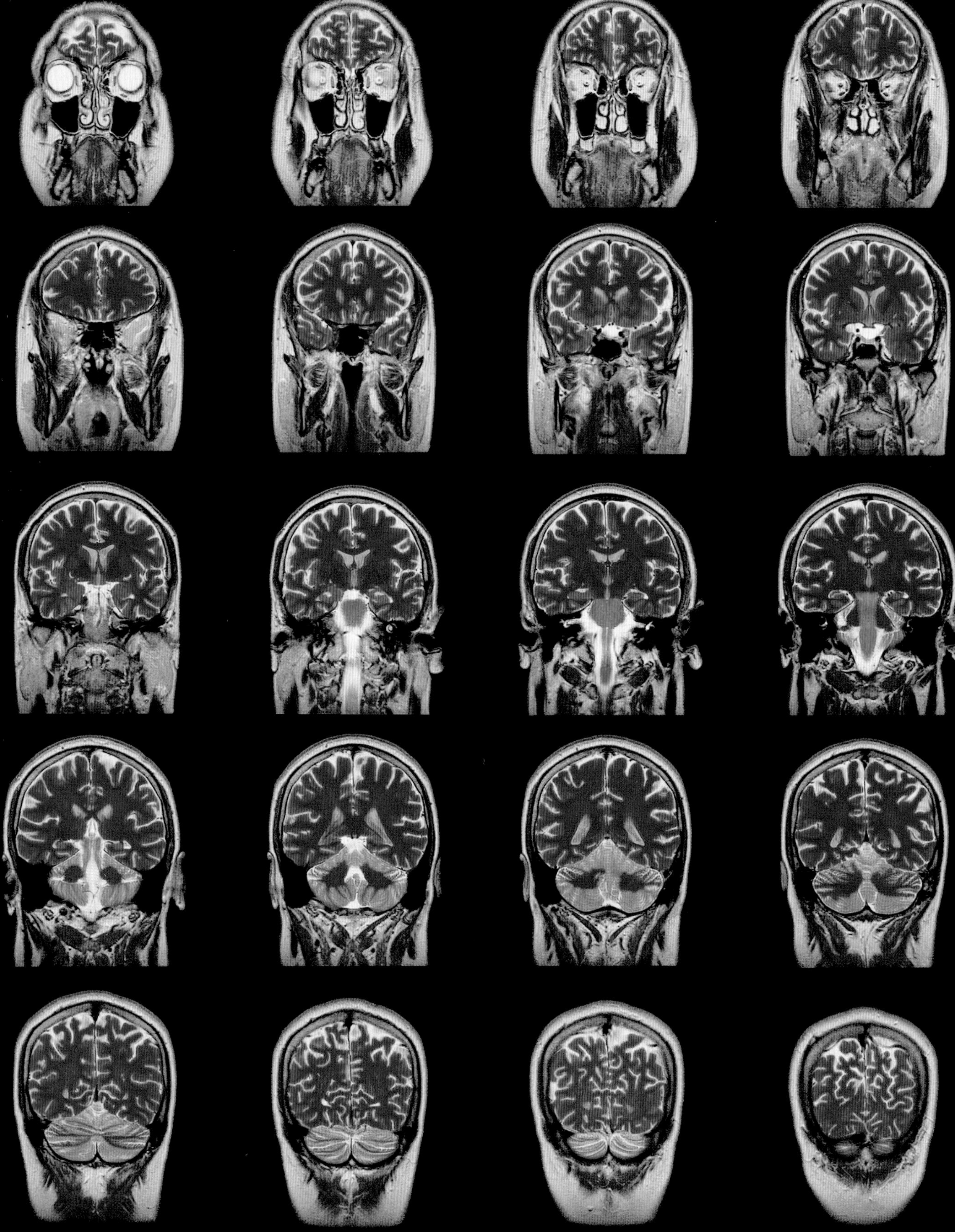

뇌로 떠나는 여행

뇌는 인체에서 가장 복잡한 장기이며, 두뇌 신경계는 인류에게 알려진 것 중 가장 복잡한 시스템일 것이다. 사람의 뇌 안에서는 수십억 개의 뉴런이 끊임없이 신호를 주고받고 있다. 이러한 뉴런 사이의 신호가 정신활동을 창조한다. 최신 영상 검사 기법이 등장함에 따라 인류는 뇌 구조를 매우 자세한 부분까지 알 수 있게 되었다.

19세기에 사체에서 뇌를 꺼내 해부하여 그 구조에 대해서는 많은 것이 밝혀졌다. 그러나 살아 있는 사람의 뇌가 어떻게 움직이는지는 예를 들어 피니어스 게이지의 경우(141쪽 참고)에서와 같이 사고로 뇌에 손상을 입은 사람이 죽은 뒤에 그 뇌를 꺼내서 부검하는 것이 유일한 방법이었다. 뇌 손상이 있는 사람이 죽기 전까지는 정확히 어느 부위에 손상을 입었는지 알 수 없었다. 20세기 후반에 살아 있는 사람의 뇌를 촬영할 수 있는 기술이 등장하면서 모든 것이 변했다. 여기에서는 MRI로 촬영된 건강한 55세 남자의 두뇌를 탐험해보고자 한다. 이 영상을 통해서 뇌의 다양한 부분을 살펴볼 수 있다. 뇌의 기능을 조금씩 이해하게 되었지만 아직은 시작에 불과하다.

뇌 영상에는 해당 영역이 주로 담당하는 기능을 표시해두었다. 그러나 영역별로 담당하는 기능은 다양하며, 또한 여러 기능이 서로 다른 영역과 상호작용해 작동한다. 뇌의 구조물 대부분은 좌우 쌍을 이루며, 좌우 반구는 마치 거울처럼 같은 구조로 이루어져 있다. 영상에는 색을 따로 입혀서 대뇌는 붉은색으로 소뇌는 밝은 파란색으로, 그리고 뇌줄기는 녹색으로 표시했다.

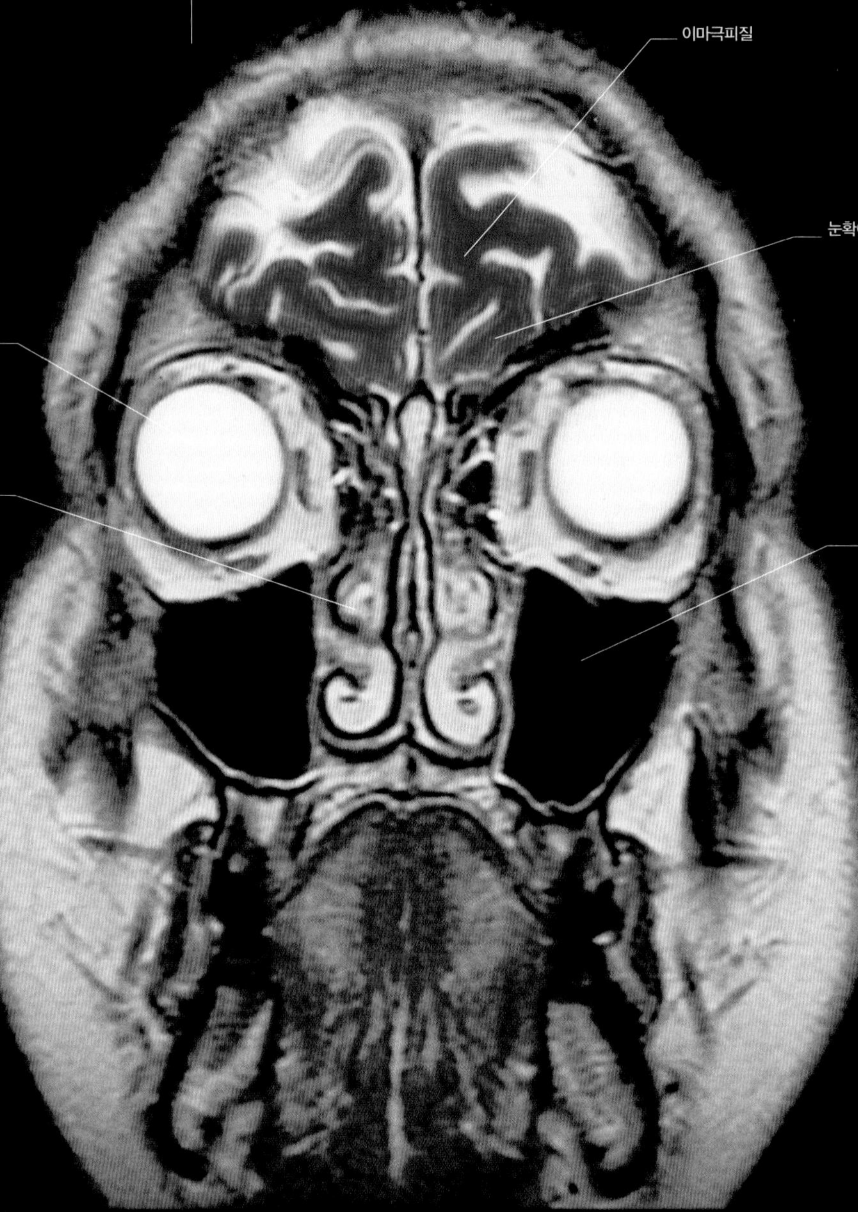

이마엽

이마극피질

눈확이마이랑

눈

코안

위턱뼈동굴

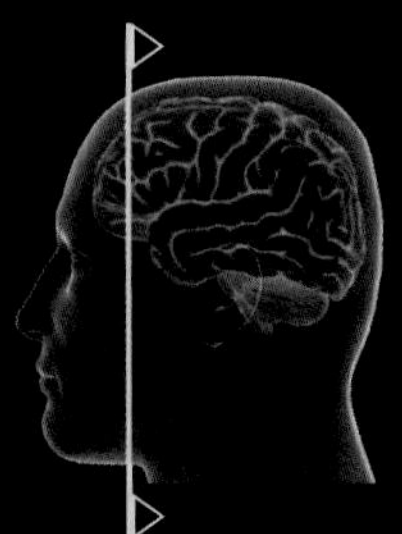

1 이마극피질

이마극피질은 이마엽의 일부인 이마엽앞피질에서 가장 최근에 확인된 부분이다. 이 부위는 계획을 세우거나, 뇌의 다른 부위를 조절하는 것과 관련된 것으로 알려져 있다. 이 단면 영상은 뇌의 전면부인데, 주변에 두개골, 안구, 코안(비강), 위턱뼈동굴(상악동), 혀가 함께 보인다.

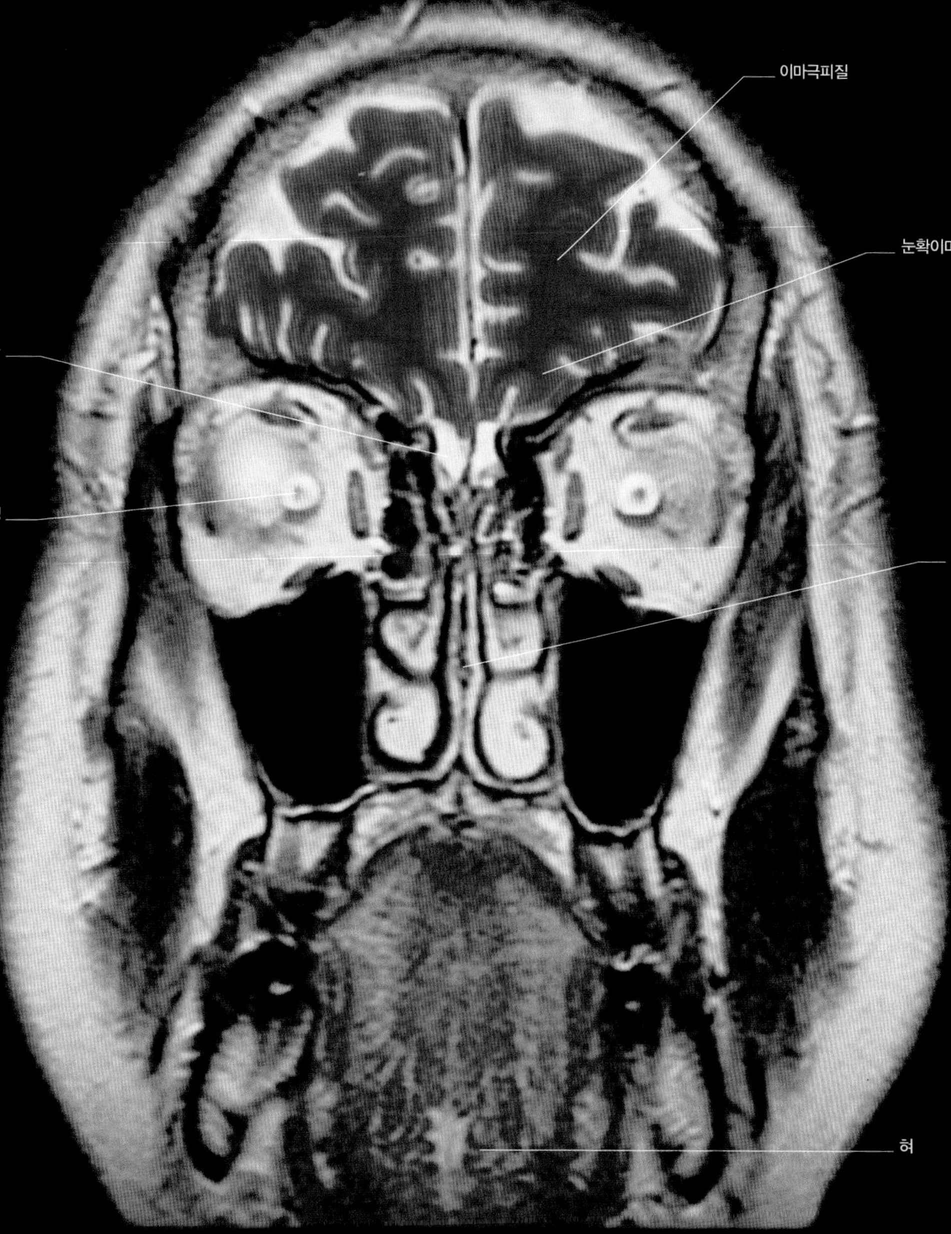

이마극피질

눈확이마이랑

후각망울

시신경

코사이막

혀

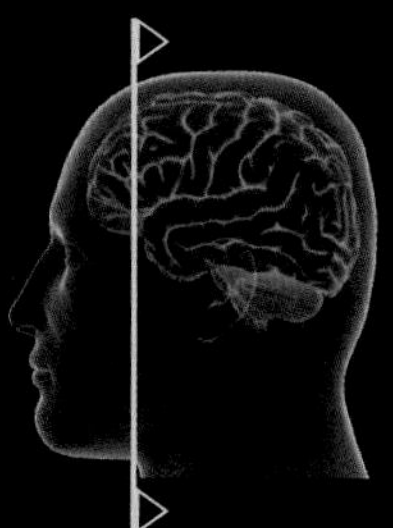

2 이마엽

이마엽앞피질의 뒤로 이어지는 이마엽은 뇌를 이루는 엽 중 가장 크며, 가장 나중에 진화된 부분이다. 이마엽은 근육의 움직임을 정밀하게 조절하는 부분이 뒤쪽에 있으며, 앞쪽은 고차원의 계획을 담당한다. 이 단면 영상에는 눈에서 뇌로 시각정보를 전달하는 시신경이 함께 보인다.

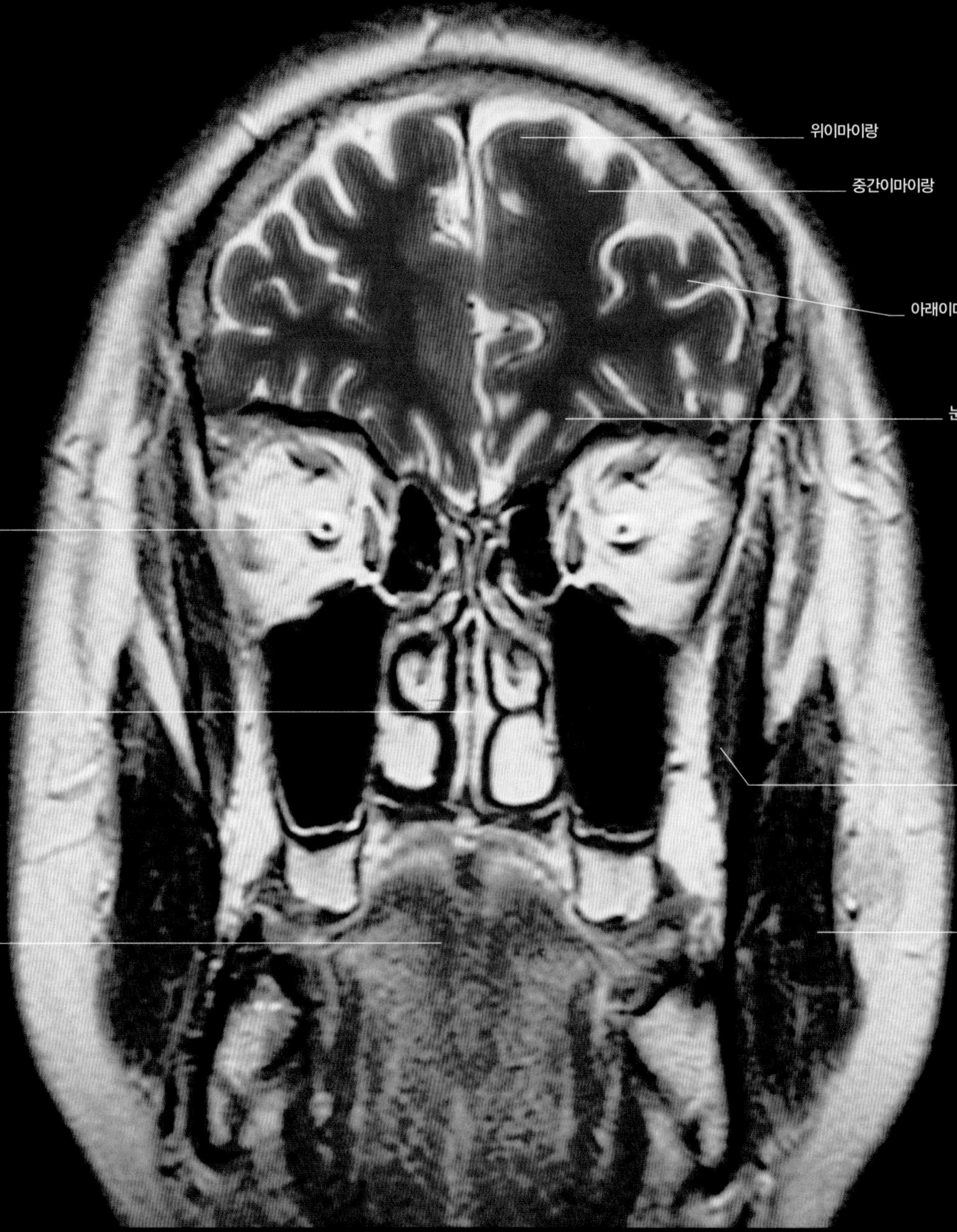

위이마이랑
중간이마이랑
아래이마이랑
눈확이마이랑
시신경
코사이막
관자근(측두근)
허
깨물근(교근, 저작근)

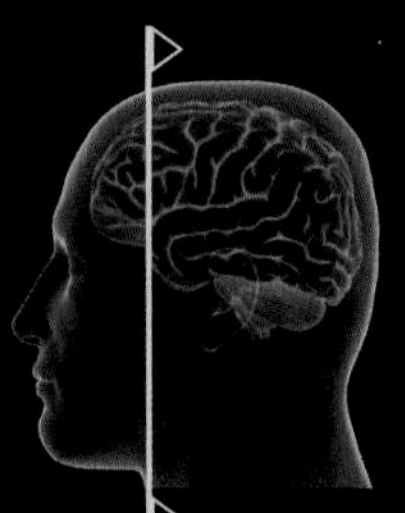

3 피질

사진에 노란색 선으로 표시된 대뇌피질은 주름을 이루어 표면적이 넓다. 주요한 주름부위는 고랑이라 하며 뇌의 구역을 나누는 경계표가 된다. 안으로 접힌 고랑 사이에 돌출된 부위를 이랑이라고 한다. 주요한 이마이랑으로 위, 중간, 아래이마이랑이 있다.

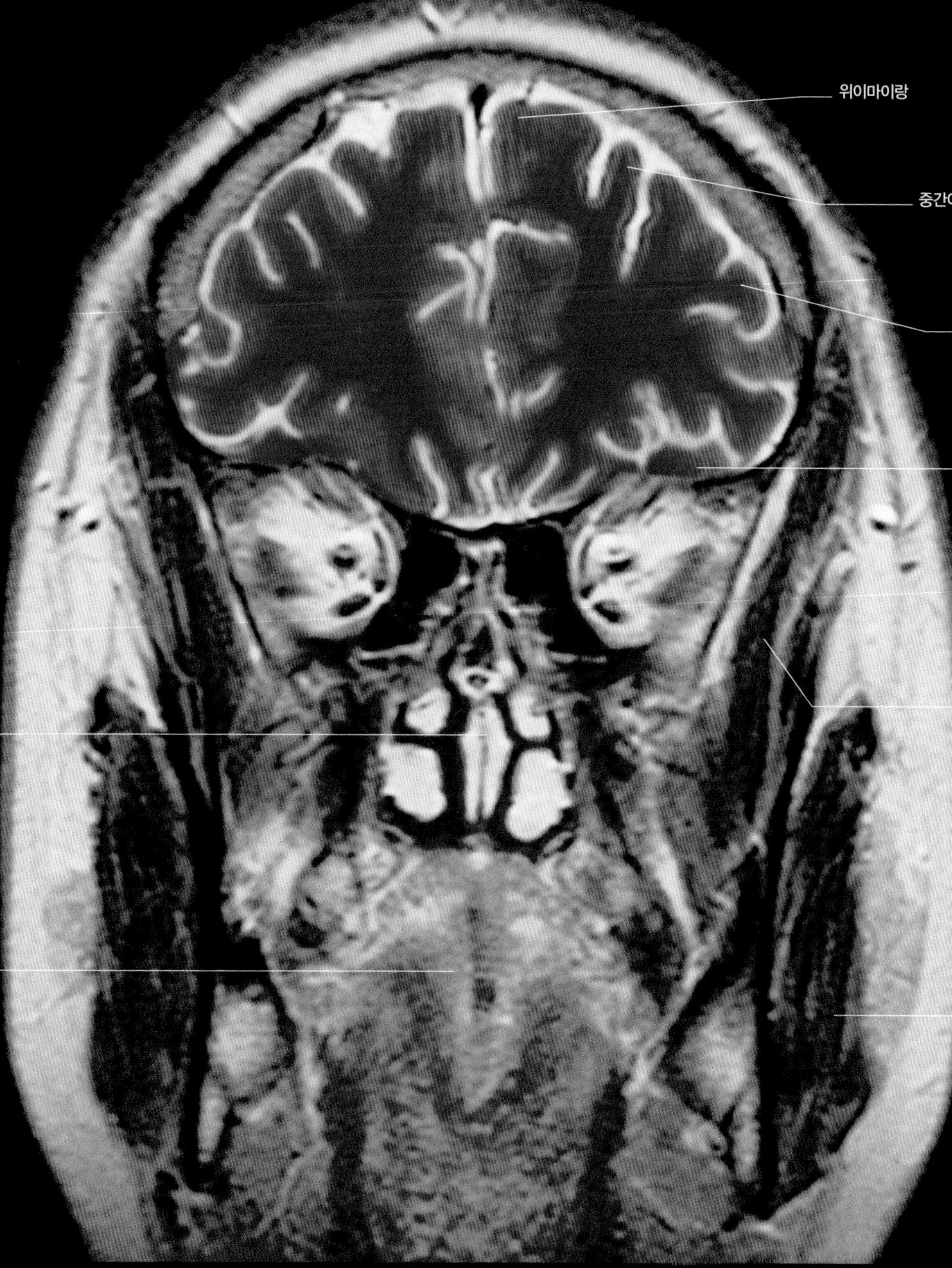

위이마이랑

중간이마이랑

아래이마이랑

눈확이마이랑

관자근

코사이막

혀

깨물근

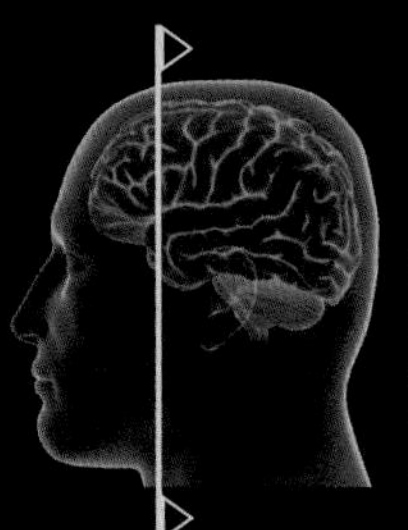

4 눈확이마이랑

눈확이마이랑은 뇌의 아래에 있으며 냄새와 맛의 신호를 담당한다. 이마엽앞피질과 마찬가지로 미래를 예측하고 계획하는 기능과 연관된 것으로 알려져 있다. 그러나 특히 행동에 대한 보상이나 벌을 예측하고, 그로 인한 감정에 깊이 관여한다. 이 부위는 대뇌 편도와 연결되어 있다(24쪽의 9번 단면 참고).

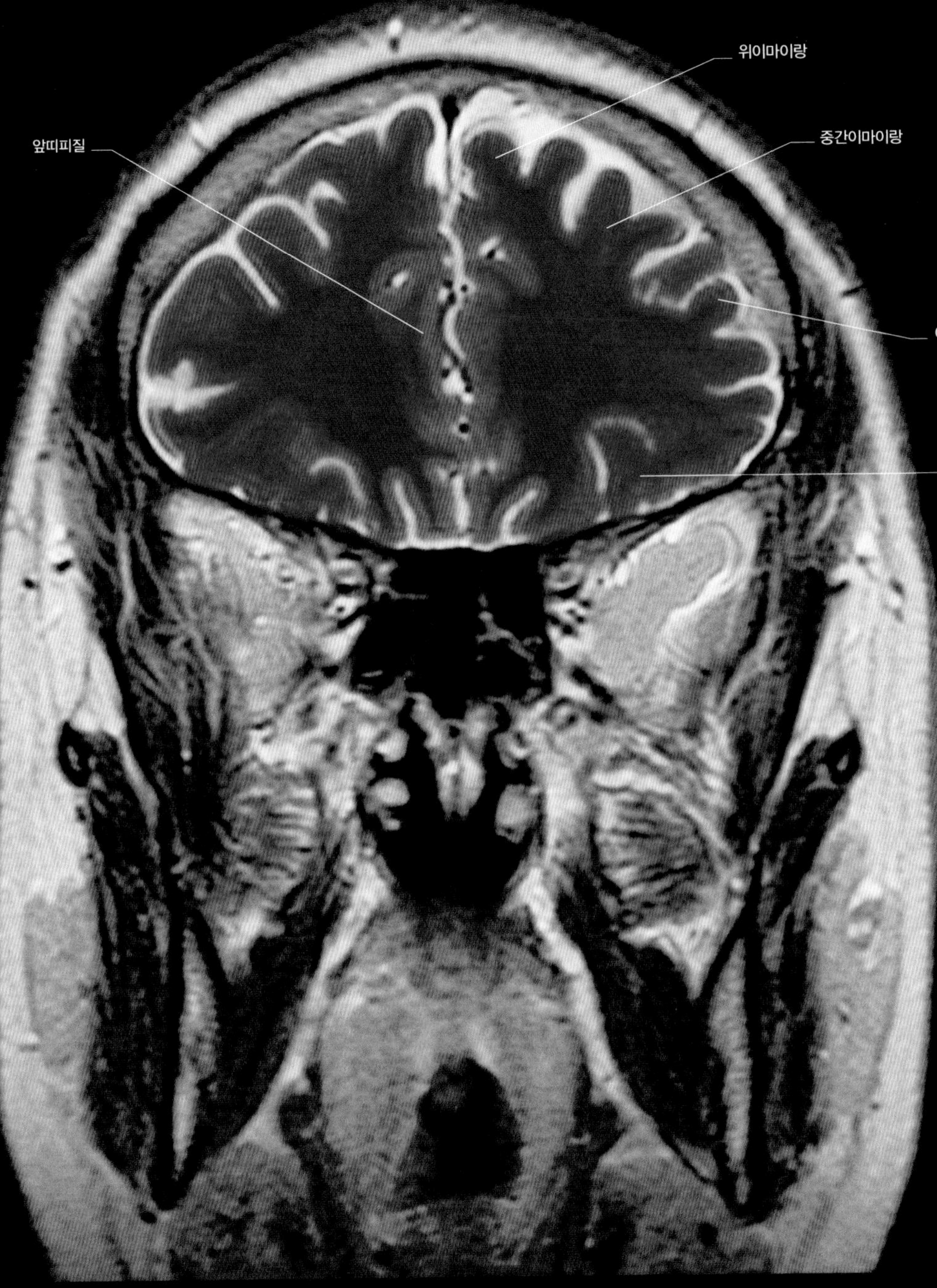

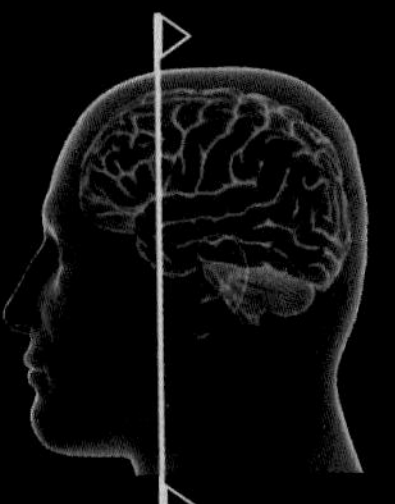

5 앞띠피질

이 단면 영상에서는 앞띠피질이 보이기 시작한다. 앞띠피질은 양쪽 대뇌반구의 사이에 있으며, 변연계와 붙어 있다. 이 부분은 행동으로 이어지는 감정과 관련되어 있으며 행동의 결과를 예측하는 기능도 담당한다. 앞띠피질의 뒤편은 운동 관련 부위와 직접 연결되어 있다.

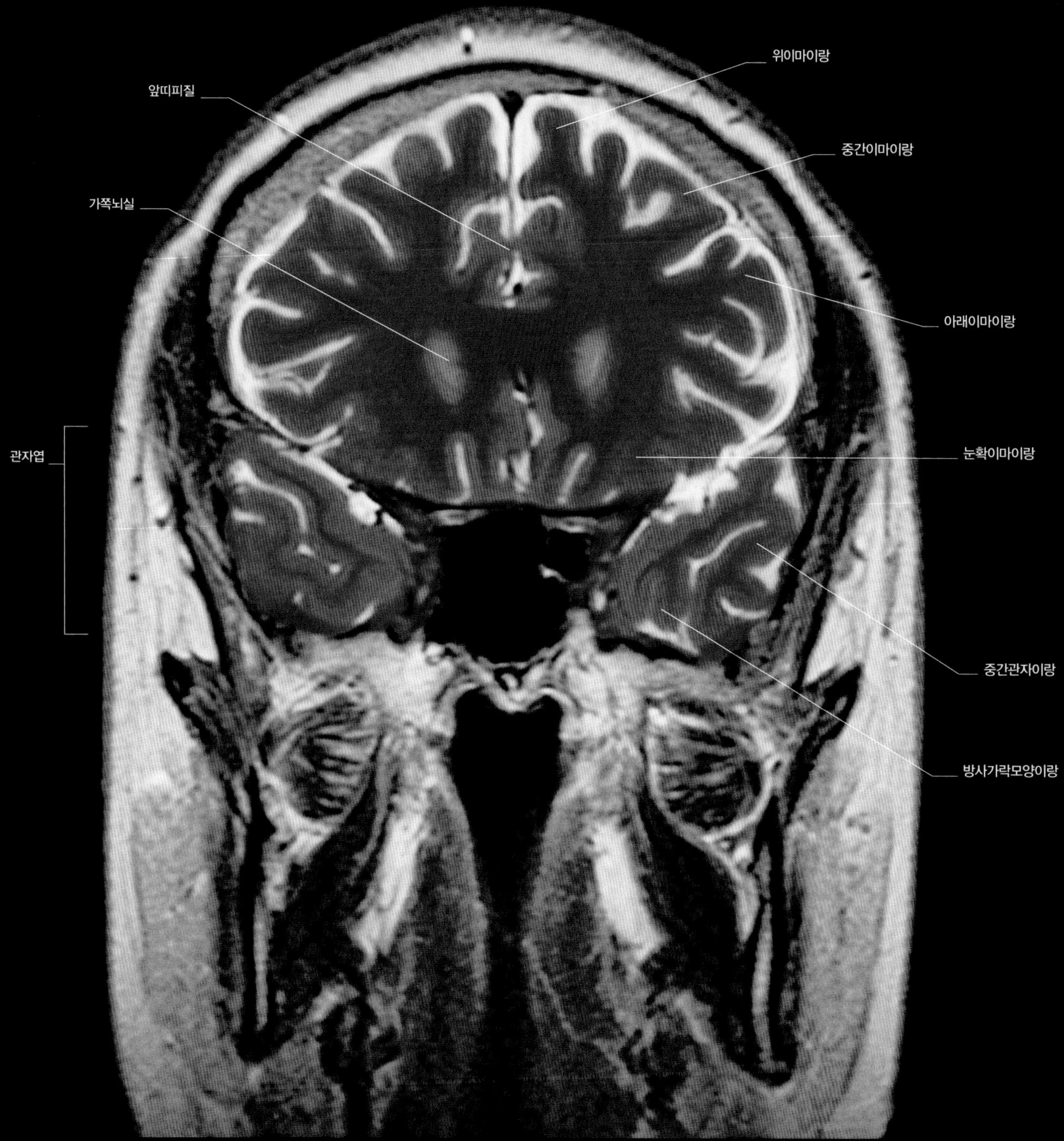

위이마이랑
앞띠피질
중간이마이랑
가쪽뇌실
아래이마이랑
관자엽
눈확이마이랑
중간관자이랑
방사가락모양이랑

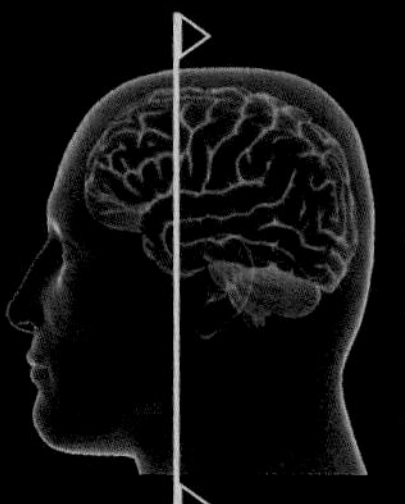

6 관자엽

이 단면에서 처음으로 관자엽이 보인다. 관자엽의 가장 앞쪽은 모든 감각을 종합해서 습득할 수 있는 지식 및 감정과 관련되어 있다. 영상의 중앙 부위에 가쪽뇌실이 보인다. 이 부분은 뇌의 중앙부로, 뇌척수액이 있는 공간의 일부이다.

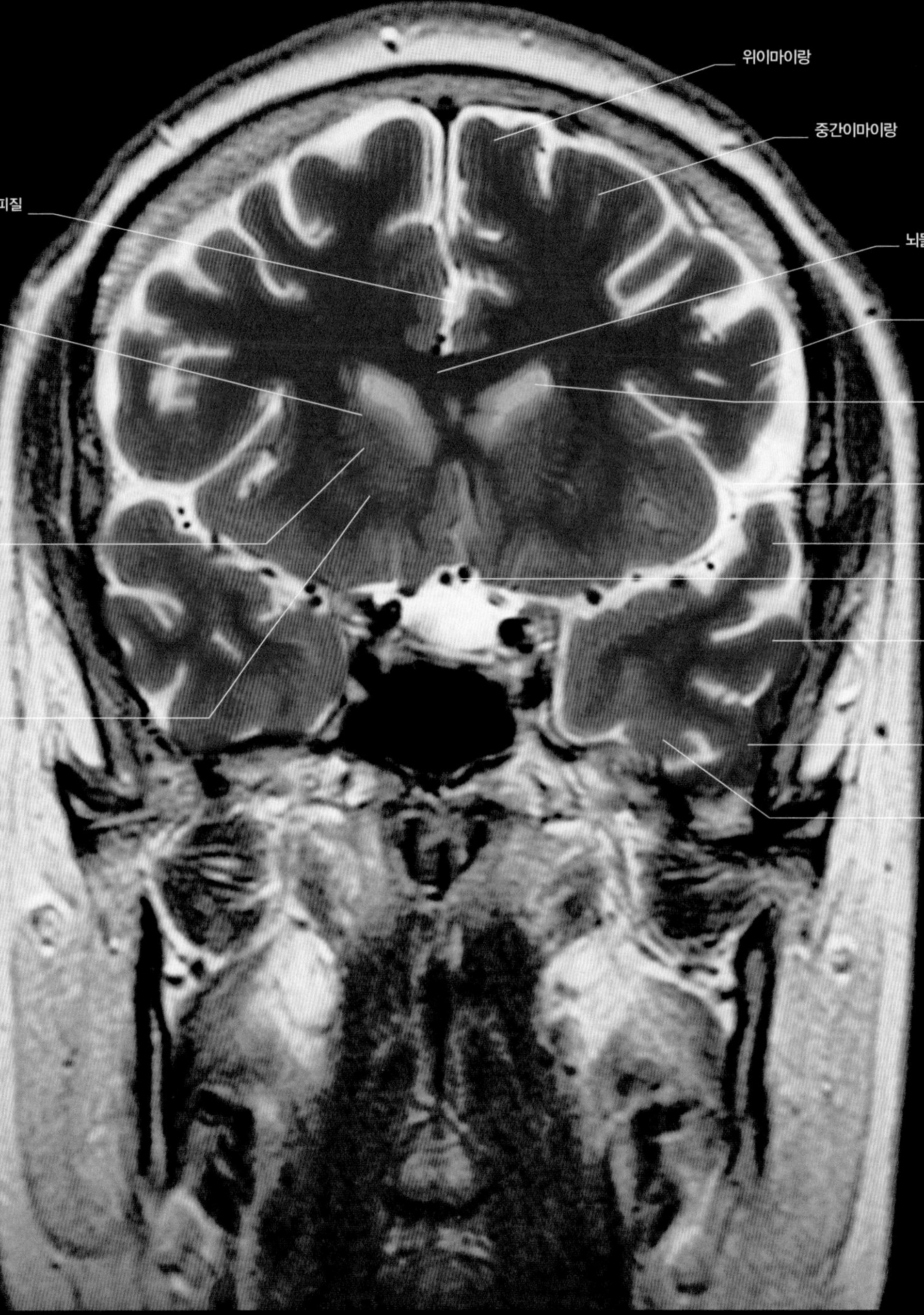

위이마이랑
중간이마이랑
앞띠피질
뇌들보
꼬리핵의 머리
아래이마이랑
가쪽뇌실
섬엽
조가비핵
위관자이랑
시신경교차
중간관자이랑
측좌핵
아래관자이랑
방사가락모양이랑

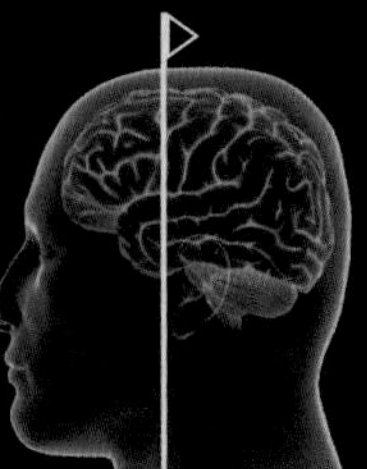

7 섬엽

섬엽은 이마엽과 관자엽 사이에 깊숙이 숨어 있는 피질주름이다. 심박수, 체온, 통증 등 몸 상태를 반영하는 신호가 여기서 처리된다. 이 단면 영상에는 대뇌 좌우 반구의 신경섬유다발이 교차하는 뇌들보가 보인다.

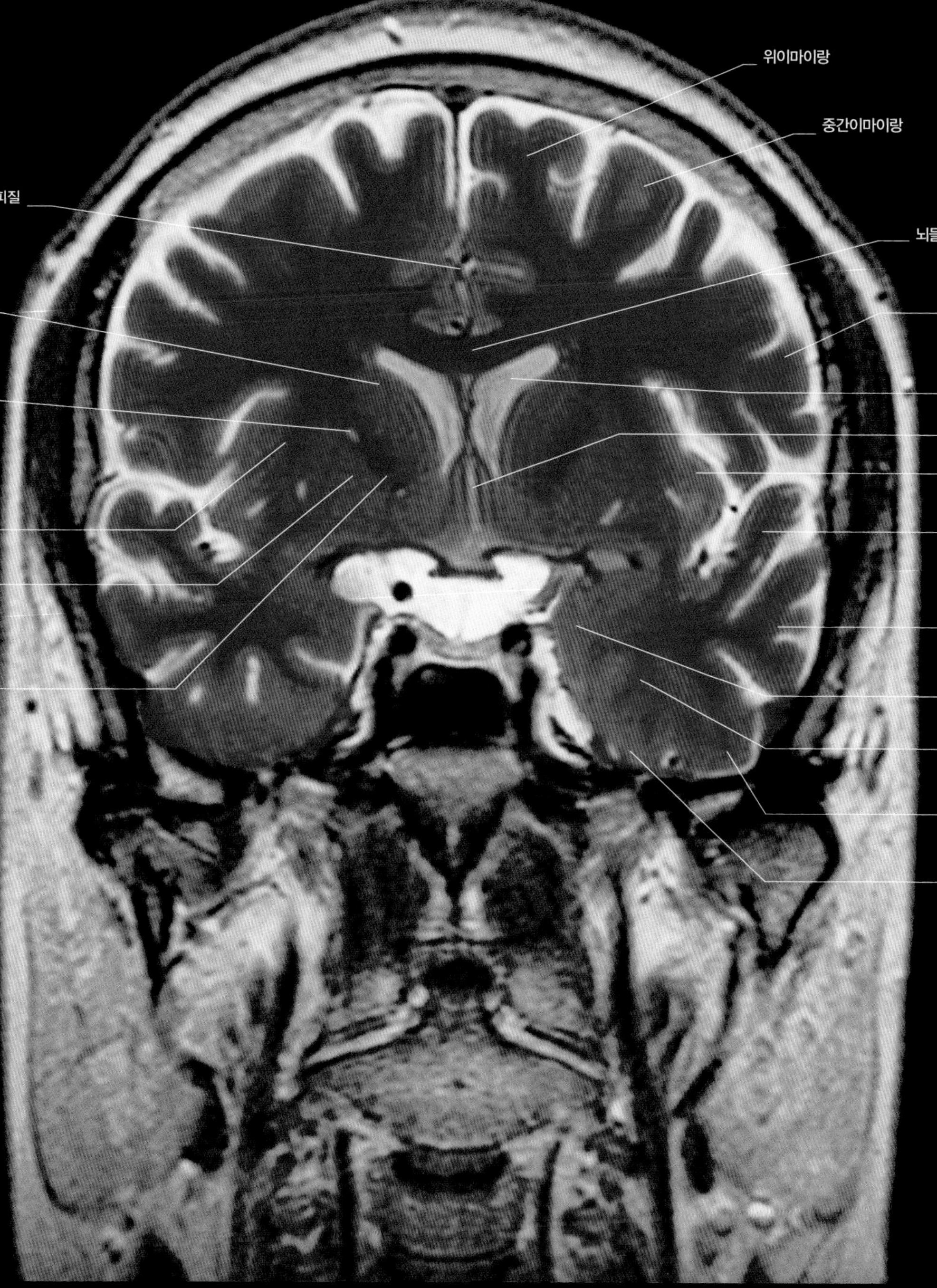

위이마이랑
중간이마이랑
앞띠피질
뇌들보
꼬리핵의 머리
아래이마이랑
속섬유막
가쪽뇌실
제3뇌실
섬엽
조가비핵
위관자이랑
창백외핵
중간관자이랑
창백내핵
편도
해마
아래관자이랑
방사가락모양이랑

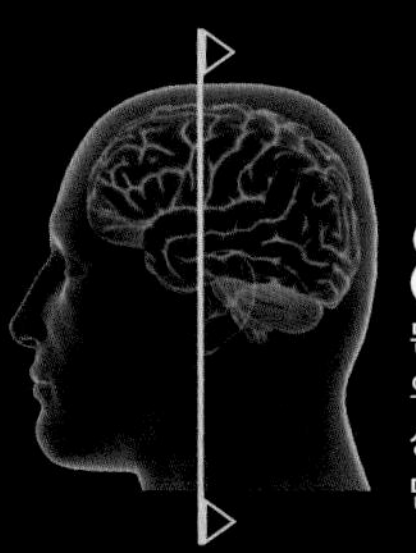

8 바닥핵

뇌의 중앙부에 있는 바닥핵은 꼬리핵, 조가비핵, 창백핵으로 구성된다. 신경세포의 세포체가 모여 있는 회색질 덩어리인 바닥핵은 주변의 백색질로 둘러싸여 있다. 바닥핵은 대뇌피질과 연결되어 있으며 시상 및 뇌줄기와도 연결되어 있다. 운동기능 조절과 선택, 결정의 기능을 담당하는 것으로 알려져 있다.

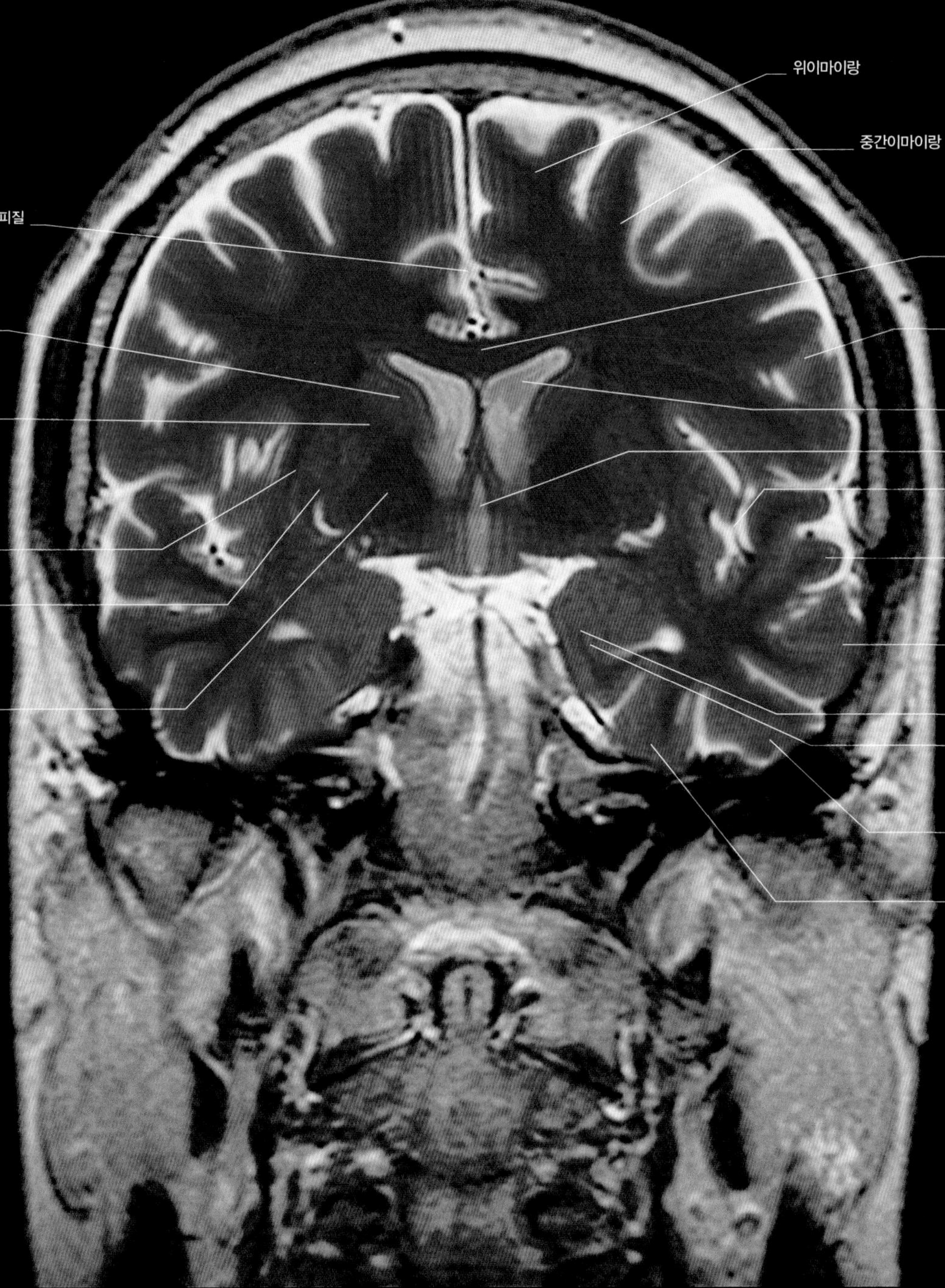

앞띠피질
꼬리핵의 머리
속섬유막
조가비핵
창백외핵
창백내핵
위이마이랑
중간이마이랑
뇌들보
아래이마이랑
가쪽뇌실
제3뇌실
섬엽
위관자이랑
중간관자이랑
편도
해마
아래관자이랑
방사가락모양이랑

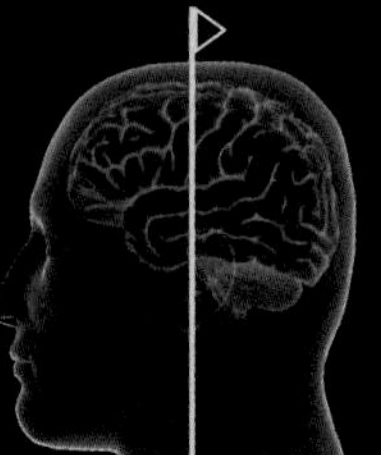

9 편도와 해마

이 단면 영상에는 편도와 해마의 전면부가 포함되어 있다. 두 구조물은 모두 관자엽에 있다. 편도는 접근과 회피에 대한 학습과 감정에 관여한다. 해마는 방향감각에 중요한 역할을 하는 동시에 과거의 경험에 대한 기억을 담당한다.

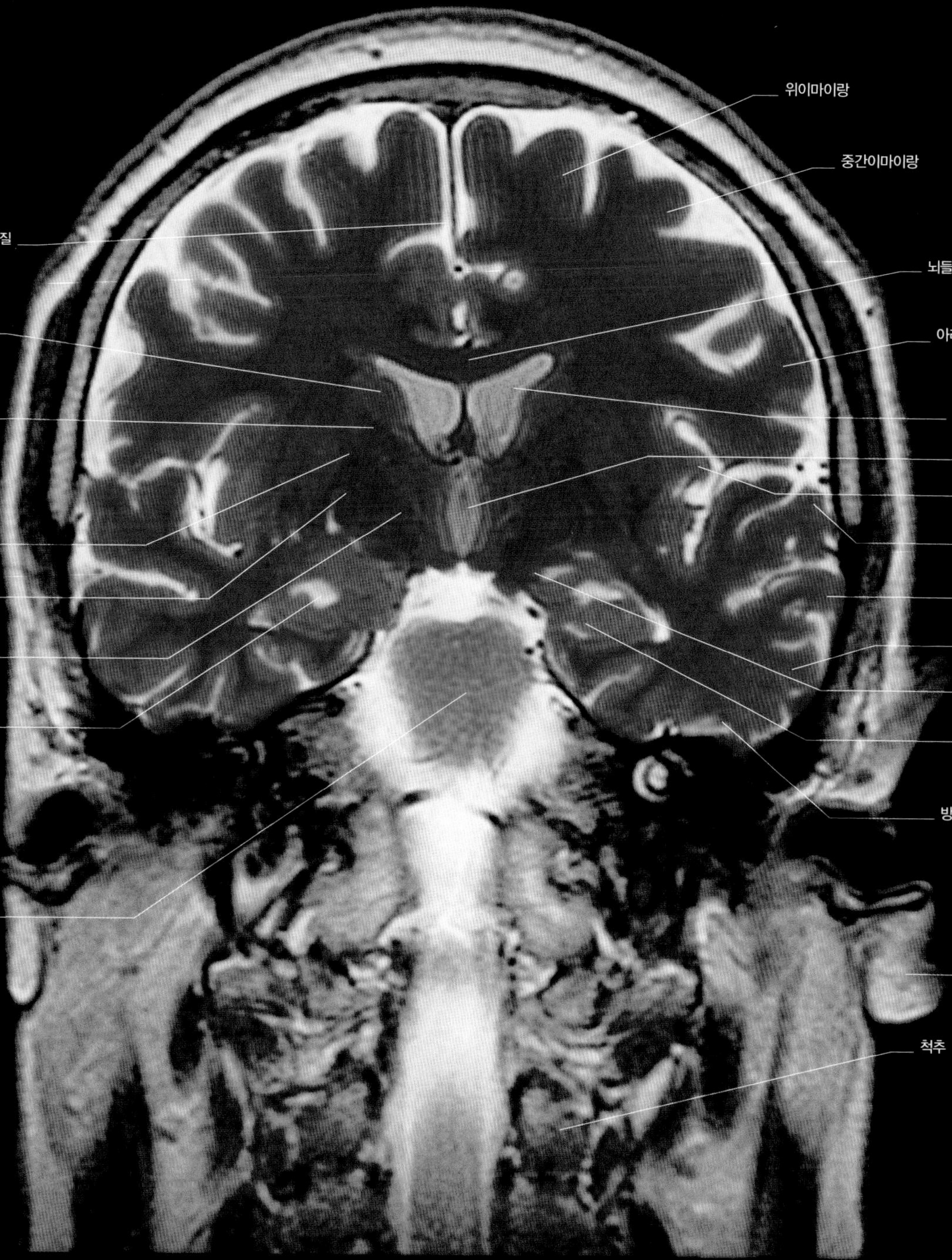

위이마이랑
중간이마이랑
앞띠피질
뇌들보
꼬리핵의 머리
아래이마이랑
속섬유막
가쪽뇌실
제3뇌실
섬엽
조가비핵
위관자이랑
창백외핵
중간관자이랑
창백내핵
아래관자이랑
편도
가쪽뇌실의 관자뿔
해마
방사가락모양이랑
다리뇌
귀
척추

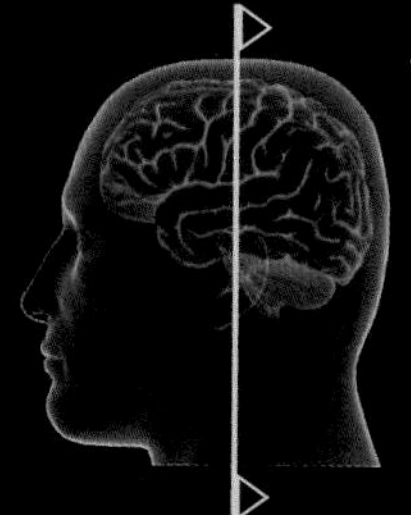

10 브로카 영역

이 단면은 이마엽의 뒤쪽에 해당한다. 왼쪽 대뇌반구의 아래이마이랑 아래쪽, 그리고 섬엽의 바로 위가 브로카 영역이다. 이 부위는 언어 능력을 담당한다. 단면 영상의 가장 아래 부위에는 뇌줄기의 전면부인 다리뇌가 보인다. 다리뇌는 뇌와 척수를 연결하는 부위다.

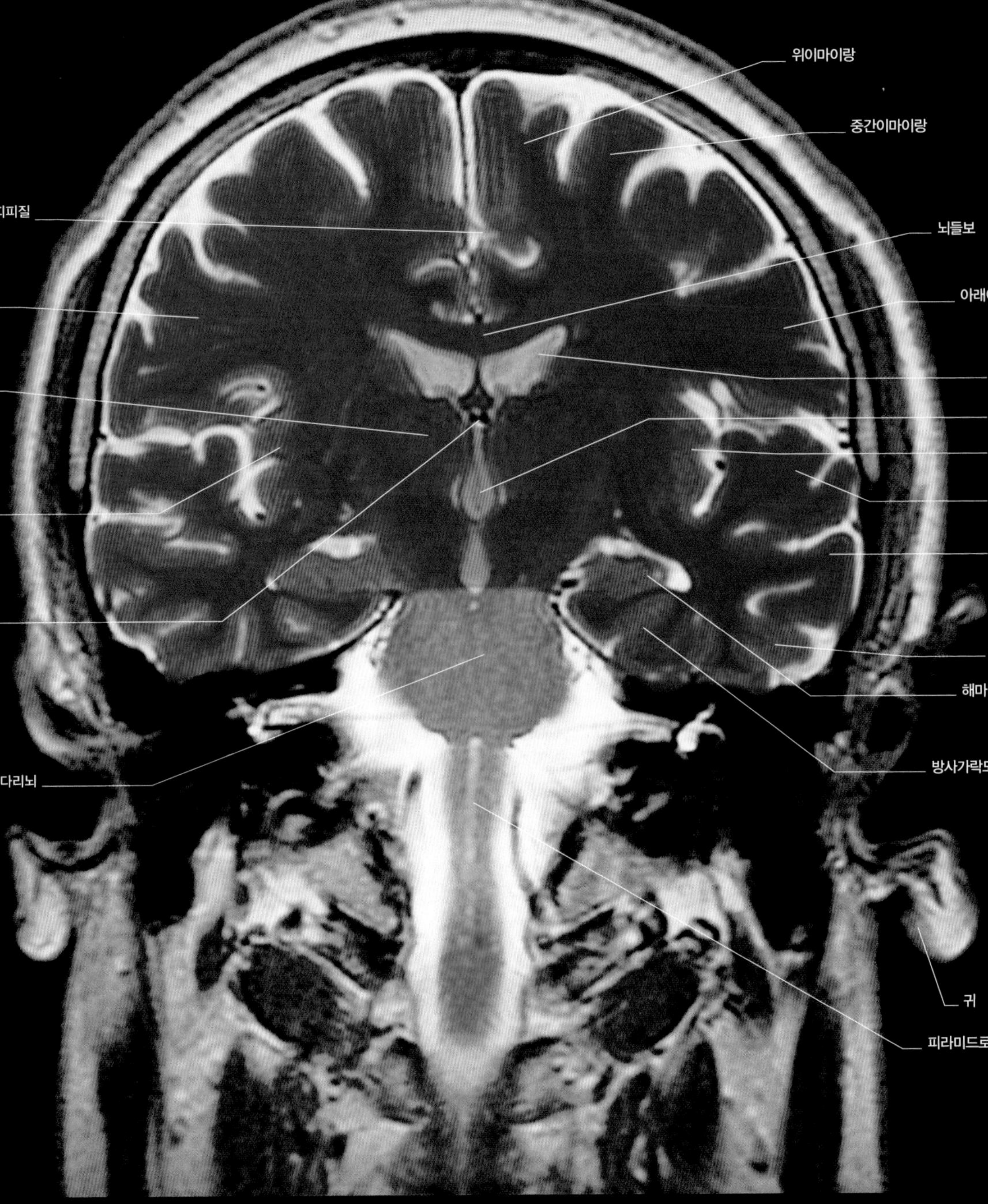

위이마이랑
중간이마이랑
앞띠피질
뇌들보
중심앞이랑
아래이마이랑
가쪽뇌실
시상
제3뇌실
섬엽
조가비핵
위관자이랑
중간관자이랑
뇌활몸통
아래관자이랑
해마
방사가락모양이랑
다리뇌
귀
피라미드로

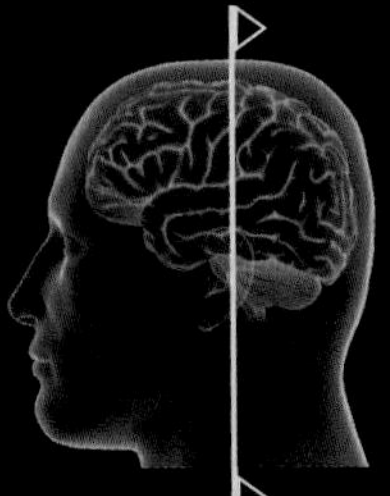

11 시상

이 단면에는 대뇌와 뇌줄기 사이의 시상을 보여준다. 시상은 20개 이상의 신경핵으로 구성된 복잡한 구조물이다(60쪽 참고). 시상은 후각을 제외한 모든 감각정보를 수용해서 대뇌피질의 여러 부위로 전달하는 환승역과 같은 역할을 한다.

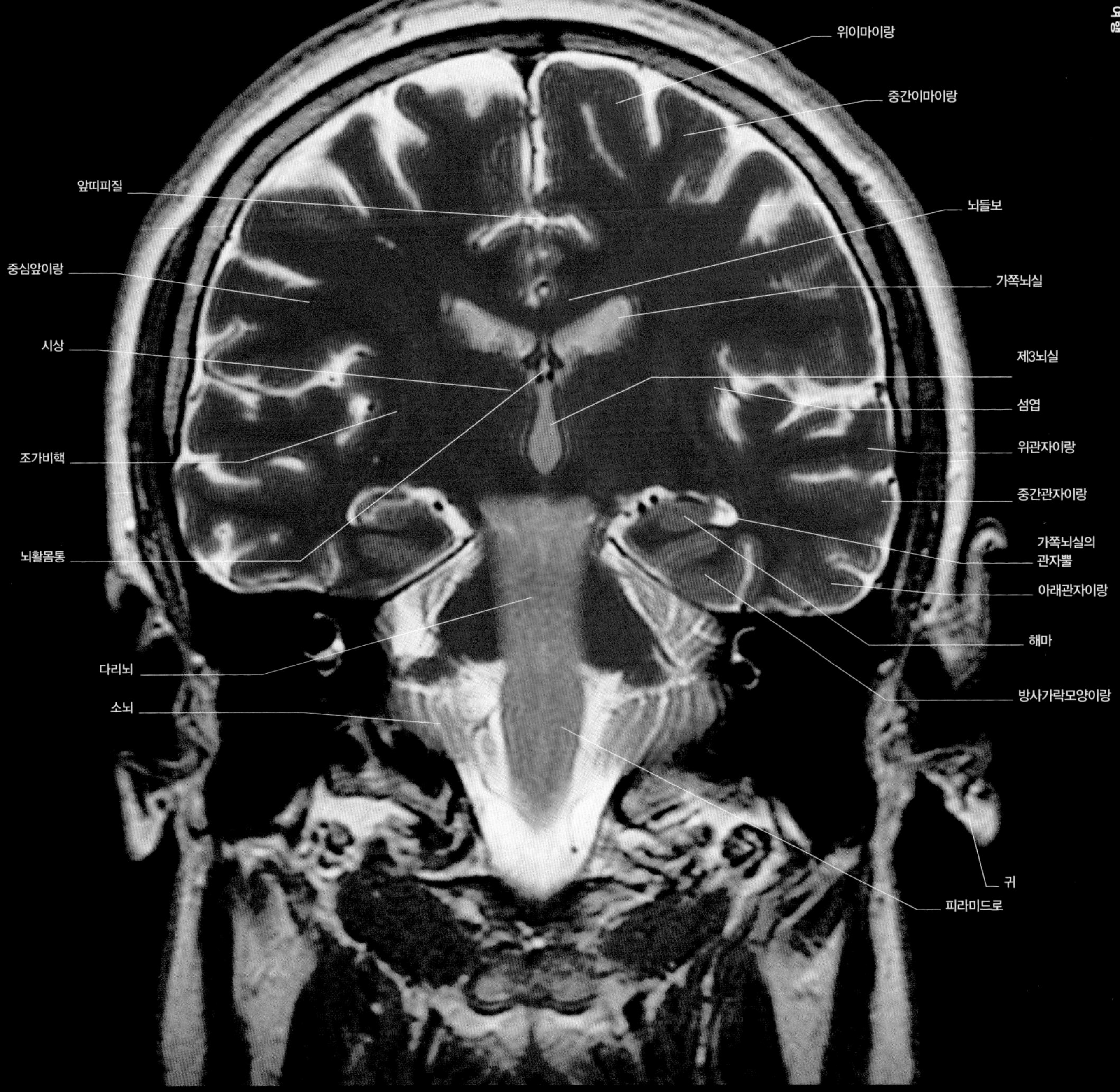

위이마이랑
중간이마이랑
앞띠피질
뇌들보
중심앞이랑
가쪽뇌실
시상
제3뇌실
섬엽
조가비핵
위관자이랑
중간관자이랑
뇌활몸통
가쪽뇌실의 관자뿔
아래관자이랑
해마
다리뇌
방사가락모양이랑
소뇌
귀
피라미드로

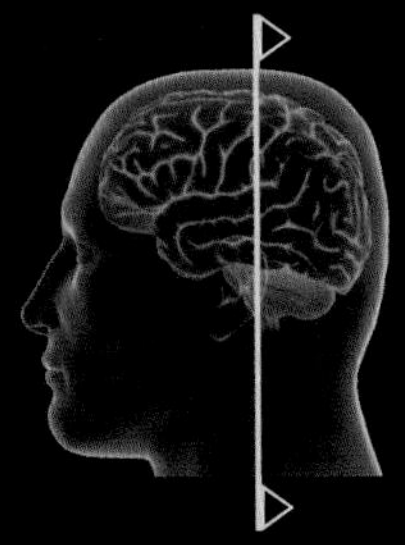

12 뇌줄기

녹색으로 표시된 뇌줄기는 뇌와 척수를 연결하는 부위로 다리뇌를 비롯한 여러 구조물로 이루어져 있다. 뇌줄기는 생명 유지에 가장 기본적인 기능, 즉 심장 박동과 호흡 등을 조절한다. 또한 뇌에서 전신의 근육으로 전달되는 신호를 연계하며 전신의 말초 신경계에서 감지된 감각신호를 뇌로 전달한다.

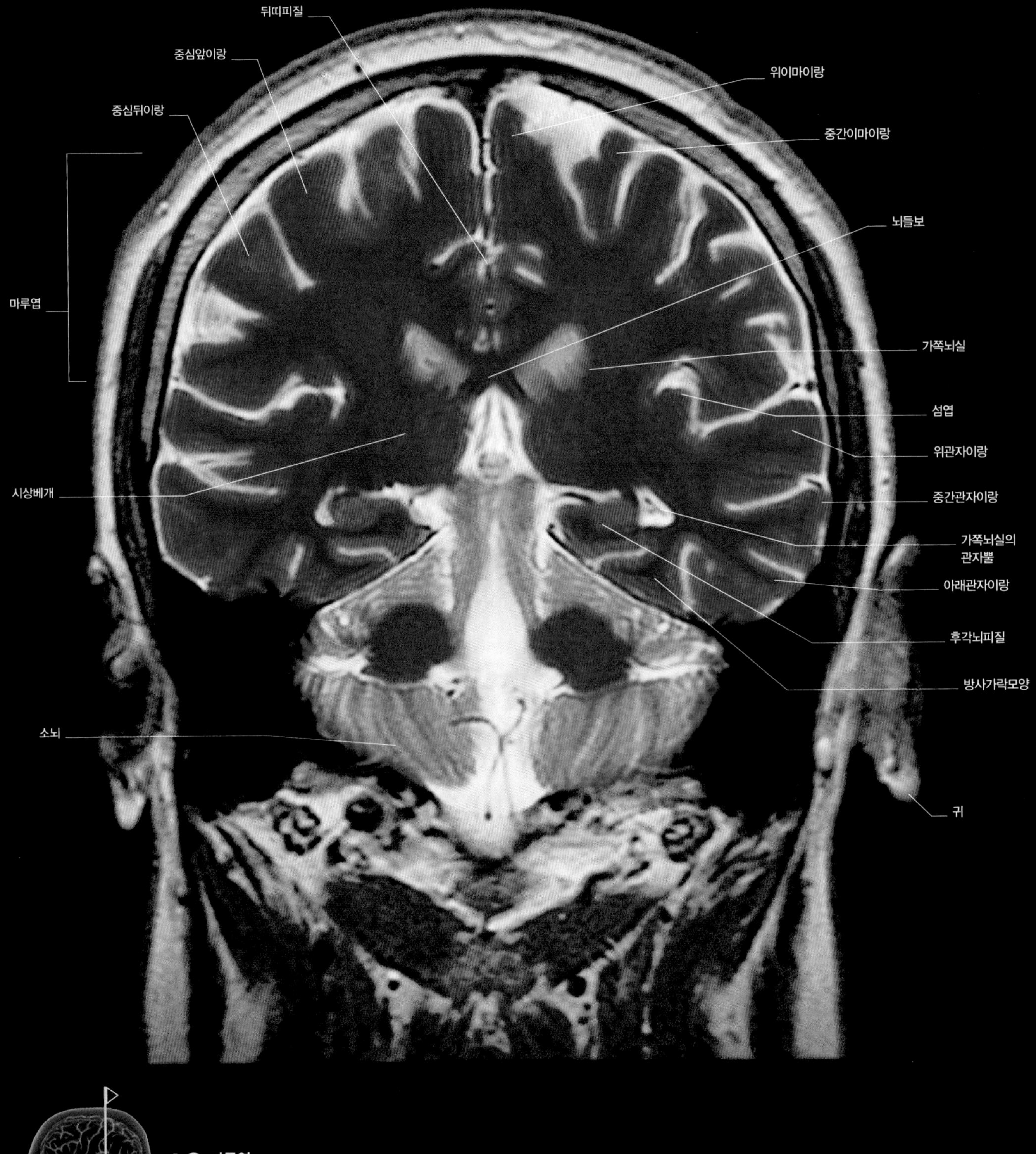

뒤띠피질
중심앞이랑
중심뒤이랑
위이마이랑
중간이마이랑
뇌들보
마루엽
가쪽뇌실
섬엽
위관자이랑
시상베개
중간관자이랑
가쪽뇌실의 관자뿔
아래관자이랑
후각뇌피질
방사가락모양
소뇌
귀

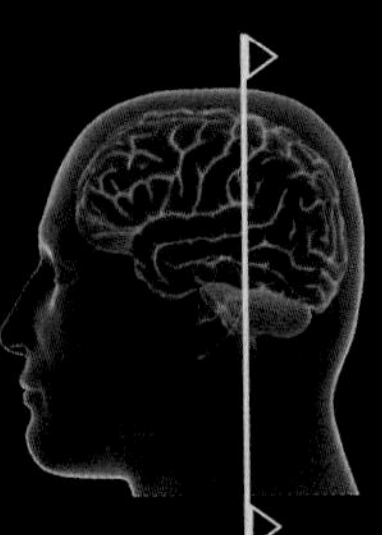

13 마루엽

마루엽에는 모서리위이랑과 모이랑이 포함된다(29-35쪽의 단면 14-20 참고). 마루엽에서는 시각정보를 비롯하여 척수의 등쪽경로(84-85쪽 참고)를 통해 전달되는 감각신호를 종합하여 몸과 팔, 다리의 위치를 추정하는 기능을 담당한다. 이 정보는 사물의 가까이에 다가가거나 물건을 잡기 위해 손을 뻗을 때 중요하다.

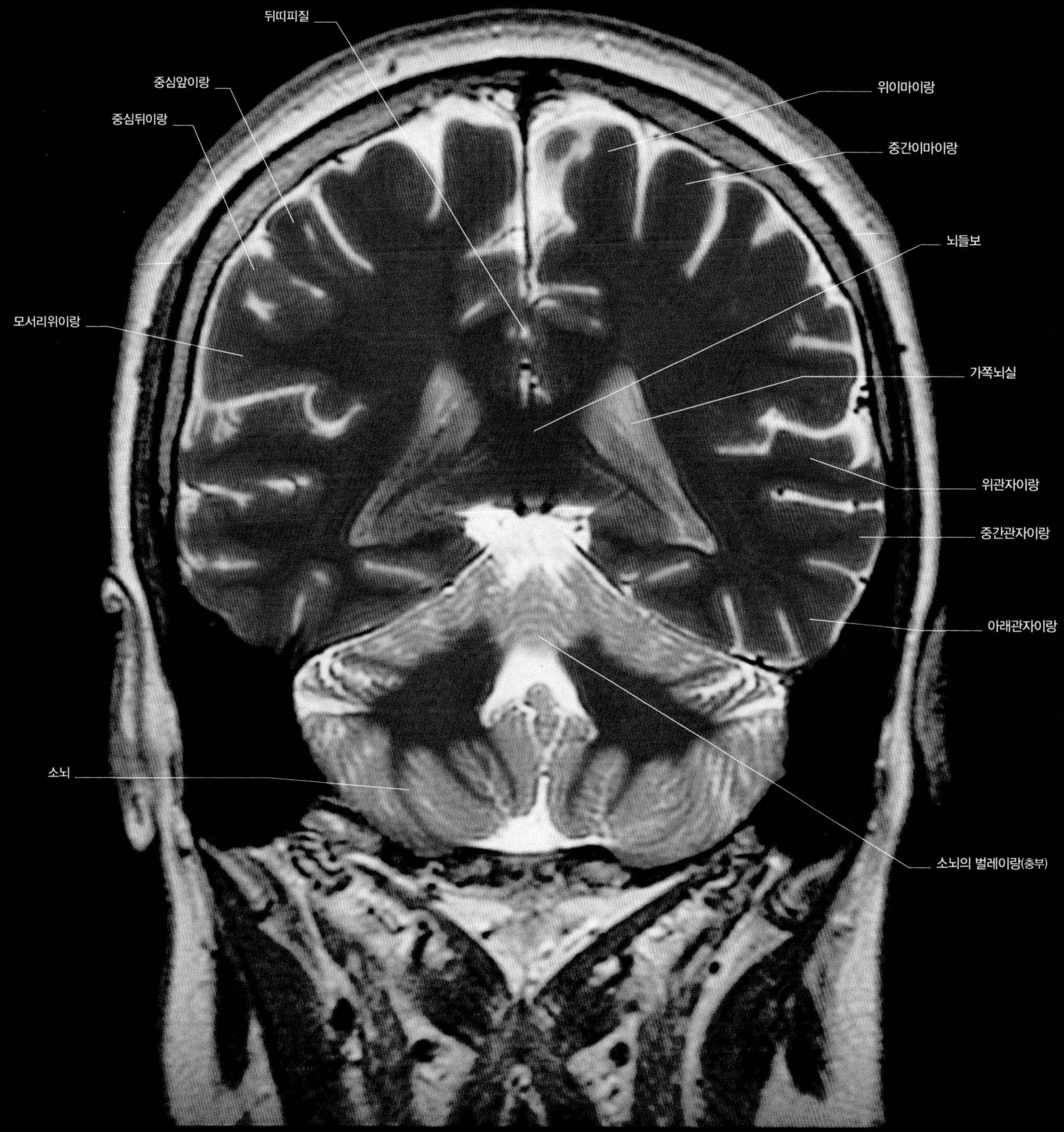

뒤띠피질
중심앞이랑
중심뒤이랑
위이마이랑
중간이마이랑
뇌들보
모서리위이랑
가쪽뇌실
위관자이랑
중간관자이랑
아래관자이랑
소뇌
소뇌의 벌레이랑(충부)

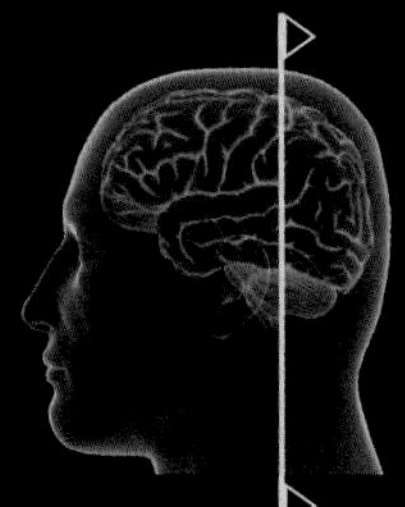

14 중심앞이랑과 중심뒤이랑

이마엽의 가장 뒷부분은 중심앞이랑이다. 여기에는 몸의 각 부위로 운동신호를 보내는 운동피질이 있다. 바로 뒤에 인접한 마루엽피질은 중심뒤이랑이라 하며 중심앞이랑에 부위별로 대응하는 감각신경이 있다.

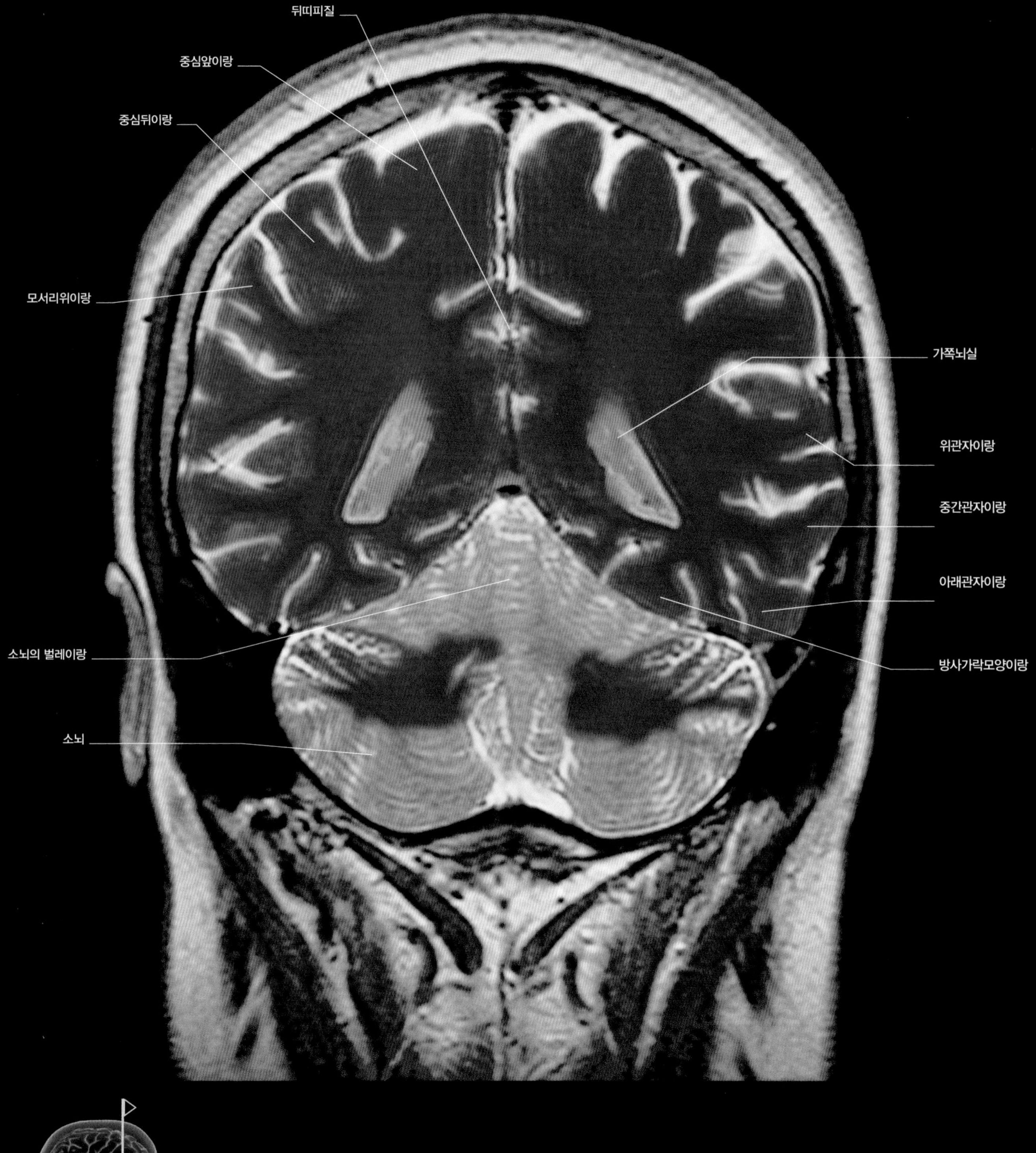

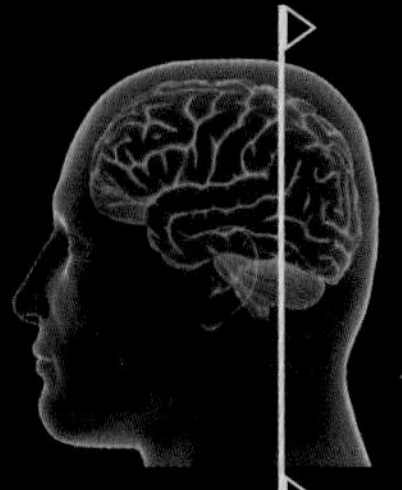

15 일차청각피질

일차청각피질은 귀에서 전달된 청각 신호가 시상을 통해 도달하는 피질로 관자엽과 마루엽 사이의 고랑 안쪽, 위관자이랑 위에 있다. 일차청각피질에 바로 옆에 베르니케 영역이 있는데, 이곳은 소리를 언어로 이해하는 역할을 담당한다.

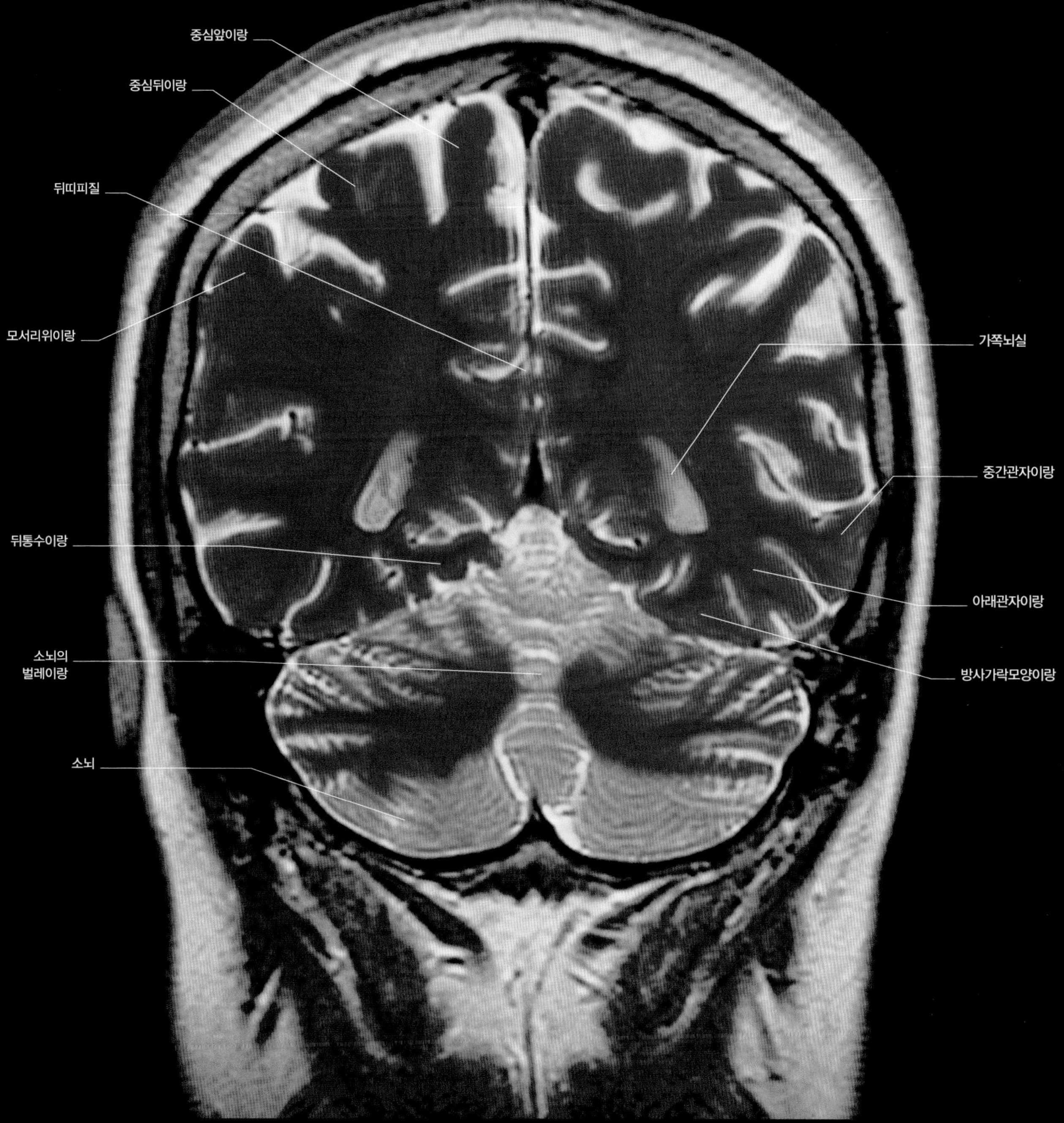

중심앞이랑
중심뒤이랑
뒤띠피질
모서리위이랑
가쪽뇌실
중간관자이랑
뒤통수이랑
아래관자이랑
소뇌의 벌레이랑
방사가락모양이랑
소뇌

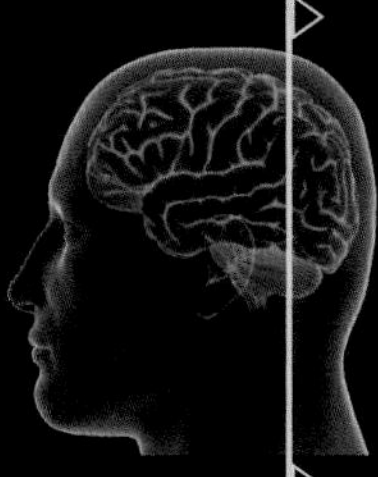

16 방사가락모양이랑

아래관자이랑과 방사가락모양이랑은 관자엽의 바닥에 위치하며 사물의 인식과 관련된 것으로 알려져 있다. 방사가락모양이랑의 일부는 얼굴을 인식하는 부분으로 알려져 있다. 얼굴의 특징을 인식하는 것은 물론이고 표정의 의미를 파악하는 기능도 담당하므로 인간관계에 중요한 역할을 한다.

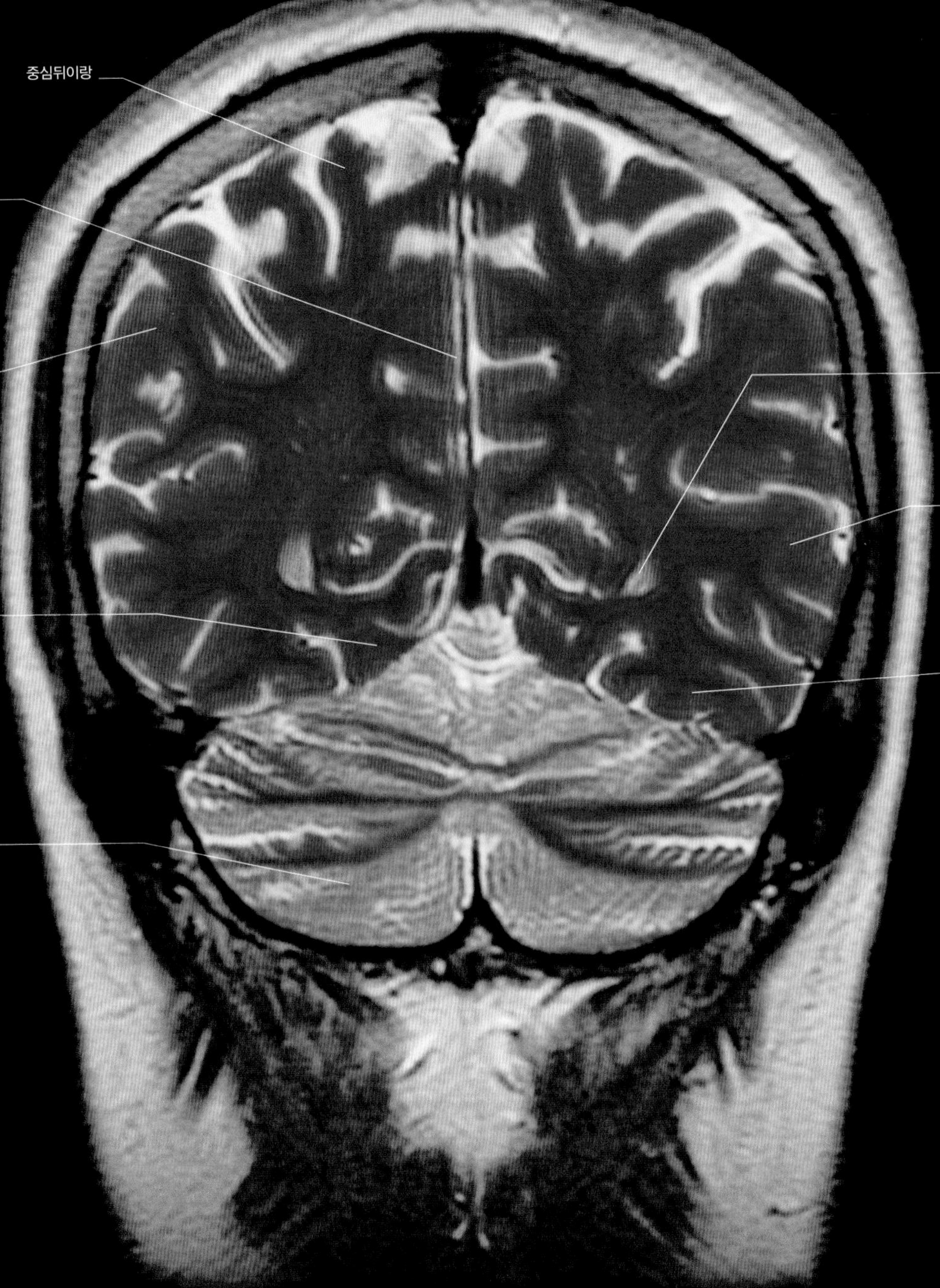

중심뒤이랑

뒤띠피질

모서리위이랑

가쪽뇌실

중간관자이랑

뒤통수이랑

아래관자이랑

소뇌

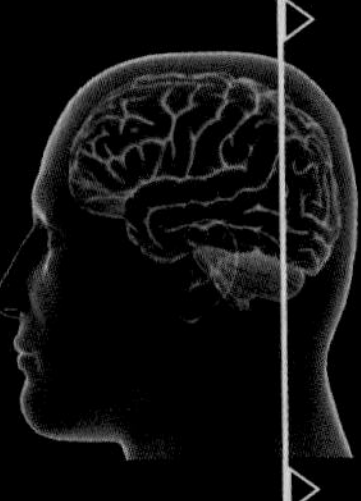

17 소뇌

연한 파란색으로 표시된 소뇌는 매우 구불구불한 형태로 대뇌의 뒤편 아래쪽에 있다. 소뇌는 미세한 운동을 제어하고 움직임의 개시를 조절하는 기능을 담당한다. 따라서 대뇌의 운동피질과 소뇌 사이에는 무수히 많은 신경섬유가 연결되어 있다.

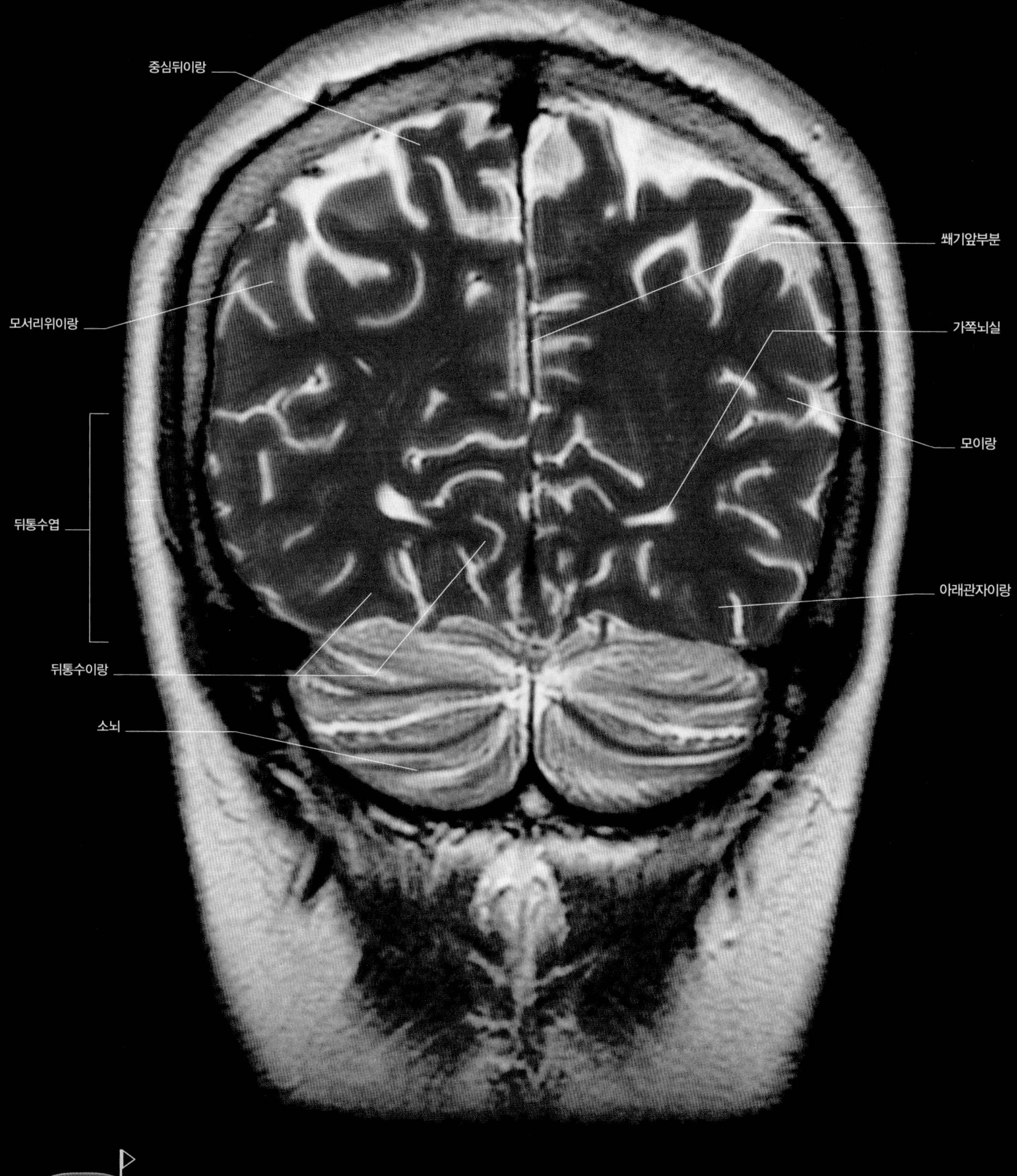

중심뒤이랑

쐐기앞부분

모서리위이랑

가쪽뇌실

모이랑

뒤통수엽

아래관자이랑

뒤통수이랑

소뇌

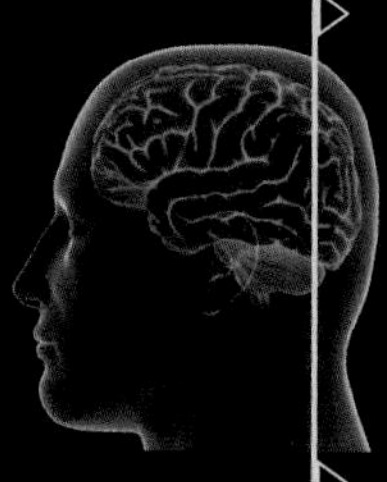

18 뒤통수엽

뒤통수엽은 시각과 관련이 있다. 뒤통수엽의 가장 앞쪽에는 일차시각피질(35쪽의 단면 20 참고)에서 전달된 신호를 분석하여 모양과 색을 감지한다. 이 신호는 아래관자이랑(31쪽 단면 16 참고)으로 전달되어 앞쪽통로를 형성한다. 사물의 인식을 담당한다.

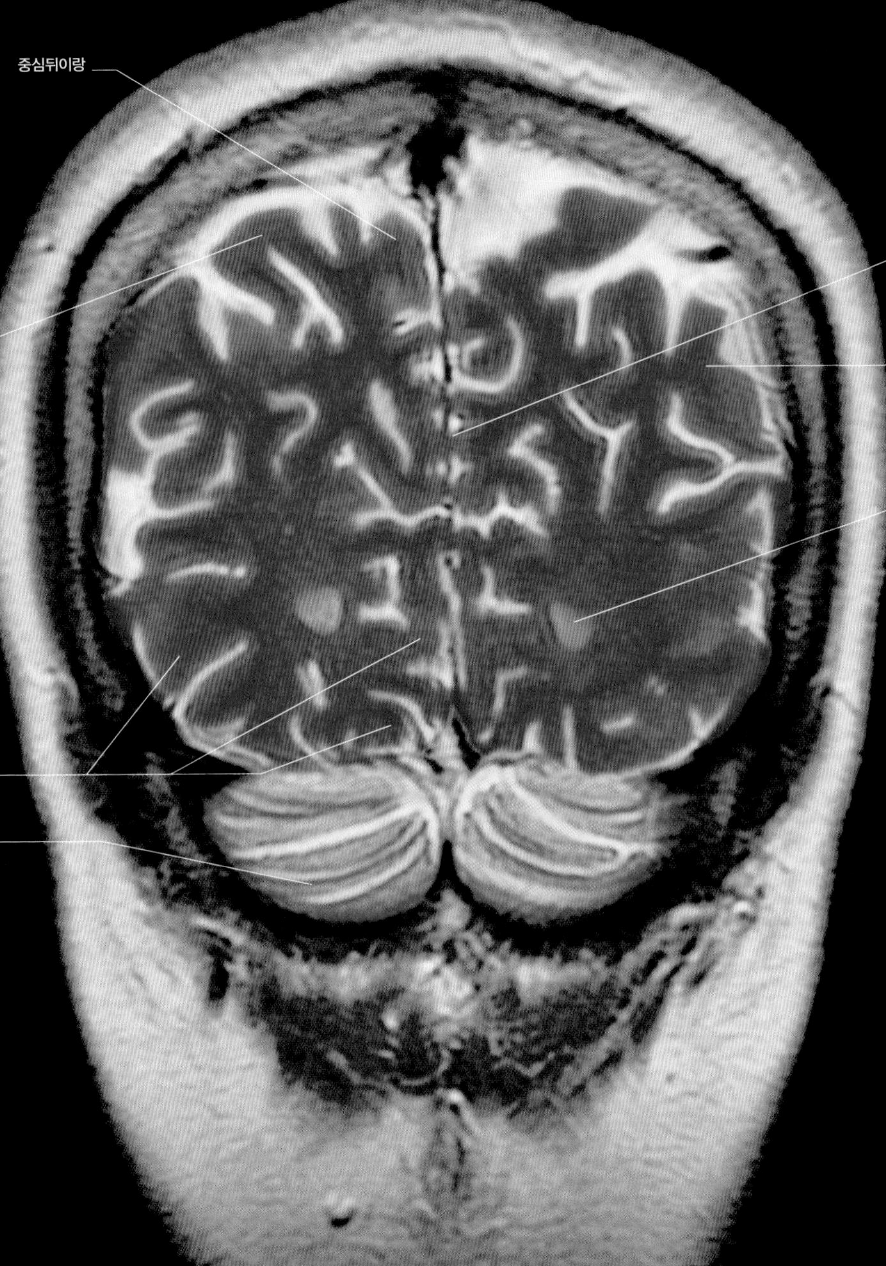

중심뒤이랑

쐐기앞부분

위마루소엽

모이랑

가쪽뇌실

뒤통수이랑

소뇌

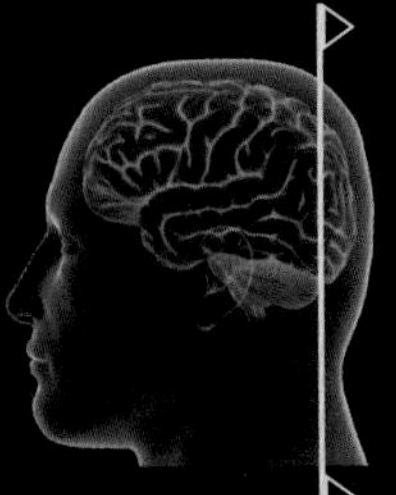

19 쐐기앞부분과 뒤띠피질

쐐기앞부분은 마루엽의 뒤쪽, 그리고 양쪽 대뇌 사이의 뒤띠피질(32쪽 단면 17 참고)의 뒤편에 위치한다. 아직 그 기능이 명확히 알려지지 않은 부분이다. 특히 자기 자신과 관련된 기억과 관련있을 것으로 추정된다.

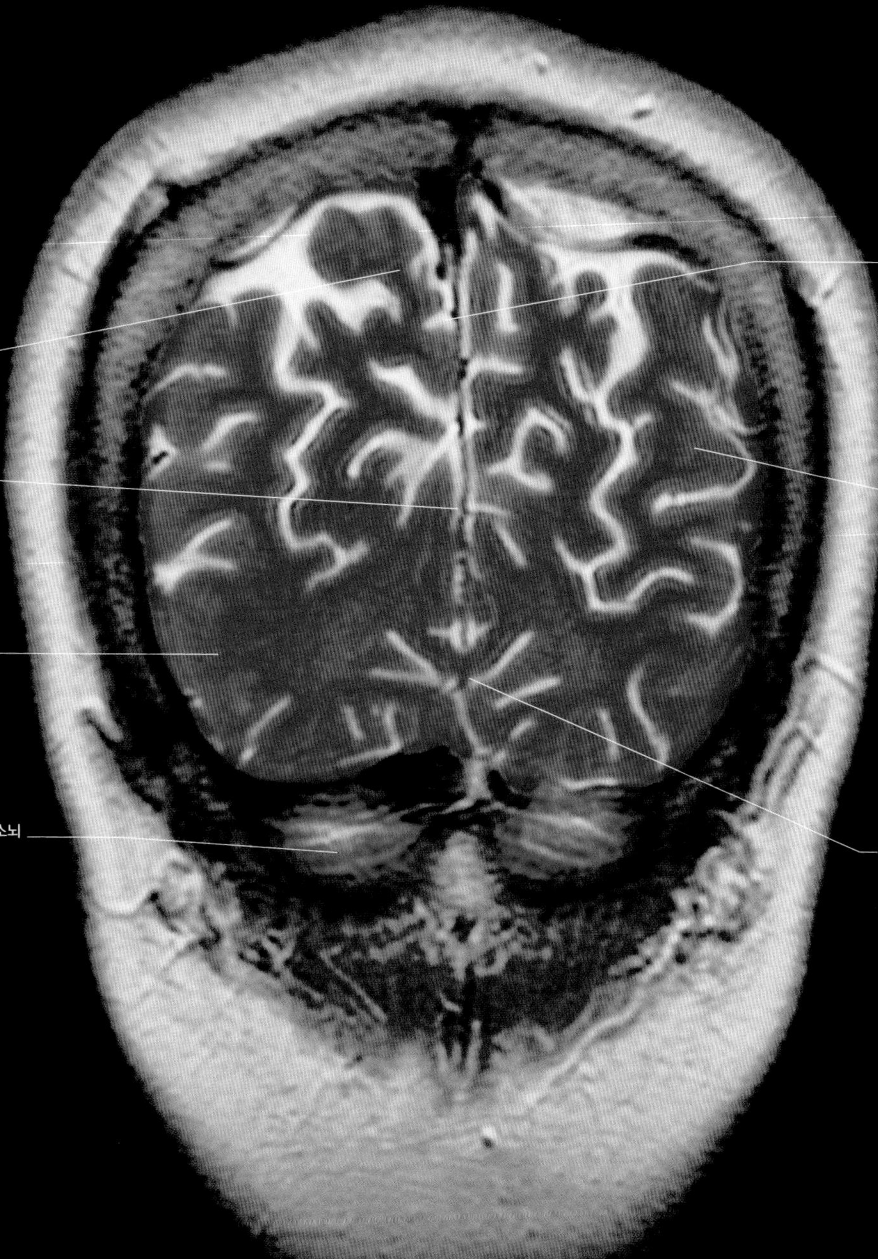

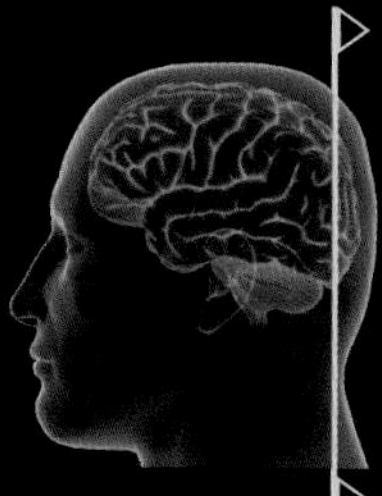

20 일차시각피질

일차시각피질은 대뇌의 뒷부분, 양쪽 대뇌반구의 안쪽에 있다. 눈에서 시상을 통해 전달되는 신호가 처음 도달하는 피질이다. 시각정보는 망막에 맺힌 모양 그대로 대뇌피질에 전달된다. 즉, 망막의 부위별로 연결된 일차시각피질이 서로 다르다.

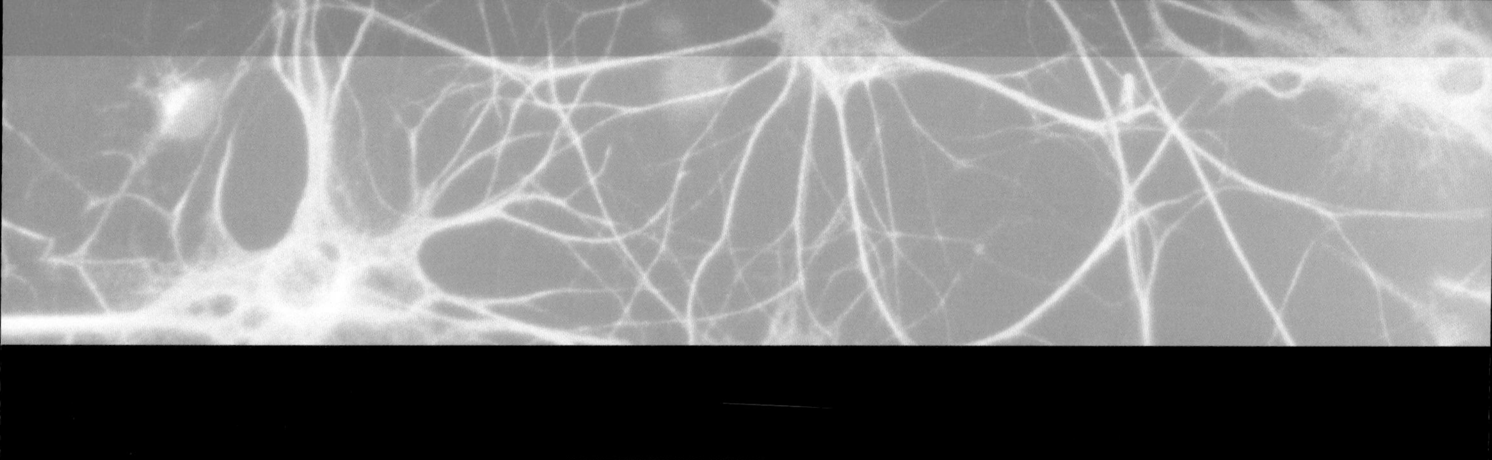

인간의 뇌는 끊임없이 주변의 자극에 반응하며 몸의 다른 부위와 몸 밖의 환경으로부터 계속해서 정보를 수집하는 복잡한 통신망의 중심이다. 이러한 정보는 뇌에서 해석되며, 시각, 소리, 감정, 그리고 생각 등의 경험을 구성한다. 그러나 뇌의 가장 기본적인 기능은 몸의 여러 곳을 조절하는 것이다. 여기에는 심장을 계속 뛰게 해 생명을 유지하는 것부터 복잡한 행동에 이르는 여러 가지가 포함된다.

뇌와 몸

뇌의 기능

뇌의 가장 중요한 기능은 몸을 주변 환경에 가장 적절하게 맞추어 생존의 가능성을 최대한 키우는 것이다. 뇌에서는 다양한 자극을 수용하며, 이에 대한 적절한 반응을 유도한다. 이러한 과정을 통해서 개인의 고유한 경험이 쌓인다.

뇌가 하는 일

뇌는 온몸의 감각기관에 분포하는 신경세포에서 발생한 전기 신호의 형태로 계속해서 정보를 수집한다. 그리고 이러한 정보 중에서 주의해야 할 것이 있는지 구분한다. 만약 주변에 변화가 없고 모든 상태가 그대로임을 알려주는 신호라면 더는 신경 쓰지 않게 된다. 그러나 새로운 정보이거나 중요한 것이라면 뇌에서는 그 신호를 증폭시켜서 신호가 발생한 부위를 인지하게 된다. 이런 상황이 오래 지속되면 기억에 남는 경험이 된다. 경우에 따라서는 의식하기도 전에 뇌에서 신호를 전달하여 근육을 수축하게 하는 반사 작용과 같은 현상도 발생한다.

뇌와 몸
뇌와 척수는 몸의 모든 기능을 조절하는 중심인 중추신경계를 이루고 있다.

뇌의 주요 특징

특징	내용
정보 처리	뇌에는 엄청난 양의 정보가 입력된다. 그러나 그중 극히 일부만 처리 과정을 거쳐 의식 단계로 보고된다. 심지어 의식하지 못하는 경험도 있다. 때로는 의식하지 못하는 뇌의 작용이 행동으로 나타난다(116쪽과 191쪽 참고).
신호 전달	뇌에는 약 1000억 개의 세포가 있다. 그중 대략 10퍼센트가 전기신호를 주고받는 신경 단위세포인 뉴런이다. 이 세포에서 전달되는 신호로 신체 각 부위의 기능이 조절된다. 신호 자체는 전기적인 특성을 지니고 있지만 전달되는 과정은 신경전달물질이라는 화학물질에 의해 전파된다.
구성단위와 연결	뇌는 고유한 기능을 담당하는 부분들로 구성되어 있다. 이러한 구성단위는 서로 연결되어 상호작용을 하며 고유 기능을 해낸다. 감각 기능과 같이 다소 낮은 수준의 기능은 관련 부위가 매우 엄격하게 나뉘어 있으나 기억이나 언어와 같은 고위 기능은 여러 영역이 서로 얽혀서 작용한다.
개성	기본적인 뇌의 구조는 유전자에서 결정된다. 몸의 다른 부분과 마찬가지로 뇌도 기본적인 구조 자체는 같다. 그러나 개개의 뇌에는 모두 독특한 특성이 있다. 심지어 일란성 쌍둥이라 할지라도 태어날 때부터 뇌는 서로 다르다. 뇌는 주변 환경에 매우 민감하기 때문이다. 각자의 뇌가 달라 성격도 다르다.
유연성	뇌 조직은 근육처럼 사용하는 정도에 따라서 강화될 수 있다. 악기를 연주하거나 수학 문제를 푸는 것처럼 특정 기술을 배우고 연습하면 그것과 관련된 뇌의 영역이 커진다. 반복적인 훈련으로 특정한 일을 해내는 능력이 향상되고 효율도 높아진다.

뇌는 어떻게 작동하나

전기적 신호가 어떻게 경험이 되는지는 아직 정확히 밝혀지지 않았다. 뇌에 수용되는 다양한 정보가 생각이나 감정과 같은 개별적인 경험으로 처리되는 과정에 대해서는 많은 것들이 밝혀졌다. 대부분은 그러한 정보가 어디에서 오는 것인지에 달려 있다. 감각기관은 서로 다른 자극에 반응한다. 즉 눈은 빛에 반응하고 귀는 소리에 반응한다. 이런 감각기관에서 각각의 자극에 대한 반응으로 전기신호가 발생하고, 그 신호가 뇌로 전달되어 처리 과정을 거친다. 각각의 정보는 뇌의 서로 다른 부분으로 전달되며 서로 다른 신경 경로를 따라 처리된다. 정보가 서로 다른 곳에서 처리되면서 경험의 내용도 달라진다.

활동
뇌의 특정 부위는 몸을 움직이는 것을 담당한다. 뇌줄기는 호흡이나 심장 박동과 관련된 폐와 흉곽의 움직임을 조절하며 혈관을 수축하거나 이완해 혈압을 조절한다. 의식적인 활동으로는 일차운동피질에서 발생한 신호가 소뇌와 바닥핵을 거쳐 사지와 몸통, 그리고 머리를 포함한 전신의 근육으로 전달되어 몸을 움직인다.

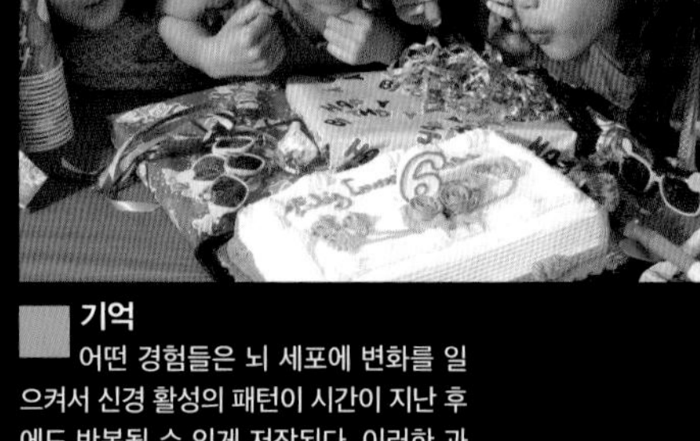

기억
어떤 경험들은 뇌 세포에 변화를 일으켜서 신경 활성의 패턴이 시간이 지난 후에도 반복될 수 있게 저장된다. 이러한 과정을 통해 기억이 저장되며 과거의 기억은 현재 행동에 영향을 미친다.

언어
언어는 자신의 의사를 표현하는 말하기와 다른 사람의 말을 알아듣는 이해력, 두 가지 요소가 관여한다. 추상적인 기호와 실제 사물을 연결하는 것은 뇌의 능력, 즉 언어 능력에 달려 있다. 언어는 사람들 사이의 의사소통을 촉진하며 각자 자기 생각을 드러나게 하는 도구로 사용된다.

감정

생각이나 상상을 비롯한 자극에 의해 변연계, 특히 편도체가 활성화되면 몸에 변화가 생길 수 있다. 변연계에서 발생한 신호가 의식에 관여하는 이마엽앞피질에 있는 "연합영역"으로 전달되었을 때 자각하는 "감정"이 생긴다. 청소년기에는 편도에서 감정과 관련된 정보 처리를 주로 담당하며, 20대 후반이 되어야 이마엽앞피질이 충분한 기능을 할 수 있게 된다.

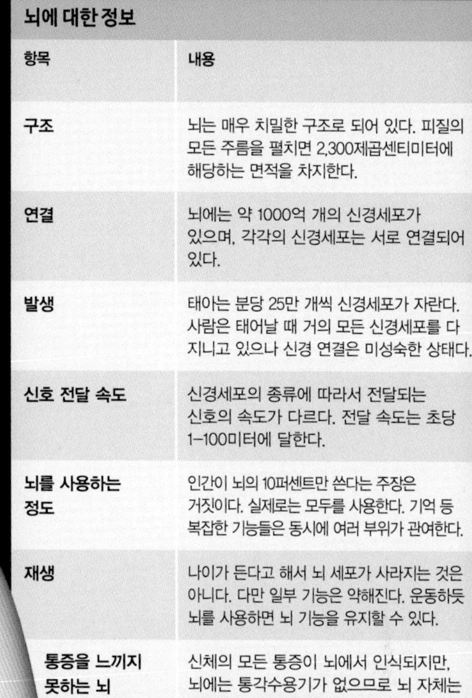

뇌에 대한 정보

항목	내용
구조	뇌는 매우 치밀한 구조로 되어 있다. 피질의 모든 주름을 펼치면 2,300제곱센티미터에 해당하는 면적을 차지한다.
연결	뇌에는 약 1000억 개의 신경세포가 있으며, 각각의 신경세포는 서로 연결되어 있다.
발생	태아는 분당 25만 개씩 신경세포가 자란다. 사람은 태어날 때 거의 모든 신경세포를 다 지니고 있으나 신경 연결은 미성숙한 상태다.
신호 전달 속도	신경세포의 종류에 따라서 전달되는 신호의 속도가 다르다. 전달 속도는 초당 1-100미터에 달한다.
뇌를 사용하는 정도	인간이 뇌의 10퍼센트만 쓴다는 주장은 거짓이다. 실제로는 모두를 사용한다. 기억 등 복잡한 기능들은 동시에 여러 부위가 관여한다.
재생	나이가 든다고 해서 뇌 세포가 사라지는 것은 아니다. 다만 일부 기능은 약해진다. 운동하듯 뇌를 사용하면 뇌 기능을 유지할 수 있다.
통증을 느끼지 못하는 뇌	신체의 모든 통증이 뇌에서 인식되지만, 뇌에는 통각수용기가 없으므로 뇌 자체는 통증을 느끼지 못한다.

계획
운동
사고
느낌
공간지각
판단
말하기
느낌
이해하기
소리
시각정보
맛
냄새
감정
기억
인식
시각
평형감각
각성

감각

주변의 환경에서 여러 감각기관을 거쳐 뇌로 전달되는 정보는 감각의 종류에 따라서 대뇌피질의 일차감각부위 중 특정 위치에 전달된다. 이러한 정보 중에는 자신의 몸 자체에 대한 것도 있다. 외부 자극이 없더라도 감각 부위는 계속해서 활성 상태에 있는데, 꿈을 통해 경험하는 것이나 환각, 상상 등의 상황과도 관련된 것으로 추정된다.

생각

뇌는 감각, 인식, 감정을 종합해서 행동의 계획을 세운다. 계획 중 일부는 뇌 내부의 활동, 즉 생각으로만 나타난다. 예를 들어 "속으로 말하기"의 경우 실제 말할 때 필요한 운동영역에 신호가 발생하지만 겉으로 드러나지는 않는다. 해마에서 발생하는 활동에 의해서 기억을 경험하게 된다.

인식

불꽃놀이를 보고 있으면 시각과 청각정보가 동시에 전달되는 것과 마찬가지로 우리는 대개 다양한 감각정보를 동시에 수용한다. 이러한 신호는 대뇌의 연합영역에서 통합된다. 최종적인 정보가 의식에 전달되면 다양한 감각에 의한 인식의 형태로 저장된다. 다양한 형태의 감각정보가 일정한 형태의 인식으로 저장되는 과정에 대한 신경과학 연구가 활발히 진행 중이지만 아직 알려지지 않은 것이 많다.

신경계

신경계는 몸의 구석구석을 이어주는 주요 통신 수단이며 각 부위를 제어하는 회로망이다. 전기신호의 형태로 전달되는 정보는 감각기관에서 발생하여 복잡한 신경세포의 네트워크를 거쳐 순식간에 뇌로 전달된다.

신경계는 단일 통신망을 이루고 있지만 해부학적으로 그리고 기능적으로는 세 부분으로 나뉜다. 중추신경계는 몸의 균형을 잡고 기능을 조정하는 중심 기능을 담당한다. 뇌와 척수로 구성되며 각각은 두개골과 척추로 안전하게 둘러싸여 있다. 말초신경계는 전신에 퍼져 있는 매우 복잡한 망구조로 되어 있다. 여기에는 뇌에서 기원하여 분지하는 12쌍의 뇌신경과 척수에서 나오는 31쌍의 척수신경이 포함된다. 말초신경계는 몸과 뇌를 신경신호의 형태로 연결하며, 신체 각 부분에서 뇌로 전달되는 구심성신경과 뇌에서 각 장기로 전달되는 원심성신경으로 나뉜다. 그리고 마지막으로 자율신경계가 있다. 자율신경계는 중추신경계와 말초신경계의 일부를 구조적으로 공유한다. 이 신경계는 의식적인 조절을 받지 않고 이른바 자율적으로 작동한다. 생명 유지에 기본적인 체온 유지, 심박수, 혈압 등이 자율신경계의 조절을 받는다.

감각 수용체에 입력된 감각정보는 말초신경계의 구심성신경을 통해 뇌로 전달된다. 뇌에서는 순식간에 전달된 감각신호를 처리하고 조절하며 해석한다. 뇌에서 행동을 결정하면 말초신경계의 원심성신경을 통해 근육으로 신호가 전달되어 외부 환경의 변화에 대응하는 행동을 취하게 된다.

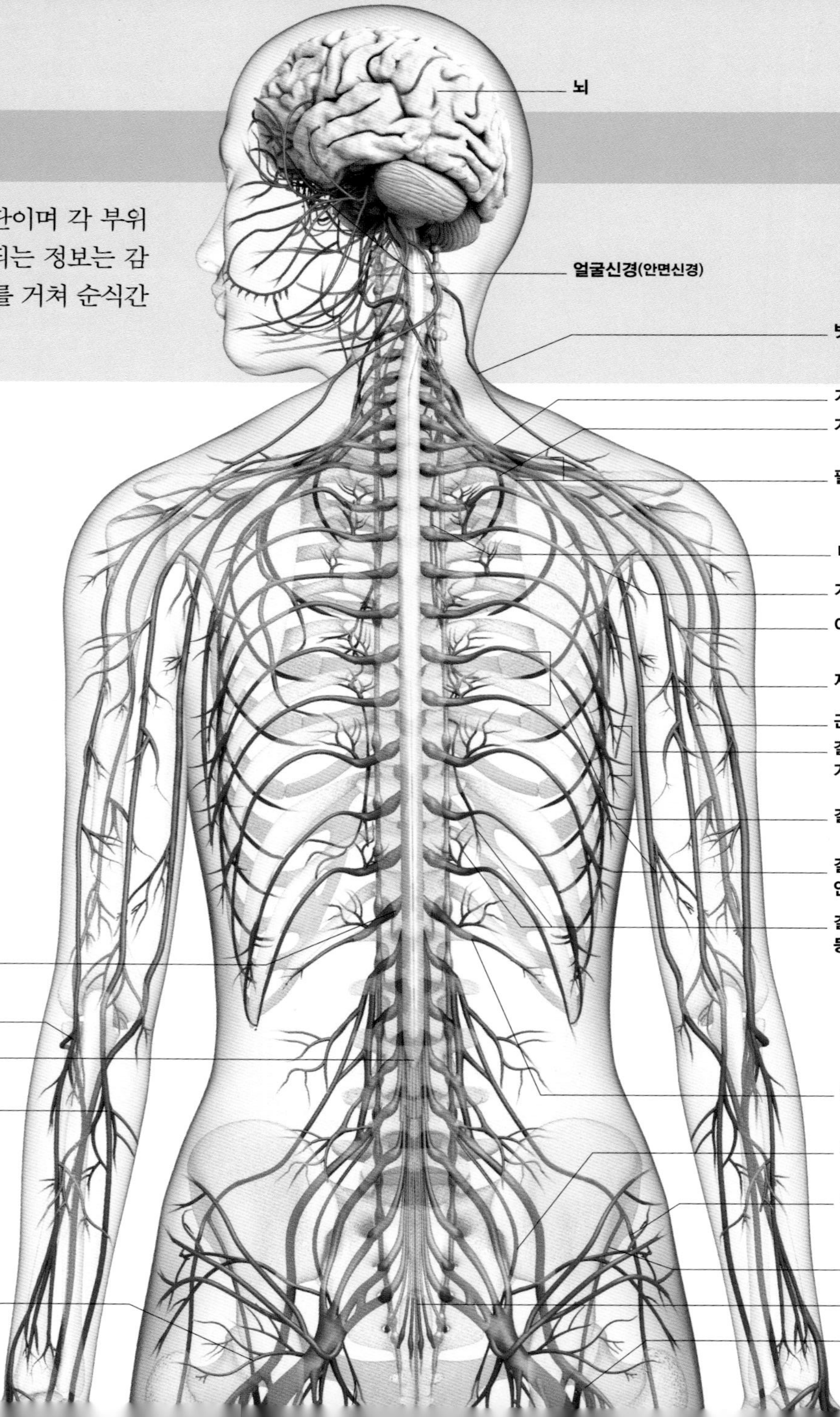

뇌
얼굴신경(안면신경)
빗장위신경(쇄골상신경)
겨드랑신경(액와신경)
가로막신경(횡격막신경)
팔신경얼기(상완신경총)
미주신경
가쪽가슴근신경(외측흉신경)
어깨세모근신경(삼각근신경)
자신경(척골신경)
근피신경
갈비사이신경의 가쪽피부가지
갈비사이신경(늑간신경)
갈비사이신경의 안쪽피부가지
갈비사이신경의 등쪽가지
척수신경절
노신경(요골신경)
척수
정중신경
갈비밑신경
폐쇄신경
엉덩아랫배신경(장골하복신경)
엉덩샅굴신경(장골서혜신경)
볼기신경
종말끈
넙다리신경

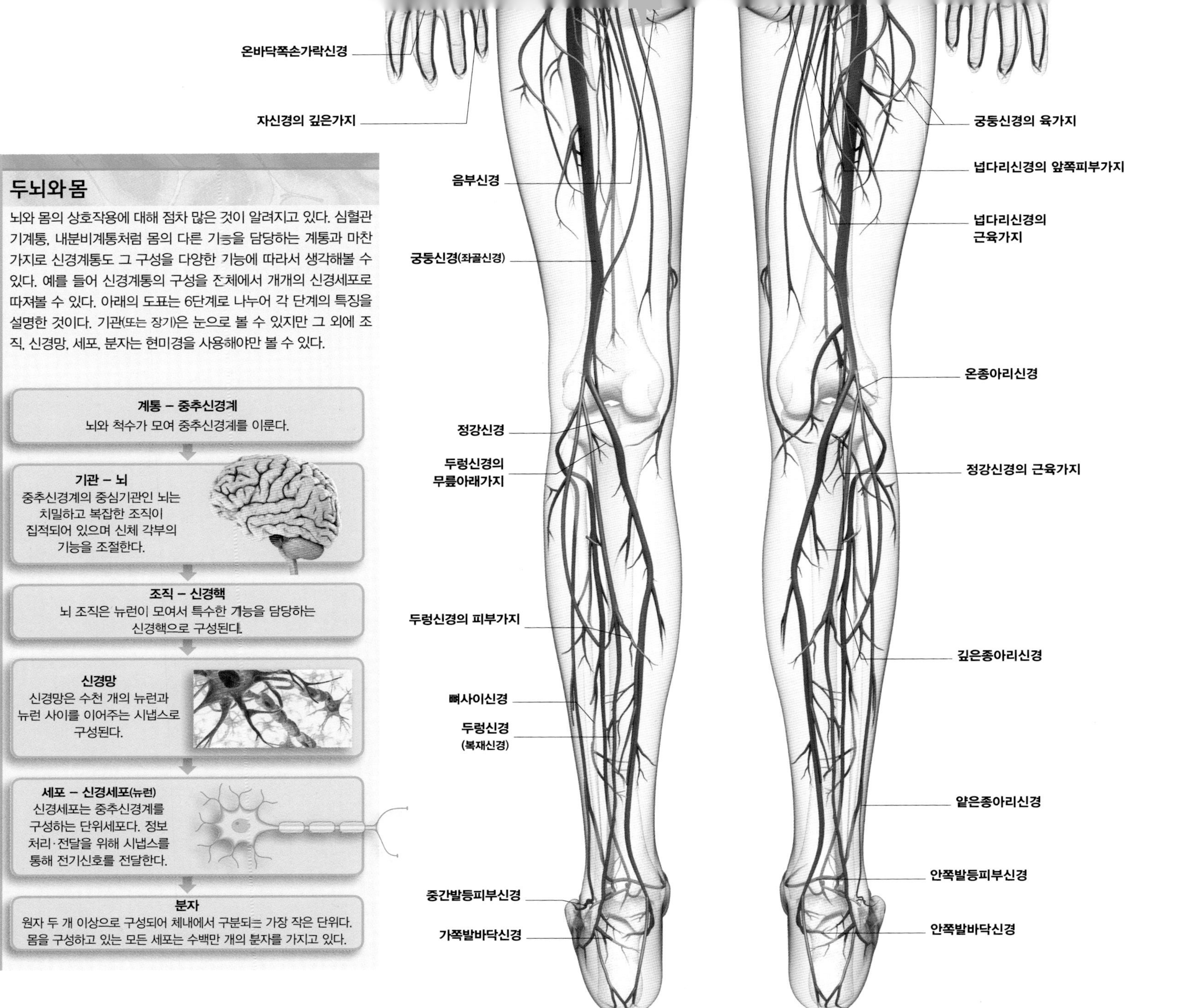

두뇌와 몸

뇌와 몸의 상호작용에 대해 점차 많은 것이 알려지고 있다. 심혈관기계통, 내분비계통처럼 몸의 다른 기능을 담당하는 계통과 마찬가지로 신경계통도 그 구성을 다양한 기능에 따라서 생각해볼 수 있다. 예를 들어 신경계통의 구성을 전체에서 개개의 신경세포로 따져볼 수 있다. 아래의 도표는 6단계로 나누어 각 단계의 특징을 설명한 것이다. 기관(또는 장기)은 눈으로 볼 수 있지만 그 외에 조직, 신경망, 세포, 분자는 현미경을 사용해야만 볼 수 있다.

계통 – 중추신경계
뇌와 척수가 모여 중추신경계를 이룬다.

기관 – 뇌
중추신경계의 중심기관인 뇌는 치밀하고 복잡한 조직이 집적되어 있으며 신체 각부의 기능을 조절한다.

조직 – 신경핵
뇌 조직은 뉴런이 모여서 특수한 기능을 담당하는 신경핵으로 구성된다.

신경망
신경망은 수천 개의 뉴런과 뉴런 사이를 이어주는 시냅스로 구성된다.

세포 – 신경세포(뉴런)
신경세포는 중추신경계를 구성하는 단위세포다. 정보 처리·전달을 위해 시냅스를 통해 전기신호를 전달한다.

분자
원자 두 개 이상으로 구성되어 체내에서 구분되는 가장 작은 단위다. 몸을 구성하고 있는 모든 세포는 수백만 개의 분자를 가지고 있다.

뇌와 신경계

뇌는 신체 부위 중 가장 높은 곳에 있으며 몸의 모든 동작과 행동을 조절한다. 척수와 척수에서 나와 전신에 그물처럼 뻗어 있는 신경망을 통해 이러한 조절 신호가 전달된다.

피질

뇌줄기

척수의 크기

척수는 뇌줄기에서부터 제1번 허리뼈(요추)까지 이어져 있으며 제1번 허리뼈 아래로는 종말끈이라는 가느다란 실이 모여 있는 구조로 바뀌어 꼬리뼈까지 이어진다.

척수

종말끈

꼬리뼈

허리뼈부위

척수

척수는 뇌신경의 지배를 받는 얼굴을 제외한 전신에 뇌의 신호를 전달한다. 뇌에서 전달되는 신호는 전기 신호의 형태로 척수를 따라 이동한다. 척수는 신경세포에서 뻗어 나온 수많은 신경섬유다발로 이루어져 있다. 몸의 여러 곳에 분포하고 있는 감각기관에서 수집된 정보는 척수신경을 통해 척수를 따라 뇌로 전달된다. 운동신호는 뇌의 운동 중추에서 척수와 척수신경을 통해 각 부위의 근육으로 전달된다.

척수의 구조

척수의 중심부는 신경세포, 즉 뉴런이 모인 회색질로 구성되어 있다. 바깥쪽은 신경세포에서 나오는 기다란 축삭이 모인 백색질로 구성되어 있다.

신경섬유

여러 신경 다발은 척수와 뇌 사이에서 신호를 전달하는 통로가 된다.

백색질

회색질

중심관

신경세포에 영양분을 공급하는 뇌척수액이 가득 차 있다.

척수신경

뇌와 몸을 연결하여 감각 신호와 운동신호를 전달한다.

앞쪽틈새

척수 앞쪽에 있는 깊은 틈

운동신경뿌리

근육으로 신호를 전달하는 신경섬유는 척수의 앞부분에서 탄생한다.

감각신경절

척수로 들어오는 신호를 부분적으로 처리하는 신경세포의 세포체가 모여 있는 곳

감각신경뿌리

뇌로 전달되는 촉감은 척수의 뒤편으로 연결되는 신경섬유를 따라 진행한다.

척수신경뿌리

척수신경

척수

척추

척수의 뒷면

척수신경의 모양

늘어서 있는 척추 사이의 틈을 통해 척수신경이 척수에 연결되어 있다. 척수신경은 척수의 앞과 뒤로 연결되는 척수신경뿌리들로 구분된다.

척수의 앞면

거미막밑공간

연질막

거미막

경질막

뇌척수막

척수를 둘러싸고 보호하는 결합조직. 세 개의 층을 이루고 있으며 가운데 층 바로 아래쪽에는 뇌척수액이 들어 있다.

척수신경

사람의 몸에는 31쌍의 척수신경이 존재한다. 각각은 척수에서 뻗어나가 복잡한 망 구조로 온몸에 퍼져 있다. 척수신경은 전신의 감각 수용체에서 인지한 감각정보를 척수로 전달한다. 척수에 도달한 감각정보는 뇌로 전달되어 처리 과정을 거친다. 또한 척수신경을 통해 각각의 근육을 움직이는 운동신경신호와 각종 내분비기관을 조절하는 신호가 전달된다. 뇌에서 각 장기로 내리는 지시는 척수를 따라 순식간에 전달된다.

척수의 구역

31쌍의 척수신경은 위치에 따라 4개의 구역으로 나뉜다.

목신경구역

8쌍의 목신경이 이 구역에서 기원하여 가슴과 얼굴, 목과 어깨, 팔, 손에 분포한다.

가슴신경구역

12쌍의 가슴신경이 이 구역에 분포한다. 등과, 배에 있는 근육과 갈비뼈사이근육을 지배한다.

허리신경구역

5쌍의 허리신경이 여기에 속하며 아랫배와 허벅지와 아랫다리에 분포한다.

엉치신경구역

6쌍의 엉치신경이 여기에 속하며 아랫다리와 발, 그리고 항문과 생식기 주변에 분포한다.

피부분절(피부신경절)

척수신경에는 전신의 피부에서 온 감각을 뇌로 전달하는 등쪽신경뿌리가 있다. 좌우 한 쌍의 척수신경이 각각 담당하는 피부 감각 영역은 정해져 있다. 이러한 신경별 피부 분포를 피부분절이라고 한다. 각각의 피부분절에 있는 감각 수용체와 연결되어 있는 신경섬유는 척수신경의 등쪽뿌리를 통해 척수로 전해지며, 해당 피부분절과 연결된 뇌 부위에 신호가 전해진다.

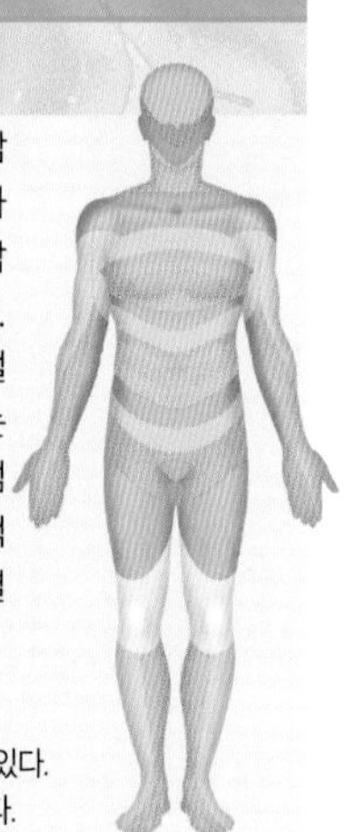

피부분절지도

옆의 그림에는 30개의 피부분절이 표시되어 있다. 각각의 영역은 해당 척수신경에 연결되어 있다.

뇌신경

사람의 몸에는 12쌍의 뇌신경이 있으며, 각각은 뇌에 직접 연결되어 있다. 눈이나 귀와 같이 얼굴에 있는 감각기관의 감각정보는 곧바로 뇌에 전달된다. 또한 뇌신경은 말을 하기 위해 입이나 입술을 움직이는 것처럼, 얼굴에 있는 각종 근육을 조종한다. 눈에 연결되어 있는 것을 시각신경이라고 하는 것처럼, 뇌신경은 각각의 기능에 따라서 이름이 붙어 있다. 또한 로마자 형태의 숫자로 표기하기도 한다. 다음은 뇌신경의 해부학적 구조에 대한 설명이다.

시각신경(II, 감각신경)
망막에 맺힌 시각정보는 눈 뒤편에 연결되어 있는 시각신경을 따라서 뇌로 전달된다. 양쪽 눈의 뒤편에 있는 시각신경은 시각교차에서 한 차례 만났다가 반대쪽 뇌로 시각정보를 전달한다.

눈돌림신경, 도르래신경, 가돌림신경
(Ⅲ, Ⅳ, Ⅵ, 운동신경)
이 세 신경은 의지에 따라 눈과 눈꺼풀이 움직이도록 조절한다. 눈돌림신경은 동공 수축을 조절한다.

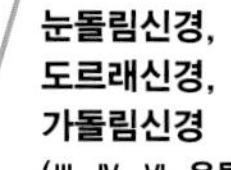

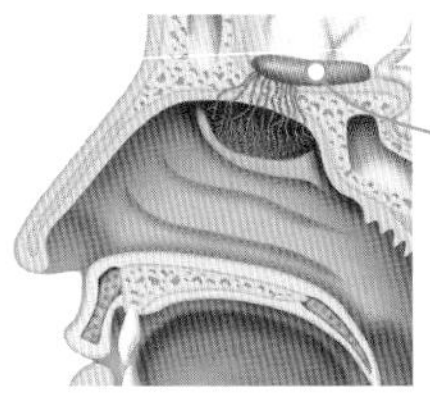

후각신경
(Ⅰ, 감각신경)
냄새와 관련된 분자가 코안으로 들어오면 후각망울(후구)에 위치한 신경에 전기 신호가 발생하며, 뇌의 변연계로 그 신호가 전달된다(64–65쪽 참고).

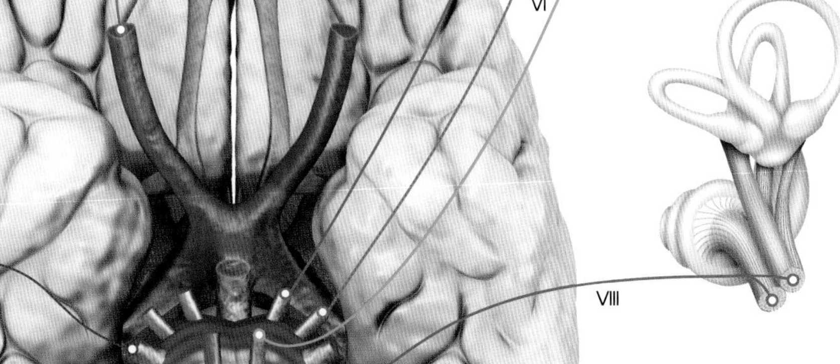

삼차신경
(Ⅴ, 2개의 감각신경과 1개의 혼합 신경가지)
이 신경의 눈신경가지와 위턱신경가지는 눈과 치아 그리고 얼굴의 감각신경을 뇌에 전달한다. 아래턱의 감각은 이 두 가지 신경가지를 제외한 나머지 신경가지로 전달된다. 운동신경섬유는 음식을 씹는 기능을 조절한다.

속귀신경(Ⅷ, 감각신경)
이 신경의 안뜰가지는 안쪽귀에서 수집된 평형감각정보를 뇌에 전달한다. 달팽이가지는 청각과 관련이 있다.

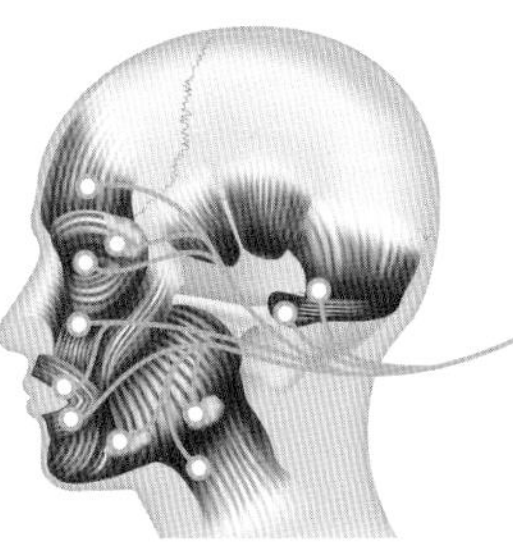

안면신경(Ⅶ, 운동 및 감각신경)
혀에서 맛을 감지하는 맛봉오리(미뢰) 중 혀의 앞쪽 3분의 2에 해당하는 부위의 맛 정보를 전달한다. 운동섬유는 표정과 관련된 얼굴의 여러 근육을 움직이게 한다. 또한 침샘과 눈물샘의 기능을 조절한다.

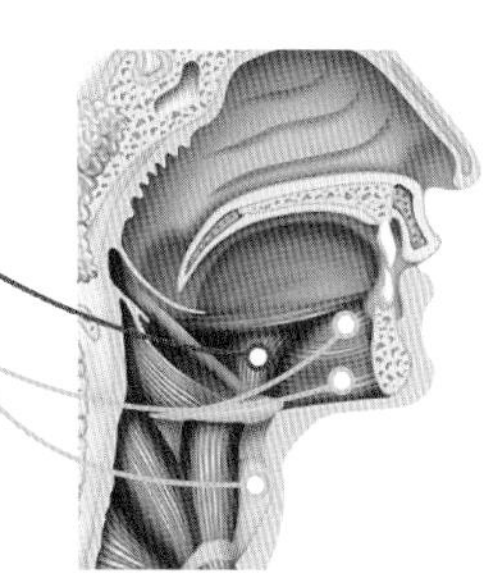

혀인두신경과 혀밑신경
(Ⅸ, Ⅻ, 운동 및 감각신경)
이 신경의 운동신경섬유는 혀를 움직이거나, 음식을 삼킬 때 필요한 근육 운동을 조절한다. 감각신경섬유는 혀와 인두의 맛과 감촉, 그리고 온도 정보를 전달하며 이 부분이 자극되면 구역반사가 일어난다.

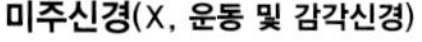

뇌신경 연결 관계

1번과 2번 뇌신경은 대뇌에 직접 연결되며 나머지 3번부터 12번은 뇌줄기에 연결된다. 뇌신경 중 감각신경섬유는 뇌의 바깥에 있는 신경세포체에서 뻗어 나온다. 이런 신경세포는 감각신경절이나 감각신경의 신경줄기에 있다.

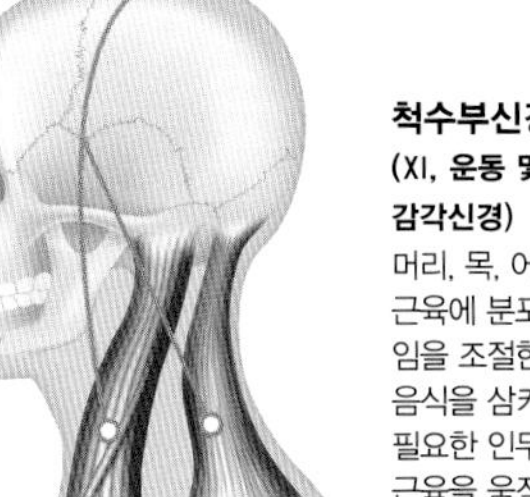

척수부신경
(Ⅺ, 운동 및 감각신경)
머리, 목, 어깨 주변의 근육에 분포하여 움직임을 조절한다. 또한 음식을 삼키는 동작에 필요한 인두와 후두의 근육을 움직인다. 감각신경의 기능은 아직 알려지지 않았다.

미주신경(Ⅹ, 운동 및 감각신경)
뇌신경 중 가장 길고 복잡하며 가지가 많다. 여기에는 자율신경, 감각과 운동신경이 혼합되어 있다. 머리 아래쪽과 인후, 목, 가슴과 배의 여러 장기 기능에 관여한다. 음식을 삼키거나 숨쉬기, 심장 박동 등의 중요한 기능을 담당하며, 위장 소화액 분비도 조절한다.

뇌의 크기, 에너지 대사, 보호

사람의 뇌는 체중의 2퍼센트 정도지만, 소비하는 에너지는 무척 많다. 기능이 워낙 다양하기 때문이다. 여러 겹의 막으로 둘러싸인 뇌는 두개골이 내부를 보호한다. 또 뇌척수액이 뇌를 둘러싼 공간에 가득 차 있어서 외부의 충격으로부터 보호한다.

뇌의 무게와 부피

평균적인 사람의 뇌 무게는 1.5킬로그램이다. 뇌의 부피와 모양은 길가에서 볼 수 있는 보통 크기의 꽃양배추와 비슷하다. 뇌 조직을 실제로 눌러보면 단단한 젤리 같은 촉감을 느낄 수 있다. 뇌의 크기는 지능과는 별 상관이 없다. 무게와 부피가 서로 다르더라도 뇌를 구성하는 신경세포와 시냅스의 수는 대체로 비슷하다. 20세 이후에는 매년 1그램씩 뇌의 무게가 가벼워진다. 신경세포가 죽으면 다른 세포로 대체되지 않고 그대로 무게와 부피가 줄어들기 때문이다. 그러나 뇌 기능을 유지하기에 충분한 신경세포가 있기 때문에 걱정할 필요는 없다.

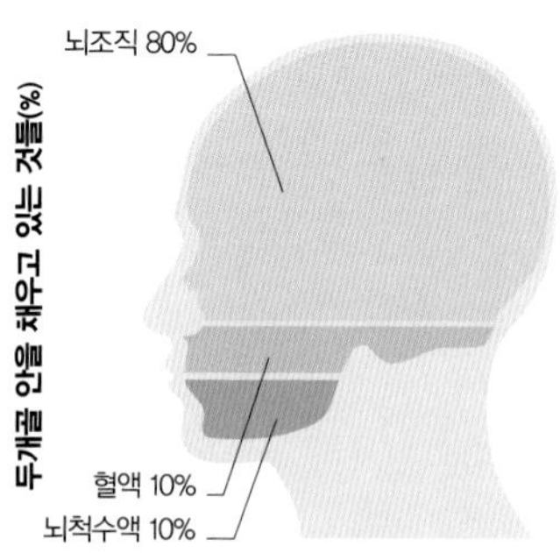

두개골 내부의 조성

뇌조직은 각각 신경세포(뉴런)로 구성된 회색질과 신경세포를 지지하는 아교세포로 구성된 백색질로 이루어져 있다. 여러개의 뇌실에는 뇌척수액이 들어 있으며, 뇌의 혈관 분포는 매우 풍부하다.

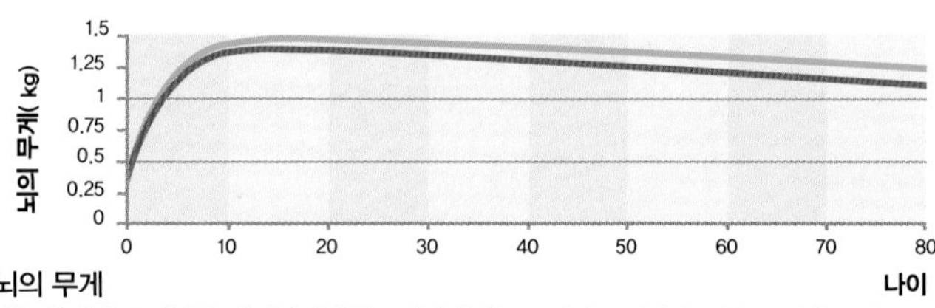

뇌의 무게

뇌는 출생 후 무게가 늘기 시작해서 청소년기에 최고 무게에 도달한다. 뇌를 구성하는 신경세포의 수는 유아기에 결정되지만 몸의 성장과 마찬가지로 그 크기와 연결망의 범위가 증가한다. 남자의 뇌는 평균적으로 출생 이후 같은 나이의 여성의 뇌보다 더 무겁다.

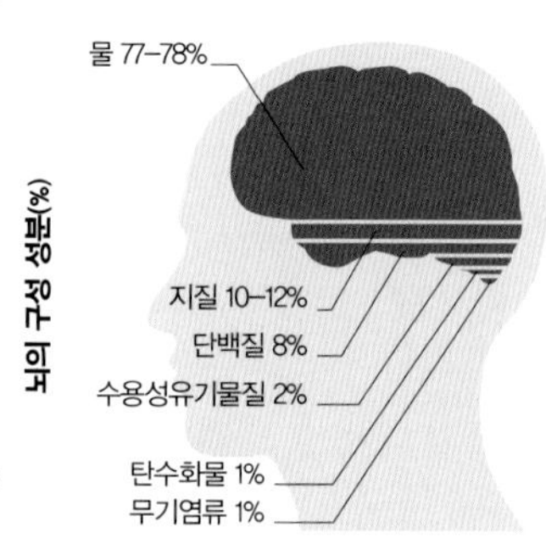

뇌의 구성 성분

뇌의 대부분은 신경세포와 아교세포의 세포질 성분과 혈액의 주요 성분인 물이다. 또한 뇌에는 세포막을 이루는 지질 성분이 풍부하다.

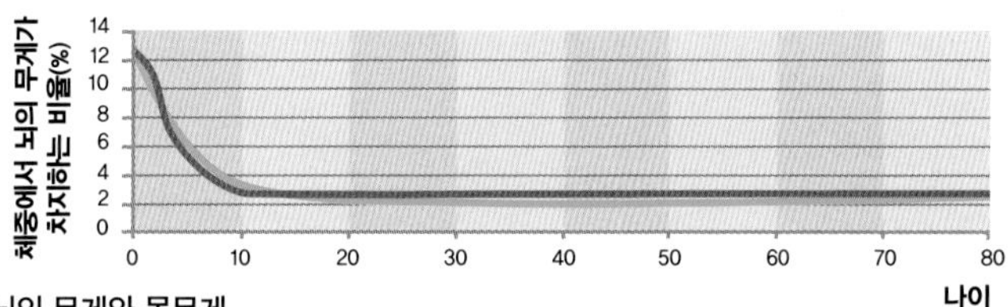

뇌의 무게와 몸무게

이 그래프는 나이에 따라 몸무게에서 뇌의 무게가 차지하는 비율을 나타낸 것이다. 태어난 직후의 아기는 성인보다 뇌가 차지하는 무게 비중이 여섯 배가 크다. 실제 평균 무게는 남성의 뇌보다 가볍지만, 여성의 경우 몸무게에서 뇌가 차지하는 비중은 13세 이후 남성보다 더 크다.

길이와 폭, 그리고 높이

뇌는 두개골 안에 있기 때문에 두개골의 크기로 뇌의 크기를 가늠할 수 있다. MRI 검사로 실제 뇌의 앞뒤 길이, 좌우 폭, 그리고 아래위 높이를 측정할 수 있다. 성인의 뇌 크기는 사람마다 큰 차이를 보이지만 평균적인 크기는 아래 그림에 표시된 것과 같다. 대뇌에는 많은 주름이 있어 실제 표면적은 매우 넓다.

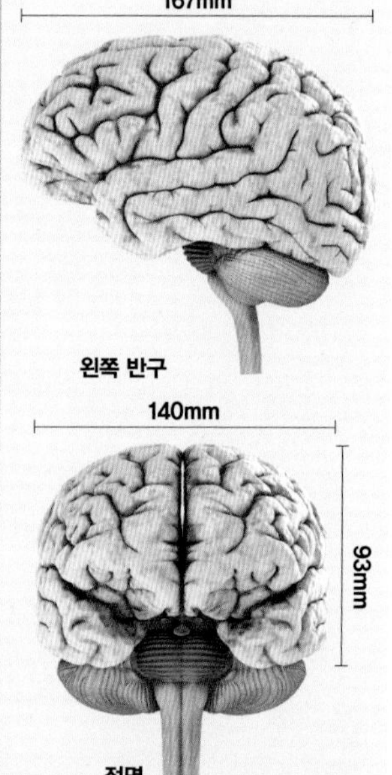

뇌의 부피와 생활 방식

음주가 뇌의 부피를 줄인다는 연구 결과가 최근 발표되었다. 습관적으로 술을 마시는 사람을 대상으로 뇌의 크기를 측정해서 두개골과 뇌 크기의 비율을 계산했다. 술을 전혀 마시지 않는 사람의 뇌가 술을 마시다 끊은 사람, 현재도 마시는 사람보다 큰 것으로 확인되었다. 평균적으로 술을 전혀 마시지 않는 사람의 뇌는 심하게 술을 마시는 사람의 뇌보다 부피가 1.6퍼센트 더 컸다. 이러한 효과는 노인 여성에서 더욱 두드러졌다. 규칙적으로 에어로빅을 하거나 스트레칭을 6개월 이상 하는 60–79세 노인을 대상으로 시행한 다른 연구에서는 운동을 하기 전과 후에 MRI 검사로 뇌의 크기를 비교했다. 그 결과 운동을 한 경우 뇌의 용적이 더 증가했다. 이 결과는 운동이 노인의 뇌 건강을 유지하는 데 유용함을 시사한다.

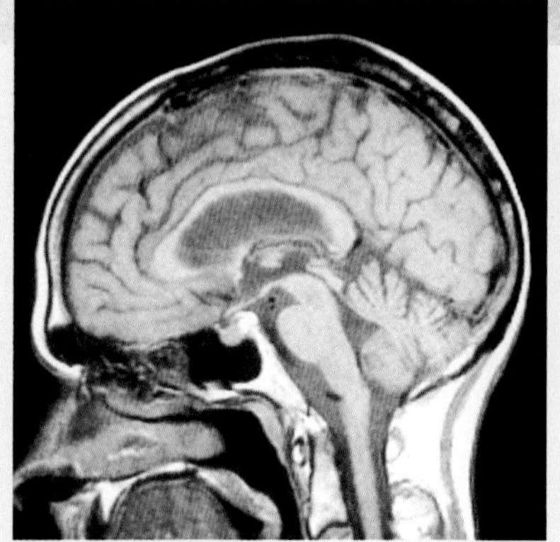
정상적인 남성의 뇌

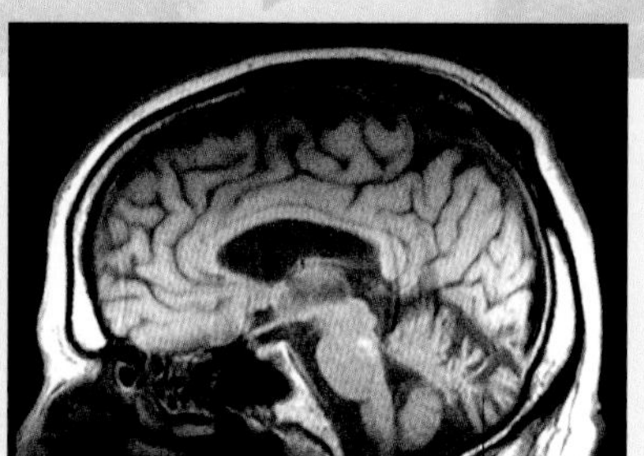
알코올의존증자의 뇌

소뇌의 퇴행성 변화

알코올의존증과 뇌의 위축

위의 그림처럼 알코올의존증은 소뇌의 퇴행성 변화를 촉진할 수 있다. 위의 영상이 좋지 않은 이유는 환자에게 알코올 금단 증상이 발생하여 검사 도중 몸을 가만히 두지 못하고 움직였기 때문이다.

산소와 포도당의 공급

평상시 뇌에서 사용하는 에너지원은 포도당이다. 물론 포도당이 충분하지 않은 상황에서는 단백질을 분해하여 에너지원으로 사용한다. 뇌는 몸에서 에너지 소비가 가장 왕성하다. 뇌의 무게는 체중의 2퍼센트에 불과하지만 체내 포도당의 20퍼센트를 소비한다. 음식으로 섭취한 탄수화물은 혈액을 따라 뇌로 이동한다. 대략 하루에 120그램의 포도당(열량으로 환산하면 420킬로칼로리에 해당)이 뇌에서 소비된다. 뇌에는 여분의 포도당이 저장될 수 없어 필요할 때마다 혈액으로 포도당이 공급되어야 한다. 산소나 포도당 공급이 10분만 중단되어도 뇌에 치명적인 손상이 발생할 수 있다. 갑작스러운 심장마비가 발생했을 때 즉각적으로 심폐소생술을 해야 하는 이유가 바로 여기에 있다.

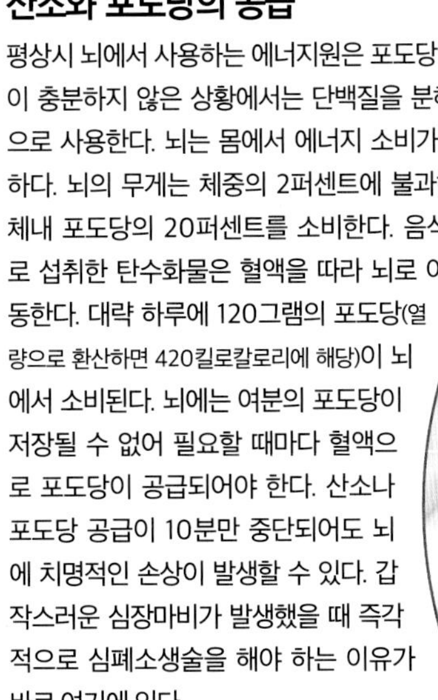

윌리스환
위의 혈관조영 사진과 왼쪽의 그림은 뇌 아래쪽에서 동맥 혈관이 서로 연결되어 원형 구조물을 이루고 있는 윌리스환이다. 이 혈관으로 공급되는 동맥혈은 뇌에 포도당과 산소를 공급한다. 어느 혈관이 막히면 주변의 다른 혈관이 대신한다.

뇌의 보호 수단

외부 충격에 의한 손상으로부터 뇌를 보호하기 위한 몇 가지 수단이 있다. 두개골은 외부 충격으로부터 뇌를 보호하는 상자 역할을 한다. 세 겹으로 되어 있는 뇌수막은 뇌를 둘러싸고 있으며 겉으로는 두개골에 맞닿아 있어서 두개골과 뇌 사이의 보호층 역할을 한다. 뇌를 둘러싸고 흐르는 뇌척수액은 뇌 조직에 영양분을 공급하며, 또한 충격을 흡수하여 뇌 조직을 보호하는 역할도 한다.

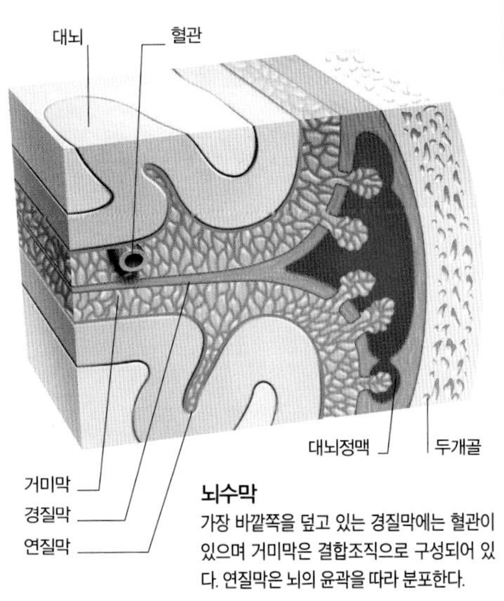

뇌수막
가장 바깥쪽을 덮고 있는 경질막에는 혈관이 있으며 거미막은 결합조직으로 구성되어 있다. 연질막은 뇌의 윤곽을 따라 분포한다.

뇌척수액의 이동 경로

뇌는 두개골 안의 뇌척수액에 떠 있다. 뇌척수액은 외부의 충격을 흡수하여 뇌를 보호한다. 뇌척수액은 뇌실에서 생성되며, 하루에 4-5회 새로운 뇌척수액으로 바뀔 만큼 생성된다. 뇌척수액에는 뇌세포에 영양을 공급할 수 있도록 포도당과 각종 단백질 성분이 함유되어 있다. 또한 감염으로부터 뇌를 보호하기 위해서 백혈구도 들어 있다.

뇌척수액은 뇌실을 따라 이동하며 대뇌의 동맥에 혈액이 공급되는 박동에 따라서 흘러간다.

1 뇌척수액의 생성(맥락얼기)
뇌척수액은 뇌실의 벽에 있는 얇은 막구조의 모세혈관 덩어리(맥락얼기)에서 생성된다.

2 뇌척수액의 흐름
뇌척수액은 가쪽뇌실에서 제3, 제4 뇌실로 흐른다. 그 이후에는 뇌의 뒤편으로 흘러나가 척수 주변으로 흘러서 화살표 방향처럼 뇌의 앞쪽으로 흘러간다.

3 척수주변의 순환
척추의 움직임에 의해 뇌척수액이 척수의 뒤로 흘러 들어가며 중심관으로도 흐른다. 그러고 나서 척수의 앞쪽을 따라 올라온다.

4 뇌척수액의 재흡수(거미막 과립)
뇌와 척수를 다 돈 뇌척수액은 마지막으로 매우 작은 크기의 거미막과립(거미막에서 시상정맥동굴로 돌출되어 있는 구조물)을 거쳐 혈관에 흡수된다.

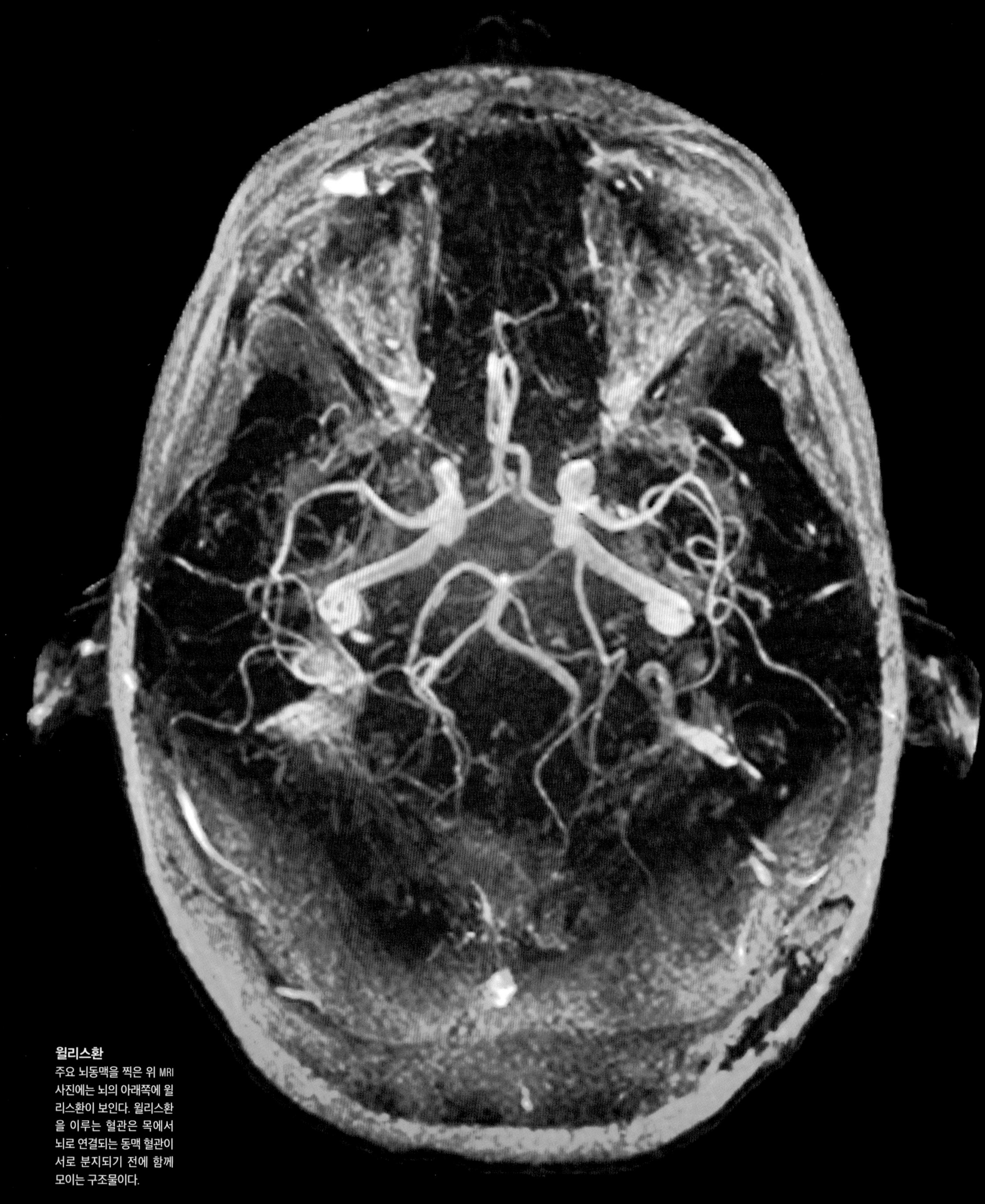

윌리스환

주요 뇌동맥을 찍은 위 MRI 사진에는 뇌의 아래쪽에 윌리스환이 보인다. 윌리스환을 이루는 혈관은 목에서 뇌로 연결되는 동맥 혈관이 서로 분지되기 전에 함께 모이는 구조물이다.

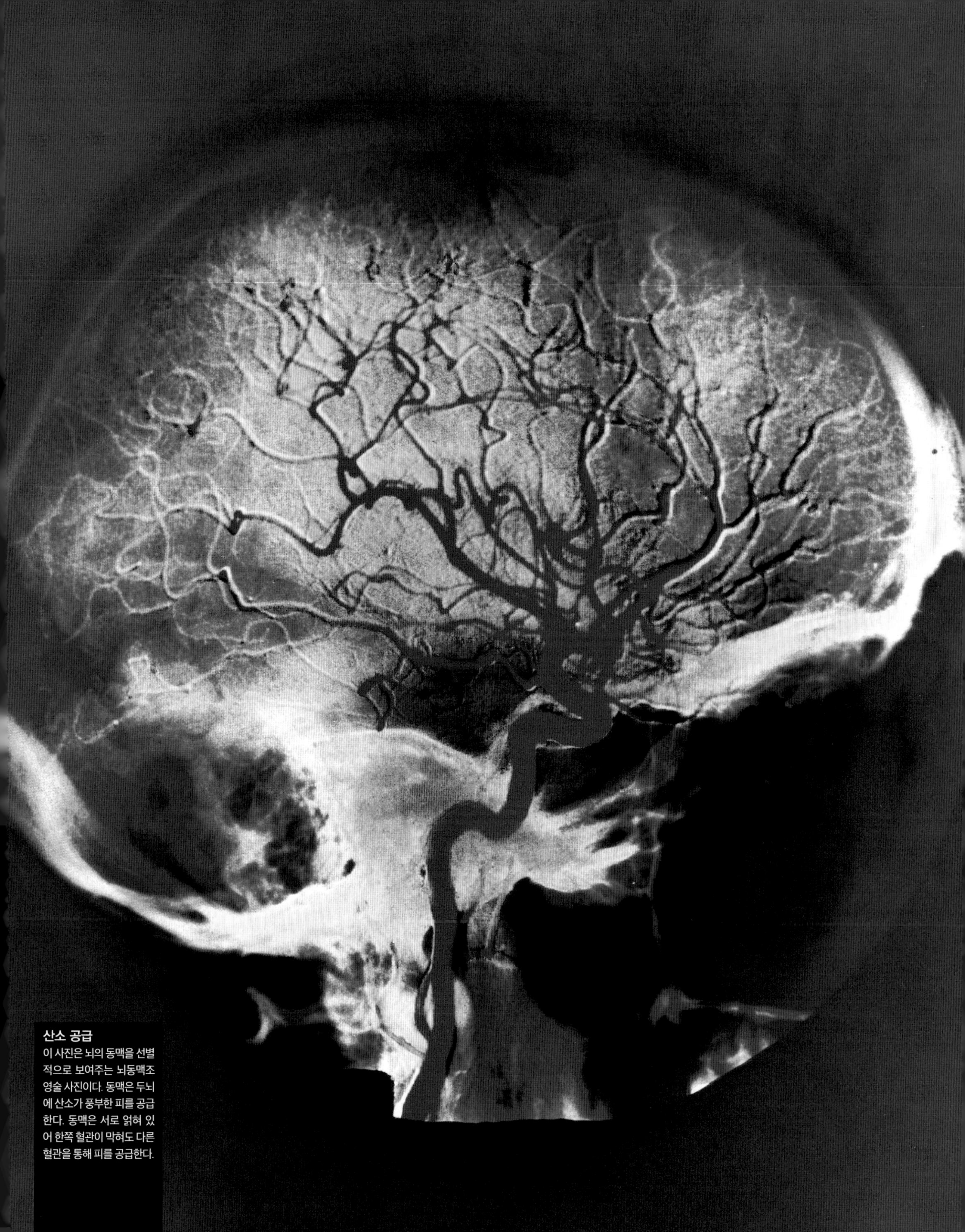

산소 공급
이 사진은 뇌의 동맥을 선별적으로 보여주는 뇌동맥조영술 사진이다. 동맥은 두뇌에 산소가 풍부한 피를 공급한다. 동맥은 서로 얽혀 있어 한쪽 혈관이 막혀도 다른 혈관을 통해 피를 공급한다.

진화

동물의 뇌는 환경의 변화에 적절히 대응할 수 있는 방향으로 진화했다. 인간의 뇌도 여러 단계를 거쳐 지금과 같이 복잡한 구조로 진화했다. 뇌의 진화 과정은 모든 동물에게 공통적으로 나타난 현상이다. 원초적인 뇌는 지금도 다른 종의 동물에게서 찾아볼 수 있다. 이런 동물들의 뇌는 원초적인 구조를 그대로 유지하고 있다.

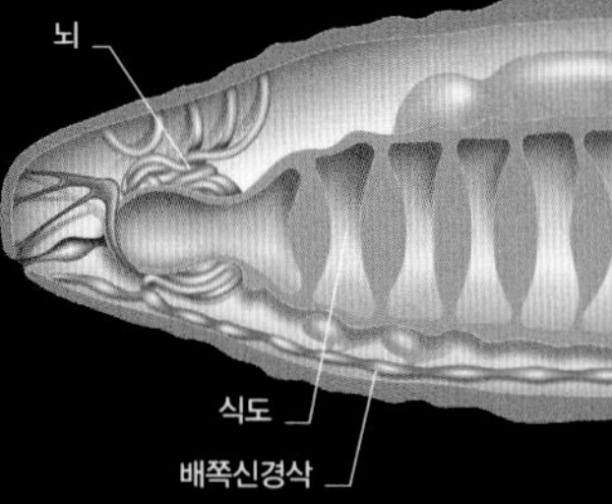

지렁이의 뇌

지렁이의 뇌는 대뇌신경절이라는 원시적인 형태를 띠고 있다. 이것은 몸 전체에 길게 늘어서 있는 배쪽신경삭과 연결되어 있다. 신경삭에서 뻗어나온 신경섬유는 몸의 각 분절에 분포하며, 각각이 근육을 수축시켜 자극에 대한 반응으로 몸을 움직일 수 있다.

무척추동물 뇌의 진화

모든 동물은 생존을 위해 내부와 외부 환경의 변화에 적응해야 한다. 이를 위해서 세포를 빛과 진동 같은 자극에 민감하게 진화시켰다. 감각세포들은 자극에 대한 반응으로 개체를 움직일 수 있게 다른 세포와 연결되었다. 이렇게 신경 조직이 서로 연결된 형태가 원시적인 뇌가 되었다. 벌레 같은 무척추동물의 신경계는 개체의 전신에 퍼져 있으며 엉성한 망구조를 이루고 있다. 이런 신경망에는 신경세포가 한곳에 모인 부위가 있는데 이를 신경절이라고 한다. 이것이 다른 종의 동물에서 중추신경계 또는 뇌가 되는 구조물의 원시적인 형태다.

신경절

원시신경계

작은 수생 무척추동물인 히드라에서 보이는 것과 같이 감각 세포가 넓게 퍼져 있는 단순한 구조로 이루어져 있다. 일부 다른 세포들과 서로 연결되어 모여 있는 곳을 신경절이라고 한다.

척추동물 뇌의 진화

진화 과정을 거치면서 뇌는 크게 변화했다. 무척추동물의 원시적인 신경계와 비교하면 척추동물의 뇌는 구조가 복잡하다. 중추신경계는 말초신경계를 통해 전신과 연결되어 있으며, 뇌에서 몸의 각 부위에 신호를 보내거나 몸의 여러 부위에 있는 감각기관의 신호가 뇌로 전달된다. 종종 '파충류의 뇌'라고도 불리는 기본적인 척추동물의 뇌는 인간의 뇌줄기 바로 아래 있는 신경핵의 군집과 호응한다. 여기에는 각성, 감각, 자극에 대한 반응 등을 유발하는 기능이 있다. 그러나 이러한 신경핵만으로는 의식을 형성할 수 없다. 이런 수준의 뇌에는 더 복잡한 기능에 필요한 변연계나 대뇌피질처럼 포유류의 뇌에만 존재하는 구조물이 없다.

척추동물의 뇌 영역

- 소뇌
- 시각엽
- 대뇌
- 뇌하수체
- 숨뇌(연수)
- 후각망울

어류

어류의 대뇌는 감각기관과 내부 장기의 정보를 종합해서 행동을 취할 수 있는 명령을 내린다. 어류는 물속에서 균형을 잡고 수압을 재야 해서 상대적으로 소뇌가 크다.

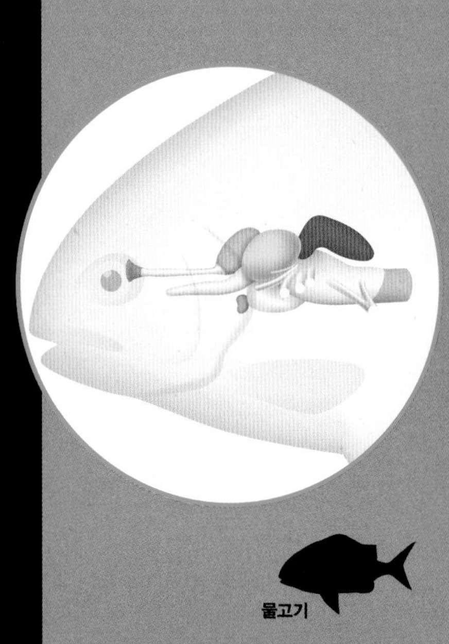

양서류

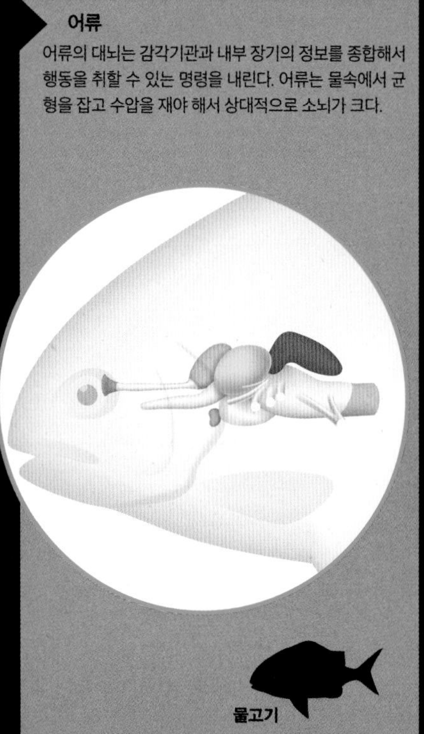

양서류의 뇌 구조는 물고기와 비슷하지만 대뇌가 중추신경계의 가장 윗부분에 있다는 점이 다르다. 대뇌의 주요 기능은 냄새를 인식하는 것이며, 이 때문에 후각망울이 크다. 양서류는 앞뇌가 소뇌보다 크다.

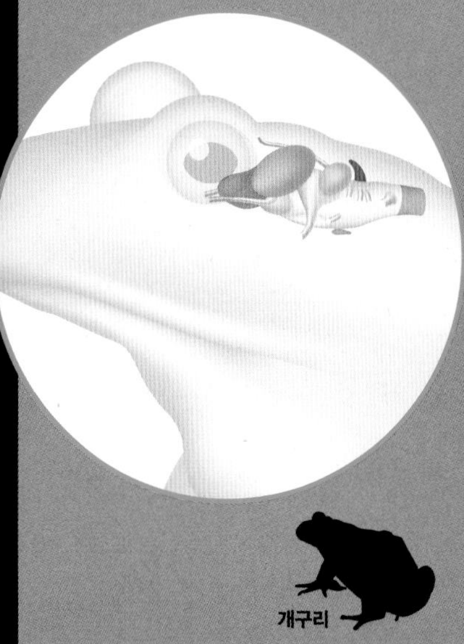

파충류

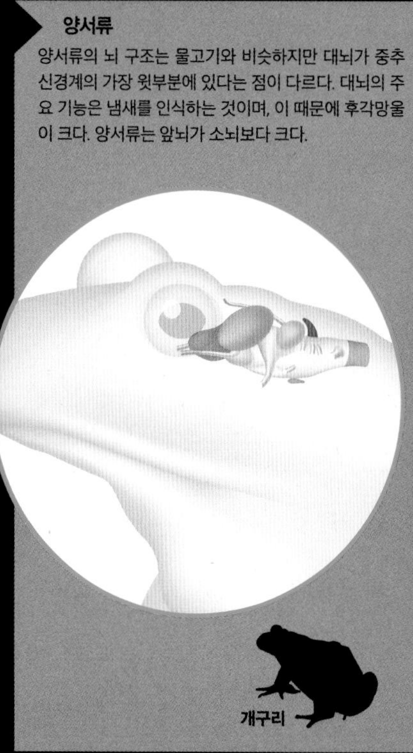

오늘날 볼 수 있는 파충류는 앞뇌의 바닥 부분이 발달되어 있으며 대뇌는 시각엽보다 훨씬 크다. 후각망울은 뇌의 다른 구조물보다 크고 고도로 발달했다.

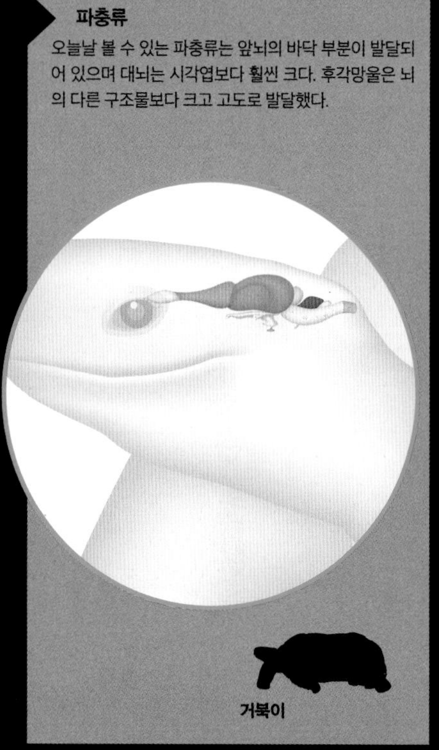

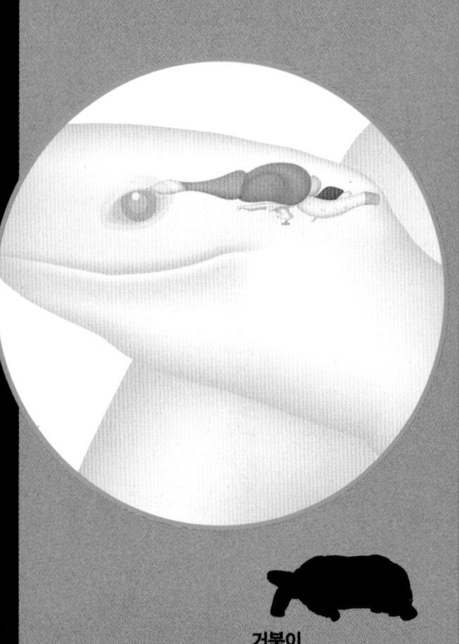

포유류의 뇌

포유류의 뇌에서는 원시적인 형태의 척추동물 뇌가 진화하여 변연계를 이루고, 주름진 표면의 피질이 생겨 변연계를 비롯한 하부 기관과 서로 연결되어 있다. 변연계는 감정과 관련된 뇌의 한 부분이다. 여기서는 자극에 대해 선택과 회피라는 기본적인 반응 이외의 다른 반응을 만들어 낸다. 또한 변연계에는 경험이 기억의 형태로 저장되며, 필요할 때 떠올릴 수 있다. 감정과 기억 덕에 포유류는 본능적인 행동 이외에 다양하고 복잡한 행동을 할 수 있다.

원시인류의 뇌

원시인의 뇌는 계통적으로 가까운 동물인 침팬지나 고릴라의 뇌가 진화한 것과 다른 방향으로 진화했다. 인간과 다른 포유동물의 뇌는 크기와 피질의 밀도에서 차이가 난다. 특히 복잡한 사고력과 판단, 자기 반성과 관련된 대뇌의 이마엽피질이 두드러진 차이를 보인다. 왜 유독 인류만이 이렇게 진화했는지 정확한 이유는 밝혀지지 않았다. 다만 환경에 의해 식이가 바뀐 것, 또는 생존을 위해 서로 의존하며 공동체를 이루어야 하는 생활 방식(138쪽 참고)의 산물이라는 이론이 있다.

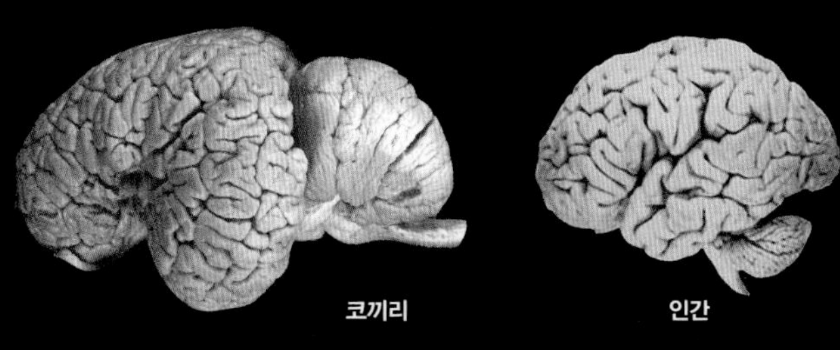
코끼리 인간

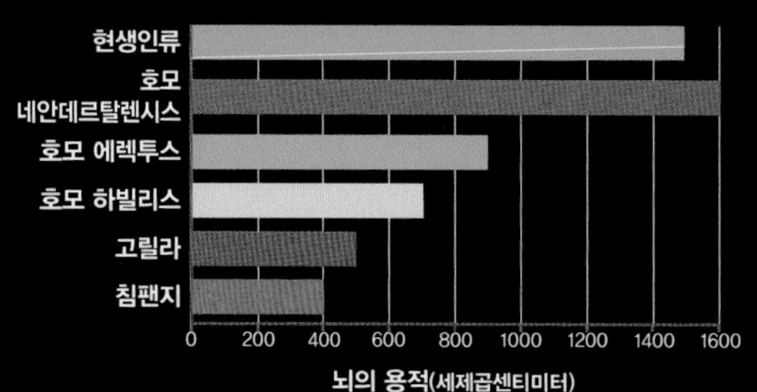

뇌의 크기와 모양

포유류 뇌의 가장 특징적인 점은 대뇌피질이 진화했다는 것이다. 뇌의 가장 바깥 표면인 피질은 동물의 종에 따라서 특별한 기능을 해 동물마다 큰 차이가 있다. 코끼리와 돌고래는 사람을 비롯한 다른 포유류 동물보다 전체 뇌 구조에서 대뇌피질이 크다.

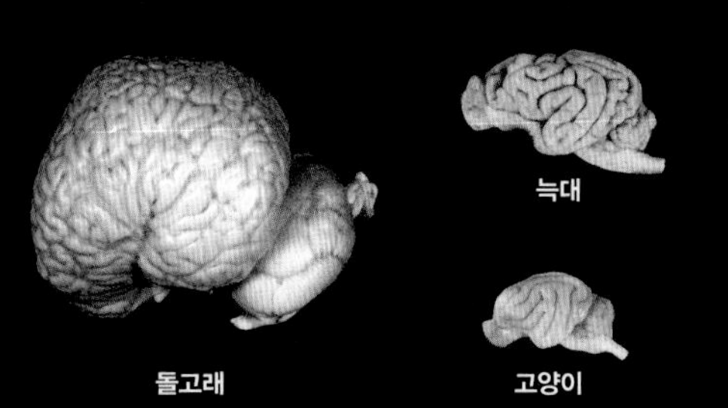
돌고래 늑대 고양이

크기의 문제인가?

진화 과정에서 인류의 뇌는 커졌고, 그러한 이유로 가장 고등한 동물이 되었다. 그러나 크기만으로는 지능이나 생존에 영향을 주지 못했던 것으로 보인다. 오히려 피질의 주름이 더 중요하다. 네안데르탈인의 경우 현생인류보다 뇌는 더 크지만 창조적이지 않았고, 결국 다른 원시인류에 의해 대체되었다.

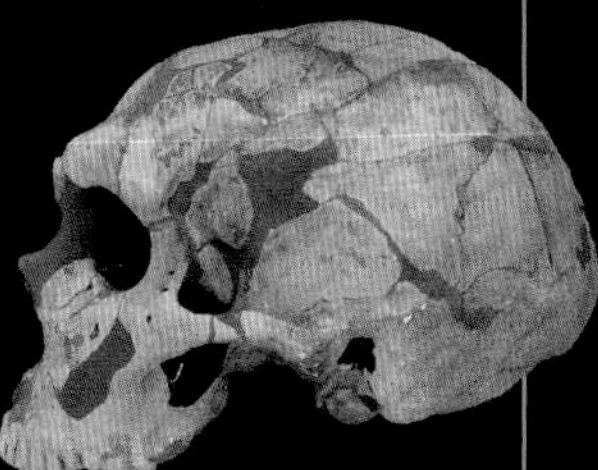
네안데르탈인의 두개골

조류

조류의 뇌는 파충류와 비슷하지만 날아다니기 위해 소뇌가 발달한 점이 다르다. 후각망울은 큰 편이지만 후각은 좋지 않다. 예외적으로 키위새(무익조; 뉴질랜드에 있는 조류)는 후각이 뛰어난 것으로 알려져 있다.

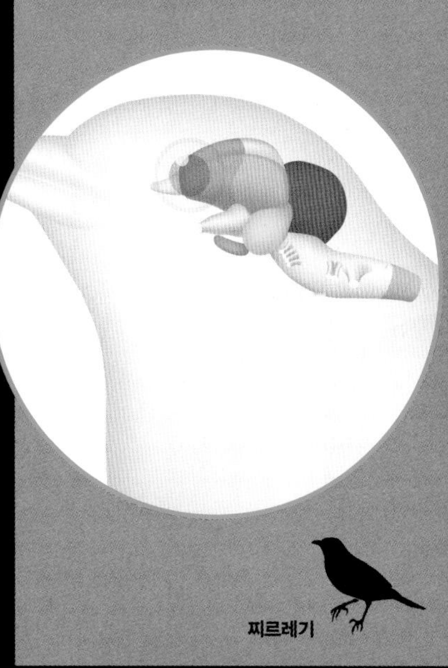
찌르레기

포유류

포유류는 이전의 다른 동물들과 비교하여 소뇌가 앞뇌보다 무척 작다. 대뇌는 주름진 피질이 표면을 둘러싸고 있는데, 파충류의 매끈한 대뇌와는 달리 이러한 주름 덕에 매우 넓은 면적의 피질이 두개골 안에 들어갈 수 있다.

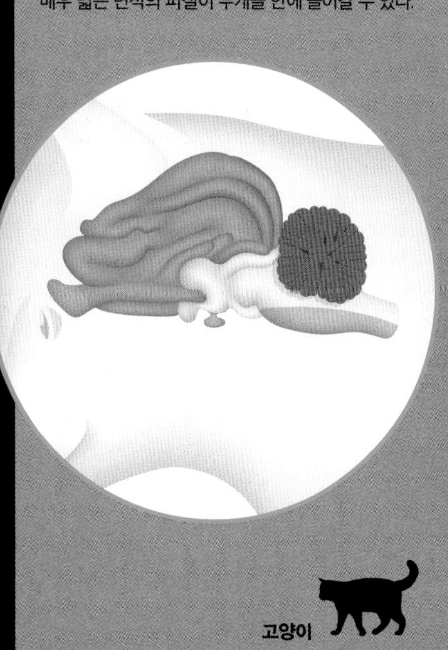
고양이

인간

인간의 뇌는 대뇌가 가장 두드러진다. 피질은 주름이 깊게 파여 한정된 두개골 공간에 최대한 넓은 면적의 피질이 들어갈 수 있다. 그러나 매우 섬세하고 복잡한 동작을 가능하게 하는 소뇌도 크고 중요한 역할을 담당하고 있다.

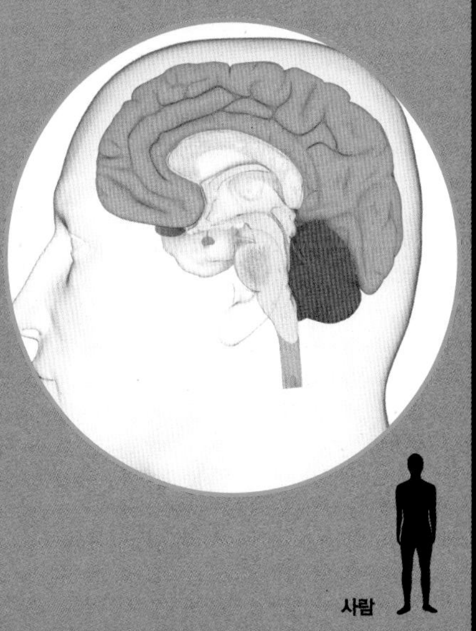
사람

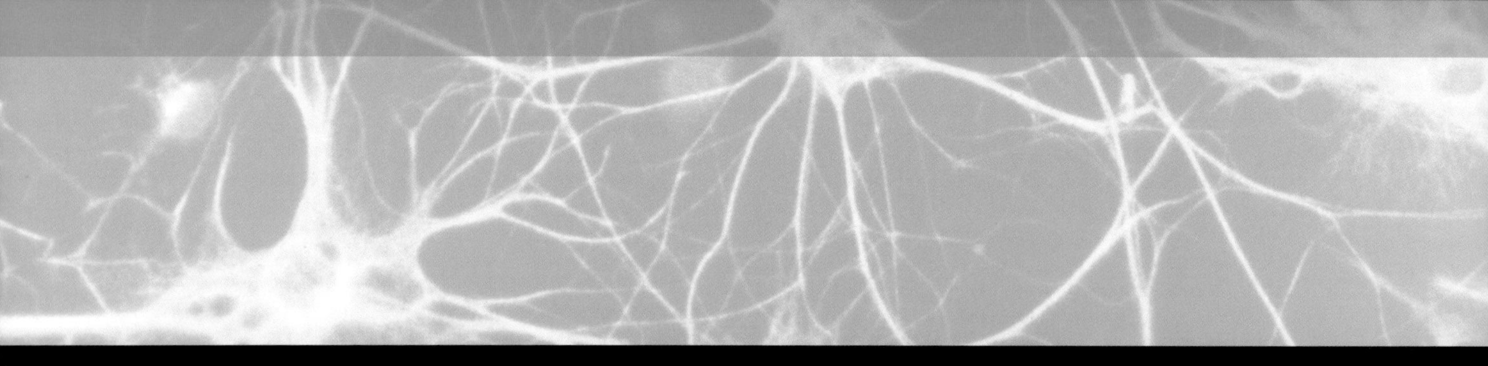

뇌는 신비롭고 비밀스러우며 인체의 다른 어떤 장기보다 복잡하다. 뇌도 다른 장기와 마찬가지로 가장 작은 구조인 세포로 이루어져 있다. 신경신호를 주고받는 가장 기본적인 세포인 뉴런은 여럿이 모여서 특정한 기능을 담당하는 신경핵을 구성한다. 또한 이런 신경핵이 빽빽하게 군집을 이루면 뇌 표면에 위치하는 회색질을 형성하는데, 이것이 바로 뇌의 피질이 된다. 뇌는 깊은 고랑을 따라 좌우 양쪽 반구로 나뉘며, 반구는

뇌 해부학

뇌의 구조

뇌는 여러 층의 복잡한 구조로 되어 있다. 한 겹씩 벗겨서 대뇌반구에 도달하면 그 안에서 매우 다양한 구조물을 볼 수 있다. 소뇌나 시상과 같이 덩어리를 형성하고 있는 것이 있는가 하면, 신경섬유나 신경세포체로 구성되어 현미경으로만 구분되는 구조물도 있다.

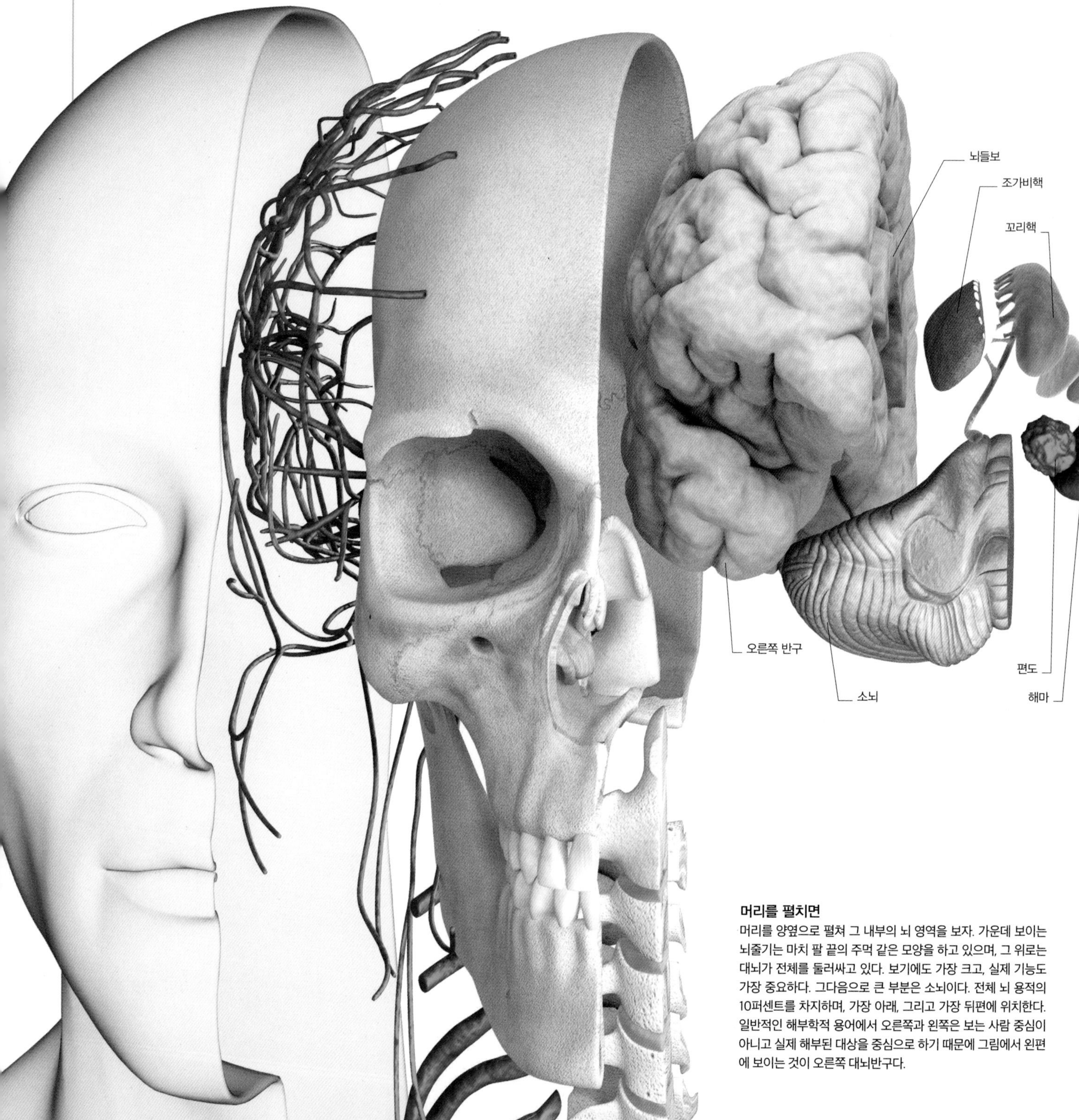

머리를 펼치면

머리를 양옆으로 펼쳐 그 내부의 뇌 영역을 보자. 가운데 보이는 뇌줄기는 마치 팔 끝의 주먹 같은 모양을 하고 있으며, 그 위로는 대뇌가 전체를 둘러싸고 있다. 보기에도 가장 크고, 실제 기능도 가장 중요하다. 그다음으로 큰 부분은 소뇌이다. 전체 뇌 용적의 10퍼센트를 차지하며, 가장 아래, 그리고 가장 뒤편에 위치한다. 일반적인 해부학적 용어에서 오른쪽과 왼쪽은 보는 사람 중심이 아니고 실제 해부된 대상을 중심으로 하기 때문에 그림에서 왼편에 보이는 것이 오른쪽 대뇌반구다.

뇌의 계통적 분류

뇌의 주요 부위를 분류하는 방법에는 몇 가지가 있다. 어떤 방법으로 분류하더라도 전체 뇌 용적의 75퍼센트 이상을 차지하며 선홍빛의 주름진 구조의 대뇌가 가장 중요하다. 대뇌는 좌우 반구로 나뉘어 있으며, 그 사이는 신경섬유로 된 뇌들보로 이어져 있다. 대뇌에는 끝뇌로 알려진 해마와 편도가 포함된다. 이들이 둘러싸고 있는 부분인 시상, 시상하부, 그리고 사이뇌라는 이름의 연합영역을 모두 합해서 앞뇌라고 한다. 앞뇌의 아래로는 바닥핵을 비롯한 작은 신경핵들이 모여 있는 중간뇌가 있다. 중간뇌 아래로는 가장 윗부분에 다리뇌를 시작으로 마름뇌가 이어지는데 소뇌와 숨뇌(연수)가 여기에 포함되며, 그 아래로는 척수가 이어진다.

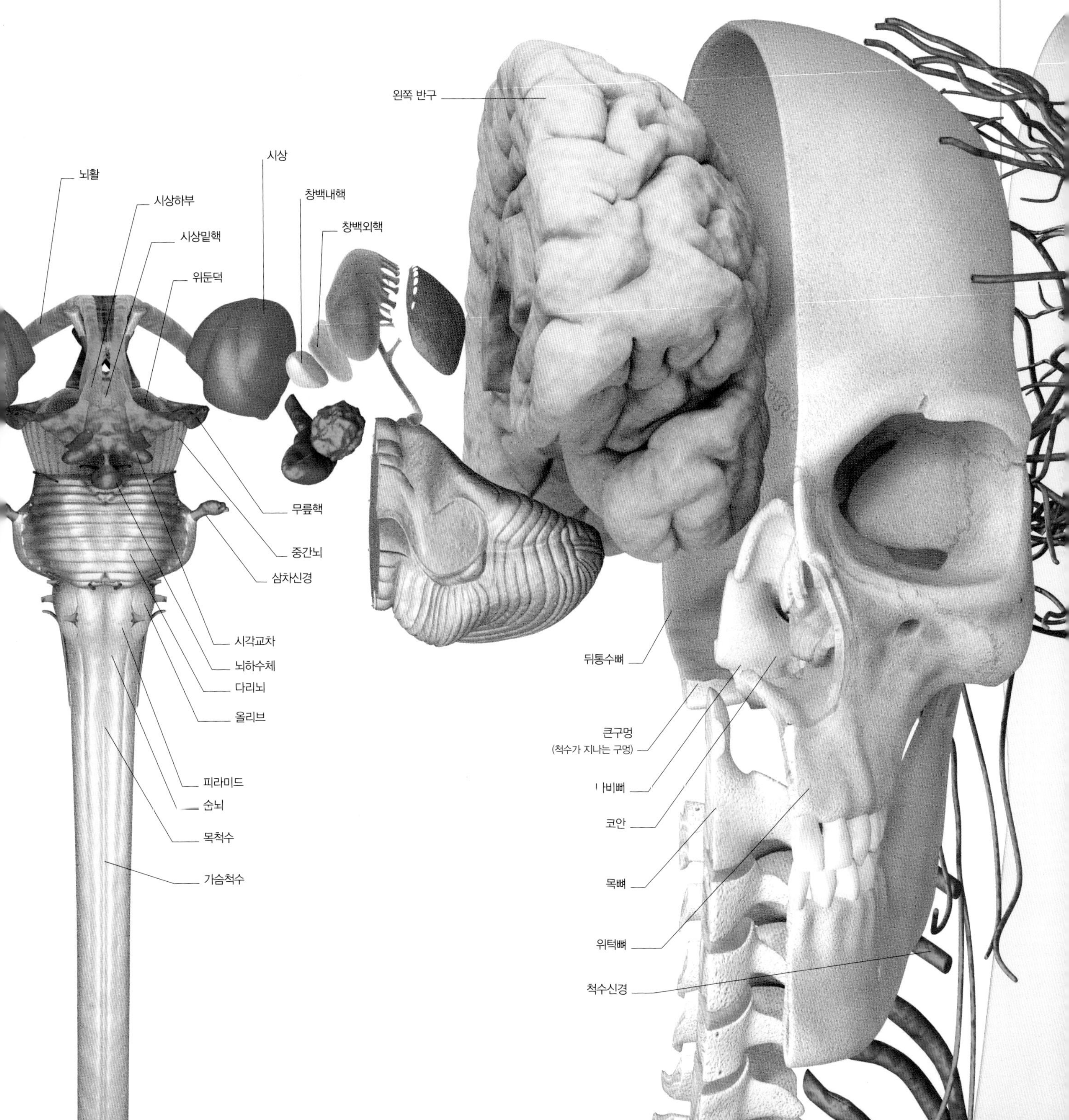

두피
두개골을 덮고 있는 두피는 단단한 두개골과 피부 표면 사이에 얇은 피하지방층 하나만 있어 약하고, 다쳤을 경우 피가 많이 난다.

머리덮개신경
2번, 3번, 5번 뇌신경에서 분지하는 감각신경섬유가 골고루 분포하여 아주 약한 접촉에도 뇌를 보호할 수 있도록 민감하게 반응한다.

두개골
전체 두개골 중 윗부분은 뇌를 보호하는 기능을 담당하여 뇌머리뼈라고 부른다. 뇌를 직접 둘러싸고 있는 뇌막과 함께 뇌를 보호한다(56쪽 참고).

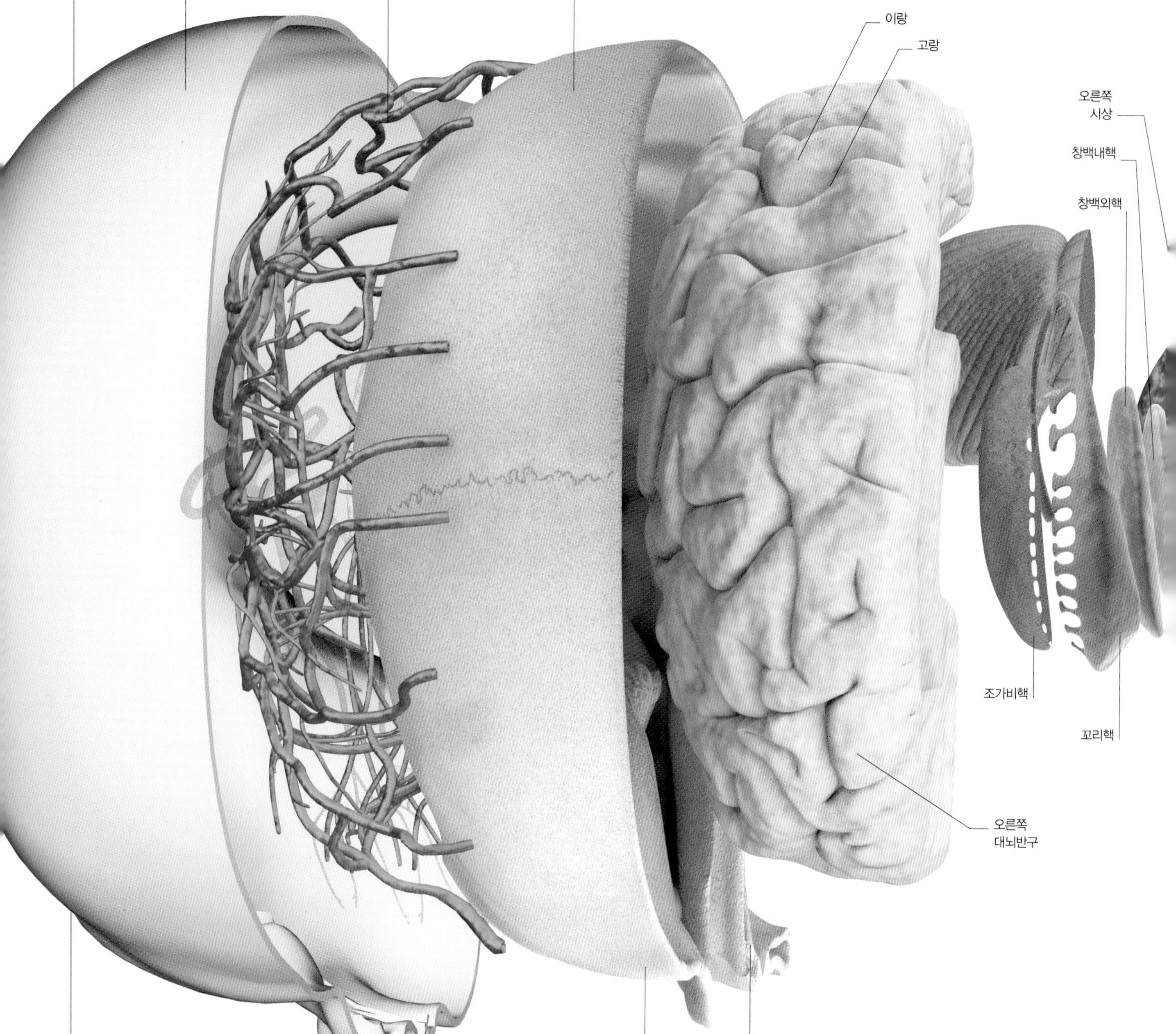

이마뼈
뇌머리뼈(또는 신경두개)는 8개의 뼈로 이루어져 있다. 이마뼈(전두골)가 가장 튀어나와 있다. 그 뒤쪽으로는 좌우 마루뼈(두정골)가 붙어 있으며 가장 뒤편에는 뒤통수뼈(후두골)가 두개골의 가장 뒤쪽, 그리고 아래쪽에 붙어 있다. 양옆의 아래쪽으로는 관자뼈(측두골)가 붙어 있다. 나비뼈(접형골)와 벌집뼈(사골)는 이마뼈의 아래쪽으로 코 뒤편에 위치한다.

얼굴뼈
얼굴을 이루고 있는 뼈는 모양이 매우 복잡하며, 여러 개의 구멍이 뚫려 있다. 그중 일부에는 뇌신경이 통과하며, 콧구멍으로 연결되거나 안구가 위치하고, 안쪽 귀를 이루고 있다. 여러 혈관이 얼굴뼈에 있는 구멍을 지난다.

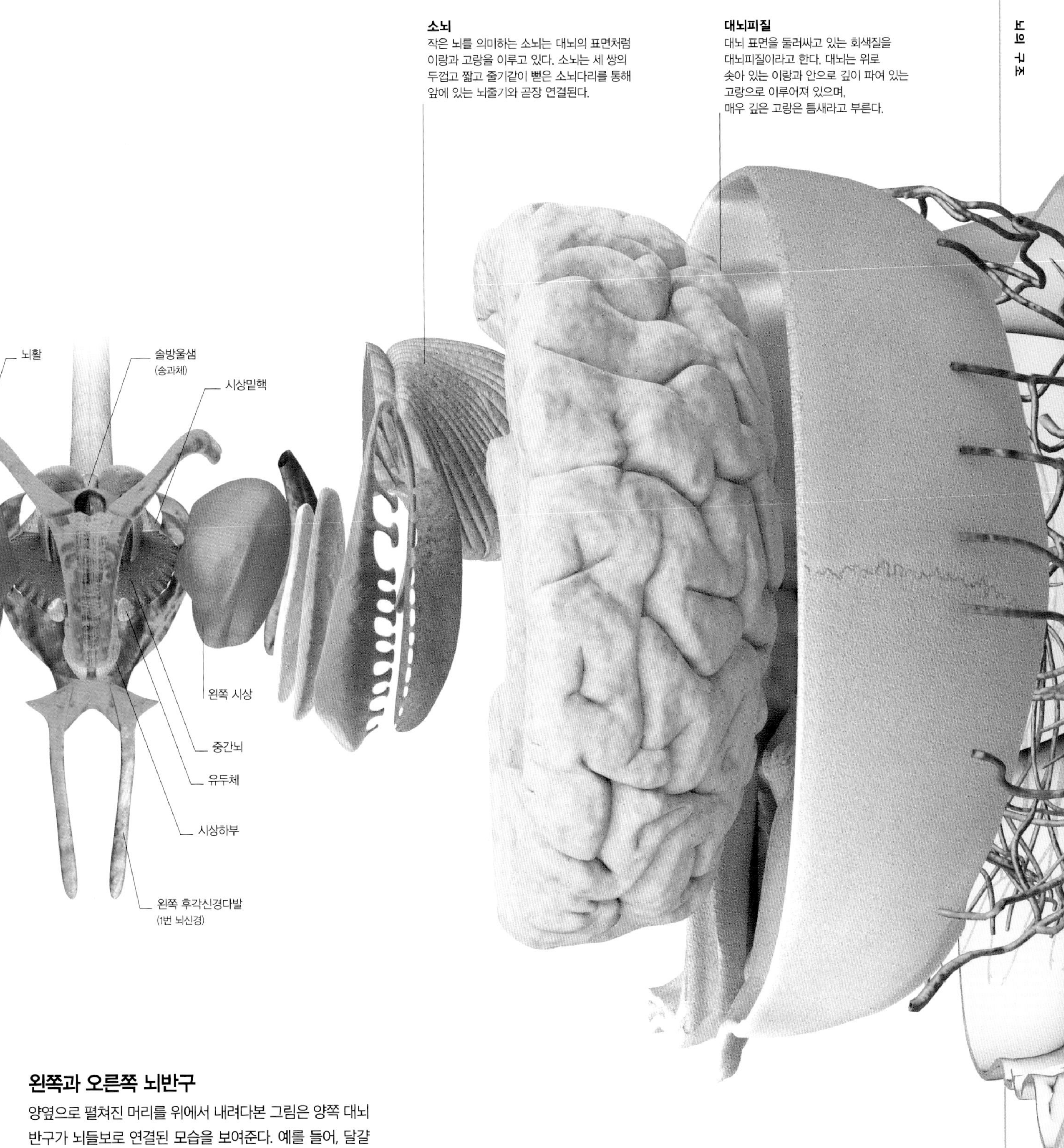

왼쪽과 오른쪽 뇌반구

양옆으로 펼쳐진 머리를 위에서 내려다본 그림은 양쪽 대뇌 반구가 뇌들보로 연결된 모습을 보여준다. 예를 들어, 달걀같이 생긴 2개의 시상처럼, 뇌의 여러 부위는 좌우 쌍을 이루고 있다. 소뇌는 두개골의 가장 뒤쪽 아래편에 있는 뒷머리뼈우묵 위에 놓여 있다. 1번부터 12번까지의 뇌신경(43쪽 참고)은 척수를 거치지 않고 뇌와 직접 연결되어 있다.

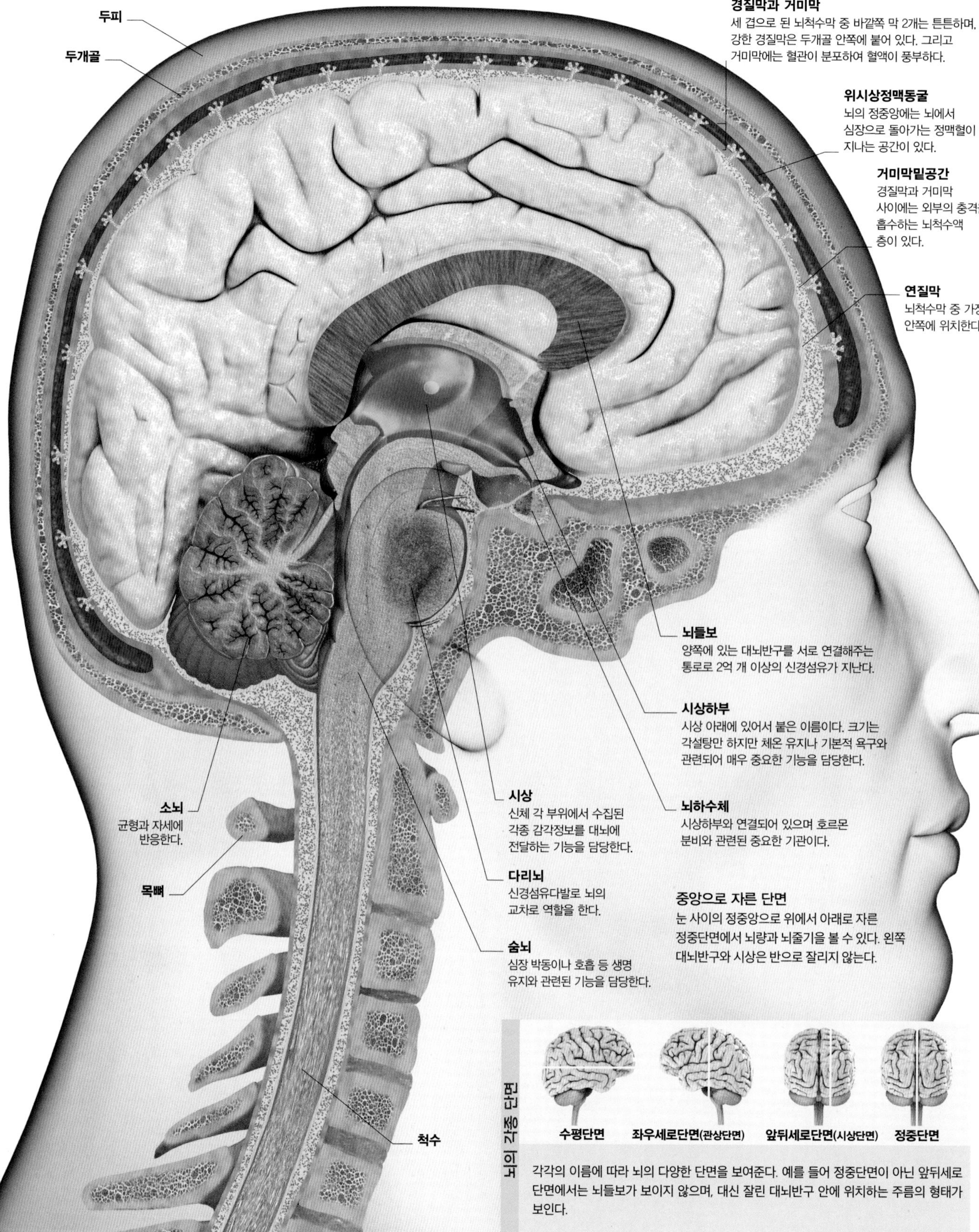
두피
두개골
경질막과 거미막
세 겹으로 된 뇌척수막 중 바깥쪽 막 2개는 튼튼하며, 강한 경질막은 두개골 안쪽에 붙어 있다. 그리고 거미막에는 혈관이 분포하여 혈액이 풍부하다.
위시상정맥동굴
뇌의 정중앙에는 뇌에서 심장으로 돌아가는 정맥혈이 지나는 공간이 있다.
거미막밑공간
경질막과 거미막 사이에는 외부의 충격을 흡수하는 뇌척수액 층이 있다.
연질막
뇌척수막 중 가장 안쪽에 위치한다.
뇌들보
양쪽에 있는 대뇌반구를 서로 연결해주는 통로로 2억 개 이상의 신경섬유가 지난다.
시상하부
시상 아래에 있어서 붙은 이름이다. 크기는 각설탕만 하지만 체온 유지나 기본적 욕구와 관련되어 매우 중요한 기능을 담당한다.
소뇌
균형과 자세에 반응한다.
시상
신체 각 부위에서 수집된 각종 감각정보를 대뇌에 전달하는 기능을 담당한다.
뇌하수체
시상하부와 연결되어 있으며 호르몬 분비와 관련된 중요한 기관이다.
목뼈
다리뇌
신경섬유다발로 뇌의 교차로 역할을 한다.
중앙으로 자른 단면
눈 사이의 정중앙으로 위에서 아래로 자른 정중단면에서 뇌량과 뇌줄기를 볼 수 있다. 왼쪽 대뇌반구와 시상은 반으로 잘리지 않는다.
숨뇌
심장 박동이나 호흡 등 생명 유지와 관련된 기능을 담당한다.
척수
뇌의 각종 단면
수평단면
좌우세로단면(관상단면)
앞뒤세로단면(시상단면)
정중단면
각각의 이름에 따라 뇌의 다양한 단면을 보여준다. 예를 들어 정중단면이 아닌 앞뒤세로 단면에서는 뇌들보가 보이지 않으며, 대신 잘린 대뇌반구 안에 위치하는 주름의 형태가 보인다.

뇌의 구역과 부분

뇌의 물리적 구조는 정신적 구성을 광범위하게 반영한다. 일반적으로 더 수준 높은 정신적 기능일수록 더 상부에서 관장하며, 뇌의 하부 영역에서는 생명 유지와 관련된 기능을 담당한다.

수직적 구조

뇌의 가장 상부 구조는 대뇌피질이다. 이 부분은 의식, 감각, 추상적 사고, 추리, 계획, 단기기억 등 고도의 정신 기능과 관련되어 있다. 변연계(64-65쪽 참고)는 뇌에서 가장 중심부, 뇌줄기의 주변에 위치하며 장기기억, 감정적이고 본능적인 행동과 관련되어 있다. 시상은 뇌줄기보다 하부 구조에서 전달되는 감각정보를 대뇌피질로 전달하는 중계 기능을 담당한다. 뇌줄기 아래쪽에는 의식을 잃은 뒤에도 이른바 식물인간 상태로 생명을 유지할 수 있는 것과 밀접한 관계에 있는 숨뇌(연수)가 있다.

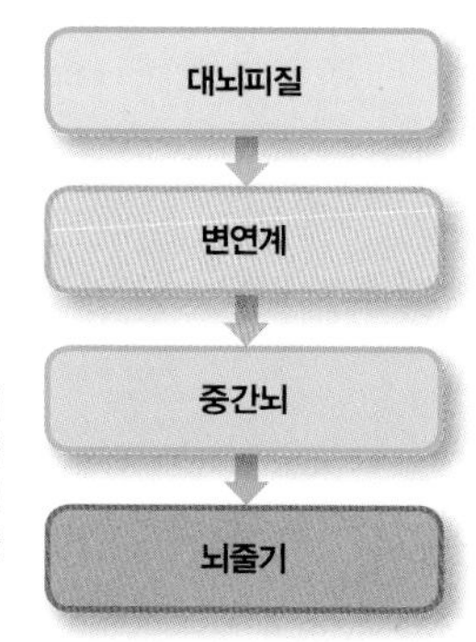

의식이 미치지 않는 곳일수록 자동성을 띈다.
대뇌피질에서는 수준 높은 정신 기능을 담당하며, 아래에 위치할수록 기초적이거나 원시적인 기능을 담당한다. 특히 생명 유지 기능의 중추인 뇌줄기 아래쪽에 있는 숨뇌는 자율신경을 관장하는 중심기관으로, 생명 유지에 꼭 필요한 호흡과 심장박동 등을 조절한다.

왼쪽과 오른쪽

구조적으로 왼쪽과 오른쪽의 대뇌반구는 모양이 비슷하다. 그러나 기능적으로는 대부분 사람의 왼쪽 대뇌에서 언어, 추론과 분석, 의사소통 등을 담당한다. 뇌의 아랫부분에서 신경섬유가 서로 교차하기 때문에 우성 반구인 왼쪽 뇌에는 몸의 오른편에서 수집된 감각정보가 전달되며, 왼쪽 뇌에서 운동 명령을 내리면 몸의 오른편에 있는 근육들이 움직인다. 반면에 오른쪽 대뇌반구는 감각신호의 처리, 특히 청각과 시각, 그리고 창조적인 일, 공간과 시간의 변화에 대한 이해를 담당한다.

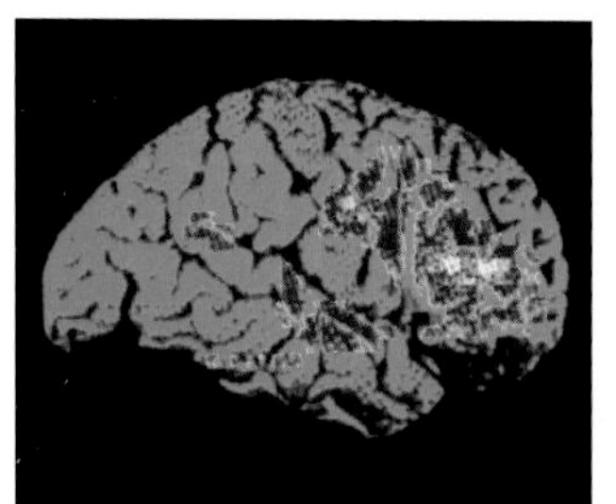

왼손잡이의 뇌
PET 검사에서 활성 부위가 노란색과 빨간색으로 표시되어 있다. 왼손잡이는 언어의 이해와 관련하여 오른쪽 대뇌 이마엽피질의 활성이 증가했다.

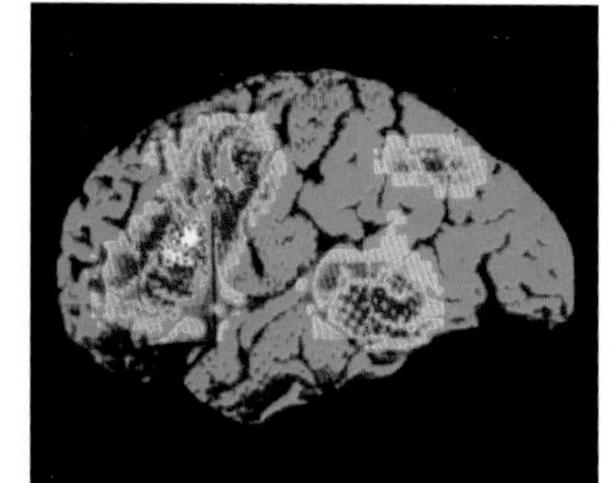

오른손잡이의 뇌
오른손잡이에게 같은 실험을 하고 촬영한 PET에서는 왼쪽 대뇌의 이마엽, 관자엽, 마루엽에서 활성이 증가한 것이 확인되었다.

무정부손증후군(외계인 손 증후군)

무정부손증후군 환자는 한쪽 손이 마치 다른 인격체의 조정을 받는 것처럼 자신의 의지와는 상관없이 움직이는 증상을 보인다. 대부분 문제의 손과 반대쪽 대뇌반구의 운동피질에 생긴 이상이 원인이다. 뇌에서는 손을 움직이는 신호가 전달되지만 그 행동에 대한 의식적인 개입은 전혀 일어나지 않는다.

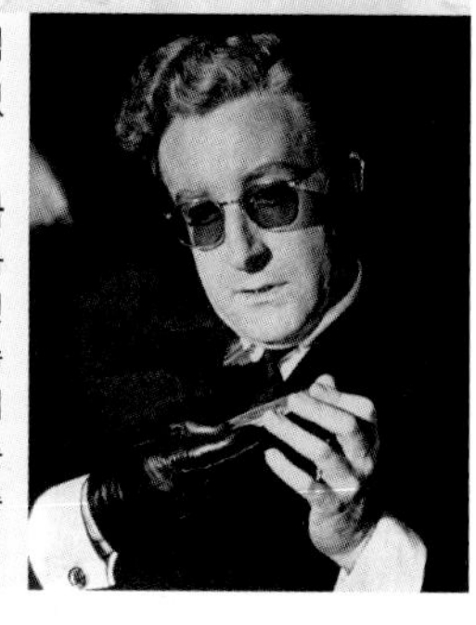

스트레인지러브 박사
1964년에 발표된 영화의 주인공인 스트레인지러브 박사는 사진 속에서 보이는 것과 같이 가죽장갑을 끼고 있는 오른손이 무정부손증후군에 걸려 고생한다.

좌우 비대칭인 뇌

최근의 영상 검사 기법이 발달하면서, 특히 MRI(13쪽 참고)에 의해 그동안 좌우 대칭일 것이라 믿었던 뇌의 평균적 모양이 비대칭이라는 사실이 밝혀졌다. 영상 검사용 컴퓨터 프로그램을 사용하면 좌우 대칭에서 벗어나는 작은 차이도 발견할 수 있다. 예를 들어 가쪽고랑(실비우스틈새) 근처의 언어 이해와 관련된 관자엽 부위는 오른쪽보다 왼쪽이 조금 더 크다. 가쪽고랑도 왼쪽은 조금 더 길고 굴곡이 완만하여 모양이 오른쪽과는 다르다. 이는 신경해부학자인 야코블레프가 발견하여 야코블레프 회전효과로 알려진 현상으로, 오른쪽 뇌가 약간 앞쪽으로 돌아가 있기 때문이다.

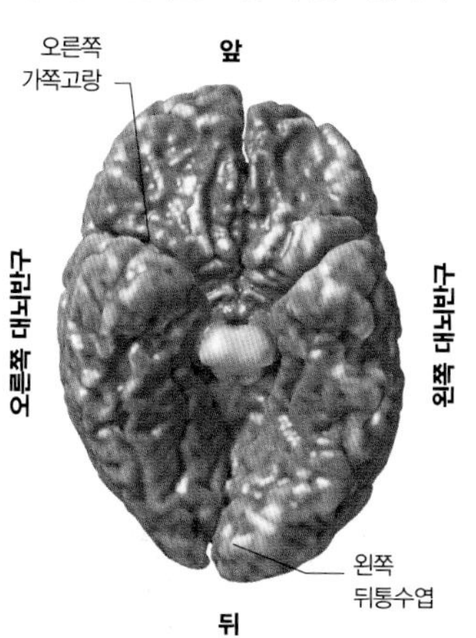

아래에서 본 그림
뇌를 아래쪽에서 보여주는 자기공명영상 사진이다. 이 사진을 보면 좌우 비대칭인 모습을 확인할 수 있다. 사진에서는 오른쪽 이마엽이 반대편보다 더 돌출되어 있으며 뒤통수엽은 왼쪽이 더 길게 늘어져 있다.

속이 비어 있는 뇌

뇌 안에는 뇌척수액이 있는 공간, 즉 뇌실이 있다. 뇌척수액은 뇌실 표면에 있는 세포에서 만들어진다. 가장 위에는 좌우 대뇌반구 안에 위치하는 가쪽뇌실이 있다. 가쪽뇌실은 앞뒤로 긴 뿔 모양이며, 중간뇌에 위치하는 제3뇌실과 연결되어 있다. 또한 제3뇌실은 다리뇌와 숨뇌에 있는 제4뇌실과 연결된다. 뇌척수액은 뇌실을 따라 천천히 이동하며 결국 거미막밑공간으로 뚫린 구멍을 통해 흘러나가 뇌 전체와 척수 전체의 표면으로 이동한다.

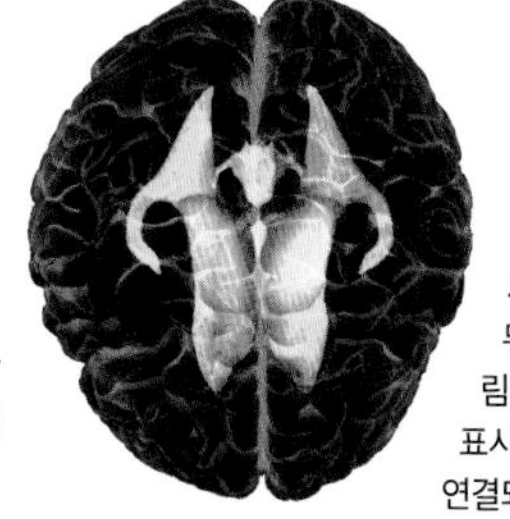

뇌실
두 개의 커다란 가쪽뇌실은 그림의 가운데 위쪽, 노란색으로 표시되어 있는 제3뇌실과 관으로 연결되어 있다.

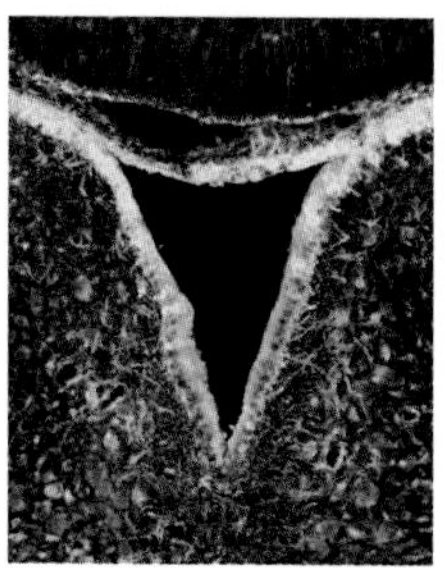

뇌척수액
녹색으로 표시된 뇌실표면 세포에서 생성된다. 표면을 보호하며 영양분을 공급하고, 노폐물을 제거한다.

뇌의 신경핵

뇌의 신경핵은 뉴런의 세포체가 모여 있는 부위를 일컫는다. 뉴런의 세포체에서 뻗어 나오는 신경섬유 또는 축삭은 뇌의 여러 부위를 연결한다. 뇌에 있는 30개 이상의 신경핵은 대부분 좌우 1개씩 쌍으로 존재한다.

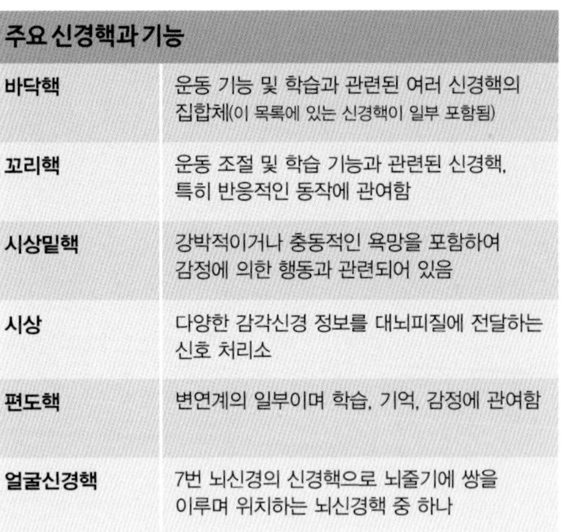

주요 신경핵과 기능	
바닥핵	운동 기능 및 학습과 관련된 여러 신경핵의 집합체(이 목록에 있는 신경핵이 일부 포함됨)
꼬리핵	운동 조절 및 학습 기능과 관련된 신경핵, 특히 반응적인 동작에 관여함
시상밑핵	강박적이거나 충동적인 욕망을 포함하여 감정에 의한 행동과 관련되어 있음
시상	다양한 감각신경 정보를 대뇌피질에 전달하는 신호 처리소
편도핵	변연계의 일부이며 학습, 기억, 감정에 관여함
얼굴신경핵	7번 뇌신경의 신경핵으로 뇌줄기에 쌍을 이루며 위치하는 뇌신경핵 중 하나

일반적 구조

얼핏 보았을 때, 대부분의 뇌 신경핵은 신경섬유로 된 백색질 속에 떠 있는 회색질(신경세포체)의 '섬'처럼 보인다. 신경핵은 따로 외막이 없어서 주변 조직과 확연히 구분되지 않는다. 과거에는 신경절이라는 명칭을 사용했으나 지금은 말초신경계에 있는 신경세포 집합체에만 신경절이라는 용어를 사용한다. 말초신경계에서 발견되는 신경절은 대체로 피막이 있어서 주변 조직과 뚜렷하게 구분된다.

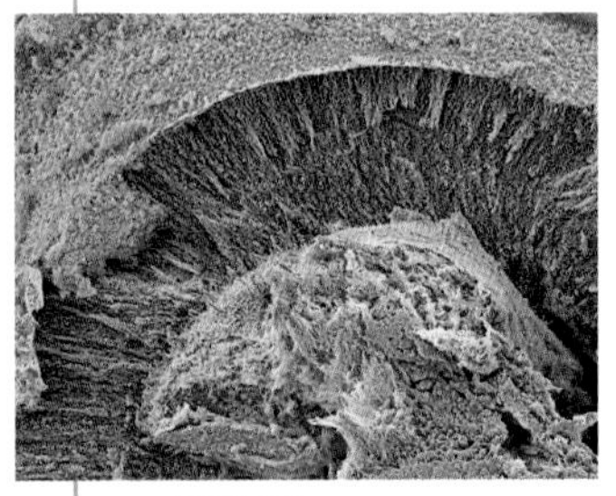

줄무늬체
신경세포의 세포체(어두운색)와 신경섬유(밝은색)가 줄무늬를 이루고 있는 현미경 사진.

바닥핵

바닥핵은 시상 바로 아래쪽 두개골의 기저부에 인접한 대뇌의 아랫부분에 위치하는 몇 쌍의 신경핵을 한데 뭉뚱그려 일컫는 이름이다. 여기에는 조가비핵, 꼬리핵, 창백핵, 시상밑핵, 흑색질이 포함된다. 조가비핵과 꼬리핵은 줄무늬 모양으로 보이기 때문에 등쪽줄무늬체라고 한다. 주변보다 밝은 구형의 창백핵은 조가비핵, 꼬리핵과 함께 줄무늬체라 한다.

시상밑핵과 창백핵

이름에서 알 수 있는 것처럼 시상밑핵은 좌우 시상 바로 아래에 있다. 그리고 그 아래에는 흑색질이 있다. 시상밑핵은 크기와 모양이 마치 으깨놓은 콩 같으며, 주변으로 지나는 신경섬유가 둘러싸고 있다. 시상밑핵으로 들어오는 신경섬유는 대부분 창백핵에서 기원하며 일부는 대뇌피질과 흑색질에서 온다. 여기서 밖으로 내보내는 신경섬유는 대부분 창백핵과 흑색질로 신호를 전달한다. 창백핵과 조가비핵을 함께 묶어 렌즈핵이라고 부른다.

흑색질

바닥핵의 가장 아래에 있는 이 신경핵은 현미경으로 보았을 때 검은색 물질이 관찰되어 흑색질이라는 명칭이 붙었다. 시상밑핵 바로 아래에 있다. 검은색을 띠는 이유는 그 안에 피부에서도 관찰되는 멜라닌 성분이 집중되어 있기 때문이다. 멜라닌은 신경전달물질인 도파민 대사 과정의 중간물질이다. 흑색질의 퇴행성 변화는 파킨슨병과 연관되어 있다(234쪽 참고).

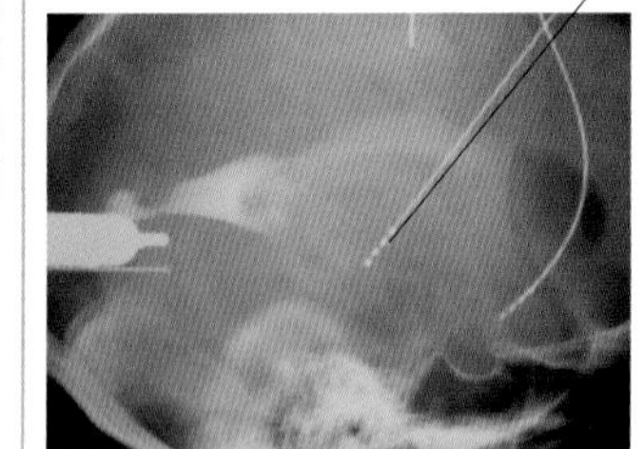

자극
뇌심부자극으로 기저핵의 흑색질에 전극을 꽂아 외부에서 전기자극을 가하는 치료법. 파킨슨병 치료를 위해 실험적으로 사용되는 기법이다.

연결과 기능

신경핵은 대부분 여러 개의 신경세포와 연결되어 신호를 주고받으며 다양한 기능을 수행한다. 시상의 위쪽과 옆, 그리고 가쪽뇌실에 붙어 있는 C 자처럼 생긴 꼬리핵은 머리 부분과 몸통, 꼬리 부분으로 나뉜다. 꼬리핵은 근육 운동을 조절하며 학습과 기억에도 관여한다. 둥근 모양의 조가비핵은 바닥핵 가장 바깥쪽에 위치하며 꼬리핵과 모양이 유사하고 밀접하게 관련되어 있다. 조가비핵도 몸의 운동 기능 조절과 학습에 관여한다. 조가비핵은 주로 창백핵과 흑색질에 연결되어 있다. 바닥핵의 여러 신경핵은 몸을 부드럽게 움직이고 조화롭게 운동 기능을 조절하는 역할을 담당한다. 어느 하나에라도 문제가 생기면 움직임과 관련된 질병이 발생한다. 몸의 특정 부위가 자신의 의지와는 상관없이 계속 떨리는 진전, 특정한 움직임이 반복되는 틱장애, 파킨슨병(234쪽 참고) 투렛증후군(243쪽 참고), 헌팅턴무도병(234쪽 참고) 등이 대표적이다. 시상밑핵은 충동적인 행동과 의도적인 움직임에 관여한다.

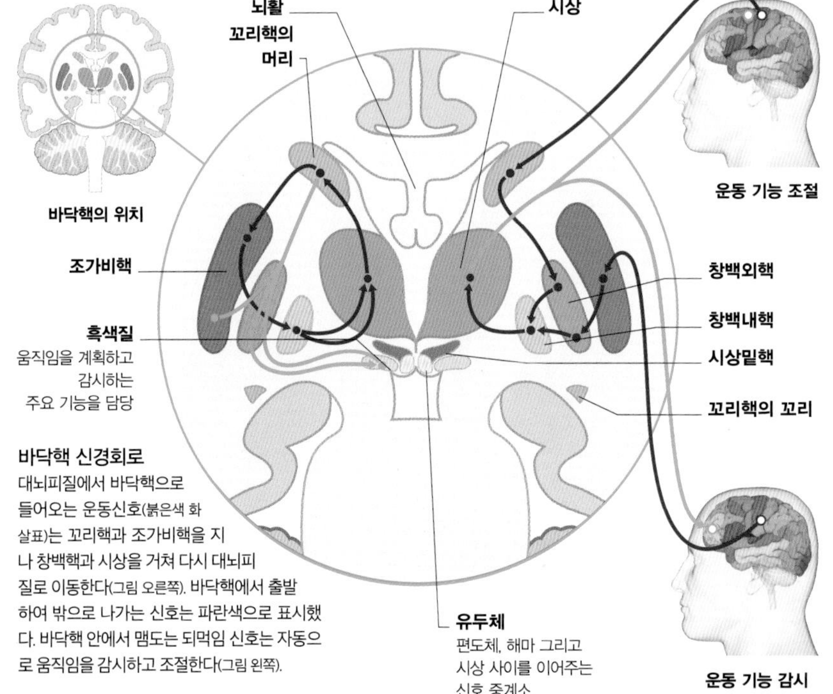

바닥핵 신경회로
대뇌피질에서 바닥핵으로 들어오는 운동신호(붉은색 화살표)는 꼬리핵과 조가비핵을 지나 창백핵과 시상을 거쳐 다시 대뇌피질로 이동한다(그림 오른쪽). 바닥핵에서 출발하여 밖으로 나가는 신호는 파란색으로 표시했다. 바닥핵 안에서 맴도는 되먹임 신호는 자동으로 움직임을 감시하고 조절한다(그림 왼쪽).

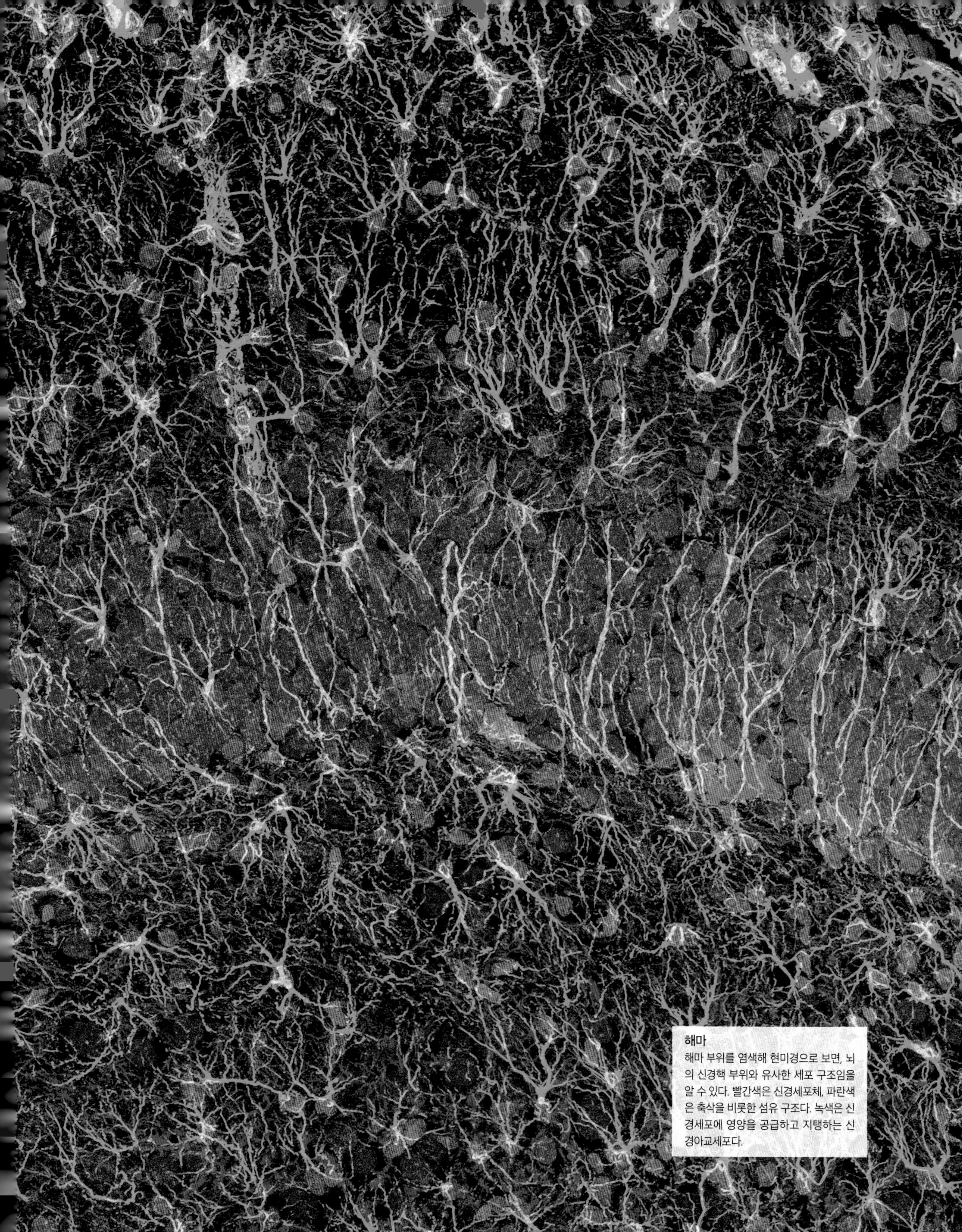

해마
해마 부위를 염색해 현미경으로 보면, 뇌의 신경핵 부위와 유사한 세포 구조임을 알 수 있다. 빨간색은 신경세포체, 파란색은 축삭을 비롯한 섬유 구조다. 녹색은 신경세포에 영양을 공급하고 지탱하는 신경아교세포다.

시상, 시상하부, 뇌하수체

시상은 해부학적으로 뇌의 정중앙에 있다. 뇌의 중심부에 있기 때문에 전신의 감각기관과 뇌 사이를 이어주는 중계소 역할을 더욱 완벽하게 해낸다. 시상 바로 아래에는 시상하부와 뇌하수체가 있으며, 이것들은 각각 중추신경계와 내분비계통을 연결한다.

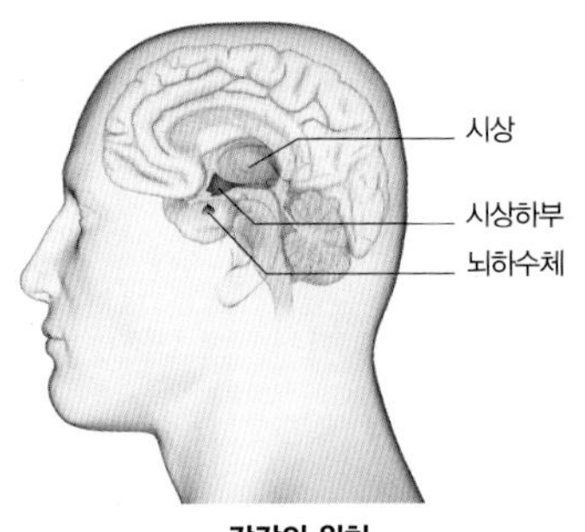

각각의 위치

시상

달걀 모양의 시상은 좌우 한 쌍이 나란히 있다. 일반적으로 시상의 크기는 길이가 3센티미터, 폭이 1.5센티미터 정도다. 좌우 시상은 직접적으로는 서로 신경섬유로 연결되어 있지 않다. 좌우 시상 사이에는 뇌척수액이 차 있는 제3뇌실이 있다. 시상은 후각을 제외한 신체 모든 감각기관의 신호를 받아 대뇌피질로 전달하는 중계소 기능을 담당한다. 여기서는 감각신호를 선별하고 정리하는 과정을 거쳐 대뇌피질에 전달한다.

시상의 내부

아래 그림처럼, 한쪽 시상에는 20개 이상의 신경핵(신경세포체가 모여 있는 회색질)이 있다. 이런 신경핵을 시상체라고 부르는데, 각각의 시상체는 미엘린수초가 둘러싸고 있는 신경섬유에 의해 층층이 나뉜다. 이러한 신경핵을 집합적으로 칭하는 시상 전체도 이와 유사한 백색질로 표면이 싸여 있다.

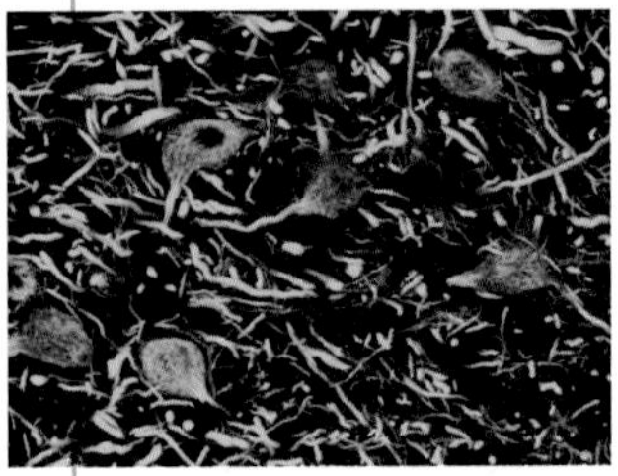

시상의 앞쪽

섬유판속핵
앞쪽핵
등쪽 가쪽핵
중심핵
등쪽안쪽핵
중심정중핵
뒤배쪽안쪽핵
섬유
앞쪽 가쪽핵
배쪽 가쪽핵
그물핵
뒤배쪽가쪽핵
뒤쪽가쪽핵

시상의 뉴런

뉴런의 세포체와 신경섬유(녹색)는 밀접하게 연결되어 있으며, 그 사이로 신경아교세포(빨간색)가 지지체 역할을 하며 영양분을 공급한다.

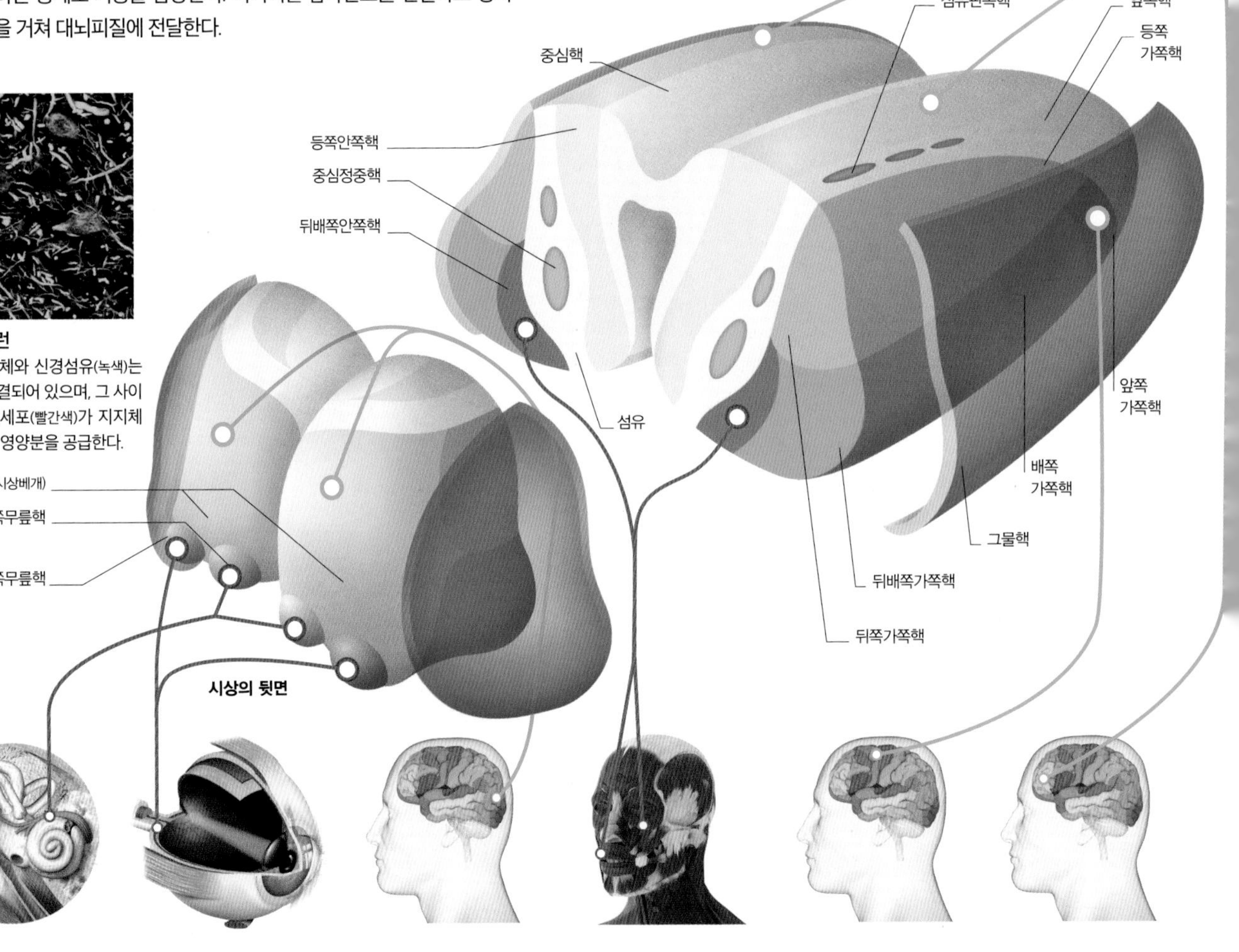

가쪽핵(시상베개)
안쪽무릎핵
가쪽무릎핵

시상의 뒷면

속귀
안쪽무릎핵은 속귀의 달팽이에서 오는 감각신호를 대부분 받아서 대뇌의 청각피질인 브로드만 영역 41과 42에(67쪽 참고) 전달한다.

망막
눈으로 본 시각정보는 망막에서 기원해 가쪽무릎핵에 도달한다. 처리 과정을 거친 다음 시각피질인 브로드만 영역 17과 시각연합피질에 신호가 전달된다.

시각피질
가쪽무릎핵과 함께 이보다 훨씬 큰 가쪽핵(시상베개)에서 시각피질의 몇몇 부위(82-83쪽 참고)에 부가적인 감각정보를 전달한다.

얼굴과 입
얼굴 피부와 입안의 감각정보는 삼차신경을 따라서 삼차신경시상로를 통해 뒤배쪽안쪽핵에 전달된다.

전운동피질
시상에는 들어오고 나가는 신경섬유가 모두 존재한다. 앞쪽가쪽핵으로 연결되는 신경섬유에는 대뇌피질의 전운동피질 부위에서 시작된 신경신호가 들어오는 섬유가 많다.

이마엽앞피질
등쪽안쪽핵으로 들어오는 대부분의 신경은 이마엽앞피질에서 시작된 것들이다. 또한 감정에 관한 신경신호가 시상하부에서 등쪽안쪽핵으로 전달된다.

시상하부

시상하부는 새끼손가락 끝 마디 정도의 크기이며, 무게는 4그램이다. 뇌 용적의 0.4퍼센트만을 차지하지만 기능은 매우 다양하고 중요하다. 의식적인 행동, 감정, 본능, 신체의 자동조절 기능 등을 담당한다. 시상하부는 사이뇌의 바닥에 모여 있고, 가쪽뇌실로 나뉘는 12개 이상의 신경핵 쌍으로 이루어져 있다. 여기에 있는 분비세포는 혈관을 따라 이동하는 호르몬을 분비하며, 신경분비세포는 신경의 축삭을 따라 뇌하수체로 이동하는 호르몬 유사체를 분비한다(아래 그림 참고).

뇌하수체

시상하부는 바로 아래에 있는 뇌하수체를 통해서 신경계와 내분비계통(114-115쪽 참고)을 통합 조절하는 기능을 담당한다. 강낭콩만 한 뇌하수체는 호르몬 분비를 총괄하는 장기로 알려져 있다. 뇌하수체는 샘뇌하수체로 불리는 전엽과 신경뇌하수체로 불리는 후엽으로 나뉜다. 전엽에서는 다른 내분비기관을 조절하는 자극호르몬을 비롯하여 몇몇 호르몬이 혈액으로 분비된다 후엽에서는 시상에서 축삭을 통해 호르몬이 전달된다.

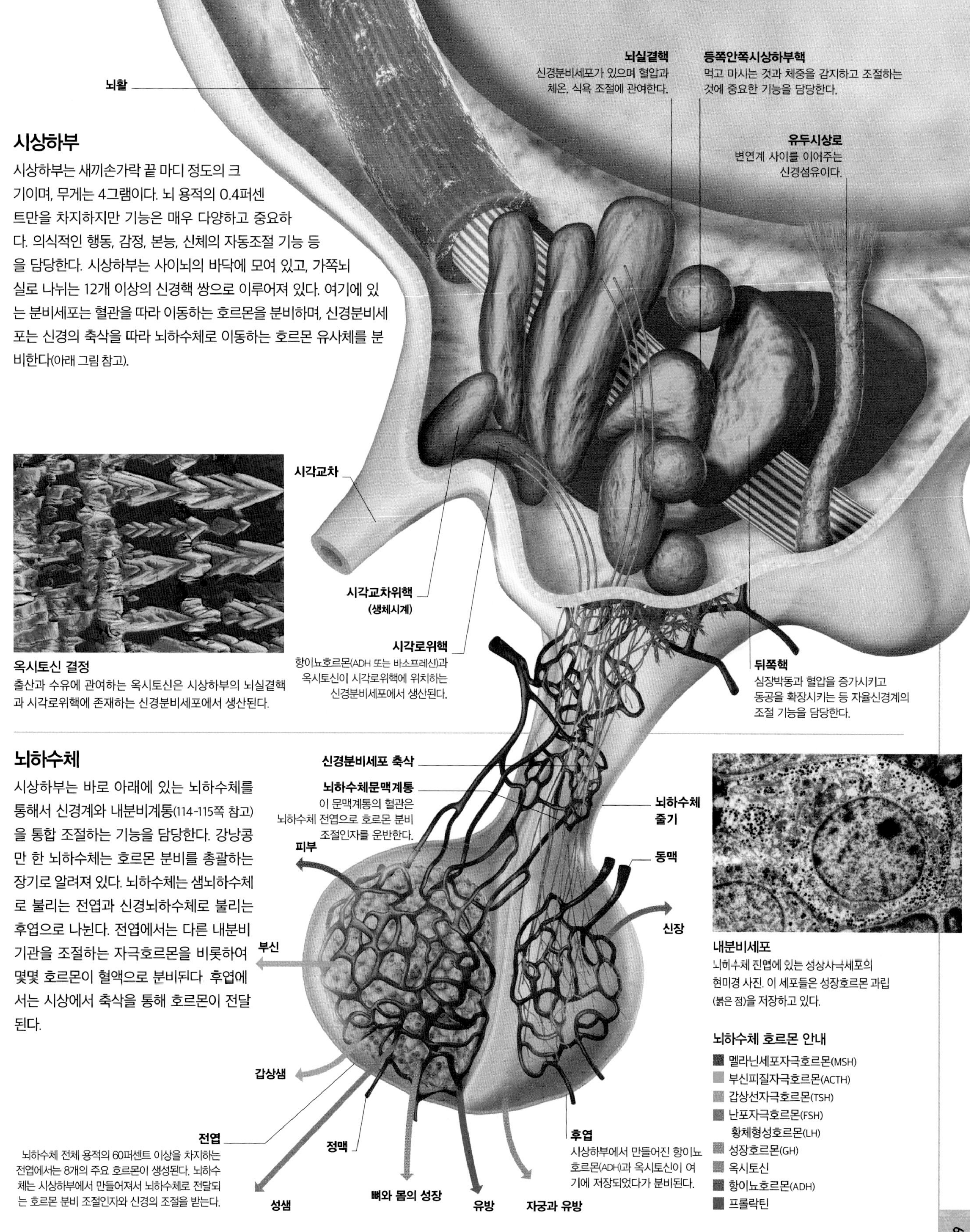

옥시토신 결정
출산과 수유에 관여하는 옥시토신은 시상하부의 뇌실결핵과 시각로위핵에 존재하는 신경분비세포에서 생산된다.

내분비세포
뇌하수체 전엽에 있는 성장자극세포의 현미경 사진. 이 세포들은 성장호르몬 과립(붉은 점)을 저장하고 있다.

뇌하수체 호르몬 안내
- 멜라닌세포자극호르몬(MSH)
- 부신피질자극호르몬(ACTH)
- 갑상선자극호르몬(TSH)
- 난포자극호르몬(FSH)
  황체형성호르몬(LH)
- 성장호르몬(GH)
- 옥시토신
- 항이뇨호르몬(ADH)
- 프롤락틴

뇌줄기와 소뇌

뇌줄기(뇌간, brainstem)는 잘못된 이름이다. 이름처럼 뇌의 다른 부분을 이끄는 근간STEM이 되는 부분이라기보다 다른 부분들을 종합하는 곳이기 때문이다. 줄기의 윗부분이 벌어져 있고 그 끝에는 시상이 있다. 그 위로는 대뇌반구가 지붕처럼 덮여 있다. 뇌줄기 아래쪽으로 뇌의 뒤편에는 소뇌가 자리 잡고 있다.

뇌줄기의 해부학적 구조

뇌줄기는 대뇌와 사이뇌로 구성된 뇌의 가장 상위 부분인 앞뇌(52쪽 참고)를 제외한 나머지 대부분을 차지하고 있다. 뇌줄기의 가장 위쪽은 중간뇌로 위둔덕, 아래둔덕과 함께 중간뇌덮개를 이루고 있으며, 뒤편에는 중간뇌뒤판이 위치한다. 중간뇌의 아래에는 마름뇌(후뇌)가 있다. 뇌줄기 앞쪽은 다리뇌의 커다란 융기부가 있다. 그 아래로는 숨뇌가 있으며 아래로 점점 가늘어지면서 척수로 연결된다. 숨뇌의 뒤쪽에는 3개의 소뇌다리로 소뇌가 연결되어 있다.

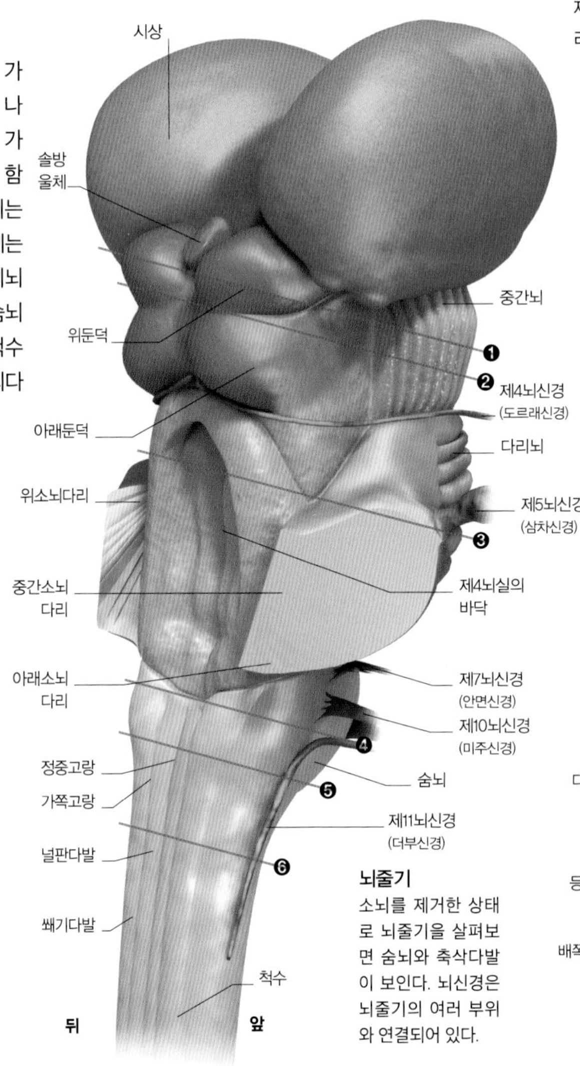

뇌줄기
소뇌를 제거한 상태로 뇌줄기를 살펴보면 숨뇌와 축삭다발이 보인다. 뇌신경은 뇌줄기의 여러 부위와 연결되어 있다.

뇌를 연결하는 뇌줄기
이 MRI 사진에서 뇌줄기의 윗부분은 눈과 높이가 같고 아랫부분은 두개골 바닥의 큰구멍을 지나 척수와 연결되어 있다.

360도 투시도

앞 오른쪽 뒤 왼쪽

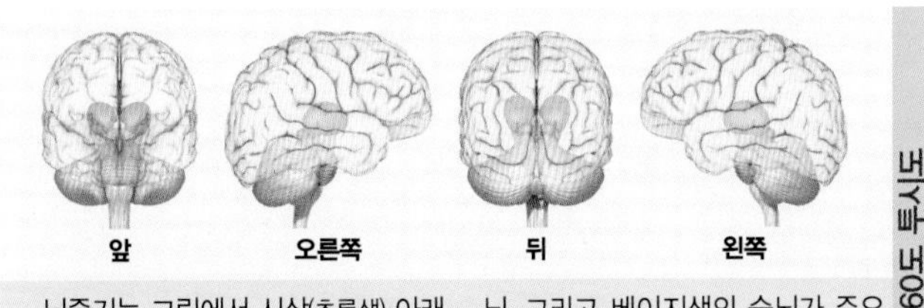

뇌줄기는 그림에서 시상(초록색) 아래 혹은 안쪽에 보이는 구조물로 구성된다. 파란색의 다리뇌, 연한갈색의 소뇌, 그리고 베이지색의 숨뇌가 주요한 경계를 이룬다. 분류에 따라서는 시상이 뇌줄기의 일부로 포함된다.

내부 구조

뇌줄기 안에는 신경핵이라 부르는 신경세포체의 집합이 있다(58-59쪽 참고). 그리고 축삭과 신경섬유 등으로 구성된 신경로가 지난다. 예를 들어 다리뇌 앞뒤에 위치하는 다리뇌핵은 학습과 운동 기술을 기억하는 것에 관여한다. 실제로 그 신경핵은 대뇌의 운동피질에서 발생한 신호가 다리뇌 뒤편의 소뇌를 거쳐 이동하는 중계소 역할을 한다.

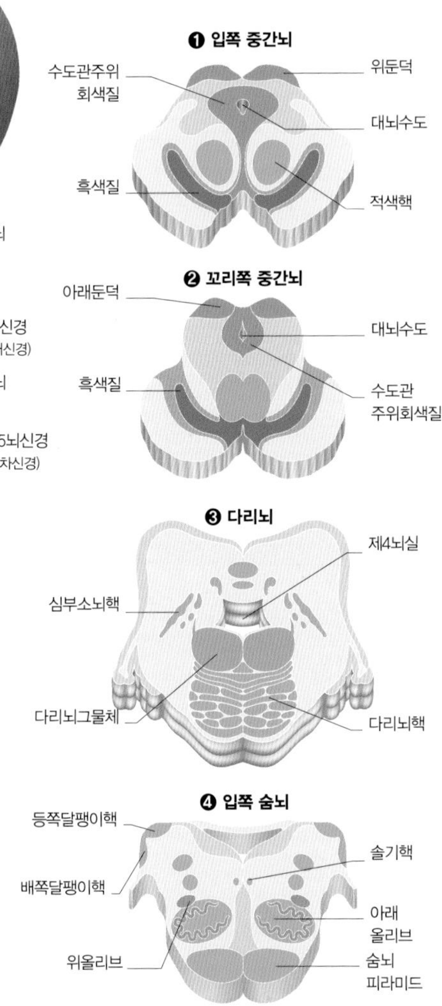

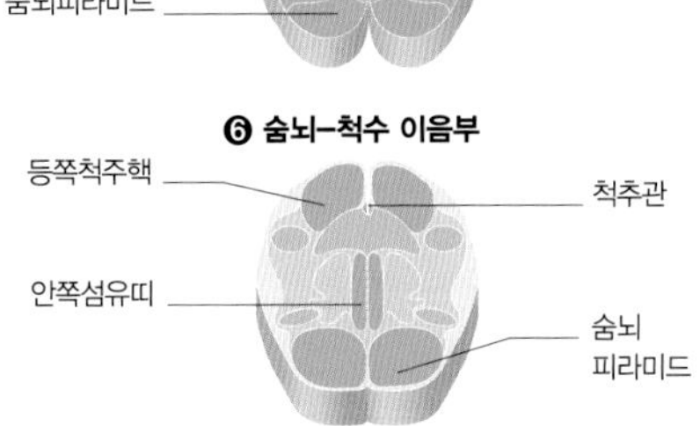

뇌줄기의 단면
왼쪽 그림 속에 표시된 번호와 같은 높이에서 잘린 단면을 보여주는 그림이다. 신경핵은 녹색으로, 신경섬유로 가득한 백색질은 연한색으로 표시되어 있다. 각각의 단면에서 위쪽이 몸의 뒤쪽이며, 아래쪽이 몸의 앞쪽이다.

뇌줄기의 기능

뇌줄기는 추상적 사고 같은 고위 정서 기능보다는 낮은 단계의 정신 기능을 담당한다. 즉 눈앞에 스쳐가는 것을 보고 눈이 따라가는 것과 같이 거의 저절로 일어나는 일과 관련되어 있다. 또한 무의식적이거나 자동적인 조절 기전과 관련된 기능을 담당한다. 특히 숨뇌는 호흡과 심장박동, 혈압 등 생존에 필수적인 생체 기능을 관장하여 감시하고 조절한다. 또한 반사적인 구토나 재채기, 삼키기, 기침도 이 부위의 조절을 받는다.

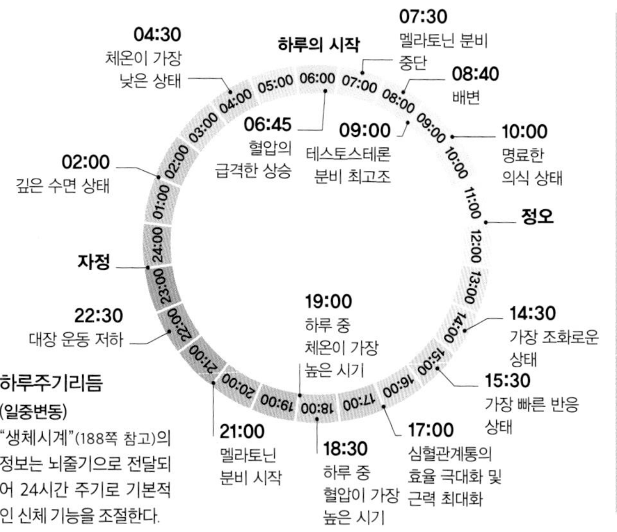

하루주기리듬 (일중변동)
"생체시계"(188쪽 참고)의 정보는 뇌줄기으로 전달되어 24시간 주기로 기본적인 신체 기능을 조절한다.

폐쇄증후군

뇌줄기의 특정 부위, 특히 다리뇌가 위치하는 앞쪽에 손상이 발생하면, 환자는 배쪽다리뇌증후군 또는 "폐쇄 상태"가 된다. 환자는 주변의 모든 것을 보고 듣고 느낄 수 있지만 자발적으로는 어떤 근육도 움직일 수 없는 상태가 된다. 손상되는 기전은 대개 뇌졸중 등에 의해 해당 부위로 혈액 공급이 중단되어 손상된다. 드물게 눈 주변의 근육은 움직일 수 있어 눈의 움직임만으로 의사소통을 하는 환자의 사례가 보고된 적도 있다.

소뇌

"작은 뇌"인 소뇌는 두개골 안에서 가장 아래쪽, 그리고 가장 뒤쪽에 있다. 표면에 주름이 많아 외형은 대뇌와 비슷하다. 그러나 주름의 폭이 더 가늘고 일정한 형태로 되어 있다. 해부학적으로 소뇌에는 가운데에 길고 가는 형태의 소뇌벌레 부위가 있으며, 바로 인접하여 두 개의 타래결절엽이 있다. 각각의 바깥쪽에는 더 커다란 가쪽엽이 있으며 가쪽엽은 몇 개의 소엽으로 나뉜다. 커다란 가쪽엽은 마치 대뇌의 양쪽 반구와 비슷하여 소뇌의 반구로 불리기도 한다. 소뇌는 신체 각부의 균형과 자세, 평형을 유지하기 위해 근육 운동을 조절하며 몸의 움직임을 조화롭게 한다.

내부 구조

소뇌의 미세 층별 구조는 대뇌와 유사하다. 바깥쪽, 즉 소뇌피질은 신경세포의 세포체와 가지돌기가 모여 있는 회색질로 되어 있다. 그 아래에 수질부는 신경섬유가 모여 있는 백색질로 구성되어 있다. 소뇌의 중심부에는 심부소뇌신경핵이 있다. 이 신경핵에서 나온 신경섬유는 대뇌피질과 연결된다. 소뇌는 어떤 각도로 단면을 잘라도 피질과 심부신경핵 사이에 백색질이 마치 나뭇가지 모양을 하고 있어서 이 복잡한 가지 형태를 소뇌나무라고 한다.

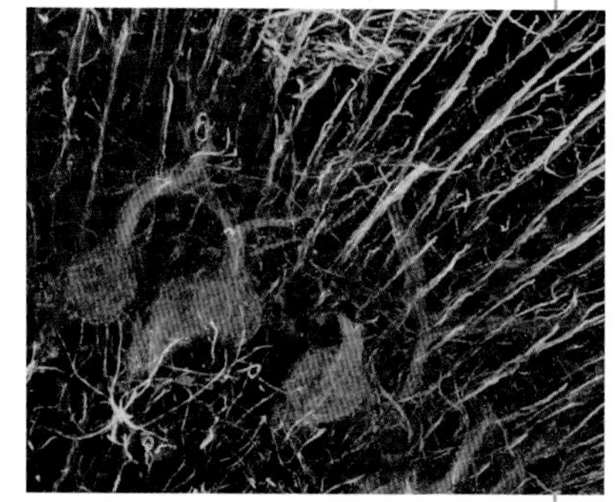

소뇌의 세포
소뇌피질에서 발견되는 대표적인 신경세포(빨간색)는 발견자의 이름을 따서 푸르키녜세포 또는 모양을 따라서 조롱박세포라고 한다. 주변에 있는 세포(녹색)는 신경세포를 지지하는 신경아교세포다.

소뇌
소뇌 표면의 홈은 고랑이고 돌출부는 이랑이다. 각 그림의 앞쪽은 가장 위쪽이다.

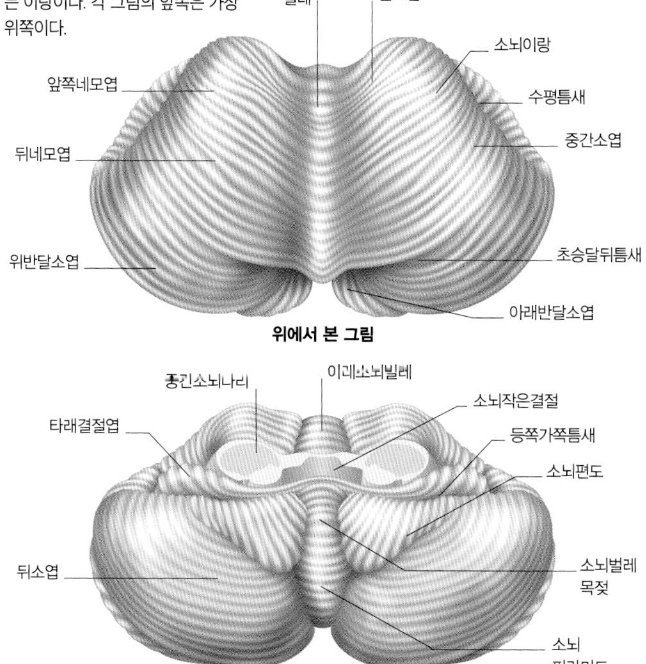

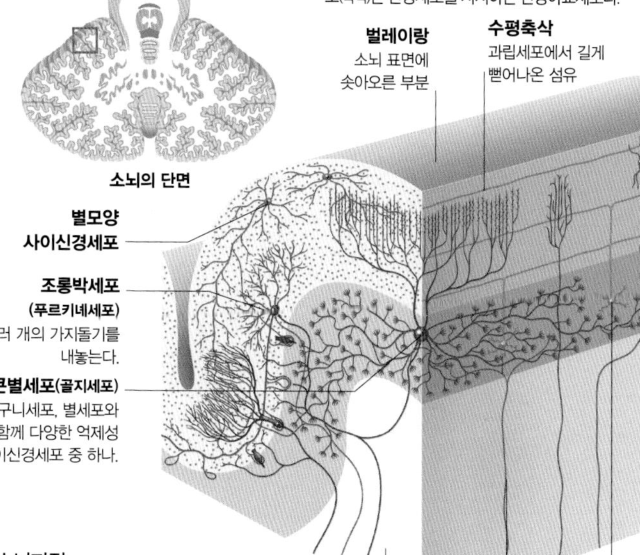

소뇌피질
피질은 3개 층으로 구분된다. 가장 안쪽의 분자층, 그 위의 푸르키녜층, 그리고 과립층이 가장 밖에 위치한다. 각각의 층에는 몇몇 특징적인 세포들이 존재한다.

변연계

변연계는 본능적인 행동, 감정과 성욕, 분노, 기쁨, 생존 등의 기본적인 욕구와 관련되어 있다. 대뇌피질의 고위 의식 중추와 신체 상태를 조절하는 뇌줄기을 서로 연결하는 역할을 담당한다.

뇌활
뇌들보
유두체

뇌의 중심부
변연계는 해부학적으로 뇌의 중심부에 있으며 대뇌에서부터 뇌줄기에 이르는 다양한 구조물이 모여 있는 기능적 집합체를 형성한다.

변연계의 구성

변연계는 대뇌피질과 변연엽(다음 쪽 참고)이라는 인접한 부분의 영역으로 구성되며, 대뇌 편도, 시상하부, 시상, 유두체 및 뇌의 가장 깊숙한 곳에 있는 구조물들이 포함된다. 변연계는 감각기관과 밀접한 관련이 있는데, 그중 후각과 가장 관련이 깊다. 신경섬유에 의해 변연계에 속하는 각각의 구조물이 서로 연결되어 있다. 특히 기대와 보상, 의사 결정 기능을 담당하는 이마엽의 아래쪽 피질과 밀접하게 연결되어 있다.

뇌활
이 신경섬유는 유두체와 해마를 연결한다.

띠피질
뇌들보 바로 위에 위치하는 변연엽의 피질.

뇌활기둥

유두체
신경세포가 모여 있는 작은 덩어리로 신경 전달 신호를 시상으로 중계하며 의식과 기억에 관여한다.

후각망울
코에서 후각정보를 뇌로 전달하는 신경로. 후각정보를 인식할 수 있게 처리한다.

시상하부
신경계와 내분비계를 연결하는 주요 기관(61쪽 참고).

다리뇌

해마
알파벳 S와 비슷한 모양이 마치 바다의 해마를 닮아서 붙은 이름이다. 이 부위는 기억 및 공간 지각 능력과 연관되어 있다.

중간뇌
변연계의 신경섬유는 시상을 비롯한 뇌줄기의 가장 상위부에서부터 바닥핵까지 뻗어 있다.

해마곁이랑
해마 바로 옆에 있는 이 부위의 피질은 어떤 풍경이나 장소를 바라볼 때 활성화된다.

편도
아몬드와 모양이 비슷한 뉴런의 집합체로 기억과 감정적 반응에 관여한다.

변연계의 구조
변연계라는 이름은 변두리를 뜻하는 라틴어 "limbus"에서 유래했다. 변연계의 주요 구조물은 비교적 평평한 모양의 대뇌피질과 그 하부의 독특한 형태의 다양한 신경핵과 신경로 사이에 원형의 띠 형태로 전이 지역을 형성하고 있다.

360도 투시도

앞 | 오른쪽 | 뒤 | 왼쪽

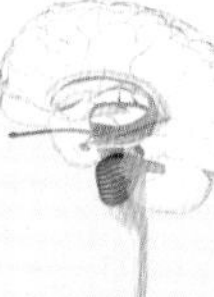

변연계가 뇌의 중심부에 위치하고 있는 모양을 보여주는 모식도. 변연계는 대뇌피질의 안쪽 표면에 위치한다. 띠피질, 해마, 해마곁이랑 모두 대뇌피질에 속한 구조물이며 뇌들보의 바로 아래에 아치 형태를 이루고 있다.

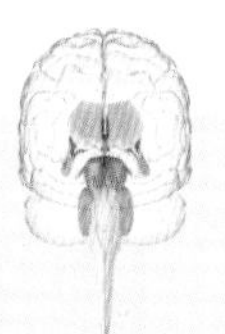

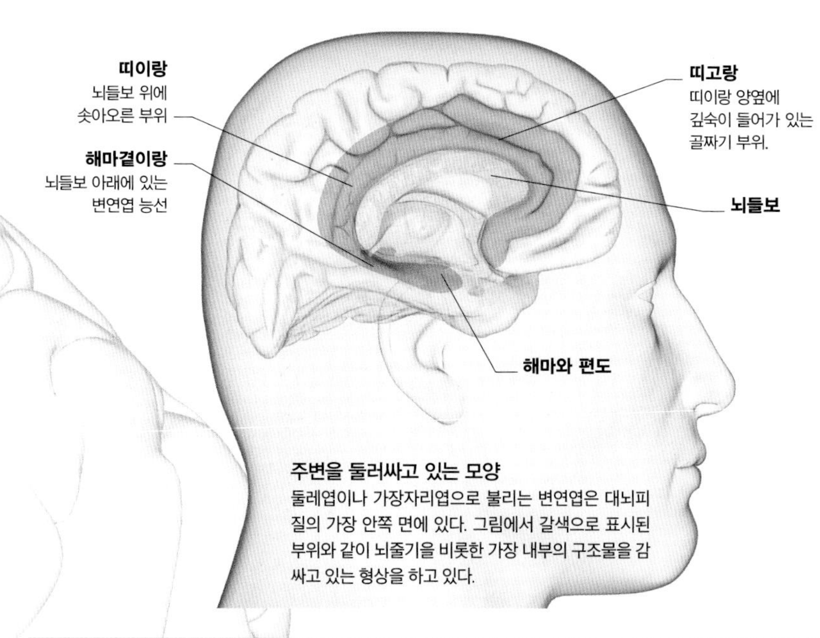

주변을 둘러싸고 있는 모양
둘레엽이나 가장자리엽으로 불리는 변연엽은 대뇌피질의 가장 안쪽 면에 있다. 그림에서 갈색으로 표시된 부위와 같이 뇌줄기를 비롯한 가장 내부의 구조물을 감싸고 있는 형상을 하고 있다.

변연엽(둘레엽, 가장자리엽)

변연계를 구성하는 구조물은 대뇌피질 중 변연엽이라는 부위에 둘러싸여 있다. 대뇌반구의 안쪽 면에 반지 모양을 하고 있으며, 뇌들보 바로 위에 있다. 가장 위에는 띠이랑이 있고 띠이랑 양옆에는 띠고랑이 있다. 가장 아래쪽에는 해마곁이랑이 가쪽틈새와 후각뇌고랑 바로 아래 위치한다. 띠이랑과 해마곁이랑은 함께 뇌활이랑이라고 한다. 변연엽은 대뇌피질의 가장 안쪽면에 위치하고 있어서 주변에 관자엽, 마루엽, 이마엽과 인접해 있다. 해마와 편도는 양쪽에 갈라진 반지 형태의 변연엽에 포함되지는 않지만 변연계를 구성하는 요소이며, 또한 해부학적으로도 변연엽의 일부인 것으로 보인다.

해마

해마는 해마곁이랑 바로 위에 붙어 있다. 해마는 치아이랑과 맞물려서 해마-치아 복합체를 형성한다. 이 부위는 대뇌피질에 속한 부분이지만 세포의 층상 구조가 다른 부위의 6개 층과는 달리 3층으로 구성되어 있다.

해마의 가장 기본적인 기능은 공간 지각과 기억, 그리고 회상이다. 특히 해마는 일시적인 기억과 장기간의 기억을 선별하는 것과 관련된 것으로 알려져 있다. 이 부위에 손상을 입으면 손상 이전의 기억은 잘 떠올리지만, 새로운 기억을 남길 수 없다.

뉴런(신경세포)
옆의 사진은 해마 부위를 광학현미경으로 살펴본 것이다. 여기에서 해마 부위의 뉴런은 녹색으로 보인다. 금색으로 보이는 것은 이온 통로인데, 이곳을 통해서 나트륨과 칼슘이 세포막 사이를 이동한다. 이렇게 이온이 교환되어야 신경신호가 전달된다.

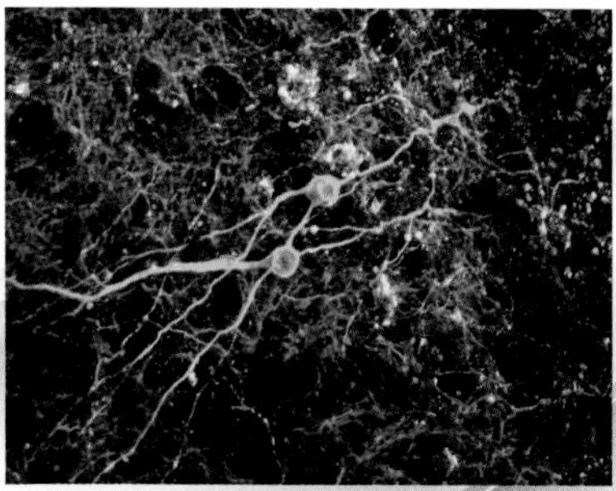

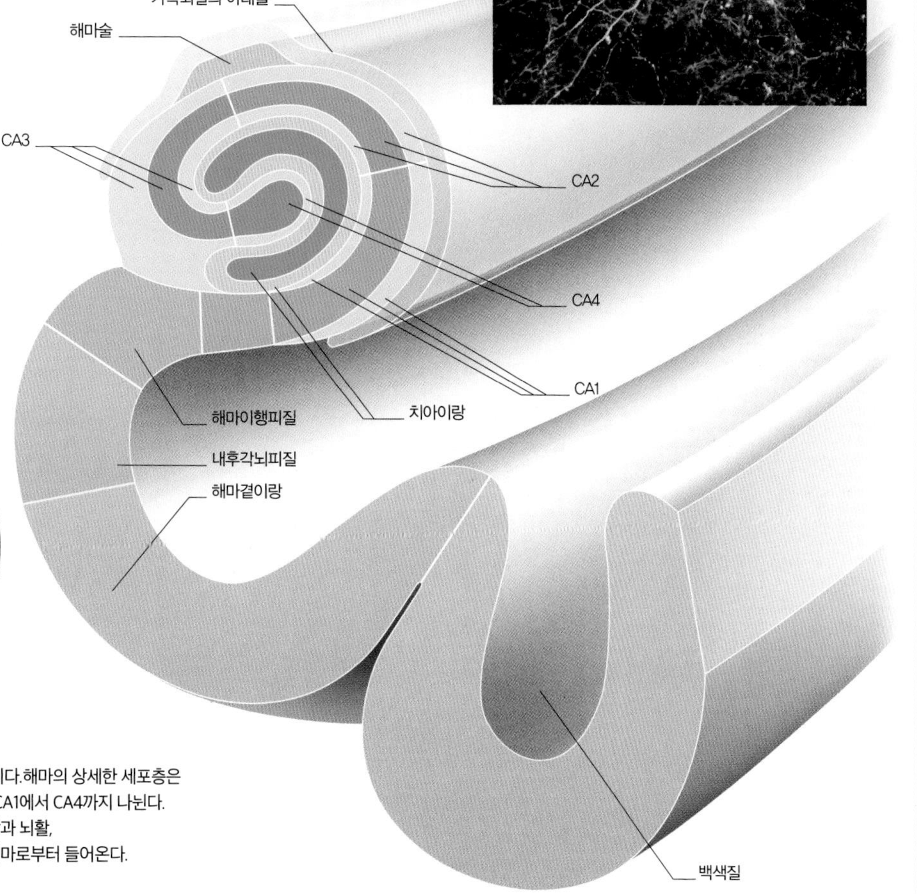

가쪽뇌실의 아래뿔
해마술
CA3
CA2
CA4
CA1
치아이랑
해마이행피질
내후각뇌피질
해마곁이랑
백색질

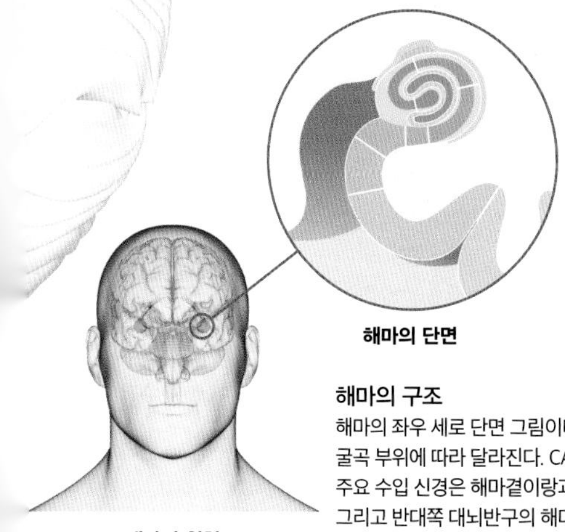

해마의 단면

해마의 위치

해마의 구조
해마의 좌우 세로 단면 그림이다.해마의 상세한 세포층은 굴곡 부위에 따라 달라진다. CA1에서 CA4까지 나뉜다. 주요 수입 신경은 해마곁이랑과 뇌활, 그리고 반대쪽 대뇌반구의 해마로부터 들어온다.

대뇌피질

대뇌피질은 뇌의 가장 큰 부분인 대뇌의 표면을 지칭한다. 대뇌피질은 어느 각도로 보더라도 울퉁불퉁 주름진 모양으로 보인다. 피질은 그 안쪽으로 보이는 하얀색의 백색질과 비교하여 회색질이라고 알려져 있다.

대뇌의 엽

대뇌의 엽은 대뇌피질의 솟아오른 부위와 안으로 파인 부분으로 구분하여 4개 또는 6개로 나뉜다. 좌우 반구를 나누는 세로틈새가 가장 크고 깊은 경계를 이룬다. 대뇌 엽의 이름과 그 경계는 대뇌 위를 덮고 있는 두개골과 밀접하게 이어져 있다. 예를 들어 좌우의 이마엽은 이마뼈(전두골)와 그 경계가 유사하며, 뒤통수엽도 뒤통수뼈(후두골)가 덮고 있는 부분이다. 다른 분류법에 따른 구역으로 변연엽(65쪽 참고)과 뇌섬엽 또는 중심엽 등은 다른 대뇌 엽과는 위치와 경계가 확연하게 다르다.

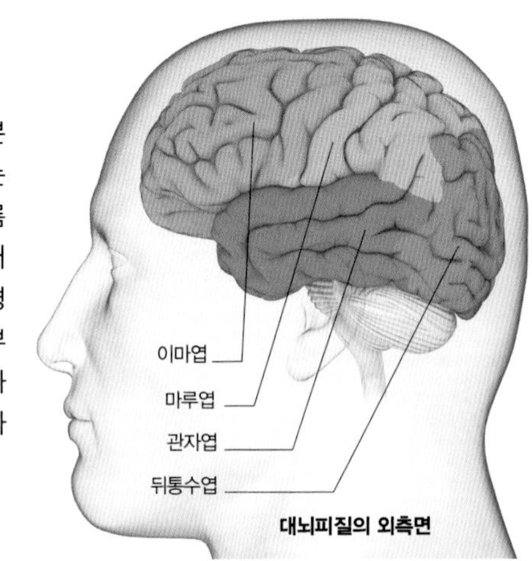

대뇌피질의 외측면

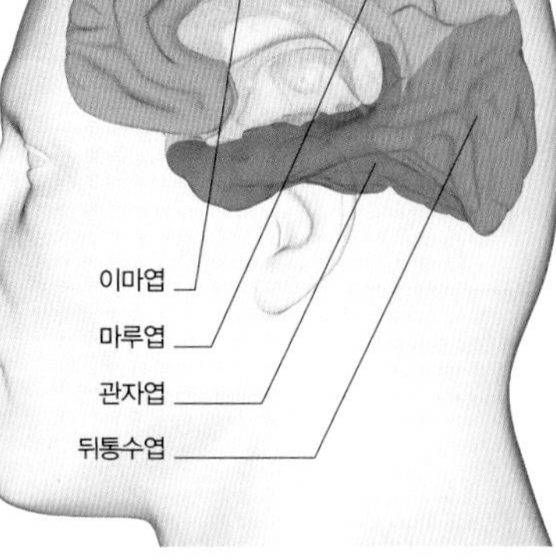

대뇌피질의 내측면

대뇌엽의 분류

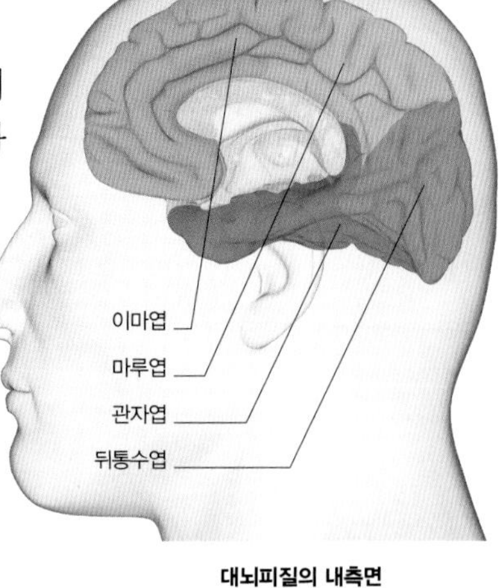

대뇌피질은 그림에 표시된 것처럼 4개의 엽으로 나뉜다. 분류 방법에 따라서는 이마엽의 앞쪽 부분을 이마엽앞이라고 하는 경우도 있지만 이마엽앞 피질이라는 용어가 더 널리 사용된다.

대뇌피질의 경계

대뇌피질에 둥글게 튀어나온 부위를 이랑이라 하고, 얕게 팬 곳은 고랑, 깊게 팬 곳은 틈새라 한다. 사람마다 고랑과 이랑의 전체적인 모양은 비슷하지만 완전히 같은 경우는 없으며, 개인별로 차이가 있다. 좌우도 완전히 대칭은 아니다(57쪽 참고).

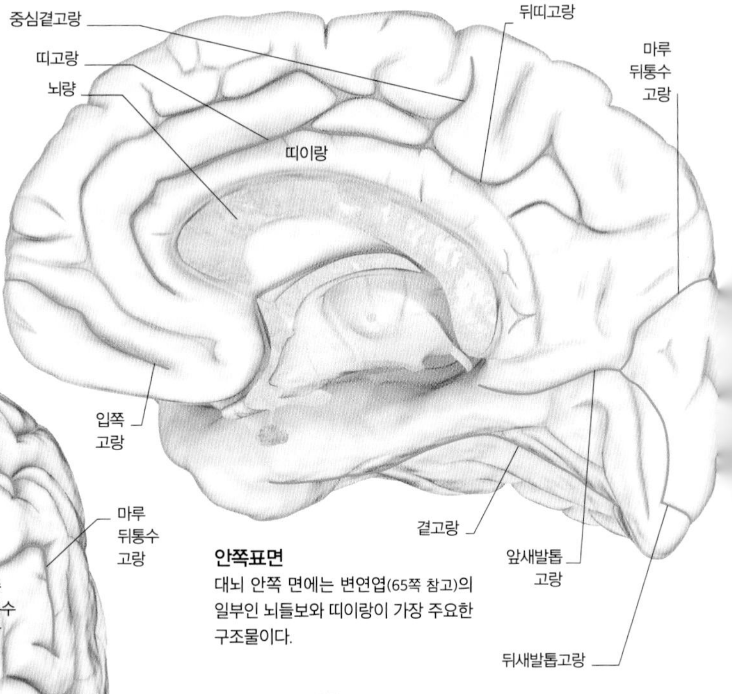

안쪽표면

대뇌 안쪽 면에는 변연엽(65쪽 참고)의 일부인 뇌들보와 띠이랑이 가장 주요한 구조물이다.

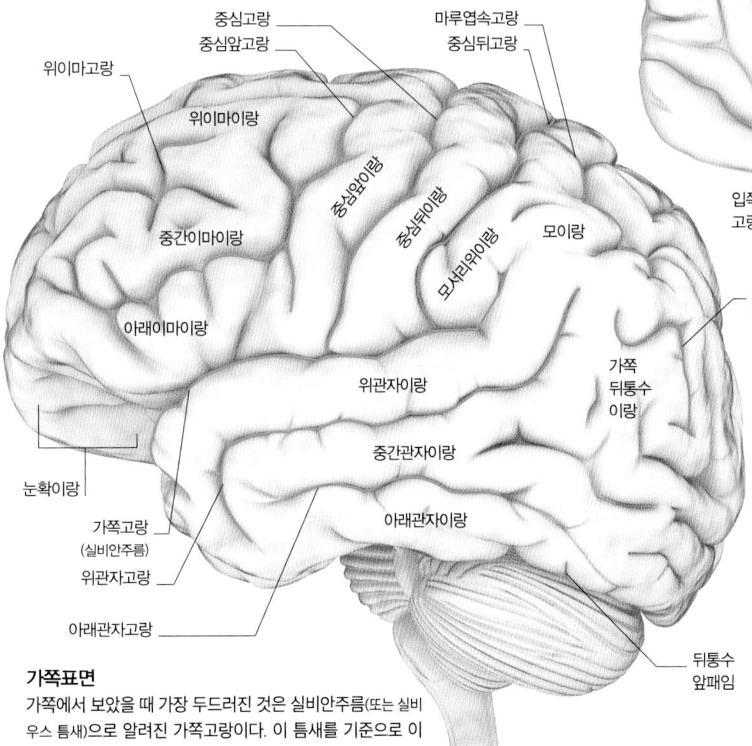

가쪽표면

가쪽에서 보았을 때 가장 두드러진 것은 실비안주름(또는 실비우스 틈새)으로 알려진 가쪽고랑이다. 이 틈새를 기준으로 이마엽의 아랫부분과 마루엽이 관자엽의 윗부분과 나뉜다.

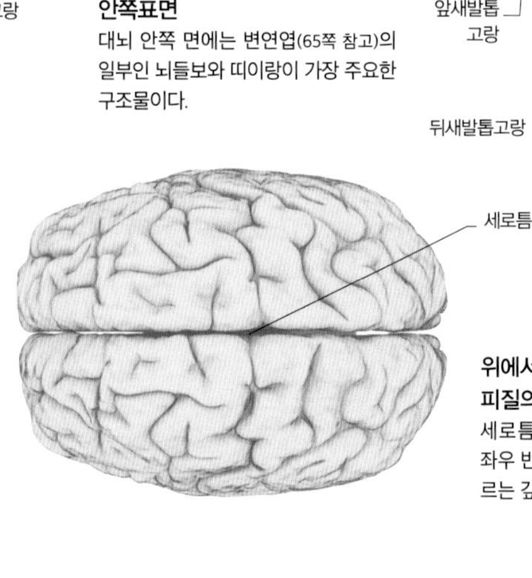

위에서 본 대뇌 피질의 표면

세로틈새는 대뇌의 좌우 반구 피질을 가르는 깊은 고랑이다.

기능영역

대뇌피질의 영역을 나누는 방법은 3가지가 있다. 첫째는 해부학적인 방법이다. 즉 이랑과 고랑을 기준으로 나누는 방법인데, 앞 쪽에 설명되어 있다. 둘째는 현미경으로 뇌의 각 부위를 살펴 세포의 모양과 종류 그리고 각각의 연결에 따라 영역을 나누는 방법이다. 이 방법의 선구자는 코비니안 브로드만이다. 여기에 소개한 대뇌피질 지도는 그의 이름을 따서 붙여졌다. 셋째 방법은 신경학적 기능에 의한 분류법으로 작은 영역들을 수행하는 기능에 따라 분류하는 것이다. 예를 들면 뇌의 뒤쪽에 있는 엽은 주로 시각을 담당하며, 그 속에 있는 더 작은 영역들이 색깔, 형태, 움직임 등 시각적 과정의 다양한 측면을 관장한다. 아주 초기에는 어떤 사람의 뇌 손상 부위(보통 사망한 후에 알 수 있었다)와 생전에 그가 보인 인지장애를 맞춰가면서 이런 기능적 "지도"를 조금씩 그려나갔다. 현재는 주로 뇌의 작은 영역들을 자극하면서 나타나는 효과를 보거나 기능적 뇌영상을 통해 이런 작업을 수행한다. 이 세 가지 방법으로 그린 지도는 서로 일치하는 부분이 많지 않다.

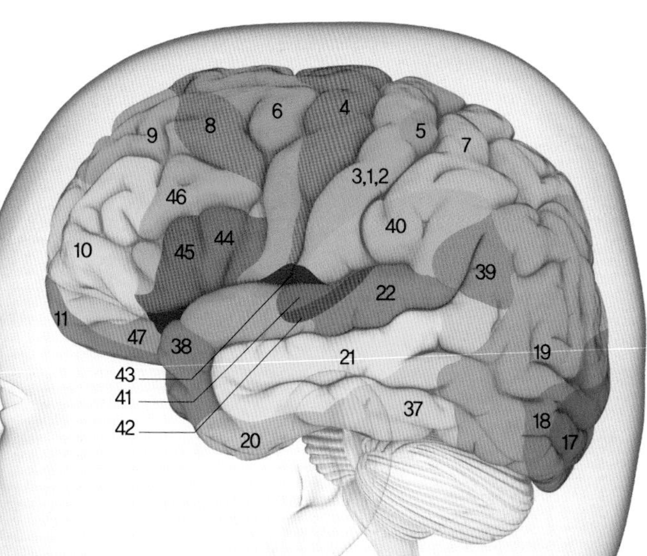

뇌의 가쪽면 브로드만 영역
코비니안 브로드만은 신경세포의 모양과 연결을 토대로 대뇌피질의 지도를 작성했다. 브로드만 영역 중 일부는 가쪽에서 안쪽으로 길게 이어지는 것이 있다. 44번 45번 브로드만 영역의 경우 브로카 영역으로 더 잘 알려져 있다.

뇌의 안쪽면 브로드만 영역
오른쪽 대뇌반구의 안쪽 표면 그림. 왼쪽 대뇌반구의 안쪽 표면과 마주하고 있다. 38번 영역은 뇌의 아래쪽에 안쪽에서 바깥쪽을 향해 있다. 이 부위는 청각과 시각, 기억과 감정적 인지, 그리고 반응과 관련된 중요한 연결 부위다.

대략적인 기능

청각
관자엽
22, 41, 38, 42

신체감각
마루엽
1, 2, 3, 5, 39, 7, 40, 31

감정
앞띠피질과 눈확피질
11, 32, 12, 33, 24, 38, 25

미각
안엽
43

후각
안쪽관자피질
28, 34

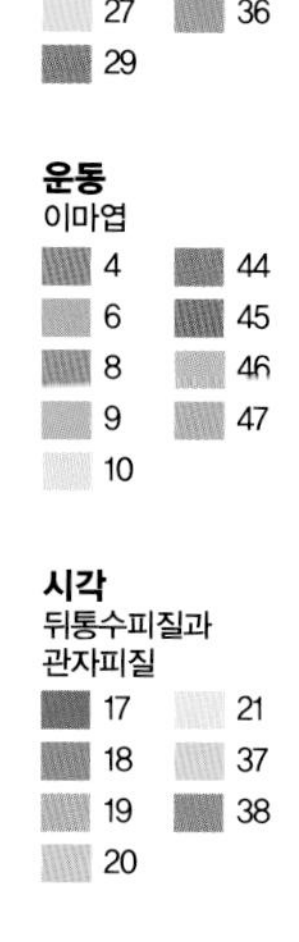

기억
안쪽관자엽, 뒤띠피질
23, 30, 26, 35, 27, 36, 29

운동
이마엽
4, 44, 6, 45, 8, 46, 9, 47, 10

시각
뒤통수피질과 관자피질
17, 21, 18, 37, 19, 38, 20

코비니안 브로드만

독일의 신경학자인 브로드만(1868–1918)은 대뇌피질의 층별 구조에 따른 조직의 형태 및 뉴런과 기타 세포들의 모양과 크기, 구조 등을 상세히 연구했다. 그는 인간과 원숭이 그리고 다른 포유동물의 뇌를 분석하여 영역별로 번호를 부여했으나 그 당시에는 피질의 영역별 이름에 상당한 혼란을 초래했다.

연합영역

대뇌피질의 일부는 2개 이상의 기능 영역에 연결된 뉴런들로 구성되어 있다. 이런 부위를 연합영역이라고 한다. 결국 연합영역은 서로 다른 종류의 정보, 예를 들면 시각정보와 청각정보를 모두 받아들인다. 이들의 역할은 이런 정보들을 결합하는 것이다. 정보의 결합은 지각 구성 과정의 일부이다. 이런 과정을 통해 우리는 세계를 잘게 쪼개진 조각이 아니라 통합된 전체로 바라볼 수 있다. 예를 들면 시각 영역과 마루엽이 만나는 부위에서는 시각정보와 신체 지각을 결합하여 시각적으로 인식한 물체가 우리 몸에 대해 어떤 위치에 있는지 알아낸다. 이마엽피질은 다른 모든 뇌 영역에서 만들어진 정보를 받아들여 통합하므로 연합영역으로 간주할 수 있다. 이런 통합의 결과 사고, 판단, 의식적 감정 등이 나타난다.

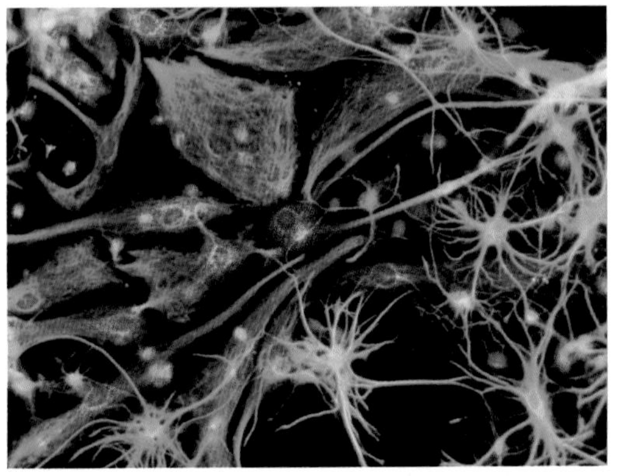

신경아교세포

이 광학현미경 사진에서는 별 모양의 별아교세포(더 연한 녹색)와 이들을 지지해주는 세포(신경아교세포)를 볼 수 있다. 두 가지 세포는 함께 뇌의 결합조직을 구성하며 뉴런들을 보호한다. 결합조직은 뉴런들이 피질 영역 사이에서 정보를 전달하는 과정을 뒷받침한다.

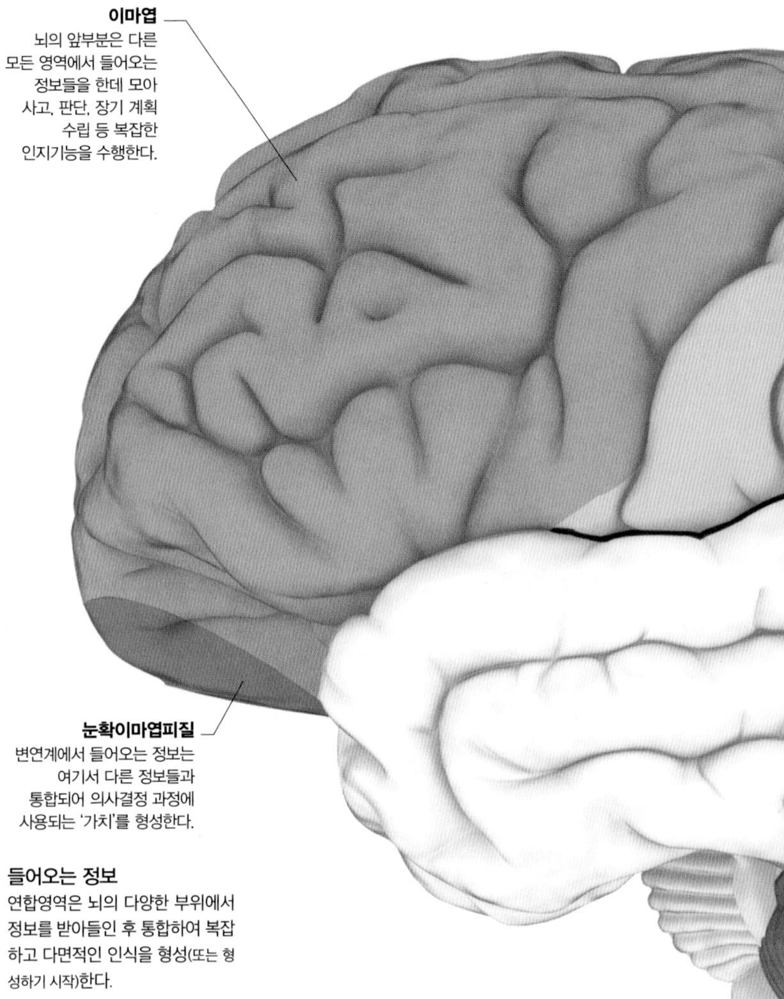

이마엽

뇌의 앞부분은 다른 모든 영역에서 들어오는 정보들을 한데 모아 사고, 판단, 장기 계획 수립 등 복잡한 인지기능을 수행한다.

눈확이마엽피질

변연계에서 들어오는 정보는 여기서 다른 정보들과 통합되어 의사결정 과정에 사용되는 '가치'를 형성한다.

들어오는 정보

연합영역은 뇌의 다양한 부위에서 정보를 받아들인 후 통합하여 복잡하고 다면적인 인식을 형성(또는 형성하기 시작)한다.

피질의 구조

구불구불한 회색질의 주름으로 이루어진 대뇌피질은 두께가 2-5밀리미터로 다양하다. 그 안에 속해 있는 세포는 100억 개에서 500억 개의 뉴런(신경세포)과 뉴런의 다섯에서 열 배에 해당하는 신경아교세포와 그 이외의 세포로 되어 있을 것으로 추정된다. 뉴런은 6개의 층을 이루며 분포하고 있다. 가장 바깥쪽부터 분자층, 바깥과립층, 바깥피라미드층, 속과립층, 속피라미드층, 뭇모양층(다형세포층)으로 나뉜다. 브로드만 영역은 뉴런의 종류와 모양에 따라 분류된다. 예를 들어 일차운동영역 4에는 피라미드 세포가 풍부하다. 피질의 뉴런들은 세포체가 위쪽, 축삭이 아래쪽을 향해 배열되어 있다. 세포체는 회색인 반면, 축삭은 지방으로 덮여 있어(수초) 흰색을 띈다. 피질이 뇌 내부와 달리 회색을 띠는 이유가 바로 여기에 있다.

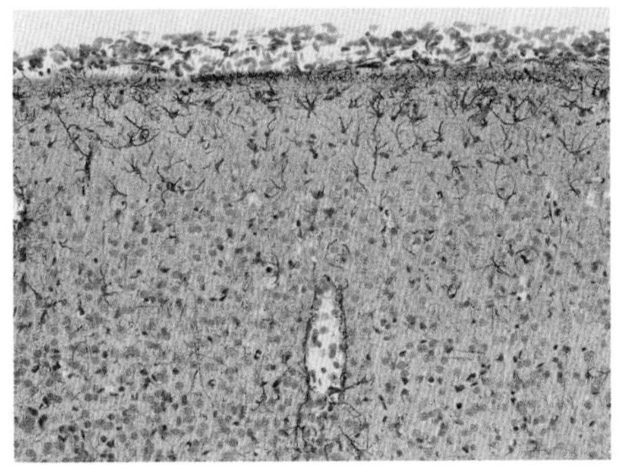

피질 조직

신경섬유

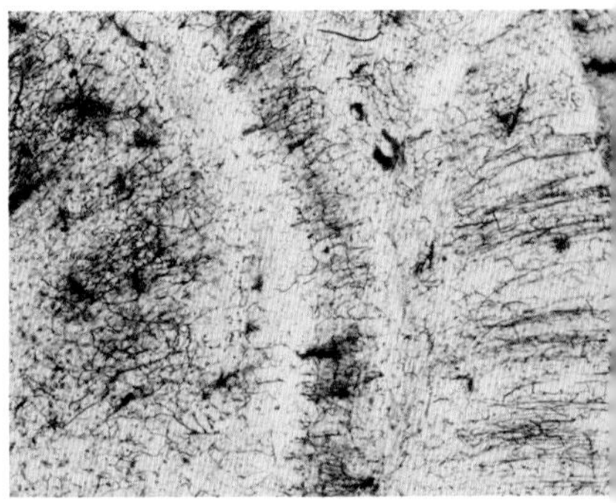

대뇌피질의 층상구조

마루엽
마루엽은 시각, 청각 및 감정 영역에서 정보를 받아들여 자기 몸을 중심으로 주변 환경을 이해한다.

관자엽-마루엽 이음부
이 영역은 지각 정보를 통합하여 어떤 순간에 일어나는 일을 "전체적으로" 이해한다.

소뇌
뇌의 뒤쪽에서는 지각 영역에서 받아들인 정보를 통합하여 소근육 운동을 섬세하게 조절한다.

피질 기능

인간의 뇌 피질은 대부분 6개의 층으로 이루어지며, 각 층마다 존재하는 뉴런의 유형이 서로 달라 독특한 양상을 나타낸다. 피질 뉴런들은 피질의 다른 부분은 물론 뇌의 다양한 영역과 신호를 주고받는다. 이런 메시지의 교환을 통해 뇌의 모든 부분이 다른 곳에서 어떤 일이 벌어지는지 알게 된다. 피질 뉴런은 "아래를 향해" 배열되어 있다. 즉, 신호를 받아들이는 부위(가지돌기)가 위쪽 표면을 향하고, 다른 세포에 메시지를 전달하는 긴 실 모양의 축삭은 아래를 향한다. 일부 축삭은 피질을 뚫고 더 아래쪽으로 깊이 내려가 "백색질"의 일부를 구성한다. 백색질이란 멀리 떨어진 뇌 영역에 정보를 전달하는 결합조직이다. 다른 축삭들은 피질의 아래층까지 뻗어 나가 다른 피질 세포들과 연결된다.

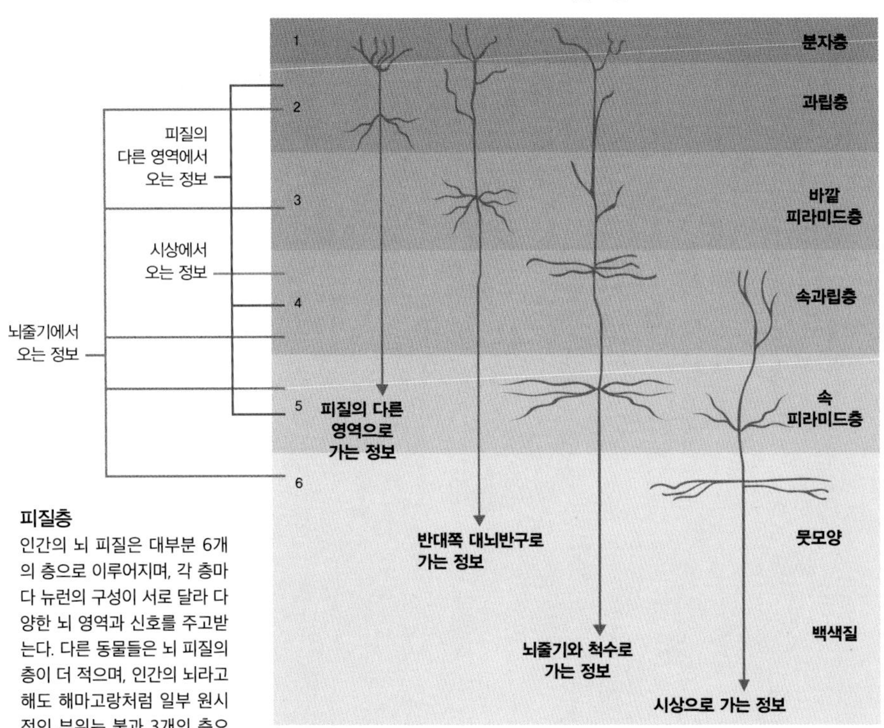

피질층
인간의 뇌 피질은 대부분 6개의 층으로 이루어지며, 각 층마다 뉴런의 구성이 서로 달라 다양한 뇌 영역과 신호를 주고받는다. 다른 동물들은 뇌 피질의 층이 더 적으며, 인간의 뇌라고 해도 해마고랑처럼 일부 원시적인 부위는 불과 3개의 층으로 되어 있다.

뇌의 접힘 구조

둥글게 말아 접은 것처럼 보이는 피질의 구조는 다른 동물종과 뚜렷이 구분되는 인간 뇌의 특징이다. 대부분의 피질 표면은 깊은 골 속으로 말려 들어가 있다. 피질을 펼치면 작은 식탁보 정도가 된다. 인간 뇌 피질의 접힌 구조는 이족보행으로 진화하는 과정에서 생겼을 가능성이 있다. 곧선 자세를 취하기 위해 인류의 조상은 좁은 골반을 갖도록 진화했고, 이는 분만 과정에 큰 걸림돌이 되었다. 이에 따라 머리가 작은 아기들이 생존 가능성이 커졌을 것이다. 유전적 돌연변이에 의해 뇌가 접힘 구조를 띠게 된 아기는 두개골이 작아져 생존에 유리해졌을 것이다. 피질이 접히면서 한정된 공간에 훨씬 많은 뉴런이 존재하게 되었고, 신경전달경로가 짧아져 데이터 처리 속도가 더 빨라졌다.

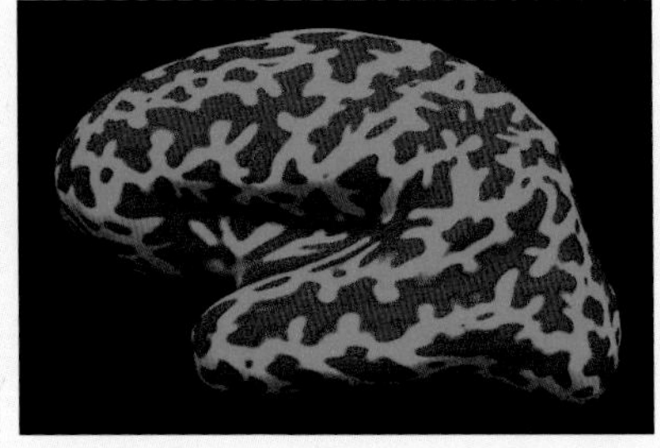

평평한 피질
컴퓨터 소프트웨어를 이용하면 뇌의 표면을 "평평하게 펴서" 정상 상태에서는 고랑 속에 숨어 있는 조직을 겉으로 드러낼 수 있다. 왼쪽 그림에서 녹색 영역은 표면(이랑), 빨간색 영역은 고랑 속으로 말려 들어가 있는 부분을 나타낸다.

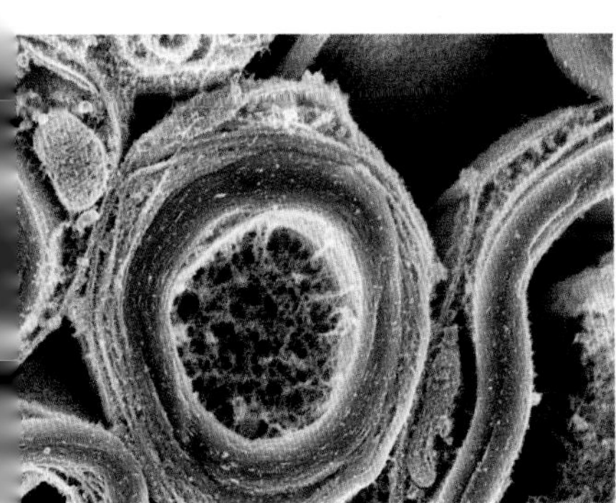
희소돌기아교세포

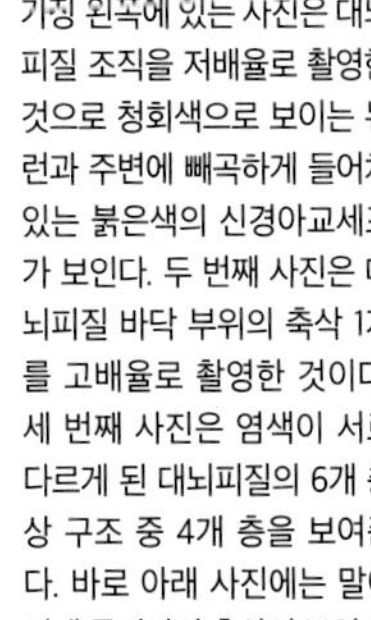

대뇌피질의 구성요소
가장 왼쪽에 있는 사진은 대뇌피질 조직을 저배율로 촬영한 것으로 청회색으로 보이는 뉴런과 주변에 빼곡하게 들어차 있는 붉은색의 신경아교세포가 보인다. 두 번째 사진은 대뇌피질 바닥 부위의 축삭 1개를 고배율로 촬영한 것이다. 세 번째 사진은 염색이 서로 다르게 된 대뇌피질의 6개 층상 구조 중 4개 층을 보여준다. 바로 아래 사진에는 말이집에 둘러싸인 축삭이 보인다.

뇌세포

뇌세포에는 1,000가지가 넘는 유형이 있지만, 크게 2가지 범주로 나눌 수 있다. 바로 신경세포, 즉 뉴런과 신경아교세포다. 뉴런은 자극에 반응하며 전기적 신호를 내보낸다("발화"). 인간의 뇌에는 평균 860억 개의 뉴런과 그보다 10배 많은 신경아교세포가 있다

뉴런(신경세포)

간에 있는 간세포와 뼈에서 발견되는 뼈세포, 혈액의 적혈구처럼 뉴런은 독립적인 최소 기능 단위다. 뉴런 안에는 유전정보, 즉 DNA를 품고 있는 세포핵과 세포 내 에너지 대사를 담당하는 사립체(미토콘드리아) 그리고 단백질을 합성하는 리보솜 등의 소기관이 있다. 대부분의 세포와 마찬가지로 이러한 소기관은 세포체에 집중되어 있다. 뉴런에는 신경돌기라는 독특한 구조물이 있다. 이는 길고 가느다란 손가락 모양의 돌출된 구조물로 세포체에서 뻗쳐 있다. 신경돌기는 가지돌기와 축삭으로 나뉜다. 가지돌기는 신경신호를 밖에서 안으로 받아들이는 기관이며, 축삭은 내부의 신호를 주변의 다른 신경세포에 전달하는 경로가 된다.

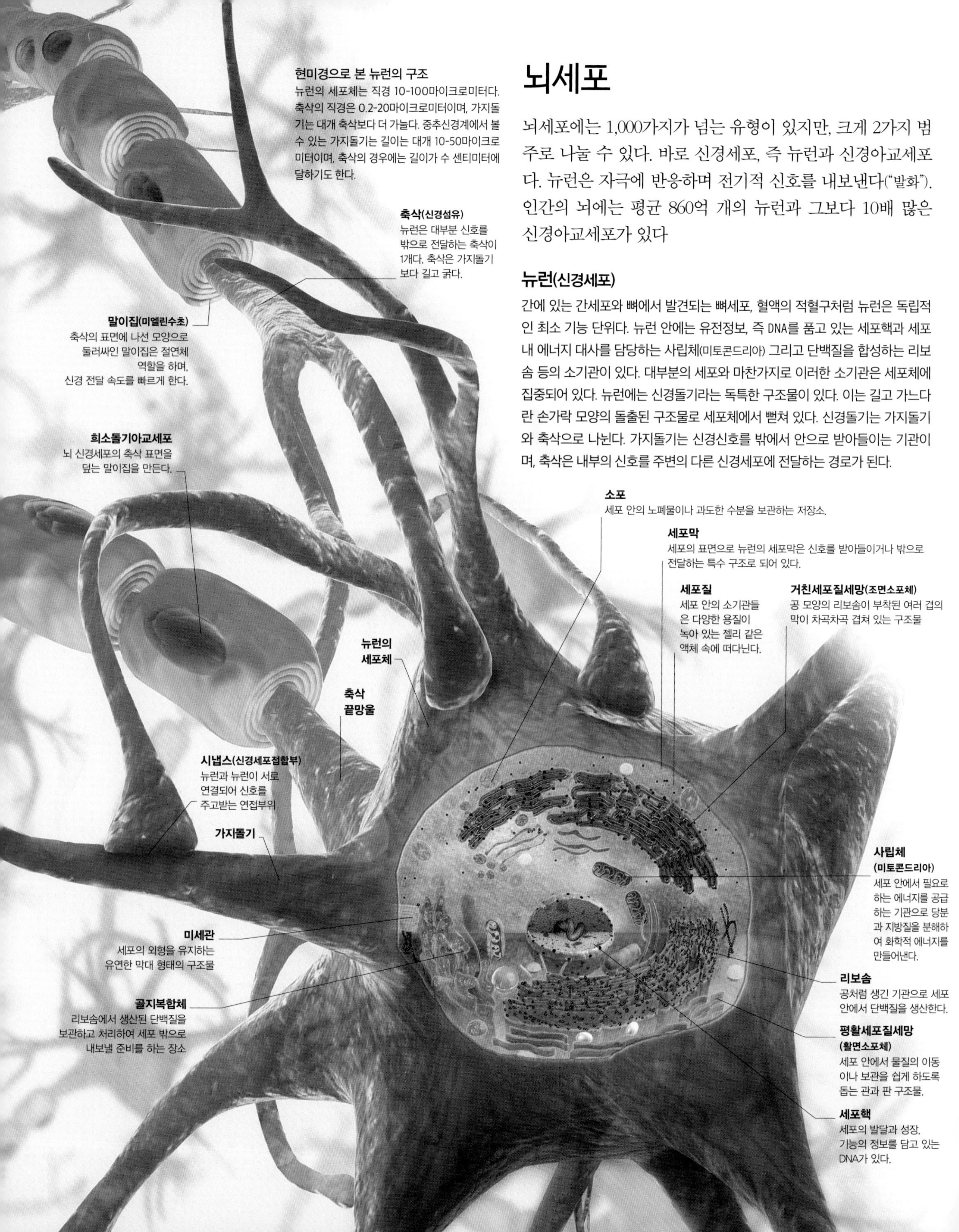

뉴런의 종류

뉴런은 축삭과 가지돌기와 세포체의 위치에 따라서 구분할 수 있으며, 또한 가지돌기와 축삭 분지의 개수로 분류할 수 있다(아래 그림 참고). 뇌의 일부, 말초신경계, 감각기관에는 뉴런의 종류가 일정하여 쉽게 확인할 수 있다. 예를 들어 눈의 망막은 두극신경세포로 되어 있다(80쪽 참고). 그러나 신경계의 다른 구역에는 다양한 형태의 뉴런이 복잡하게 뒤얽혀 있으며 서로 연결되어 그물 같은 구조를 이루고 있다. 대뇌피질에 있는 뉴런은 수천 개 이상의 다른 뉴런으로부터 정보를 받아들인다. 그럴 수 있는 까닭은 가지돌기가 수많은 분지를 이루고 있기 때문이다. 외부의 신호는 가지돌기를 통해 세포체로 전달되며 축삭을 거쳐 다른 세포에 전달된다. 이 과정은 모두 세포막에서 이루어진다.

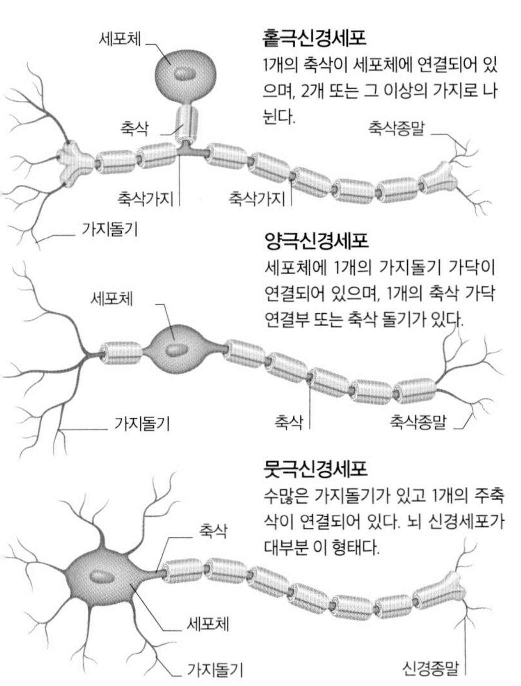

홑극신경세포
1개의 축삭이 세포체에 연결되어 있으며, 2개 또는 그 이상의 가지로 나뉜다.

양극신경세포
세포체에 1개의 가지돌기 가닥이 연결되어 있으며, 1개의 축삭 가닥 연결부 또는 축삭 돌기가 있다.

뭇극신경세포
수많은 가지돌기가 있고 1개의 주축삭이 연결되어 있다. 뇌 신경세포가 대부분 이 형태다.

뉴런의 재생

각각의 뉴런은 다른 뉴런과 연접부(시냅스)를 통해 매우 복잡하고 고도로 개별화된 구조의 연결망을 띤다. 연결 형태는 신경을 자주 사용하면 그 연결이 강해지고 그렇지 않으면 약해지는 등 시간에 따라 변한다. 이러한 독특한 성질 때문에 질병이나 손상에 의해 이런 연결 부위가 영향을 받으면 심각한 결과가 발생할 수 있다. 뉴런이 재생되더라도 모든 연결 부위가 재생되는 것은 아니다. 뉴런은 재생이 느리고 재생 초기에는 방향성을 잃고 마구잡이로 재생되어 가지돌기와 축삭이 신호를 엉망으로 주고받을 수 있다.

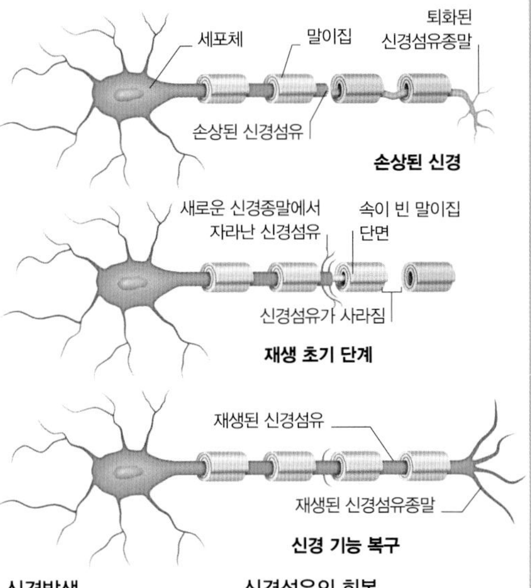

신경발생
뇌는 새로운 신경세포를 만들 수 있다. 이 현미경 사진에 보이는 신경전구세포는 줄기세포와 완전히 성숙한 신경세포의 중간 단계의 세포다. 이 단계를 거치면서 뉴런 또는 버팀세포로 특화될 수 있다.

신경섬유의 회복
신경세포의 재생은 매우 느리게 진행된다. 손상된 신경섬유의 끝에는 신경 성장 인자라는 물질에 의해 새로운 신경섬유 가닥이 자라난다. 이렇게 자라난 신경섬유는 속이 비어 있는 말이집 안으로 들어간다.

신경아교세포

신경아교세포는 일차로 뉴런을 물리적으로 지지하는 역할을 하지만("아교"란 일종의 끈끈한 풀을 뜻한다), 뉴런의 전기적 활성에도 영향을 미친다고 생각된다. 이 세포들은 신경 네트워크를 구성하는 가느다란 가지돌기와 축삭을 물리적으로 지지하며, 성장과 복구에 필요한 원료 및 당분의 형태로 뉴런에 영양을 공급한다. 신경아교세포에는 몇 가지 종류가 있다. 희소돌기아교세포는 말초신경계의 신경집세포와 마찬가지로 말이집을 만들어내는 기능을 한다. 미세아교세포는 침입한 미생물을 물리치며, 변성된 뉴런에서 생긴 찌꺼기를 청소한다. 별아교세포는 뉴런의 '행동'에 영향을 미치며 기억 및 수면에 관여한다고 생각된다

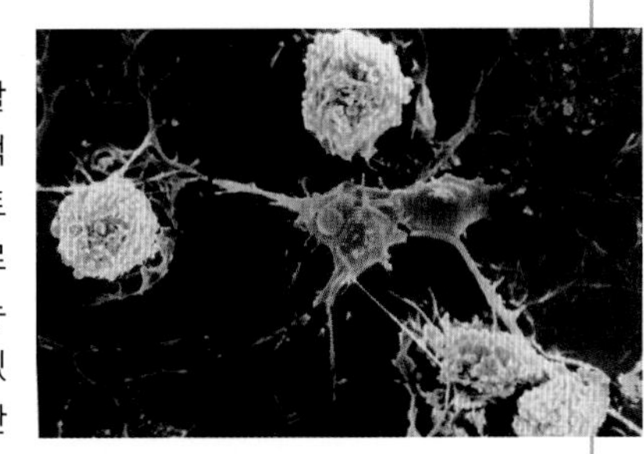

공격당하는 희소돌기아교세포
다발경화증에서는 희소돌기아교세포(보라색)가 미세아교세포(노란색)에 의해 파괴된다. 희소돌기아교세포는 뇌와 척수에 있는 신경세포의 축삭 표면에서 절연체 역할을 하는 말이집을 만들어낸다.

시냅스

신경세포접합부는 뉴런이 다른 뉴런에게 신경신호를 전달하는 교신 부위다. 많은 뉴런이 실제로는 서로 닿아 있지 않다. 상상하기 어려울 정도로 작은 틈새를 사이에 두고 떨어져 있다. 이를 연접틈새라 한다. 신경신호는 연접틈새로 분비되는 화학물질(신경전달물질)에 의해 전달된다(72-73쪽 참고). 미세해부학적으로 신경세포접합부는 뉴런의 어느 부위와 연접부를 형성하는가에 따라 몇 가지 유형으로 구분한다. 즉 뉴런은 다른 뉴런의 세포체, 가지돌기, 축삭 및 가지돌기가시(아주 가늘고 작은 돌기 형태로 특정 가지돌기에서만 볼 수 있는 미세 구조물)와 신경세포접합부를 형성한다(오른쪽 그림 참고). 축삭가지돌기 신경세포접합부가 뇌 전체 시냅스의 50퍼센트 이상을 차지한다. 축삭가지돌기 신경세포접합부는 전체의 대략 30퍼센트를 차지한다.

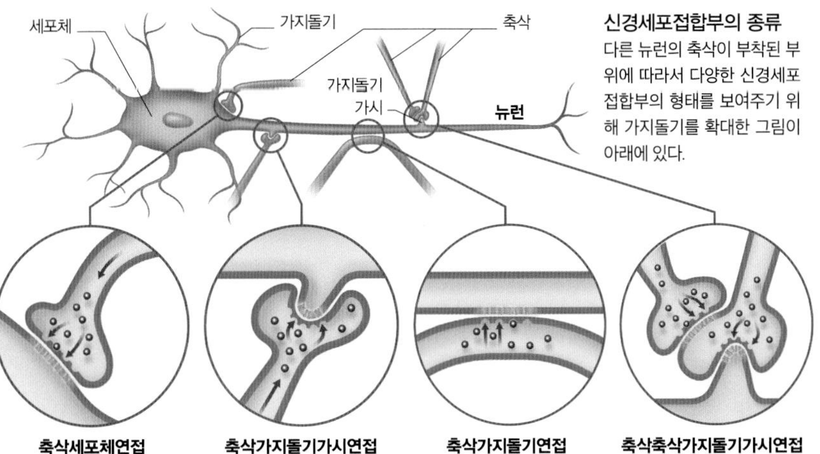

신경세포접합부의 종류
다른 뉴런의 축삭이 부착된 부위에 따라서 다양한 신경세포접합부의 형태를 보여주기 위해 가지돌기를 확대한 그림이 아래에 있다.

신경자극

신경자극 또는 신호는 뉴런을 통해 전달되는 전기신호로 생각할 수 있다. 더 근본적으로는 세포막 표면에서 화학물질이 안팎으로 이동하는 것이다.

자극의 구조

신경신호는 일련의 불연속적인 자극으로 이루어져 있다. 이런 자극을 활동전위라고 한다. 자극은 이온이란 이름의 화학 분자가 물결치듯 이동하면서 발생하는 것으로, 이온은 전하를 띠고 있으며 주로 나트륨, 칼륨, 염소와 같은 무기물질이다. 뇌뿐 아니라 인체 전체에 걸쳐, 뉴런에서 발생하는 거의 모든 자극은 그 강도가 100밀리볼트로 같다. 그리고 지속 시간도 1,000분의 1초로 같다. 그러나 이동 속도는 다양하다. 신경을 통해 전달되는 정보는 초당 자극의 회수가 몇 번인가, 그리고 어디에서 시작되어 어디로 전달되는 신호인가에 따라 달라진다.

전달 속도

자극의 전달 속도는 신경의 종류에 따라서 초속 1미터에서 초속 100미터 이상에 이르기까지 다양하다. 말이집, 즉 미엘린으로 축삭이 싸여 있는 신경에서 가장 빠르다. 신경자극은 미엘린으로 둘러싸인 부분을 건너뛰면서 신경원섬유결절에서 결절로 전달되기 때문이다.

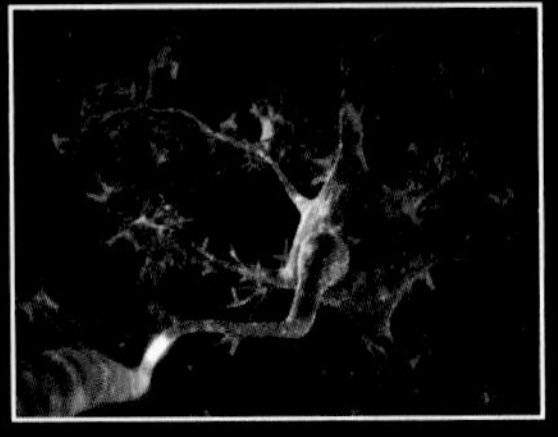
신경세포접합부를 향해 이동하는 자극

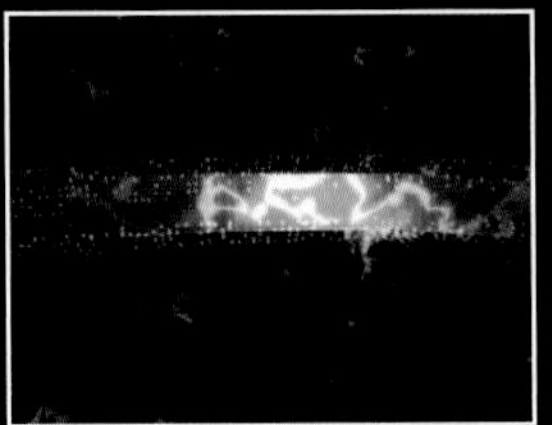
안정기에 분극화되어 있는 축삭

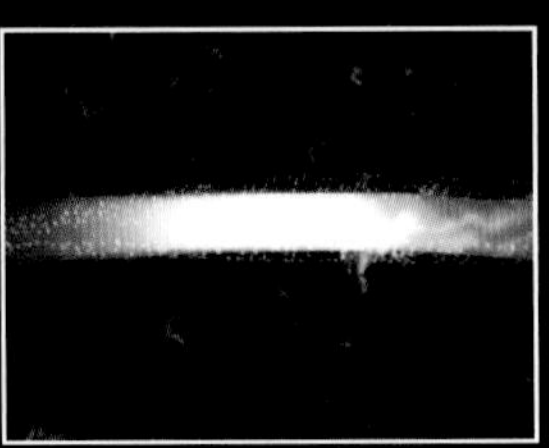
자극이 이동하면서 축삭이 탈분극됨

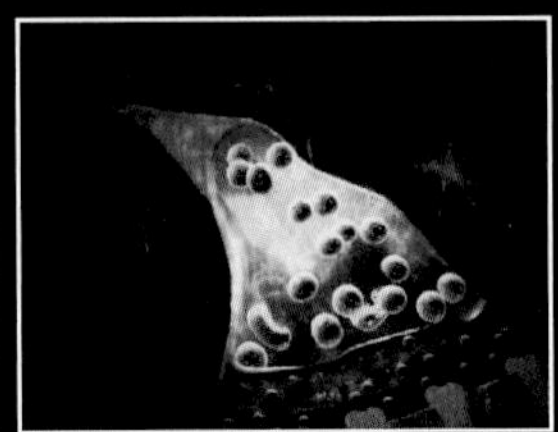
신경세포접합부에 도달한 자극

계속 변화하는 형태

신경자극은 항상 화학물질에 의해 전달된다. 가지돌기 또는 축삭을 통과할 때 전기적으로 전하를 띤 이온이 이동한다. 그러나 신경세포접합부에서는 신경전달물질이라는 더욱 구조적으로 복잡한 화학물질에 의해 신호가 전달된다.

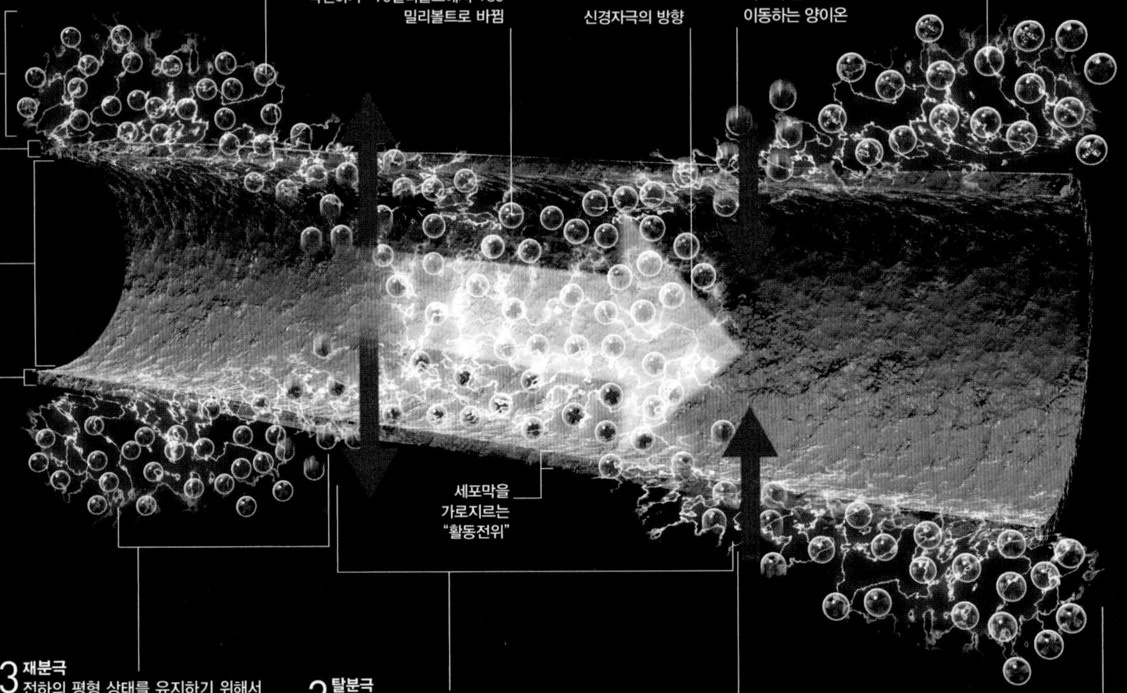

안정전위 상태로 되돌아가기 위해 세포막 밖으로 배출되는 양이온

세포막 안쪽으로 양이온이 많아지면서 양전하를 만들고 막전하가 −70밀리볼트에서 +30밀리볼트로 바뀜

신경자극의 방향

세포막 안으로 이동하는 양이온

세포막 밖에 과량 존재하는 양이온

세포외액으로 둘러싸인 축삭의 바깥 부분

세포의 축삭부 세포막

세포내액이 들어 있는 신경세포의 축삭

이온을 능동적으로 수송하는 통로가 있는 뉴런의 세포막

세포막을 가로지르는 "활동전위"

전기적 파동

신경자극은 근본적으로 양전하를 띠고 있는 나트륨과 칼륨 이온이 뉴런의 세포막을 이동하는 것에 의해 전달된다. 신경신호는 세포막의 탈분극과 재분극의 파동에 의해 전달된다.

3 재분극
전하의 평형 상태를 유지하기 위해서 나트륨 이온의 이동 방향과 반대로 양전하를 띤 칼륨 이온이 이동한다. 이것이 안정전위 상태가 깨져 탈분극 상태가 된 주변의 세포막을 자극한다.

2 탈분극
자극이 도착하면 그 부위는 탈분극 상태가 된다. 양전하를 띠고 있는 나트륨 이온이 축삭의 세포막에 있는 나트륨 이온 통로를 통해 재빨리 축삭 안으로 이동한다. 축삭 안의 전하 상태는 밖과 비교하여 양전하의 상태가 된다.

1 안정전위
통과하는 자극이 없으면 뉴런 축삭의 세포막 안쪽에는 칼륨과 음이온이 많고 세포막 밖에는 나트륨과 양이온이 많은 상태가 된다. 이런 환경은 세포막 안과 밖에 전하 차이를 유발하여 세포막 안은 음극, 밖은 양극이 되어 극성 상태가 된다.

시냅스에서 일어나는 일

시냅스 전 신경세포와 시냅스 후 신경세포의 세포막 사이의 시냅스 틈새는 폭이 약 20nm 정도이다. 이 틈새는 아주 좁아 신경전달물질이 농도가 높은 곳에서 낮은 곳으로 이동하는 확산과 같은 단순한 형태로 통과할 수 있다. 신경전달물질이 시냅스 전 신경세포에서 시냅스 후 신경세포로 가는 자극의 시간은 2ms도 걸리지 않는다. 그런 후에 다음 자극이 전달되기 전 신경전달물질의 농도가 낮아지기 때문에 회복이 지연되거나 정리되는 시간이 있다. 이 시간은 10분의 1초 동안 지속될 수 있다.

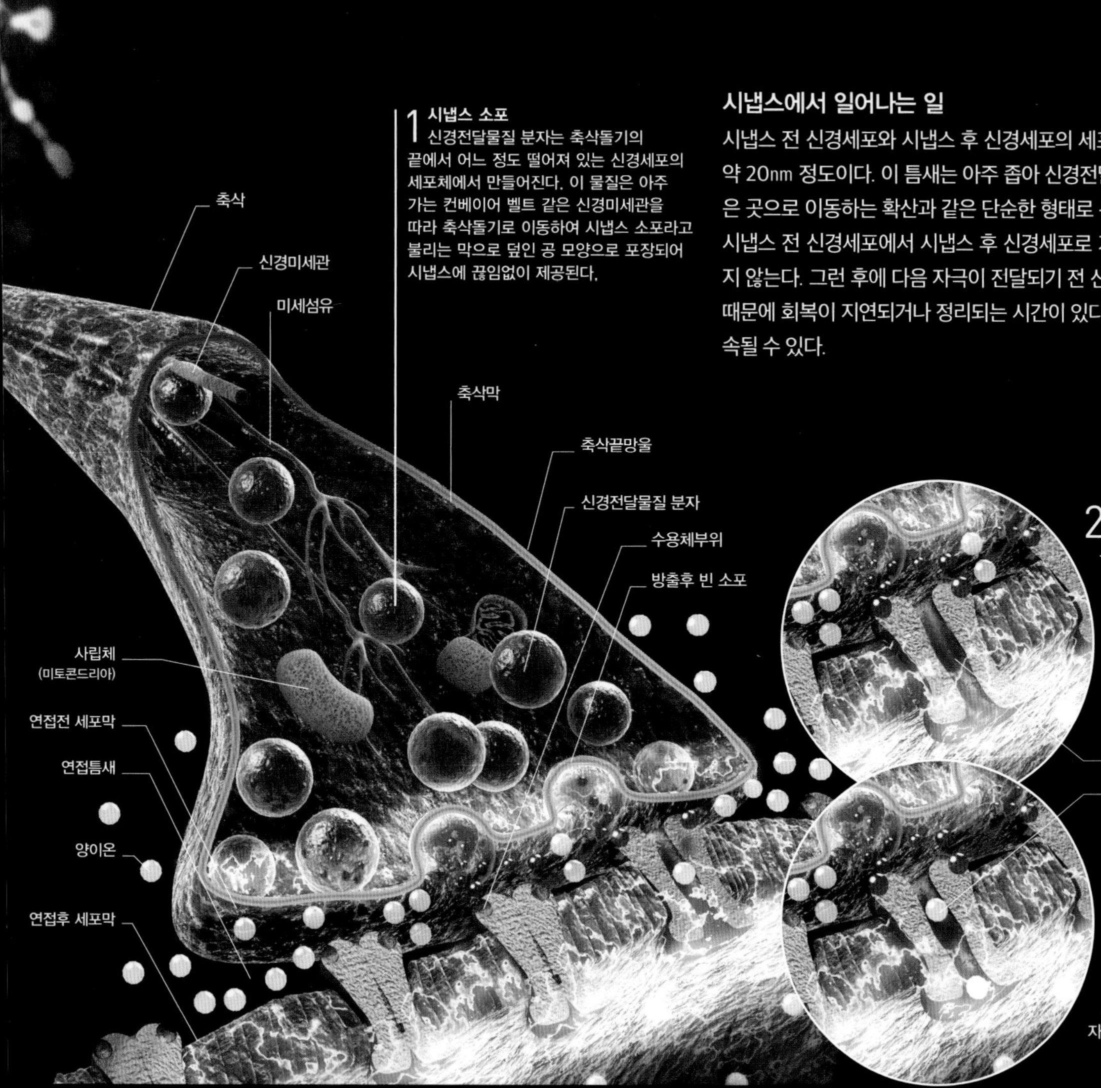

1 시냅스 소포
신경전달물질 분자는 축삭돌기의 끝에서 어느 정도 떨어져 있는 신경세포의 세포체에서 만들어진다. 이 물질은 아주 가는 컨베이어 벨트 같은 신경미세관을 따라 축삭돌기로 이동하여 시냅스 소포라고 불리는 막으로 덮인 공 모양으로 포장되어 시냅스에 끊임없이 제공된다.

축삭
신경미세관
미세섬유
축삭막
축삭끝망울
신경전달물질 분자
수용체부위
방출후 빈 소포
사립체 (미토콘드리아)
연접전 세포막
연접틈새
양이온
연접후 세포막

2 신경전달물질의 방출
신경 자극이나 활동 전위가 시냅스 전 신경세포의 축삭돌기망울의 세포막에 도달하면 시냅스 소포가 세포막에 스며든다. 이것은 신경전달물질 분자를 방출하여 시냅스 틈새로 퍼져 시냅스 후 신경세포의 세포막과 수용체 부위로 확산된다.

세포막이 열림
이온이 세포막을 통과

3 시냅스 후 신경세포의 흥분
신경전달물질 분자는 시냅스 후 신경세포의 세포막(예를 들면 다음 신경세포의 수상돌기) 통로에서 동일한 모양을 한 수용체 부위에 끼워진다. 이렇게 되면 통로가 열리고 양이온이 시냅스 후 신경세포로 흘러 들어온다. 탈분극의 새로운 파동이 촉발되고, 충분히 강하면 자극이 계속된다.

신경전달물질

신경전달물질은 뉴런에서 다른 세포로 신호를 전달해주는 화학물질이다. 신경전달물질은 몇 가지로 나뉜다. 그 중 하나는 아세틸콜린이다. 둘째는 생체 아민 또는 모노아민으로 알려진 것으로, 도파민, 히스타민, 노르아드레날린, 세로토닌이 포함된다. 셋째 그룹은 아미노산으로 GABA, 글루탐산, 아스파르트산, 글리신이 있다. 이런 물질들은 몸에서 다른 역할을 하기도 한다. 예를 들어 히스타민은 염증 반응과 관련이 있다. 아미노산(GADA 제외)은 수백 가지 단백 분자를 만드는 구성 요소로 매우 흔하다.

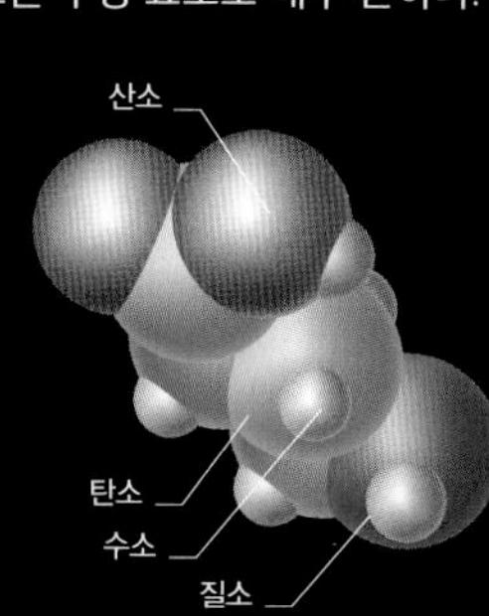

GABA 분자
GABA는 대표적인 억제성 신경전달물질로 인간의 뇌와 신경계 전체에 널리 분포하고 있다.

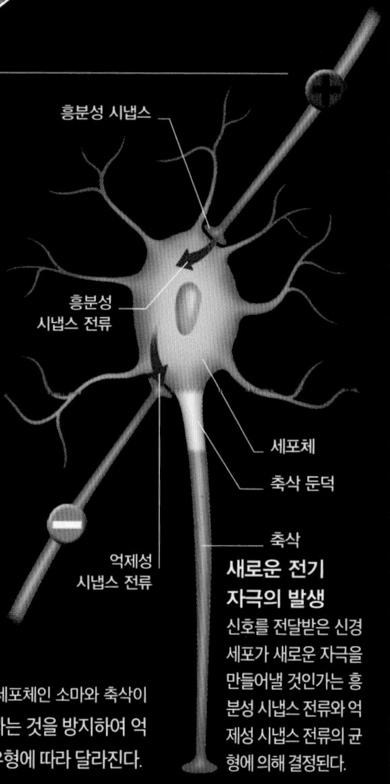

신경전달물질

신경전달물질과 연접부에서의 대표적인 기능

신경전달물질의 성분	연접후 신경세포에 미치는 영향
아세틸콜린	대부분 흥분성
감마아미노부티르산	억제성
글라이신	억제성
글루디메이드	흥분성
아스파테이트	흥분성
도파민	흥분성 또는 억제성
노르아드레날린	대부분 흥분성
세로토닌	억제성
히스타민	흥분성

흥분성과 억제성 신경전달물질

특정 신경전달물질은 수신 신경세포를 흥분시켜 축삭둔덕(신경세포의 세포체인 소마와 축삭이 만나는 곳)의 탈분극을 돕고 신경 자극을 지속시키거나, 탈분극이 일어나는 것을 방지하여 억제할 수 있다. 이 중 어느 것이 발생하는지는 수신 세포의 세포막 통로 유형에 따라 달라진다.

흥분성 시냅스
흥분성 시냅스 전류
세포체
축삭 둔덕
축삭
억제성 시냅스 전류

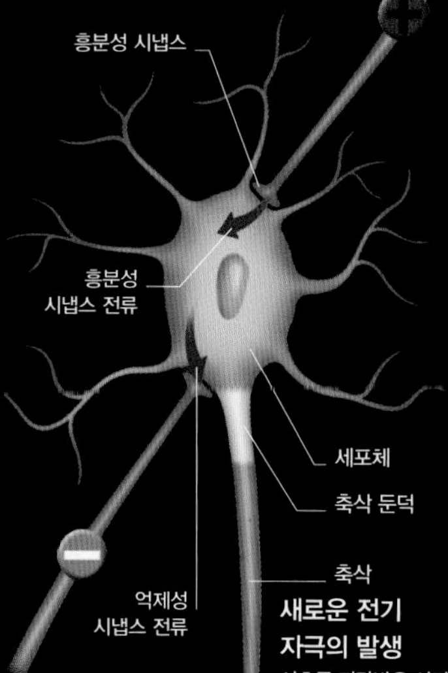

새로운 전기 자극의 발생
신호를 전달받은 신경세포가 새로운 자극을 만들어낼 것인가는 흥분성 시냅스 전류와 억제성 시냅스 전류의 균형에 의해 결정된다.

뇌 지도화와 뇌 시뮬레이션

인공 뇌를 만드는 것은 인류의 오랜 꿈이다. 이제 강력한 컴퓨터 기술 덕에 인공 뇌 개발이 단계적으로 실현되고 있다. 인간 장기를 디지털 시뮬레이션으로 재현하는 2가지 세계적 규모의 프로젝트가 진행 중이다. 인공 뇌가 의식이 있을지, 어떤 종류의 경험을 갖게 될지 모르지만, 실현된다면 실질적으로 뇌와 똑같은 존재가 만들어질 것이다.

커넥톰

뉴런 사이의 연결이 뇌 "회로"를 구성한다. 시뮬레이션을 통해 뇌의 작동을 재현하려면 정보가 하나의 뉴런에서 다른 뉴런으로 전달되는 경로를 상세히 알아야 한다. 커넥톰 프로젝트라는 전 세계적 규모의 사업에서는 확산텐서영상이라는 일종의 MRI 스캔을 이용하여 이들 경로를 추적하여 도해화하고 있다. 뇌의 연결 섬유란 수초로 코팅된 실타래 모양의 축삭으로, 한 개의 뉴런에서 뻗어나가 다른 뉴런에 접속한다. 신경전달경로의 전체적 패턴은 모든 사람이 비슷하지만, 세세한 부분은 사람마다 다르다. 사람이 각자 독특한 것은 이런 차이 때문이다. 예를 들어, 편도체(뇌 깊숙한 곳에 위치하며 두려운 감정을 일으키는 영역)에서 이마엽앞피질로 연결되는 경로가 상대적으로 적은 사람은 애초에 불안감을 일으키는 경고 신호가 편도체에서 앞뇌로 일시에 몰려들도록 신경 회로가 구성된 사람에 비해 초조함이나 두려움을 덜 느낄 가능성이 높다.

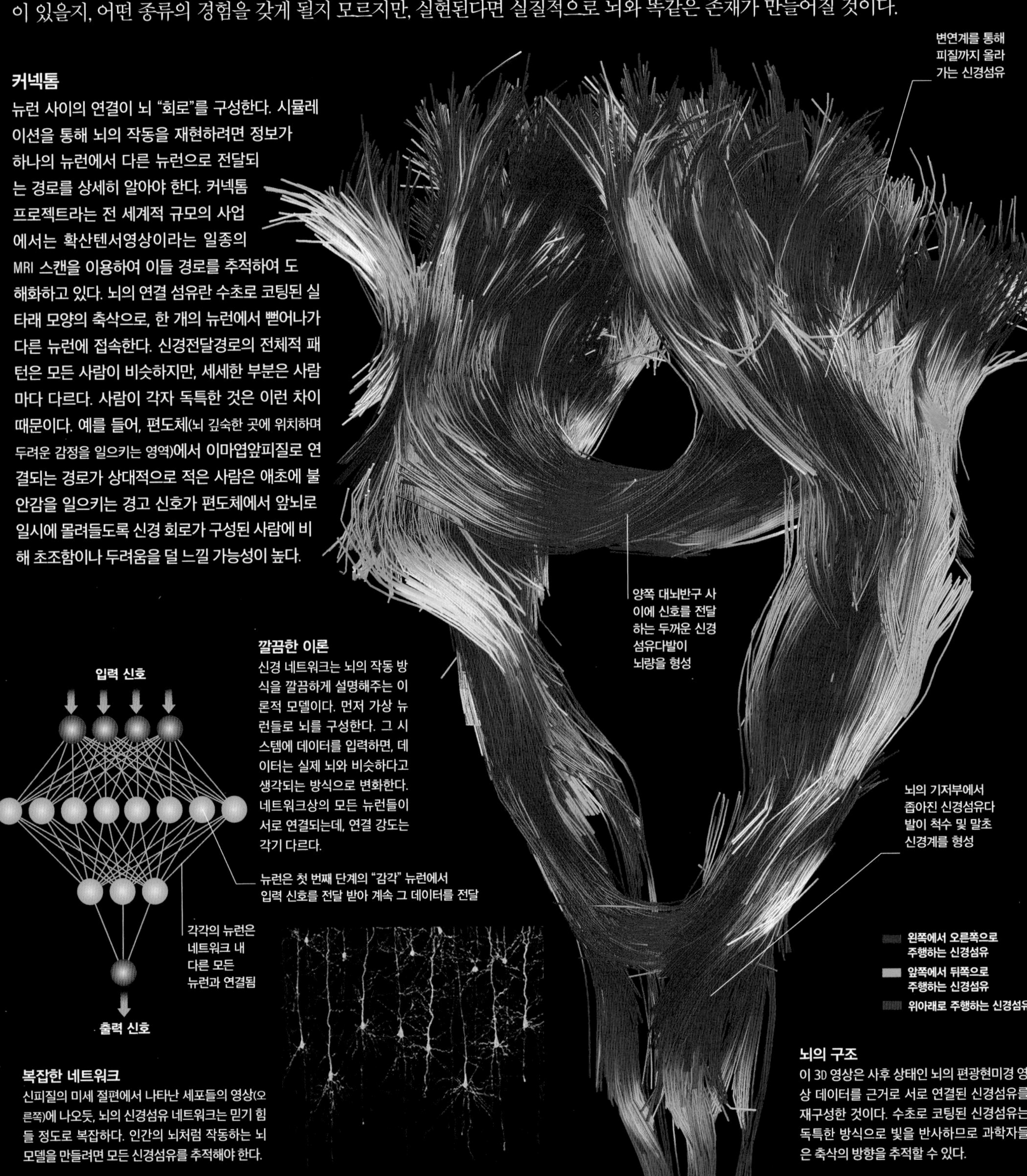

깔끔한 이론

신경 네트워크는 뇌의 작동 방식을 깔끔하게 설명해주는 이론적 모델이다. 먼저 가상 뉴런들로 뇌를 구성한다. 그 시스템에 데이터를 입력하면, 데이터는 실제 뇌와 비슷하다고 생각되는 방식으로 변화한다. 네트워크상의 모든 뉴런들이 서로 연결되는데, 연결 강도는 각기 다르다.

복잡한 네트워크

신피질의 미세 절편에서 나타난 세포들의 영상(오른쪽)에 나오듯, 뇌의 신경섬유 네트워크는 믿기 힘들 정도로 복잡하다. 인간의 뇌처럼 작동하는 뇌 모델을 만들려면 모든 신경섬유를 추적해야 한다.

뇌의 구조

이 3D 영상은 사후 상태인 뇌의 편광현미경 영상 데이터를 근거로 서로 연결된 신경섬유를 재구성한 것이다. 수초로 코팅된 신경섬유는 독특한 방식으로 빛을 반사하므로 과학자들은 축삭의 방향을 추적할 수 있다.

뇌를 만들다

연구자들은 뇌의 전기적 회로를 매핑한 후 생물학적 작용기전을 하나하나 전기 장치로 대체해가며 모델링하는 방식으로 뇌를 디지털 시뮬레이션하고 있다(아래 참고). 신체에 이식하여 학습 환경을 거치기 전에 이런 전기적 뇌가 스스로 의식을 갖거나 실제 뇌의 모든 기능을 수행할 수 있을 가능성은 낮다. 또한 전기적 뇌에는 호르몬 등 비전기적 요소도 갖추어져 있지 않다.

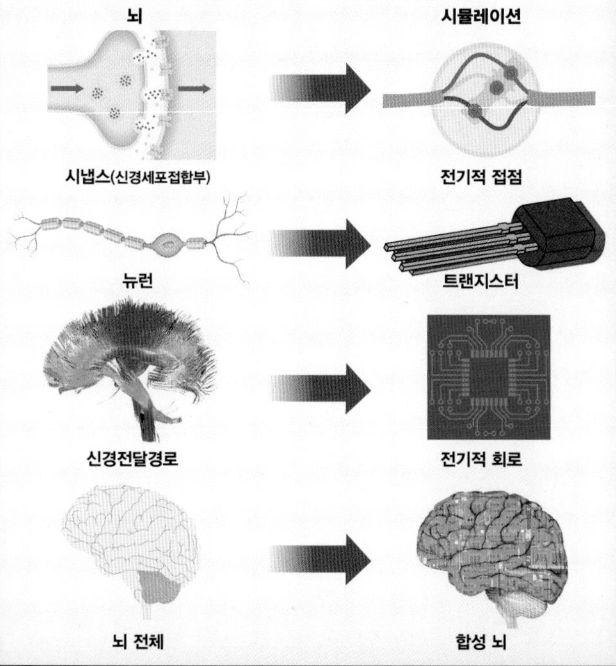

디지털 모델링

신경과학자들 앞에 놓인 가장 큰 도전은 인간의 뇌 전체를 시뮬레이션하는 것이다. 현재의 접근 전략은 정상적으로 작동하는 뇌에서 모든 뉴런을 파악한 후 그들 사이의 연결을 추적하는 것이다. 이런 식으로 아주 조금씩 뇌 전체와 그 속의 모든 신경 연결을 추적하여 얻은 정보를 디지털 모델로 변환한 후 슈퍼 컴퓨터에 저장한다. 그 후 필요에 따라 환경에 의해 촉발된 감각을 모방한 디지털 신호를 입력해 가며 컴퓨터를 작동시킨다. 이론상 이렇게 하면 컴퓨터는 진짜 뇌처럼 기능을 수행한다. 이런 대규모 연구는 유럽에서 유럽 연합의 플래그십 인간 뇌 프로젝트Human Brain Project, HBP, 미국에서는 혁신적 신경 기술 발전을 통한 뇌 연구Brain Research through Advancing Innovative Neurotechnologies, BRAIN라는 이름으로 수행되고 있다.

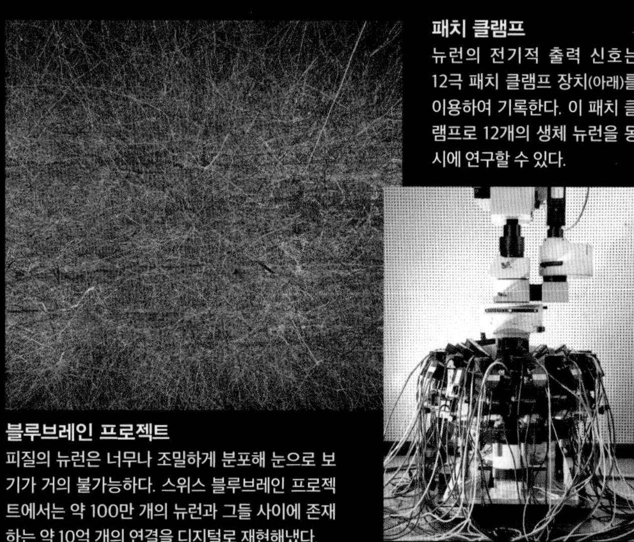

블루브레인 프로젝트
피질의 뉴런은 너무나 조밀하게 분포해 눈으로 보기가 거의 불가능하다. 스위스 블루브레인 프로젝트에서는 약 100만 개의 뉴런과 그들 사이에 존재하는 약 10억 개의 연결을 디지털로 재현해냈다.

패치 클램프
뉴런의 전기적 출력 신호는 12극 패치 클램프 장치(아래)를 이용하여 기록한다. 이 패치 클램프로 12개의 생체 뉴런을 동시에 연구할 수 있다.

자가 구축 뇌 모델

또 다른 뇌 시뮬레이션 방법은 가상 뇌를 디지털적으로 키워보는 것이다. 신경 네트워크, 즉 컴퓨터 기반 정보 노드들을 서로 소통할 수 있도록 배열한 시스템을 구축한 후 새로운 데이터를 입력함에 따라 어떻게 스스로를 재구축하는지 본다는 아이디어다. 예를 들어 NeuraBASE는 가상 운동 및 감각 뉴런들로 작동을 시작해볼 수 있는 컴퓨터 기반 인공지능 시스템이다. 각각의 뉴런은 새로운 정보가 주어질 때마다 거기에 반응한다. 감각을 통한 경험이 인간의 뇌에 입력되듯, 현실 세계의 자극들이 시스템에 입력된다. NeuraBASE 내의 뉴런들은 뇌속의 뉴런과 마찬가지로 서로 연결을 형성한다. 가상 연결은 생물학적 뇌가 경험을 통해 배우는 것과 마찬가지로 보다 많은 자극이 입력될수록 보다 조밀한 네트워크를 형성한다. 이론적으로 NeuraBASE는 충분한 컴퓨터 자원만 주어진다면 뇌와 비슷한 기능을 할 정도까지 스스로 성장할 수 있다.

학습 프로그램
NeuraBASE는 손으로 그린 그림들을 인식하고 재현하는 법을 배운다. 입력 신호를 단순히 복제하는 것이 아니라 인간의 뇌와 마찬가지로 입력 신호가 불완전할 때도(왼쪽 사진 속의 5처럼) 그 안에 담긴 개념을 인식한다.

오토마타

뇌와 비슷한 시스템을 재현하려는 시도는 역사가 길다. 지능을 갖추고 그에 따라 움직이는 듯 보이는 오토마타는 18세기에 인기를 끌었는데, 오늘날 로봇의 전신이라 할 수 있다. 실물과 비슷하게 만든 인형 속에는 태엽 장치가 있다. 이 인형들은 팔다리를 움직이고 글씨를 쓰는 등 언뜻 보기에 지적인 동작을 수행한다. 현재 이런 기계적 "뇌"는 조잡한 수준으로 보이지만, 인간과 비슷한 기능을 수행하는 인공 시스템이라는 개념은 오늘날 거대한 프로젝트의 배경 개념과 동일하다.

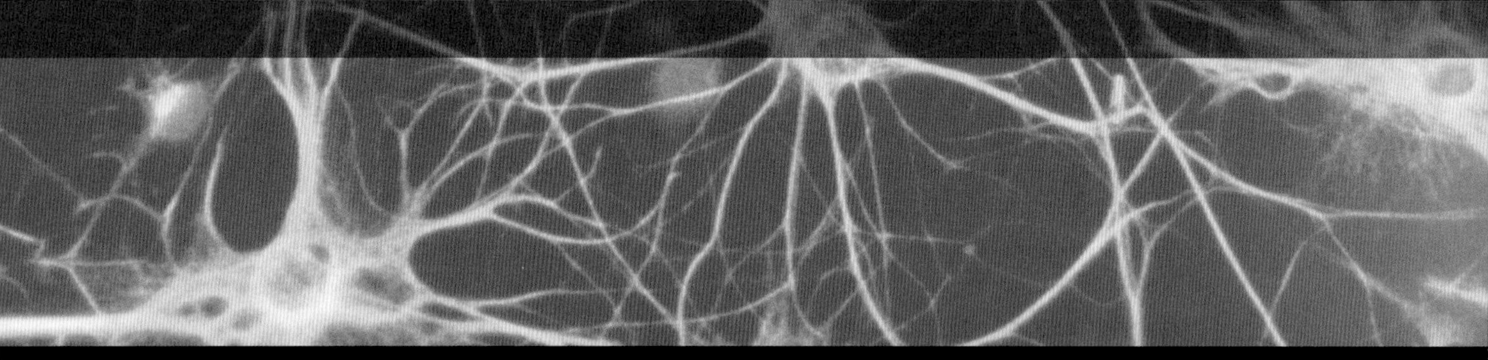

이 지구상에 시각, 소리, 맛이나 냄새 자체가 존재하는 것은 아니다. 여러 형태의 파동과 분자, 그리고 그것을 느끼는 감각만이 존재한다. 이러한 감각의 산물은 뇌에서 "가상"으로 만들어진다. 감각기관에서는 빛의 파장이나 특정 분자가 스쳐가는 자극을 전기신호로 바꾸는 것으로 이토록 놀라운 감각의 과정을 시작한다. 이렇게 바뀐 신호는 그 종류에 따라서 정해진 뇌의 구역에 전달된다. 자극에 따라서는 몸 안에서 발생한 자극도 있다.

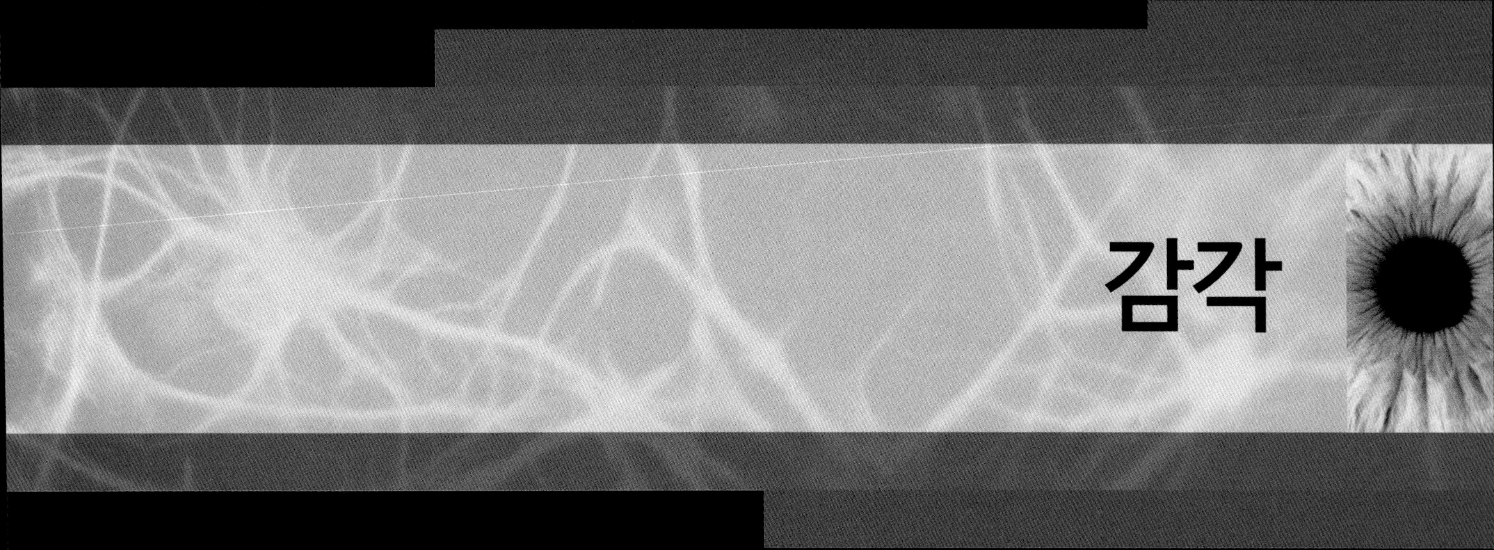

감각

인간은 어떻게 세상을 보는가?

뇌는 감각기관들을 통해 외부 환경과 소통한다. 이 감각기관들은 빛, 소리, 압력 등과 같은 다양한 자극에 반응한다. 이후 여기에서 얻은 정보들을 전기신호로 변환하며 대뇌피질의 특정 부위로 전달하고, 이런 일련의 과정을 통해 시각, 청각, 촉각 같은 감각으로 인지한다.

감각의 상호 연결성

감각신경들은 특수감각기관에서 오는 정보들에 반응한다. 예를 들면 시각을 담당하는 대뇌피질 신경들은 눈에서 오는 신호에 민감하다. 하지만 이 분화된 신경들의 역할이 완전히 고정적인 것은 아니다. 시각 신경들의 경우 소리가 동반할 때 약한 불빛을 더 강하게 느낄 수 있다. 이를 근거로 볼 때 이 신경들이 눈뿐 아니라 귀로부터 오는 정보를 통해서도 활성화된다고 할 수 있다. 보는 것이 듣는 것에도 영향을 미치는 것이다. 누군가 "바"라고 말하면서 입 모양으로는 "가"라고 하는 모습을 볼 때, 우리 귀에는 "다"라는 세 번째 소리가 들린다. 이런 현상을 맥거크 효과라고 한다. 이는 뇌에서 서로 일치하지 않는 입력 신호에 의미를 부여하려는 시도를 할 때 나타난다. 또 다른 연구에서 밝혀진 바에 따르면 시각장애인이나 청각장애인의 경우 정상적으로는 시각이나 청각을 담당하는 몇몇 신경들이 다른 감각을 담당하고 있었다는 연구 결과가 있었다. 이 때문에 시각장애인의 청각이 더 발달하고, 청각장애인의 시력이 더 좋은 것이다.

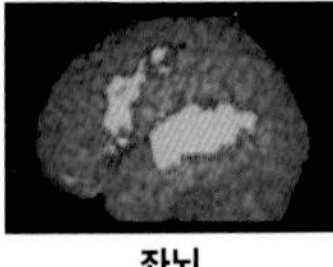

소리 없이 "듣기"

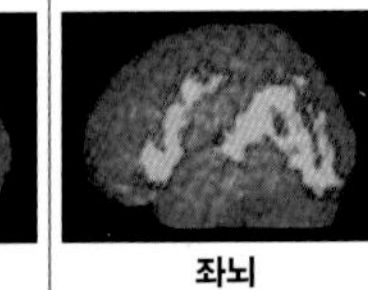

옆의 뇌 MRI에서는 정상인이 어떤 소리를 들을 때와 청각장애인이 수화를 할 때 뇌의 감각신경 활성을 비교했다.

이차감각

대부분의 사람은 한 가지 종류의 자극은 한 가지 감각으로 인지한다. 예를 들면 소리의 파장은 청각을 통해 시끄럽다고 느낀다. 하지만 몇몇 사람은 단일 자극에 대해 하나 이상의 감각을 경험한다. 이들은 소리를 보거나 맛볼 수도 있다. 이를 소위 이차감각이라고 한다. 이 감각의 중첩 현상은 감각기관에서 기인하는 신경 전달경로가 다른 방향으로 분지되어 정상적인 자극 경로 이외의 다른 경로를 거치기 때문에 발생한다.

숫자 검사

일부 이차감각을 경험하는 사람들은 서로 다른 숫자를 서로 다른 색으로 인식한다. 아래 그림처럼 다른 모양의 숫자들이 눈에 띈다.

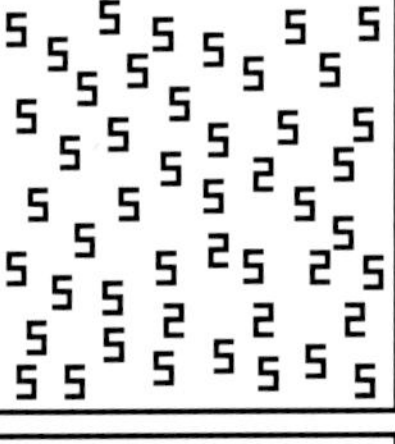

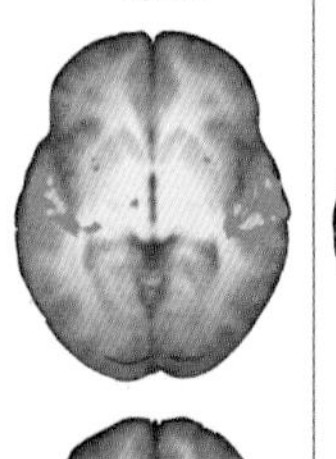

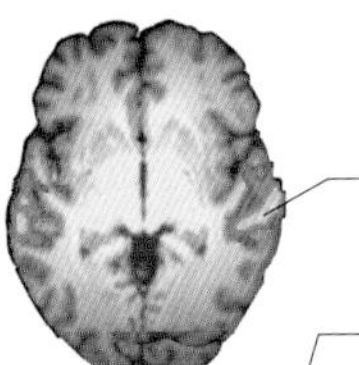

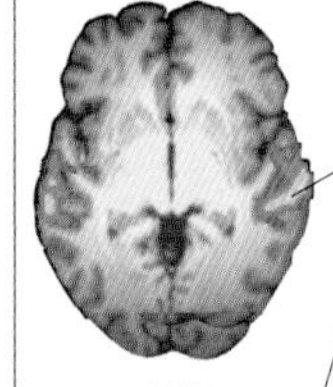

풍부한 두뇌 활성도

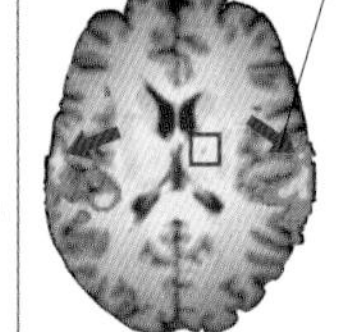

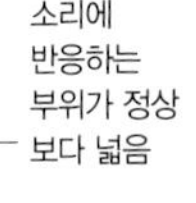

소리에 반응하는 뇌의 활성을 MRI로 확인한 결과, 이차감각을 가진 사람들은 정상인보다 자극에 민감하고 넓게 반응하였다.

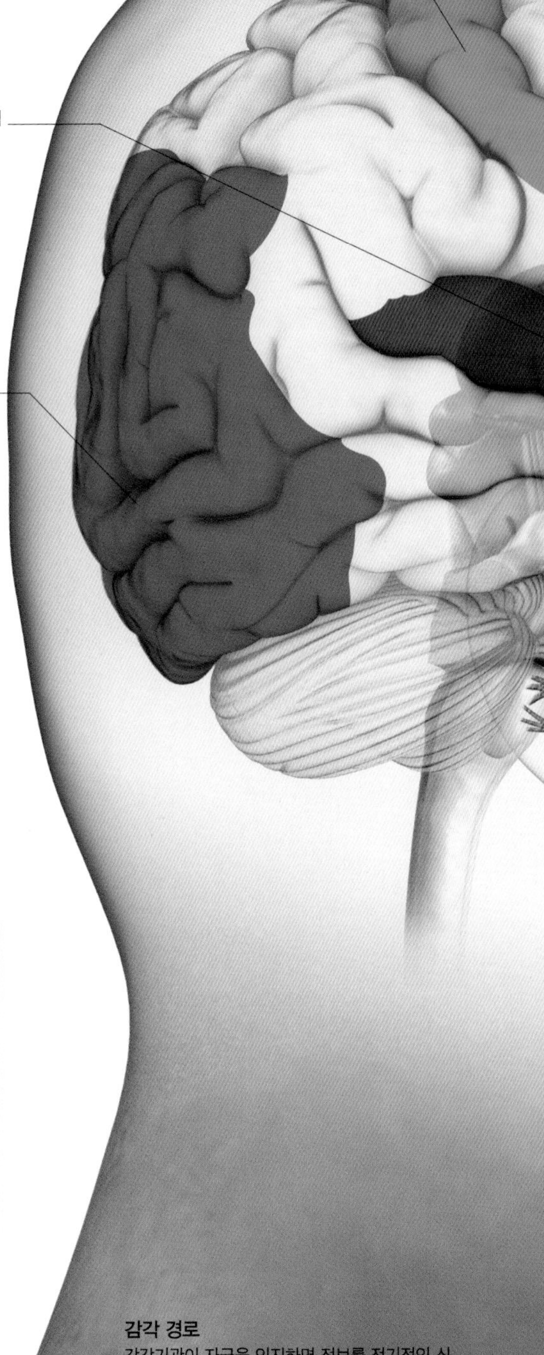

감각 경로

감각기관이 자극을 인지하면 정보를 전기적인 신호로 바꾸고 각 감각정보를 처리하는 뇌의 담당 부위로 전달한다. 정보 중 일부는 이후에 의식의 수준으로 인식하도록 하는 뇌 부분으로 이동하기도 한다.

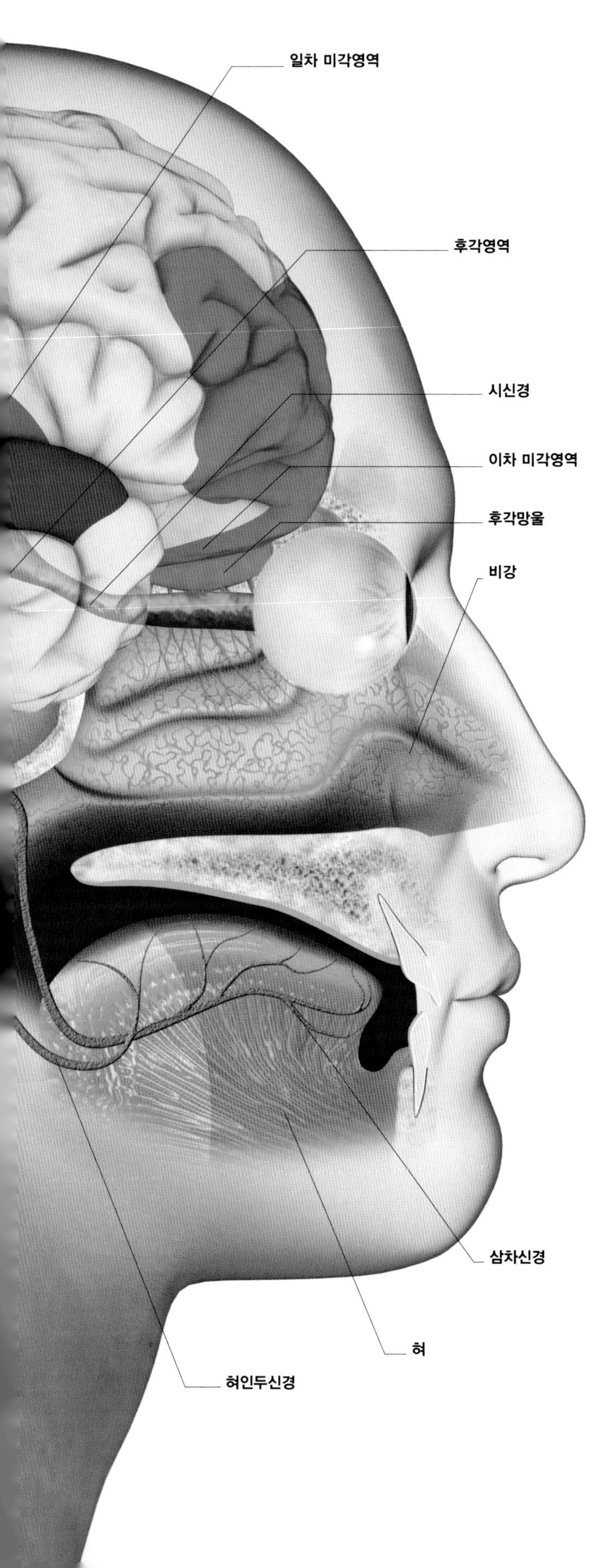

일차 미각영역
후각영역
시신경
이차 미각영역
후각망울
비강
삼차신경
혀
혀인두신경

의식적, 무의식적 감각

우리의 뇌는 방대한 감각정보를 처리하지만 우리는 그중 일부만을 자각하며 살아간다. 대부분의 단일 감각은 의식하지 못한 채 흐지부지 넘어간다. 특히 시끄러운 곳에서 들리는 소리나 중요한 정보는 의식적으로 신경 써서(182-183쪽 참고) 인식한다. 하지만 우리가 의식하지 않는 감각도 우리의 행동에 영향을 준다. 예를 들면 우리는 부지불식간 몸의 자세를 바꾸는데, 이것은 무의식적인 행동이다. 또한 우리가 주의를 기울이지 않는 시각, 소리 등(광고물 등)도 우리의 행동 방식에 영향을 주곤 한다.

맹시

맹시는 눈으로 볼 수 없는 상태에서 시각정보를 얻는 능력을 일컫는다. 사실 대부분의 평범한 사람들에게도 이 능력이 있긴 하지만 대뇌피질 손상이 있는 시각장애인들에게서 더욱 쉽게 증명할 수 있다. 이런 사람들은 비록 눈으로는 볼 수는 없지만 자신들 앞에 어떤 물건들이 있는지 어느 정도 정확히 예측하곤 한다. 많은 맹시 연구에서 움직이는 물체를 실험에 사용하기도 하는데 연구 참가자들은 이 물체를 볼 수 없지만 일반적으로 움직이는 방향을 정확히 예측한다.

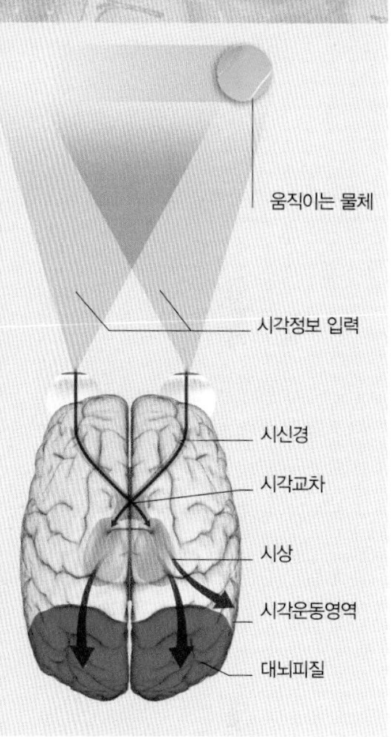

동선 예측

움직임에 대한 맹시는 아마도 눈에서 어떤 정보를 받아들여 무의식적인 경로를 통해 직접적으로 시각운동 인지 부위를 자극하여 발생하는 것이라고 추측하고 있다. 우리가 인지하는 시각의 영역은 일차시각피질의 활성 및 다른 경로의 자극과 연관이 있다.

움직이는 물체
시각정보 입력
시신경
시각교차
시상
시각운동영역
대뇌피질

상향식, 하향식 과정

감각은 외부에서 감각기관에 어떤 자극이 가해져 발생할 수도 있으며, 내부적으로 기억이나 상상으로도 발생할 수도 있다. 전자를 상향식 과정이라 하며 후자를 하향식 과정이라고 한다. 이 두 과정은 실제 생활에서 복합적으로 발생한다. 우리는 보통 같은 사건을 경험하더라도 사람마다 다르게 기억한다. 개인의 생리학적 차이는 상향식 과정에 영향을 줄 수 있다. 뇌에서 인지 부분이 더 민감한 사람은 다른 사람들보다 더 선명하게 색깔을 기억할 것이다. 또한 사람들의 기억력, 지식, 기대감 등이 하향식 과정에 영향을 주기도 한다.

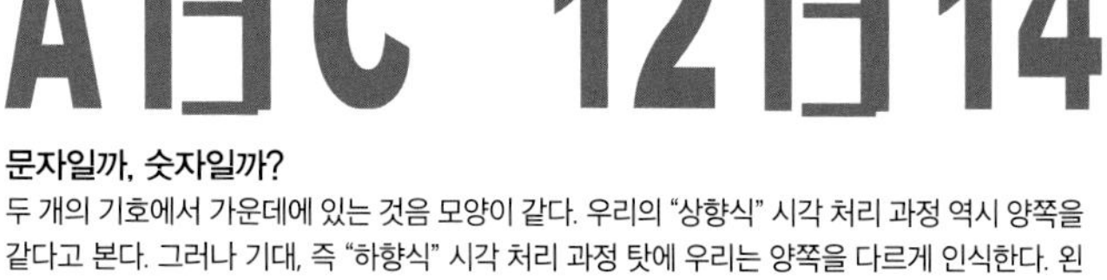

문자일까, 숫자일까?

두 개의 기호에서 가운데에 있는 것은 모양이 같다. 우리의 "상향식" 시각 처리 과정 역시 양쪽을 같다고 본다. 그러나 기대, 즉 "하향식" 시각 처리 과정 탓에 우리는 양쪽을 다르게 인식한다. 왼쪽은 기호가 나타난 맥락 때문에 문자 "B"로 보지만, 오른쪽은 숫자 "13"으로 인식하는 것이다.

눈

눈은 뇌가 연장하여 연결된 기관이다. 눈은 빛을 인지하는 약 125만 개의 광수용체 신경세포로 구성되는데, 이들은 전기 신호를 만들어 뇌에 자극을 전달함으로써 시각영상을 만든다.

눈의 구조

안구는 액체가 채워진 구체로, 앞쪽으로는 작은 구멍(동공)이 나 있으며, 뒤쪽으로는 신경세포판(망막)이 있다. 이 신경세포들 중 일부는 빛에 민감하다. 이 두 구조물 사이에 수정체가 있다. 동공은 유색의 섬유소(홍채)가 둘러싸고 있으며 단단한 눈의 흰 부분(공막)과 이와 연결된 투명 조직판(각막)이 덮고 있다. 시각신경은 눈의 뒤쪽 부위에 있는 구멍(시각신경유두)을 통해 뇌로 연결된다.

시신경

시신경
MRI를 보면 두꺼운 다발의 신경섬유인 시신경이 눈과 뇌를 연결하고 있다.

시각인지 과정

빛은 각막을 통과해 동공을 지나 눈으로 들어온다. 홍채의 모양을 바꾸어 빛의 양을 조절하는데, 밝은 곳에서는 동공을 수축하고 어두운 곳에서는 확장한다. 이후에 빛은 수정체를 통과하는데, 이때 빛이 굴절되고 망막에 한 점으로 모인다. 만일 가까이에 있는 물체라면 수정체가 두꺼워져 굴절률을 높이며, 멀리 있는 물체를 볼 때는 수정체가 평평한 모양을 보인다. 이후에 빛은 망막의 광수용체를 자극하며 이들 중 일부가 작동하여 시각신경을 통해 뇌에 전기신호를 보낸다.

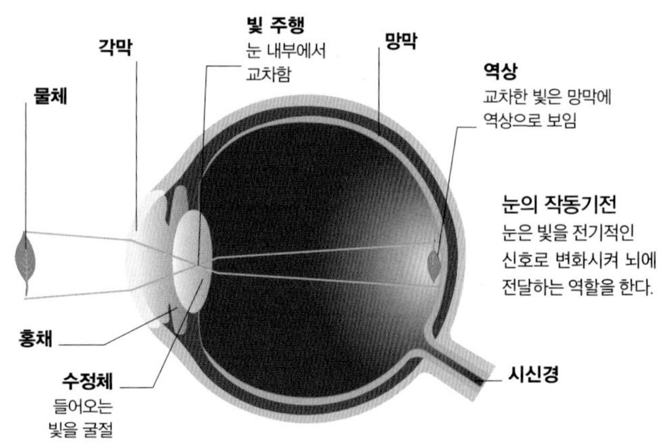

눈의 작동기전
눈은 빛을 전기적인 신호로 변화시켜 뇌에 전달하는 역할을 한다.

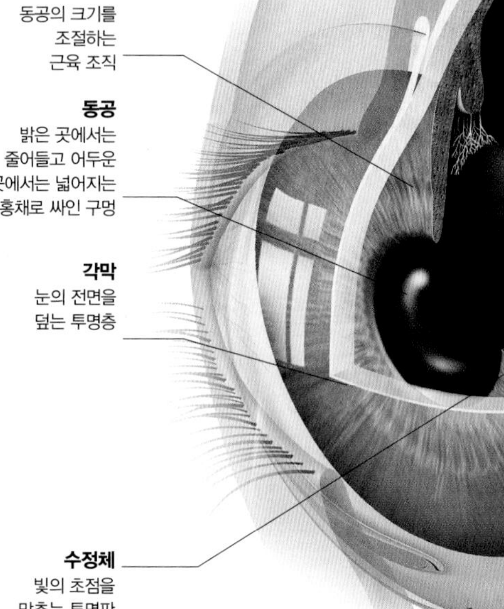

시각 경로

눈에서 발생하는 정보는 우리가 의식하기 전에 뇌의 뒤쪽 부위로 전달된다. 전체 경로에는 2개의 주요 교차 부위가 있으며, 경로 중 절반은 뇌의 한쪽 부분에서 반대쪽 부분으로 이동한다. 2개의 시신경에서 오는 신호가 처음에 시각교차라고 부르는 곳에서 만나 뇌의 반대편 부위로 교차한다. 결국 각각의 망막 왼쪽 부분에서 오는 정보들이 합쳐져서 왼쪽 신경경로를 따라 주행한다. 반대로, 망막의 오른쪽 부분에서 오는 정보들은 오른쪽 신경경로를 따라 주행한다. 각각의 경로들은 시상에 위치한 가쪽무릎핵에서 끝난다. 하지만 이 신호들은 시각로부챗살이라는 신경섬유띠를 통해 시각피질로 이어진다.

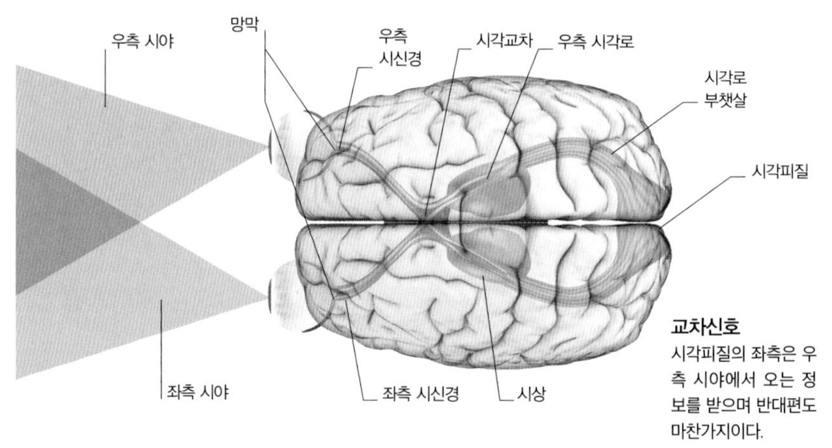

교차신호
시각피질의 좌측은 우측 시야에서 오는 정보를 받으며 반대편도 마찬가지이다.

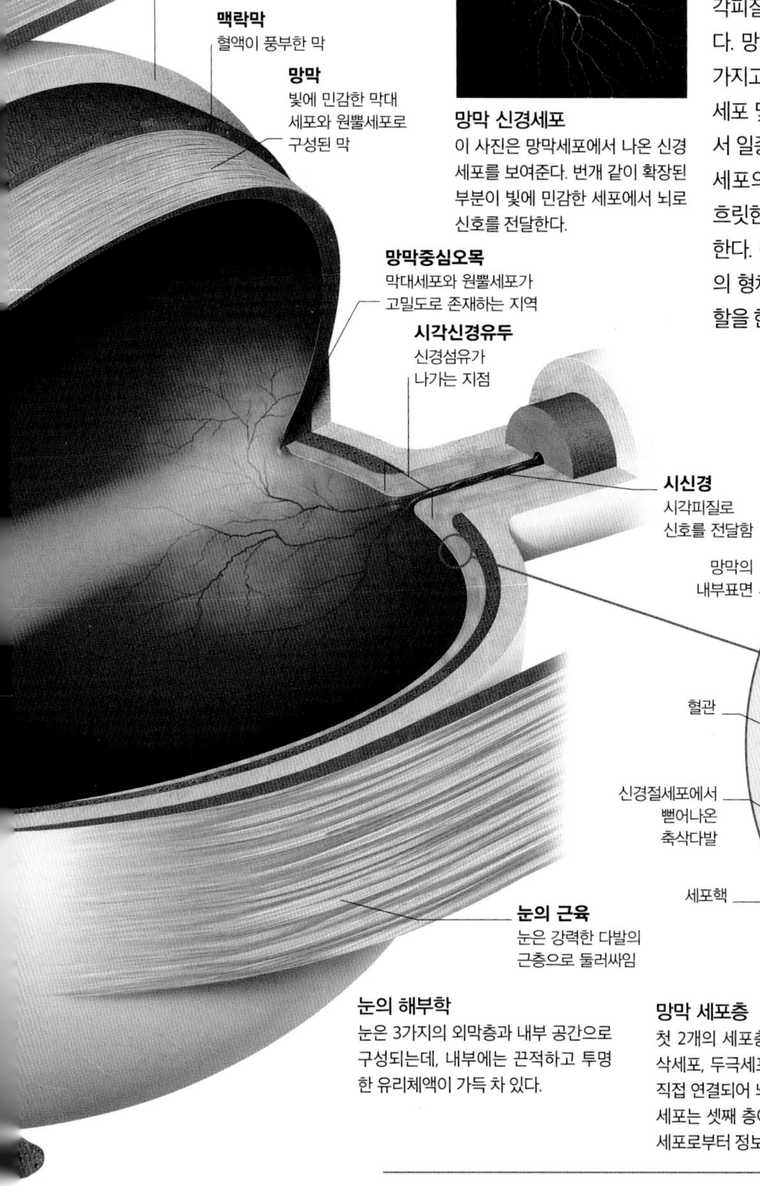

망막

망막은 3개의 세포층으로 이루어져 있다. 각 층은 서로 신경세포 접합부를 통해 연결되며 시각정보, 즉 전기자극이 이를 통해 이동한다. 첫 번째 두 층은 뇌의 시각피질에 정보를 보내는 역할을 수행하지만 직접적으로 빛에 반응하지는 않는다. 망막의 가장 뒤에 위치한 셋째 층이 광과민성을 가지고 있는 광수용세포인데, 이들의 종류로는 막대세포 및 원뿔세포가 있다. 빛이 첫 두 층을 통과하면서 일종의 신경 활성을 유도한다. 막대세포는 광수용세포의 90퍼센트 이상이며, 흐릿한 빛에서의 시각을 담당한다. 원뿔세포는 세세한 사물의 형체와 색깔을 인지하는 역할을 한다.

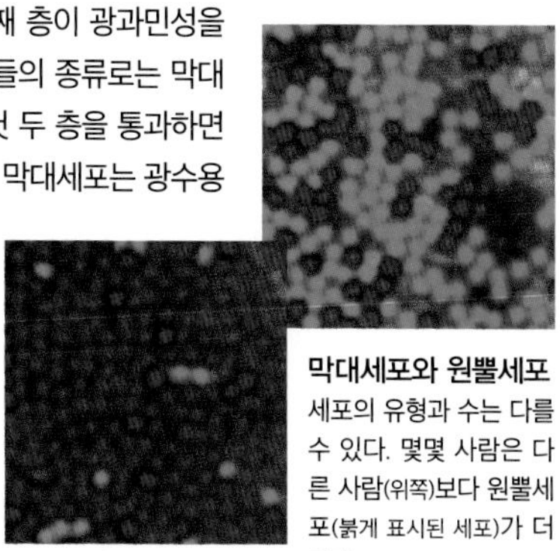

공막
안구의 바깥쪽 막

맥락막
혈액이 풍부한 막

망막
빛에 민감한 막대세포와 원뿔세포로 구성된 막

망막중심오목
막대세포와 원뿔세포가 고밀도로 존재하는 지역

시각신경유두
신경섬유가 나가는 지점

시신경
시각피질로 신호를 전달함

눈의 근육
눈은 강력한 다발의 근층으로 둘러싸임

눈의 해부학
눈은 3가지의 외막층과 내부 공간으로 구성되는데, 내부에는 끈적하고 투명한 유리체액이 가득 차 있다.

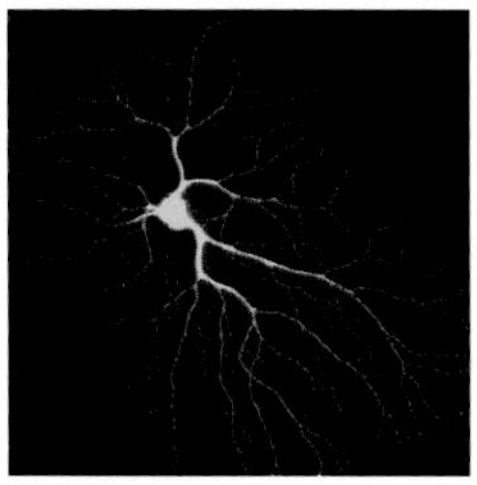

망막 신경세포
이 사진은 망막세포에서 나온 신경세포를 보여준다. 번개 같이 확장된 부분이 빛에 민감한 세포에서 뇌로 신호를 전달한다.

막대세포와 원뿔세포
세포의 유형과 수는 다를 수 있다. 몇몇 사람은 다른 사람(위쪽)보다 원뿔세포(붉게 표시된 세포)가 더 많다(왼).

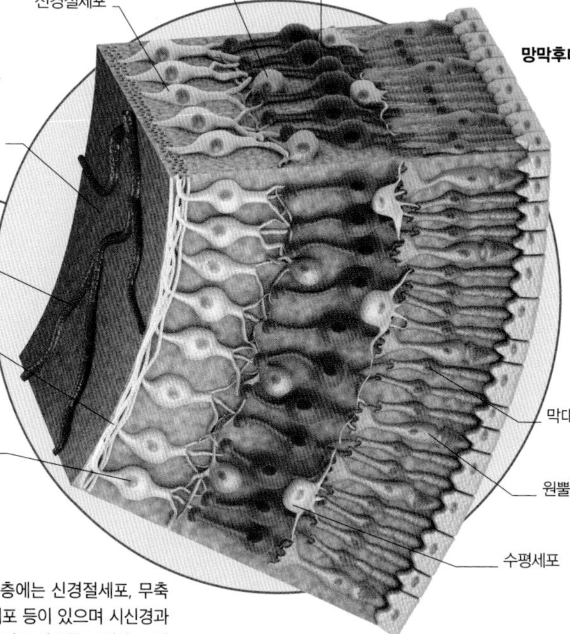

무축삭세포
두극세포
신경절세포
망막후미부
망막의 내부표면
혈관
신경절세포에서 뻗어나온 축삭다발
세포핵
막대세포
원뿔세포
수평세포

망막 세포층
첫 2개의 세포층에는 신경절세포, 무축삭세포, 두극세포 등이 있으며 시신경과 직접 연결되어 뇌로 신호를 보낸다. 수평세포는 셋째 층에 있는 막대세포와 원뿔세포로부터 정보를 받고 조절한다.

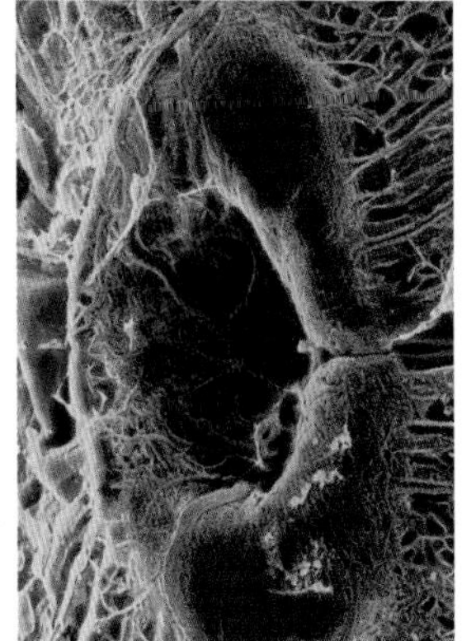

망막중심오목

망막의 가운데 부분에는 원뿔세포가 많이 밀집하여 분포하는 곳이 있는데, 이 때문에 사물을 좀더 분명하게 인지할 수 있다. 망막의 가운데에서 약간 오른쪽 부위를 망막중심오목이라 하는데, 작게 파인 부위에 원뿔세포가 밀집하여 분포하고 있다. 그 수가 많을 뿐 아니라 이 망막중심오목에 위치한 원뿔세포는 더 세부적인 것들을 뇌에 전달할 수 있다.

망막중심오목의 확대 그림
망막의 일부를 확대한 전자현미경 사진으로 사물을 자세히 관찰할 수 있는 망막 부위인 망막중심오목이다.

맹점

신호를 전달하는 신경섬유 다발들은 눈의 뒤쪽 부분에서 시각신경유두에 모여 시각신경을 만든다. 결과적으로 이 부분은 빛에 반응하는 세포가 없는 "맹점"을 형성한다. 이 공백은 뇌에서 우리가 볼 수 없는 부분을 메워준다.

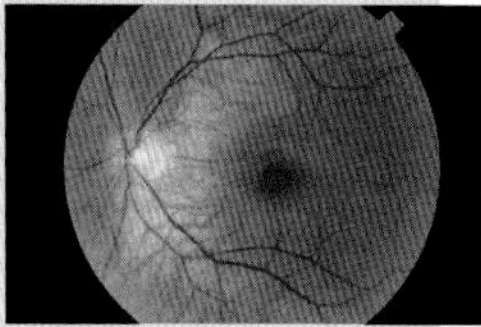

시각신경유두
망막의 검안경 사진으로 맹점 부분인 시각신경유두부를 관찰할 수 있다.

시각피질

뇌의 시각 담당 부위는 뒤쪽에 있으며, 눈에서 오는 정보는 시야로 곧장 인식하기 전에 두개골의 가장 깊은 곳까지 도달한다. 우리는 시각정보가 들어오면 약 0.2초 안에 무의식적인 행동을 취하며, 사물을 의식적으로 인지하는 데까지는 0.5초 정도 걸린다

시각피질 영역	
영역	기능
V1	시각자극에 반응
V2	정보 전달 및 복잡한 모양에 반응
V3A, V3D, VP	각도와 대칭을 등록, 움직임과 방향을 조합
V4D, V4V	색깔, 방향, 형태 및 움직임에 반응
V5	움직임에 반응
V6	시야 주변부의 움직임 인지
V7	대칭 지각에 관여
V8	색깔 처리에 관여할 가능성 높음

시각을 담당하는 부위들

시각피질은 고유의 기능에 따라 세분화된다(우측 표 참고). 이 과정은 일련의 조립라인과 비슷하다. 먼저 가공하지 않은 정보를 V1 부분에서 인식하고 이후에 다른 부분으로 보내는데 여기에서 형태, 색, 깊이, 움직임 등을 분석한다. 이런 구성요소들이 합쳐져 통합된 하나의 영상을 만든다. 그러므로 시각 부위 중 하나에 손상을 입는다면 특정 시각 구성요소에 문제가 생긴다. 예를 들면 움직임을 감지하는 부위에 세포 사멸이 있는 경우 세상을 스냅사진처럼 인식하게 된다.

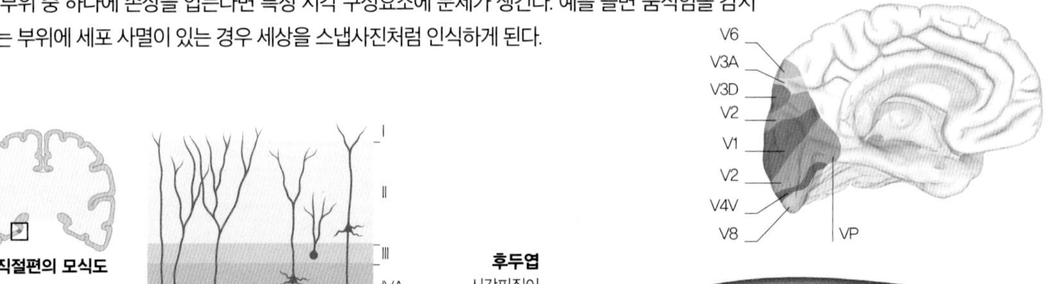

내부피질
시각화 과정 중 일부는 뇌의 뒤쪽 부분과 반구 사이의 골에서 발생한다.

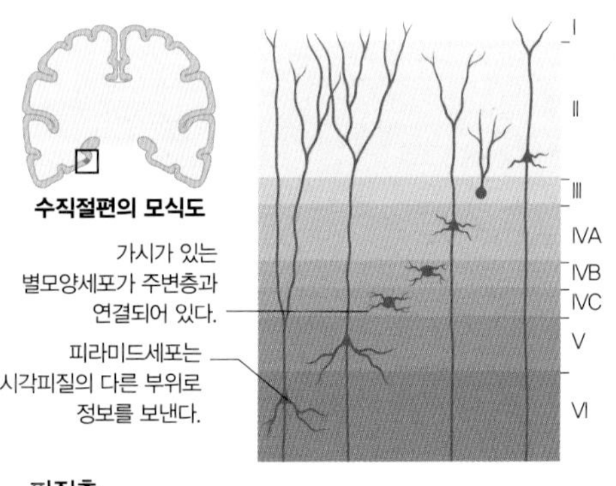

피질층
일차시각피질은 몇 개의 세포층으로 구성되는데, I에서 IV까지 있으며 각 층은 특별한 세포들이 함께 섞여 있다. 각층은 뇌의 다른 부위에서부터 신호를 받기도 하고 주기도 한다.

마음의 거울
시각 경로는 대략 십자형을 이루고 있어 우리 눈은 사물을 역상으로 인지하며 일차시각피질인 V1에 도달했을 때도 거울형으로 보인다. 왼쪽 시야에서 들어오는 신호는 대뇌의 우측반구로 가며 반대의 상을 전달한다. 대뇌 양측 모두에 동일한 시각정보가 전달된다. 일부 흔치 않은 상황에서 뇌의 양쪽 부분이 다를 수 있는데 이때 사람은 "2가지 마음" 속에 있는 것처럼 느낀다(11쪽, 205쪽 참고).

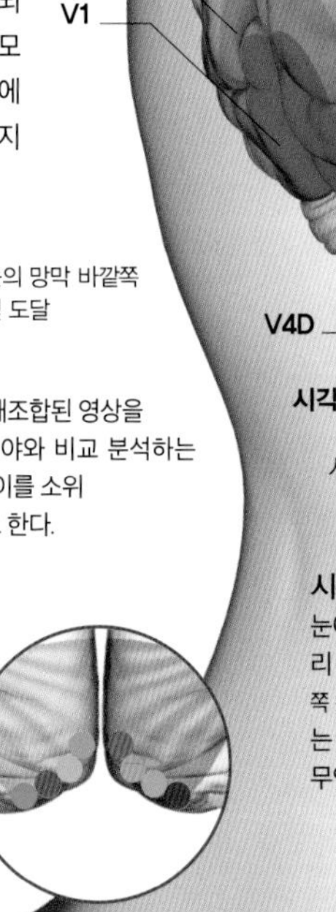

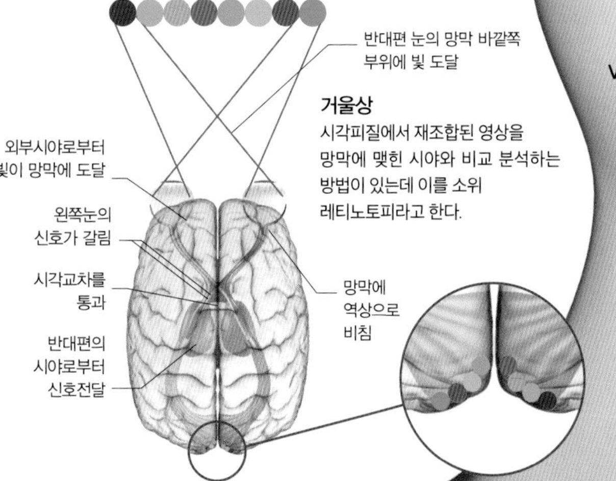

거울상
시각피질에서 재조합된 영상을 망막에 맺힌 시야와 비교 분석하는 방법이 있는데 이를 소위 레티노토피라고 한다.

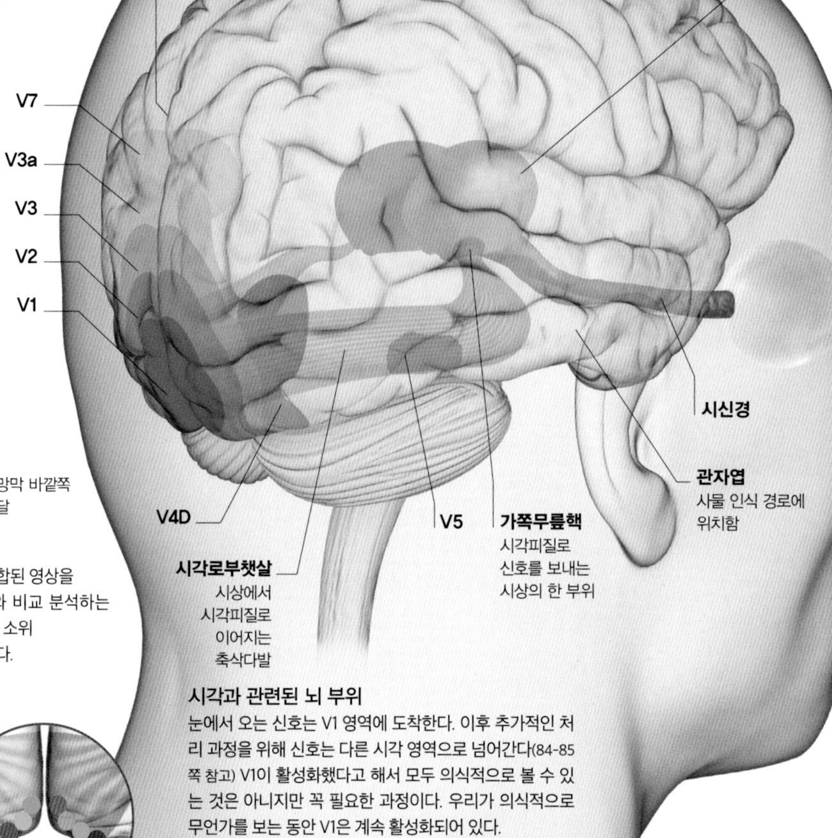

시각과 관련된 뇌 부위
눈에서 오는 신호는 V1 영역에 도착한다. 이후 추가적인 처리 과정을 위해 신호는 다른 시각 영역으로 넘어간다(84-85쪽 참고) V1이 활성화했다고 해서 모두 의식적으로 볼 수 있는 것은 아니지만 꼭 필요한 과정이다. 우리가 의식적으로 무언가를 보는 동안 V1은 계속 활성화되어 있다.

색 구별

이론적으로 사람의 시각체계는 수백만 가지 색깔의 차이를 알아볼 수 있지만, 실제로 우리가 볼 때는 이전에 접하고 배운 수십 가지 색깔 정도만 구별할 수 있다. 만약 모든 색을 그린 구체를 보여준다면 사람들은 특정한 이름을 가진 색깔들은 구별해서 말할 수 있을 것이다. 하지만 한 가지 이름으로 통칭하고 있는 광범위한 색조를 한데 모아 놓는다면 차이를 구별해서 말하기 힘들다.

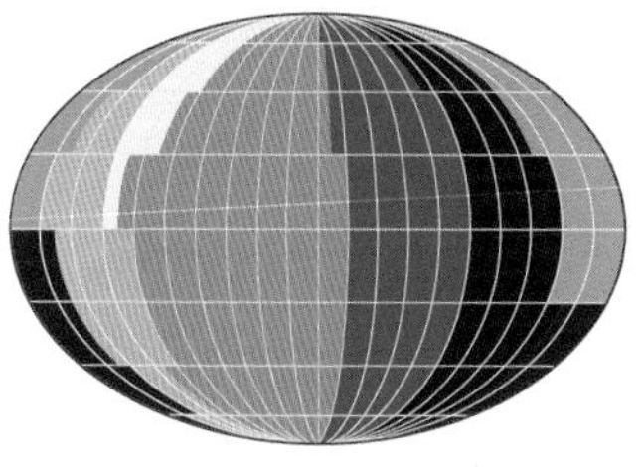

영어로 표현할 수 있는 색으로 구성된 구체
영어로 표현할 수 있는 8가지 기본 색상으로 구획된 구이다.

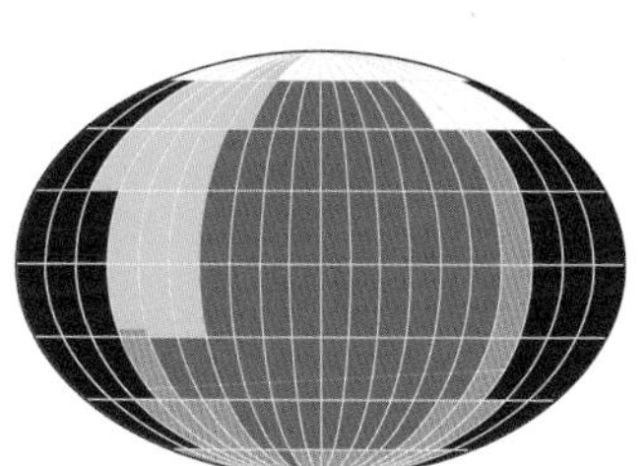

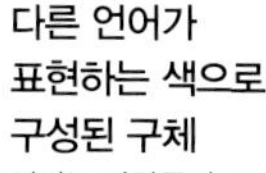

다른 언어가 표현하는 색으로 구성된 구체
언어는 사람들이 구체를 보는 데 영향을 미친다. 예를 들면 파푸아뉴기니의 베린모족은 색을 5가지 범주로 구분하는데, 위에서 언급한 8가지 영어 색상과는 차이가 있다.

물체의 인지

의식적으로 사물을 주의해서 바라보려면 지금 보고 있는 것이 무엇인지 대뇌가 인지하는 활동을 해야 한다. 이것을 하려면 우리 뇌 속의 영상을 후두엽에서 감정이나 기억에 관여하는 다른 뇌 부위로 이동해야 한다. 여기에서 기능이나 인식, 감정과 연관이 있는 정보를 수집한다. 물체를 인지하는 과정에서 첫 번째 정류장은 바로 관자엽의 바닥 쪽 테두리 부위이다. 이 부위는 사람의 얼굴을 볼 때 미세한 특징들을 잡아 기억하는 곳으로, 개인의 얼굴을 모두 구별할 수 있게 한다.

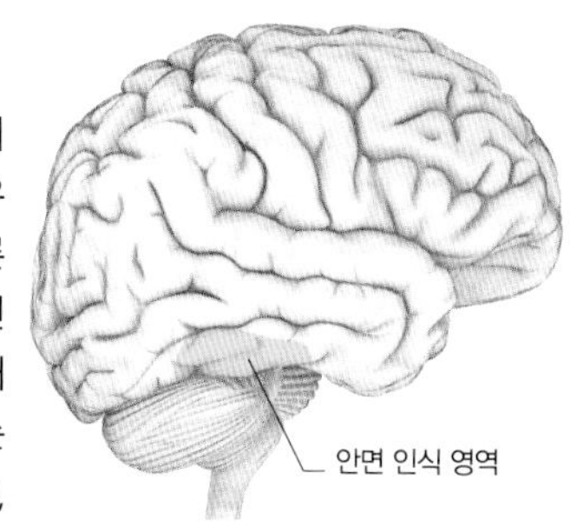

안면 인식 영역
뇌에서 사물을 인지하는 부분에서는 우선 사물의 중요성을 세밀하게 평가한다. 이 영역에서는 사람의 얼굴 같은 미세한 차이를 구별하는 과정을 진행한다.

그리블

그리블이란 얼굴같이 서로 다른 약간의 차이를 구별하는 기능을 알아보는 실험에 흔히 사용하는 물체이다. 처음 볼 때는 그 차이를 간과하기 쉽지만 익숙해질수록 사람들은 대뇌의 얼굴 인식 기능을 사용해 그 차이를 감지한다. 나중엔 작은 차이도 매우 분명히 볼 수 있으며 그리블 전문가가 된다.

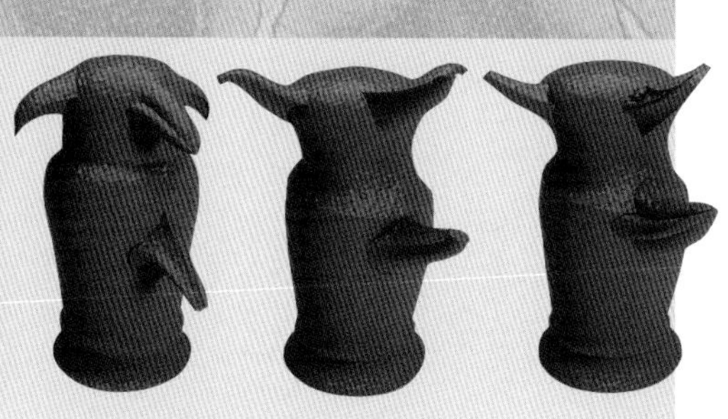

깊이와 크기

뇌는 두 종류의 단서를 사용하여 삼차원의 세계로 조합한다. 각 눈을 통해 들어오는 약간 다른 영상이 하나이다. 다른 단서는 어떤 물체가 움직일 때 이것의 이동에 따른 형태의 변화를 인지하는 것이다. 이 2가지 단서는 뇌 앞쪽의 앞마루엽속영역에 모이는데 여기는 시각을 처리하는 곳과 공간상 우리 몸의 자세를 담당하는 부분 사이에 위치한다.

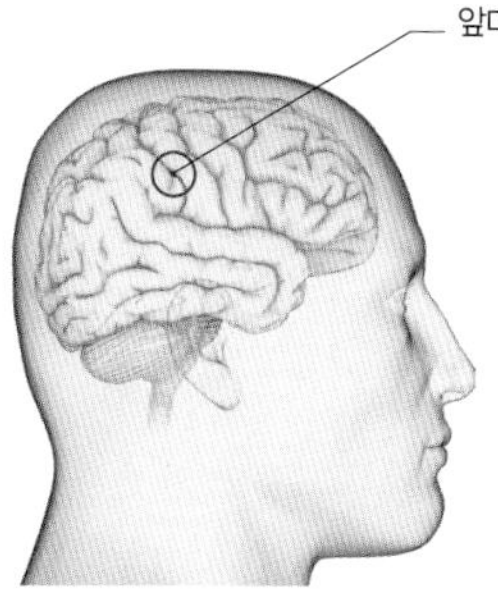

깊이 영역
앞마루엽속영역은 두 종류의 시각 단서를 조합하여 거리와 깊이를 측정한다. 이 정보로 신체의 움직임을 유도하여 물건에 손을 대거나 잡는다.

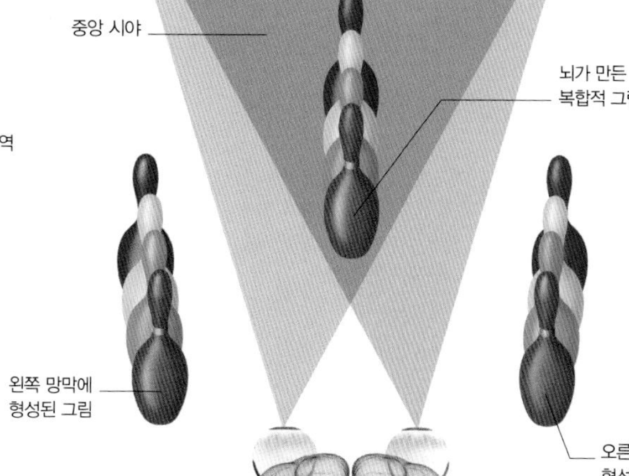
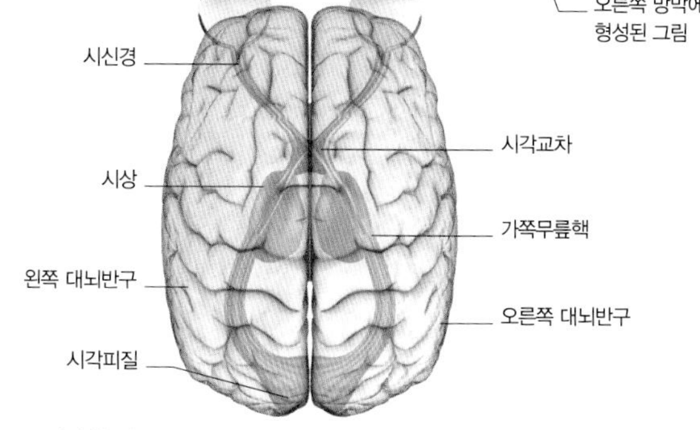

삼차원 시각
각 눈에 보이는 장면이 약간 다를 때 뇌는 형태 변화에 대한 정보를 조합하여 세계를 삼차원으로 인식한다.

입체사진

입체사진은 두뇌가 실제로는 이차원을 삼차원 장면으로 속여 인식하게 하는 방법을 사용한다. 대표적인 방법으로는 같은 장면이지만 약간의 차이가 있는 사진 두 개를 나란히 배치하는 법이 있다. 양쪽 눈 모두가 이 그림에 있는 미세한 차이를 동일하게 인식하여 삼차원으로 착각하게 된다. 착시 현상은 빅토리아 시대에 유행했다.

유령그림
각 눈이 다음의 각 사진을 하나씩 따로따로 응시하면 삼차원적 입체 공간 중에 세 번째 그림이 떠오른다.

시각전달경로

의식적으로 어떤 사물을 바라보는 것은 사람들에게 친숙한 과정이지만, 무의식적인 응시를 통해 눈에서 오는 정보를 받아들이는 과정도 동시에 발생한다. 이 2가지 유형의 응시는 뇌에서 다른 전달 경로를 거친다. 상측(등쪽) 경로는 무의식적으로 정보를 받아들이고 어떤 행동을 취한다. 반면 하측(배쪽) 경로는 의식적으로 받아들인 정보를 분석하여 사물을 인지하도록 한다.

등쪽과 배쪽경로
눈에서 오는 전기신호는 뇌가 인식하기 시작하는 일차시각피질까지 간다. 이 신호는 등쪽과 배쪽경로를 따라 다른 뇌 영역으로 전달된다.

등쪽경로

위치를 인지하는 경로

등쪽 혹은 "위치" 경로는 시각 자극에 의해 발생하는 신호를 전달하며, 시각피질에서 마루엽 피질을 거친다. 어떤 물체 주변에서 빛이 있는지 살피는 것이 이 경로의 대표적인 예이다. 사물을 보고 있는 관찰자로부터 대상의 위치를 계산하고 어떻게 할지 행동 계획을 만든다. 게다가 사물의 움직임과 걸리는 시간에 대한 정보를 수집하여 해석하기도 한다. 우리는 이 경로를 통해 특별히 의식하지 않고도 정보를 수집하여 날아가는 물체가 오리라고 말할 수 있다.

배쪽경로

대상을 인지하는 경로

배쪽 혹은 "대상에 대한" 경로는 처음에 시각 경로 근처를 통과한다. 여기에서 특정 물체의 모양, 색깔, 깊이 등을 분석한다(88-89쪽 참고). 다소 엉성하게 형성된 개략적인 정보가 관자엽 아래쪽 모서리 부위로 전달되는데, 이 부위에서는 사물이 무엇인지 인지하기 위해 저장된 이전의 시각적인 기억과 비교한다. 몇몇 정보가 이마엽으로 이동하여 사물의 의미를 평가한다. 이 과정은 의식적인 응시를 통해 발생한다.

마루엽
관찰자로부터 떨어진 거리 및 위치를 측정한다.

V7
대칭지각에 기여한다.

V3a
움직임과 방향에 대한 정보를 수집, 분석한다.

V3
각도와 방향에 대한 정보를 분석한다.

V2
이차시각피질을 통해 정보를 받는다. 복잡한 형태를 여기에서 다룬다.

V1
일차시각피질에서 눈으로부터 온 신호를 받는다.

V4D
색깔, 방향, 형태 및 움직임에 관여한다.

V5
여기서 움직임의 방향을 감지한다.

얼굴 인식하기

다양한 유형의 시각 자극은 뇌 속 고유의 부위에서 처리한다. 사람의 얼굴에는 다양한 특징이 있으며 뇌에서 얼굴을 인식하는 부위에서 이를 기억한다. 눈은 표정에 대한 정보를 추출해 해당 뇌 부위로 전달한다. 얼굴 모양이 이전에 저장되었다면 정보는 이마엽 쪽으로 이동한다.

낯익은 사람
감정적인 인지가 거의 즉각적으로 발생한다. 이 경로는 시각피질에서 얼굴을 인지하는 부위를 지나 편도로 주행한다.

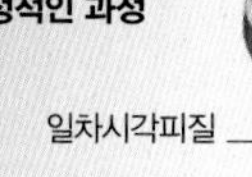

낯익은 사람을 볼 때

감정적인 과정

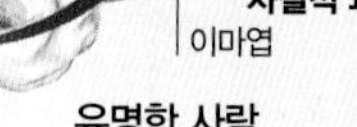

유명한 사람을 볼 때

유명한 사람
마릴린 먼로처럼 유명한 사람의 얼굴을 볼 때는 이마엽 부위에서 정보를 처리한다.

등쪽경로 손상

등쪽 시각경로 손상은 다양한 질환과 관련이 있으며 특히 공간 감각에 문제를 일으킨다. 예를 들면 다른 위치에 있는 2가지 물체를 정확히 볼 수 없거나 공간상에서 두 물체의 정확한 위치 관계를 알 수 없다. 물체에 손을 뻗어 잡을 수 없으며 정확한 위치를 가늠할 수 없다. 이 부위가 손상된 사람은 이렇게 말할 것이다. "바나나가 있는 건 알겠는데 어디 있는지는 모르겠어." 또한 환자들은 어떤 사물을 주목하는 능력에도 장애가 있을 것이다.

정물화 현상

움직이는 것을 보는 능력은 생존에 필수적이다. 개구리 같은 많은 동물은 움직이는 동안에만 사물을 볼 수 있다. 인간의 뇌에서 동작과 관련된 부분은 매우 작지만 여기 있는 신경세포 중 90퍼센트 이상이 움직임의 방향을 감지하도록 특화된 세포들이다. 일반적으로 손상으로부터 잘 보호받지만 매우 드물게 뇌경색으로 인해 이동하는 사물을 보지 못할 수 있다. 이로 인해 움직임이 있는 사물을 인지하는 데 문제가 생긴다. 일상생활에도 문제가 따르는데, 예를 들면 길을 건널 때 멀리 보이던 자동차가 갑자기 가까워지는 식이다. 컵에 차를 따를 때 차가 순간적으로 넘치기 때문에 힘들다.

이마엽
등쪽경로에서 온 일부 정보는 이마엽에 도착해 의식적으로 인식된다.

가상운동
종종 뇌는 실제로 움직이지 않는 것이 움직인다고 느낀다. 많은 다른 유형의 착각이 이 현상을 일으키는데 대부분은 움직임을 감지하는 신경세포가 흥분해 발생한다.

아래관자엽
방사가락모양이랑이 사물, 특히 사람의 얼굴을 인지하는 데 관여한다.

얼굴인식불능증

사람의 안면 인지 영역에 손상이 발생하거나 일부 원인으로 기능이 떨어지면 친한 친구와 가족조차 알아볼 수 없게 된다. 얼굴인식불능증은 심각한 사회적 장애다. 이 질환을 앓는 사람들은 다른 사람을 얼굴 이외의 다른 특징, 예를 들면 목소리나 옷으로 구별한다. 하지만 이런 방식은 얼굴을 익히는 일보다 느리고 어렵다. 위의 그림에 나타나는 표정의 차이를 얼굴인식불능증 환자들은 구별할 수 없다.

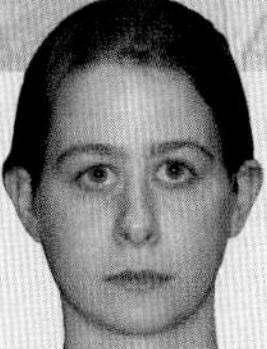
간격을 좁힌 눈

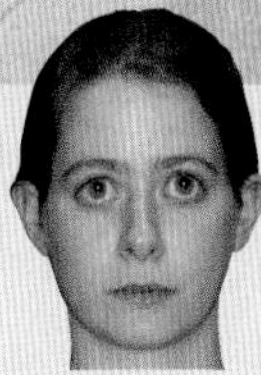
커진 눈

벌어진 눈

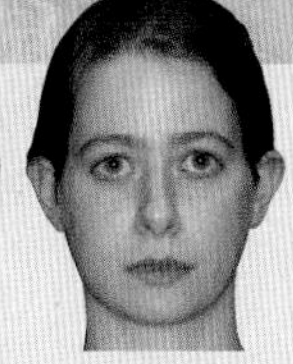
커진 입

변화된 사진
위의 사진들은 각각의 특징에 맞게 변화되었는데, 입이나 눈의 크기를 고치거나 눈 사이의 간격을 좁히거나 벌렸다.

모나리자의 착각
안면인지 영역은 사람 얼굴의 형태적 특징에 자극받는다. 그러므로 뒤집힌 얼굴 사진으로는 이 영역을 자극할 수 없다. 뒤집힌 그림에서 모나리자는 처음에 정상인 것처럼 보이지만 똑바로 놓고 보면 뭔가 잘못되었다는 생각이 들 것이다.

배쪽경로 손상

배쪽경로에 손상이 있을 때는 자신이 보는 것이 무엇인지 알지 못하는 인식불능증이 발생한다. 안면인식불능증은 위에서 설명한 바와 같이 사람의 얼굴을 인식하지 못하는 것으로 인식불능증의 한 종류이다. 하지만 다른 종류의 인식불능증도 있다. 시각인식불능증은 크게 통각성과 연합성으로 나뉜다. 첫째 유형은 후두엽에서 오는 경로에 손상이 있을 때 발생한다. 통각성 인식불능증을 겪는 사람은 적절하게 조직화된 인지를 할 수 없어서 어떤 사물을 분명히 볼 수 있지만 그대로 따라 그릴 수는 없다. 반면 연합성 인식불능증은 사물을 알아보지 못한다. 정상인은 사물을 보면 적절한 행동을 취한다. 포크를 사용해서 음식을 입에 넣는다. 하지만 연합성 인식불능증 환자들은 이런 행동을 하지 못한다.

문자

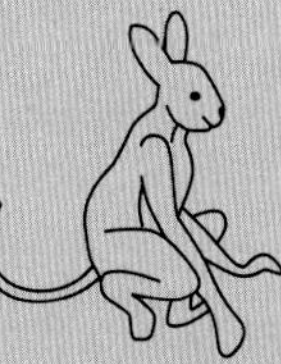
상상의 대상

인식불능증 검사
그림자를 보고 물체를 알아맞힌다거나, 상상의 물체를 이야기하거나 불완전하게 표현된 문자를 알아내는 것 등이 있다.

그림자

그림 안에 있는 초상화라도 사람의 얼굴에는 강한 관심이 발생하여 자세히 반복적으로 관찰한다.
주의를 기울여 눈을 게슴츠레 뜨고 입을 자세히 관찰해 그림 속 주인공의 내면 상태를 예측한다.
관찰자는 시선을 여기에 오래 두면서 주요 인물의 상호 관계를 생각한다.
시선은 마룻바닥을 곧장 지나쳐 통로가 막힌 부분에서 잠시 멈췄지만, 자세히 살필 만큼은 아니다.

열린 커튼 사이로 다른 사람이 끼어들어 인간관계의 역학을 바꿀 가능성이 있는지 살펴본다.

시각의 인지

사실상 우리는 우리 자신이 본다고 믿는 것을 보는 것이 아니다. 우리가 어떤 장면을 볼 때 우리는 얼핏 살핀 뒤 어떤 인상을 받는다. 하지만 실제로 우리는 몇 개의 작고 세세한 특징들만 추출한다.

하향식과 상향식 과정

시각을 인지하는 것은 순간적이고 부분적이며 단편적인 과정이다. "상향식 과정"은 어떤 시야 전체에 대한 정보를 뇌로 보내는 과정이며 "하향식 과정"은 이 장면의 특정 부분만 골라 의식적으로 인식하는 과정이다. 우리가 그림을 볼 때 눈은 전형적으로 손톱 크기의 영역들을 바라보고 반복적으로 순서대로 이동하면서 스캔한다. 우리가 의식적으로 눈길을 주지 않으면 그림의 나머지 부분은 머릿속에 애매하게 남을 것이다. 눈길이 가는 방향을 추적한 연구(왼쪽 그림)에서 우리가 자세히 보는 장면들은 다른 사람들과 관련이 있는 부분들이다. 어떤 장면을 볼지 선택하는 과정에는 고차원적인 뇌의 작용이 관여한다. 사람들은 흔히 특정한 사물 이외에 자신이 보는 것을 인지하지 못한다. 예를 들면 무엇을 보고 있느냐고 질문하면 그들은 사실 많은 것을 보고 있을 것이지만 한 가지 사물만 언급할 것이다.

뇌의 사진 만들기 기법

뇌가 시각적인 정보를 감지하는 것은 어려운 작업이다. 왼쪽 그림과 같은 복잡한 장면을 보면 우선, 사람들 같은 주요 물체를 포착하고 이를 배경과 분리하여 집중해서 본다. 이후에 구체적인 부분을 세심히 살펴보고 정보를 모아 무의식적으로 해석하기 시작한다. 사람들은 관찰하는 눈에 반사되는 빛의 유형이나 빛의 양만으로만 색깔과 모양을 결정하지 않는다. 무의식적으로 뇌는 사물의 색이나 모양을 내용물에 비추어 유추하는 과정을 거친다.

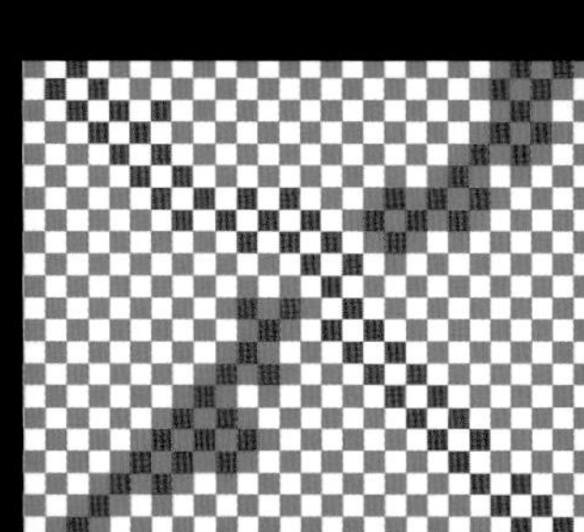

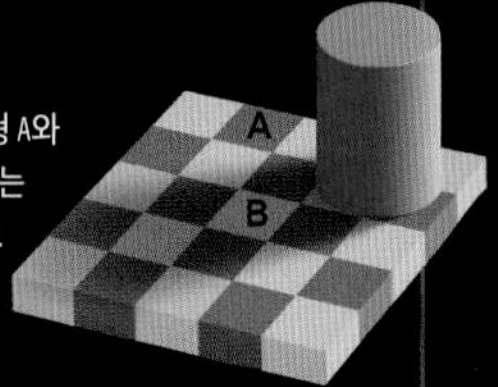

원기둥 착각
그림에서 두 개의 사각형 A와 B는 음영이 같지만 우리는 B가 더 밝다고 확신한다.

색깔 착각
당신이 보고 있는 색은 주위의 다른 색에 영향을 받는다. 흰색 옆의 분홍색은 녹색 옆에 있는 분홍색보다 밝게 보인다. 이는 "측부억제" 현상으로 주변 환경에 의한 영향 때문에 발생한다.

웃음의 효과

웃음은 말 그대로 세상을 보는 시각을 바꾼다. 보통 네케르 정육면체를 볼 때는 2개의 삼차원적인 영상이 함께 보일 것이다. 이를 양안 경쟁이라고 하는데 이 경쟁은 양쪽 눈이 각각 뇌의 다른 쪽으로 각각의 영상을 보내기 때문에 발생한다(83쪽 참고). 이후에 뇌는 의식적으로 한쪽의 영상을 교차해서 보낸다. 웃을 땐 양안경쟁 현상이 멈추는데 그 이유는 양쪽 눈으로부터 오는 정보가 웃을 때는 뇌에서 더 잘 합쳐지기 때문일 것이다.

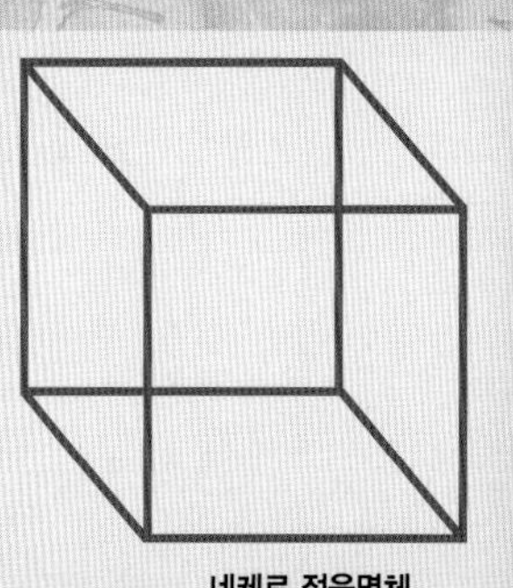

네케르 정육면체

사물을 가리키는 것은 그것의 의미를 끌어올리고, 시각다운 시각을 만든다.

시선 추적하기
흰 선은 관찰자들의 시선이 지나는 곳을 추적한 것이다. 동그라미는 시선이 머무는 곳이며, 원이 클수록 시선이 오래 머문 곳이다.

시각

시각은 일시적이며 특별한 노력이 들지 않는다. 눈에 보이는 영상은 항상 완전히 형성된 것이라고 생각하기 쉽다. 하지만 무의식적으로 우리의 뇌는 세상을 보기 위해 항상 노력한다.

시각의 인지

시각을 인지하는 것은 길고 복잡한 작업 라인에서 나오는 최종 결과물들을 보는 것이다. 처음에 이 과정은 눈으로부터 온 정보가 일차시각피질에 도착하면서부터 시작한다. 이후에 2가지 주요 경로를 거치면서 많은 수의 피질 혹은 피질아래 부분에 도달한다(84-85쪽 참고). 각각의 영역은 신경학적 활성에 반응해 색깔, 모양, 위치 움직임 등을 조합한다. 사실 우리가 어떤 것을 볼 때는 다양한 구성 요소가 한데 어우러져 장면을 인식하게 된다.

4 시각로부챗살
신호는 시상을 지나 시각로부챗살이라는 두꺼운 조직 띠를 통과하여 시각피질에 도달한다.

3 시신경
빛에 반응하는 망막세포가 시신경을 형성하는 축삭을 따라 신호를 보낸다. 신경은 시각교차를 가로지른 후 시상의 특정 부위와 연결된다.

2 망막세포
빛이 수정체를 통해 들어와 망막세포의 두 층을 통과하고 빛에 민감한 막대세포와 원뿔세포를 자극한다.

1 빛이 눈으로 들어옴
빛 파동이 홍채로 둘러싸인 구멍인 동공을 통해 들어온다. 동공은 어두운 곳에서 커지며, 밝은 곳에서는 작아져서 항상 일정량의 빛이 들어오게 한다.

8 인지 (이마엽)
시력의 모든 시각적 요소가 결합되고 물체를 인식하면, 그것은 완전한 "인식"으로 의식에 제시된다.

우리가 보는 방법

우리가 눈으로부터 물체를 인지하고 행동하는 것에 대한 기전은 이해하기 시작했지만, 어떻게 시각을 의식하고, 어떤 방식으로 감정을 가지는지는 모른다.

등쪽경로

5 **등쪽경로**
눈에서 오는 정보는 먼저 일차시각피질로 이동한 후 2가지 경로로 진행한다. 등쪽경로는 관찰자 입장에서 대상 물체의 위치를 기록하는 지역이다. 이 경로는 물체의 위치, 운동 및 크기, 형태 등의 정보를 기호화하여 신경학적 활성을 보인다. 등쪽경로는 마루엽에서 끝나는데, 이곳은 물체에 대한 행동 계획을 수립하는 장소이다. 일련의 과정들은 무의식적으로 발생한다.

움직임
움직임은 등쪽경로에서 다룬다. 어떤 행동을 계획할 때 반드시 필요한 요소인 두뇌는 어떤 물체의 현재 움직임만 감지할 뿐 아니라 물체가 수초 후에 어떤 행동을 할지까지도 예측한다. 이 때문에 적절하게 우리의 행동을 계획할 수 있다.

깊이
물체의 깊이를 계산하려면 뇌는 양 눈에서 오는 시각정보를 조합하고 눈을 움직일 때 모양이 어떻게 변하는지에 대한 정보를 다룬다.

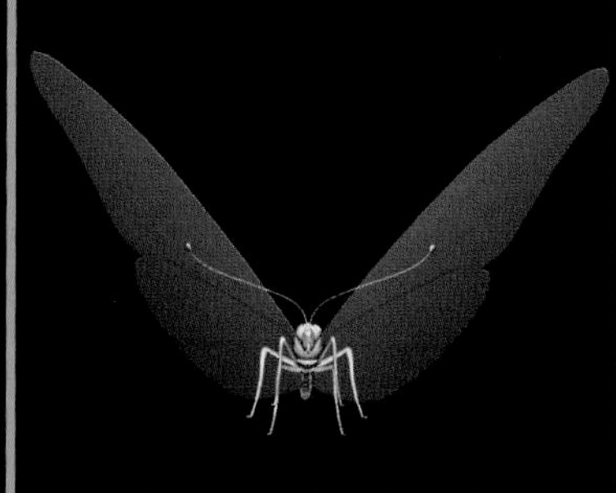

배쪽경로

6 **배쪽경로**
배쪽경로는 일차시각피질에서 정보를 받아 관자엽으로 보낸다. 관자엽에서는 신경 활성을 통해 보이는 것에 대한 의미를 부여한다. 예를 들면 여기에서는 사람의 얼굴을 구별하고 인식하며 이름 등과 같은 정보를 통해 기억을 회상한다. 배쪽경로를 따라 가는 정보는 이마엽에서 등쪽경로와 만나 의식적으로 인지하는 과정을 거친다.

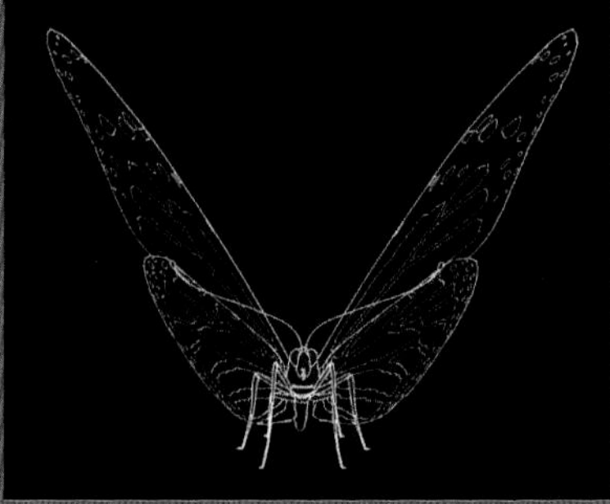

형태
뇌는 여러 가지 다른 방식으로 사물을 본다. 빛의 위치를 고려하며 사물의 표면이나 외부에서 빛의 반사되는 정도 등을 고려하는 과정을 시행한다.

색깔
색을 구별하는 것은 망막세포에서 시작하는데, 이들 중 일부는 특이한 빛의 파장에 반응하여 활성 상태로 변한다. 색을 처리하는 과정은 뇌에서 지속적으로 시행하는데 특히 색을 감지하는 신경세포가 많은 V4 영역에서 활발하다.

7 **인지 경로**
어떤 사물을 적절히 관찰하려면 사람들은 보이는 것이 무엇인지 생각해야 한다. 만일 어떤 영상을 인지하지 못한다면 분명 이를 간과하고 넘어갈 것이다. 인지 과정은 순수한 시각화 과정은 아니지만 꼭 필요한 과정이다. 만일 순수한 시각화 과정은 정상적이지만 인지 과정에 문제가 생긴다면 당신이 누군가를 봐도 그저 바라보기만 할 뿐 그의 이름을 떠올리지 못할 것이다.

들으면서 보기

소리를 시각정보로 변환하는 장치로 시각장애인을 볼 수 있게 했다는 내용이 발표되었다. 이 발명품은 사람의 머리에 많은 소형카메라를 붙인 것으로, 이것으로 정상적인 사람이 보는 시야를 순간별로 얻는다. 얻은 정보를 음환경soundscape으로 변환해 사용자의 귀에 들려주었다. 기기를 사용하는 사람들은 소리에 맞는 물리적 특성을 배우는데(예를 들면 한 번의 고음은 세로 표면을 의미한다든지) 이들은 그것을 소리로 인식하는 대신 정상적인 시각과 흡사하게 여긴다. 한 여성은 음환경 과정을 이용한 기기를 사용한 후 간혹 실제 시각과 구별하지 못했다고 주장했다.

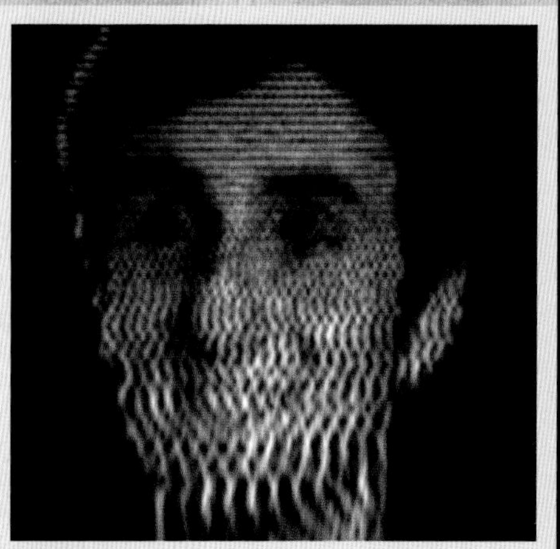

음환경
위 사진은 컴퓨터로 음을 재구성한 것이다. 카메라 사진들로부터 음환경을 구축하고 다시 이미지로 만든 사진이다.

귀

귀는 주변 환경으로부터 소리를 골라내 신경 자극으로 바꾼다. 이렇게 만들어진 신경 자극은 뇌로 전달되어 고유의 처리 과정을 거친다. 귀에는 움직임과 몸의 위치나 자세를 감지하는 기관이 있어서 몸의 균형을 유지할 수 있게 한다.

귀의 구조

귀는 외이(바깥귀), 중이(가운데귀), 내이(속귀), 이렇게 세 부분으로 나뉜다. 외이는 소리를 모아 고막으로 전달하는 깔때기 같은 구조로 되어 있다. 고막은 중이가 시작되는 부분으로 이곳에 소리가 도달하면 고막에 진동이 발생한다. 이렇게 발생한 진동은 몇 개의 귓속뼈를 거쳐 전달된다. 귓속뼈의 하나인 등자뼈는 중이가 시작되는 타원형의 고막 안쪽에 붙어 있다. 고막의 안쪽은 액체가 차 있는 미로의 형태로 되어 있어 달팽이(와우)라고 한다. 등자뼈가 진동하면 달팽이관에서 압력의 형태로 변하고 이 압력은 코르티기관으로 전달된다. 이 기관의 표면에 있는 감각털세포에서는 압력이 전기적 신호로 바뀌어 청각 신경, 특히 내이신경의 달팽이신경가지를 통해 뇌에 전달된다.

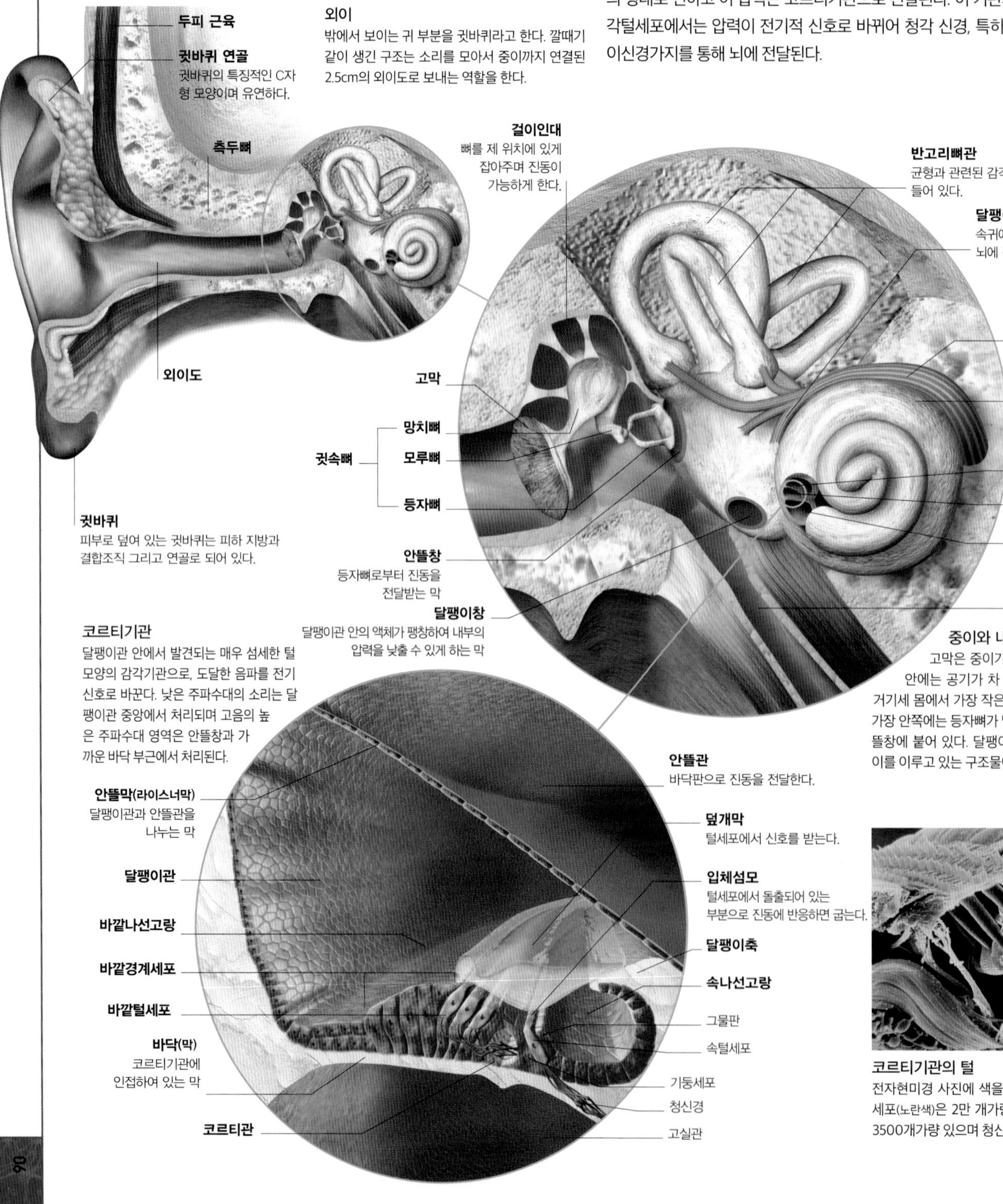

두피 근육
귓바퀴 연골
귓바퀴의 특징적인 C자 형 모양이며 유연하다.

외이
밖에서 보이는 귀 부분을 귓바퀴라고 한다. 깔때기 같이 생긴 구조는 소리를 모아서 중이까지 연결된 2.5cm의 외이도로 보내는 역할을 한다.

측두뼈

등자뼈로부터 진동을 전달받는 막
달팽이창
달팽이관 안의 액체가 팽창하여 내부의 압력을 낮출 수 있게 하는 막
귀인두관
목구멍 위로 연결됨

중이와 내이
고막은 중이가 시작되는 부위로 그 안에는 공기가 차 있는 빈 공간이 있고 거기서 몸에서 가장 작은 뼈인 귓속뼈가 있다. 가장 안쪽에는 등자뼈가 달팽이로 이어지는 안뜰창에 붙어 있다. 달팽이와 반고리뼈관은 내이를 이루고 있는 구조물이다.

코르티기관
달팽이관 안에서 발견되는 매우 섬세한 털 모양의 감각기관으로, 도달한 음파를 전기 신호로 바꾼다. 낮은 주파수대의 소리는 달팽이관 중앙에서 처리되며 고음의 높은 주파수대 영역은 안뜰창과 가까운 바닥 부근에서 처리된다.

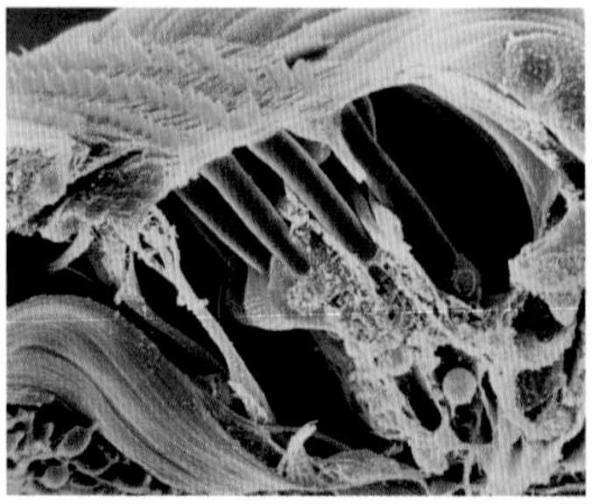

피부로 덮여 있는 귓바퀴는 피하 지방과 결합조직 그리고 연골로 되어 있다.
걸이인대
뼈를 제 위치에 있게 잡아주며 진동이 가능하게 한다.

균형과 관련된 감각기관이 들어 있다.

속귀에서 발생한 신호를 뇌에 전달한다.
내이신경(청각)
반고리뼈관과 달팽이관에서 발생한 신호를 뇌로 전달한다.

망치뼈
모루뼈

청각과 관련된 감각기관이 들어 있다.
안뜰관

고실관

안뜰막(라이스너막)
달팽이관과 안뜰관을 나누는 막

바깥나선고랑
바깥경계세포

바닥(막)
코르티기관에 인접하여 있는 막
코르티관
안뜰관
바닥판으로 진동을 전달한다.
덮개막
털세포에서 신호를 받는다.
입체섬모
털세포에서 돌출되어 있는 부분으로 진동에 반응하면 굽는다.
달팽이축
속나선고랑
그물판

기둥세포

고실관

코르티기관의 털
전자현미경 사진에 색을 입힌 것이다. 바깥털세포(노란색)은 2만 개가량, 속털세포(빨간색)은 3500개가량 있으며 청신경으로 연결된다.

청각피질

소리 신호는 전기자극의 형태로 바뀌고 청신경을 따라 관자엽에 위치하는 청각피질로 전달된다. 소리를 처리하는 대뇌피질 부위는 세 영역으로 구분된다. 그중 일차청각피질에서는 소리의 주파수에 따라서 반응하는 뉴런이 다르다. 또한 소리의 크기에 따라서도 반응이 달라지고 소리의 종류에 따라서도 복잡한 반응이 나타날 수 있다. 이차청각피질에서 소리의 조화, 운율, 선율을 처리하고 삼차청각피질에서는 다양한 소리에 대한 인상을 담당하는 것으로 보인다.

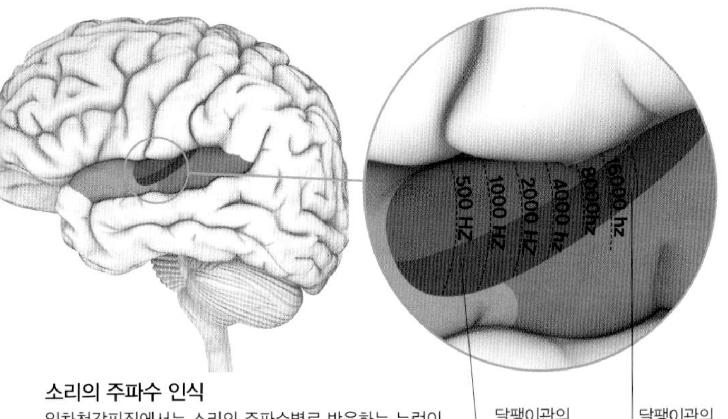

소리의 주파수 인식
일차청각피질에서는 소리의 주파수별로 반응하는 뉴런이 다르다. 순서는 달팽이관의 감각세포 위치와도 관련이 있다.

가청 주파수	
종	주파수 (HZ)
코끼리	16–12,000
금붕어	20–3,000
인간	64–23,000
개	67–45,000
돌고래	75–150,000
황소개구리	100–3,000
올빼미	200–12,000
박쥐	2,000–110,000

가청 주파수

많은 동물이 사람은 듣지 못하는 고음 또는 저음의 소리를 듣는다. 일부는 사람이 들을 수 있는 소리보다 훨씬 높은 주파수의 소리를 들을 수 있다. 박쥐는 14,000-100,000Hz 범위의 소리를 이용해서 사물의 위치를 파악한다. 인간이 들을 수 있는 가청 주파수의 낮은 한계는 대개 나이가 많아져도 변화가 없으나 높은 주파수 한계는 청소년기 이후 점점 줄어든다. 보통 중년의 성인이 들을 수 있는 가장 높은 주파수대 영역은 14,000-16,000Hz인 것으로 알려져 있다.

털세포와 주파수
색을 입힌 전자현미경 사진에서 코르티기관(90쪽 참고)에 부착된 알파벳 V자 형태로 보이는 감각털세포를 볼 수 있다. 각각은 여러 개의 입체섬모(노란색)로 구성되어 있다. 이 세포들은 담당하는 주파수대 영역에 따라서 달팽이관 안에 위치하는 부위가 다르다.

달팽이관 이식물

청력을 회복시키기 위해서 이 장치를 사용하면 실시간으로 소리를 인식할 수 있다. 특히 말하는 사람의 입술을 읽어서 이해하는 기술과 병행하면 더 효과적이다. 마이크에 소리가 모이면 소리 처리 장치에서 디지컬 전기신호로 변환된다. 이렇게 변환된 신호는 송신기를 거쳐 전파의 형태로 내부에 장착된 수신기에 전달된다. 수신기는 달팽이관의 감각털세포에 연결된 전극으로 소리 정보를 전달하며, 청신경을 지나 뇌에 도달한다.

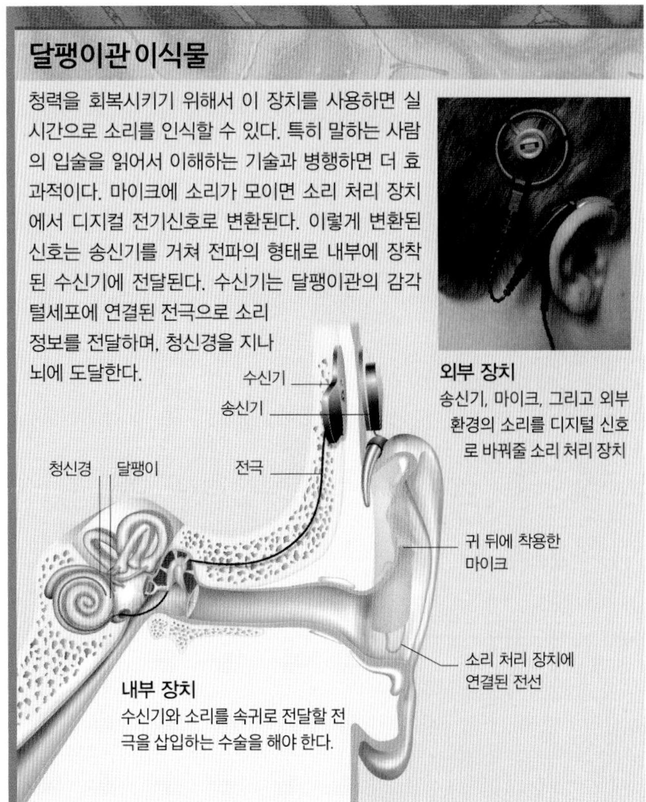

외부 장치
송신기, 마이크, 그리고 외부 환경의 소리를 디지털 신호로 바꿔줄 소리 처리 장치

내부 장치
수신기와 소리를 속귀로 전달할 전극을 삽입하는 수술을 해야 한다.

귀의 질환

청력을 잃는 것은 흔한 일이지만 완전히 아무 소리도 듣지 못하는 난청은 드물고, 대개는 선천적인 문제로 발생한다. 소리가 잘 들리지 않는 청각장애는 귀를 다치거나, 귀에 질병을 앓았거나, 또는 나이에 따른 청각 계통의 퇴화가 원인일 수 있다. 난청은 외이에서 내이로 소리가 전달되는 과정에 문제가 있는 경우와 감각 신경 계통의 이상으로 청신경이나 내이의 감각부에 이상이 생긴 경우로 나뉜다. 난청을 유발하는 가장 흔한 귀 질환에는 중이염과 귀경화증이 있다. 중이염은 어린 아이에게 흔한 질병으로 세균 감염에 의해 가운데귀에 염증이 생기는 질환이다. 귀경화증은 중이에 있는 등자뼈의 이상 성장으로 소리에 반응하여 진동하지 않아 내이로 소리를 전달하지 못하는 질환이다.

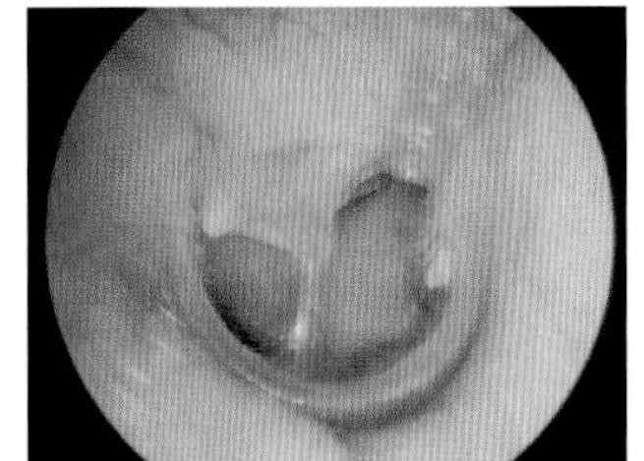

고막의 천공
감염증, 사고 또는 매우 강한 소음에 갑작스레 노출되어 고막에 심한 진동이 가해지면 고막이 찢어질 수 있다. 찢어진 고막은 자연히 치유된다.

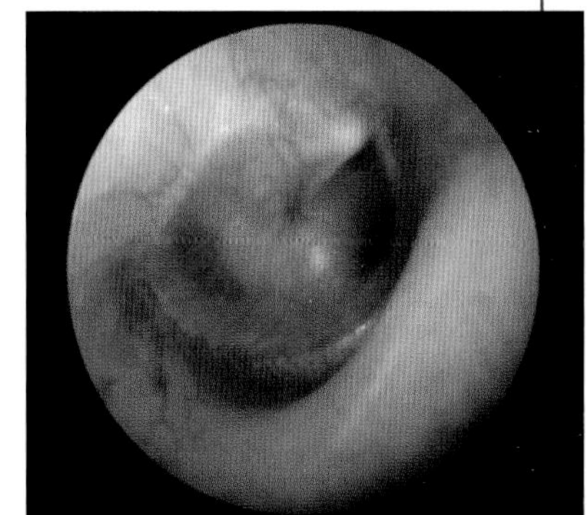

정상 고막
고막은 바깥귀의 피부에서 연결되는 얇은 섬유조직과 중이의 점액막 층으로 되어 있다.

소리를 감지하는 순간

소리의 진동은 달팽이관에서 전기적인 신호로 바뀐다. 이후에 소리신호는 청각피질 및 숨뇌와 시상을 거쳐 관련된 뇌 부위로 이동한다.

소리의 인지

소리는 우리의 귀에 진동의 형태로 도달한다. 내이의 달팽이관에 있는 수용체 세포들이 진동을 전기적인 신호로 변환한다. 이후에 신호는 뇌줄기에 있는 숨뇌에 도달하고 아래둔덕으로 이동한다. 달팽이관의 신경섬유 대부분은 각 귀로부터 오는 신호를 양쪽 대뇌반구로 전달한다. 이 단계에서 뇌줄기의 다양한 영역에서는 양쪽 귀에 전달된 입력 신호를 비교하고, 음원에 가까운 쪽과 먼 쪽의 귀에 전달된 신호 간의 지연(약 1,500분의 1초)을 분석하여 음원과 그 위치를 파악한다. 청각 신호는 시상을 통해 청각피질에 이르며, 여기서 소리의 진동수, 음질, 강도, 의미 등을 인지한다. 상대적으로 왼쪽 청각피질은 소리의 의미와 무슨 소리인지 판단하는 데 더 많이 관여하는 반면, 오른쪽은 음질을 판별한다.

칵테일파티 효과

뇌는 귀에서 신호를 받아들일 뿐 아니라 귀로 신호를 보내기도 하면서 입력 신호를 조절하는 회로를 형성한다. 배경 잡음은 작아지며, 특정한 대화의 맥락에 집중할수록 걸러 듣는 효과가 커진다. 이에 따라 관심 있는 단어들을 쉽게 들을 수 있지만, 배경으로 취급되는 소리는 그만큼 줄어 때로는 중요한 메시지를 놓치기도 한다. 자기 이름처럼 중요한 소리가 일단 등록되면 뇌는 그 소리를 즉시 식별하며, 그저 들리는 수준에서 능동적으로 듣는 수준으로 업그레이드 한다. 이것을 칵테일파티효과라고 한다.

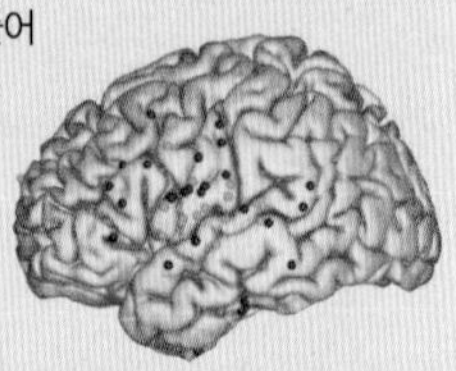

들리는 것과 듣는 것
파티처럼 주변이 시끄러울 때 뇌는 '들려오는' 사람들의 말, 즉 배경 소음 속에서 특정 대화를 '듣는' 데 집중한다. 위 사진에서 녹색 영역은 들려오는 대화를 등록하는 곳, 빨간색 영역은 대화를 이해할 수 있는 수준으로 처리하는 곳이다. 즉 뇌에서 소리는 들릴 뿐 아니라 "귀 기울여 듣는" 자극이다.

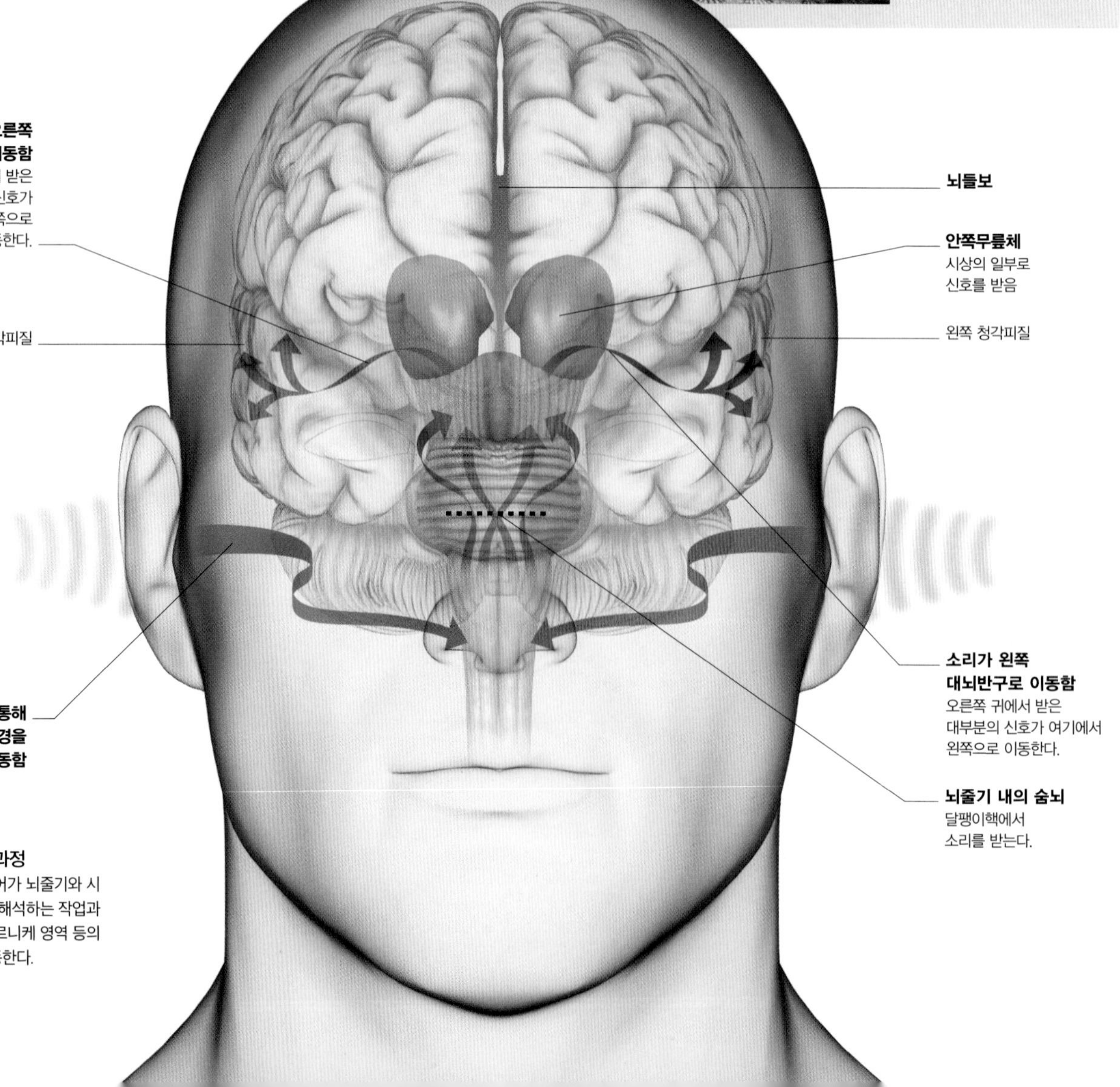

뇌에서 듣는 과정
소리는 귀로 들어가 뇌줄기와 시상을 통해 말을 해석하는 작업과 연관이 있는 베르니케 영역 등의 청각피질로 이동한다.

소음 혹은 음악?

소리는 파장, 즉 진동으로 구성되는데 소리 파장의 특성은 소리의 근원에 따라 결정된다. 소리를 인지하는 데 영향을 주는 주요 특성은 진동수(초당 떨림의 횟수)와 진폭(음파의 최고점과 최저점 사이의 크기)이다. 진동수는 음의 높낮이와 관련이 있으며, 진폭은 소리의 크기에 영향을 준다. 불규칙한 소리 파장은 소음으로 인식하는데, 음악의 경우는 규칙적인 파장 모양을 보인다. 음악이 무엇인지 명확히 규정하기는 어렵지만 음악의 질은 악기와 그것을 어떤 식으로 연주하느냐에 달려 있다. 음색은 얼마나 많은 다른 진동수를 가진 소리가 한 번에 소리를 내는지에 따라 달라진다. 많은 진동수와 화음을 내면 음색이 풍부해진다. 일차 영역에서 진동수에 반응하고 이차 영역이 화음과 리듬을 인지하며 삼차 영역에서는 고차원적인 감상을 하고 음을 해석한다.

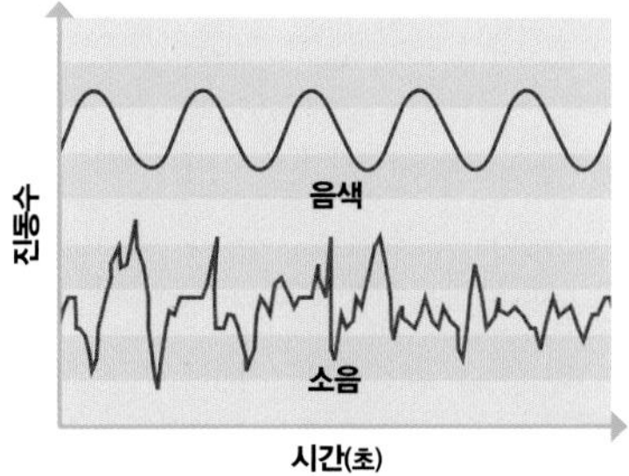

소음 혹은 목소리
소리를 구성하는 파장의 형태를 분석하면 순수한 목소리의 경우 진동수와 진폭이 일정하지만 소음은 불규칙하다.

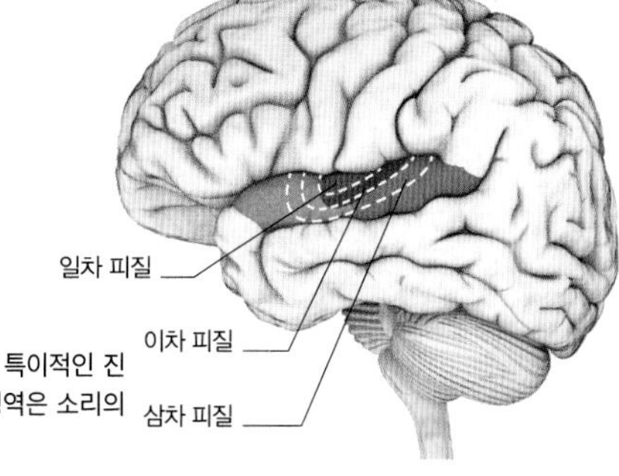

청각피질
내부에 존재하는 일차 청각피질은 특이적인 진동수와 연관이 있다. 이차, 삼차 영역은 소리의 좀더 복잡한 특성을 분석한다.

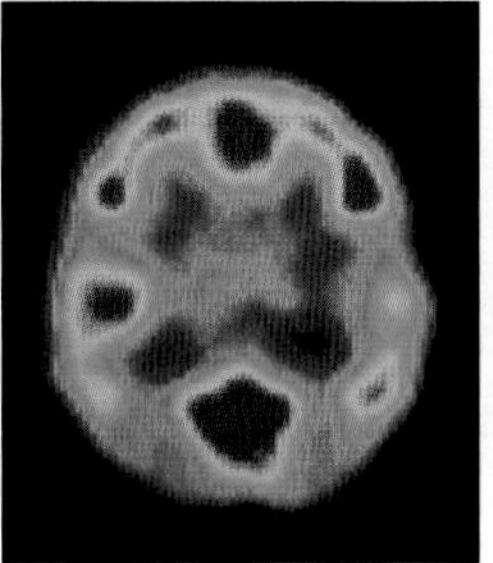

말할 때 뇌의 활성
말할 때는 왼쪽 청각피질에서의 활성이 높다.

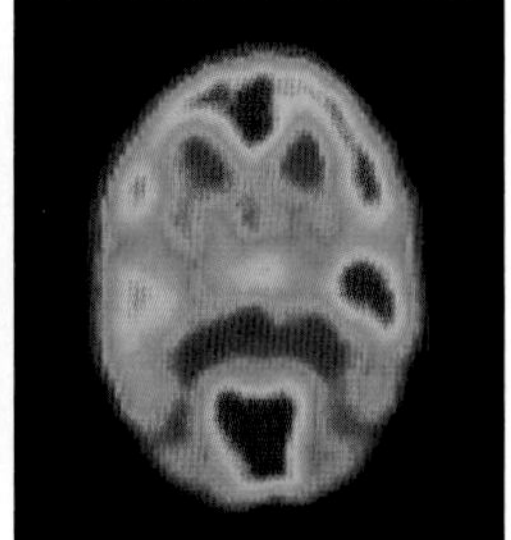

노래할 때 뇌의 활성
노래할 때는 오른쪽 청각피질에서의 활성이 높다.

모차르트 효과

프랑스의 아동발달 전문가인 알프레드 토마티스는 1991년에 최초로 소위 "모차르트 효과"를 이야기했다. 그는 18세기 고전음악 작곡가인 모차르트의 음악을 듣는 것이 3세 이하 어린아이들의 정서 발달에 도움을 준다고 주장했다. 다른 연구자들 역시 모차르트의 음악을 들은 학생들에게서 업무 수행 능력과 지능지수가 일시적으로 증가했다고 보고했다. 최근 연구 결과는 일관되지 않지만 위의 개념은 널리 퍼졌다. 실제 모차르트 효과는 직접적으로 지능에 영향을 준다기보다는 정신 활동에 영향을 주는 감정이나 각성 활동에 변화를 주는 것일 수 있다.

청각의 발달

청각은 태아가 자궁에 있을 때부터 발달하기 시작해서 약 1세 때 완전히 성숙한다. 임신 4개월경부터 아기는 들을 수 있지만, 6개월 때까지는 청각기관이 완전히 형성되지 않는다. 출생 당시 아기에게 가장 발달한 감각인 청각은 아기가 세상을 인식하는 데 기본적이고도 중요한 요소이다. 밝혀진 바에 따르면 아기는 출생 후 처음 2-3개월은 소리를 인지하는 방법을 배우는데 이때 언어와 언어가 아닌 소리를 구별하며 단어를 이해하기 시작한다. 어린이들은 성장하면서 실제 말할 때 사용하지 않는 소리의 차이를 구별하는 방법을 잊게 된다. 일례로 일본의 어린이들은 아기 때엔 가능했던 "L" 발음과 "R" 발음의 차이를 구별하지 못한다.

출생 전후의 발달

태아는 약 18주부터 기본적인 듣기 능력을 획득한다. 다음 수주에 걸쳐 이 능력이 성숙해져 높은 진동수의 소리보다 엄마의 몸에서 발생하는 낮은 진동수의 소리를 더 잘 듣게 된다. 출생에서 이후 4개월까지 아기는 소리에 반응하여 소리 나는 쪽으로 머리를 돌리기 시작한다. 3개월에서 6개월 사이의 아기는 소리를 낼 줄 안다. 6개월에서 12개월 사이에는 옹알이를 하며 "엄마" 같은 기본적인 단어를 인지하고 목소리를 알아듣는다. 아기는 1세부터 단어를 만들기 시작한다. 아이들은 발달 과정에서 이 단계를 거치는데 시기가 늦는 아이들은 청력 이상 등의 문제를 의심해보아야 한다.

귀의 형성이 시작
소리를 들을 수 있음
청각 구조물이 완전히 형성
목소리를 들을 수 있음
목소리를 알아챌 수 있음
낯선 소리와 낯익은 소리를 구별하여 인지할 수 있음
말과 다른 소리를 구별할 수 있음
음절 단위로 말을 배우기 시작함

0 1 2 3 4 5 6 7 8 9 | 1 2 3 4 5 6 7 8 9 10 11 12 13 14 15 16

자궁 내(개월 수) | 출생 후(개월 수)

듣기

듣기란 우리 주변의 목소리, 음악, 일상적인 소음 등에서 발생하는 기계적인 음파가 우리의 외이, 중이, 내이를 거치는 과정을 포함한다. 이 파동은 전기적인 신호로 변하여 뇌에 도달하며 우리는 이것을 소리로 해석한다.

소리를 듣는 과정

귀는 복잡하고 정교한 기관으로, 소리를 포착하여 뇌에 전달하는 기능을 한다. 기계적인 소리의 진동이 내이에 도달하면 전기적인 신호로 바뀌고 달팽이신경을 따라 뇌줄기로 이동한다. 이 신호들은 여기에서 복잡한 경로를 통해 시상으로 전달되고, 결국 청각피질에 도달한다. 뇌에서 소리의 뜻, 방향, 크기 등을 인지하게 된다.

5 달팽이관
달팽이관에는 유체로 채워진 3개의 도관이 있다. 전정관은 소리 진동(파란색)을 코르티기관의 기저막으로 전달한다. 잔류 진동(빨간색)은 고실관을 따라 달팽이창으로 되돌아간다.

1 외이
음파가 깔때기 모양의 귓바퀴로 덮인 곡선을 따라 외이도 안으로 들어간다.

2 외이도
음파는 2.5센티미터 길이의 외이도를 따라 진행하는데, 외이도는 고막의 바깥쪽까지 이어지며 작은 털이 나 있어 이물질로부터 귀를 보호한다.

3 고막
고막은 음파가 외이도 내로 들어오면 진동으로 떨린다. 이것은 얇은 섬유조직으로 외이와 중이를 나눈다.

4 귀속뼈
진동은 작은 귀속뼈들에 전달되는데, 이 뼈들은 서로 연속해서 연결되어 있다. 등자뼈는 달팽이관 입구에 위치한 난원창을 당겨 내이에 소리를 전달한다.

빛을 듣다

털세포는 소리에서 발생하는 진동을 전기적인 신호로 변환하여 귀의 신경을 자극한다. 털세포가 손상을 입으면 청력을 상실할 수 있다. 그러나 연구 결과 적외선 역시 귀의 신경세포를 자극할 수 있다는 내용이 밝혀졌다. 시카고 노스웨스턴대학교의 연구진은 기니피그의 내이 뉴런을 적외선에 노출시켰다. 이는 아래둔덕에서의 전기적 활동의 결과, 빛도 뇌로 전달되는 '소리와 같은 입력'의 원인임을 암시하는 결론으로 이어졌다. 이러한 발견은 내이에 빛을 쏘는 식의 광섬유로 새로운 유형의 인공와우를 개발할 수 있음을 시사한다.

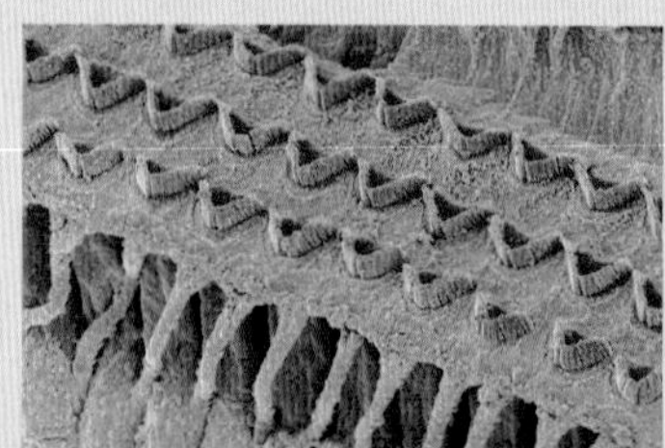

털세포
각각의 털세포는 약 100개의 섬모라는 털을 가지고 있다. 섬모들은 진동에 반응하여 움직여 전기적인 신호를 만든다.

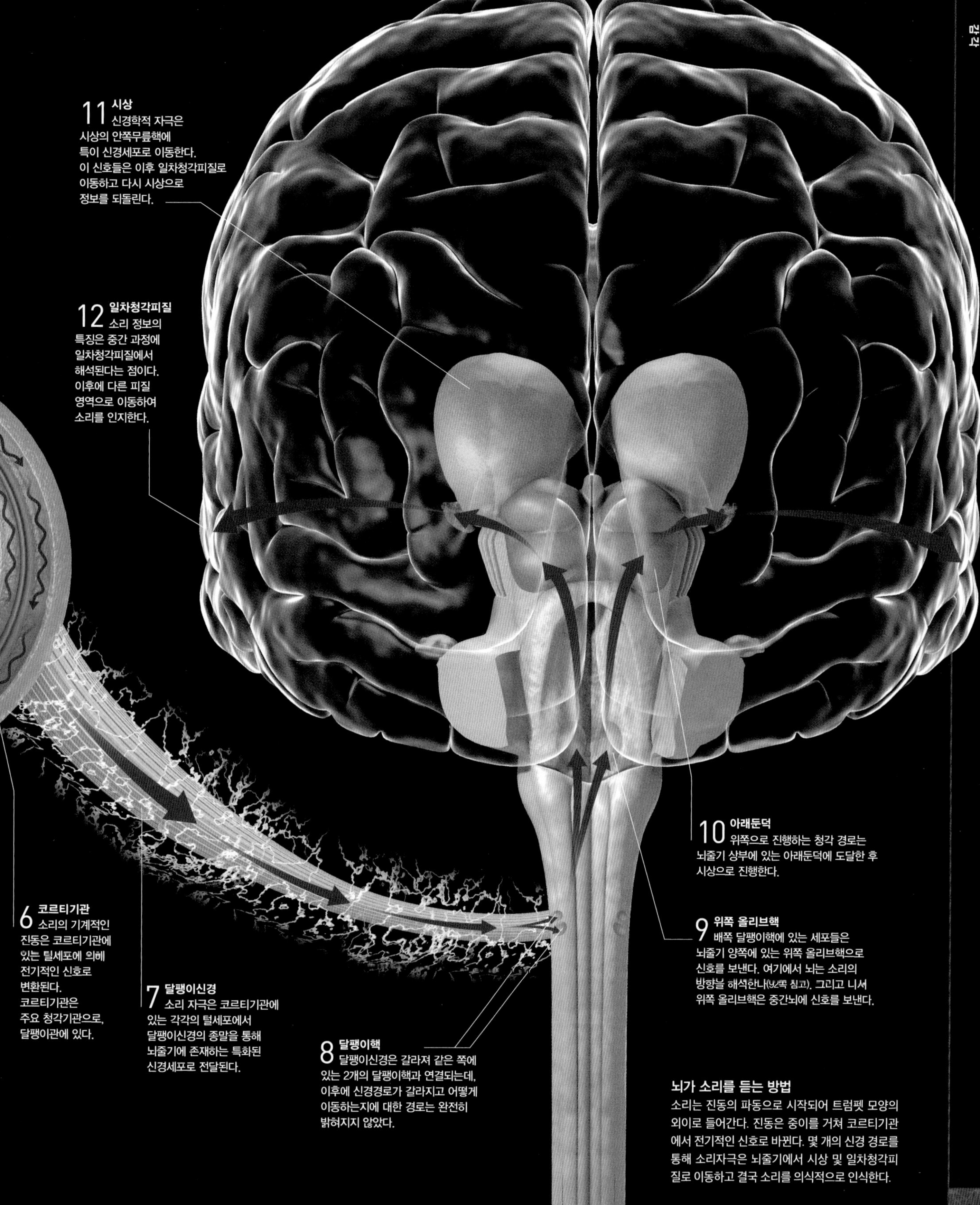

뇌가 소리를 듣는 방법

소리는 진동의 파동으로 시작되어 트럼펫 모양의 외이로 들어간다. 진동은 중이를 거쳐 코르티기관에서 전기적인 신호로 바뀐다. 몇 개의 신경 경로를 통해 소리자극은 뇌줄기에서 시상 및 일차청각피질로 이동하고 결국 소리를 의식적으로 인식한다.

냄새

인간에게 시각이 주요 감각이긴 하지만 후각 역시 우리 주위에 있는 위험한 물질들을 경고할 수 있기 때문에 생존에 중요한 감각이다. 그리고 후각과 미각은 서로 밀접한 연관이 있다.

냄새 맡기

맛처럼 냄새는 화학적으로 인지하는 감각이다. 코에 있는 특이 수용체들이 공기에서 코로 들어와 수용체 세포에 결합하는 분자들을 인지한다. 코를 킁킁거리면 냄새 나는 분자들을 좀더 많이 흡입하여 냄새 맡기가 쉬워진다. 이 행동은 어떤 냄새가 주의를 끌 때 나타나는 반사작용으로, 탄 냄새나 썩는 냄새 등과 같은 위험 상황을 인지하고 경고할 수 있도록 한다. 후각수용체는 비강 천장에 위치하며 대뇌 둘레엽 부위의 후각망울에 전기적인 신호를 보낸다.

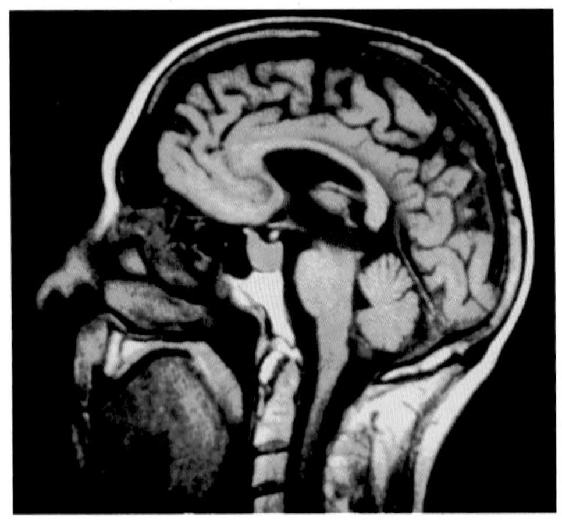

뇌에서의 후각중추
후각망울은 뇌에서 냄새를 맡는 과정 중 첫 관문이다. 여기에서 냄새에 대한 자료는 전뇌(노란색)로 진행하고 이후 해마(빨간색) 근처에 있는 후각피질 등 뇌의 다양한 부위로 전달된다.

후각 경로

냄새는 처음엔 비강의 수용체 세포에 인식된다. 여기에서 전기적인 자극을 후각망울(각 콧구멍에 하나씩의 후각망울이 연결된다)로 전달한다. 후각망울은 우리의 감정, 욕구, 본능을 조절하는 뇌의 둘레엽 부위의 일부이며 이 때문에 냄새가 강한 감정 반응을 유도할 수 있다. 후각망울을 거치면서 정보들은 3가지 후각 경로를 통해 전달되어 뇌의 후각중추에 도달한다. 이것은 코를 통해 냄새를 인지하는 대표적인 과정으로, 냄새 정보가 직접적으로 코에서부터 시작하며 뇌로 전달된다. 입을 통해서도 냄새를 인지할 수 있는데 냄새가 입을 통해 후각 경로로 진입해 감지할 수 있다.

후각 과정이 진행될 때의 특징
다른 감각기관과 달리 냄새는 같은 쪽에서만 공정을 진행한다. 콧구멍에서 오는 감각 자료는 다른 쪽으로 넘어가지 않고 같은 쪽에서만 인지하고 해석한다.

수용체의 배열

비강에는 1,000여 종의 수용체 세포가 있으며 2만 개 정도의 냄새를 구별할 수 있다. 즉 하나의 수용체가 하나 이상의 냄새를 감지할 수 있다. 연구에 따르면 각각의 수용체 표면에는 다양한 냄새 분자에 반응하는 영역이 있다. 또한 여러 개의 수용체가 같은 분자에 반응하기도 하는데, 아마 각각의 수용체는 수용체의 다른 부위에서 그 냄새 분자와 결합했을 것이라 생각된다. 특정 냄새는 특정한 양상으로 수용체의 활성화를 유도하고 배열하여 자신만의 신호를 만든다. 수용체들이 특이한 배열을 만들면서 활성화되면 이 신호는 뇌로 전달된다.

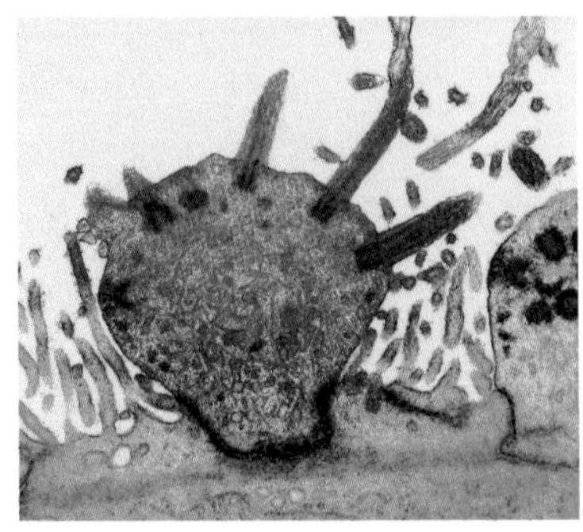

후각수용체 세포
전자현미경 사진으로 찍은 수용체 세포에는 작은 섬모가 존재한다. 냄새 분자는 섬모와 결합하고 수용체를 자극한다.

냄새의 정체

화학적 구조와 냄새의 관련성에 대한 내용은 많이 밝혀지고 있다. 과학자들은 8가지의 기본적인 향기를 발견했다(삼원색과 비슷한 의미이다). 장뇌 냄새, 생선 냄새, 엿기름 냄새, 박하 냄새, 사향 냄새, 정액 냄새, 달콤한 냄새, 소변 냄새가 그것이다. 냄새는 종종 다른 범주에 속하는 다양한 냄새 분자의 조합으로 발생한다. 각 범주에 속하는 냄새 분자들은 그 구조를 비교해보면 서로 비슷하다. 예를 들면 박하향의 물질들은 공통적인 분자구조를 공유한다. 하지만 작은 구조의 차이로 다른 냄새를 만들 수 있다. 옥탄올은 지방알코올의 일종으로 오렌지 냄새가 나는 반면 포화지방산인 옥탄산은 옥탄올과 산소 분자 하나 차이지만 달콤한 냄새가 난다.

냄새와 분자 구조
다음의 2가지 분자는 화학적인 구조는 매우 다르지만 모두 장뇌향이 특징적인 좀약 냄새를 보인다. 한 가지 이론에 따르면 냄새는 분자의 형태가 아니라, 그 속의 원자가 진동하는 주파수에 따라 결정된다.

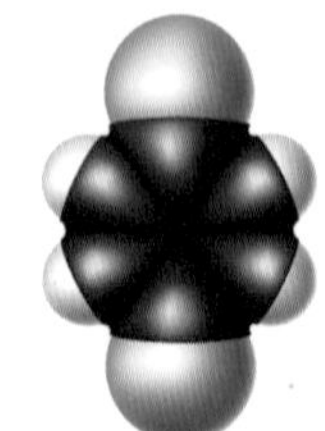

기본향
냄새의 인지를 연구하는 과학자들은 기본향을 찾으려고 시도해왔다. 이 기본향은 다른 냄새와 조합하여 더 많은 수의 냄새를 창조할 수 있다. 오늘날까지 8가지의 기본향을 발견하였는데 물고기 냄새도 그 중 하나다.

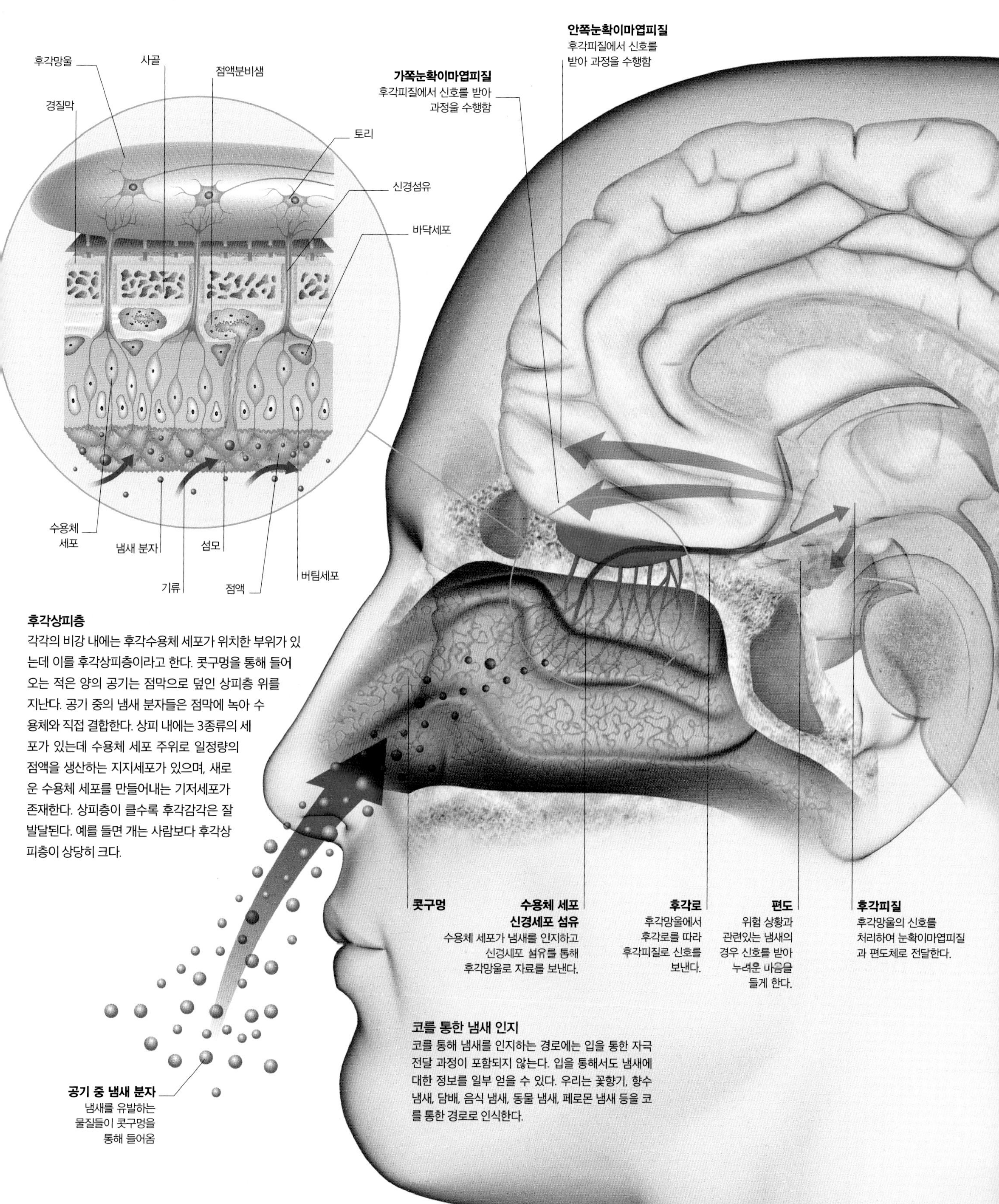

후각상피층
각각의 비강 내에는 후각수용체 세포가 위치한 부위가 있는데 이를 후각상피층이라고 한다. 콧구멍을 통해 들어오는 적은 양의 공기는 점막으로 덮인 상피층 위를 지난다. 공기 중의 냄새 분자들은 점막에 녹아 수용체와 직접 결합한다. 상피 내에는 3종류의 세포가 있는데 수용체 세포 주위로 일정량의 점액을 생산하는 지지세포가 있으며, 새로운 수용체 세포를 만들어내는 기저세포가 존재한다. 상피층이 클수록 후각감각은 잘 발달된다. 예를 들면 개는 사람보다 후각상피층이 상당히 크다.

코를 통한 냄새 인지
코를 통해 냄새를 인지하는 경로에는 입을 통한 자극 전달 과정이 포함되지 않는다. 입을 통해서도 냄새에 대한 정보를 일부 얻을 수 있다. 우리는 꽃향기, 향수 냄새, 담배, 음식 냄새, 동물 냄새, 페로몬 냄새 등을 코를 통한 경로로 인식한다.

냄새 인지하기

후각은 다른 감각보다 더 쉽게 감정과 기억에 영향을 준다. 뇌의 후각 영역이 초기에 진화하여 원시적인 형태의 뇌에서도 관찰된다는 점을 볼 때 후각은 인간 및 다른 동물에서 생존에 필수적인 요소이다.

후각의 진화

뇌에서 냄새를 인지하는 부분은 번연계에 있는 후각망울을 중심으로 하며 약 5000만 년 전에 존재했던 물고기에서도 발견된다. 후각은 비록 직립보행을 하는 인간에게는 시각보다 중요하지 않다고는 하지만 여전히 다른 많은 동물에게는 중요한 감각이다. 하지만 냄새는 인간에게도 생존에 중요하다. 예를 들면 우리가 가스나 타는 냄새를 맡는다면 바로 어떤 행동을 취할 것이다. 또한 냄새는 성선택, 감정적인 반응 그리고 음식이나 음료의 기호 형성에도 영향을 준다. 이 모든 요인이 우리 선조들의 삶에 중요한 요소였을 것이다.

역겨움
고기 썩는 냄새 같은 고약한 향을 맡으면 자연스럽게 기분이 나빠지고 얼굴을 찡그린다. 또한 냄새를 피하려고 할 것이다. 나쁜 냄새가 나는 음식을 먹는 것은 거의 불가능하다.

동물의 후각

비록 1조 분의 1만큼 낮은 농도에서도 냄새를 감지할 수는 있지만 인간의 후각 능력은 다른 동물들보다 현저히 낮다. 후각 상피층의 면적과 후각수용체 세포의 밀도가 동물의 후각 민감도를 나타낸다. 예를 들면 개는 단지 몇 개의 후각 분자만으로도 사람을 구분할 수 있다. 허스키나 자칼 같은 북부의 개들은 냄새를 잘 맡기로 유명하다. 반면 사냥개와 그레이하운드는 추격하는 동안 냄새를 맡는 능력이 약해져 주변의 냄새와 사냥감의 냄새를 구별하지 못한다.

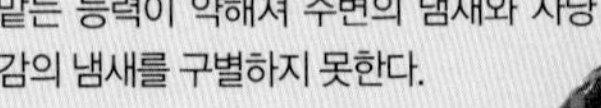

마약/폭발물 탐지견
애완견의 행동 특성과 자칼의 후각을 결합한 교배종은 보안 및 탐지 작업에 가장 이상적이다.

종간 후각 비교

종	후각 수용체 세포의 수	후각상피층의 면적
인간	1200만 개	$10cm^2$
고양이	7000만 개	$21cm^2$
토끼	1억 개	연구 결과 없음
개	10억 개	$170cm^2$
블러드하운드	40억 개	$381cm^2$

냄새 선호도

우리가 어떤 냄새를 좋거나 나쁘다고 혹은 그저 그렇다고 생각하는 것은 매우 주관적이며 친밀감, 강도, 감정 등에 따라 다르게 나타난다. 냄새에 대한 선호도가 타고난 것인지 아니면 학습된 것인지 분명하지는 않지만 많은 실험은 아마 학습된 것이라는 가능성에 더 무게를 둔다. 선호하는 냄새는 좋았던 경험과 관련이 있으며 반대의 경우도 마찬가지다. 예를 들면 치과를 무서워하는 사람들은 치아에 사용하는 시멘트인 유게놀에서 나는 정향 냄새를 싫어하지만 치과에 대한 두려움이 없는 사람들은 이 냄새를 좋아하거나 별다른 감정을 느끼지 않을 수 있다.

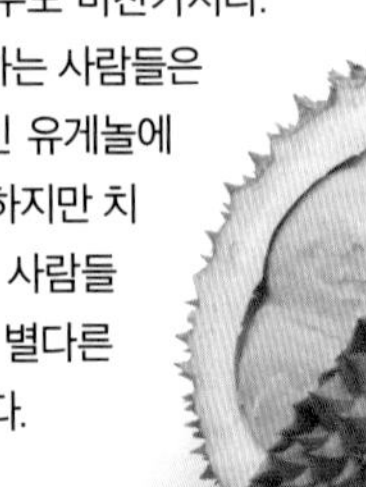

주관적 반응
두리안의 독특한 냄새를 누군가는 혐오하지만, 누군가는 몹시 좋아한다.

세상에서 가장 나쁜 6가지 냄새

냄새	설명
생선 썩는 냄새	대부분 사람이 싫어하는 냄새로 죽음이 연상된다.
스컹크 냄새	대부분 사람이 혐오하는 냄새지만 몇몇 사람들은 흥미로워한다.
구토 냄새	흔히 질환과 관련이 있으며 역겨움을 유발한다.
대변, 소변 냄새	박테리아가 음식을 소화시키면서 나는 냄새이다.
음식 썩는 냄새	몸에서 이 음식이 질환을 유발할 수 있다고 경고하는 반응을 유발한다.
이소니트릴 냄새	세상에서 가장 나쁜 냄새라고 알려진 치명적이지 않은 화합물이다.

후각의 공간지각력과 무의식적 냄새 맡기

일반적으로 인간의 후각은 다른 감각보다 퇴화했지만 최근 연구들은 인간도 여전히 효과적으로 냄새를 맡을 수 있다고 말한다. 표본들을 양쪽 콧구멍으로 맡은 후에 뇌는 정보들을 취합하여 냄새나는 곳의 위치를 정확히 알아낼 수 있다. 그러므로 시각이나 청각처럼 냄새 역시 공간을 지각하는 능력을 가지고 있다. 뇌는 무의식적으로 냄새를 감지하는 능력도 있다. 이는 MRI를 이용한 실험에서 증명되었는데, 어떻게 참가자들에게서 부지불식간에 후각을 담당하는 부위가 활성화되는지 보여 주었다.

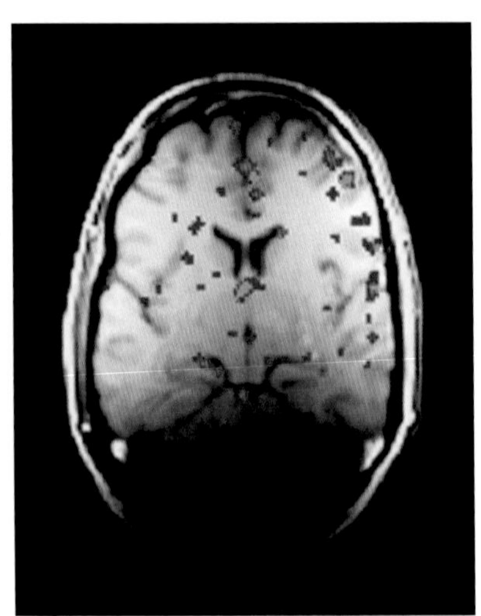

무의식적인 후각 활성
MRI를 통해 의식적으로 인지할 수 없는 농도의 냄새에 노출되었을 때에도 시상을 포함한 뇌에 전반적인 활성이 나타난다는 사실을 밝혔다.

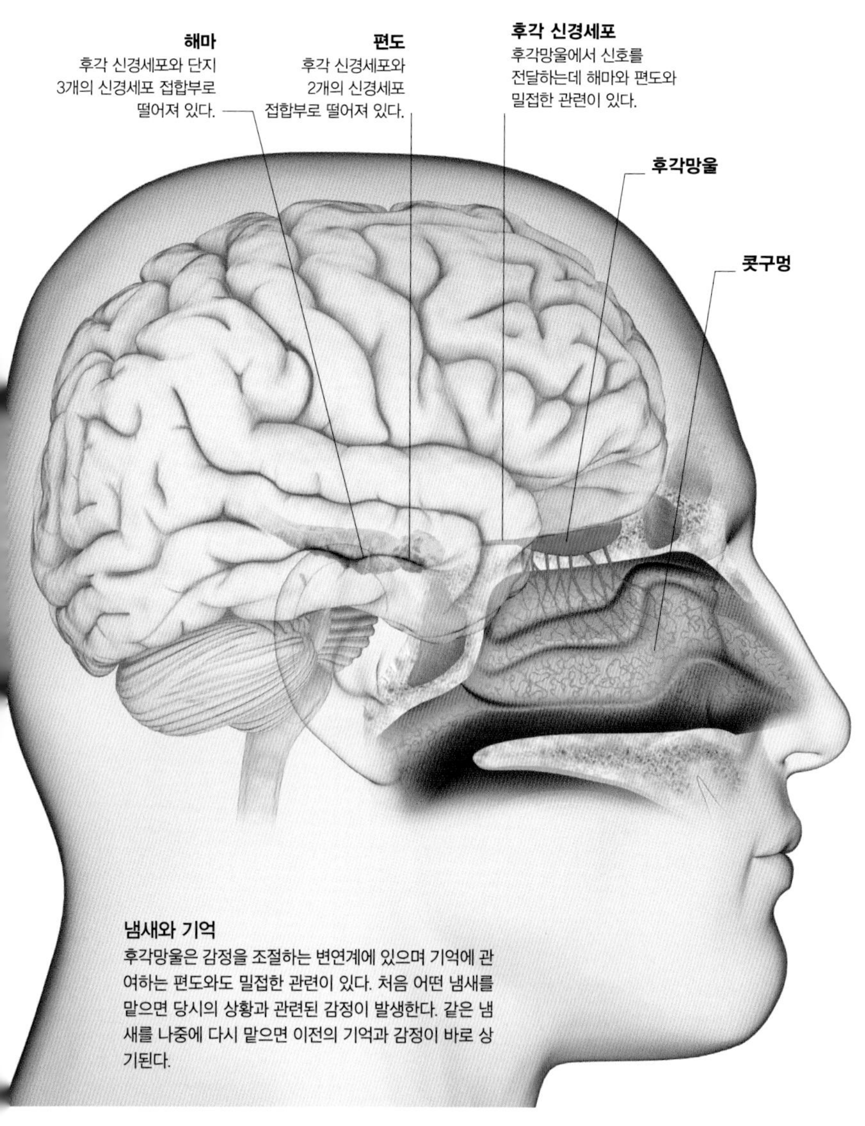

냄새와 기억

후각망울은 감정을 조절하는 변연계에 있으며 기억에 관여하는 편도와도 밀접한 관련이 있다. 처음 어떤 냄새를 맡으면 당시의 상황과 관련된 감정이 발생한다. 같은 냄새를 나중에 다시 맡으면 이전의 기억과 감정이 바로 상기된다.

냄새와 기억

어떤 사건이 발생하면 모든 감각을 통해 정보를 수집한 후 해마에서 조직화한다. 같은 사건을 시각적으로, 청각적으로, 혹은 후각적으로 다시 경험하면 이전에 있었던 기억을 떠올리는데, 냄새는 이들 중 기억과 가장 강력한 관계에 있다. 그 이유는 아마도 후각 부위가 변연계에서 감정을 조절하는 부위와 밀접하게 연관이 되어서 그럴 것이다.

보고된 바에 따르면 어떤 장면을 본 기억은 며칠 만에 희미해지는데, 냄새에 대한 기억은 1년 혹은 길게는 수십 년까지 지속한다. 해마는 냄새와 기억 간의 관계에서 중요한 요소는 아닌 것으로 알려졌는데, 해마 부위에 손상을 입은 사람들도 일반적인 기억력에는 장애를 겪었지만 어린 시절 경험한 냄새만은 기억할 수 있었다.

마들렌효과

마들렌효과는 마르셀 프루스트의 장편소설《잃어버린 시간을 찾아서》의 한 일화에서 유래한 것이다. 이 소설에서는 어른인 주인공이 라임 꽃잎차에 마들렌을 찍어 먹으면 정신적으로 유년시절로 돌아가고 그가 지냈던 아줌마댁으로 이동한다. 그녀는 일요 미사 전에 마들렌을 만들곤 했다. 과학적으로 연구하기 훨씬 전부터 프루스트는 맛과 냄새에 대한 기억이 인간에게 과거를 회상할 수 있게 한다는 사실을 인지했다.

마르셀 프루스트

프루스트(1871-1922)는 "사물에 대한 냄새와 맛은 오랫동안 여운을 남기고 우리가 두고두고 회상하게 한다"라고 했다.

냄새와 의사소통

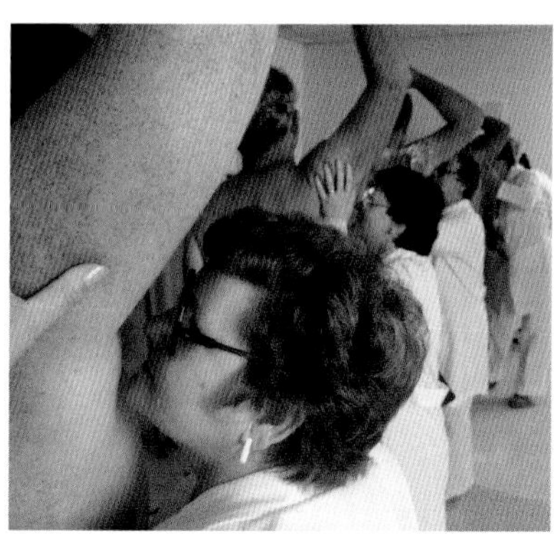

동물들은 페로몬이라는 화합물을 분비하여 의사소통을 하는데, 뇌의 후각계통이 이를 인지한다. 사람도 비슷한 방식으로 서로를 인지한다. 예를 들면 영아들은 엄마의 모유 냄새를 좋아한다. 연구에 따르면 인간도 페로몬을 분비하는데, 여성들은 월경 주기에 맞추어 겨드랑이에서 무취의 분비물이 발생한다. 동물에서는 뇌의 보조후각계통이 코에서 페로몬에 반응하는 보습코기관과 연결되어 있다. 이 부위가 인간에게도 존재하는지는 논란이 많다.

남성의 채취

남성의 땀 속에는 안드로스테논이라는 방향성 화합물이 들어 있다. 대기실 의자에 이 물질을 뿌려 놓으면 대부분의 여성이 그 의자를 선택한다. 또 다른 화합물인 안드로스테디에논은 남성에게 영향을 미쳐 남을 돕는 행동을 유도한다. 이는 남성이 서로 협력하여 동물을 사냥할 필요에서 유래했을 가능성이 높다

냄새를 이용해 장사하기

일부 부동산 중개업자들은 빵 굽는 냄새, 계피 냄새, 커피 냄새가 집을 사려는 사람들에게 좋은 감정을 유발하여 구매 의욕을 북돋는다고 주장한다. 동시에 애완동물 냄새는 피해야 한다고 조언하는데 동물 냄새는 구매자들에게 좋지 않은 기분을 일으킨다.

맛

냄새처럼 맛도 생존과 관련이 있다. 독이 있는 물질은 보통 쓴맛이 나는 반면 영양가 있는 것들은 달거나 짭짜름한 맛이 나는 경향이 있다. 맛과 냄새를 통해 동물들은 자신이 먹고 마시는 것을 평가하고 인지할 수 있다.

미각의 진화

인간을 포함한 동물은 미각을 통해 다양한 음식을 접한다. 예쁘게 보이는 많은 식물은 독성이 있는데, 유독물질들을 감지하고 피하게 하는 우리의 유전자는 생존에 매우 중요하다. 이 유전자 중 하나가 바로 페닐티오카르바미드의 맛에 민감하게 반응하는 것인데, 이 유기화합물의 구조는 식물에 존재하는 많은 독성물질과 비슷하다.

진화된 미각

사슴 같은 초식동물은 맛을 감지하는 유전자가 잡식동물보다 적기 때문에 음식을 가리지 않고 다양하게 섭취한다. 이들은 침팬지 같은 잡식동물보다 간이 커서 독성이 강한 물질에 내성이 있다.

혀

혀는 맛을 감지하는 주요 감각기관이다. 몸에서 가장 유연한 근육 장기인 혀는 음식물을 섭취하거나 말을 할 때 중요하다. 내부는 3층의 근육으로 이루어져 있고, 3쌍의 근육으로 입과 목에 연결되어 있다. 표면에는 작고, 여드름처럼 보이는 구조물이 있는데, 유두라고 부른다. 입천장이나, 인두, 후두덮개 같은 다른 부분 역시 맛을 감지할 수 있다.

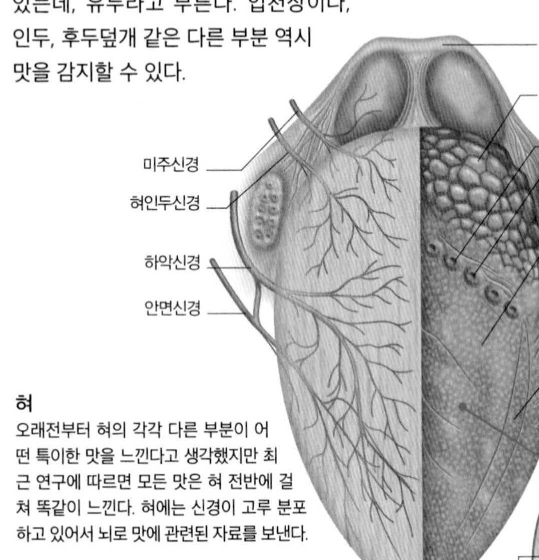

혀

오래전부터 혀의 각각 다른 부분이 어떤 특이한 맛을 느낀다고 생각했지만 최근 연구에 따르면 모든 맛은 혀 전반에 걸쳐 똑같이 느낀다. 혀에는 신경이 고루 분포하고 있어서 뇌로 맛에 관련된 자료를 보낸다.

초미각자

전 인구의 약 4분의 1은 초미각자로 맛을 느끼는 능력이 특별하다. 그들은 프로필티오우라실이라는 화합물에 민감해 극소량의 쓴맛조차 찾아낸다. 전 인구의 절반 정도는 프로필티오우라실을 중간 정도로 쓰게 느끼며, 나머지 4분의 1은 전혀 쓴맛을 느끼지 못한다. 초미각자들은 커피처럼 쓴맛을 내는 물질들에 강렬하게 반응한다. 그들은 혀의 유두 모양이 버섯 형태를 보여 맛에 대한 민감도가 높을 것이다.

유두

유두는 맛봉오리를 포함하며 혀 전반에 분포한다. 성곽유두, 사상유두, 잎새유두, 버섯유두 등 4종류가 존재한다. 각각의 유형은 다른 양의 맛봉오리를 가지고 있는데 버섯유두, 잎새유두, 성곽유두는 가장 크며 함께 모여 혀의 뒤쪽에서 V 모양을 형성한다.

5가지 기본 맛

5가지 기본 맛 외에도 사람은 상기도의 수용체들을 통해 지방산 등 다른 물질들을 지각할 수 있다. 이런 사실로부터 맛이 냄새의 일부를 형성하는 것처럼 냄새도 맛의 일부를 형성한다는 사실을 알 수 있다

이름	설명
단맛	열량과 영양이 많은 음식과 관련
신맛	위험 신호로, 익지 않은 음식과 관련
짠맛	소금, 즉 염화나트륨과 관련
쓴맛	자연계 독소와 관련, 피해야 함
감칠맛	짭짜름하게 맛있는 것과 관련

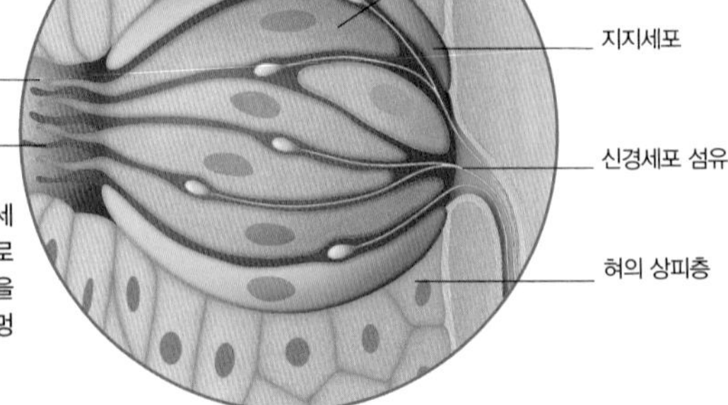

맛봉오리

맛봉오리는 약 25개의 수용체 세포로 구성된다. 이 수용체 세포들은 지지세포를 따라 배열되어 있는데, 바나나 모양으로 층을 이루고 있다. 세포들의 끝에는 작은 구멍이 있어 이곳을 통해 맛을 내는 입자가 들어와 수용체 분자와 접촉한다. 구멍에는 미각털이라고 하는 작은 미세 섬모가 뻗어 있다.

미각과 후각 중추

맛과 냄새는 모두 화학적인 감각으로, 코와 입에 있는 수용체들이 분자들과 반응해 전기적인 신호를 뇌에 보낸다. 양쪽 신호 모두 뇌신경을 따라 뇌로 주행한다. 냄새와 관련된 후각 신호는 코에서 후각망울로 전달되고, 이후에 후각신경세포를 따라 관자엽의 후각피질로 이동한다(96-97쪽 참고). 맛에 대한 정보는 입에서 삼차신경과 혀인두신경을 따라 숨뇌로 전달되며 이후에 시상을 통해 미각중추로 이동한다.

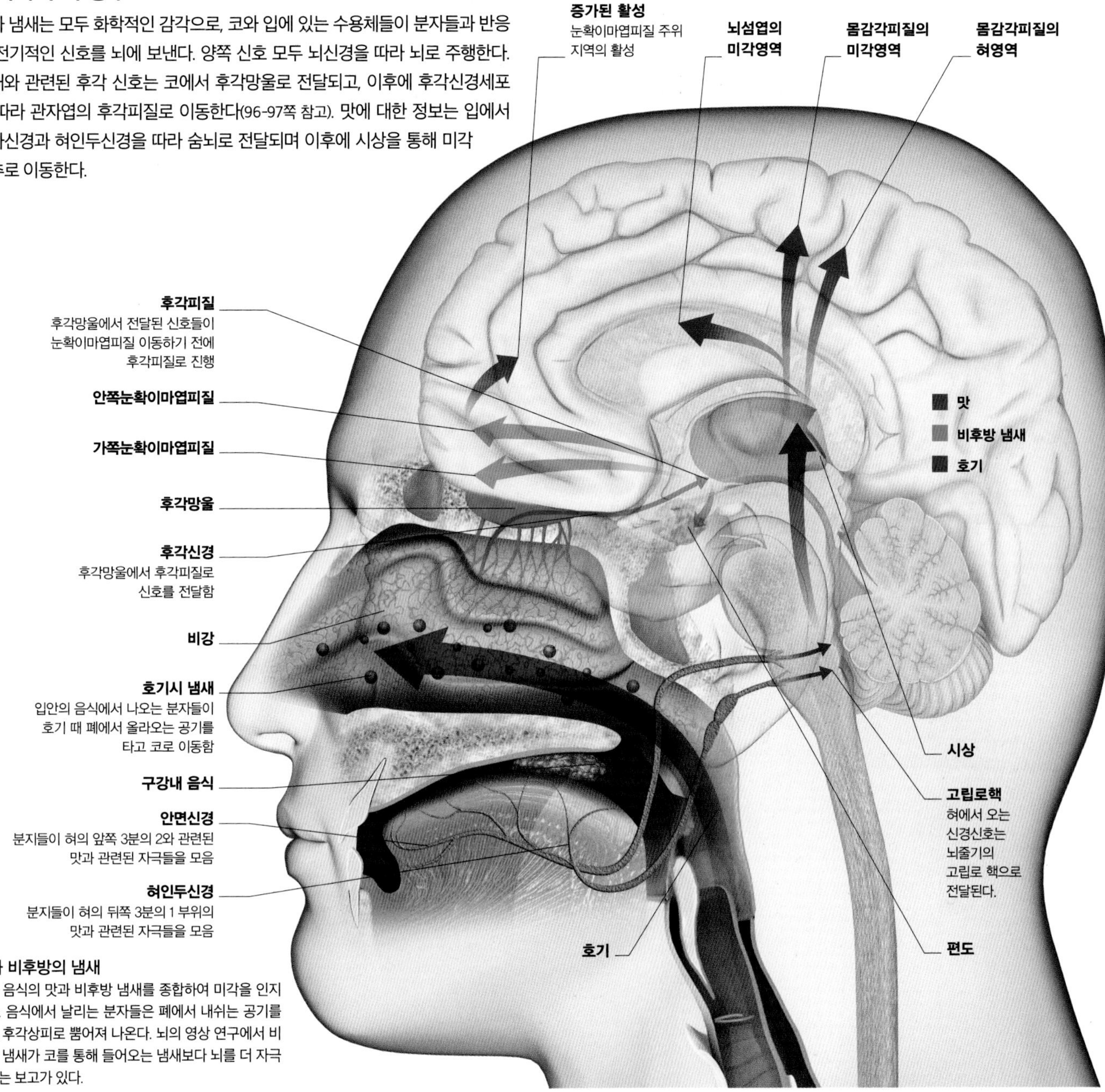

증가된 활성
눈확이마엽피질 주위 지역의 활성

뇌섬엽의 미각영역

몸감각피질의 미각영역

몸감각피질의 혀영역

후각피질
후각망울에서 전달된 신호들이 눈확이마엽피질 이동하기 전에 후각피질로 진행

안쪽눈확이마엽피질

가쪽눈확이마엽피질

후각망울

후각신경
후각망울에서 후각피질로 신호를 전달함

비강

호기시 냄새
입안의 음식에서 나오는 분자들이 호기 때 폐에서 올라오는 공기를 타고 코로 이동함

구강내 음식

안면신경
분지들이 혀의 앞쪽 3분의 2와 관련된 맛과 관련된 자극들을 모음

혀인두신경
분지들이 혀의 뒤쪽 3분의 1 부위의 맛과 관련된 자극들을 모음

호기

맛
비후방 냄새
호기

시상

고립로핵
혀에서 오는 신경신호는 뇌줄기의 고립로 핵으로 전달된다.

편도

맛과 비후방의 냄새
뇌는 음식의 맛과 비후방 냄새를 종합하여 미각을 인지한다. 음식에서 날리는 분자들은 폐에서 내쉬는 공기를 타고 후각상피로 뿜어져 나온다. 뇌의 영상 연구에서 비후방 냄새가 코를 통해 들어오는 냄새보다 뇌를 더 자극한다는 보고가 있다.

맛의 연상 작용

썩은 생선 등의 음식을 먹고 탈이 났을 때 관련된 음식에 대한 거부감이 상당히 오래 지속될 수 있다. 이 현상을 소위 "맛혐오 학습"이라고 하는데 하버드대학교 의과대학 연구자들이 처음 증명하였다. 이들이 쥐에게 병을 유발하는 물질을 첨가한 달콤한 액체를 주었을 때 이후 쥐들은 단맛에도 불구하고 이 음료를 피했다. 음식이 구역질과 동반할 때 맛혐오 학습은 동물들에게 생존에 중요한 도구가 되어 독이 있을지도 모르는 음식을 피한다. 이 과정은 매우 인상적이고 탄탄해서 한 번 일어난 사건으로도 수년간 학습을 기억한다.

맛혐오
미국 서부 농가에서는 코요테로 인한 양의 피해가 심각해지자 농부들은 미끼로 목장 주변에 병을 유발하는 물질들을 발라놓은 양고기를 놓았다. 이후로 코요테가 양고기를 피했기 때문에 피해를 없앨 수 있었다.

촉감

가벼운 접촉, 압박, 진동, 온도 및 통증 등 많은 종류의 촉감이 있다. 또한 공간상에서 몸의 위치를 인지하는 감각(104-105쪽 참고)도 존재한다. 피부는 촉감을 감지하는 주요 감각기관이다.

촉각수용체

촉각수용체는 대략 20여 종이 있는데, 이들은 다양한 유형의 자극에 반응한다. 예를 들면 가벼운 접촉은 일반적으로 팔을 올려놓는 것에서부터 고양이의 털이 스치는 것까지 해당하며, 4종류의 다른 촉각수용체가 이를 인지한다. 표피에 위치하는 자유신경종말, 피부의 깊은 층에 있는 촉각원반, 손바닥, 발바닥, 눈꺼풀, 성기, 유두에 흔히 존재하는 마이스너소체, 마지막으로 모근이 바로 그것들이다. 파시니소체와 루피니소체는 좀더 강한 압박에 반응한다. 가려운 감각은 피부에 반복적이며 저강도의 자극을 줄 때 발생하며, 간지러운 느낌은 같은 신경 말단에 좀더 강한 자극을 줄 때 발생한다.

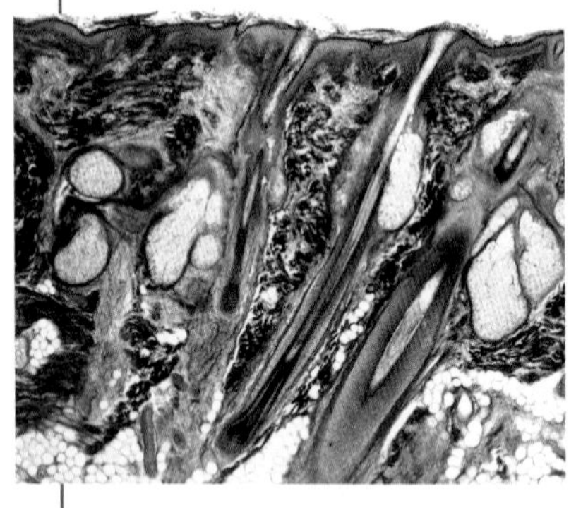

피부의 구조
피부는 가장 큰 감각기관으로 우리 주변의 환경과 상호작용한다. 이 현미경 사진은 피부에 신경, 수용체, 여러 가지 샘, 모공, 혈관이 어떻게 분포하는지 보여준다.

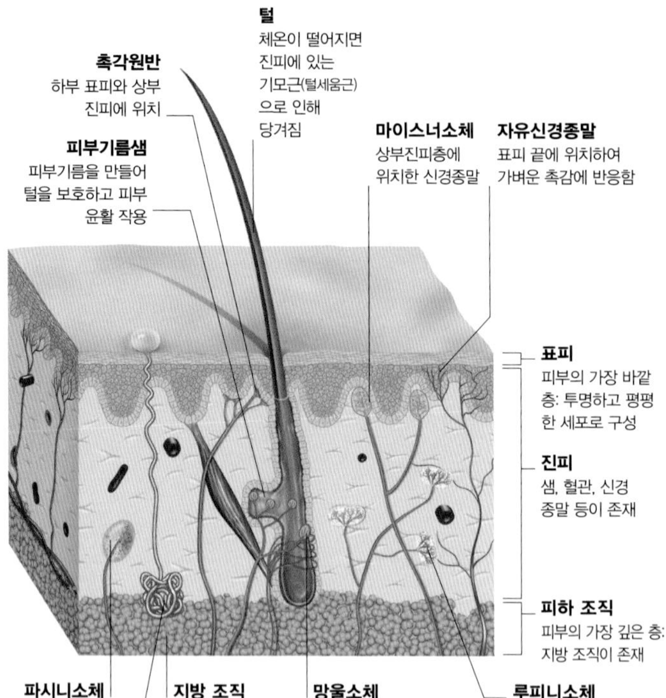

수용체의 종류
다양한 촉각수용체가 광범위한 범위의 감각을 느낀다. 수용체는 몸의 전신에 분포하여 피부, 결막, 방광, 근육, 관절 등에 모두 존재한다.

촉각의 유형

여러 종류의 촉각을 통해 우리는 세상의 복잡하고 섬세한 정보를 받아들이고 위험에 대비해 행동한다. 촉각은 사물을 인지하고 느끼는 데 필수적이며 다른 사람들과 의사소통에도 중요한 역할을 한다.

감각	수용체
가벼운 촉감	피부는 악수나 키스 등 가볍게 만지는 것으로는 변형되지 않는다. 자유신경종말이 가벼운 촉감에 반응한다.
압박	압박은 피부 깊은 곳에 있는 파시니소체와 루피니소체를 자극한다.
진동	파시니소체와 마이스너소체가 진동에 반응한다.
온도(열과 냉기)	수용체들은 뜨겁고 찬 것에 민감하지만 온도 자체에는 민감하지 않다. 열수용체와 냉각수용체는 피부의 특정 부분에 있다.
통증	통증 신호는 손상된 조직에서 발생하며 자유신경종말을 구성하는 통각수용기를 자극한다.
고유감각	근육이나 관절에 존재하는 수용체 세포로 위치나 몸의 움직임에 관한 정보는 뇌에 보낸다.

촉각 경로

감각 수용체가 활성화되면 촉각 자극에서 얻은 정보를 전기신호로 감각신경을 따라 전달하여 척수의 신경근에 이른다. 정보는 척수로 들어가 위쪽 뇌로 이동한다. 감각정보는 위쪽척수기둥에 있는 핵에서 처리된다. 이후에 대뇌피질의 중심뒤이랑으로 이동한다. 결국 여기에서 촉각을 인지하도록 변환된다.

1 일차신경세포와 이차신경세포

일차신경세포가 넓적다리 상부의 정보를 촉각 수용체로부터 척수에 전달한다. 이들의 신경세포체는 후근 신경절에 있다. 일단 척수에 들어가면 이들은 이차신경세포와 연결된다. 이차신경세포는 대부분 척수의 회색질에 존재하여 앞쪽 척수시상로의 앞부분까지 연결하고 있다.

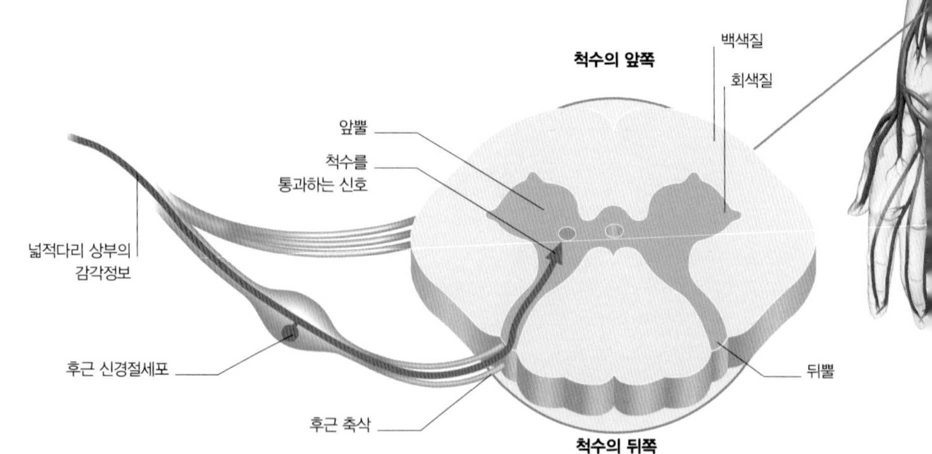

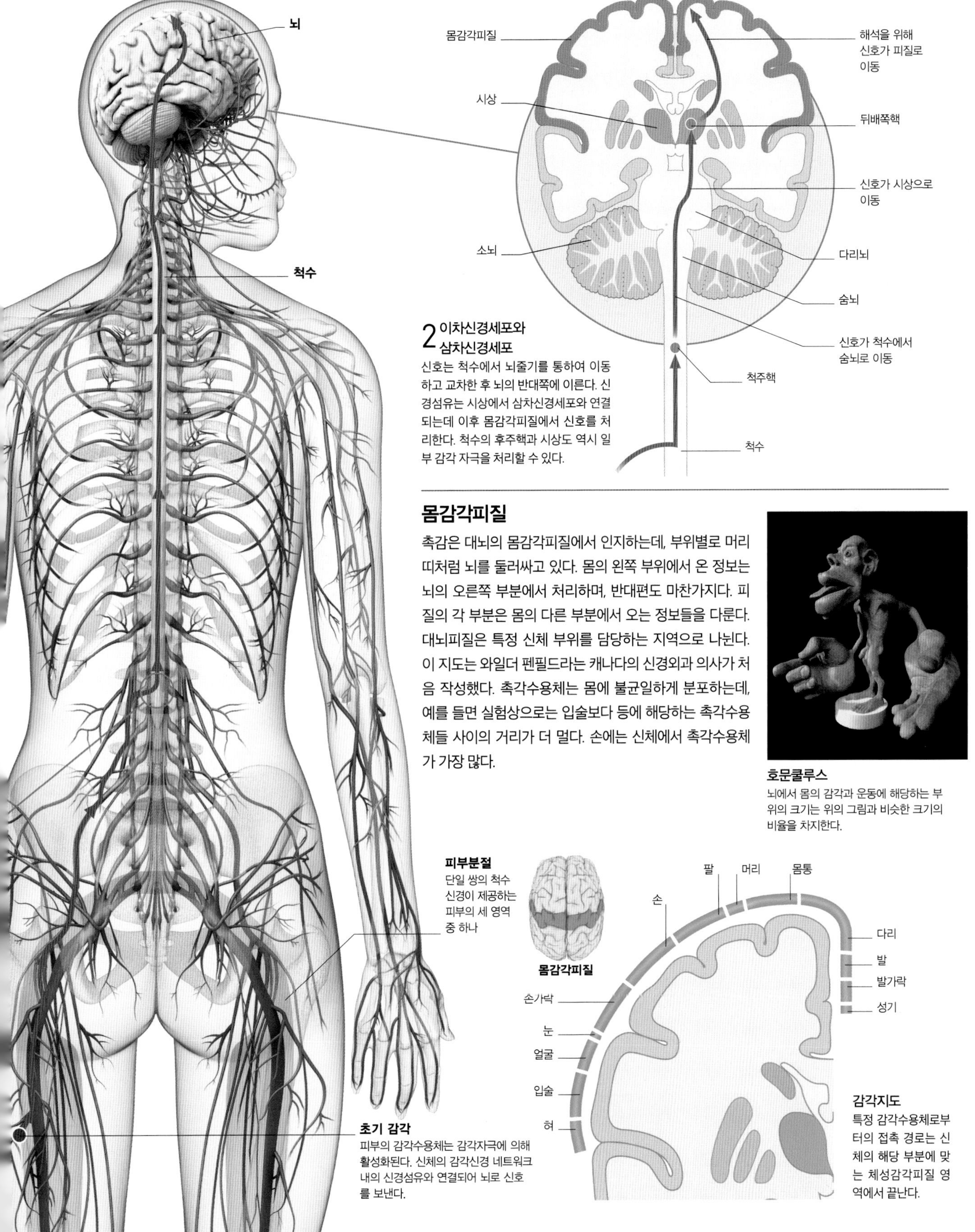

2 이차신경세포와 삼차신경세포

신호는 척수에서 뇌줄기를 통하여 이동하고 교차한 후 뇌의 반대쪽에 이른다. 신경섬유는 시상에서 삼차신경세포와 연결되는데 이후 몸감각피질에서 신호를 처리한다. 척수의 후주핵과 시상도 역시 일부 감각 자극을 처리할 수 있다.

몸감각피질

촉감은 대뇌의 몸감각피질에서 인지하는데, 부위별로 머리띠처럼 뇌를 둘러싸고 있다. 몸의 왼쪽 부위에서 온 정보는 뇌의 오른쪽 부분에서 처리하며, 반대편도 마찬가지다. 피질의 각 부분은 몸의 다른 부분에서 오는 정보들을 다룬다. 대뇌피질은 특정 신체 부위를 담당하는 지역으로 나뉜다. 이 지도는 와일더 펜필드라는 캐나다의 신경외과 의사가 처음 작성했다. 촉각수용체는 몸에 불균일하게 분포하는데, 예를 들면 실험상으로는 입술보다 등에 해당하는 촉각수용체들 사이의 거리가 더 멀다. 손에는 신체에서 촉각수용체가 가장 많다.

호문쿨루스
뇌에서 몸의 감각과 운동에 해당하는 부위의 크기는 위의 그림과 비슷한 크기의 비율을 차지한다.

초기 감각
피부의 감각수용체는 감각자극에 의해 활성화된다. 신체의 감각신경 네트워크 내의 신경섬유와 연결되어 뇌로 신호를 보낸다.

감각지도
특정 감각수용체로부터의 접촉 경로는 신체의 해당 부분에 맞는 체성감각피질 영역에서 끝난다.

육감

자기수용감각proprioception은 자기 자신을 의미하는 라틴어인 proprio에서 유래한 단어로, 흔히 육감이라고 부른다. 몸의 위치, 움직임, 자세 등을 인지한다. 하지만 이 정보들을 항상 의식적으로 인지하고 있는 것은 아니다.

자기수용감각

자기수용감각은 우리 신체가 어떤 자세를 취하고 있으며 어떻게 움직이는지를 인지하는 감각이다. 이것은 체성감각계의 일부가 인지한다. 자기수용체가 있는 구조물들로는 근육, 인대, 관절, 힘줄 등인데, 이들의 길이, 신전력, 압력 등의 변화를 인지한다. 자가 수용체는 자극 신호를 뇌에 보낸다. 이 정보를 분석하고 명령을 내리면 자세를 바꾸거나 움직임을 멈춘다. 그러고 난 후 뇌는 다시 자가 수용체에서 오는 입력 정보에 근거해 다시 신호를 보내는 과정을 반복해 피드백 회로를 완성한다.

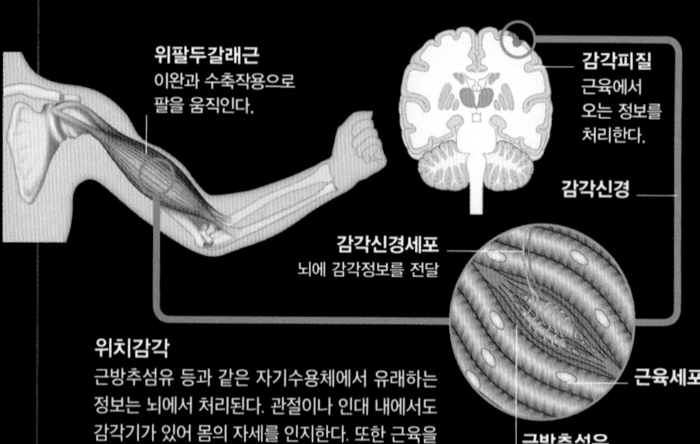

위치감각
근방추섬유 등과 같은 자기수용체에서 유래하는 정보는 뇌에서 처리된다. 관절이나 인대 내에서도 감각기가 있어 몸의 자세를 인지한다. 또한 근육을 굽히거나 피는 것도 감지할 수 있다. 이 모든 것이 함께 작용해 신체가 취하는 자세를 알게 된다.

음주운전검사

사람들이 술이나 약에 취하면 자기수용체에 문제가 발생한다. 이것을 음주측정검사로 알아볼 수 있는데, 경찰이 음주운전 단속에 오래전부터 사용한 방법이다. 전형적인 검사로는 눈을 감은 상태에서 검지를 자신의 코에 대보라고 시키는 것, 한쪽 다리를 들고 30초간 서 있는 것, 혹은 곧게 뻗은 선을 따라 아홉 걸음 이상 똑바로 걷는 것 등이 있다.

자기수용체의 종류

자기수용체 정보는 의식적일 수도 있고 무의식적일 수도 있다. 예를 들면 몸의 균형을 잡는 것은 일반적으로 무의식적인 과정이다. 의식적인 자기수용감각은 보통 몇몇 종류의 대뇌피질 분석 과정을 거치며 의사결정에 사용된다. 정상적으로 마지막에는 근육에 어떤 움직임을 시행할 것을 명령한다. 많은 자기수용감각은 무의식적으로 인지하며 처리한다.

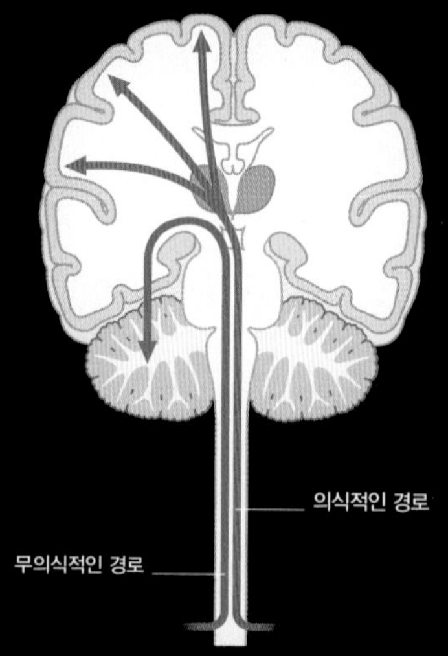

자기수용감각 경로
의식적인 자기수용감각은 척수 후주의 안쪽섬유띠 경로가 관여한다. 이후 신호는 시상을 지나고 대뇌피질의 마루엽으로 전달된다. 무의식적인 자기수용감각은 척수소뇌로와 관련이 있으며 움직임 조절과 관련된 소뇌 쪽으로 진행한다.

환상사지

누군가 자신의 신체 일부, 즉 사지, 말단, 충수돌기 등의 장기가 절단되거나 없어졌을 때 간혹 이 부위에 통증 같은 감각을 계속 느낄 수 있다. 연구 결과 이는 감각피질의 이상과 연관이 있다고 밝혀졌다. 특히 체성감각피질이 재배열 과정을 거치는데, 소실된 부위 근처 부분을 다른 부분이 대체함으로써 없어진 부분에서 감각을 느끼는 것이다. 이 피질의 재배열을 영상 연구를 통해 확인했다.

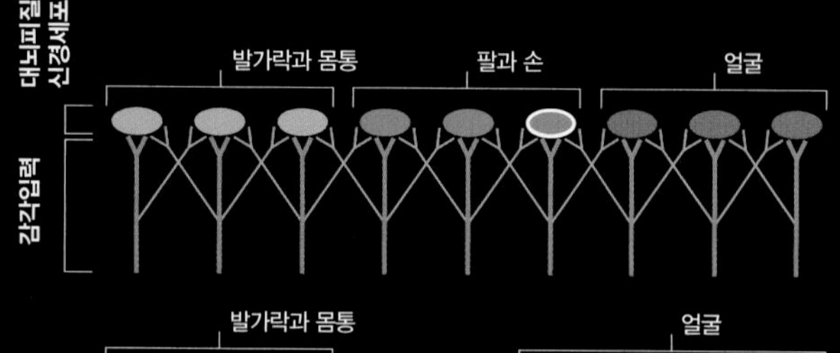

절단 전
팔과 손에서 오는 감각신호가 뇌 감각피질의 정상적인 부위에 도달한다. 몸의 다른 부분들도 주변 피질에 특이적으로 연결되어 있는 것을 알 수 있다.

절단 후
절단된 팔과 손에서 감각신호가 발생하지 않지만 대뇌피질 경로는 여전히 남아 있다. 몸의 다른 부분에서 발생한 신호가 이 부위를 차지하고 있어서 감각을 만들어낸다.

환상통의 치료

연구 결과 환상통은 감각피질의 가소성으로 인해 발생한다. 해당 피질에서의 변화를 다시 원래 상태로 돌려놓는다면 환자의 통증은 완화될 것이다. 예를 들면 환자의 근육으로부터 전기적인 신호를 받아 작동하는 인공사지가 도움이 될 수 있다. 뇌영상을 통해 원상태로 피질이 회복하는 것을 확인할 수 있었다.

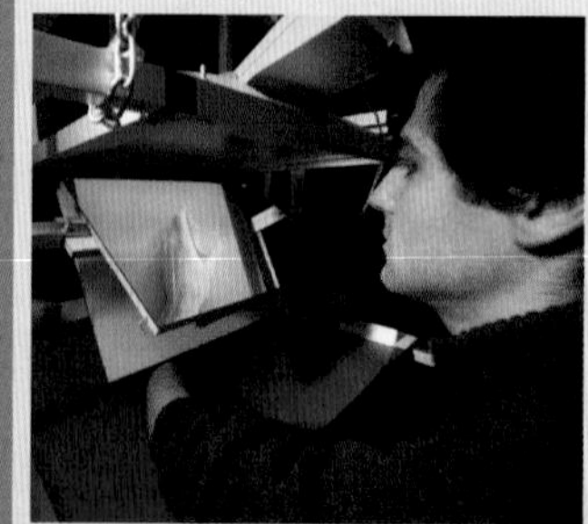

거울치료
환자가 절단된 팔 부위를 거울을 통해 보고 움직일 때 마치 없어진 팔이 움직이는 것처럼 보인다. 이런 착각을 통해 어느 정도 환상통을 줄일 수 있다.

섬세한 균형감각

근육, 인대, 피부의 자기수용체들은 균형을 유지하는 전정부 및 반고리뼈관과 함께 작동한다. 체조 선수는 힘, 동작 몸의 협조 운동 등을 조절하여 섬세한 균형감각을 동반하는 동작을 취할 수 있다.

통증 신호

통증은 기본적으로 위험 신호이다. 그것은 무엇인가 잘못되었고 어떤 행동을 취하라고 말해준다. 통증은 일반적으로 몸 전체에 퍼진 특성화된 신경섬유를 자극하여 발생한다.

통증경로

통증을 전달하는 신경섬유는 전신에 분포한다. 손상을 입어 자극이 발생하면 전기적인 신호를 척수로 보낸다. 그 후에 신호는 척수의 반대편으로 이동하고 뇌로 올라간다. 이 교차 현상으로 인해 몸의 한쪽에 발생한 통증은 뇌의 반대편을 활성화시킨다. 발생한 신호는 뇌줄기에서 숨뇌를 통해 진행하여 자동반사 작용을 유발하고, 시상을 지나 뇌의 각 부분으로 전달된다.

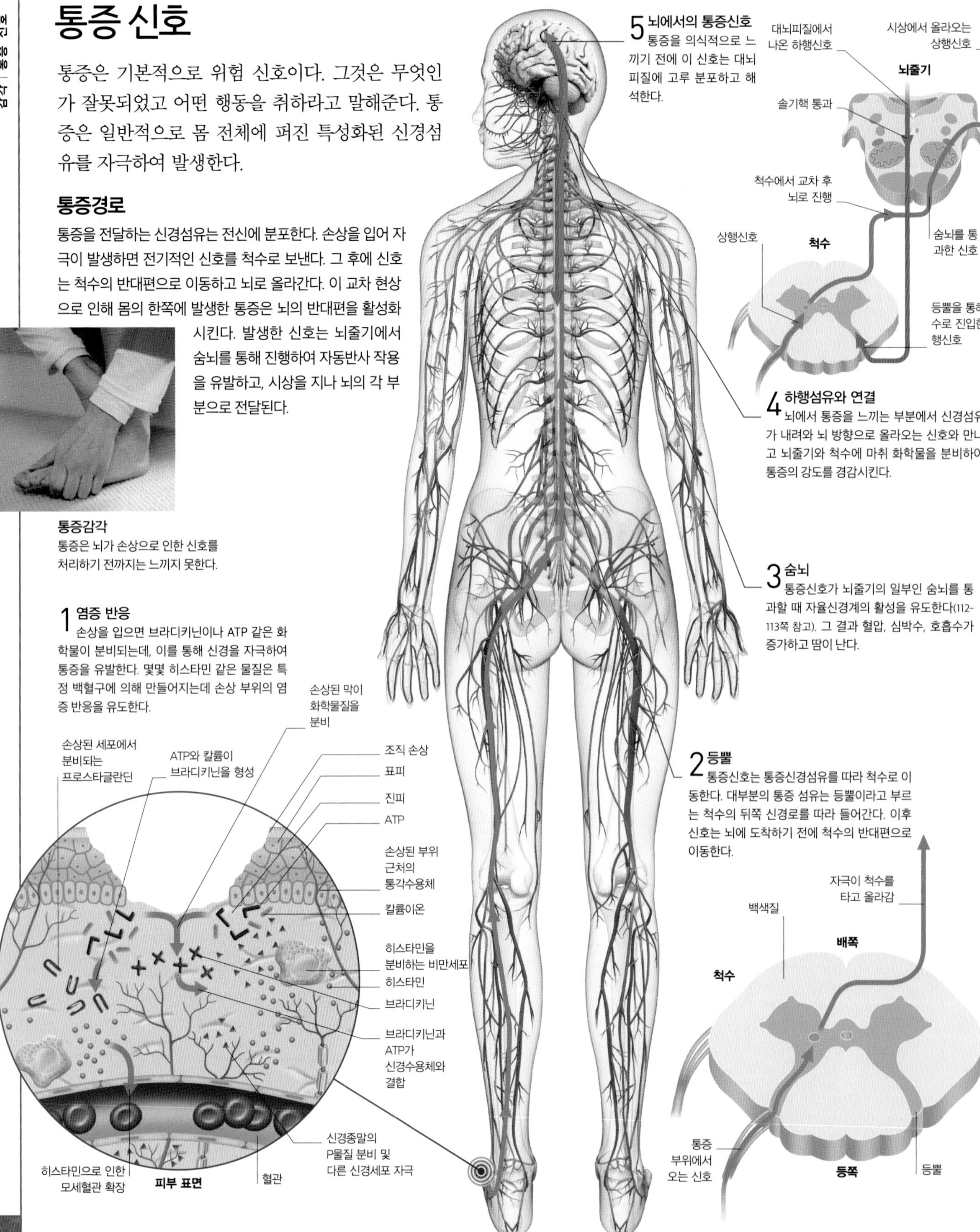

통증감각
통증은 뇌가 손상으로 인한 신호를 처리하기 전까지는 느끼지 못한다.

1 염증 반응
손상을 입으면 브라디키닌이나 ATP 같은 화학물이 분비되는데, 이를 통해 신경을 자극하여 통증을 유발한다. 몇몇 히스타민 같은 물질은 특정 백혈구에 의해 만들어지는데 손상 부위의 염증 반응을 유도한다.

2 등뿔
통증신호는 통증신경섬유를 따라 척수로 이동한다. 대부분의 통증 섬유는 등뿔이라고 부르는 척수의 뒤쪽 신경로를 따라 들어간다. 이후 신호는 뇌에 도착하기 전에 척수의 반대편으로 이동한다.

3 숨뇌
통증신호가 뇌줄기의 일부인 숨뇌를 통과할 때 자율신경계의 활성을 유도한다(112-113쪽 참고). 그 결과 혈압, 심박수, 호흡수가 증가하고 땀이 난다.

4 하행섬유와 연결
뇌에서 통증을 느끼는 부분에서 신경섬유가 내려와 뇌 방향으로 올라오는 신호와 만나고 뇌줄기와 척수에 마취 화학물을 분비하여 통증의 강도를 경감시킨다.

5 뇌에서의 통증신호
통증을 의식적으로 느끼기 전에 이 신호는 대뇌피질에 고루 분포하고 해석한다.

진통 효과의 화학

신체에는 천연 진통 억제 체계가 있는데, 여러 마약성 진통제제, 예를 들면 헤로인, 몰핀 등과 같은 기전으로 작용한다. 천연 진통제제로는 엔돌핀과 엔세팔린 등이 있는데, 시상과 뇌하수체가 스트레스나 통증에 반응하여 분비한다. 이 물질들은 운동이나 성적인 활동 등에서 발생하는 쾌감과도 관련이 있다. 뇌와 전신에 분포하는 신경말단들은 마약성 진통제제에 결합하는 특이적인 수용체를 가지고 있다. 마약성 제제들은 이 수용체에 결합하여 통증을 경감한다.

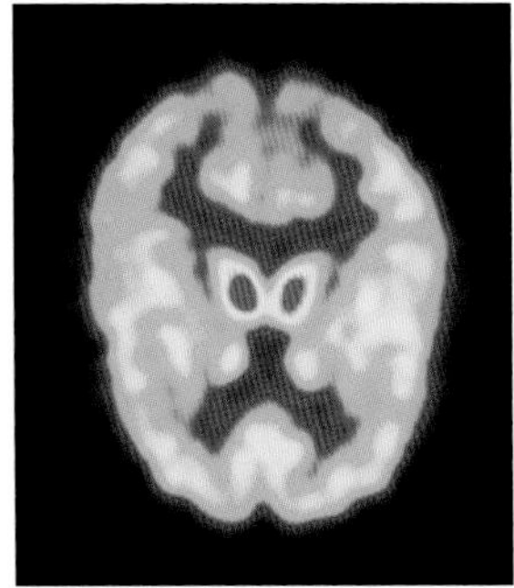

마약성 수용체들
PET 사진으로 정상적인 뇌에 분포하는 마약성 수용체들의 분포를 볼 수 있다. 붉은 부분이 수용체가 가장 많이 위치하는 부분이고 노란색, 녹색, 파란색 순으로 밀도가 떨어진다.

통증 섬유

통증을 감지하는 신경섬유에는 A-델타섬유와 C-섬유, 두 종류가 존재한다. A-델타섬유는 형태학적으로 가늘며 날카롭고 국소적인 양상의 통증 신호를 뇌에 전달한다. 손상이 일어난 부위 주변으로 1밀리미터 이내에 있기 때문에 이 부분에서 쉽게 발견할 수 있다. 이 신경섬유는 신호전달을 돕는 두꺼운 말이집으로 덮여 있다. C-섬유는 말이집으로 싸여 있지 않으며 C-섬유가 전달하는 신호의 경우엔 어느 부위의 통증이라고 정확하게 말할 수 없는데, 그것의 신경말단이 넓은 지역에 걸쳐 분포하기 때문이다.

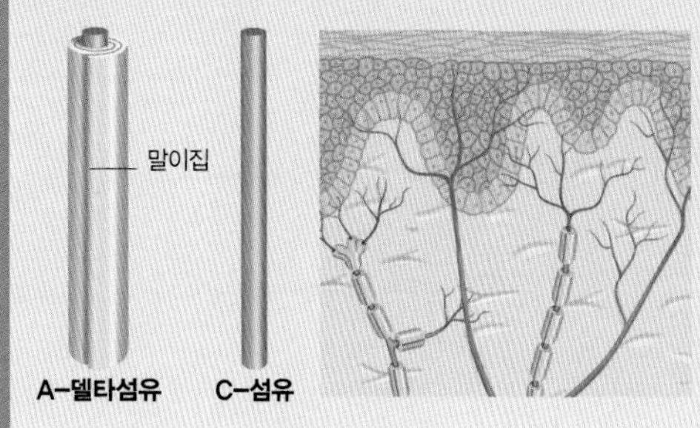

C-섬유와 A-델타섬유
A-델타섬유는 대부분 피하조직에 위치한다. C-섬유는 혈관이나 림프관, 감각, 운동신경, 또는 말초 자율신경과 동반하여 위치하는 경향이 있다.

통증의 종류

통증은 보통 열이나, 냉기, 진동, 과신전 혹은 손상된 세포에서 분비하는 화학물질 등이 통증 수용체를 자극하면 발생한다. 특성화된 신경섬유들은 획득한 정보를 뇌로 전달한다. 하지만 몇몇 종류의 통증은 독특한 방식을 거친다. 예를 들어, 안면신경은 뇌신경과 직접 연결된다(아래 참고). 이와는 달리 심장(오른쪽 참고) 등과 같이 내부장기에서 유래하는 내장통에서는 환자 자신이 어디가 아픈지를 딱히 알기 어렵다. 신경눌림증처럼 신경계 자체에 손상이 발생한 경우엔 신경병증 통증이 발생한다(맨 아래 참고).

안면 통증
삼차신경을 자극하면 안면에 통증이 발생한다. 통증은 유형을 예측할 수 없어서 다양하게 기술된다. 칼로 찌르는 듯하다거나 찢어지는 듯하다고, 감전된 듯 찌릿하고, 총에 맞은 것 같다고 기술한다. 통증의 강도도 다양해서 경도의 통증에서 극심한 통증까지 다양하다. 자주 피부에 통증 유발점이 존재하는데, 이 부위를 만지면 격렬한 통증으로 인한 경련이 발생한다. 사람들이 몇 주, 몇 달 동안 매일 통증을 경험하면 수개월이나 수년에 걸쳐 통증에 대한 감각이 사라질 수 있다.

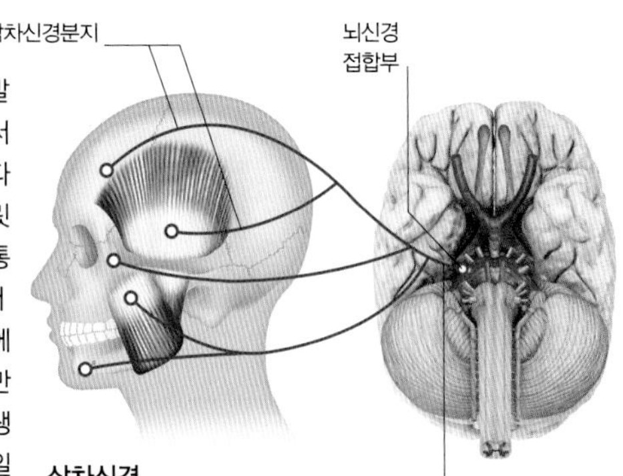

삼차신경
좌우측 하나씩 두 개의 삼차신경이 있으며 각 분지는 이마, 볼, 턱 등으로 뻗어나간다.

연관통증

연관통증은 피부 등에서 유래하는 신경섬유들과 내부장기에서 유래하는 신경섬유들이 동일한 위치에 있는 척수로 들어갈 때 발생한다. 뇌가 통증의 위치를 잘못 해석해 발생하는 현상이다.

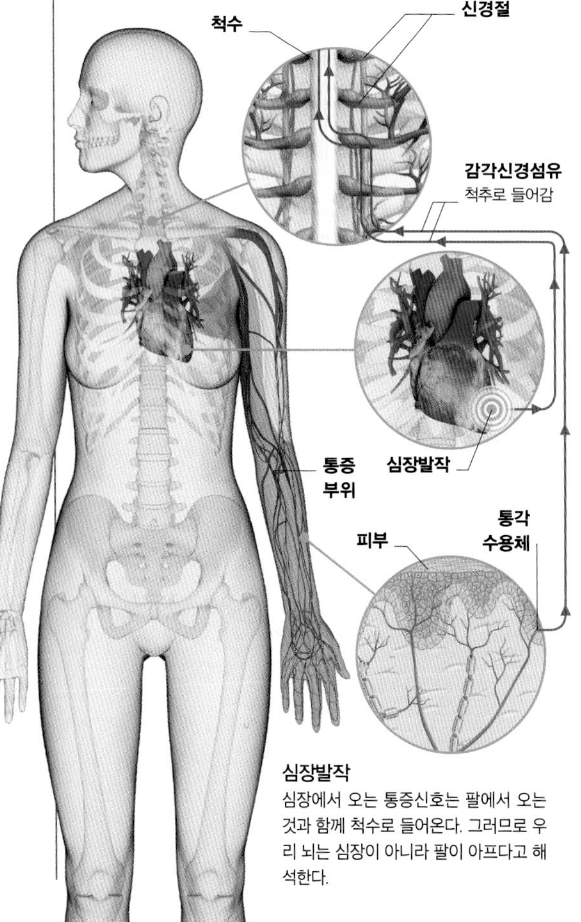

심장발작
심장에서 오는 통증신호는 팔에서 오는 것과 함께 척수로 들어온다. 그러므로 우리 뇌는 심장이 아니라 팔이 아프다고 해석한다.

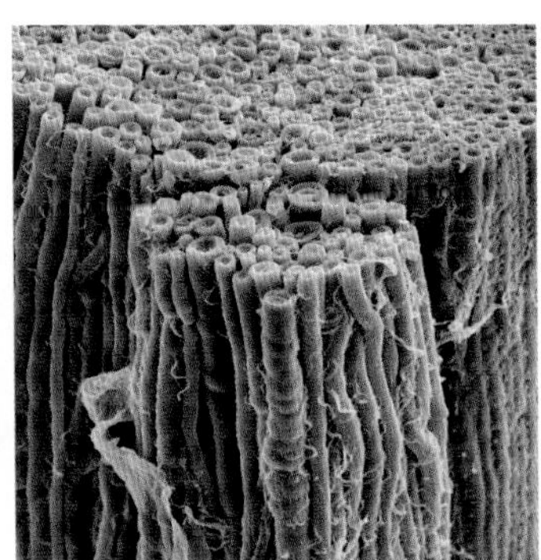

신경병증 통증
상처에 의한 통증이 아닌 신경계 자체의 손상이나 기능 이상에 의해 발생하는 통증을 신경병증 통증이라고 한다. 통증을 전달하는 신경이 뇌와 단절되거나 반대로 활성화해서 통증을 "습관적으로" 뇌에 전달하기도 한다. 이런 경우 뇌의 피질에서 통증을 인지하는 신경이 감작되어 외부적인 원인이 없을 때도 통증을 느낄 수 있다.

절단된 신경다발
다음의 전자현미경 사진은 절단된 신경다발을 보여준다. 이 상황에서는 손상의 원인 자체는 없어지더라도 지속적으로 뇌에 통증을 보낼 수 있다.

통증 경험하기

통증은 손상 자체에서만 발생하지 않는다. 통증을 검험하려면 의식이 있어야 한다. 즉 감정, 주의력, 판단력과 관련된 뇌의 활성이 있을 때 통증을 느낄 수 있다. 이와 동일한 뇌의 활성으로 인해 원인 미상의 통증이 발생하기도 한다.

통증의 경로

통증 신호는 다양한 대뇌피질 부위로 전달되는데, 여기에서 몸의 상태를 감시하는 신경을 활성화한다. 통증을 느끼는 신체 부위가 어디인지 인지하는 몸감각피질과 관자엽과 이마엽을 나누는 깊은 주름인 섬피질이 대표적인 통증 관련 피질 부위이다. 다른 피질 부위로는 통증의 경험과 관련된 부위로 대뇌반구들 사이골에 위치하는 띠피질의 앞쪽부위가 있다. 이 띠피질앞쪽부위는 특히 통증에 대한 감정과 손상된 부위에 집중하고 통제하는 일을 하고 있다.

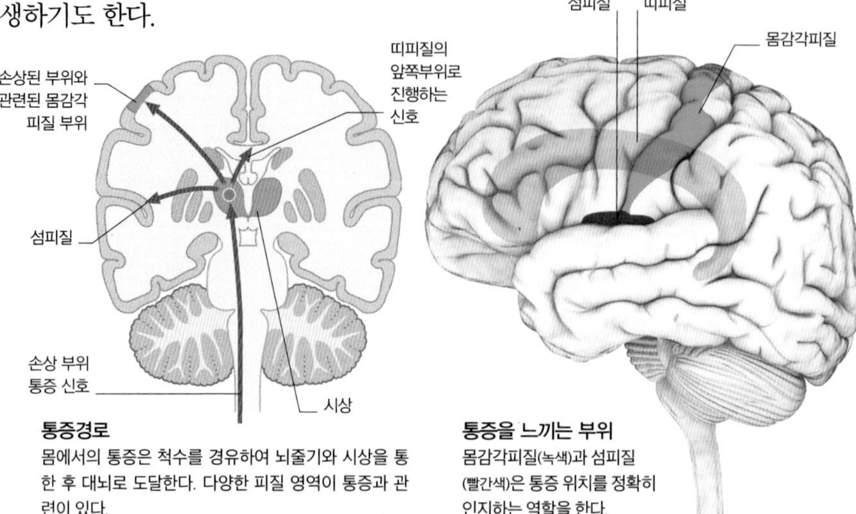

통증경로
몸에서의 통증은 척수를 경유하여 뇌줄기와 시상을 통한 후 대뇌로 도달한다. 다양한 피질 영역이 통증과 관련이 있다.

통증을 느끼는 부위
몸감각피질(녹색)과 섬피질(빨간색)은 통증 위치를 정확히 인지하는 역할을 한다.

통증과 관련된 전체 뇌의 역할

통증은 생존에 매우 중요하기 때문에 뇌의 거의 모든 부분이 통증과 관련이 있다. 위에서 언급한 3가지 주요 부위는 통증을 인지하고 평가하며 통증이 있는 부위를 정확히 찾아낸다. 하지만 다른 부분들 역시 각각의 역할을 한다. 보조운동 및 운동피질은 통증을 일으키는 자극을 회피하기 위해 계획을 짜고 움직임을 유발한다. 마루엽 피질에서는 위협이 되는 것에 집중할 수 있도록 하며, 일부 이마엽 부분들은 통증이 심각한 것인지, 무엇을 해야 할지 판단하는 역할을 한다.

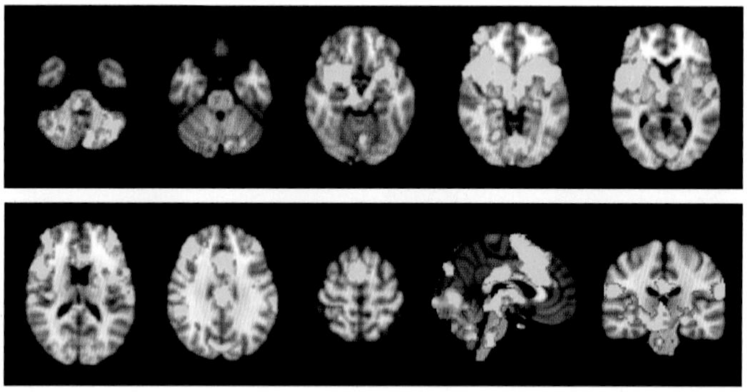

통증 연구
위의 MRI는 건강한 사람이 팔에 통증을 느낄 때 뇌가 어떻게 반응하는지 단층별로 확인한 것이다. 노랗고 밝게 표시된 지역이 자극에 대해 신경학적인 활성이 일어난 곳으로, 이를 통해 뇌가 얼마나 광범위하게 통증에 반응하는지 알 수 있다.

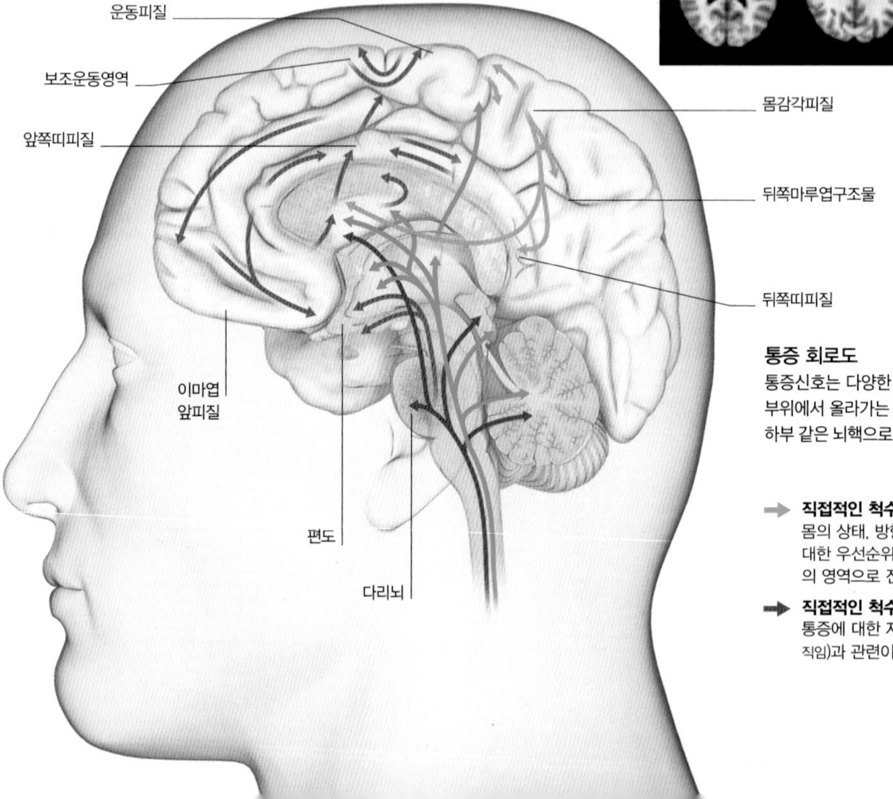

운동피질
보조운동영역
앞쪽띠피질
몸감각피질
뒤쪽마루엽구조물
뒤쪽띠피질
이마엽
앞피질
편도
다리뇌

통증 회로도
통증신호는 다양한 신경 회로를 따라 진행한다. 어떤 것은 특정 몸 부위에서 올라가는 경로를 따르며, 다른 것들은 뇌줄기를 통해 시상하부 같은 뇌핵으로 진행하는 경로를 따른다.

- **직접적인 척수 입력신호** 몸의 상태, 방향감각, 반응에 대한 우선순위를 정하는 등의 영역으로 진행
- **직접적인 척수 입력신호** 통증에 대한 자율신경계 반응(각성, 움직임)과 관련이 있는 영역으로 진행
- **피질과 번연계를 지나 순회하는 회로** 통증을 평가, 모니터링
- **피질과 번연계를 지나 순회하는 회로** 통증의 강도, 감정, 기억 등에 영향을 줌

통증에 대한 뇌의 반응

뇌는 고차원적인 기능을 수행하여 통증을 조절한다. 뇌에서 몸으로 내려가는 신경신호는 몸에서 뇌로 올라오는 통증 신호들과 만나 신호를 방해한다. 이런 작용으로 수많은 통증 신호가 뇌에 도달하기 전에 그 정도가 경감되며, 느끼는 통증의 강도 역시 줄어든다. 그리고 우리의 생각, 예상, 감정도 통증의 강도와 관련이 있다. 사람들이 의식적으로 통증에 관심을 두지 않거나 통증이 없다고 상상하는 것은 통증의 정도에 영향을 줄 수 있다. 집중해서 상상하면 뇌 활동이 실제 통증시 신경섬유에서 발생하는 상황과 비슷한 양상으로 변화한다.

통증 몰아내기

띠피질은 통증 자극에 얼마나 관심을 줄지 결정하는 역할을 한다. 이 부위에서 자극의 활성을 누그러뜨려 통증에 덜 신경 쓰게 함으로써 마취제 효과를 나타낼 수 있다. 가상현실을 사용하여 통증에 대한 주목을 분산시키는 방법이 있다.

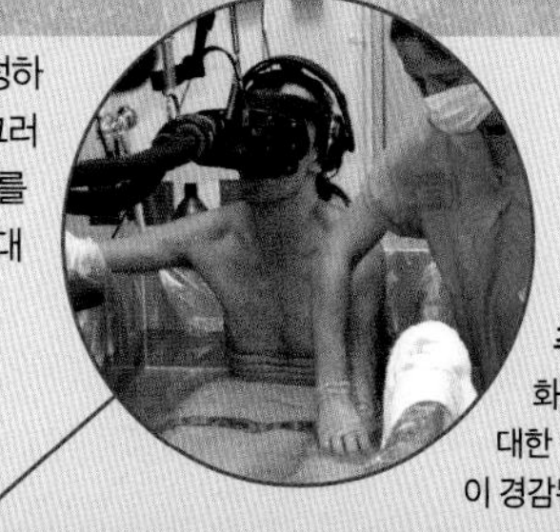

주의력 분산
화상 환자를 찬물에 담그면 통증에 대한 집중력이 분산되어 느끼던 고통이 경감된다.

가상현실
가상현실 역시 주의력을 분산시켜 뇌가 통증 신호에 덜 신경 쓰게 만든다.

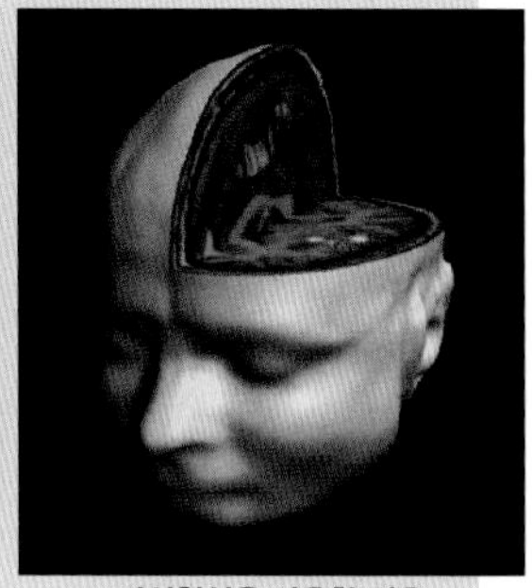

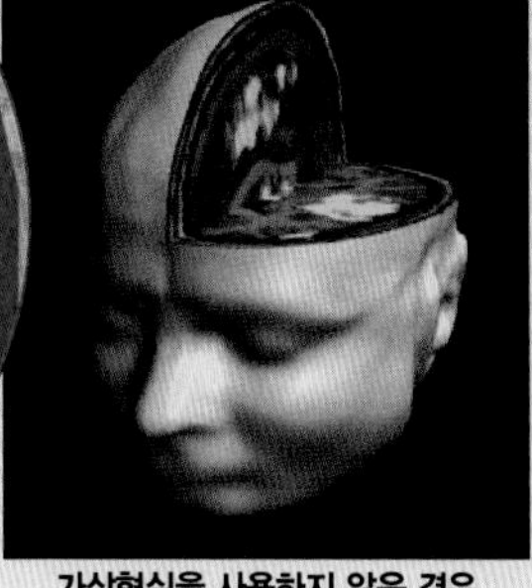

가상현실을 사용하지 않은 경우 / 가상현실을 사용한 경우

통증 관련 뇌 활동
위의 그림에서 노란색으로 보이는 부분이 통증과 관련되어 활성화되는 영역이다. 가상현실을 사용한 경우 이 지역의 활성이 유의미하게 감소한다(오른쪽).

플라시보와 노시보
통증은 우리가 생각하는 방식에 따라 더 심해질 수도 있고 줄어들 수도 있다. 통증이 수술이나 약물에 의해 완화된다고 믿는 것 자체가 통증을 없애는 데 도움을 줄 수 있다. 이를 플라시보효과라고 한다. 참기 힘든 통증을 예상하면 반대의 효과가 발생하는데 이를 노시보효과라고 한다.

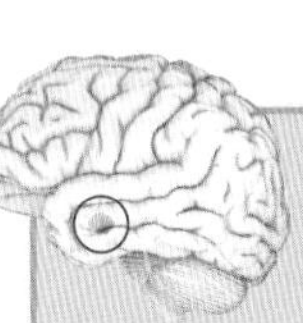

불안
편도에서 신호 발생. 통증 관련 신호로 뇌를 자극한다.

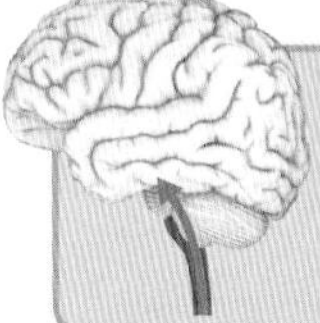

통증 자극
척수를 통해 뇌에 도달해 불안을 가중한다.

통증

노시보효과
불안감과 통증으로 인해 통증에 관련된 경험을 만들고 강도를 증가시킨다. 불안감의 일종인 노시보효과는 부정적인 생각으로 통증을 극대화한다.

플라시보효과
약이나 의료 행위로 인해 마음에 안정감을 얻어 통증이 경감된다. 통증이 없어지는 것이 아니나 없어진다고 생각하는 것이다.

하행신호 뇌의 이마엽 부위에서 발생하며 통증 신호를 방해한다. 이 과정은 의식적 혹은 무의식적으로 발생한다.

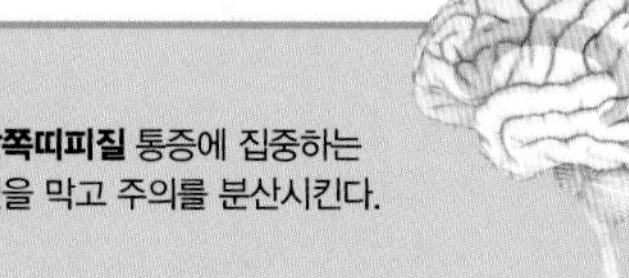

앞쪽띠피질 통증에 집중하는 것을 막고 주의를 분산시킨다.

통증과 뇌

비록 뇌가 통증을 담당하고 있지만 뇌 자체는 통증 수용체가 없기 때문에 통증을 느끼지 못한다. 이 사실은 뇌 수술 동안 매우 유용한데, 외과 의사들은 환자가 의식이 있을 때 수술한다. 환자는 자신의 뇌에서 각기 다른 부분에 자극이 가해질 때 느끼는 것들을 말할 수 있어 의사들은 중요한 기능을 가진 부위가 어디인지 확인할 수 있다. 이런 방법으로 뇌종양 수술을 할 때 다른 건강한 주위 뇌조직을 손상시키지 않고 종양만 제거할 수 있다.

뇌수술
뇌수술을 하는 동안 환자는 의식이 있어 집도의와 대화할 수 있다. 중요 영역을 절개할 때 대화를 통해 환자의 상태를 파악한다.

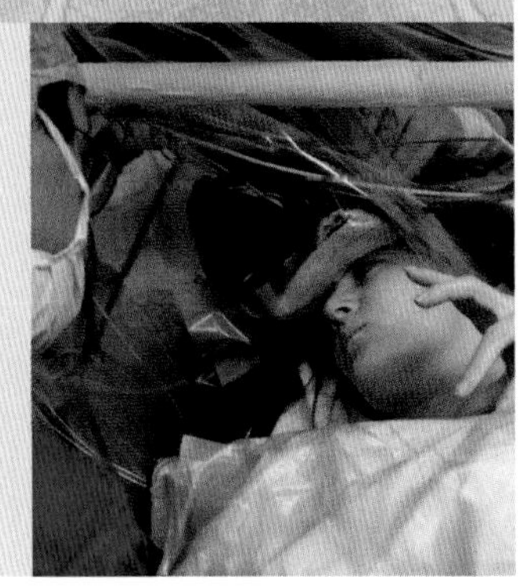

고통 없는 인생

극소수의 사람, 약 1억 2500만 명 중 1명 정도가 선천적으로 통증을 느끼지 못한다. 이 병은 유전질환의 일종인 선천성무통증으로, 통증에 민감한 신경말단이 부족하여 나타난다. 이 질환을 앓는 몇몇 사람은 신경과 관련이 있는 촉감이나 압력 등 다른 종류의 감각은 정상적으로 감지한다. 통증을 못 느끼는 것이 처음에는 부러울지 모르지만 실상은 처참하다. 통증은 사람들에게 위험을 알려 스스로 보호하게 만든다. 통증이 없으면 위험을 눈치채지 못하여 결국 치명상을 입거나 종종 일찍 사망한다.

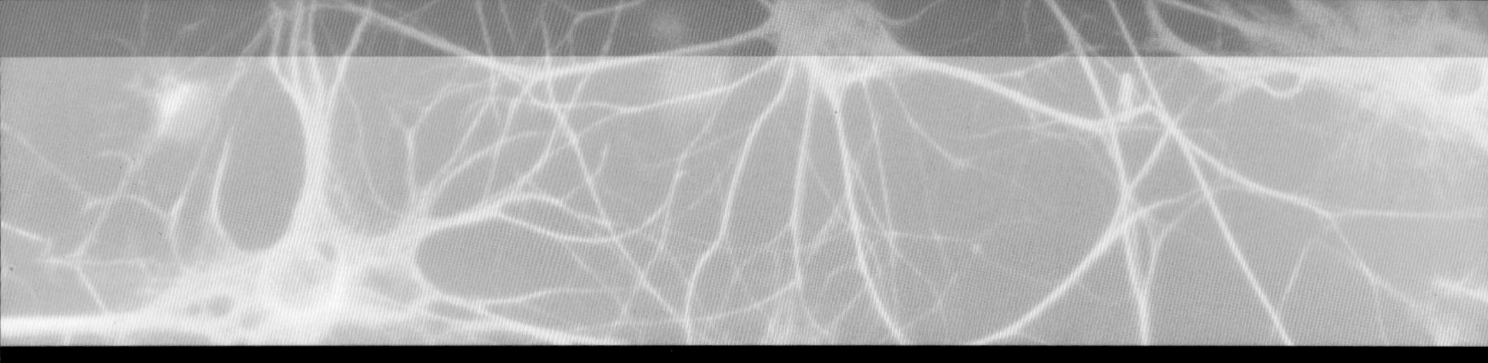

뇌는 몸의 다른 부위와 끊임없이 정보를 주고받으며 몸에서 일어나는 모든 일을 조절한다. 이런 조절 과정에서 호흡이 빨라지거나 느려지는 등 자신은 전혀 인식하지 못하는 몸의 움직임이 발생하는 경우가 있다. 때로는 반사 작용에 의해 몸의 일부가 움직일 수 있으며, 이 경우에도 자신은 전혀 인식하지 못한다. 움직임에 대한 신호가 대뇌에 전달되지 않기 때문이다. 무의식적인 반사작용 덕에 뇌는 고도의 집중력이나 주의 깊은 계획이 필요한 운동 등 다른 일에 자유롭게 주의를

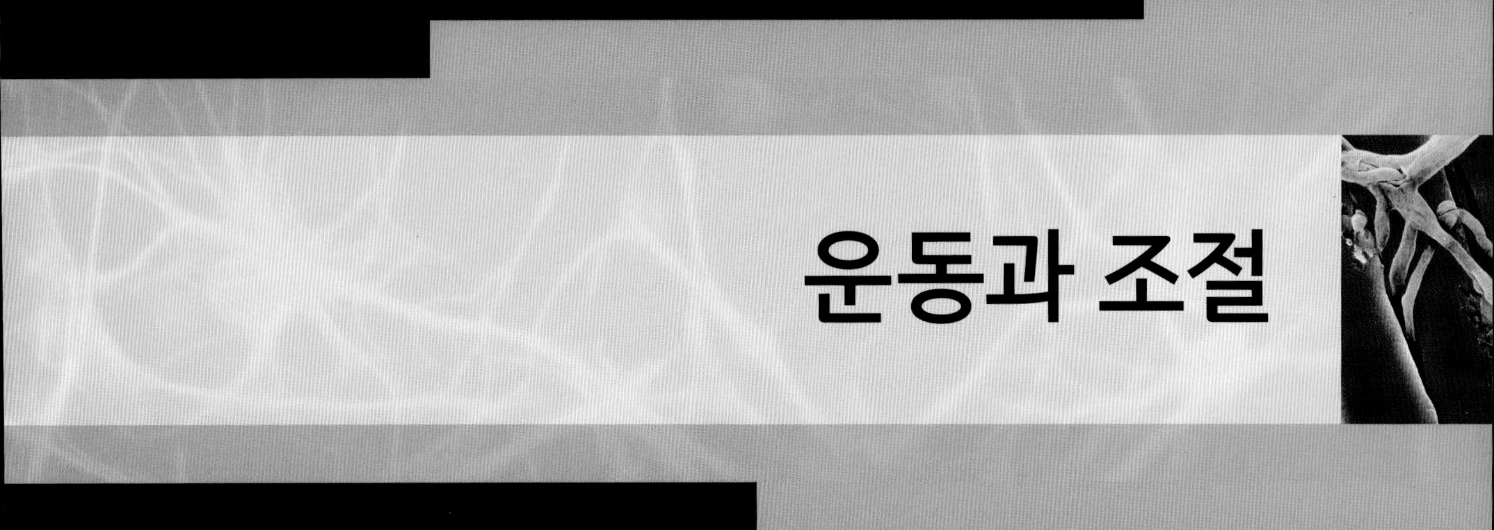

운동과 조절

조절

신체의 기본 기능들은 몸의 내부 환경을 안정적으로 유지하기 위해 조심스럽게 조절된다. 시상하부와 뇌줄기는 호르몬이라는 화학물질을 이용하여 몸의 기능을 유지하며, 대부분의 과정은 인식하지 못한다.

그물체

그물체는 뇌줄기에 있는 여러 가닥의 긴 신경로이며, 감각신호의 입력을 조절해 대뇌로 정보를 전달하거나, 대뇌피질로부터 정보를 받아 몸의 각 부위로 보내는 역할을 한다. 또한 체내 환경의 균형을 유지하기 위해 자율신경계를 조절하는 중요한 기능을 담당한다. 그물체에는 심장 박동수나 호흡수를 조절하는 등 몸의 다양한 기능을 조절하는 신경 중심이 있다. 또한 소화 과정, 침의 생성 및 분비, 땀의 분비, 소변의 배설, 성적 자극 등과 같은 다양한 기본 기능을 조절한다. 그물체와 연결된 부위는 그물체활성화계를 이루고 있다. 이것은 뇌가 깨어 있을 수 있도록 각성을 유지하는 장치다.

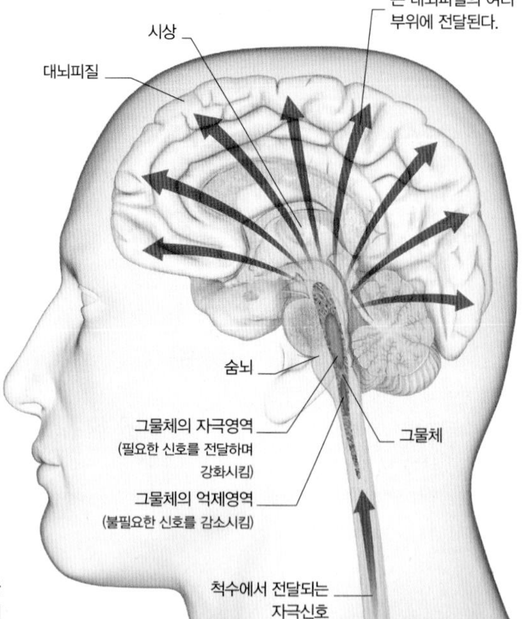

활성화 신호
시상을 거쳐 그물체활성화계에 도달한 신호는 대뇌피질의 여러 부위에 전달된다.

그물체활성화계
그물체활성화계는 감각신호를 받아 대뇌피질로 전달하여 대뇌를 각성 상태로 유지하며 외부 변화를 알리는 기능을 담당한다.

전신 마취

현대 의학의 토대가 된 전신 마취는 이전에는 할 수 없던 외과적 수술을 가능하게 했다. 그러나 마취로 의식을 잃고 다시 회복하는 과정에 대해서는 아직 그 기전이 다 알려지지 않았다. 에테르, 클로로포름, 할로세인 등의 약품은 그물체활성화계에 위치하는 뉴런에 작용하여 의식을 억제하며, 또한 해마에 위치하는 뉴런에 작용하여 일시적으로 기억을 지운다. 이러한 약품은 시상에 있는 신경핵에도 영향을 미쳐 몸에서 뇌로 전달되는 다양한 감각정보의 흐름도 억제한다. 이런 약품의 효과가 종합적으로 뇌에 작용하여 깊은 마취 상태를 유발한다.

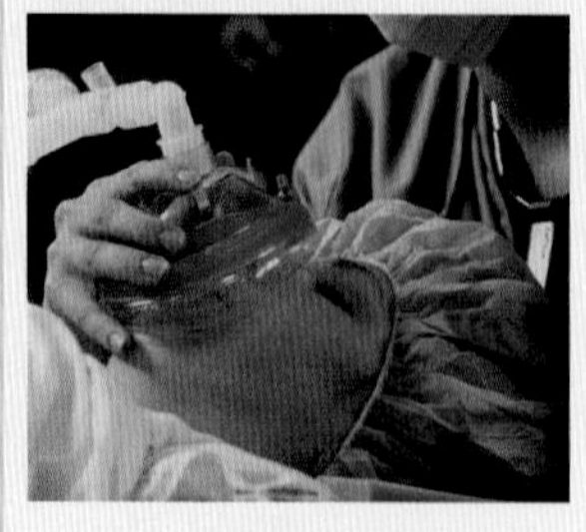

심장 박동수의 조절

심장 박동수는 자율신경계의 작용으로 조절되며, 자율신경계는 그물체에 의해 조절된다. 자율신경계의 교감신경분지는 심장 박동수를 증가시키며, 부교감신경분지는 박동수를 감소시킨다. 뇌줄기의 숨뇌에는 심장조절중추를 이루는 뉴런이 있어 자율신경계로부터 받은 정보에 반응하여 심장의 굴심방결절과 방실결절로 신호를 보낸다. 이 신호는 몸의 산소 요구량에 따라 심장 박동수를 조절한다.

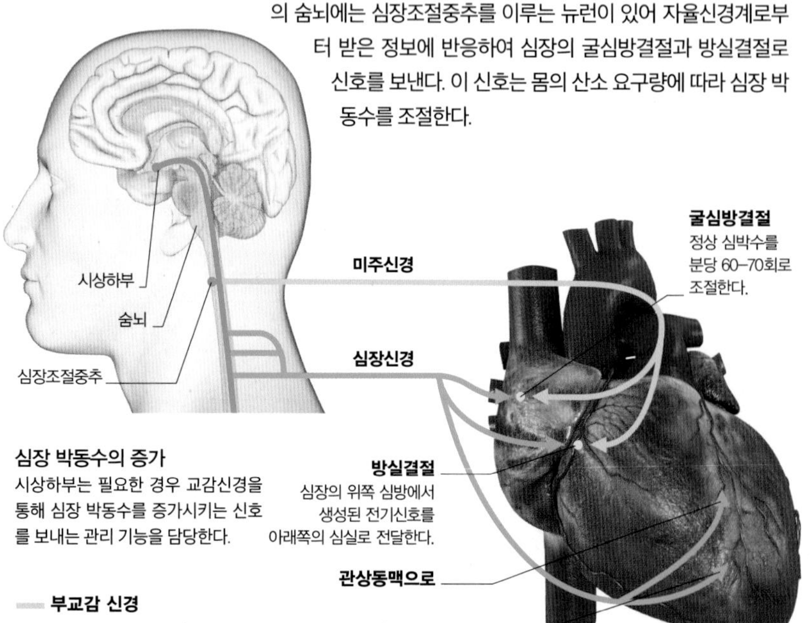

굴심방결절
정상 심박수를 분당 60–70회로 조절한다.

방실결절
심장의 위쪽 심방에서 생성된 전기신호를 아래쪽의 심실로 전달한다.

심장 박동수의 증가
시상하부는 필요한 경우 교감신경을 통해 심장 박동수를 증가시키는 신호를 보내는 관리 기능을 담당한다.

호흡수의 조절

그물체에는 호흡 횟수를 조절하는 여러 개의 뉴런이 모여 있는데 이것을 등쪽과 배쪽 호흡핵군이라고 한다. 여기에 속한 뉴런은 혈액 중 산소와 이산화탄소 농도를 일정하게 유지하도록 호흡 횟수를 조절한다. 활동량이나 대사량에 따라 조절되는 기본 호흡 수는 다리뇌호흡기중추에서 발생하는 전기신호에 의해 조절된다.

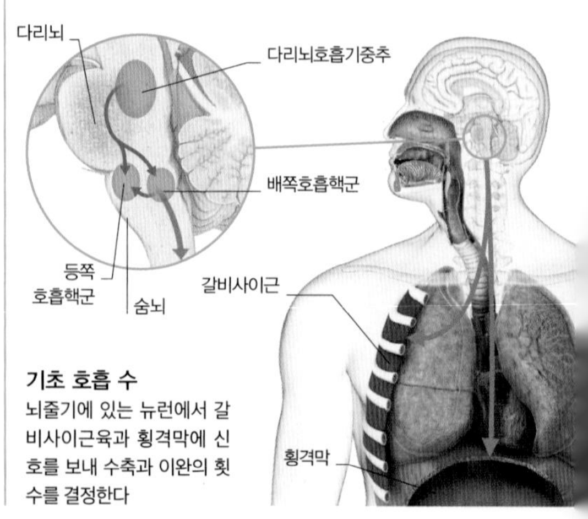

기초 호흡 수
뇌줄기에 있는 뉴런에서 갈비사이근육과 횡격막에 신호를 보내 수축과 이완의 횟수를 결정한다

시상하부의 기능

시상하부에는 체온 조절, 식습관, 체액 균형 조절 또는 호르몬 농도 조절, 수면-각성 주기 조절 등 고유의 기능을 담당하는 신경핵이라는 뉴런 덩어리들이 많이 있다. 또한 시상하부는 변연계의 주요 조절중추이며 뇌하수체 및 자율신경계와도 매우 밀접한 것으로 알려져 있다. 이러한 연결을 통해서 몸의 상태에 따라 배고픔, 분노, 공포 등의 감정을 일으킨다. 시상하부의 기능은 생명 유지에 꼭 필요한 것으로, 이 부위에 사소한 손상이 발생해도 행동과 생존에 엄청난 영향을 미칠 수 있다.

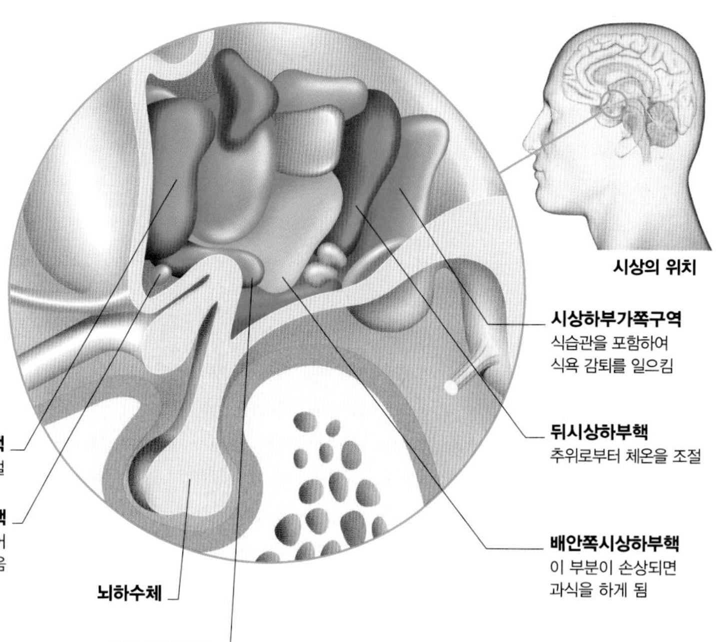

시상하부의 신경핵
시상하부 안에 있는 신경핵은 특정 반응을 조절하거나 신체 기능을 조절한다. 그 기능에 대해 완벽히 알려져 있지는 않지만 몇몇 구역의 신경핵에 대해서는 그 기능이 확인되었다.

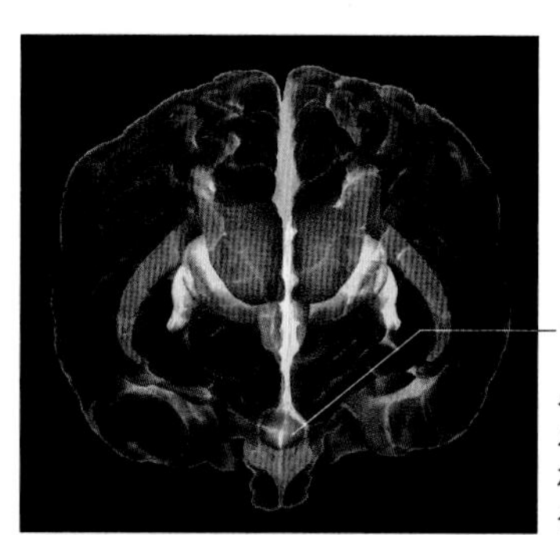

시상하부
시상하부는 시상의 바로 아래, 뇌줄기와 가까운 곳에 있으며 보통 평균적인 크기는 각설탕 정도다.

신체의 체온 유지 기능

피부에는 주변의 온도를 시상하부로 전달하는 여러 개의 온도수용체가 있다. 온도수용체에는 6가지가 있는데, 각각은 특정 온도 영역에 반응한다. 일부는 고온에, 일부는 저온에 반응하며, 고온과 저온에 동시에 반응하는 수용체는 없다. 이 수용체의 정보는 척수신경을 통해 중심 체온을 섭씨 37도로 유지하기 위해 다양한 반응을 유발하는 특별한 신경핵이 있는 시상하부로 전달된다. 체온 조절 기능의 일부는 대뇌피질이 작용하는 자발적인 것도 있으나 자율신경계에 의해 불수의적으로 일어나는 것들이 대부분이다.

추위에 대한 몸의 반응
시상하부에서 피부의 온도 저하를 감지하면 열 생산을 촉진하고 체열을 보존하는 반응이 시작된다.

온도의 저하

피부 냉각수용체의 자극

피부 순환 혈액의 온도 저하

대뇌피질

시상하부 온도조절장치

자발적 반응 – 체온의 낮아지면 나타나는 행동 반응

떨기 – 시상하부가 뇌줄기의 운동중추를 활성화시켜서 골격근의 불수의적 수축을 일으켜 열을 생산한다.

자율신경계의 활성화 – 자율신경계가 활성화되어 다음의 4가지 불수의적 반응이 나타난다.

- 몸을 웅크리기
- 운동
- 음식 섭취
- 옷 입기
- 따뜻한 곳 찾기

대사율의 증가 – 체내 열생산을 증가시킴

부신의 수질로부터 에피네프린이 분비됨 – 근육에 산소와 포도당 공급을 증가시키고 열 생산을 촉진한다.

갈색지방의 산화 – 갈색지방은 인간의 유아기 또는 몇몇 동물에게서만 발견되는 특별한 조직이며, 이 지방 세포에는 열을 생산할 수 있는 에너지 생성 세포가 다량 함유되어 있다.

혈관의 수축 – 혈액의 흐름을 줄이고 혈압을 높여서 체내에 더 많은 열이 남아 있도록 한다. 피부 표면에 혈액 공급이 감소하여 창백해진다.

털이 곤두섬 (소름이 돋음) – 각 털의 뿌리에 있는 미세한 근육인 털세움근이 수축하여 털이 곤두서며 외부의 차가운 공기와의 접촉을 줄여주는 단열층을 만든다.

신경내분비계통

뇌는 호르몬을 이용하여 체내의 안정한 균형 상태, 즉 항상성을 유지한다. 뇌의 신경조절중추는 여러 내분비기관에서 생체의 균형을 유지하기 위해 필요한 호르몬이 분비되도록 조절한다.

호르몬의 생성과 조절

내분비기관은 체내의 불균형 상태에 대응하여 영양분의 흡수와 같은 체내 기능을 조절하거나 음식이나 물을 섭취하는 행동을 조절한다. 내분비기관은 혈액을 따라 목표 기관의 표면에 있는 특수한 수용체에 부착되어 작용하는 호르몬의 생산을 조절하여 반응한다. 호르몬이 수용체에 결합하면서 몸의 항상성을 회복시키기 위한 생리학적 작용이 시작된다. 신경계와 내분비계가 결정적으로 연결된 곳이 바로 시상하부다. 시상하부에서는 호르몬을 분비하여 뇌하수체의 호르몬 분비를 조절한다.

뇌하수체 호르몬	
멜라닌세포자극호르몬	멜라닌의 생성과 분비를 자극하며 피부와 머리카락의 색을 결정한다.
부신피질자극호르몬	스트레스에 대한 반응으로 부신피질에서 스테로이드 호르몬을 생성하도록 자극한다.
갑상선자극호르몬	갑상선의 호르몬 생성을 자극하여 신진대사를 활발하게 한다.
성장호르몬	전신에 영향을 미치는 호르몬, 특히 소아기의 성장과 발육에 중요한 호르몬이다.
황체형성호르몬 난포자극호르몬	남성과 여성에게서 성호르몬의 생성을 촉진한다.
옥시토신	출산시 자궁의 수축을 촉진하며 이후 유선에서 유즙의 분비를 촉진한다.
프로락틴	유선에서 젖의 생성을 촉진한다.
항이뇨호르몬	신장에서 미세여과되어 몸 밖으로 배설되는 물의 양을 조절한다.

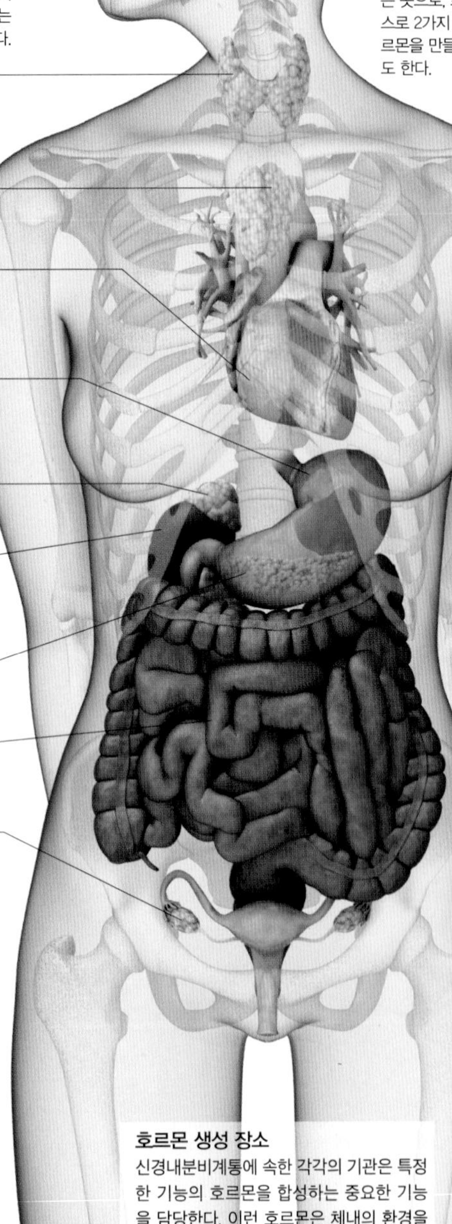

호르몬 생성 장소

신경내분비계통에 속한 각각의 기관은 특정한 기능의 호르몬을 합성하는 중요한 기능을 담당한다. 이런 호르몬은 체내의 환경을 최적의 상태로 유지하는 데 꼭 필요하다.

되먹임 기전

체내의 불균형 상태가 발견되면 되먹임 기전에 의해 교정이 이루어진다. 혈액에 녹아 있는 호르몬의 양이 측정되어 그 정보가 해당 호르몬의 분비를 조절하는 기관에 전달된다. 대부분 시상하부-뇌하수체가 조절 기관이다. 호르몬의 양이 많으면 조절 기관에서는 호르몬 분비를 줄여서 균형을 맞추며, 혈액 중의 호르몬 농도가 낮으면 생성을 촉진하여 균형을 맞춘다. 이러한 되먹임 기전은 출산시 자궁의 수축과 같은 드문 기능의 촉진에도 사용된다.

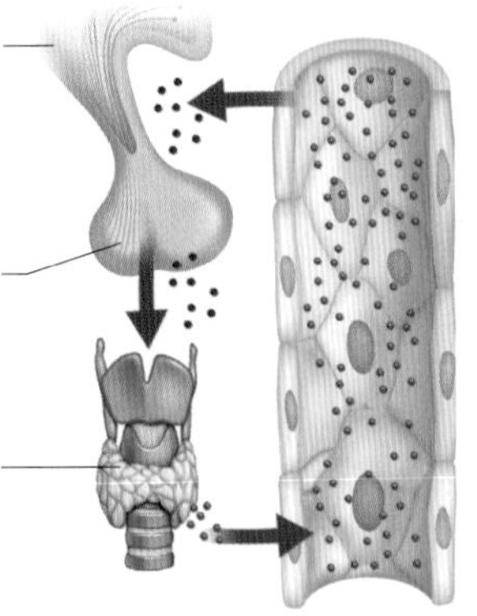

음성되먹임

혈당이 올라가면 시상하부에서 시작되는 연쇄 반응에 의해 호르몬 생성이 감소하며 결과적으로 혈당이 낮아져서 균형을 이룬다.

배고픔

몸은 일정한 체중을 유지하기 위해 호르몬을 분비해 포만감과 배고픔을 조절한다. 식욕이 자극되면 위에서는 그렐린이라는 호르몬이 증가하고, 지방 조직에서는 렙틴과 인슐린의 생성이 감소한다. 이러한 변화가 특정 뉴런에 전달되면 (아래 표에서는 B형 뉴런으로 표기함) 음식 섭취를 촉진하는 신경펩티드와 아구티관련펩티드 생성이 촉진되기 시작한다. 이런 펩티드가 생성되면 아래에 A형 뉴런으로 표시된 다른 뉴런에서 식욕을 떨어뜨리는 멜라노코르틴의 생성을 억제한다. 이런 신호는 시상하부의 가쪽신경핵에 전달되며 여기에서 배고픔을 느끼게 된다. 식욕을 억제하기 위해서는 몸의 지방 조직에서 렙틴과 인슐린의 생성이 늘어난다. 이 2가지 호르몬은 B형 뉴런에서 신경펩티드와 아구티관련펩티드 생성을 억제시킨다. 동시에 늘어난 렙틴과 인슐린은 A형 뉴런에서 멜라노코르틴의 생성을 촉진시킨다. 이런 신호는 시상하부의 배쪽안쪽핵에 도달하여 포만감을 유발한다.

시상하부가쪽신경핵이 배고픈 느낌을 만들어낸다.

뉴런을 따라서 자극이 전달된다.

B형 뉴런은 신경펩티드와 아구티관련펩티드의 생성을 자극한다.

A형 뉴런은 멜라노코르틴의 생성을 억제한다.

그렐린 분비 증가 | **렙틴과 인슐린** 분비 감소

위 | **지방 조직**

억제
촉진

배고픔을 느끼는 과정
지방 조직에서 렙틴과 인슐린 합성이 줄어들고 위에서 그렐린 분비가 증가하면서 시작되는 연쇄 반응의 결과로 배고픔을 느끼게 된다.

설탕 중독

개인의 생명 유지와 종족의 유지에 꼭 필요한 음식을 섭취하거나 종족의 번식과 같은 기능을 수행하면 보상의 의미로 뇌에서는 기쁨을 느끼게 하는 생체 아편을 방출한다. 설탕이 많이 들어 있는 음식은 이러한 보상의 신호를 강하게 만들어서 설탕을 먹으면 먹을수록 더 많은 양을 원하게 된다. 이런 일이 반복되면 자제력을 잃고 중독에 빠질 수 있다.

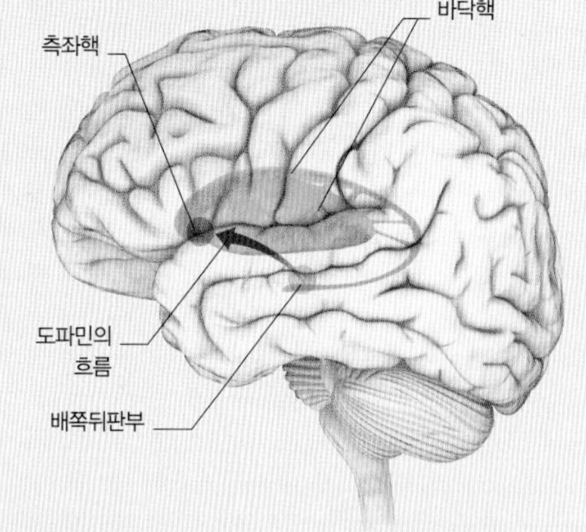

보상체계
중간뇌의 배쪽뒤판부는 신체의 여러 욕구가 충족되는 과정에 대한 정보를 처리하여 도파민이라는 신경전달물질을 통해 바닥핵에 위치하는 측좌핵에 전달한다. 도파민의 양이 증가할수록 만족의 수위가 높아지며 도파민의 양이 많아지는 행위를 반복하게 된다.

목마름

체내의 수분 양이 감소하면 체액의 염분 농도가 증가하고 혈액의 용적이 감소한다. 심혈관계통에 있는 혈압 감지 장치와 시상하부에 있는 염분 농도 감지 세포에서 이러한 변화를 감지한다. 이런 변화가 감지되면 뇌하수체에서 항이뇨호르몬이 분비되며, 이 호르몬은 신장에 작용하여 소변의 양을 줄여서 체내에 수분의 저류를 증가시킨다. 신장은 혈액에 레닌이라는 효소를 분비하며 일련의 반응을 거쳐 안지오텐신 II 호르몬을 생성한다. 이 호르몬이 시상하부와 연결되는 뇌활아래기관에서 감지되면 시상하부는 뇌하수체를 자극하여 항이뇨호르몬 분비를 더욱 촉진하며, 목마름을 느끼게 되어 물을 마시게 된다.

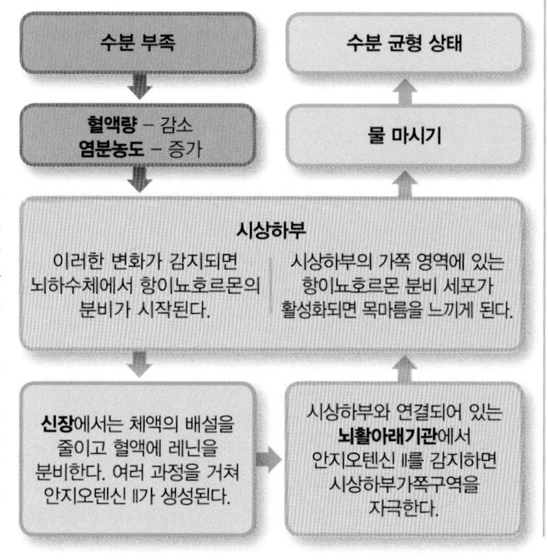

수분 부족
체내 수분이 부족해 혈액의 용적이 감소하고 혈액의 염분 농도가 증가하면 생화학적으로 몸에 해로운 변화가 초래된다. 신경내분비계통은 이러한 변화에 재빨리 반응하여 일련의 연쇄 반응이 일어나 몸의 수분 상태를 다시 정상화할 수 있도록 갈증을 느끼게 한다.

수면-각성 주기

시상하부에 위치하는 시각교차위핵은 수면-각성 주기에 중요한 역할을 한다. 눈의 망막에서 감지되는 빛의 양은 시각교차위핵에 전달되며 이어서 뇌하수체로 신호가 전달된다. 이렇게 신호를 받은 뇌하수체에서는 수면을 유도하는 물질인 멜라토닌을 분비한다. 멜라토닌이 분비되면 뇌의 각성 수준이 약해지고 피로를 느끼기 시작한다. 반대로 빛의 양이 증가하여 멜라토닌의 분비가 감소하면 각성 수준이 높아지며 잠에서 깬다.

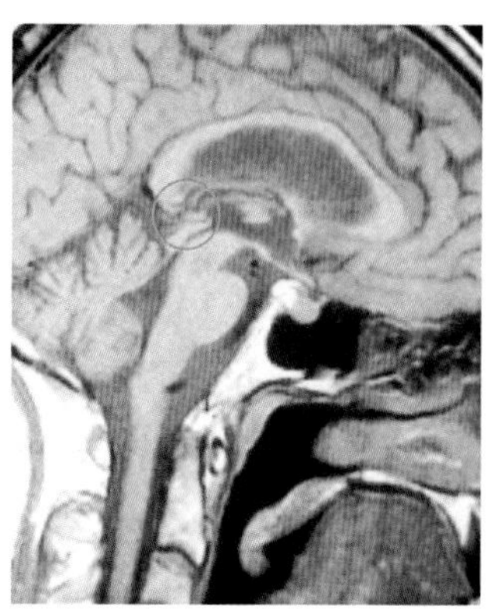

뇌하수체
뇌의 앞뒤 단면을 옆에서 본 MRI 사진이다. 노란색 원으로 표시된 부분이 시상 바로 아래 콩알만한 뇌하수체다. 멜라토닌의 분비를 담당한다.

멜라토닌
빛의 양이 감소하기 시작하면 멜라토닌의 분비가 늘어난다. 이러한 연관관계로 외부 환경에 의한 뇌의 수면-각성 주기의 조절 과정이 일어난다.

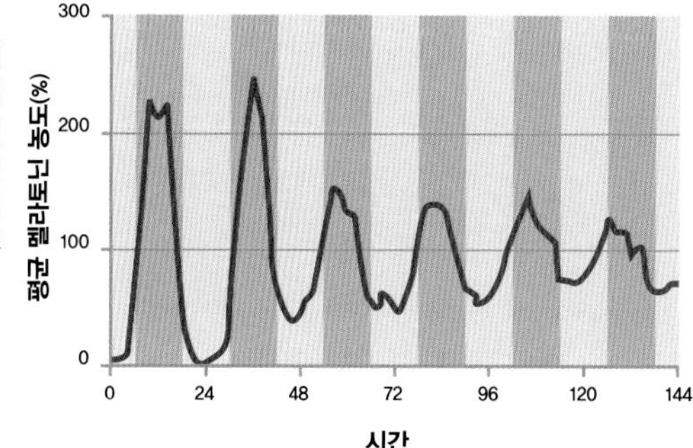

운동의 계획

몸을 움직이기 위해서는 의식적으로 또는 무의식적으로 계획을 세워야 한다. 2가지 모두 매우 복잡한 작동 과정을 거치는데, 그 과정은 매우 유사하다. 모든 운동의 계획은 두뇌에서 이루어진다. 무의식적인 운동과 의식적인 운동은 그 조절 부위가 서로 다르다. 특정 운동에 익숙해지면 의식적인 계획은 그 필요가 점점 줄어든다.

의식적인 운동, 무의식적인 운동

몸을 움직이는 행동은 의식적인 경우가 많다. 예를 들어 바닥에 떨어져 있는 것을 집어 올리려고 생각하고서 몸을 움직여 물건을 집는 경우가 그렇다. 그러나 눈을 깜빡거리는 것처럼 의식하지 않고서 하는 동작도 많다. 이처럼 의식하지 못하는 운동은 환경의 직접적인 자극에 의해 촉발되는 경우가 있다. 움직임이 복잡한 경우 의식적이거나 무의식적이거나 개인의 능력에 따른 차이가 크다. 같은 동작을 반복하여 익숙해지면 저절로, 즉 무의식적으로 할 수 있게 된다. 그러나 그렇게 무의식적으로 할 수 있게 된 동작이라도 주의를 기울이면 의식적으로 행할 수도 있다.

복잡한 몸짓
외발자전거 위에서 저글링을 하는 것처럼 복잡한 운동도 무의식적으로 할 수 있다.

숙련된 운전자 잘 알고 있는 길	숙련된 운전자 처음 가보는 길	초보 운전자
방향 전환할 교차로 찾기	방향 전환할 교차로 찾기	방향 전환할 교차로 찾기
거울로 차량 뒤와 옆 확인	거울로 차량 뒤와 옆 확인	거울로 차량 뒤와 옆 확인
변속기 조작	변속기 조작	변속기 조작
핸들 조작	핸들 조작	핸들 조작

기술과 익숙함에 따른 차이
이 표는 잘 알고 있는 길을 지나는 숙련된 운전자의 경우 방향을 전환할 교차로를 찾는 것도 무의식적으로 행하지만 초보 운전자의 경우에는 운전시 모든 동작을 의식적으로 함을 보여준다. 숙련된 운전자라 해도 처음 가는 길을 지날 때에는 방향 전환할 교차로 찾기는 의식적으로 해야 한다.

의식적 무의식적

반사작용

반사작용은 척수에 프로그램되어 있는 몸의 움직임이다. 뇌는 관여하지 않으며, 따라서 의식적으로 조절할 수 없다. 대부분의 반사작용은 잠재적으로 몸에 해로울 가능성이 있는 자극으로부터 몸을 보호하기 위한 것이다. 감각신경의 말단부에서 자극을 감지하면 신호가 척수로 전달되고 척수에서는 가장 인접한 운동신경을 활성화하여 해당 자극이 입력된 부위를 움직이도록 조정한다.

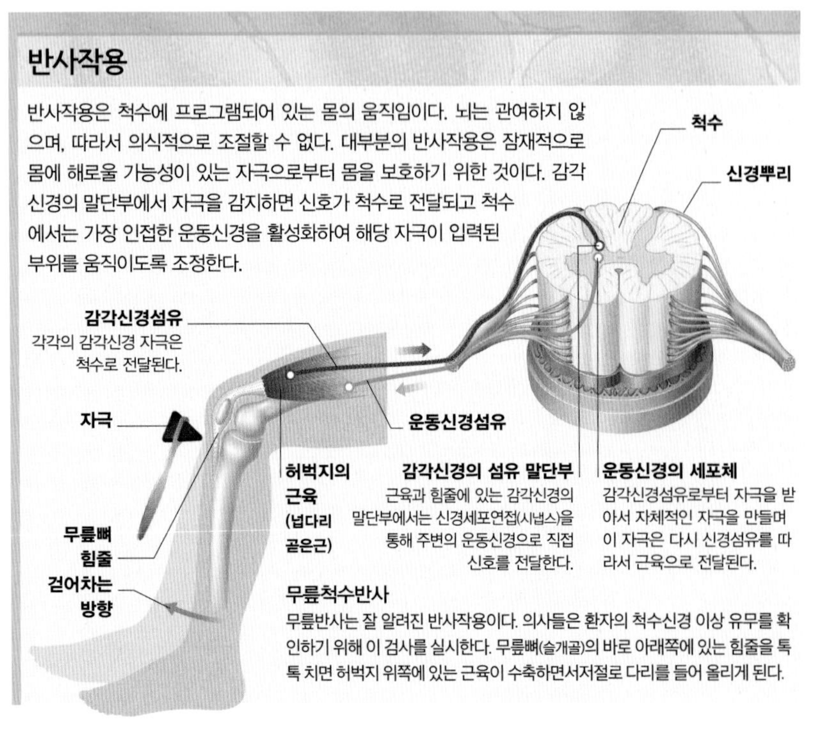

무릎척수반사
무릎반사는 잘 알려진 반사작용이다. 의사들은 환자의 척수신경 이상 유무를 확인하기 위해 이 검사를 실시한다. 무릎뼈(슬개골)의 바로 아래쪽에 있는 힘줄을 톡톡 치면 허벅지 위쪽에 있는 근육이 수축하면서저절로 다리를 들어 올리게 된다.

복잡한 운동의 계획
일부 동작은 장시간의 숙고를 요하는 경우가 있다. 예를 들어 골프 선수가 공을 홀컵에 넣기 위해 퍼팅을 하려는 순간에 이미 퍼팅 동작 자체는 너무나 익숙하여 무의식적으로 할 수 있는 것이지만, 정확히 집어넣기 위해서 뇌의 무의식적 운동조절영역에서 의식 영역으로 전환된다. 이렇게 하여 더 높은 인지 영역에서 공의 어느 부위를 어떤 방향으로 어느 정도의 힘으로 칠 것인지에 대한 계획에 집중할 수 있다.

뇌의 영역과 운동

의식적이든 무의식적이든 몸의 움직임은 모두 일차운동피질의 신호에 의해 조절된다. 그러나 무의식적인 운동은 마루엽과 관련되어 있으며, 의식적인 운동은 더 고차원적인 이마엽의 운동앞피질과 그 외의 보조운동피질의 조절을 받는다. 여기에는 등가쪽이마엽앞피질과 같이 운동을 의식적으로 평가하는 이마엽앞 부위가 포함된다. 몸을 움직이려는 결정에 의해 동작이 이루어지는 것처럼 느낄 수 있지만, 실제로는 의식적인 결정 이전에 뇌의 무의식적 운동 영역에서 몸을 움직이게 한다. 따라서 그 결정은 단순히 무의식적인 운동 영역에서 계획된 운동을 의식 영역에서 인지하는 것에 불과하다.

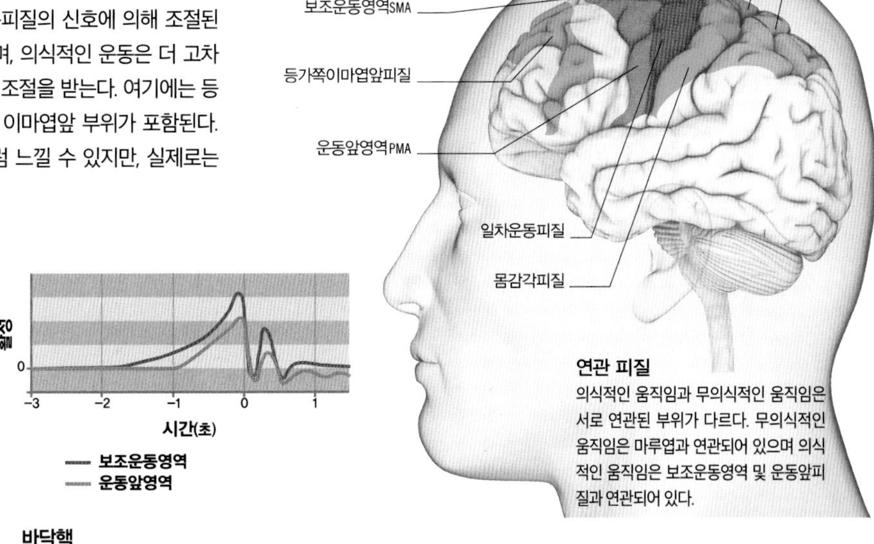

준비전압
보조운동영역과 운동앞영역에서 무의식적 운동의 신경 활성은 실제의 활동보다 2초 전에 시작된다. 의식적인 결정은 실제 움직임의 1초 전에 나타난다.

연관 피질
의식적인 움직임과 무의식적인 움직임은 서로 연관된 부위가 다르다. 무의식적인 움직임은 마루엽과 연관되어 있으며 의식적인 움직임은 보조운동영역 및 운동앞피질과 연관되어 있다.

바닥핵

마루엽과 이마엽에서 운동신호가 발생하면 바닥핵으로 전달되고, 바닥핵에서는 시상을 거쳐 보조운동영역과 운동앞영역을 오고가는 과정을 거친 뒤에 실제 행동으로 옮겨진다. 바닥핵은 부적절한 움직임을 걸러낸다. 예를 들어, 눈에 보이는 음식을 움켜잡는 것처럼 외부 자극에 의해 자동적으로 실행되는 움직임을 억제한다.

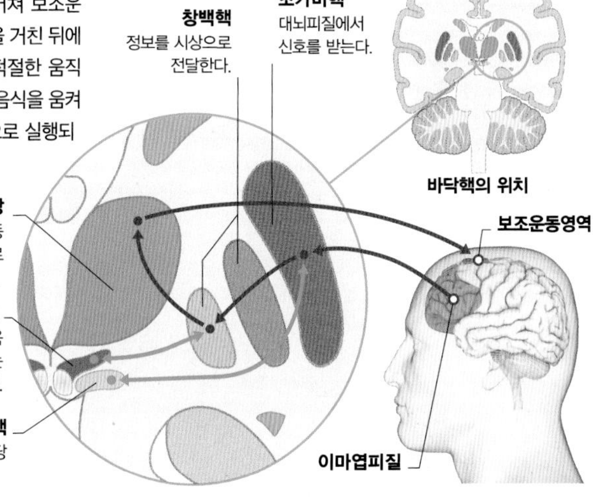

반응 조절
운동신호가 바닥핵 주변을 돌면서 다양한 신경전달물질의 조정을 받아 실행할 것인지 말 것인지 결정되도록 신호가 강해지거나 약해진다.

소뇌

동작이 복잡하다면 각각의 동작 순서와 시간이 매우 정교하게 조절되어야 한다. 이러한 조절을 담당하는 곳이 바로 소뇌다. 소뇌는 운동피질과 연결된 회로를 통해 섬세한 운동을 조절한다. 소뇌는 정확한 움직임을 위해 근육의 수축과 이완 시기를 조절한다.

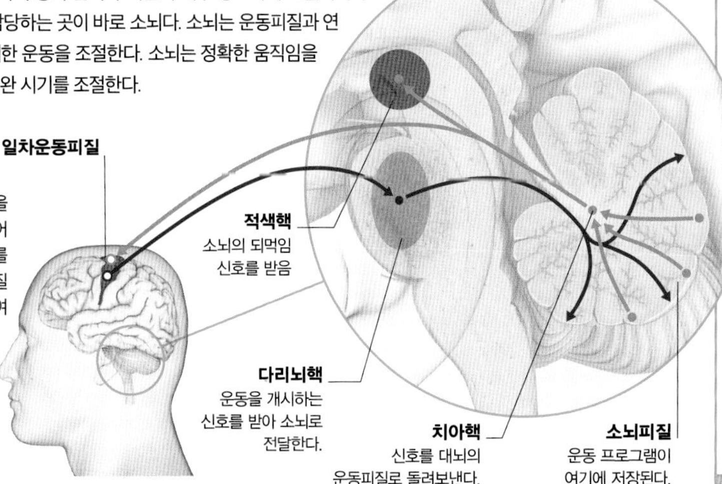

정확한 시간 조절
소뇌의 회로에는 시간을 측정하는 부분이 포함되어 있다. 근육에 운동신호를 내려보내는 일차운동피질에 필요한 시간 계산을 여기에서 담당한다.

운동의 실행

운동 계획이 끝나면 실행에 옮기도록 뇌의 해당 영역에서는 근육으로 신호를 보낸다. 신호의 일부는 운동피질로 전달되고, 이후 척수로 전달된다. 신호의 종류에 따라서는 더 직접적인 경로로 전달되는 경우도 있다. 운동신호가 근육에 도달하면 근육섬유가 수축하며 운동이 시작된다.

척수로

보조운동영역, 운동앞영역, 그리고 마루엽피질에서 만들어진 운동 계획은 실행을 위해 운동피질로 전달된다. 100만 개 이상의 뉴런으로 구성된 운동피질에서는 긴 축삭이 척수까지 연장되어 있다. 이 축삭 여러 가닥이 함께 다발을 이루고 몸감각피질에서 직접 내려오는 축삭과 함께 가쪽피질척수로를 형성한다. 척수에 진입하기 직전에 양쪽 대뇌반구에서 내려온 신경 다발은 서로 교차하여 좌우가 바뀐다. 중간뇌의 적색핵에서 시작되는 적색척수로는 섬세한 운동 조절에 관여한다. 안뜰척수로와 그물척수로는 뇌줄기의 아래쪽에서 시작되어 몸의 균형과 방향감각을 조절한다.

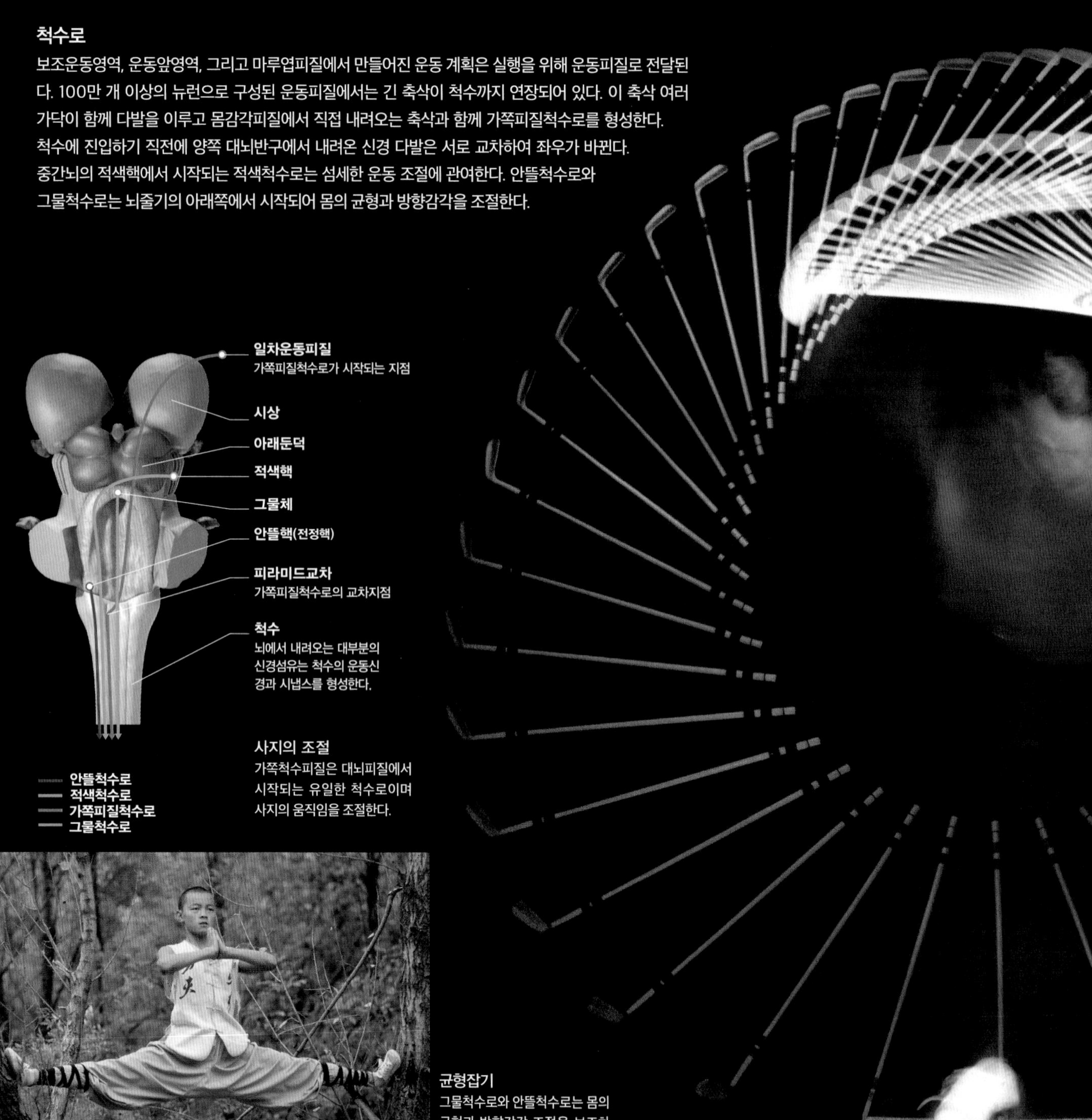

사지의 조절
가쪽척수피질은 대뇌피질에서 시작되는 유일한 척수로이며 사지의 움직임을 조절한다.

균형잡기
그물척수로와 안뜰척수로는 몸의 균형과 방향감각 조절을 보조하며 중력의 효과를 극복한다.

척수에서 근육으로

운동신경세포의 축삭은 척수로에서 신호를 받아 척추 사이로 빠져 나와 근육에 연결된다. 운동신경세포의 축삭 끝 부위는 근육 섬유에 도달하여 신경근육이음부를 형성하며 퍼져 있다. 신경근육이음부에 자극이 도달하면 신경전달물질인 아세틸콜린이 분비된다. 근육과 신경이 붙어 있는 연접틈새의 좁은 틈으로 방출된 아세틸콜린은 근육세포의 세포막 표면에 있는 아세틸콜린 수용체에 결합하고, 근육을 수축시키는 일련의 과정이 시작된다. 섬세한 동작을 하기 위해서는 더 많은 운동신경의 조절이 필요하다.

근육섬유

운동신경세포

신경근육이음부
운동신경에 의해 자극이 전달되면 근육 세포에 전기적 변화가 생겨 세포 안쪽에 있던 칼슘 이온이 밖으로 빠져나간다. 이렇게 칼슘 이온이 빠져 나가면 근육 섬유들은 수축한다.

정교한 순서
일차운동피질에서 운동 명령이 떨어지면 정확한 동작을 위해 매우 빠르고 정확한 시간 순서에 따라 특정 근육이 필요한 정도로 수축하게 조절된다.

운동성 질환

운동성 질환은 움직임이 과도해지는 운동과다증과 원하는 만큼 움직이지 않는 운동감소증의 2가지로 분류할 수 있다. 운동과다증에는 자신의 의도와는 관계없이 몸의 여러 부위를 흔드는 증상에서부터 틱 장애처럼 갑자기 의도하지 않은 몸동작이나 소리를 내는 것까지 다양하다. 갑작스럽게 발작하듯 근육이 수축하고 사지를 빠르게 쭉쭉 뻗는 증상은 무도병의 증상이다. 운동감소증에는 전반적으로 몸의 움직임이 느려지는 운동완만증과 갑자기 얼어붙은 것처럼 몸을 움직이지 못하는 운동실조, 그리고 팔 다리에 근육 긴장도가 필요 이상 증가한 경직, 자세를 유지하기 위한 근력 유지가 불가하여 자세가 불안정해지는 자세불안증 등이 있다.

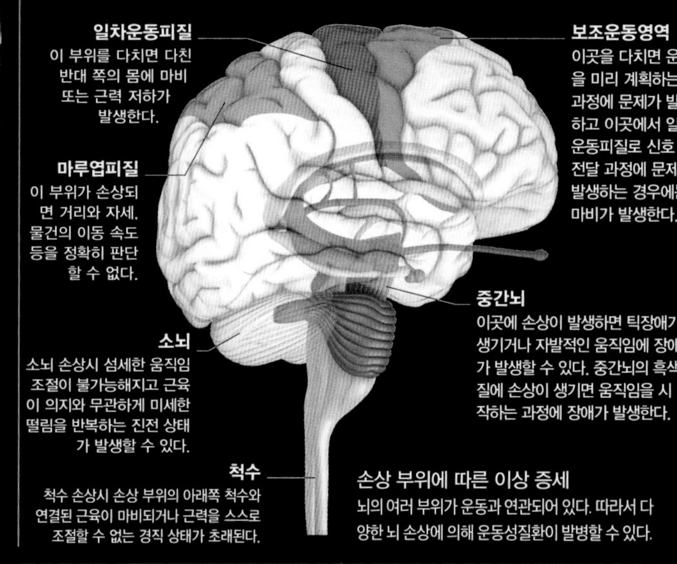

일차운동피질
이 부위를 다치면 다친 반대 쪽의 몸에 마비 또는 근력 저하가 발생한다.

보조운동영역
이곳을 다치면 운동을 미리 계획하는 과정에 문제가 발생하고 이곳에서 일차운동피질로 신호 전달 과정에 문제가 발생하는 경우에는 마비가 발생한다.

마루엽피질
이 부위가 손상되면 거리와 자세, 물건의 이동 속도 등을 정확히 판단할 수 없다.

중간뇌
이곳에 손상이 발생하면 틱장애가 생기거나 자발적인 움직임에 장애가 발생할 수 있다. 중간뇌의 흑색질에 손상이 생기면 움직임을 시작하는 과정에 장애가 발생한다.

소뇌
소뇌 손상시 섬세한 움직임 조절이 불가능해지고 근육이 의지와 무관하게 미세한 떨림을 반복하는 진전 상태가 발생할 수 있다.

척수
척수 손상시 손상 부위의 아래쪽 척수와 연결된 근육이 마비되거나 근력을 스스로 조절할 수 없는 경직 상태가 초래된다.

손상 부위에 따른 이상 증세
뇌의 여러 부위가 운동과 연관되어 있다. 따라서 다양한 뇌 손상에 의해 운동성질환이 발병할 수 있다.

운동 기능 회복

뇌 손상에 의해 운동성 질환이 발생하는 경우는 매우 다양하며, 특히 뇌졸중 이후에 생기는 경우가 가장 흔하다. 예를 들어 뇌졸중에 의해 운동피질에 손상이 생기면 손상 부위의 반대쪽 전부 또는 일부가 마비된다. 또한 피질을 침범하지 않은 뇌졸중의 경우에는 자신의 의도대로 몸을 가눌 수 없게 된다. 이렇게 손상된 신경로도 어느 정도까지는 회복이 가능하며 손상에 의한 후유 장애도 감소할 수 있다. 연구에 의하면 중간뇌와 대뇌의 운동피질 사이의 신경로 손상시 재활 치료 이후 3개월이 지나면서 새로운 신경 연결이 형성된 것이 확인되었다.

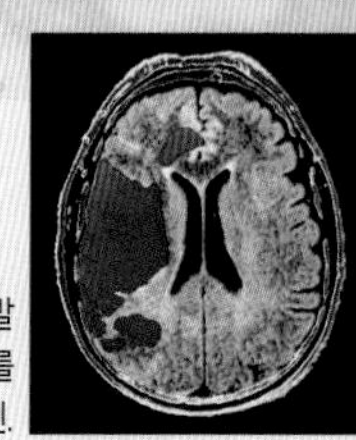

뇌졸중
뇌졸중에 의해 촉발된 뇌출혈의 범위를 보여주는 PET 사진.

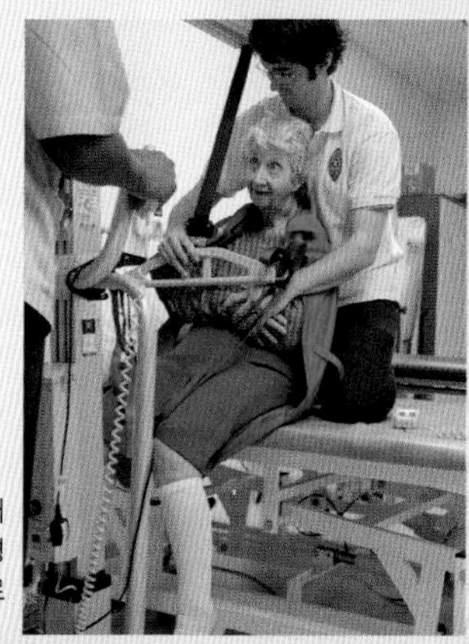

뇌졸중의 재활 치료
뇌졸중으로 신경로에 손상이 발생했더라도 어느 정도까지는 재생된다. 물리치료가 운동신경 회로의 재생과 복구를 촉진하며, 때로는 치료 정도에 따라서 회복 속도가 달라지기도 한다.

무의식적인 행동

감각기관에서 뇌로 전달되는 모든 정보는 거의 즉시 뇌에 기록된다. 그러나 그것을 알아차리기까지는 약 0.5초 정도 걸린다. 빠르게 변하는 외부 환경에 효과적으로 대응하기 위해 뇌는 무의식적으로도 순간적인 계획과 실행을 할 수 있다.

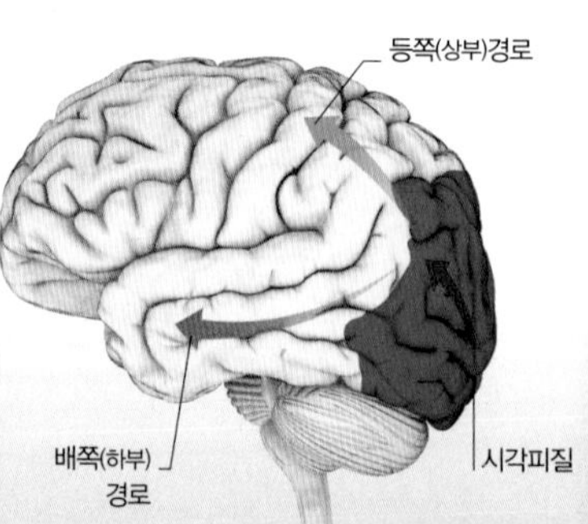

등쪽경로와 배쪽경로
시각 자극은 두 경로를 통해 병렬처리된다. 등쪽경로는 신체반응을 유발하며 배쪽경로는 시각자극을 인지하는 데 필요한 역할을 담당한다.

반응의 경로

뇌로 전달된 정보가 의식 수준에 도달할 것인지, 아니면 무의식 수준에서 처리될 것인지 결정되는 데까지는 400밀리초(1밀리초는 1000분의 1초)가 걸린다. 몸이 특정한 외부 자극에 대한 반응으로 행동을 취하기까지 걸리는 시간도 비슷하다. 따라서 외부 환경의 소리를 듣거나 광경을 목격하고 그 내용을 인식한 뒤에 반응을 하려고 하면, 거의 1초가량 늦어진다. 만약 빠른 속도로 차가 달려오고 있다면, 그 시간이면 이미 차에 치었을 것이다. 이에 뇌는 외부의 자극을 감지한 감각정보에 빠르게 대응하기 위해 무의식적인 반응 경로를 사용

날아오는 공 받아치기

테니스 선수라면 매우 빠르게 날아오는 서브에 대응하는 데 필요한 동작을 공이 어디로 날아올 것인지 인지하기도 전에 계획하고 실행에 옮길 수 있다. 초보자들과는 달리 프로 선수들은 공을 받아치기 위해 의식적으로 생각할 필요가 없다. 오랜 훈련 끝에 몸이 체득한 근육 조절 능력에 의해 자동으로 몸을 움직일 수 있기 때문이다. 상대 선수의 동작에 익숙해지면 서브하는 모습만 보아도 공이 어디로 날아올지 무의식적으로 예측할 수 있다.

리시버의 뇌에서 일어나는 일들임.

0밀리초 주의

상대 선수의 동작에 집중하여 그다음에 필요한 행동을 준비한다. 이렇게 집중해야 주변의 다른 자극에 뇌가 반응하는 것을 막고 상대 선수에 대한 시각정보를 더욱 강화한다. 상대 선수의 스타일에 익숙하다면 서브 동작만으로 공이 어디로 떨어질 것인지 예측할 수 있다. 이러한 노력으로 반응 속도가 20-30밀리초 빨라질 수 있다.

시선집중
이마엽에서는 방해가 될 만한 생각들을 억제하며, 시상에서는 목표인 상대 선수에 시선을 집중시킨다.

70밀리초 몸의 기억

공의 움직임은 아직 인지하지 못했지만 이미 뇌에서는 날아오는 공을 어떻게 받아칠 것인지, 그러려면 어떤 동작을 취해야 하는지 계획을 세우고 있다. 이 단계에서 상대 선수의 움직임을 토대로 자신이 어떻게 할 것인지를 결정한다. 숙련된 선수들은 서브 초기에 보이는 의미 없는 시각정보를 무시해버리기 때문에 경험이 부족한 선수보다 적은 양의 시각적 단서만을 처리하면 된다. 상대 선수의 움직임을 보고 얻은 정보는 마루엽피질을 활성화시키고, 뒤이어 관련된 기억을 떠올린다. 이 기억은 서브로 날아오는 공을 어떻게 받아 칠 것인가와 같이 학습과 연습으로 몸소 익힌 동작에 관한 것으로, 이미 반사적인 운동 프로그램으로 몸에 남아 있다. 이러한 프로그램들은 상황에 필요한 동작을 재현할 수 있도록 조가비핵이라는 뇌의 무의식 영역에 저장되어 있다.

운동기억
바닥핵의 한 부분인 조가비핵은 깊이 뿌리 박힌 운동 습관에 대한 기억을 보관한다. 조가비핵에서 발생한 신호는 대뇌의 마루엽피질로 전달된다.

한다. 움직이는 물체를 보았을 때는 즉시 그 물체와 자기 몸의 위치 관계를 파악해야 한다. 대뇌의 뒤통수엽, 마루엽의 다양한 부위가 물체의 모양과 크기, 움직이는 방향과 궤적을 계산한다. 이런 정보를 종합해 몸을 어떻게 움직일 것인지 결정된다. 예를 들어 파리가 날아드는 것이라면 손으로 때려잡을 것이고, 위험한 것이 날아든다면 몸을 피할 것이며, 과일이 떨어지거나 꼬마 아이가 넘어지려고 한다면 얼른 붙잡는 동작을 취할 것이다. 선택된 반응은 대부분 학습에 의한 것들이다. 예를 들어 공이 날아올 때 숙련된 야구 선수라면 손으로 쉽게 붙잡을 것이지만, 익숙하지 않은 사람이라면 놓칠 것이다.

경기를 관람하는 테니스 선수

오른쪽은 다른 선수의 경기를 보고 있는 테니스 선수의 뇌 fMRI 사진이다. 날아가는 공을 보고 있을 때는 사물을 추적하는 기능을 담당하는 뇌 부위가 활성화된다. 서브 장면을 보고 있을 때는 시각 영역뿐 아니라 마루엽피질의 대부분이 활성화되었다. 추가적인 뇌 활성은 경기를 시청하고 있는 사람의 뇌에서 마치 실제 행동에 옮기는 것 같은 모습을 보여준다. 이 정보는 서브를 보고 있는 사람이 공의 방향을 예측하는 데 도움이 된다.

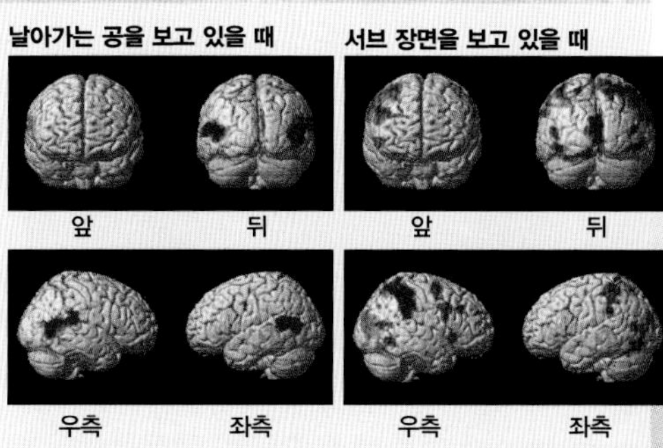

250밀리초 행동의 계획

공을 받아 쳐야 하는 선수의 머리는 지금까지 수집한 정보를 모아 빠르게 날아오는 공에 대응할 태세를 갖춘다. 상대 선수의 움직임과 공의 빠르기, 예상되는 궤적 그리고 이러한 자극으로 떠오르는 운동기억들을 종합하여 계획을 세운다. 이때 계획은 운동앞영역이라 불리는 일차운동피질 바로 앞 부분에서 만들어진다. 이곳은 마치 연습 무대와 같아서 실제 근육의 움직임을 동반하지는 않지만 전체적인 신경 활성의 유형을 시험해볼 수 있는 곳이다.

운동피질

시각피질

예행연습

모든 무의식적인 지식이 모여 행동 계획이 수립된다. 이렇게 만들어진 행동 계획은 운동피질의 앞쪽에 인접한 운동앞영역에서 시연된다.

355밀리초 신호의 전달

운동앞영역에서 준비한 행동 계획은 인접한 운동피질로 전달된다. 운동피질의 뉴런에서 발생한 신호는 척수를 따라 이동하여 골격근에 도달하며 근육을 수축시킨다. 이 선수의 경우 오른쪽 운동피질의 가운데의 뉴런에서 발생한 신호는 왼쪽 팔과 손을 움직여서 라켓에 공이 맞을 수 있도록 연결한다. 다른 뉴런들은 몸의 나머지 부분을 조정한다. 몸의 각 부위를 순서에 맞게 움직이는 기능은 소뇌에서 조절된다.

운동피질

소뇌

운동피질에서 선수의 손에 도달한 신호

운동의 지시

운동피질에서 발생한 신경신호는 척수를 따라 이동하여 근육을 수축시켜 원하는 동작을 완성한다.

500밀리초 의식적인 행동

만약 상대 선수의 동작만 보고 무의식적으로 판단한 공의 궤적과 실제 인지되는 공의 위치가 크게 다를 경우 대체 동작을 준비하거나 현재의 계획을 일부 수정하는 과정이 시작된다. 새로운 의식 속의 정보를 토대로 수정안을 만드는 데는 200-300밀리초가 추가로 소요된다. 이 시간이면 공은 이미 받아칠 수 없을 정도로 날아갔을 것이다.

이 상황은 마치 계단이 끝난 곳이라고 생각하고 걸음을 옮겼으나 하나 더 내려가는 계단이 남아 있었을 때와 비슷한 상황이다. 두 경우 모두 결과적으로 육체적인 파국이 초래되어 분노, 당황, 패배감 등의 다양한 감정을 이끌어낸다.

285밀리초 의식적 사고의 시작

상대 선수의 라켓을 떠나 날아오는 공의 움직임을 인식하게 된다. 그러나 이미 리시버의 뇌에서는 무의식적으로 공의 움직임을 예측했기 때문에 실제의 공 위치와 예측의 결과가 서로 다르지 않다면 선수는 자신이 예상한 곳에서 실제 공을 볼 수 있을 것이다.

공의 움직임을 인식한다.

리시브

거울뉴런

몸을 움직일 때 활성화되는 뉴런은 다른 사람이 움직이는 것을 보기만 해도 활성화된다. 이는 우리가 다른 사람의 행동을 무의식적으로 흉내 낸다는 것, 어느 정도는 보는 것만으로도 그 경험을 공유할 수 있음을 의미한다. 거울뉴런으로 우리는 다른 사람이 어떻게 느끼는지 생각해보지 않고도 이해할 수 있다. 이것은 최근 신경과학의 가장 중요한 발견 중 하나이다.

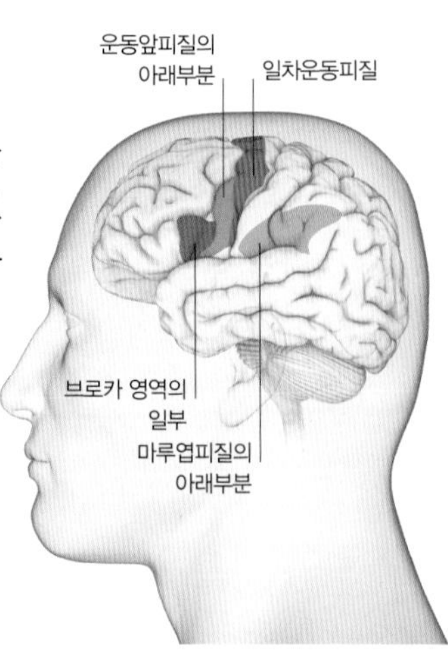

거울뉴런이란 무엇인가?

거울뉴런은 짧은꼬리원숭이 뇌의 운동계획영역에서 처음 발견되었다. 뒤이은 연구로 인간의 뇌에도 거울뉴런이 있을 것으로 추정된다. 인간의 거울뉴런은 원숭이의 것보다 훨씬 더 광범위한 것으로 보인다. 인간의 거울뉴런은 운동영역뿐 아니라 감정, 감각, 심지어 의지의 영역에도 있는 것으로 보인다. 이런 거울뉴런이 있어서 다른 사람의 마음속에 어떤 변화가 일어나고 있는지 즉시 알아챌 수 있다. 다른 사람이 느끼거나 하고 있는 것을 알아내는 이 능력은 모방을 바탕으로 하고 있는 것으로 보인다.

어떻게 발견되었나

거울뉴런은 원숭이가 음식을 붙잡기 위해 손을 내밀 때 활성화되는 뉴런을 알아내는 연구를 하는 과정에서 발견되었다. 연구진이 원숭이가 보는 앞에서 음식을 잡는 동작을 보이자 원숭이가 직접 음식을 집을 때 활성화되는 부위와 동일한 곳의 뉴런이 활성화되었다.

어디에 있나

인간의 거울뉴런은 의지와 관련해서는 운동앞피질의 일부와 같이 이마엽까지 연장되어 있는 것으로 보인다. 감각과 관련된 마루엽에서도 발견된다. 그러나 거울뉴런이 분포하는 위치에 대해서는 아직 연구가 계속되고 있다.

감각의 반영

거울뉴런은 대뇌에서 감각을 담당하는 몸감각피질에서도 작동하는 것으로 보인다. 어떤 연구에서, 실험 참가자의 다리에 솔질을 하면서 뇌 검사를 했고, 뒤이어 다른 사람의 다리에 솔질하는 장면을 담은 영상을 보여주며 뇌 검사를 했다. 뇌에 활성화된 부위를 분석한 결과 실제 솔질을 해야만 활성화되는 부위가 있었고, 다른 사람의 다리에 대신 솔질하는 장면을 보았을 때만 활성화되는 부위가 있었다. 그리고 직접 자극이 되었을 때나 다른 사람의 자극 장면을 보았을 때 모두 활성화되는 부위가 발견되었다. 이것이 거울뉴런으로, 아래의 자기공명영상에 표시된 부분이다. 이 연구에서는 왼쪽 대뇌반구에만 국한되어 발견되었다. 그러나 다른 연구에서는 양쪽 대뇌반구에서 모두 다 발견되었다.

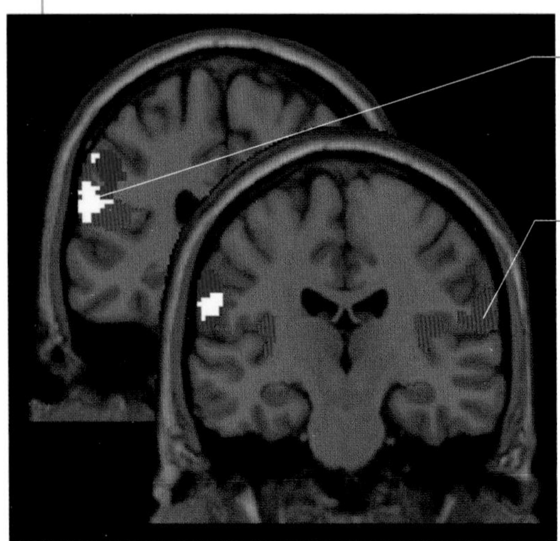

왼쪽 대뇌반구의 몸감각영역은 실제 피부에 접촉할 때와 피부에 접촉하는 장면을 눈으로 보았을 때 모두 다 활성화되었다.

오른쪽 대뇌반구의 몸감각영역에서는 실제로 피부에 접촉할 때만 약간의 활성이 관찰되었으나 유사한 다른 연구 결과에서는 거울뉴런이 발견되었다.

활성화 영역
뇌의 좌우 단면을 보여주는 MRI 2장은 같은 사람에게 촬영한 것이다. 실제 접촉으로 자극이 되는 뇌의 영역과 다른 사람의 피부 접촉 장면을 보았을 때 활성화되는 부위, 그리고 두 경우 모두 활성화된 영역을 보여준다.

- **실제 접촉에 의해 활성화된 영역**
- **피부 접촉 장면을 목격한 것으로 활성화된 영역**
- **실제 피부 접촉과 다른 사람의 피부 접촉을 목격한 경우 둘 다 활성화된 영역**

대화의 반영

거울뉴런은 대화를 나누는 사람들의 뇌를 동기화시켜 의사소통에 도움을 줄 수 있다. 사람은 대화하면서 말하는 속도를 맞추고, 동일한 형태의 문법 구조를 사용하는 등 무의식중에 서로를 모방한다. 이렇게 하면 상대방이 다음에 무슨 말을 할지 예측할 수 있어 의사소통이 더 빠르고 순조로워진다. 대화할 때는 신체 동작과 표정이 결합되어 완전한 의미를 전달하는데, 이런 작은 움직임은 다른 사람의 목소리를 지각하는 데 큰 도움이 된다. 말하는 사람의 얼굴을 쳐다보는 것은 목소리를 15데시벨 높이는 것과 똑같은 효과를 나타낸다.

신체언어
말하는 양상과 속도를 동기화하는 것 외에도 사람은 누구와 대화를 나누든 무의식중에 상대방의 신체언어에 맞춰 반응한다

느낌을 이해하기
다른 사람의 행동을 보고 거울뉴런이 작동하려면 그 사람이 느끼는 것을 이해할 수 있어야 한다. 예를 들어 전문적인 무용가를 보고 그 동작을 반영하려면 완벽하게 재현하지는 못하더라도 그 동작을 어느 정도 이해할 수 있어야 한다.

동작의 반영

최근의 연구에 따르면, 실제 움직이고 있을 때와 다른 사람이 움직이고 있는 것을 보고 있을 때, 정확히 어느 정도인지는 확인되지 않았지만 두 상황에서 모두 활성화되는 거울뉴런이 있는 것으로 알려졌다. 운동앞피질에 있는 뉴런은 다른 사람이 달리는 것을 보았을 때도 다리를 움직일 계획을 세운다. 즉, 다른 사람이 무언가 하고 있는 모습을 본다면 보는 사람의 뇌는 마치 동일한 행동을 하는 것처럼 작동한다. 그러나 다른 사람의 행동을 보고 거울뉴런이 작동하기 위해서는 이른바 동일한 행동에 익숙하여 보는 것만으로도 동조할 수 있어야 한다.

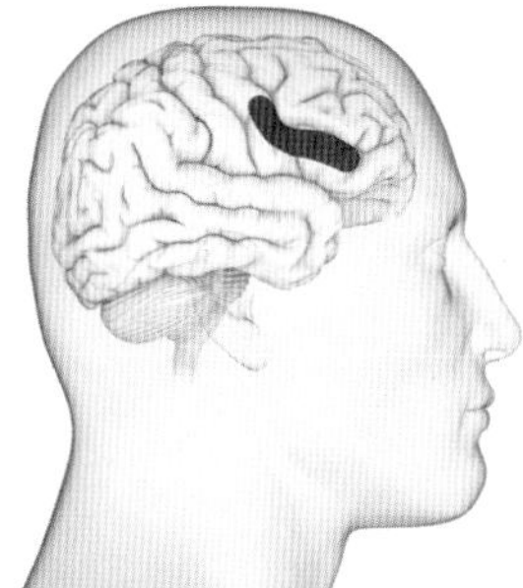

음식을 씹는 모습을 보았을 때
다른 사람이 음식을 씹는 모습을 보면 입과 턱의 움직임과 관련된 운동앞피질과 일차운동피질이 활성화된다.

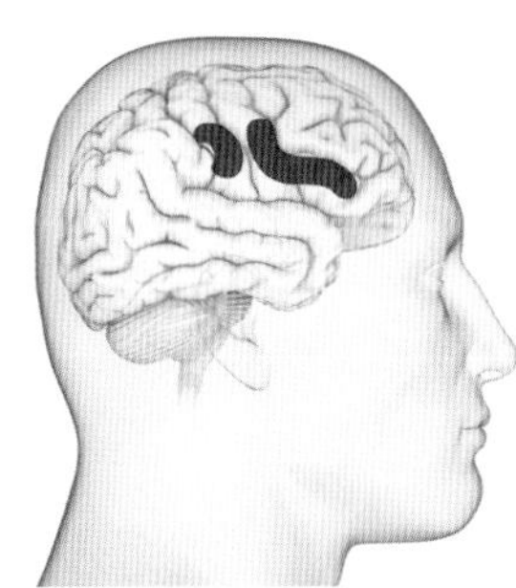

특정 대상에 대한 행동
단순히 먹는 모습이 아니라 사과를 베어 무는 것처럼 특정한 행동일 때는 마루엽피질의 일부도 활성화된다.

감정의 반영

다른 사람이 감정을 표현하는 모습을 보면 감정을 느낄 때 활성화되는 뇌 영역이 활성화되어 감정이 전달된다. 참가자에게 불쾌한 냄새를 맡게 한 뒤 다른 사람이 나쁜 냄새에 불쾌감을 호소하는 비디오를 보여주는 실험을 한 결과, 실제 냄새를 맡았을 때나 불쾌감을 호소하는 사람을 보았을 때 뇌의 같은 부위가 활성화되는 것으로 밝혀졌다. 감정의 전파는 공감의 근간일 것이다. 자폐인은 이러한 능력이 결여된 경향이 있으며 동시에 거울뉴런 활성도 적게 나타나는 것으로 알려져 있다.

공포영화
사람은 누군가 겁에 질려 있는 모습을 보는 것만으로도 공포를 느낀다. 거울뉴런은 관객의 감정을 고취시키는 데 큰 도움이 된다.

의도의 반영

같은 동작이더라도 서로 다른 상황에서 일어나는 경우 그 신호가 전혀 달라질 수 있다. 인간의 거울뉴런은 이러한 부분까지 고려하는 것으로 보인다. 예를 들어 어떤 사람이 커피를 마시기 위해 잔을 집어 올리는 모습을 보았을 때 작동하는 거울뉴런과 빈 컵을 설거지하기 위해 집어 올리는 경우처럼 동작은 똑같지만 상황과 의미가 전혀 다른 모습을 보았을 때 작동하는 거울뉴런은 서로 다르다. 목격자의 뇌는 행동하는 사람의 동작을 단순히 따라 하는 것만이 아니라 그 의도까지도 함께 파악한다. 따라서 다른 사람의 행동을 흘끗 보는 것만으로도 실제 그 일을 직접 따라 하지 않더라도 그 의도를 파악할 수 있다.

마시기와 씻기
위의 사진은 잘 차려진 아침 식사에 놓인 커피 잔을 집어 올리는 것이고, 아래는 음식을 다 먹은 뒤의 빈 접시 사이에서 빈 잔을 집어 올리는 것이다. 두 사진 속의 동작은 동일하지만 그것을 보는 사람의 뇌는 그 상황의 차이도 고려한다. 그러므로 각각의 사진을 보면 서로 다른 의도가 있음을 자연스레 알게 된다.

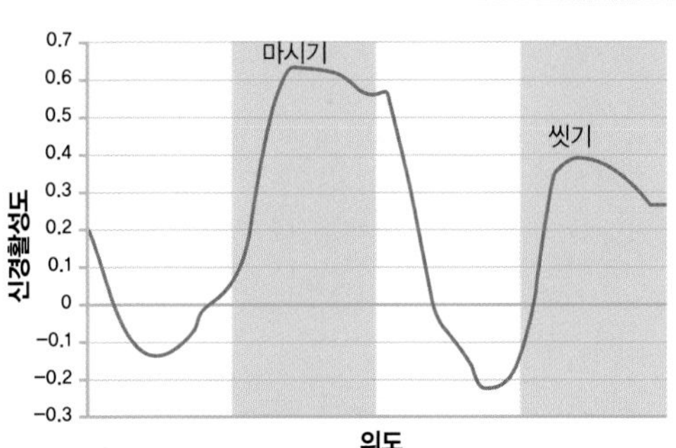

활성도의 수준
커피를 마시려고 잔을 집어 올리는 것을 볼 때 신경활성이 증가하는 이유는 잔을 씻기 위해 집어 올리는 경우보다 더 흔하고 익숙하기 때문이다.

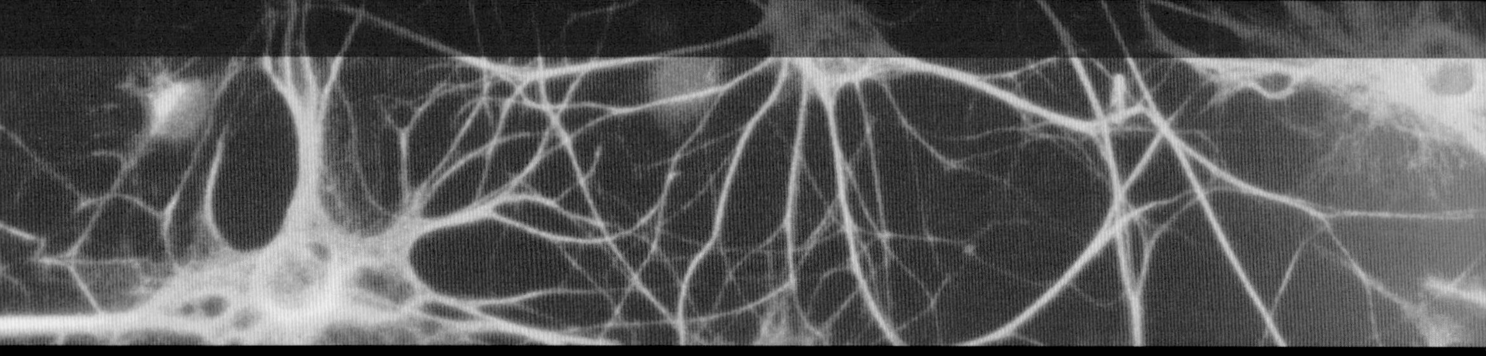

감정은 즉각적인 행동이 필요한 신체의 변화 정도로 생각할 수 있다. 감정은 생존과 번식을 위해 반드시 해야 할 것을 실행에 옮길 수 있도록 발달했다. 효율을 높이려는 이유로, 감정에 의해 촉발된 행동은 유쾌하거나 불쾌한 느낌과 연관되어 있다. 감정은 길어야 몇 시간 이상 지속되지 않지만, 더 오래 지속되는 상태인 기분을 결정할 수 있다.

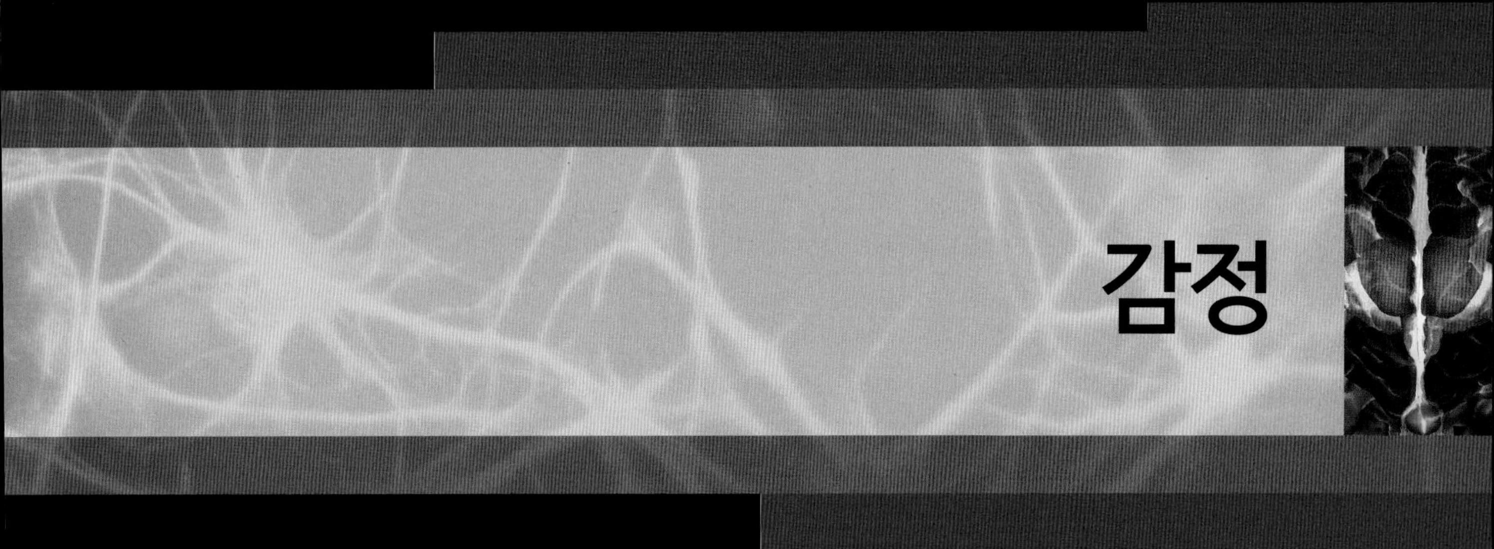

감정

감정의 뇌

감정은 의식적 느낌인 것으로 보이지만 사실은 외부 자극에 대한 생리적 반응으로, 위험을 피하고 보상을 얻을 수 있게 하는 내적 동기이다. 감정은 마음속에 끊이지 않고 생기지만 대부분 인식하지 못한다.

감정의 구조

감정은 대뇌피질 바로 아래에 있는 변연계에서 생성된다. 변연계는 포유동물의 역사를 따라 진화했다. 인간의 변연계는 더 나중에 진화한 대뇌피질과 매우 밀접하게 연결되어 있다. 변연계와 대뇌피질은 이중의 경로로 연결되어 있어서 항상 감정을 느낄 수 있으며 의식적 사고로 감정에 영향을 줄 수 있다. 각각의 감정은 시상하부, 뇌하수체를 포함한 서로 다른 뇌의 기능 단위에 의해 조절된다. 시상하부와 뇌하수체는 호르몬 분비를 조절하여 심장 박동수 증가나 근육 수축 등의 신체 반응을 유도한다.

띠피질

변연계에 가장 가까운 피질이다. 까다롭고 어려운 일을 수행하거나 격렬한 사랑, 분노 또는 욕망을 경험할 때 앞쪽띠피질의 활성이 증가한다. 아기의 울음소리를 듣는 어머니의 뇌에서도 이 부위가 활성화되었다. 앞쪽띠피질에는 오른쪽 그림 같은 모양의 방추세포라는 독특한 뉴런이 있다. 이 뉴런은 다른 사람이 느끼는 감정을 파악하고 다른 사람의 감정에 적절한 반응을 보이는 것과 관련된 기능을 담당한다.

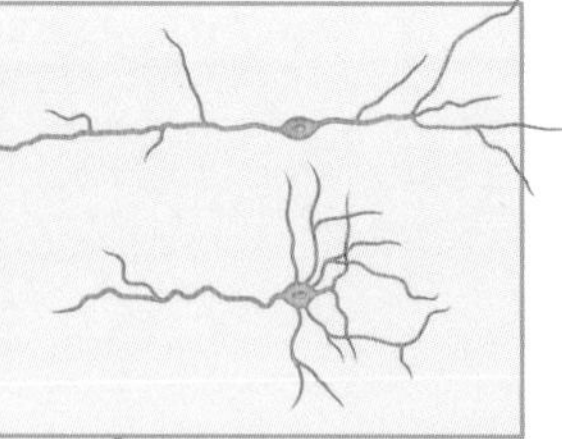

분계섬유줄

뇌의 편도를 다른 부분과 연결하는 신경로의 일부다. 분계섬유줄은 불안이나 스트레스 반응에 관여한다. 이 부위의 세포 밀도는 남성과 여성이 달라 성별을 구분하는 척도로 사용할 수 있다. 성전환자의 경우 자신이 되고자 하는 성의 뇌에서 보이는 세포 밀도와 유사하다.

이마엽피질

변연계의 정보는 이마엽피질로 전달되어 감정을 느낄 수 있다. 주변 환경에 대해 자신이 이해한 내용은 대뇌피질에서 변연계로 전달되어 정보전달회로를 형성한다. 감정이 생각에 미치는 영향이 그 반대의 경우보다 더 강한데, 아마도 변연계에서 대뇌피질로 정보를 전달하는 신경로가 대뇌에서 변연계로 내려오는 신경로보다 훨씬 더 많기 때문일 것으로 보인다.

후각복합체

시상을 지나 대뇌피질로 전달되는 다른 감각정보와는 달리 냄새에 관한 정보는 후각망울에서 다른 곳을 거치지 않고 바로 변연계에 전달된다. 냄새가 매우 강렬하고 즉각적인 감정 반응을 유도하는 이유가 여기에 있다. 후각복합체는 뇌의 감정 중추인 것으로 추정되며, 시각과 청각이 진화하기 이전에 먼저 진화한 것으로 보인다.

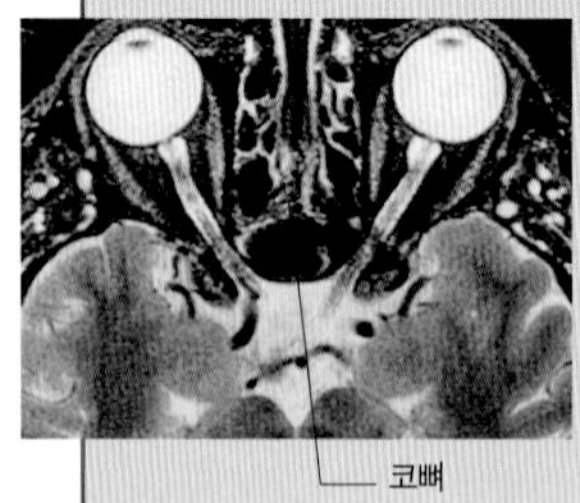

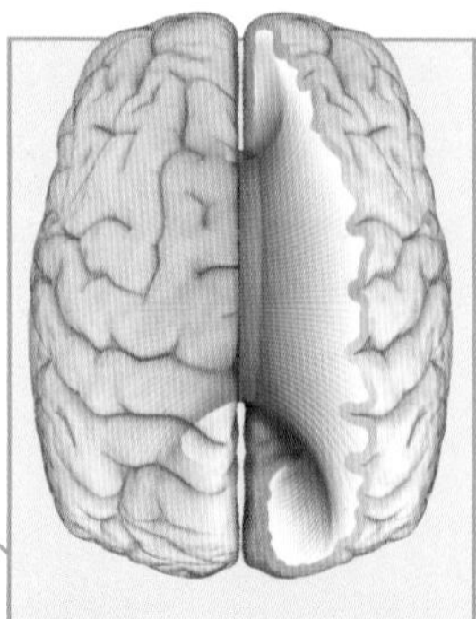

뇌들보

뇌들보는 오른쪽과 왼쪽 대뇌반구 사이에서 감정을 전달하는 중요한 경로다. 평균적으로 여성이 뇌들보에 있는 신경섬유의 밀도가 남성보다 높다. 이 때문에 동일한 상황에서 남성과 여성이 다른 감정적 대응을 하는 것으로 추정된다.

시상

시상은 온몸의 감각기관에서 수집된 정보가 뇌로 전달되는 과정에서 한번 거쳐 가는 중계소 역할을 한다. 그러나 시상핵의 일부(그림 속 어두운 녹색 부분)는 특히 감정에 미치는 영향이 크다. 이 부분의 시상핵들은 감정이 두드러진 자극을 변연계의 적절한 부위, 즉 편도나 후각피질로 전달한다.

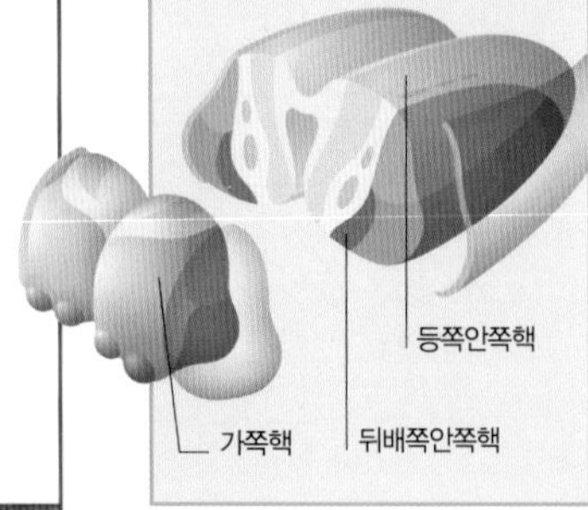

해마

해마는 기억을 저장하고 다시 떠올리는 것을 담당한다. 개인적이거나 일시적인 일에 대한 기억에는 감정 요소가 포함된다. 따라서 해마에서는 이러한 기억을 떠올릴 때 과거의 감정도 재현한다. 이렇게 떠오른 과거의 감정은 현재의 것과 뒤섞이거나 현재의 감정을 대신하기도 하는데, 그 때문에 슬픈 기억을 떠올리면 현재의 기쁜 마음이 싹 사라지곤 한다.

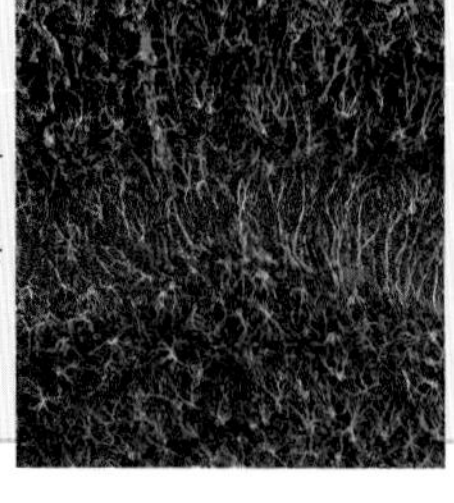

편도

편도는 뇌의 아주 작은 부분을 차지하고 있지만 감정과 관련해서 가장 중추적인 부분이다. 이곳에서는 외부와 내부의 정보를 종합하여 위험의 정도와 감정적 의미를 평가한다(자세한 내용은 다음 쪽을 참고하라).

시상하부 및 유두체

시상하부는 뇌 전체 크기에 비하면 매우 작은 부분을 차지하고 있지만, 크기와는 달리 기능이 복잡하고 다양하다. 여기서는 주변 환경에 대응하여 호르몬 분비를 조절하기도 하고 직접 분비하기도 한다. 그리고 이런 호르몬의 분비로 감정의 변화를 느낄 수 있다. 또한 편도가 관여하는 공포에 대한 반응을 조절한다. 유두체는 뇌활을 통해 해마와 연결되어 있으며 기억 및 감정에 관여한다.

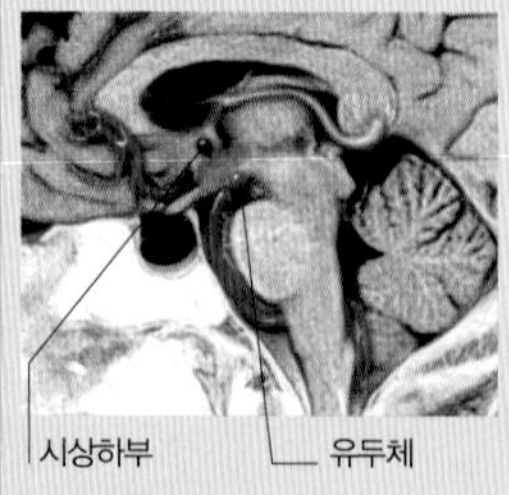

편도

편도는 모든 자극을 경험하고 적절한 감정 반응을 만들기 위해 다른 뇌 부위로 자극을 전달한다. 편도에는 공포에 대한 반응을 유발하는 특수한 형태의 핵이 있다. 중심핵은 공포감에 대해 몸을 굳게 만든다. 반면에 바닥핵에서는 똑같은 공포감에 회피 반응을 일으킨다. 이 신경핵은 성 호르몬의 영향을 받기 때문에 공포에 대응하는 방식이 성별에 따라 다르게 나타난다. 편도의 활성화는 시상하부의 영향을 받는다(오른쪽 참고).

편도체 반응의 조절
편도체는 공포 자극에 활성화된다(오른쪽). 그러나 해마에서 옥시토신이 분비되면 편도체의 활성이 감소하면서(오른쪽 아래) 공포감도 함께 줄어든다.

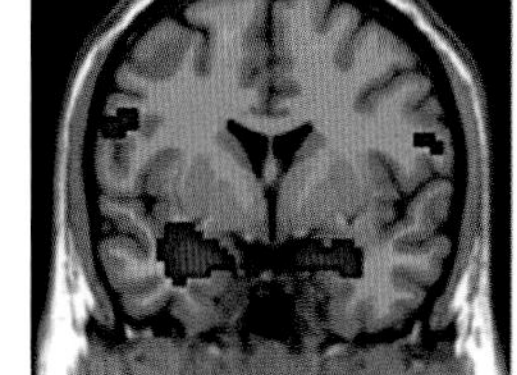

공포반응

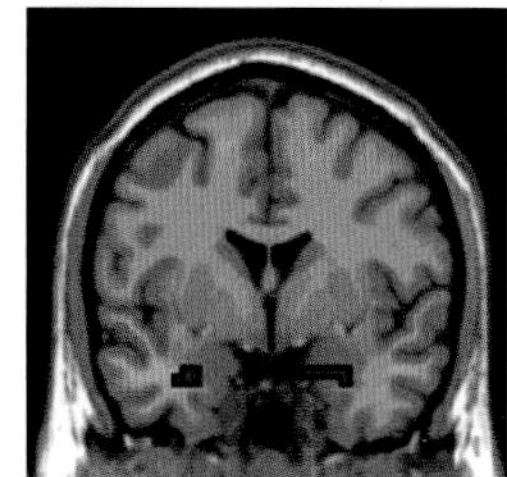

옥시토신이 분비된 상황

감정의 중심
뇌의 광범위한 영역이 감정에 관여하지만, "중심" 네트워크는 여기 빨간색으로 나타낸 부분, 즉 편도체와 등쪽안쪽피질 및 눈확이마엽피질에 걸쳐 있다.

변연계 중심 영역

긍정적 감정

편도 바로 옆에 있는 변연계는 기쁜 감정과 관련되어 있다. 여기서는 편도와 불안과 관련된 대뇌피질의 활성을 줄여서 감정을 조절한다. 기대와 즐거움을 추구하는 행동은 "보상회로"의 영향을 받는다. 보상회로는 시상하부와 편도에 직접 작용한다. 여기서 도파민이 분비되면 기대와 추진력을 유발하며, 감마아미노부티르산이 분비되면 이 부위의 뉴런이 활성화되는 것을 막는다.

기쁨과 뇌
자신이 응원하는 축구팀이 득점하는 장면을 목격하는 것과 같이 기분 좋은 자극이 있으면 변연계에서 가까이에 있는 뇌 부위가 활성화된다.

두려움

편도는 좋고 나쁜 기억의 저장소 역할을 한다. 특히 마음의 상처가 되는 정신적 외상에 대한 기억도 여기에 저장된다. 또한 낮게 날아오는 새와 거미, 뱀 등을 보았을 때 전형적인 공포를 느낀다. 공포증이 생기려면 그러한 감정을 촉발하는 인자가 있어야 한다. 즉 직접 두려움을 느끼게 하는 것 또는 다른 사람이 공포에 휩싸인 모습 등의 자극이 있어야 한다. 편도는 의식의 지배를 받지 않는 곳이라서 이곳과 관련된 공포증은 없애기가 쉽지 않다. 대신 학습을 통해 같은 자극에 대한 반응을 줄일 수 있도록 해야 한다.

공포에 대한 반응
몸의 자동 조절 기능을 담당하는 자율신경계에서 공포심이 생겼을 때의 신체 반응을 관장한다.

눈 동공 확대
심장 심박수 증가
폐 빠르고 깊은 과호흡 상태 유발
위 소화효소 분비 억제, 구역질 유발
장 장 내부를 지나는 음식물의 이동 속도 저하
방광 괄약근의 수축
혈관 주요 대혈관의 확장; 혈압의 상승

무의식적 감정

인간은 의식적인 감정 체계를 가지고 있다. 그러나 아직 인간의 감정에는 원시적이고 자동적인 반응을 할 수 있는 부분이 남아 있다. 무서운 광경이나 소리는 대뇌 수준에서 인식하기 이전에 먼저 편도에 등록된다. 감각정보는 대뇌피질로 전달되어야 인식할 수 있지만 그 이전에 편도에서는 시상으로 정보를 보내서 몸을 피할 것인지, 그 자극에 대항해서 싸울 것인지 또는 상대를 달랠 것인지 상황에 맞춰 반응을 개시한다. 이와 같은 "약식" 경로는 상황에 반응하여 즉각적인 행동을 취할 수 있게 하며, 경우에 따라서는 생명을 지켜준다. 예를 들어 큰 소리를 듣고 깜짝 놀랐다가도 상황이 자신에게 위협적이지 않음을 발견하면 긴장을 푼다. 이것은 무의식적인 반응과 의식적인 반응의 두 가지 단계를 경험한 것이다.

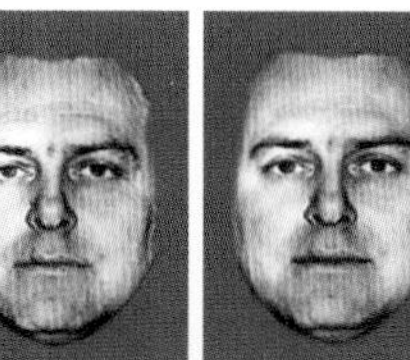

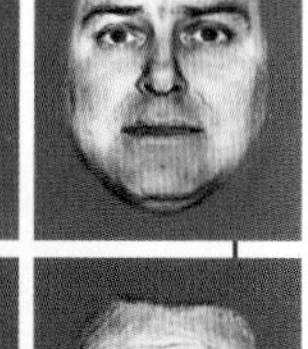
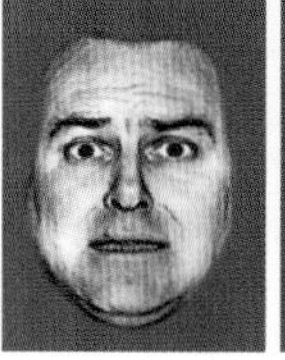
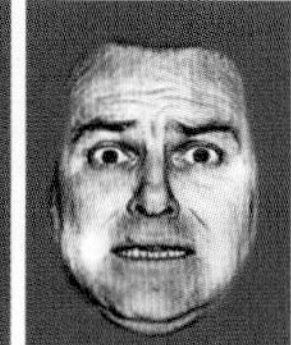
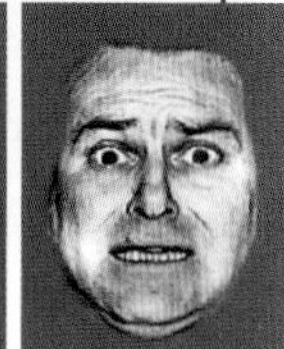

공포를 느끼는 얼굴
이 일련의 사진은 공포가 시작되는 순간을 보여준다. 다른 사람의 얼굴에 드러난 감정이 보는 이의 편도에 도달하면 그것을 깨닫기도 전에 반응이 나타난다.

의식의 경로와 무의식의 경로
뇌의 편도에서는 감정적 자극을 대뇌에서 인식하기 이전에 먼저 반응한다. 이러한 편도의 기능 때문에 상황에 맞춰 몸을 준비할 수 있다. 감정 자극은 편도와 상관없는 경로를 통해서 처리되기도 한다. 이 경로에서는 정보가 대뇌피질로 전달되어 인식하고, 따라서 더욱 사려 깊은 반응을 할 수 있다.

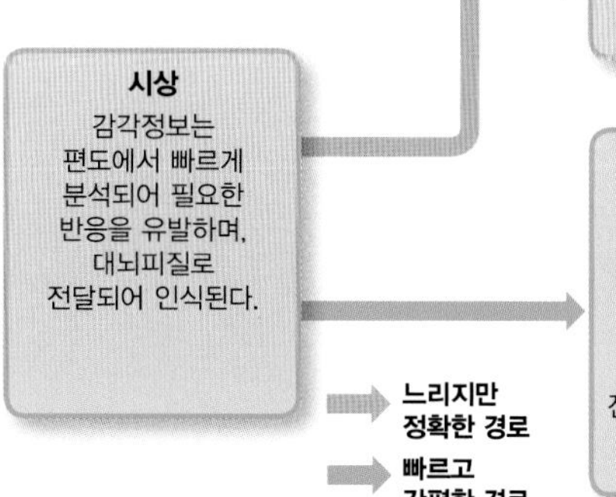

의식적인 감정

감정은 변연계에서 생성되지만 변연계는 의식과는 직접 관련이 없다. 그러나 아주 강한 감정은 대뇌피질, 특히 이마엽에 도미노 효과를 유발한다. 이런 과정을 거쳐서 느낌이 의식화되고 기분을 경험하게 된다. 감정은 종종 경험과 연관되기도 한다. 또한 원인이 명확하지는 않지만 감정을 인식하고 있는 것이 자신에게 발생하는 일을 좀더 이해하기 쉽게 하는 경우도 있다.

느끼는 감정

감정은 본질적으로 위협 또는 기회에 대한 신체의 무의식적인 반응이다. 예를 들어 뱀을 보았다면 몸은 자동으로 도망갈 준비를 하게 된다. 사람에게 느낌이란 의식적으로 경험하는 것으로, 때로 매우 강렬한 느낌은 인간의 삶에 의미와 가치를 더한다. 감정의 무의식적인 신체 반응의 요소는 뇌의 깊숙한 곳에서 신체의 반응을 위한 신호를 발생시킨다. 신호의 일부는 대뇌피질로 전달되어 피질을 작동시키며 이런 과정을 통해서 감정을 느끼게 된다. 경험하는 감정의 종류는 대뇌피질의 어느 부위가 활성화 되었는가에 따라 다르다.

오른쪽 대뇌반구

부정적인 감정은 왼쪽보다 오른쪽 대뇌반구에서 더 많이 생성된다. 슬픔과 공포의 인식은 오른쪽 반구에서 발생한 신호를 왼쪽 반구에서 받아 처리하는 과정에 달려 있다. 만약 신호가 전달되지 않으면, 감정 때문에 이미 행동에 변화가 생겼더라도 그 감정을 인지하지 못할 수 있다.

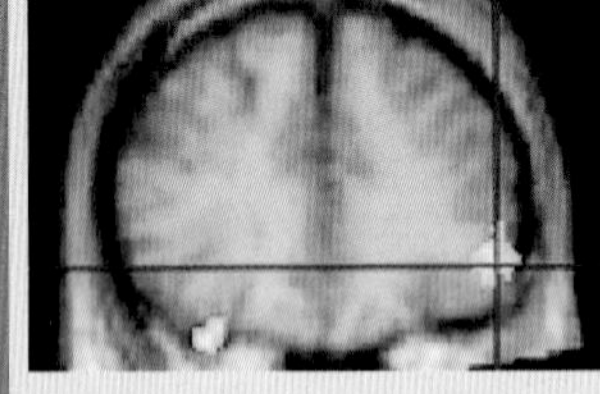

증가된 활성도
옆의 사진은 다른 사람이 얼굴과 몸짓으로 다양한 감정을 표현하는 모습을 본 피험자의 뇌를 촬영한 양전자방출단층촬영 사진이다. 이런 과정이 피험자의 오른쪽 대뇌의 이마엽(사진속에 표시된 부분)을 활성화시켰다.

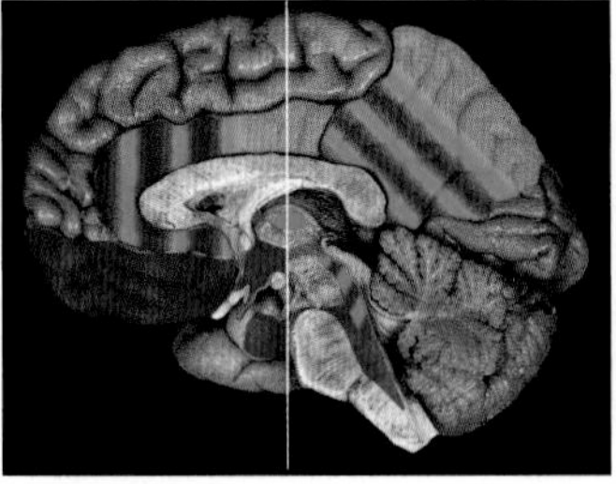

감정의 촉발
감정은 편도와 뇌줄기 그리고 시상하부(파란색)에서 생긴다. 의식적인 감정(빨간색)은 눈확이마엽피질 및 띠피질과 얽혀 있다.

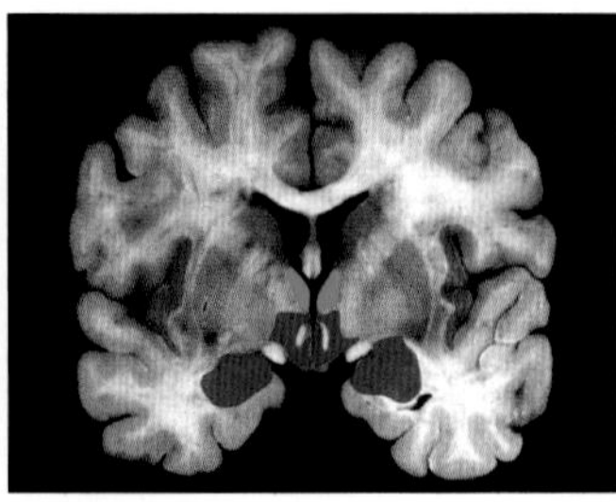

의식의 표현
편도와 시상하부(파란색)는 감정을 표현하기 위해 활성화되어 있으나 시상(녹색)은 의식을 그대로 유지하고 있다.

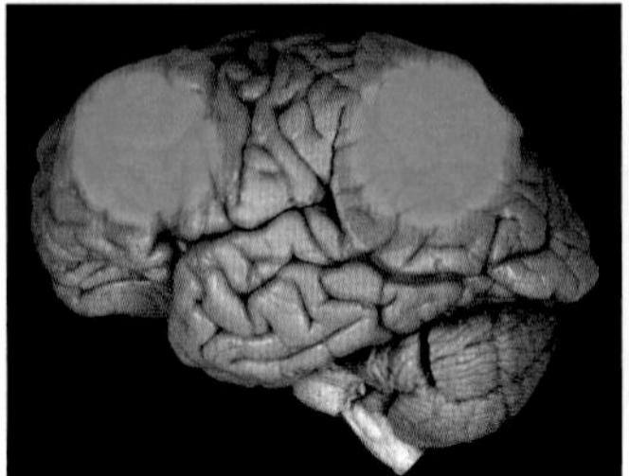

감정의 인식
이마엽과 마루엽의 넓은 부위(녹색)가 감정을 인식하고 그 강도를 조정하는 것과 연관되어 있다.

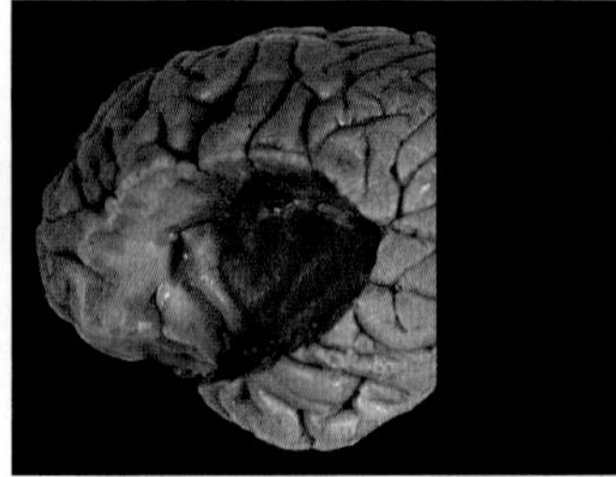

불쾌
대뇌의 일부를 제거한 이 사진에서 빨간색으로 보이는 부분이 뇌의 섬엽이다. 이 부분이 활성화되면 감정 중에서도 불쾌한 감정이 유발된다.

감정 회로

외부 환경이나 몸의 다른 부위에서 전달되는 모든 정보 중에서 감정과 관련된 것은 계속해서 평가되고 있다. 감정은 주로 편도에서 감지된다. 특히 편도는 위협이나 손실에 민감하다. 편도는 전신에 분포한 여러 감각기관으로부터 직접 정보를 받으며 감각 관련 피질에서 정보를 받기도 한다. 편도는 대뇌피질 및 시상하부와 연결되어 회로를 구성한다. 편도가 활성화되면 이 회로에 신호를 보낸다. 이 신호가 시상하부에 도달하면 신체적 변화를 촉발하며 이마엽피질에 신호가 도달하면 감정을 인지하게 된다. 긍정적인 감정은 이와 다른 별도의 신경회로를 통해 전달되는데, 뇌줄기에서 기분을 좋게 하는 신경전달물질인 도파민을 생성하는 부분이 여기에 속한다.

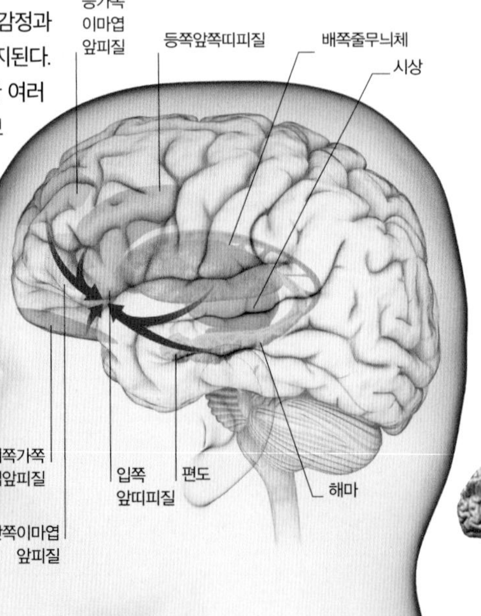

감정의 처리 과정
감정의 종류와 기원에 대한 정보는 시상과 배쪽줄무늬체 그리고 편도에서 입쪽(아래쪽) 앞쪽띠피질로 이동한다. 감정의 조절 신호는 이마엽피질과 이마엽앞피질에서 기원하여 전달되는 감정 신호와 만난다.

증오의 감정

감정의 종류에 따라서 뇌가 활성화되는 부위의 유형이 조금씩 다르다. 예를 들어 증오의 경우 편도(모든 부정적 감정에 반응하는 부위)와 섬엽(불쾌감과 거부와 관련된 부위) 그리고 행동 및 계산과 관련된 부위가 활성화된다.

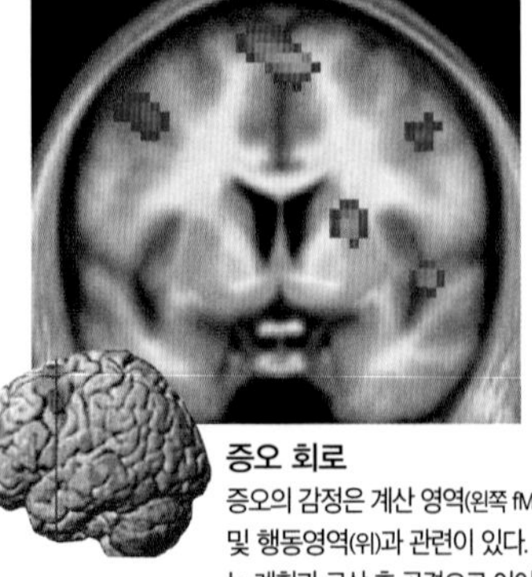

증오 회로
증오의 감정은 계산 영역(왼쪽 fMRI) 및 행동영역(위)과 관련이 있다. 이는 계획과 구상 후 공격으로 이어지는 증오 반응을 반영하는 듯 보인다.

감정의 순간

감정을 자극하는 것이 그렇지 않은 것보다 빠르게 주의를 끈다(오른쪽 그림 참고). 예를 들어 위협이 될 만한 것이 있는 광경이 그러한 감정적인 자극 요소가 없는 것보다 빨리 인식된다. 이것은 아마도 편도에서 이러한 위협을 먼저 감지하고 대뇌를 준비상 태로 만들어 놓기 때문이다. 물론 긍정적인 감정 자극도 주의를 빠르게 환기시킨다. 연구 결과 사람들은 찡그리고 있는 아이의 사진에 반응하는 것만큼이나 웃고 있는 아이의 사진에도 빠르게 반응했다. 둘 다 감정 자극 요소가 없는 것보다 빠른 반응을 초래했기 때문인 것으로 보인다.

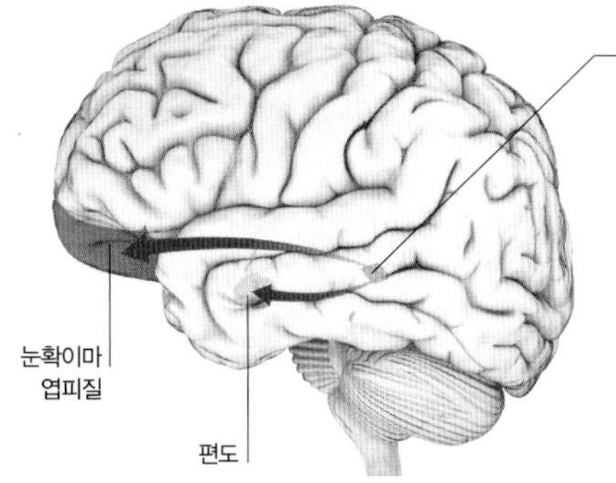

100밀리초 미만

최초 인식

감정 요소가 포함된 시각 자극에 대한 반응은 뇌줄기의 위둔덕에서 감정이 의식화되는 대뇌 이마엽으로 0.1초 안에 이동한다.

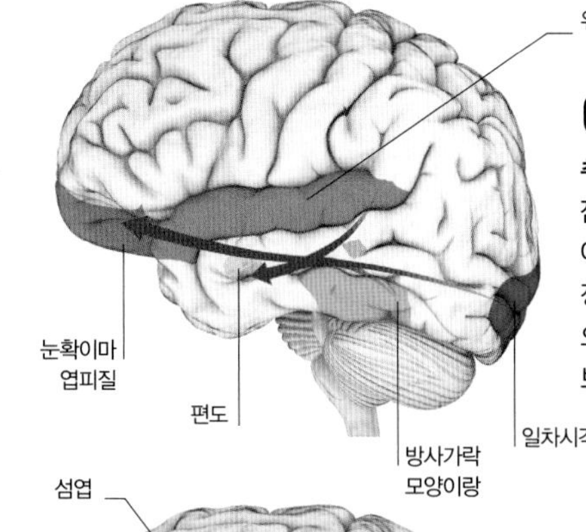

100-200밀리초

추가 정보

잠시 후 감각피질과 연합구역에서 예를 들어 방사가락모양이랑의 얼굴 인식 구역의 정보 같은 추가 정보가 들어와서 감정을 일으키는 편도와 같은 뇌 영역에 더 자세한 정보를 제공한다.

섬엽
눈확이마엽피질
편도도
몸에서 전달되는
반응 신호
일차시각피질
방사가락모양이랑

350밀리초

완전한 인식

대뇌는 대략 350밀리초(0.35초) 후에 자극에 의해 만들어진 감정의 의미를 파악한다. 편도의 신호는 몸의 의식적 반응을 유발하며 뒤이어 섬엽 등의 부위에 되먹임 신호를 보낸다.

당신의 감정을 입으세요

피부에 직접 닿는 속옷에 아주 미세한 신체 변화나 EEG 신호를 감지하는 생체 측정 센서를 장착하면 입력되는 정보에 따라 옷 색깔을 바꿀 수 있다. 필립스에서 개발한 아래 사진 속 드레스는 행복한 감정을 느낄 때는 흰색으로 밝게 빛나지만, 슬플 때는 파란색으로 변한다. 이 옷은 코르셋 층에 센서가 장착되어 정보를 전송하며, 그 정보를 전송받은 바깥쪽 스커트 층에서 옷 색깔을 변화시킨다.

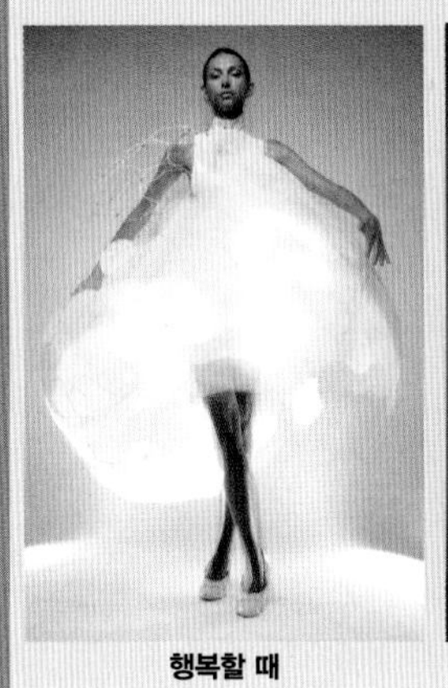

행복할 때

슬플 때

감정과 기분

감정은 보통 순간적이며 생각이나 행동, 또는 사회적 상황에 대한 반응으로 나타난다. 감정은 즉각적인 적응 행동의 근거로 작용한다(옆의 표 참고). 그러나 기분은 몇 시간에서 며칠간, 질병 상태라면 몇 개월씩 지속될 수 있다. 따라서 의기소침한 느낌이 일정 시간 이상 지속되면 슬픔이라고 하며, 몇 주 이상 그런 상태가 지속된다면 우울증이라고 한다(239쪽 참고). 그러나 기분은 알아차리지도 못할 만큼 빠르게 지나친 일에 의해서도 변할 수 있다. 어떤 연구에서 불쾌한 내용이 담긴 사진을 실험 대상들에게 1초 미만의 시간 동안 거의 알아차리지 못할 만큼 빠르게 보여주었더니 그 이후 그 사진의 내용과 비슷한 내용의 자극에 매우 민감해져 있음이 확인되었다. 의식하지 못하는 자극에 의해 생겨난 느낌이었지만 실험에 참가한 사람들은 느낌이나 감정이라고 설명하지 않고 기분이라고 설명했다.

감정과 기분의 차이점

감정은 순간적이고 강렬한 반응이지만, 기분은 더욱 흩어져 있고 오랜 시간 지속된다.

적응 행동

감정 또는 느낌	가능성 있는 자극의 원인	적응 행동
분노	다른 사람에게서 도전을 받는 상황	상대를 위협하고 상대보다 우위에 있음을 과시하기 위해 싸우는 반응을 나타낸다.
공포	자신보다 강하거나 우월한 상대로부터 느끼는 위협	상대에게 자신은 도전할 생각이 없음을 보여주어 상대를 진정시키거나 도망친다.
슬픔	사랑하는 사람을 잃었을 때	과거를 돌아보는 데 몰두하고 있으며 더 이상의 도전을 피하려고 함
불쾌함	상한 음식이나 더러운 환경처럼 인간의 건강에 좋지 않아 보이는 것들	해로운 환경을 피하려는 혐오 행동
놀람	새롭거나 기대하지 못한 사건	주의를 집중하고 향후 대응 행동을 위해 최대한 많은 양의 정보를 수집함

욕구와 기대

욕구는 정확히 정의하기 어렵다. 그러나 무언가 즐거움이나 만족감을 느낄 수 있는 것을 원하고 갈망하는 감정이라고 설명할 수 있다. 욕구 및 보상(즐거움)과 관련하여 뇌에는 특별한 신경회로가 존재한다. 식욕과 성욕 등의 욕구는 생존에 꼭 필요한 것이지만 때로는 욕구가 중독을 유발하여 파괴적인 결과를 초래하기도 한다.

욕구

욕구는 개인에 따라 크게 달라지는 복잡한 본능적 욕망이다. 여기에는 좋아하는 것과 필요로 하는 것이라는 2가지 요소가 있다. 좋아하는 것은 즐거움을 얻기 위한 것이지만, 필요로 하는 것은 실제로 부족한 부분을 채워야 하는 것과 관련된다. 예를 들어 식사, 수면, 성행위 같은 행동은 좋아하는 것과 필요로 하는 것이 어느 정도 겹치며, 이러한 욕구는 생존에 필요하다. 그러나 약물에 중독된 사람이 약을 원하고 필요로 하는 것은 특별히 즐거움을 위한 것은 아니며, 결과적으로 해악을 끼친다. 좋아하는 것과 필요로 하는 것은 뇌에서 서로 다른 신경회로를 통하는 것으로 보이지만 두 경우 모두 주요한 신경전달물질은 도파민이다

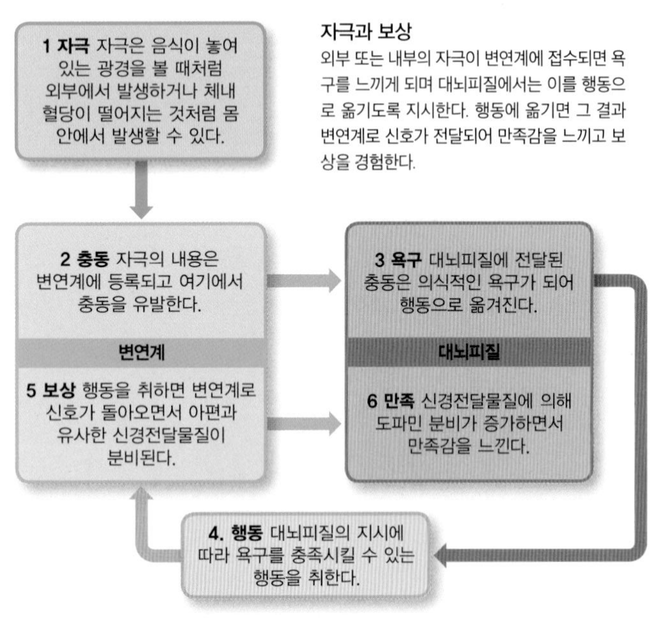

자극과 보상
외부 또는 내부의 자극이 변연계에 접수되면 욕구를 느끼게 되며 대뇌피질에서는 이를 행동으로 옮기도록 지시한다. 행동에 옮기면 그 결과 변연계로 신호가 전달되어 만족감을 느끼고 보상을 경험한다.

기대

학습과 기억은 욕구와 선호를 구체화하는 데 중요한 역할을 한다. 보상에 대한 기대감을 유발하기 때문이다. 도박을 이용한 연구에서 참가자들이 상금을 받을 것이라는 기대감이 유발된 상태에서 fMRI로 뇌를 촬영한 결과 뇌 편도와 눈확이마엽피질에 혈류량이 증가하고 도파민 수용체가 풍부한 측좌핵과 시상하부가 활성화된 것이 확인되었다. 기대되는 보상이 클수록 뇌의 활성도도 높았다.

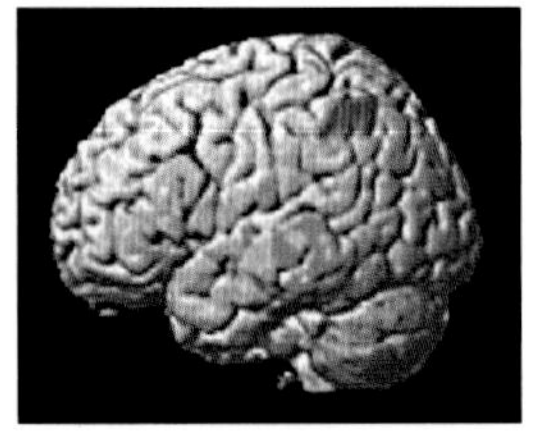

왼쪽 마루엽속피질

보상의 기대
fMRI에서 왼쪽 대뇌의 마루엽속피질이 활성화된 모습이 보인다. 앞쪽띠피질과 마루엽속피질의 활성화는 보상을 기대하는 사람이 특정 행동을 할 때 더 주의를 집중하고 있음을 보여준다.

복잡한 슬픔

사랑하는 사람을 잃은 슬픔은 회복에 시간이 오래 걸린다. 사별의 슬픔에 빠진 사람 중 10–20%는 슬픔이 계속되는 이른바 "복잡한 슬픔" 상태가 된다. fMRI 연구 결과, 죽은 사람에 대한 기억이 보상과 즐거움, 그리고 중독과 관련된 뇌 부위를 활성화시키는 것으로 확인되었다. 유방암으로 사망한 가족이 있는 여성들에게 그 가족과 연관된 사진이나 단어를 보여주자 실험에 참가한 모든 여성의 뇌에서 사회적 고통과 관련된 부위가 활성화되었다. 그러나 복잡한 슬픔 상태에 있는 사람에게서는 측중격핵이 활성화되었다. 이는 슬픔이 어떤 면에서는 즐거움과 연관됨을 시사한다.

쾌락 추구와 중독

중독성이 있는 물질은 뇌의 도파민 보상 체계를 활성화시켜 그 물질이 생존에 꼭 필요한 것이 아니더라도 즐거움을 경험하게 한다. 약물에 노출된 기간이 길어지면 보상 회로가 억제되기 때문에 동일한 효과를 내려면 더 많은 약물이 필요하게 된다. 아편과 관련된 신경회로는 통증과 불안감을 감소시키는 효과가 있다. 헤로인과 모르핀은 아편 수용체에 부착되어 도취감을 일으킨다. 니코틴이 작용하는 콜린성 신경회로는 기억과 학습에 관여한다. 코카인은 스트레스 반응 및 불안과 관련된 노르아드레날린성 수용체에 작용한다.

문화적 노출
여러 문화권에서 흡연은 사회적 활동으로 받아들여진다. 중독성이 있는 물질에 장시간 노출되면 의존성이 더욱 높아지며 끊기가 어려워진다.

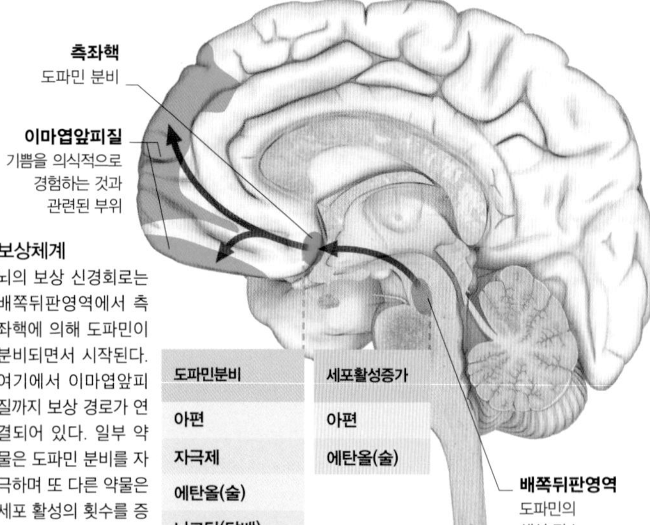

도파민분비	세포활성증가
아편	아편
자극제	에탄올(술)
에탄올(술)	
니코틴(담배)	

보상체계
뇌의 보상 신경회로는 배쪽뒤판영역에서 측좌핵에 의해 도파민이 분비되면서 시작된다. 여기에서 이마엽앞피질까지 보상 경로가 연결되어 있다. 일부 약물은 도파민 분비를 자극하며 또 다른 약물은 세포 활성의 횟수를 증가시킨다.

자극을 찾는 사람들
위험하고 긴장된 경험을 하면 순간적으로 뇌의 일부 신경회로에 아드레날린과 도파민이 급증한다. 이처럼 아드레날린과 도파민의 급증 때문에 익스트림스포츠나 놀이기구를 타는 등의 위험한 활동을 강력한 즐거움의 원천으로 삼는 것이다.

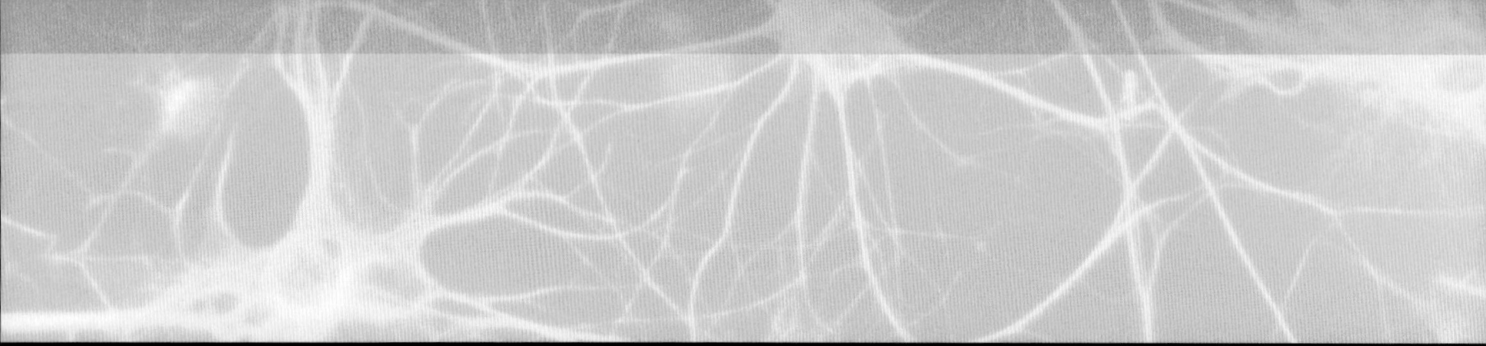

인간은 특별히 사회적인 존재다. 인간은 서로 돕고 보호하기 위해 서로를 필요로 한다. 이러한 목적에 따라 인간의 두뇌는 다른 사람들에 매우 민감하도록 진화했다. 사회적인 뇌는 사람들이 함께 공동체를 이루고 살아가는 데 꼭 필요한 기능을 탑재하고 있다. 여기에는 서로 의사소통을 하고 다른 사람을 이해하는 능력이 포함된다. 또한 다른 사람과의 관계에서 사회적 위치를 지키기 위한 노력도 포함된다. 이것을 이루려면 각자 뚜렷한 자아의식을 갖고 있어야 한다.

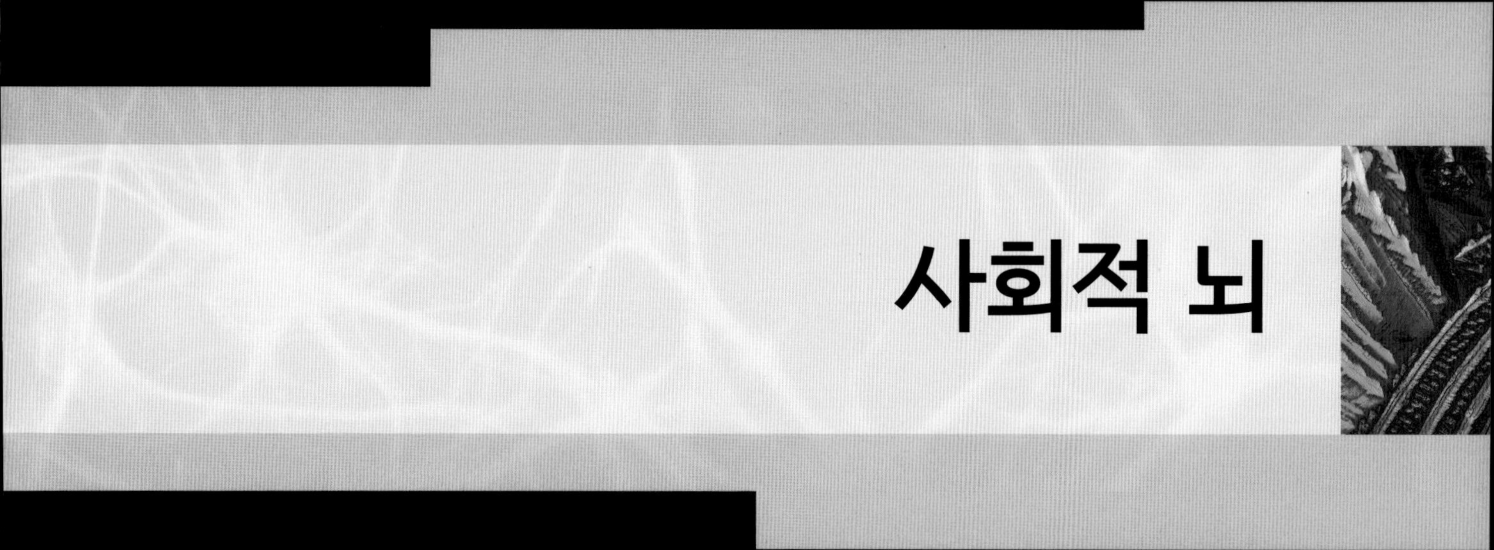

사회적 뇌

성, 사랑, 생존

성행위는 인류의 재생산과 관련해 중요한 가치가 있다. 성행위는 뇌의 보상체계를 자극한다. 만약 이러한 보상 기전이 없다면 인류는 멸종할 수 있다. 최근의 연구 결과에 따르면 성 관계 및 사랑과 관련된 뇌의 신경회로에 대해 많은 것이 밝혀지고 있다. 로맨틱한 사랑은 이성을 서로 묶어주며, 어머니의 사랑은 아이와 어머니를 하나로 묶어 생존할 수 있게 한다.

사랑의 종류

사랑은 성관계, 친구와의 우정, 친밀감, 헌신 등을 아우르는 매우 복잡한 현상이다. 개인은 물론 종의 유지를 위해 필요하며 삶의 질을 향상시키는 기능도 가지고 있다. 성에 관해서라면 인간은 암컷이 수태가 가능한 시기에만 짝짓기를 할 수 있는 다른 동물들과는 달리 원하는 때면 언제나 성관계가 가능하다. 따라서 인간에게 성이란 반드시 임신과 출산을 의미하는 것은 아니다. 일반적으로 "사랑"이라고 하면 의미는 로맨틱한 이성간의 사랑을 뜻한다. 이런 의미의 사랑은 두 사람이 서로 가정을 이루어 생길 자녀의 육아 및 보호에 유리한 환경을 만들기 때문에 생존에 꼭 필요하다. 우정과 사회적 관계망은 건강과 안정적 생활에 필요하다. 이른바 "사랑에 빠진" 사람의 뇌에서 분비되는 신경전달물질에 대해서는 아직 알려진 것이 많지 않고, 관련된 신경회로에 대해서도 모르는 부분이 많다. 사랑의 초기에 느끼는 행복감, 도취감과 관련된 물질은 페닐에틸아민과 도파민으로 추정되고 있다. 이 2가지 신경전달물질이 감정과 관련된 변연계와 이성적 판단과 관련된 대뇌피질 사이의 신경경로에 중요한 기능을 담당하고 있다.

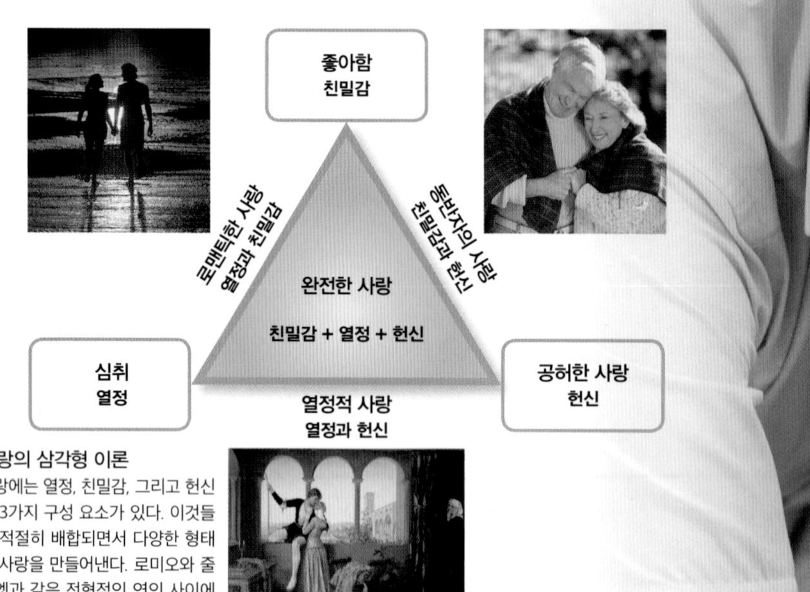

사랑의 삼각형 이론
사랑에는 열정, 친밀감, 그리고 헌신의 3가지 구성 요소가 있다. 이것들이 적절히 배합되면서 다양한 형태의 사랑을 만들어낸다. 로미오와 줄리엣과 같은 전형적인 연인 사이에는 열정이 가장 중요한 인자가 된다.

	여성		남성	
짧은꼬리원숭이	높은 좌우대칭	낮은 좌우대칭	높은 좌우대칭	낮은 좌우대칭
유럽인	높은 좌우대칭	낮은 좌우대칭	높은 좌우대칭	낮은 좌우대칭
하드자인(탄자니아 원주민)	높은 좌우대칭	낮은 좌우대칭	높은 좌우대칭	낮은 좌우대칭

성별과 좌우대칭
원숭이와 두 인종의 개인 얼굴을 이용한 합성사진으로, 각각 좌우 대칭이 높고 낮음에 따라 배열하였다. 좌우대칭이 잘된 얼굴일수록 특징적인 얼굴로 선택되었다.

성적 매력

개인의 얼굴은 타인에게 매력적으로 보이는 것과 이성 상대에게 좋은 배우자로 선택될 조건이 되는 중요한 요인이다. 좌우대칭의 정도는 외형상 남성적으로 또는 여성적으로 보이는 정도와 직접 관련되며 얼굴의 매력도와도 관련된다. 최근의 연구에 따르면 이성 배우자를 고를 때 얼굴의 좌우대칭 정도가 중요한 요인임이 밝혀졌다. 이런 이성간의 관계는 인간과 원숭이 모두에게 흔한 것이기 때문에 보편적인 것으로 볼 수 있다. 얼굴의 좌우대칭 정도, 그리고 남성미와 여성미가 개인의 성적 매력을 드러내고 이성의 상대에게 배우자로서의 적합성을 나타내는 것과 관련된 것으로 보인다.

얼굴의 대칭 정도
이 그래프는 유럽인과 하즈다인 그리고 원숭이 얼굴의 대칭 정도를 보여준다. 얼굴이 남성적으로 또는 여성적으로 보이는 정도는 얼굴의 대칭 정도와 직접적인 관계가 있는 것으로 확인되었다.

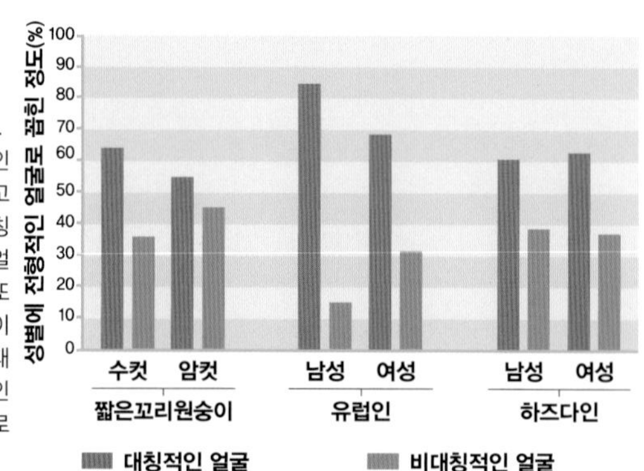

양방향 애착
아기를 안고 어르면 아기와 부모에게 모두 옥시토신이 분비되어 상호 애착이 형성된다. 신체적 친밀감은 아기에게 필수적이다. 신체적 친밀감을 느끼지 못하고 자란 사람은 장기적인 정서 문제를 겪을 수 있다.

옥시토신-기분을 좋게 하는 요인

옥시토신은 시상하부에서 생성되는 호르몬으로, 성관계 도중 오르가슴과 함께 또는 여성의 경우 출산의 마지막 단계에 분비된다. 이 호르몬은 인간관계를 돈독하게 하는 즐거운 기분을 만든다. 서로 매우 밀접한 관계를 갖고 있는 바소프레신과 옥시토신은 상대를 인식하는 것과 관련된 사회적 신호 처리를 돕는다. 또한 서로 기억을 함께 나누는 것에도 중요한 역할을 한다. 옥시토신은 도파민처럼 일종의 중독적인 효과를 가지고 있다. 사랑하는 사람과 함께 있을 때 분비되던 옥시토신이 그리워서 이별 후에 고통과 번민을 느끼는 것으로 보인다.

가까운 느낌
키스와 포옹은 옥시토신 분비를 촉진한다. 혈액에 분비된 옥시토신이 상대방과의 밀접한 느낌을 극대화하고 관계를 강화시킨다.

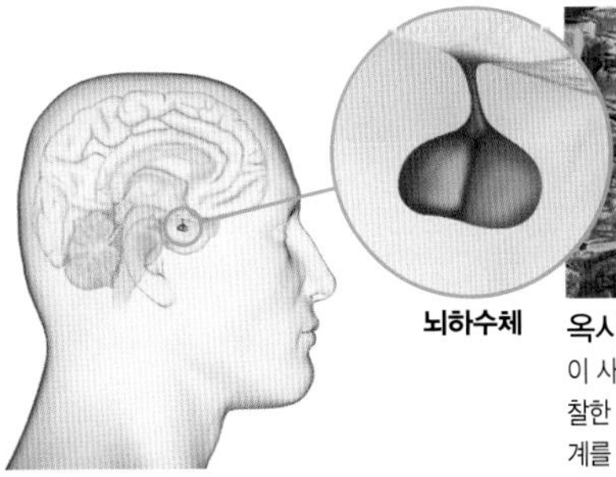

뇌하수체

옥시토신
이 사진은 광학현미경으로 옥시토신의 결정을 관찰한 것이다. 여성의 경우 출산, 수유, 그리고 성관계를 갖는 중에 자연스럽게 이 호르몬이 분비된다.

옥시토신의 어두운 면

옥시토신은 "애착이 형성된" 사람 사이에 신뢰와 친절을 유도하지만 외부자, 즉 애착 형성 집단 밖의 사람을 향한 불신과 공격성을 증폭시킨다. 자원자들에게 거래 게임을 하도록 한 실험에서 옥시토신을 투여받은 피험자는 그렇지 않은 사람보다, "공정하게 게임하는" 사람에게 더 관대했으나 속임수를 쓰려는 사람에게는 훨씬 가혹한 태도를 보였다. 군대에서 "단합 훈련"(틀림없이 옥시토신이 분비될 것이다)을 거친 군인에게서는 적과 훨씬 격렬하게 싸우는 효과가 나타난다.

단합 훈련
함께 훈련받은 군인들의 긴밀한 사회적 애착에는 옥시토신이 관여할 가능성이 높다. 이는 내부적으로 신뢰를 다지고, 적을 향한 공격성은 증가시킨다.

감정의 표현

인간은 서로 의존적이다. 즉 한 사람이 하는 행위가 다른 사람들에게 일어날 일에 미치는 영향이 매우 크다. 따라서 다른 사람이 앞으로 어떤 일을 할 것인지 예측할 수 있도록 상대의 감정 상태를 읽는 능력은 매우 유용하다. 또한 다른 사람에게 자신이 바라고 있는 것을 슬쩍 알릴 수 있게 자신의 감정 상태를 신호로 알리는 것도 필요하다.

감정의 표현

감정의 표현은 신호 이상의 의미를 지닌다. 그것 자체가 감정을 드러내기 때문이다. 특정한 감정을 느끼면 뇌의 신경회로가 작동하면서 얼굴과 몸의 근육이 특정한 형태로 수축한다. 인간의 기본적인 감정은 6가지다(아래 사진 참고). 최근의 연구에 따르면, 태어날 때부터 앞을 볼 수 없는 사람들과 앞을 볼 수 있는 사람들이 감정을 표현하는 방식에는 차이가 없다. 이것은 표정으로 드러나는 감정은 학습의 영향을 별로 받지 않음을 의미한다.

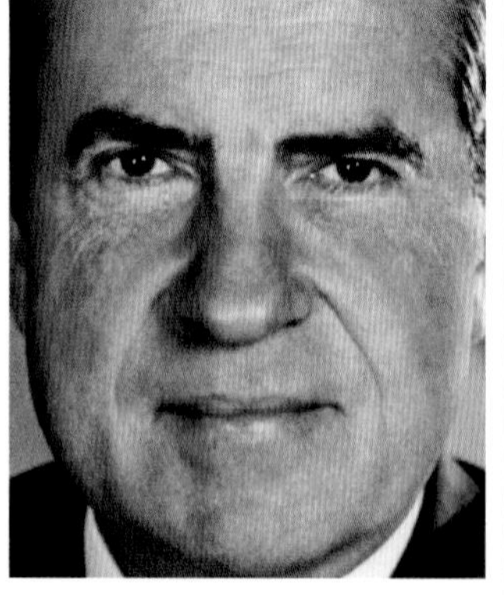

진실한 표현인가?
왼쪽 대뇌반구는 얼굴의 오른쪽 근육의 움직임을 조절한다. 그러나 보다 감정과 연관이 깊은 오른쪽 대뇌반구는 얼굴의 왼편 근육 움직임을 조절한다.

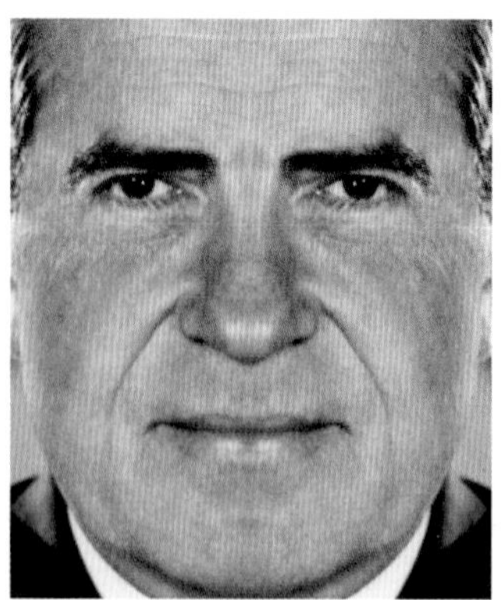

오른쪽과 오른쪽
리처드 닉슨 전 미국 대통령의 사진에서 오른쪽 얼굴을 합친 사진을 보면 무의식적으로 감정이 드러나있음을 알 수 있다. 눈은 초점이 덜 맞은 듯 보인다.

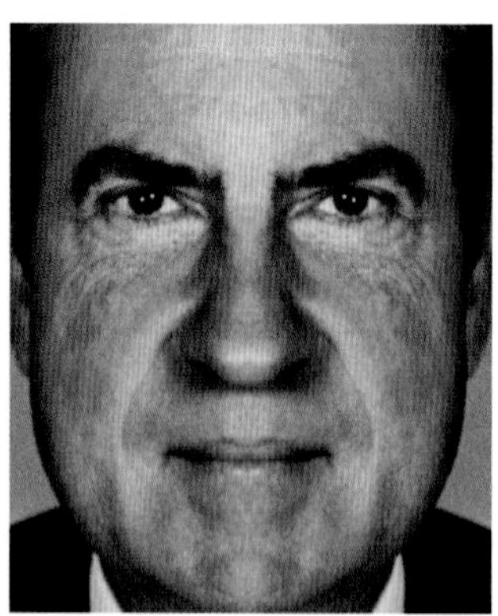

왼쪽과 왼쪽
왼쪽 얼굴을 합친 사진에는 더 의도적이고 사회적인 표정이 드러나 있다.

미세표정

아주 작거나 순간적인 표정 변화는 쉽게 조절할 수 없으며 거의 인식하지 못한다. "미세"하고 "미묘"한 표정은 생각이나 감정을 드러내지 않으려고 할 때 나타난다. 은연중에 진실을 드러내는 표정은 짧게 스쳐 지나가기 때문에 놓치기 쉽지만, 어디에 주목해야 하는지 안다면 알아차리고 해석하는 법을 배울 수 있다. 미세표정은 눈 깜짝할 사이에 사라지지만, 대화 내내 지속될 수도 있다. 그렇다고 해도 보통 근육의 변화는 거의 알아차리기 힘들 정도로 작다.

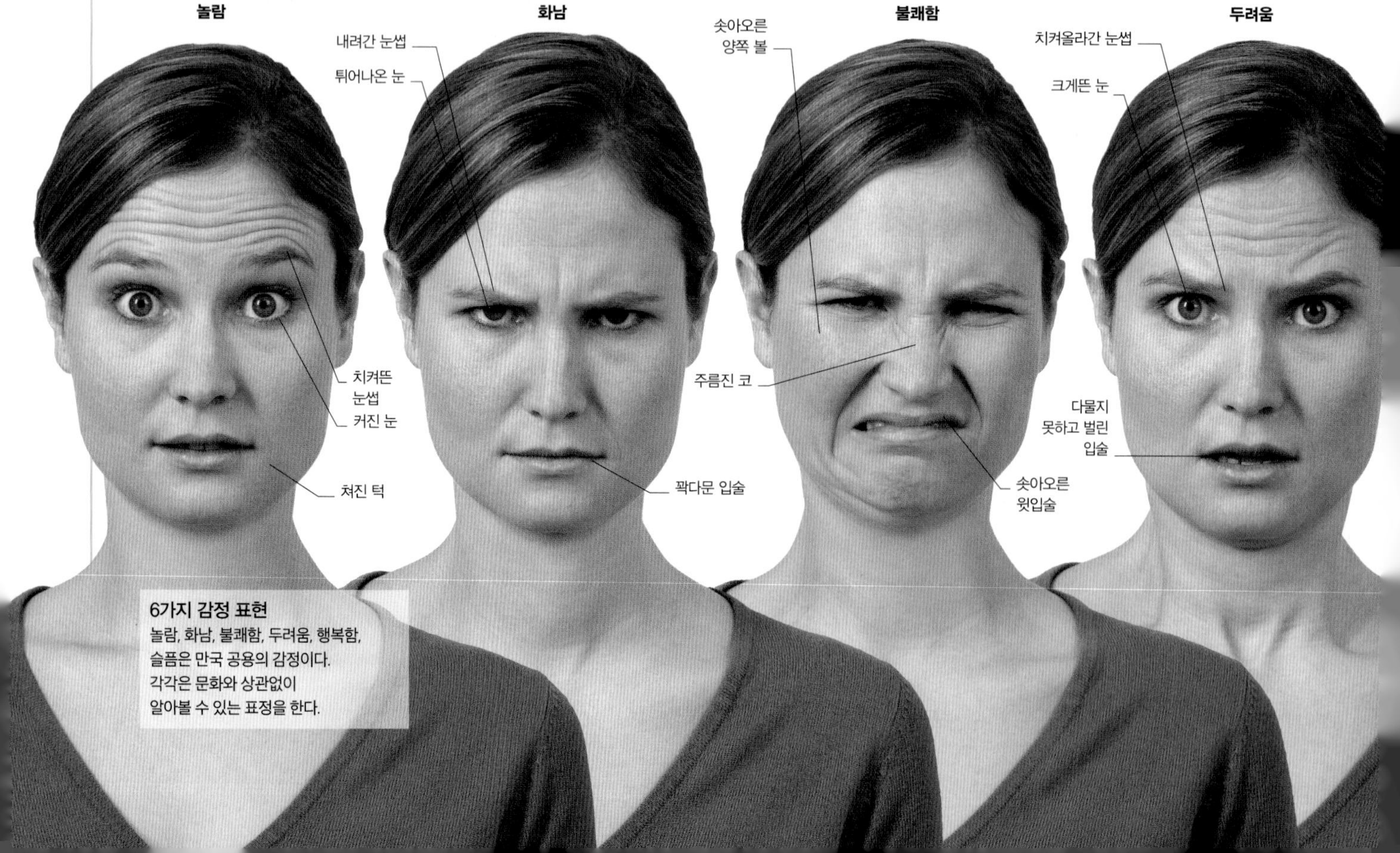

6가지 감정 표현
놀람, 화남, 불쾌함, 두려움, 행복함, 슬픔은 만국 공용의 감정이다. 각각은 문화와 상관없이 알아볼 수 있는 표정을 한다.

미소의 형태

인간의 미소는 서로 다른 2가지 형태로 나눌 수 있다. 하나는 의식적인 "사회적" 미소이며 다른 하나는 진정한 의미의 미소로, 이를 처음 서술한 프랑스의 신경과 의사 기욤 뒤셴의 이름을 따서 "뒤셴 미소"라고 한다. 사회적 미소는 의식적으로 입술을 양옆으로 벌릴 수 있도록 근육을 사용한다. 그러나 진짜 미소는 무의식적인 뇌의 조작에 의해 사회적 미소보다 여러 근육이 작동한다. 이 근육들은 눈의 아래꺼풀을 두껍게 만들고 양쪽 눈가에 주름을 만든다. 겉으로 드러나는 표정은 그 사람이 느끼는 것을 보여줄 뿐 아니라 그러한 표정과 관련된 감정을 느끼게 하는 효과가 있다. 의식적으로 만들어낸 미소로도 약하지만 분명 행복한 느낌을 느낄 수 있다는 연구 결과도 있다. 따라서 가짜로 꾸며낸 사회적 미소라도 그걸 표현하는 사람은 진정한 행복을 느낄 수 있다.

감정의 이해

다른 사람의 표정을 알아내면 동일한 감정을 자동으로 느끼게 된다. 의식적으로 표정의 변화를 억제하여 이러한 반향을 숨길 수 있다. 표정은 보는 사람에게 유사한 감정을 일으키는데, 이런 과정을 통해 다른 사람의 감정을 알 수 있다. 두개골을 통해 자기 자극을 주는 실험으로 대뇌피질의 운동 영역을 잠시 마비시켜 상대방의 표정을 보고서 따라할 수 없게 하자 상대의 감정을 이해하는 능력도 저하되는 것으로 확인되었다.

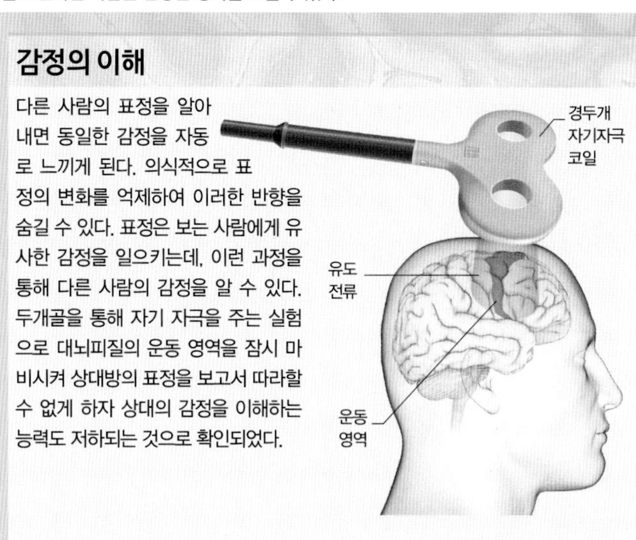

미소 짓기

마음속 깊은 곳에서 우러나는 미소는 억지로 만들어내기 어렵다. 이러한 미소는 감정에 의해 조절되기 때문이다. 진심으로 즐거운 기분을 반영하는 미소는 입술과 눈 주변의 근육이 함께 움직인다.

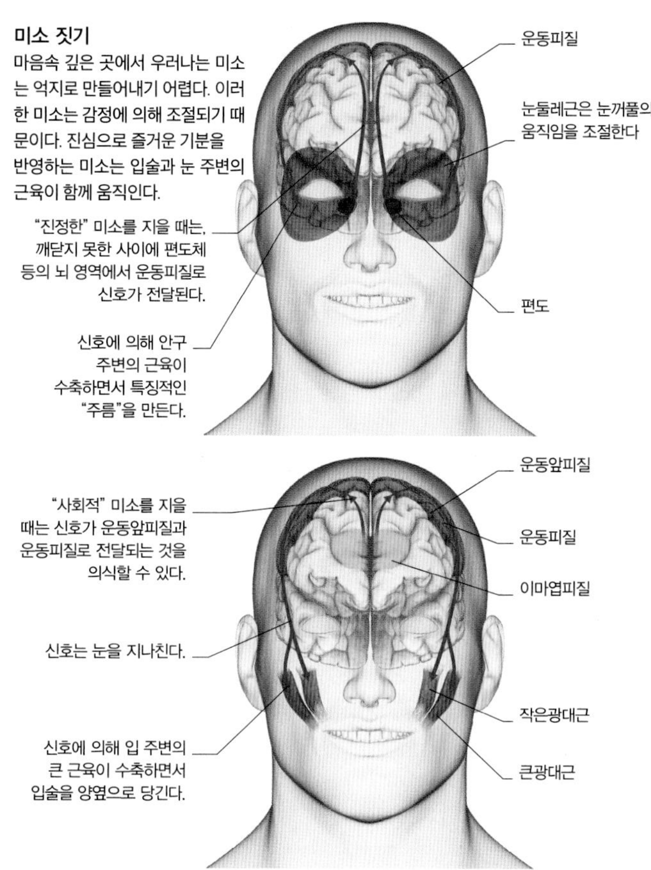

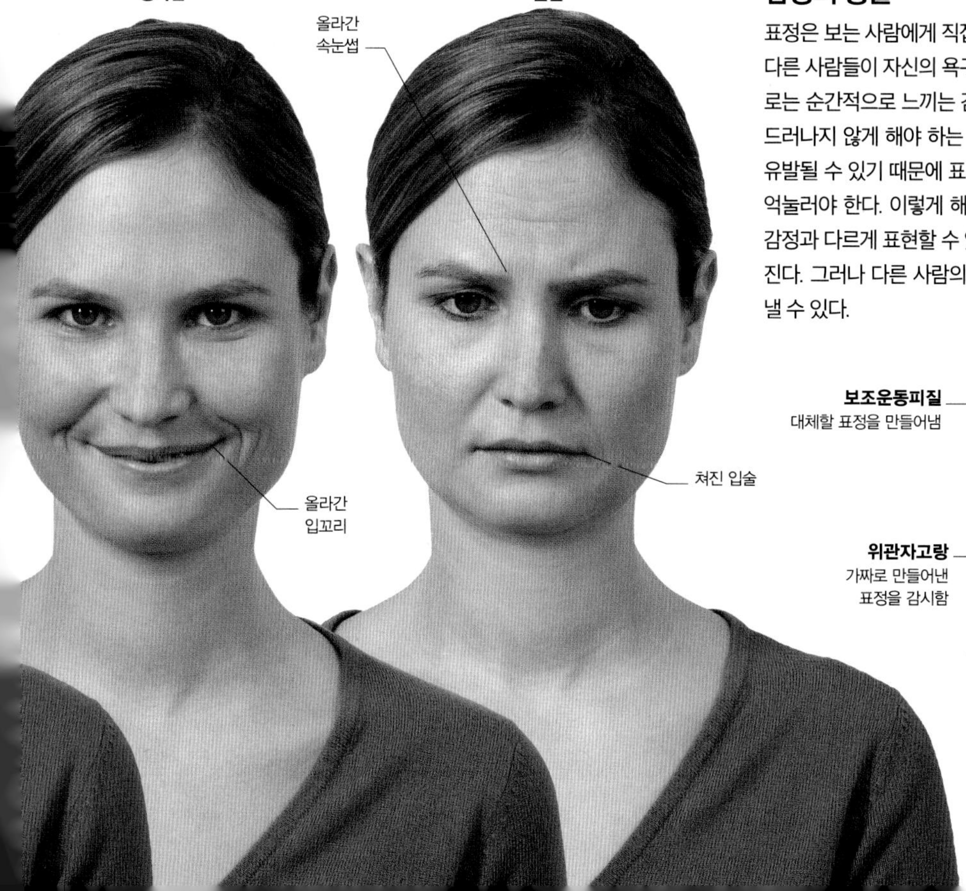

행복함

올라간
입꼬리

슬픔

올라간
속눈썹

쳐진 입술

감정의 충돌

표정은 보는 사람에게 직접적인 영향을 준다(122-123쪽 참고). 따라서 표정은 다른 사람들이 자신의 욕구를 충족키도록 유도하는 데 유용하다. 그러나 때로는 순간적으로 느끼는 감정이나 다른 사람을 보고 느끼는 감정을 겉으로 드러나지 않게 해야 하는 상황도 있다. 감정을 표현하는 것에 의해 감정이 유발될 수 있기 때문에 표정을 억제하려면 다른 감정으로 숨기려는 감정을 억눌러야 한다. 이렇게 해서 감정의 충돌이 발생한다. 인간은 표정을 실제 감정과 다르게 표현할 수 있는 유일한 동물이다. 자주하다보면 점점 익숙해진다. 그러나 다른 사람의 표정을 보면 그것이 진짜인지 아닌지 금방 알아낼 수 있다.

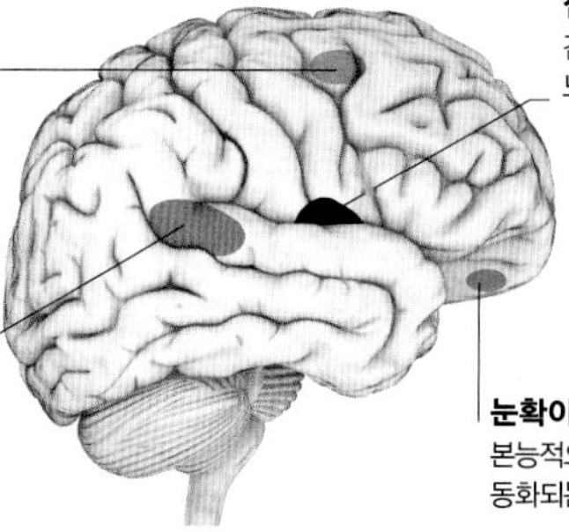

보조운동피질
대체할 표정을 만들어냄

섬엽
감정적
노력을 드러냄

위관자고랑
가짜로 만들어낸
표정을 감시함

눈확이마엽피질
본능적으로 감정이
동화되는 것을 억제함

충돌영역
본능적으로 동화되어 표현되려는 감정을
억제하기 위해 반대되는 감정을 표현한다.

자기와 타인

인간은 매우 사회적인 존재다. 인간의 생존은 이웃과의 상호작용에 의존하는 바가 크다. 다른 사회적인 동물들과 마찬가지로 인간의 뇌는 관계형성, 협동, 그리고 타인의 행동을 예측하는 능력 등에 필요한 신경회로를 갖추도록 진화했다. 또한 인간은 다른 사람의 생각과 감정을 알아낼 수 있는 능력을 지니고 있다.

집단생활을 할 수 있게 진화한 인간

인간 두뇌의 가장 독특한 특징은 신피질이 차지하는 면적이 넓다는 것이다. 이마엽피질(신피질의 일부가 이마엽을 둘러싸고 있음)은 추상적인 판단과 의식적인 사고 그리고 감정, 계획과 조직화를 담당하는 부분으로, 인간에게 매우 잘 발달되어 있다. 신피질이 상당히 크게 자라는 이유는 인간이 매우 큰 규모의 집단생활을 하며, 집단 구성원들과 밀접한 관계를 맺고 살아가는 환경에 적응했기 때문으로 보인다. 사회적인 생활은 다른 사람의 편의를 도모하기 위해 자신의 행동을 조절해야 하고, 가정을 꾸리고 자손을 낳기 위해 경쟁이 필요하며, 다른 사람이 어떻게 행동할 것인지를 예측해야 한다. 이 모든 것은 뇌의 신피질 기능이 있어야 가능한 일들이다. 사회적 활동에 많은 시간을 보내는 것 또한 다른 사람을 이해하고 상호작용하는 데 관련된 뇌 영역을 성장시키는 것 같다. 소셜네트워크서비스에서 친구가 많은 사람일수록 그에 걸맞게 뇌의 사회적 영역들이 더 크다

집단의 평균적 크기

1 2 4 6 8 10 20 40 60 80 100

신피질의 비율

1 2 3 4 5 6

● 원숭이

○ 유인원

집단 크기의 영향

영장류의 뇌에서 신피질이 차지하는 비율은 집단의 구성원 수와 거의 정비례한다.

사회적 동물

큰 집단을 이루고 사는 동물들은 그렇지 않은 동물들보다 사회적으로 더 영리하다. 한 연구에 따르면 대규모 집단을 이루고 사는 알락꼬리여우원숭이는 사람이 쳐다보지 않을 때만 음식을 훔치는 요령을 배운다고 한다. 이런 행동은 지능이 비슷한 다른 동물들에게는 관찰되지 않는다.

전염되는 하품

사회적 행동은 매우 의식적이거나 무의식적일 수 있다. 하품 전염은 무의식적으로 집단의 행동이 일치하는 경우다. 누군가의 하품이 집단 구성원에게 잘 시간을 알리는 신호라는 이론이 있다. 하품을 따라 하는 것은 동의의 암묵적인 표현이다. 또 다른 이론은 하품이 뇌를 각성 상태로 유지시킨다고 하는 것이다. 하품의 전염성은 집단에 속한 모든 사람의 정신을 또렷하게 한다.

사회 인식

사회 인식이란 사회적 상황에서 보는 자기 감각을 비롯하여 그 인식의 내용이 매우 광범위하다. 예를 들어 우리는 다른 사람에게 협조할 수 있도록 자신의 행동을 선택한다. 다른 사람이 무엇을 하려고 하는지 예측할 수 있으며 그러려는 이유를 짐작할 수 있다. 우리는 다른 사람이 나와는 다른 생각과 신념을 지닐 수 있음을 이해한다. 또한 다른 사람이 우리를 어떻게 보는지 상상할 수 있으며, 자신의 마음을 자세히 들여다볼 수 있다. 여기에 필요한 다양한 기술은 뇌의 관련 부위가 여러 곳임을 의미한다.

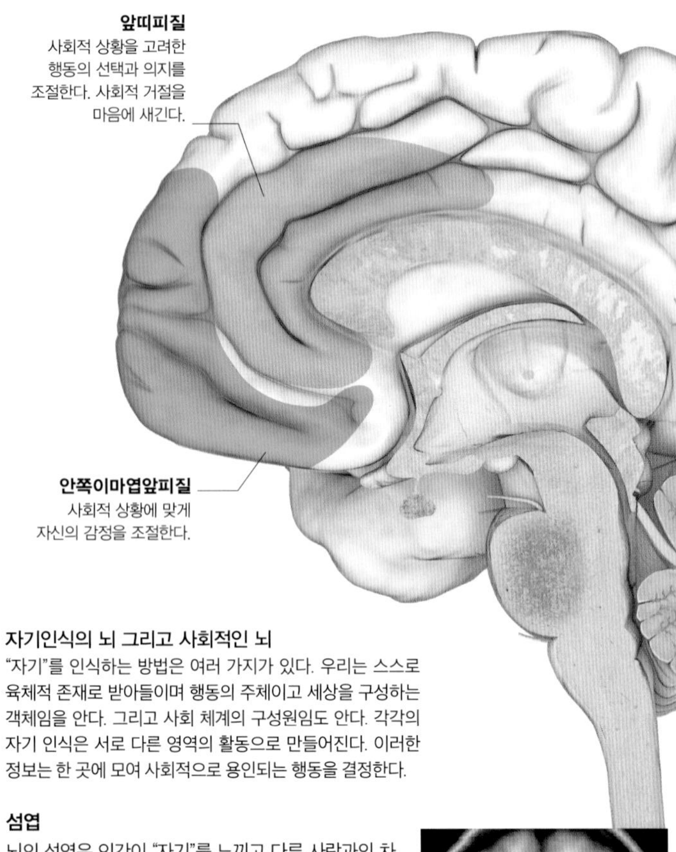

앞띠피질
사회적 상황을 고려한 행동의 선택과 의지를 조절한다. 사회적 거절을 마음에 새긴다.

안쪽이마엽앞피질
사회적 상황에 맞게 자신의 감정을 조절한다.

자기인식의 뇌 그리고 사회적인 뇌

"자기"를 인식하는 방법은 여러 가지가 있다. 우리는 스스로 육체적 존재로 받아들이며 행동의 주체이고 세상을 구성하는 객체임을 안다. 그리고 사회 체계의 구성원임도 안다. 각각의 자기 인식은 서로 다른 영역의 활동으로 만들어진다. 이러한 정보는 한 곳에 모여 사회적으로 용인되는 행동을 결정한다.

섬엽

뇌의 섬엽은 인간이 "자기"를 느끼고 다른 사람과의 차이를 이해할 수 있게 자신의 경계를 형성하는 것과 관련이 있는 것으로 보인다. "체화된 인지"로 알려진 여러 학설은 이성적인 사고는 감정과 감정이 몸에 미치는 영향과 떨어질 수 없으며 감정적 경험이 의식 속으로 이동하는 과정에서 감정에 의해 촉발되는 몸의 상태를 섬엽이 감지한다고 주장한다.

통증의 관찰

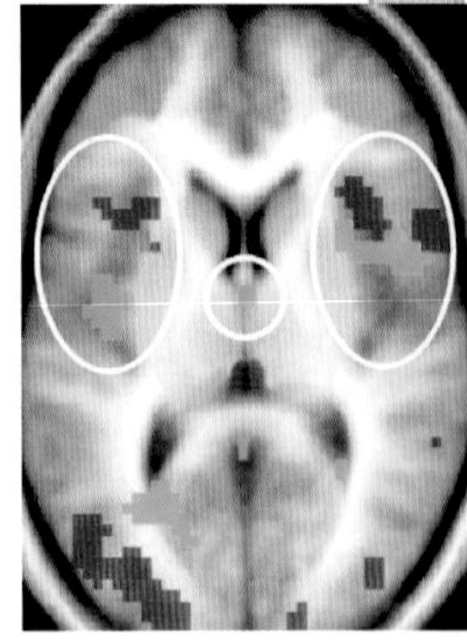

fMRI로 통증을 호소하는 다른 사람을 쳐다보고 있는 사람의 뇌를 촬영했다. 이 사진 속에서 녹색으로 표시된 활성화된 섬엽은 이 부위가 다른 사람의 통증을 공감하게 하는 기능을 담당한다는 것을 의미한다.

거절의 통증

점점 시합에서 무시당하도록 되어 있는 가상의 공놀이를 하는 사람들을 대상으로 fMRI를 시행한 연구가 진행되었다. 자신이 무시당한다는 사실을 알게 되는 순간 앞띠피질이 활성화되었다. 이 부위는 몸의 통증을 감지하는 부위로 감정의 영향이 통증을 경험하는 것과 비슷함을 의미한다. 이마엽앞피질 일부는 활성화되어 이렇게 거절당하는 느낌을 줄이고 감정 조절을 돕는다.

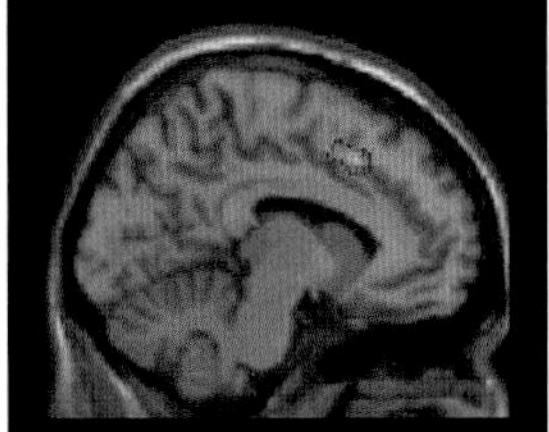

앞띠피질
사회적으로 거부당하는 것은 물리적인 통증을 경험할 때 나타나는 것과 똑같이 앞띠피질을 활성화한다.

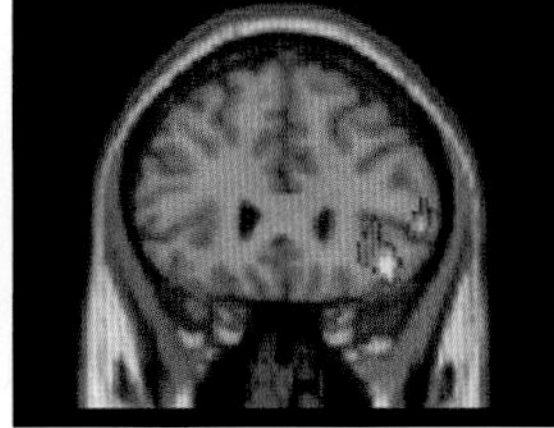

이마엽앞피질
배쪽이마엽앞피질은 앞띠피질과 상호작용을 통해 사회적 거부의 괴로움을 줄여 주는 것으로 보인다.

일치

사람의 두뇌는 다른 동물, 특히 다른 사람의 움직임에 매우 민감하다. 거울뉴런(122-123쪽 참고)은 다른 사람의 동작을 자연스럽게 따라 하게 한다. 그 효과는 매우 강해서 만약 다른 사람이 자신의 행동을 따라 하지 않는 상황을 목격하면 자신의 행동을 머뭇거리게 된다. 이러한 "간섭효과"는 생명체의 움직임에만 적용된다. 즉, 만약 로봇이 따라 하는 모습을 보고 있는 상황이라면 그 동작이 사람과 똑같더라도 이러한 간섭효과는 나타나지 않는다.

따라 하기
다른 사람이 자신의 동작을 잘 따라 하지 못하는 모습을 보면 불편해지지만 로봇이 따라 하는 상황이라면 아무런 영향이 없다.

마음이론

마음이론은 다른 사람은 자신과 다른 신념을 가지고 있을 것이라는 본능적인 "지식"을 의미한다. 이러한 신념은 상황적 사실로 받아들이는 것이 아니라 그들의 행동을 보고 평가한다. 마음이론에 대한 검사로 샐리-앤 시험이 있다. 최근의 연구에 의하면 10개월밖에 안 된 유아도 이 시험에 통과할 수 있다고 한다.

운동피질
물리적 행동을 조절(물리적 행동으로 자기감각을 확인함)한다.

관자마루이음
몸의 지도를 가지고 나 자신을 제외한 나머지 세상과의 관계 속에서 자기 자신을 항상 감시한다.

뒤관자고랑
자기자신의 존재에 대한 인식이 이 부위를 활성화시킨다.

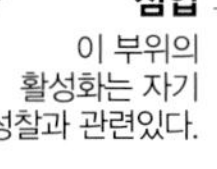

섬엽
이 부위의 활성화는 자기 성찰과 관련있다.

편도
자기 자신과 남에 대한 감정을 처리한다.

방사가락모양 얼굴영역
방사가락모양이랑 안에 있는 얼굴 인식영역이다. 이 부위에서는 자신과 친밀한 사람의 얼굴들을 인식하며 감정 상태를 분석한다.

감정에 대한 반응

표정은 마음의 상태와 의도를 드러내는 신호이며, 동시에 사람들 사이에 공감을 이룰 수 있는 방법이다. 표정은 가장 먼저 감정 정보를 감시하는 편도에 의해 무의식적으로 처리된다. 편도에서는 목격한 감정 상태를 본 사람의 마음속에도 일으켜서 대응한다. 예를 들어 두려운 표정을 본 사람은 뇌에서 편도가 활성화되어 두려움을 느낀다. 방사가락모양이랑에 위치하는 얼굴인식영역에서 표정이 결정된다. 연구 결과 얼굴에 감정이 드러나면 편도는 얼굴인식영역을 자극하여 그 얼굴의 의미를 자세히 분석한다.

무표정한
아무런 감정이 드러나지 않는 무표정한 사람을 보면 편도가 그다지 활성화되지 않는다. 편도에서 얼굴인식영역으로 이어지는 회로는 신호가 약해지며 뇌에 입력되는 정보도 적다.

편도
얼굴인식영역

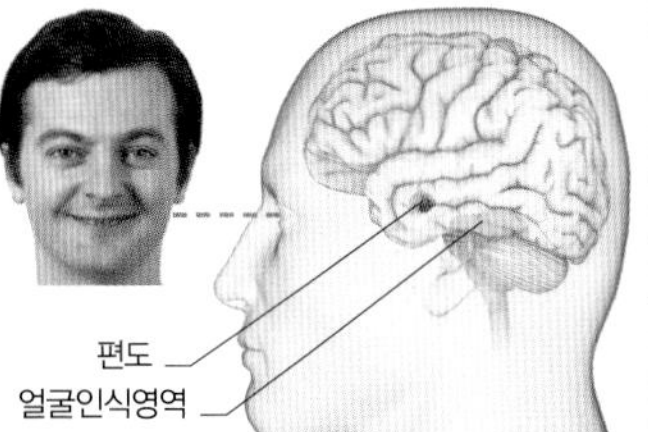

표정이 풍부한
표정에 따라서 감정을 따라 하기 위해 편도가 활성화된다. 예를 들어 미소 짓는 표정을 보았다면 본 사람의 얼굴도 미소를 짓게 된다.

샐리-앤 시험
이 시험 문항을 들은 아이가 돌아온 샐리는 공이 바구니에 있을 것으로 예상한다고 대답한다면 그 아이는 마음이론을 가지고 있는 것으로 볼 수 있다.

자폐성 장애와 마음

자폐성 장애는 마음이론이 결여된 상태다. 아스퍼거증후군 환자는 샐리가 틀린 믿음에 근거해서 행동한 이유를 그저 '아는' 게 아니고, 마음이론을 만드는 영역(붉은색)보다 나중에 진화한 것으로 보이는 뇌 영역(노란색)을 이용해 무슨 일이 일어났는지를 '풀어낸다'.

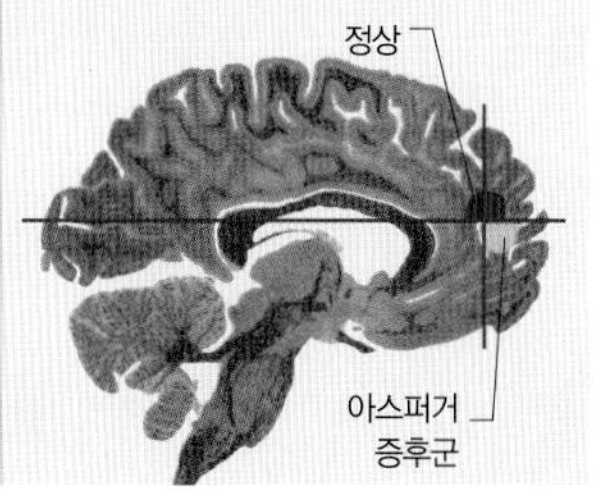

뇌의 도덕적 기능

보통 정상적인 환경에서 자란 사람이라면 옳고 그름에 대해 본능적인 감각을 지니고 있으며, 종종 뇌리에 박혀 있기도 하다. 타고난 도덕성은 반드시 이성적이거나 공정한 것은 아니며, 사회적 유대를 촉진하는 행동이 간접적으로는 자기 자신의 생존을 위한 것이기도 하기 때문에 진화했을 것이다.

공감과 동정

고통 받는 사람을 보았을 때 그들의 슬픔이나 두려움을 어렴풋이나마 경험하는 것, 즉 다른 사람을 "느끼기"는 대체로 본능적인 것으로 보인다. 여기에는 마음이론도 일부 관련되어 있다(138-139쪽 참고). 마음이론은 다른 사람의 마음에 어떤 변화가 생길 것인지를 단순히 "아는"것에 불과하다. 그러나 공감은 다른 사람의 감정을 "따라 하는" 한 단계 발전한 형태다. 감정적인 상처를 경험한 사람의 이야기를 듣고 있으면 듣는 이의 뇌는 마치 그러한 상황에 있는 사람처럼 활성화된다.

동정에서 우러나오는 자세
다른 사람이 처한 상황에 자신이 처해 있다고 가정할 수 있고, 다른 사람이 느끼는 감정을 따라서 느낄 수 있으며, 그들을 동정할 수 있는 것은 인간의 본능이다.

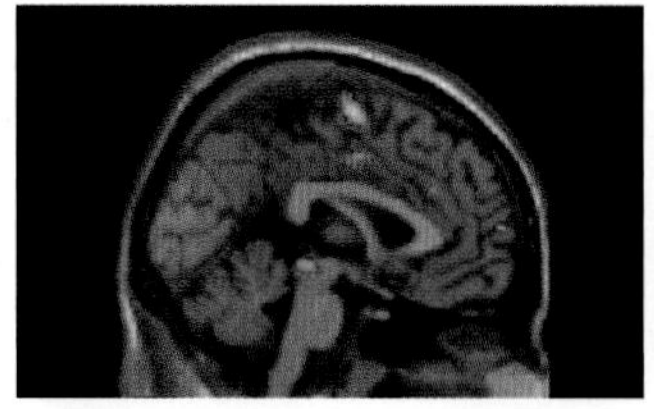

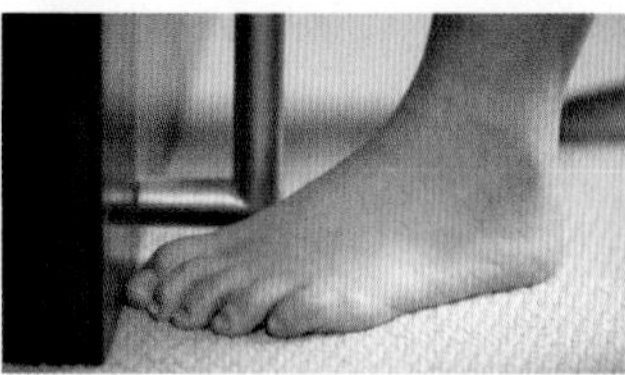

우발적인 사고로 다친 사람을 보았을 때
우발적인 사고로 다친 사람을 보면 마치 자기가 다친 것과 유사하게 뇌가 활성화된다.

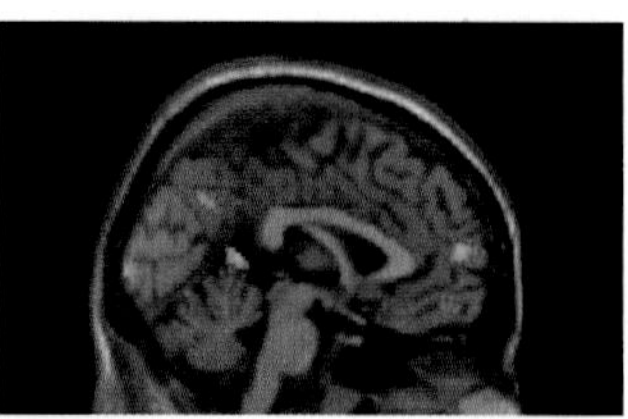

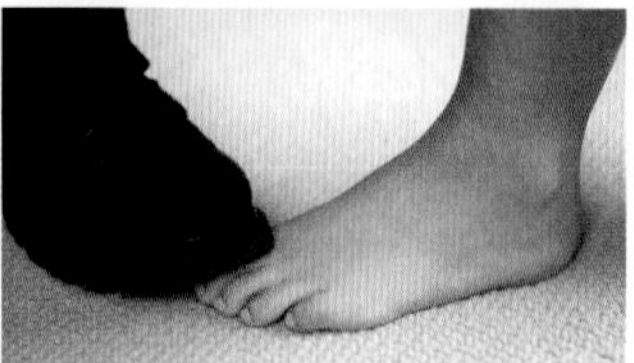

고의적 사고로 부상당한 사람을 보았을 때
고의적으로 사고를 당한 사람을 목격하면 뇌의 판단과 도덕적 추론 영역이 활성화된다.

도덕성

옳고 그름에 대한 분별은 모든 사회적 인식과 상호관계에 스며 있다. 도덕적 의사결정은 학습에 의존하는 부분도 있지만 일부는 감정의 영향을 받아 행동이나 경험에 가치를 부여한다. 도덕적 판단을 내릴 때 뇌에서는 일부는 중복되지만 서로 다른 두 개의 신경회로가 작동한다. 하나는 "이성적 판단" 회로로, 이것은 행동을 객관적으로 평가한다. 다른 신경회로는 감정이다. 감정은 옳고 그름에 대해 빠르고 본능적인 감각을 만든다. 이 두 가지 회로를 거쳐 나온 결과가 항상 일치하는 것은 아니다. 왜냐하면 감정의 경우 자기 자신의 생존이나 자신이 사랑하거나 자신과 관련된 사람의 보호를 위해 편견이 개입할 여지가 있기 때문이다. 도덕적 판단에 개입하는 감정적 편견은 주로 배안쪽이마엽앞피질과 눈확이마엽앞피질의 활성화와 관련된 것으로 추정된다. 이 부위를 다친 사람은 다른 사람보다 도덕적인 판단에서 더욱 이성적임이 연구로 밝혀졌다. 이것은 기본적으로 인간의 도덕성은 뇌에 고유하게 자리잡고 있으며, 옳은 일을 행하기보다는 자기자신을 보호하기 위해 도덕성이 변화한다는 것을 의미한다.

도덕적 판단 회로
감정은 도덕적 판단에 매우 중요한 역할을 한다(169쪽 참고). 도덕적 판단을 내리기 위해서 상황을 판단하고 가능한 행동과 결과를 고려하는 데는 감정적 경험과 관련된 뇌 영역이 작동한다.

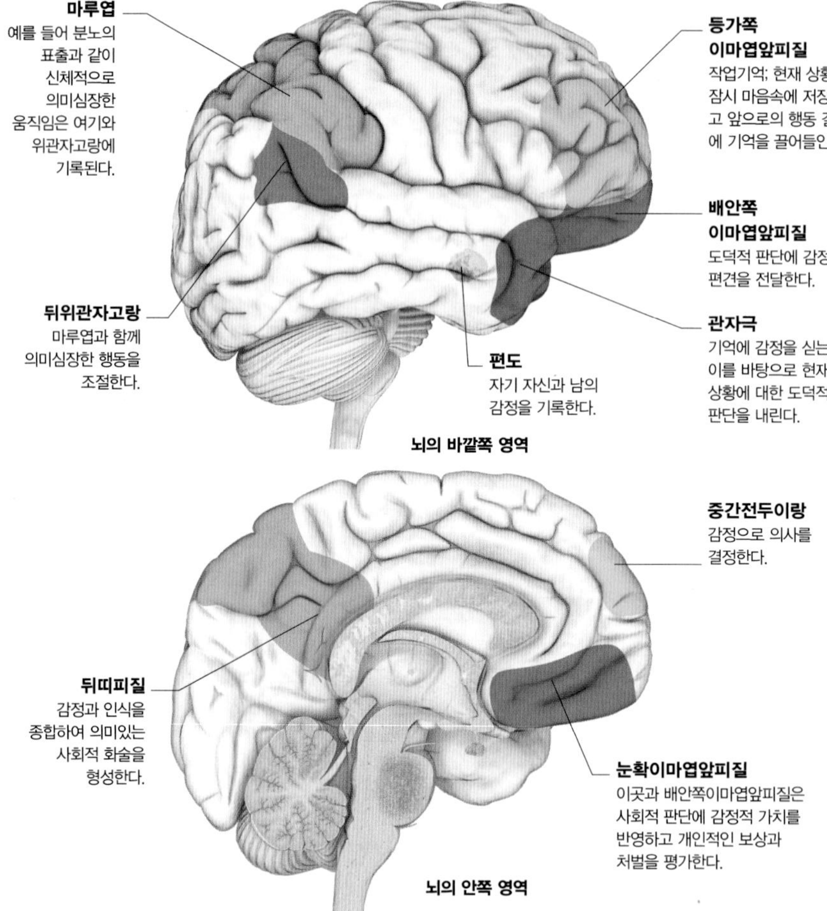

이타주의

이타주의란 직접적인 보상이라는 동기 없이도 다른 사람을 돕는다는 개념이다. 그러나 영상 검사로 확인한 바로는 남을 위해 하는 좋은 일에 개인적인 보상이 뒤따르는 것으로 확인되었다. 실제 기부하거나 기부하지 않는 사람을 대상으로 fMRI 검사를 실시했다. 참여자들은 자유롭게 기부하거나 거절할 수 있었다. 검사 결과 기부 여부와 상관 없이 두 경우 모두 뇌의 "보상" 신경회로가 작동하는 것으로 확인되었다. 특히 돈을 기부하는 경우에는 소속감과 사회적 관계와 관련된 뇌 영역도 활성화되었다.

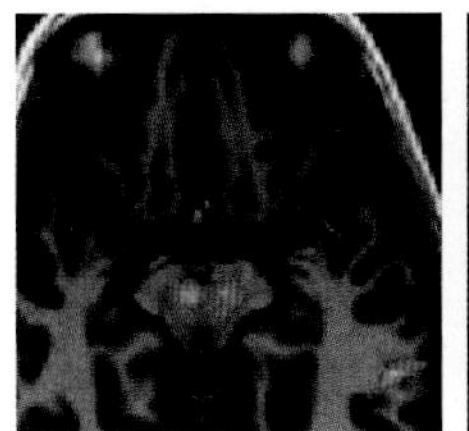

받을 때

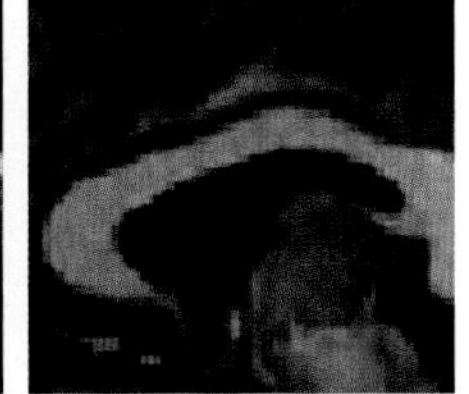

줄 때

보상 영역

무엇인가를 받거나 주는 경우 뇌에서는 즐거움이나 만족과 관련된 영역이 활성화되었다. 사회적 유대와 관련된 영역은 무엇인가를 남에게 줄 때 활성화되었다.

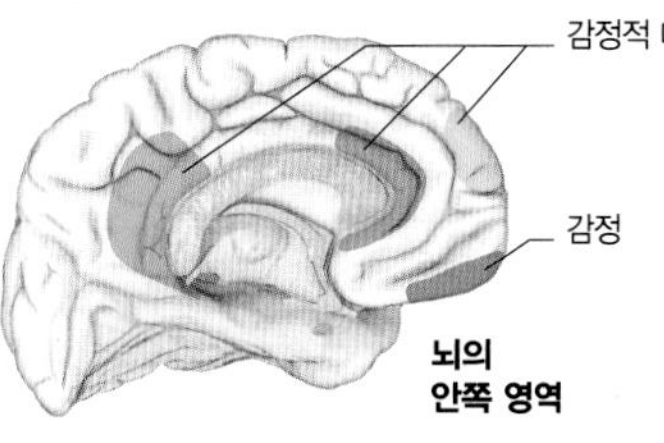

뇌의 안쪽 영역

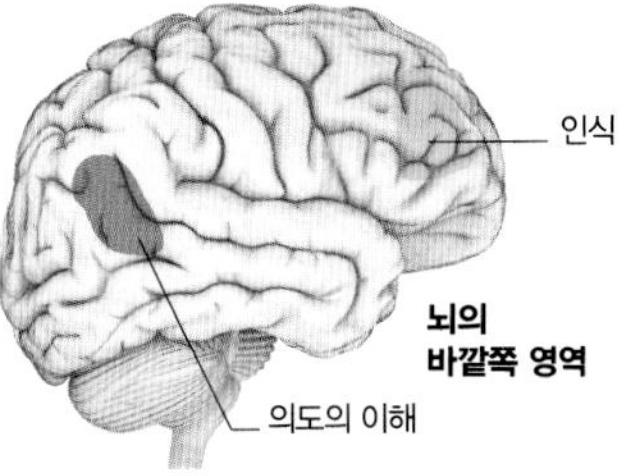

뇌의 바깥쪽 영역

뇌손상이 도덕성에 미치는 영향

뇌의 일부를 다쳤을 때 도덕적 판단에 영향을 받을 수 있다. 감정을 느끼고 감정적 의도나 마찰을 평가하는 영역, 현 상태를 고민하고 행동을 분석하는 이마엽, 그리고 다른 사람의 의도를 파악하는 기능과 연관된 마루엽과 관자엽이 맞닿아 있는 영역 등이 여기에 속한다.

피니어스 게이지

1848년 철도 노동자 피니어스 게이지는 쇠막대기가 두개골을 뚫고 들어가는 사고로 뇌 앞쪽에 구멍이 나고 말았다. 그는 대부분의 능력을 거의 잃지 않았지만, 행동이 전과 확연히 달라졌다. 예전에는 예의 바르고 사려 깊은 사람이었지만, 사고 후 담당 의사는 그를 이렇게 묘사했다. "변덕스럽고 무례하며, 상스러운 말을 거침없이 내뱉고(이전에는 전혀 없었던 행동이다), 동료들에게 거의 신경을 쓰지 않으며, 무절제하고 조언을 참지 못하며, 때때로 끈질길 정도로 완고하나 짜증스러울 정도로 변덕이 심하다. … 마음이 완전히 달라져 버렸다. 그의 친구와 지인들은 단언했다. '예전의 게이지가 아니다.'"

재구성

피니어스 게이지의 뇌 손상을 컴퓨터로 재구성한 결과 정확한 손상 부위가 드러났다. 그는 쇠막대가 머리에 박혀서 한쪽 눈의 시력을 잃었지만, 그 이외 신체적 문제는 심하지 않았다. 그러나 그의 행동은 극적으로 변했다.

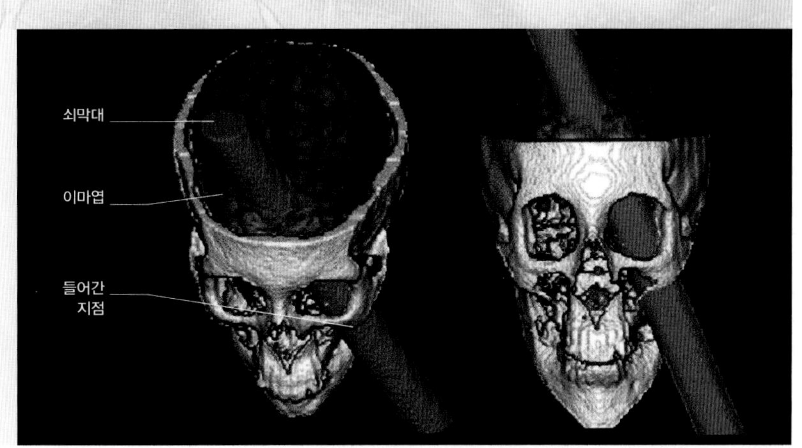

사이코패스

사이코패스의 특징은 비정상적으로 공감능력이 결여되어 있다는 점이다. 심지어는 타인의 고통을 즐기는 경향이 나타나기도 한다. 그러나 때때로 이들은 매력이 넘치고, 지적이며, 정상적인 감정을 너무나 잘 모방하여 알아차리기 어려울 수도 있다. 이상심리적 행동은 터무니없이 위험을 감수하며, 무책임하고, 전반적으로 이기적인 행동과도 연결되나 지능이 높은 경우 이런 경향을 극복하고 매우 큰 성공을 거두기도 한다. 수많은 유명 기업인이 사이코패스적인 경향을 보이며, 상당수의 범죄자 역시 마찬가지다. 사이코패스적인 경향을 보이는 사람의 뇌는 사람들이 고통받는 모습을 보여주었을 때 정서적 반응이 더 적게 나타나며, 뇌에서 정서에 관련된 부위와 의식적으로 타인의 "감정을 느끼는" 이마엽 부위 사이의 연결이 더 적다.

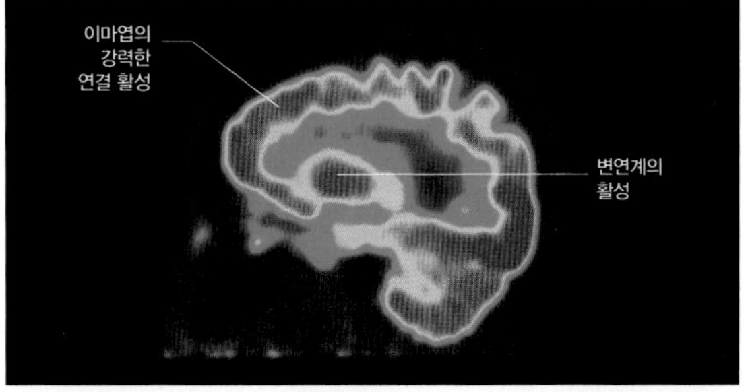

정상적인 뇌

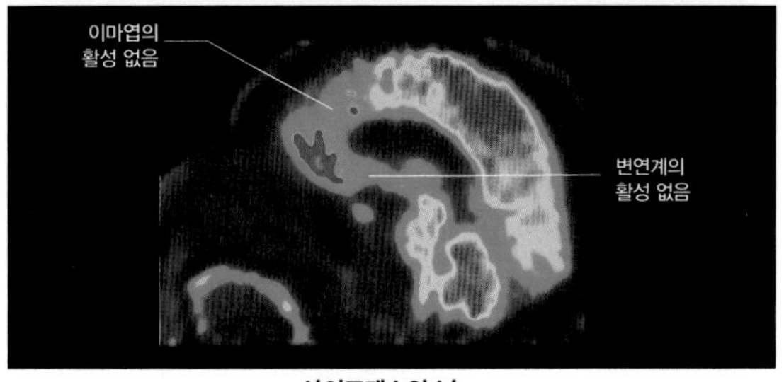

사이코패스의 뇌

사이코패스의 뇌

심리학자인 제임스 팰런은 사이코패스적인 수감자들에게 정서적 반응을 일으킬 만한 이미지들을 보여주면서 뇌를 스캔했다. 팰런 교수는 자신의 뇌에서도 사이코패스적인 표지들을 발견했다. 그는 사실 자기도 공감 능력이 떨어진다고 인정했다. 그는 지성과 통찰력으로 정서적 기능 이상을 극복한 것이다.

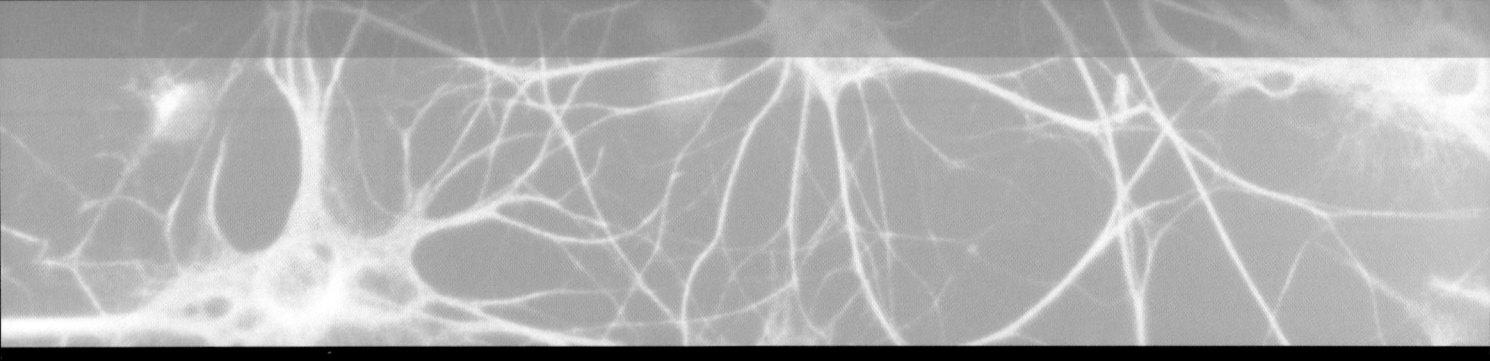

사람은 자신의 의도를 다른 사람에게 다양한 방법으로 전달한다. 몸짓과 신체언어로 전달할 수 있는 정보의 양은 생각보다 많다. 이 능력은 인간만이 아니라 다른 동물에게서도 발견된다. 그러나 인간만이 사용하는 의사소통 방법이 있다. 동물 중 유일하게 인간의 두뇌에는 언어만 담당하는 영역이 있다. 이 부위를 사용해서 말을 하고 글을 읽고 쓸 수 있다. 글을 읽고 쓰는 것은 배워야 가능한 일이지만, 말하기 능력과 복잡한 문법 사용 능력은 타고나는 것으로 보인다.

언어와 의사소통

몸짓과 신체언어

우리는 말로 생각과 느낌, 의도를 전달하는 것처럼 몸짓과 신체언어로도 이를 전달한다. 인간의 의사소통 절반은 말이 아닌 방법으로 전해진다. 두 방법이 서로 충돌하면 말보다 몸짓으로 표현되는 것이 더 강하다.

눈으로 말하기

인간의 눈은 표정과 움직임을 통해서 다양한 정보를 전달한다. 다른 동물들의 눈과는 달리 흰자가 보이기 때문에 어디를 보고 있는지, 주의를 기울이고 있는 쪽이 어디인지 금방 알아낼 수 있다. 인간은 다른 사람이 눈에 보이기 시작하면 그 사람의 시선을 쫓아가는 본능적인 습성이 있다. 이 과정을 통해서 직접 말을 하지 않더라도 다양한 정보를 공유할 수 있다.

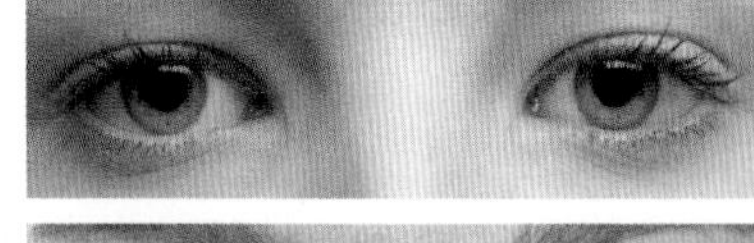

강력한 신호전달 수단
감정적인 반응이 나타날 때 동공이 커지는 경우가 있다. 약 중에도 이러한 효과가 있는 것들이 있다. 아마릴리스라는 이름으로 더 익숙한 수선화의 일종인 벨라도나는 한때 성적인 흥분 상태를 보여주기 위해 여성들이 사용했다.

부모 따라 하기

생후 3개월 아기들은 다른 사람의 시선을 쫓아가는 것이 가능해진다. 그리고 그 시선에 담긴 감정을 금방 알아차린다. 전혀 위험하지 않은 대상을 두고 부모가 눈을 크게 뜨는 등 두려움을 표현하는 동작을 보이는 실험에서, 그런 부모를 바라보던 아이들도 똑같이 두려움을 나타낸 것으로 확인되었다.

신체언어

신체언어는 대개 본능적이며 대부분 무의식적인 행동이다. 눈에 보이는 다른 생명체가 자기보다 강한 포식자인지 아니면 먹잇감인지에 따라서 보이는 원시적인 반사작용의 일부가 신체언어가 되었다. 이러한 원시적인 반사작용은 작고 약한 자극(즉 먹잇감)으로 보이는 것에는 다가가고, 강한 자극(즉 포식자)에게서는 도망가게 한다. 공격적인 자세는 온몸의 근육이 긴장한 상태로 꼿꼿이 서있거나 약간 앞으로 몸을 기울여 표현하며, 바로 먹이를 향해 달려들 준비가 되었음을 의미한다. 두려움은 약간 몸을 뒤로 기울이고 근육의 긴장이 풀어져서 부드러운 자세로 표현된다. 이것은 도망갈 준비가 되어 있음을 뜻한다. 감정 상태가 복합적이면 자세를 쉽게 바꿀 수 있게 중간 정도의 자세를 유지한다.

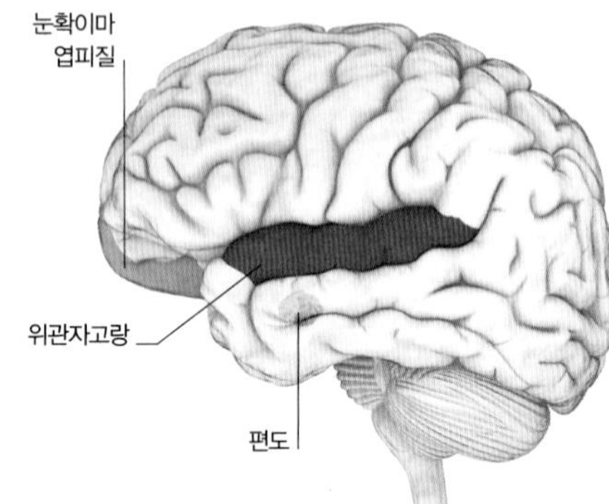

뇌의 작용
눈과 입, 손 등 몸의 움직임을 드러내는 것과 계획적인 몸짓은 타인과의 관계 속에서 자신을 인식하는 기능을 담당하는 위관자고랑에 기록된다. 편도는 감정적 내용을 알아차리며 눈확이마엽피질에서는 이를 분석한다.

표현과 신체언어 연구
신체언어와 얼굴에 드러난 감정 상태가 일치하지 않으면 신체언어로 드러난 감정을 받아들이는 경향이 있다.

분노의 표현
분노하는 신체언어

두려움의 표현
분노하는 신체언어

분노의 표현
두려워하는 신체언어

두려움의 표현
두려워하는 신체언어

신체언어에 대한 반응

공포나 분노를 나타내는 신체언어는 움직임 관련 뇌 영역, 행복을 표현하는 신체언어는 시각피질을 활성화한다. 겁먹은 자세 또는 행복하거나 평온한 자세를 취하는 모습을 보여주는 실험을 한 결과 행복한 몸짓을 볼 때는 시각피질이 활성화되었다. 겁먹은 몸짓을 볼 때는 감정중추와 함께 신체 움직임에 관련된 영역들이 활성화되었다. 이런 반응으로 군중 속에서 공포가 어떻게 퍼지며, 공포를 느꼈을 때 신체가 어떻게 도망칠 준비를 하는지 설명할 수 있을 것이다.

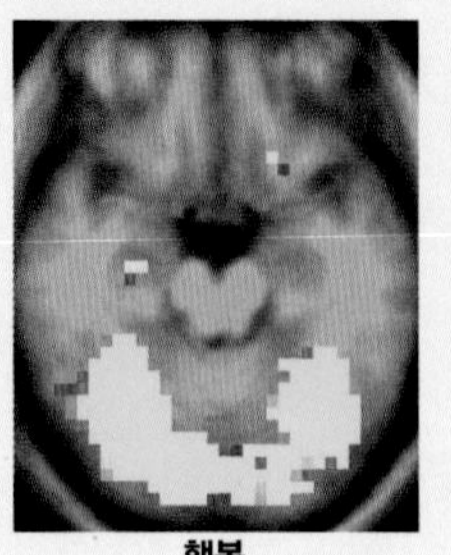

행복 **두려운**

몸짓

신체언어는 대개 무의식적으로 나타나지만 의식적으로 정돈한 형태의 몸짓이 있다. 몸의 여러 부위로 몸짓을 나타낼 수 있지만 대개 손과 손가락의 움직임으로 표현된다. 이러한 몸짓으로 방향을 표시하거나 상상속 사물의 형태를 보여주는 것처럼 매우 복잡한 공간 관계를 표현할 수 있다. 몸짓은 생각과 감정을 전달하는 데 도움이 되며 때로는 모욕을 주거나 초대의 뜻을 전할 때에도 활용된다. 몸짓은 세계적으로 사용되지만 그 의미는 지역에 따라 다르다. 예를 들어 사람을 손가락으로 가리키는 간단한 동작은 전 세계적으로 사용되는 몸짓이지만 일부 아시아 국가에서는 매우 불쾌한 것으로 받아들인다.

3가지 주요 부류

통상적으로 사용되는 몸짓은 이야기 전하기, 생각이나 느낌 전하기, 말하려는 내용을 강조하기 등의 세 가지 목적으로 분류된다.

난해한 몸짓

힌두교 신들의 조각상은 흔히 손의 위치에 따라 상징적인 의미를 전달한다. 힌두교의 신인 시바의 조각상에서 밖을 향하고 있는 손바닥의 형태는 보호를 보장하는 의미를 담고 있다.

몸짓의 문법

언어에 따라서 문법이 다른 것과 달리 몸짓은 세계 공통의 문법 체계를 따르고 있는 것으로 보인다. 영어, 중국어, 스페인어와 같은 언어는 주어와 동사 그리고 목적어 순으로 말이 이어지지만 터키어와 같은 경우에는 주어와 목적어 뒤에 동사 또는 서술어가 이어진다. 그러나 몸짓의 경우 그 사람이 실제 사용하는 언어와는 관계없이 주어와 목적어 그리고 동사의 순서를 따른다.

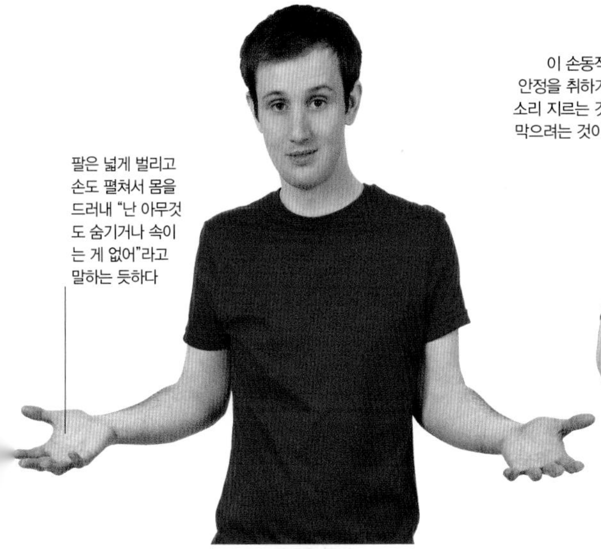

팔은 넓게 벌리고 손도 펼쳐서 몸을 드러내 "난 아무것도 숨기거나 속이는 게 없어"라고 말하는 듯하다

결백을 주장

이 손동작은 안정을 취하거나 소리 지르는 것을 막으려는 것이다.

놀람

공격적이고 딱딱한 손가락 움직임은 분노 또는 다른 사람에 대한 거부의 의미를 표현한다.

불쾌함

주먹을 쥐고서 팔을 들어올리는 자세는 승리를 나타낸다.

환호

손을 사용하면 말로 전하는 것보다 더 정확한 측정치를 전할 수 있다.

손으로 짐작하기

손가락 끝을 한곳에 모으면 정확성, 응집력, 집중을 의미하며 듣는 이들의 주의 집중을 요구하는 데 활용된다.

강조하기

언어의 기원

인간은 언어 능력을 타고 났다. 이 능력은 하나 또는 그 이상의 유전자와 관련되어 있는 것으로 보인다. 그러나 언어 능력이 단지 유전적 변이에 의해 발생한 것인지 미묘한 생물학적 변화와 환경적 요구에 따른 상호작용의 결과로 발생한 것인지는 아직 알려지지 않았다.

대뇌반구의 특성화

다른 동물과 비교하면 인간의 대뇌는 그 기능 면에서 좌우 대칭을 이루지 못한다. 언어의 경우가 좌우 대뇌반구의 차이를 보여주는 극명한 예다. 대다수 사람에게서 언어중추는 대뇌 왼쪽 반구에 위치한다. 일부는 양쪽 대뇌에 분포하기도 하며, 오른쪽 대뇌반구에 위치하는 경우도 있다. 일반적으로 언어는 대뇌반구 중 우세한 쪽에서 담당한다. 언어는 뇌의 의식 수준을 최고 상태로 높이는 기전을 담당하는 것으로 추정된다. 따라서 언어 기능이 충분히 발달하지 않은 과거 인간의 선조들은 의식도 명료하지 않았을 것으로 추정된다. 언어 능력은 이토록 중요하기 때문에 언어중추에 손상이 발생하면 그 결과는 치명적이다. 따라서 뇌수술시 언어 손상을 예방하기 위해 신경외과 의사들은 매우 주의 깊게 준비 과정을 거친다. 이러한 이유로 뇌 수술 예정 환자에게 와다 검사를 실시한다.

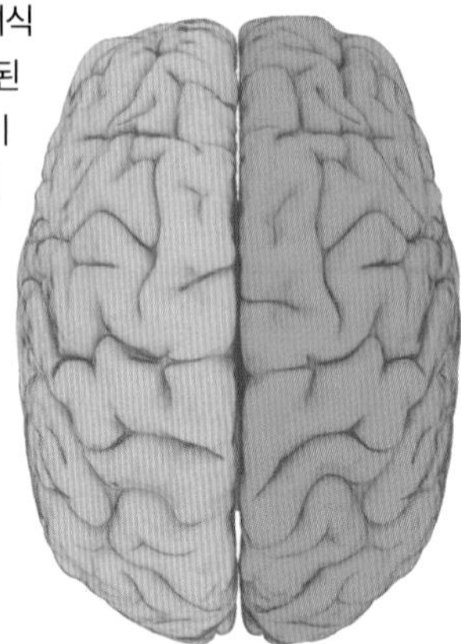

왼쪽 반구 **오른쪽 반구**

언어 기능

언어와 관련된 주요 영역 중 세 곳이 대뇌의 왼쪽 반구에서 발견되며 나머지 네 곳의 주요 영역은 오른쪽 반구에 위치한다.

대뇌반구	기능
왼쪽	똑똑히 발음하기
왼쪽	언어의 이해
왼쪽	단어 인식
오른쪽	음조의 인식
오른쪽	운율, 강세와 억양
오른쪽	말하는 사람의 인식
오른쪽	몸짓의 이해

관련 영역
대부분의 사람에게 말을 알아듣고 이해하며 말하는 능력을 담당하는 영역은 대뇌의 왼쪽 반구에 위치한다. 오른쪽 대뇌반구는 언어의 "완전한" 이해에 필요한 과정과 관련되어 있다.

와다 검사
와다 검사는 일본 신경과의사의 이름을 딴 것으로, 대뇌반구 중 한쪽을 마취했을 때 반대편의 기능이 유지되는지 확인하는 검사다. 대뇌반구에는 각각 별도의 혈액 공급로가 있기 때문이다. 만약 한쪽 대뇌반구를 마취했는데도 말을 할 수 있다면, 언어중추가 마취하지 않은 쪽 대뇌반구에 있다. 뇌 또는 목동맥 관련 수술을 앞둔 경우 이는 매우 중요한 정보다. 최근에는 첨단 영상 검사 기법으로 와다 검사를 대신한다.

왼쪽 속목동맥 오른쪽 속목동맥

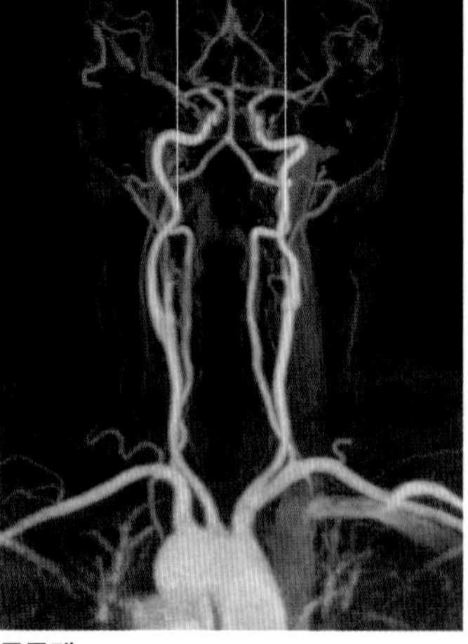

목동맥
뇌에 혈액을 공급하는 동맥을 보여주는 MRA 사진이다. 와다 검사는 한쪽 속목동맥에 주사를 놓아 한쪽 대뇌반구를 마취시키는 검사법이다.

휘파람 언어

언어는 대부분 소리, 즉 말을 사용한다. 그러나 카나리아 제도 고메라섬 원주민은 휘파람으로만 이루어진 언어를 사용한다. 이를 휘파람 언어, 또는 실보 고메라어라고 한다. 이 언어를 쓰는 사람들의 뇌 영상 검사에서 휘파람을 사용하는 순간 뇌의 언어중추가 작동하는 것이 확인되었다. 이 언어를 모르는 사람들에게는 단순히 휘파람 소리로만 들리기 때문에 대뇌의 언어중추가 작동하지 않고 다른 부위에서 처리되는 것이 확인되었다.

작업 도중에 휘파람 소리
깊은 계곡을 사이에 두고 의사소통할 때 소리치는 것은 그다지 실용적이지 않다. 이런 상황에서 필요에 따라 만들어진 것이 실보어다. 그들의 휘파람 소리는 말보다 더 멀리 왜곡되지 않고 전달된다.

언어란 무엇인가?

언어는 의미와 문자를 단순히 연결하는 것 이상의 의미가 있다. 언어는 문법이라는 매우 복잡한 규칙에 따라 사용된다. 문법의 세부 규칙은 언어마다 다르다. 그러나 그 복잡성은 유사하다. 말소리와 유사한 소리라고 할지라도 언어로 받아들여지지 않으면 대뇌의 언어중추에서 처리되지 않는다. 몇몇 학자들은 언어와 관련된 뇌의 반응은 학습에 의한 것이라기보다는 본능적인 것이라고 믿는다. 원숭이들이 눈에 보이는 자판 위의 그림과 실제 사물을 연관 지을 수는 있지만 원숭이에게 소리로 전달되는 인간의 언어를 가르치는 것은 불가능하다.

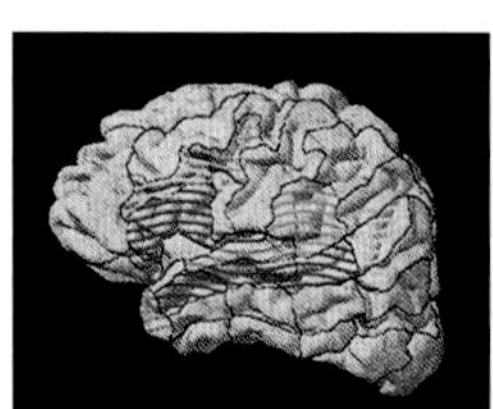

왼쪽 반구

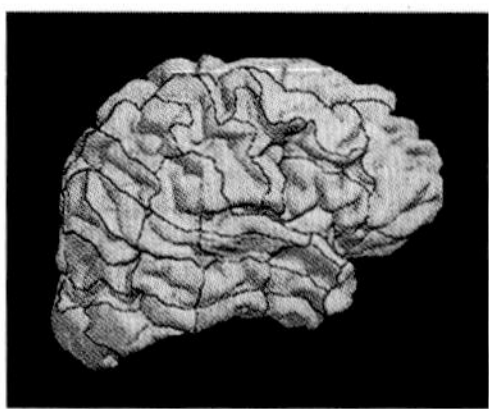

오른쪽 반구

문장과 의미없는 글자
자기가 알고 있는 언어와 유사한 소리를 들으면 뇌의 왼쪽 반구가 활성화된다. 그러나 아무런 의미가 없는 글자의 소리를 들으면, 대뇌의 오른쪽 반구에 작은 영역만 활성화된다.

언어 능력의 진화

인간이 말을 하기 시작한 시기를 알려주는 역사적 기록은 전혀 없다. 따라서 정확한 기원을 알 수 없다. 말을 하고 이해하는 능력은 인간에게만 있지만, 일부 유인원의 뇌에도 원시적인 언어 관련 영역이 있는 것으로 확인되었다. 언어 능력의 진화는 인간의 선조가 직립한 시기에 인두와 후두 부위에 일어난 변화와 관련되어 있다. 이러한 변화로 인간이 낼 수 있는 소리는 다양해졌다. 이렇게 의사소통 방법이 발전하면서 효과적으로 말을 하는 개체만이 살아남아 다음 세대에 언어를 전했을 것으로 보인다.

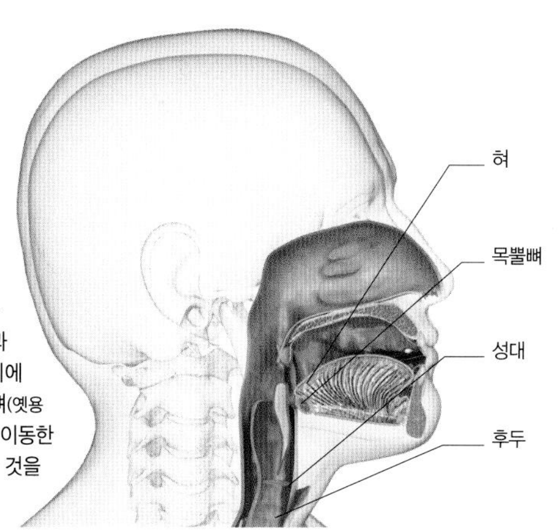

언어 능력과 관련된 구조물
직립보행이 가능해진 뒤로 원시인류의 후두 형태가 변화하면서 더 다양한 소리를 낼 수 있게 되었다. 또한 이러한 변화 덕에 더 이상 숨쉬는 것과 음식을 삼키는 것을 동시에 하지 않게 되었다. 목뿔뼈(옛용어 설골)가 더 아래쪽으로 이동한 것도 다양한 소리를 내는 것을 촉진시킨 것으로 보인다.

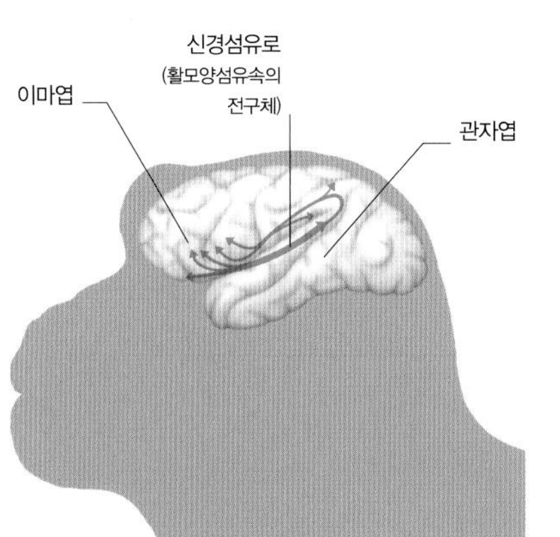

짧은꼬리원숭이의 신경섬유로
짧은꼬리원숭이의 언어 영역은 형태가 간단하다. 이 영역의 대부분은 관자엽에서 언어를 이해하는 영역과 이마엽의 소리를 만들어내는 영역을 이어주는 굵은 신경섬유다발로 이루어져 있다.

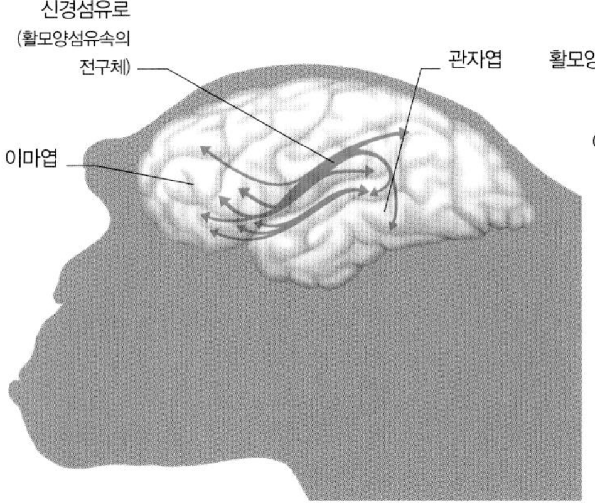

침팬지의 신경섬유로
관자엽과 이마엽을 이어주는 연결 섬유가 짧은꼬리원숭이보다 훨씬 복잡하게 되어 있다. 이로서 인식 기능이 더욱 향상되었다. 그러나 사람과는 다르게 이 신경로에서는 관자엽으로 뻗은 가지가 뚜렷하지 않다.

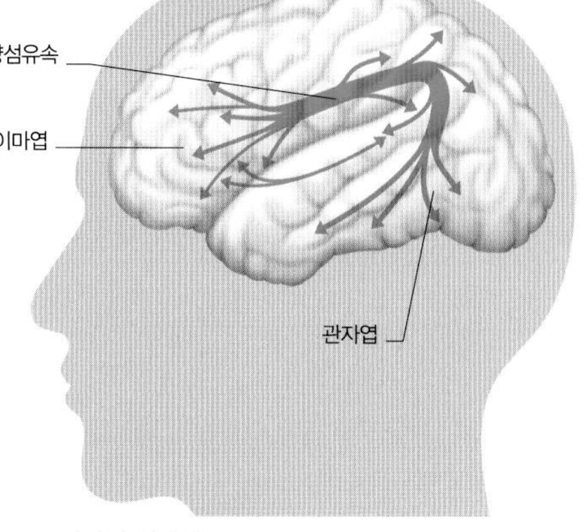

인간의 신경섬유로
이 섬유로는 활모양섬유속으로 알려진 것으로, 말하기 및 이해와 관련된 대뇌 영역을 연결하는 주요 신경로다. 언어 능력의 진화와 관련된 가장 중요한 것으로 추정된다.

언어 유전자

인간이 언어를 사용할 수 있는 것은 수백 가지 유전자가 함께 작용한 덕이지만, 특히 정상적인 말과 언어 발달에 밀접하게 관련된 한 가지 유전자가 있다. FOXP2는 유창하게 말하는 데 필요한 뇌 영역들을 서로 연결해주는 유전자이다. 이 유전자에 특정 돌연변이가 있는 사람은 아동기 말 실행증이라는 문제가 생긴다. 이들은 단어를 말하는 데 어려움을 겪으며, 일부는 말을 이해하는 데 어려움을 겪기도 한다. 명금류, 생쥐, 고래, 다른 영장류 등 소리를 통해 의사소통하는 동물들에게도 FOXP2 유전자가 있다. 그러나 인간에서 이 유전자는 더욱 빨리 고도로 진화하여 뇌에서 훨씬 복잡한 연결을 형성했다고 생각된다. 인간이든 동물이든 FOXP2 유전자에 특정 돌연변이가 있으면 비슷한 문제가 생긴다. 예를 들어, 이 유전자에 특정 돌연변이가 있는 생쥐는 사람과 마찬가지로 끽끽거리며 "노래"할 때 "말더듬" 증상을 나타낸다.

언어와 인식

언어는 신호 전달 수단 이상의 의미를 지닌다. 여러 증거를 종합하면 언어는 인간이 세상을 인식하는 방법을 제공한다. 예를 들어 파란색과 녹색의 차이를 표현할 수 있는 언어를 사용한다면 파란색과 녹색을 헷갈릴 가능성이 적다. 그러나 이러한 색를 구분하지 않는 언어를 사용하는 사람이라면 두 색을 구분하여 기억할 수 없다. 아마존의 원주민 중에 2 이상의 수가 없는 부족의 사람들은 4와 5의 차이를 알 수 없다.

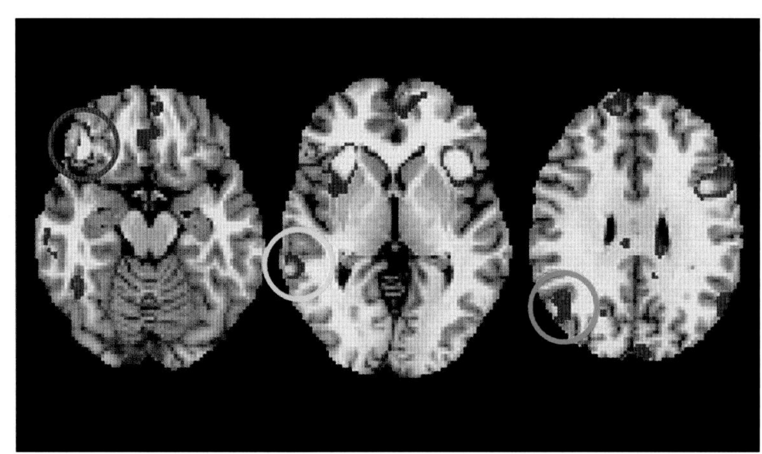

색깔 연구
시각적으로 분명히 다르지만 이름이 같은 색깔을 구분할 때보다 서로 다른 이름을 지닌 색깔을 구분할 때 인식 및 단어 검색에 관련된 뇌 영역(왼쪽 사진에서 원으로 표시)이 더 많이 활성화된다.

언어 영역

인간의 두뇌는 다른 동물과는 달라서 언어만을 담당하는 영역이 따로 있고, 거의 대부분의 사람들에게서 이 영역은 대뇌의 왼쪽 반구에 위치한다. 왼손을 사용하는 사람 중 약 20퍼센트는 언어 영역이 오른쪽 대뇌반구에 있다.

주 언어 영역

뇌에서 언어와 관련된 과정은 주로 브로카 영역과 베르니케 영역에서 처리된다. 베르니케 영역은 언어를 이해하는 기능을 담당하며 브로카 영역은 발음하는 기능을 담당한다. 활모양섬유속이라는 섬유조직이 이 두 영역을 연결한다. 베르니케 영역의 주변에는 게슈윈트 영역이라고 알려진 부위가 있다. 말소리를 들으면 베르니케 영역에서 그 소리의 의미를 연결하고, 게슈윈트 영역에 있는 특수한 신경세포가 그 단어의 다양한 특성(소리, 상황, 의미)을 연결하여 완전히 이해할 수 있다. 말을 할 때는 이와 반대의 과정을 거친다. 즉 베르니케 영역에서 표현하려는 상황에 맞는 단어를 찾아낸다. 이렇게 선택된 단어는 활모양섬유속을 통해 브로카 영역으로 전달된다. 브로카 영역에서는 이렇게 전달된 단어를 발음할 수 있게 후두를 활성화하며 혀와 입술, 턱 등을 조정한다.

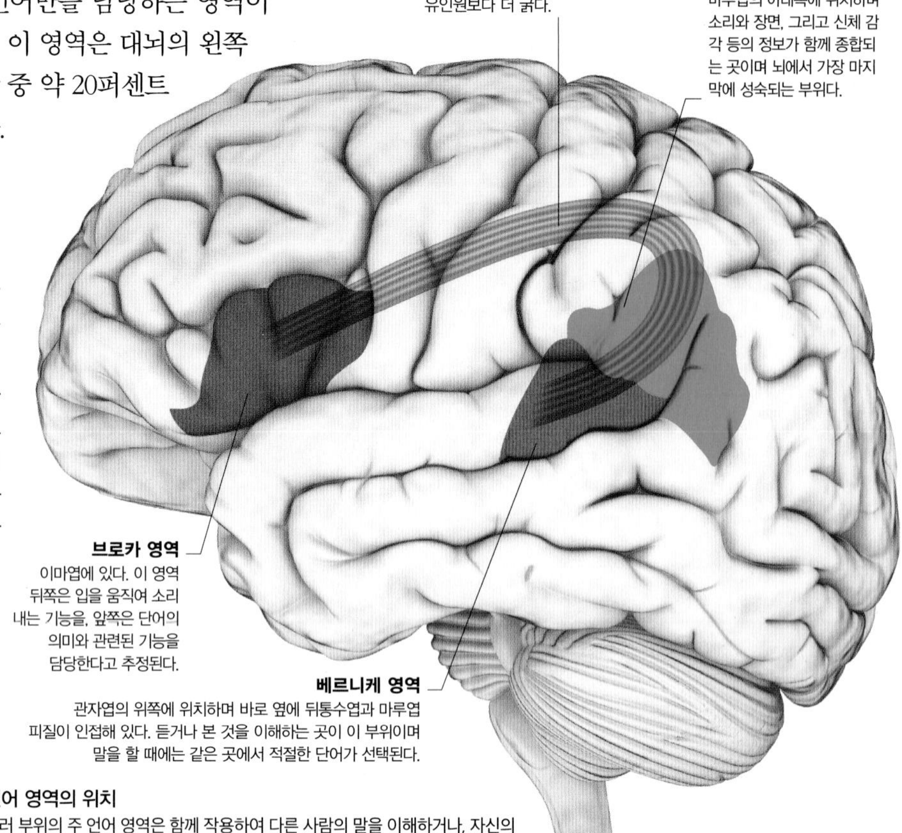

언어 영역의 위치
여러 부위의 주 언어 영역은 함께 작용하여 다른 사람의 말을 이해하거나, 자신의 의사 표현을 위해 말을 하는 기능을 담당한다. 그러나 언어를 완전히 이해하기 위해서는 단순히 단어 자체만이 아니라 음조와 감정, 운율 등을 모두 고려해야 한다.

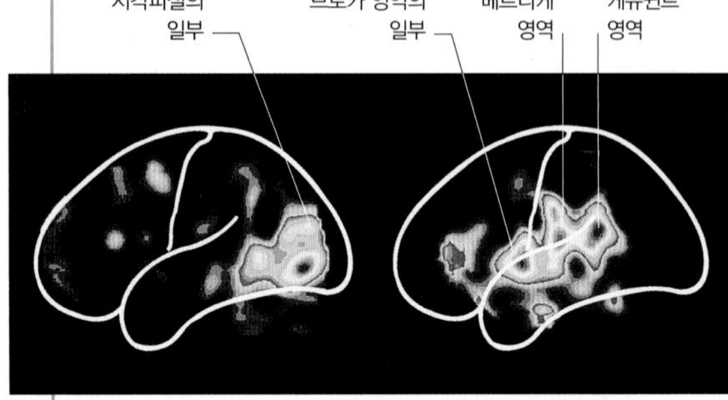

수동적으로 글씨를 바라보고 있을 때 **단어를 듣고 있을 때**

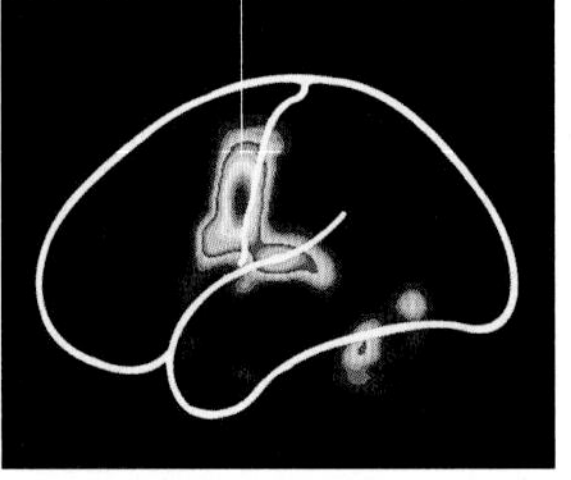

소리를 내어 말할 때

각각의 기능에 따라서 활성화되는 부위
이 fMRI 사진은 말을 듣거나 직접 발음하는 등의 기능에 따라서 세 부위의 주 언어 영역이 활성화되는 형태가 달라지는 것을 보여준다. 수동적으로 글씨를 보고 있을 때는 언어와 관련된 영역에서 활성화가 관찰되지 않았다.

언어와 관련된 기능
언어 관련 기능의 종류에 따라 활성화되는 뇌 영역이 다르다. 그러나 주 언어 영역은 언어의 의미를 이해했을 때만 활성화된다. 따라서 단순히 글씨를 바라만 보고 있을 경우에는 전달되는 시각정보의 처리를 위해서 시각피질만 활성화된다. 말소리를 들어 그 의미를 이해하는 경우에는 베르니케 영역과 게슈윈트 영역이 활성화된다. 브로카 영역은 듣기와도 깊게 관련되어 있다. 들려오는 언어를 이해하는 것이 머릿속에서 발음하는 것과 어느 정도 관련되어 있기 때문이다. 브로카 영역은 소리 내어 발음할 때 주로 활성화된다. 직접 소리내어 말하는 것은 베르니케 영역과 브로카 영역 그리고 게슈윈트 영역이 모두 관련된다.

이동하는 주변 부위

베르니케 영역과 브로카 영역은 이미 잘 알려져 있다. 그러나 그 두 영역에 바로 인접한 부위는 다양한 언어 관련 연구에서 활성화되는 것이 확인되었지만 정확한 기능은 알려지지 않았고 그 부위도 사람마다 다르다. 심지어 개인에서도 일생에 걸쳐 이동하는 것으로 알려졌다.

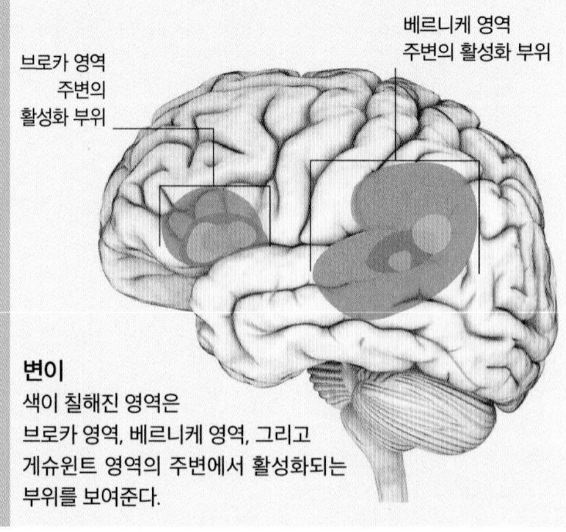

변이
색이 칠해진 영역은 브로카 영역, 베르니케 영역, 그리고 게슈윈트 영역의 주변에서 활성화되는 부위를 보여준다.

다중언어의 뇌

두 가지 언어를 능숙하게 사용하면, 특히 아주 어린 시절부터 두 가지 언어에 능숙하면 여러 인지 능력이 향상되며 치매를 비롯한 여러 퇴행성 인지기능장애의 발생 시기를 늦춰 뇌 기능을 보호하는 것으로 알려졌다. 모국어 이외의 언어를 사용하면 신경세포 사이에 더 많은 연결 통로가 만들어지기 때문인 것으로 확인되었다. 연구에 따르면 두 가지 언어를 사용하는 성인의 뇌는 회색질이 더 두껍고 특히 대부분의 언어와 의사소통을 담당하는 뇌의 부위인 왼쪽 대뇌반구의 아래쪽이마엽피질이 발달해 있는 것으로 알려졌다. 특히 5세 이전에 다른 언어를 익힌 사람에게서 회색질이 더 두꺼웠다.

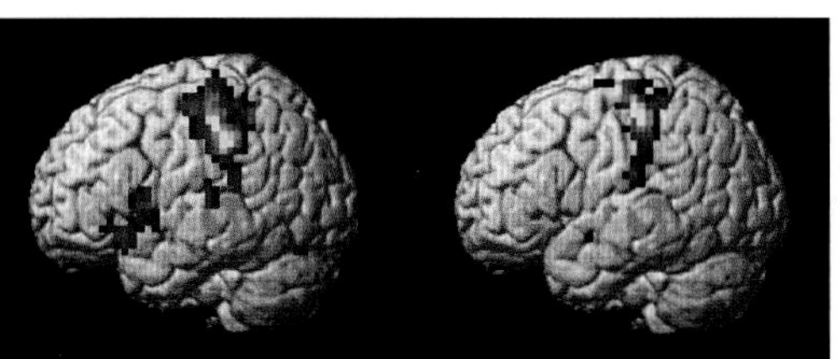

2가지 언어 사용이 가능한 뇌 **1가지 언어만 사용하는 뇌**

활성화의 차이
같은 언어를 들려주었을 때 두 가지 언어를 쓸 수 있는 사람과 한 가지 언어만 쓰는 사람의 뇌에서 활성화되는 부위는 다르다.

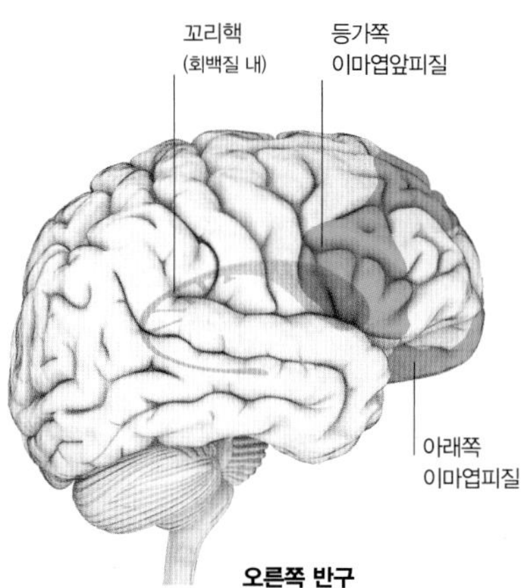

한 언어를 쓰는 경우에 사용되는 영역

두 언어를 쓰는 사람이 언어를 전환할 때 활성화되는 영역

두 나라 말을 잘하는 뇌신경의 특징
보라색 표시된 곳은 1가지 언어를 쓰거나 2가지 언어를 쓰는 사람 모두 하나의 언어를 사용할 때 활성화되는 부위다. 녹색 표시된 곳은 두 나라 말을 사용하는 사람이 언어를 바꿔가며 사용할 때 활성화되는 부위다. 언어의 종류가 바뀔 때 꼬리핵도 활성화된다.

언어장애

뇌의 손상과 기능 장애에 의해 발생하는 언어 장애는 매우 종류가 다양하다. 언어의 이해 능력에만 장애가 생기는 경우도 있지만 표현에 장애가 생기는 경우도 있으며, 난독증(153쪽 참고)같은 학습장애와 특수한 형태의 언어 기능 장애(248쪽 참고)처럼 두 기능 모두 손상되는 경우도 있다. 외상성 뇌 손상과 뇌졸중이 실어증을 유발할 수도 있다. 실어증이란 말을 하지 못하거나 이해하지 못하는 기능 장애를 뜻한다. 반면에 언어장애라는 용어는 의사소통 능력의 일부가 손실되는 것을 의미한다. 그러나 2가지 용어가 부적절하게 서로 혼용되고 있다.

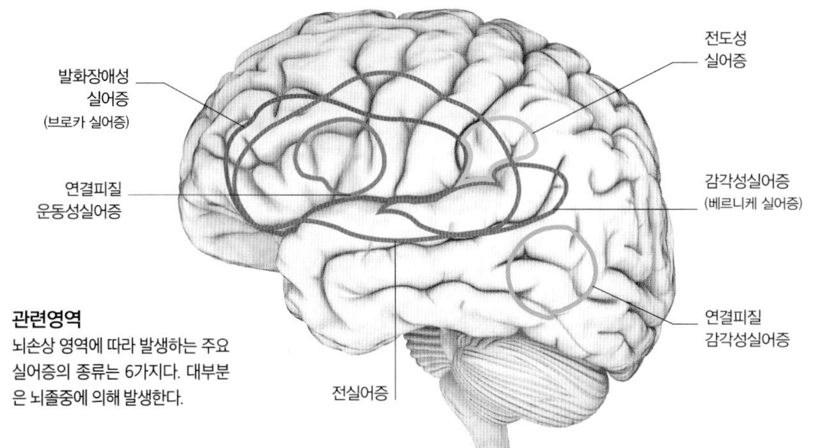

관련영역
뇌손상 영역에 따라 발생하는 주요 실어증의 종류는 6가지다. 대부분은 뇌졸중에 의해 발생한다.

말더듬기

인구의 약 1퍼센트는 말더듬이다(말을 더듬는 사람의 75퍼센트는 남성). 대부분 2세부터 6세 사이에 말더듬기가 시작된다. 말을 더듬는 사람은 말을 더듬지 않는 사람과 뇌의 처리 과정이 다르다는 것이 영상 검사로 밝혀졌다. 이 검사에서 말을 더듬는 사람의 뇌에서는 더 많은 영역이 활성화되는 것으로 확인되었다. 아마도 이렇게 활성화된 여러 부위가 서로 방해하거나 또는 말을 더듬는 것에 의해 여러 부위가 활성화되는 것으로 추정된다.

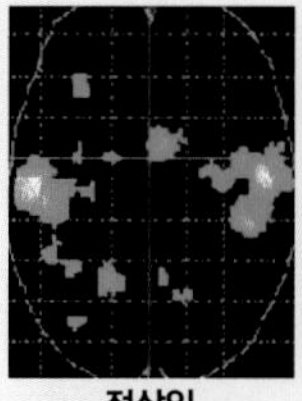

정상인 **말을 더듬는 사람 - 치료 전**

말더듬기의 치료
PET에 보이는 것과 같이 언어 치료가 효과적이다. 치료가 진행되면서 말을 할 때 뇌의 활성화 정도가 정상인에 가깝게 감소했다.

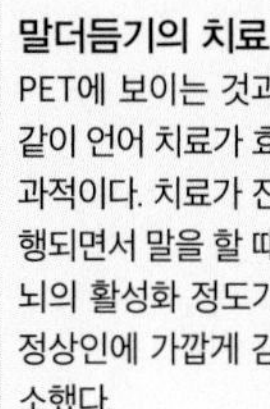

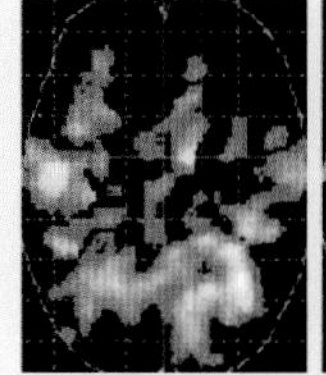

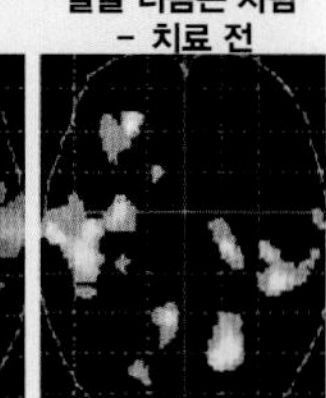

말을 더듬는 사람 - 치료 초기 **말을 더듬는 사람 - 치료 후**

실어증의 종류
실어증은 대부분 뇌의 언어 영역에 영향을 미치는 뇌손상(뇌졸중 같은)과 관련이 있다. 뇌 손상의 종류와 영역, 그리고 손상의 범위에 따라서 말을 하지 못하거나 다른 사람의 말을 알아듣지 못하는 등의 실어증이 나타난다. 때로는 다른 사람의 말을 알아듣지만 말을 하지 못하는 형태의 실어증도 발생한다. 노래는 할 수 있지만 말을 할 수 없거나 쓸 수는 있지만 읽지는 못하는 실어증도 있다.

발화장애성실어증(브로카 영역의 손상)
또렷하게 발음하지 못하거나 길게 이어서 말하지 못한다. 말을 하더라도 동사나 명사의 억양이 이상하거나 운율이 이상하다.

전실어증 (범발성 손상)
말을 알아듣고 따라 하고, 이름붙이고, 말하는 모든 기능에 장애가 발생한 경우다. 숫자를 세는 것같이 자동적인 표현은 기능이 유지되는 경우도 있다.

연결피질 운동성실어증 (브로카 영역 주변의 손상)
이해는 잘하는데 유창하게 말하지 못하는 언어 장애로, 보통 한번에 두 단어 이상 말하지 못한다. 단어 또는 구문을 따라하는 것은 가능하다.

전도성실어증(베르니케 영역과 브로카 영역 사이의 연결 부위 손상)
소리를 제대로 못내는 등의 언어 장애로, 다른 사람의 말을 이해하거나 자신의 의사 표현을 유창하게 하는 것은 가능하다.

연결피질 감각성실어증(관자엽-마루엽-뒤통수엽 연접부위 손상)
이해하고 이름을 붙이거나 읽고 쓰는 기능에 장애가 있지만 바로 배운 문장을 따라하는 것은 정상적으로 가능하다.

감각성실어증(베르니케 영역의 손상)
다른 사람의 언어를 알아듣지 못한다. 언어 이외에도 전반적인 이해력이 결핍되어 자신이 다른 사람의 말을 알아듣지 못하는 장애를 가지고 있다는 것도 모른다.

대화

우리 대부분은 대화 과정을 자연스럽고 당연한 것으로 생각한다. 그러나 뇌의 기능 면에서 본다면 대화 과정은 매우 복잡한 대뇌 활동과 관련된다. 말을 하고 듣는 기능은 뇌의 여러 곳과 연관되며 다양한 인식의 종류와 수준을 반영한다.

듣기

말하는 사람의 입에서 나온 소리가 듣는 사람의 귀에 전달되기까지는 대략 150밀리초의 시간이 걸린다. 귀에 들어온 소리는 전기신호로 변형되어 청각피질에서 처리되며, 소리 중 단어는 왼쪽 대뇌반구의 베르니케 영역에서 해석된다. 이러는 동안에 다른 부위, 특히 오른쪽 대뇌반구의 일부는 소리의 음조, 신체언어, 운율 등 언어 외적 요소를 분석하고 이해하는 데 필요한 역할을 한다. 따라서 이 부위 중 일부에 손상이 발생하면 소리를 듣고서도 완벽하게 이해하지 못할 수 있다.

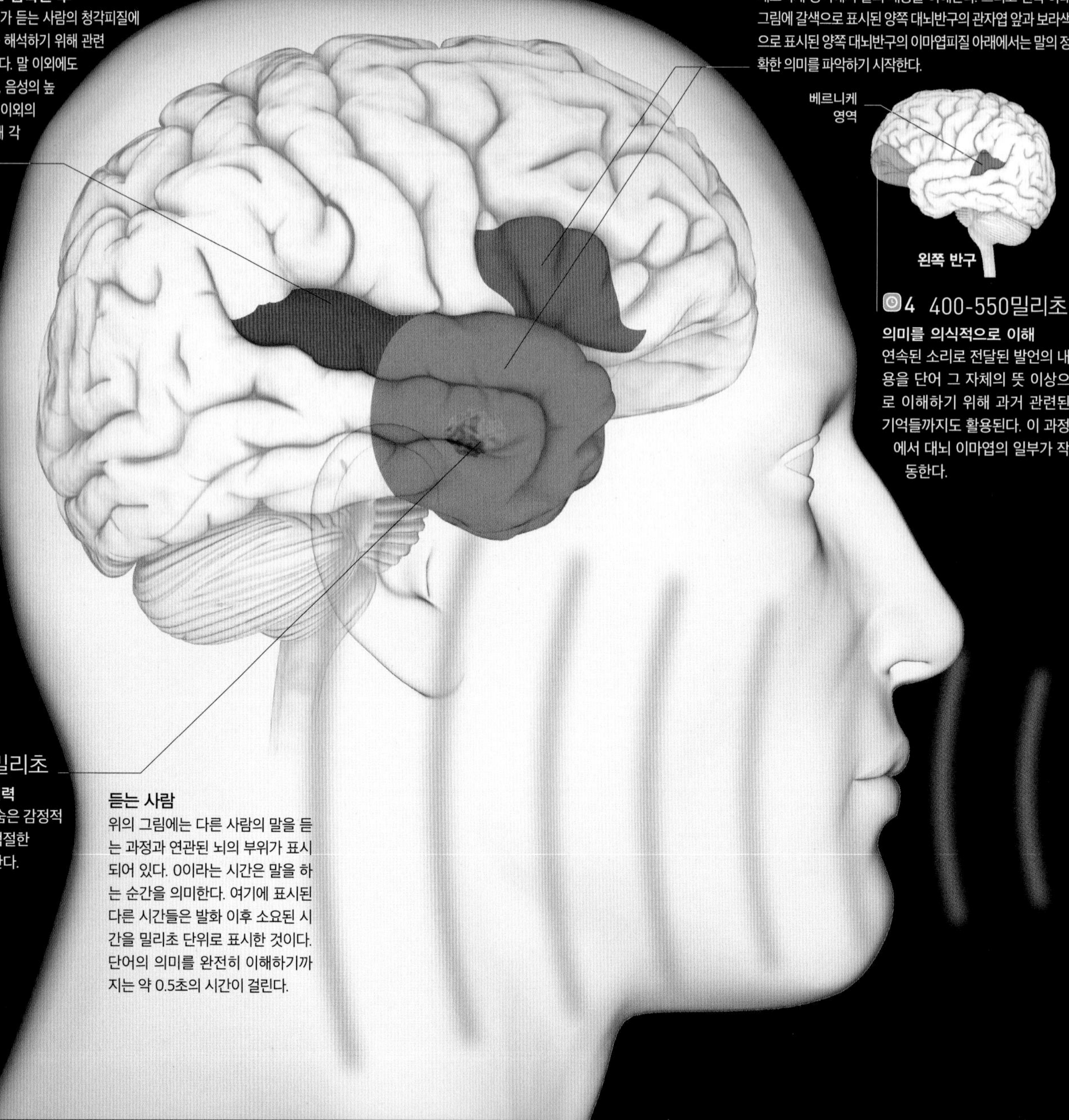

말 그 이상의 의미

얼굴을 마주하고 대화를 나누는 과정은 단어의 의미 외에 목소리, 몸짓 등 언어 외적인 요소가 작용한다.

1 50-150밀리초

단어가 음성으로 입력된 후

말하는 사람의 소리가 듣는 사람의 청각피질에 입력되고 그 의미를 해석하기 위해 관련된 영역으로 전달된다. 말 이외에도 말하는 사람의 감정, 음성의 높낮이, 운율 등 언어 이외의 요소도 분석을 위해 각 부위로 전달된다.

3 250-350밀리초

단어의 구조 분석 및 의미의 이해

오른쪽 아래 그림에 오렌지색으로 칠해 있는 왼쪽 대뇌반구의 베르니케 영역에서 말의 내용을 이해한다. 그리고 왼쪽 아래 그림에 갈색으로 표시된 양쪽 대뇌반구의 관자엽 앞과 보라색으로 표시된 양쪽 대뇌반구의 이마엽피질 아래에서는 말의 정확한 의미를 파악하기 시작한다.

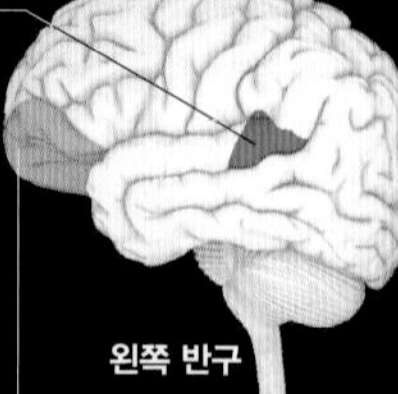

4 400-550밀리초

의미를 의식적으로 이해

연속된 소리로 전달된 발언의 내용을 단어 그 자체의 뜻 이상으로 이해하기 위해 과거 관련된 기억들까지도 활용된다. 이 과정에서 대뇌 이마엽의 일부가 작동한다.

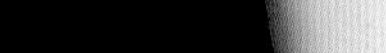

2 150-200밀리초

감정적 분위기의 입력

편도에서는 말 속에 숨은 감정적 분위기를 분석하여 적절한 감정적 반응을 유발한다.

듣는 사람

위의 그림에는 다른 사람의 말을 듣는 과정과 연관된 뇌의 부위가 표시되어 있다. 0이라는 시간은 말을 하는 순간을 의미한다. 여기에 표시된 다른 시간들은 발화 이후 소요된 시간을 밀리초 단위로 표시한 것이다. 단어의 의미를 완전히 이해하기까지는 약 0.5초의 시간이 걸린다.

말하기

말하기의 과정은 실제 소리로 나오기 0.25초 전에 시작된다. 이때 말하는 이는 자기가 전달하고자 하는 내용에 적절한 단어를 선택한다. 선택된 단어는 소리로 바뀌어 최종적으로 전달된다. 이런 복잡한 과정은 대부분 뇌의 왼쪽 반구에 있는 언어 관련 영역에서 이루어진다. 그러나 비록 소수에 불과하지만 언어 관련 영역이 뇌의 오른쪽에 있거나 양쪽에 있는 경우도 있다. 언어중추가 뇌의 오른쪽 반구에 있는 경우는 왼손잡이에게 흔하다(199쪽 참고).

기능의 이동

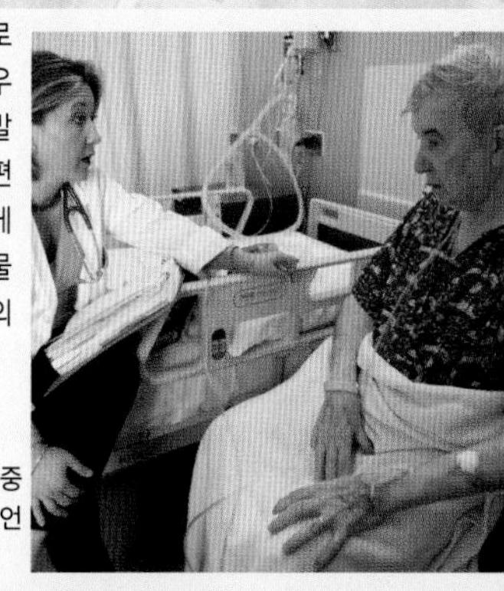

말하기와 듣기 장애는 뇌졸중 후유증으로 뇌의 언어영역이 손상되어 발생하는 경우가 종종 있다. 만약 이른 나이에 손상이 발생한 경우라면 언어 관련 기능이 반대편 대뇌반구로 이동할 수도 있다. 노인에게서는 이러한 일이 성공적인 경우가 드물지만 손상되지 않은 부분이 손상 부위의 기능을 대체하려는 시도는 계속된다.

말하기와 언어치료
뇌졸중으로 실어증이 발생한 환자에게 집중적인 말하기와 언어 치료의 결과로 일부 언어 기능이 회복되는 경우도 있다.

중요 경로
"준비된" 단어들은 활모양섬유속이라는 신경섬유를 따라서 브로카 영역으로 전달된다. 인간의 뇌에는 다른 동물과 비교하여 활모양섬유속이 매우 두껍고 잘 발달되어 있다. 이 부위가 인간 언어 능력의 가장 중요한 요소인 것으로 추정된다.

1 -250밀리초
말하기 전 말하기의 개념
기억 속에 있던 단어 중 생각을 전달하기에 적절한 것이 뇌에서 선택된다. 생각과 단어를 연결하는 과정은 뇌의 관자엽에서 처리된다.

2 -200밀리초
단어에서 소리로
기억 속에서 선택된 단어들은 청각피질에 인접한 베르니케 영역에서 소리와 연결된다.

3 -150밀리초
소리에서 음절로
브로카 영역은 대뇌에서 말하기와 가장 밀접하게 연관된 곳이다. 여기에서는 실제 발음할 수 있도록 단어의 소리에 맞게 입과 혀, 그리고 후두의 움직임을 일치시킨다.

4 -100밀리초
발음
선택된 단어를 발음하는 데 필요한 입과 혀 후두부 근육의 움직임은 신체 각 부위의 근육 운동을 조절하는 대뇌 운동피질의 일부에서 조절된다.

5 -100밀리초 미만
발음의 미세한 조절
소뇌는 말하기를 조화롭게 조절하는 것과 관련된 것으로 추정된다. 왼쪽 대뇌반구와 연결된 오른쪽 소뇌반구는 말하는 도중에 활성화된다. 그러나 왼쪽 소뇌반구는 노래를 할 때 활성화된다.

말하는 사람
위의 그림은 말하기 직전에 활성화되는 6곳의 뇌 영역을 보여준다. 0은 말이 실제 소리로 표현되는 순간을 의미한다. 발화 순간으로부터 떨어진 시간을 음수로 표시했다.

읽기와 쓰기

음성 언어를 듣고 이해하는 능력이 진화한 덕에 우리의 뇌는 말이라는 언어 생활에 긴밀히 관여하게 되었다. 읽기와 쓰기는 말하고 이해하는 것처럼 저절로 습득되는 것은 아니다. 읽고 쓰는 것을 배우려면 언어 활동에 필요한 기술을 발달시킬 수 있도록 뇌를 훈련시켜야 한다.

읽기와 쓰기 학습

읽고 쓰는 방법을 배우는 과정에서 큰 소리로 글자를 말하면, 아이들은 종이 위에 쓰인 글자 모양을 그것들이 만드는 음성으로 번역해야 한다. 예를 들어 cat 이란 단어는 "크kuh", "애aah", "트tuh" 라는 음운적 요소로 분해된다. 오직 종이에 쓰인 단어가 말할 때 들리는 음성으로 번역되어야만 아이들은 단어를 그 단어의 의미와 연관시킬 수 있다. 쓰기 학습에는 훨씬 더 많은 뇌를 사용한다. 글쓰기는 이해와 관련된 언어영역과 글의 해독과 관련된 시각적 영역을 사용할 뿐 아니라, 이러한 영역에서의 활동을 직접 글을 쓰는 손재주와 관련된 부분과 통합시키기도 해야 한다. 이러한 손재주와 관련된 부분에는 복잡한 손의 움직임에 관여하는 소뇌가 포함된다.

시각적 식별

문자언어를 식별하려면, 자연적인 물체들을 더욱 세밀하게 시각적으로 구별할 수 있도록 발달된 뇌의 특정한 부분을 이용한다. 많은 글자들이 그냥 보였을 때 모양이 비슷한 이유는 이것 때문일 것이다.

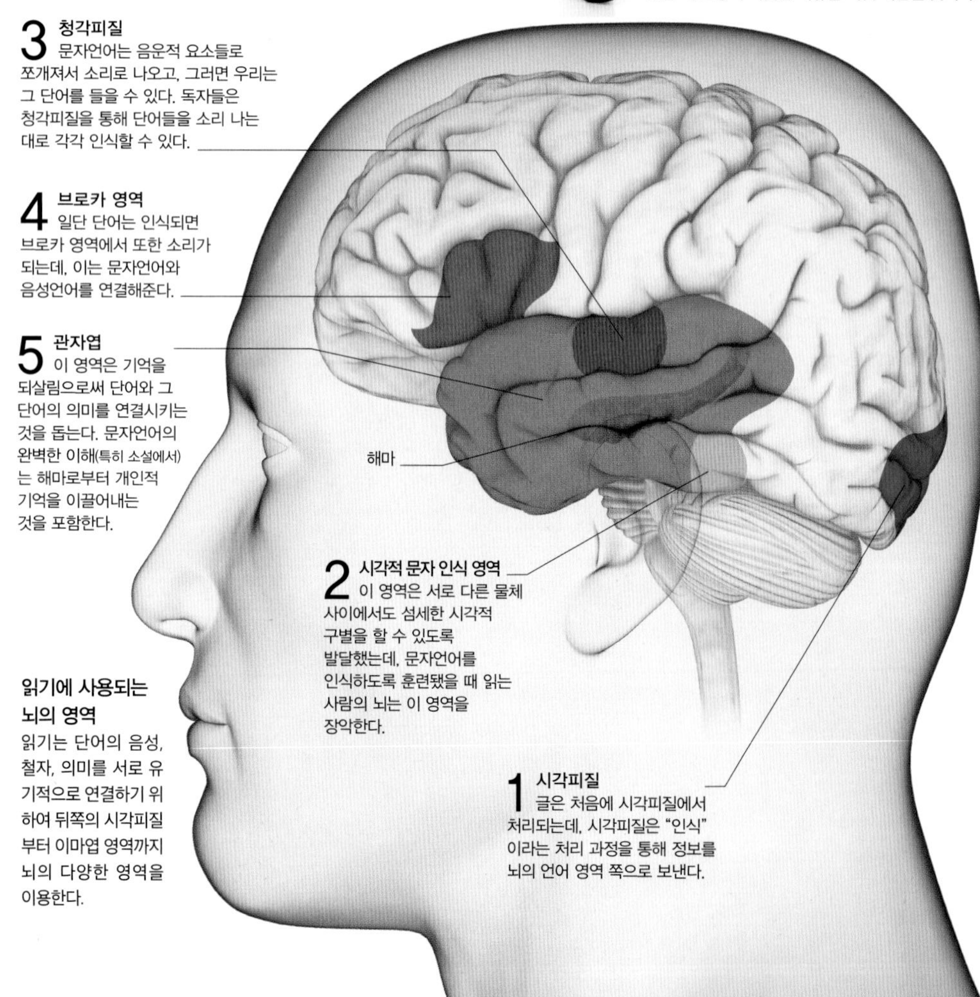

3 청각피질 문자언어는 음운적 요소들로 쪼개져서 소리로 나오고, 그러면 우리는 그 단어를 들을 수 있다. 독자들은 청각피질을 통해 단어들을 소리 나는 대로 각각 인식할 수 있다.

4 브로카 영역 일단 단어는 인식되면 브로카 영역에서 또한 소리가 되는데, 이는 문자언어와 음성언어를 연결해준다.

5 관자엽 이 영역은 기억을 되살림으로써 단어와 그 단어의 의미를 연결시키는 것을 돕는다. 문자언어의 완벽한 이해(특히 소설에서)는 해마로부터 개인적 기억을 이끌어내는 것을 포함한다.

해마

2 시각적 문자 인식 영역 이 영역은 서로 다른 물체 사이에서도 섬세한 시각적 구별을 할 수 있도록 발달했는데, 문자언어를 인식하도록 훈련됐을 때 읽는 사람의 뇌는 이 영역을 장악한다.

1 시각피질 글은 처음에 시각피질에서 처리되는데, 시각피질은 "인식"이라는 처리 과정을 통해 정보를 뇌의 언어 영역 쪽으로 보낸다.

읽기에 사용되는 뇌의 영역

읽기는 단어의 음성, 철자, 의미를 서로 유기적으로 연결하기 위하여 뒤쪽의 시각피질부터 이마엽 영역까지 뇌의 다양한 영역을 이용한다.

능숙한 독자

읽기를 배우는 동안 종이 위에 쓰인 문자를 음성으로 번역하기 위해 우리 뇌는 열심히 일해야 한다. 이는 음성과 시각이 함께 도달되는 관자엽의 뒤쪽 윗부분을 활성화시킨다. 이 과정은 연습을 통해 자동적으로 일어나게 되고, 뇌는 그 단어에 더욱 관심을 가지게 된다. 따라서 의미와 연관된 영역은 글을 읽는 동안 능숙한 독자의 뇌에서 (보통 어른의 뇌에서) 더욱 활성화된다.

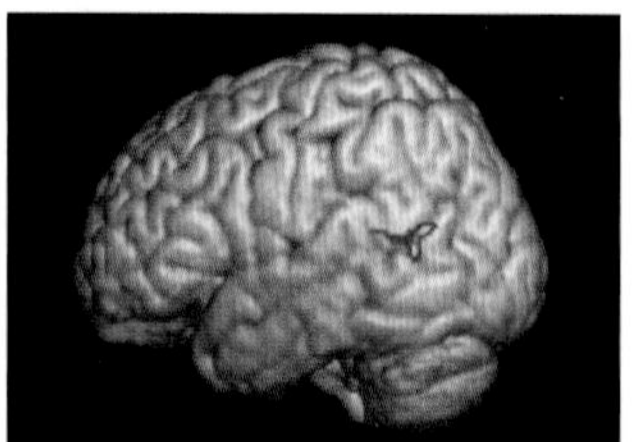

6–9세

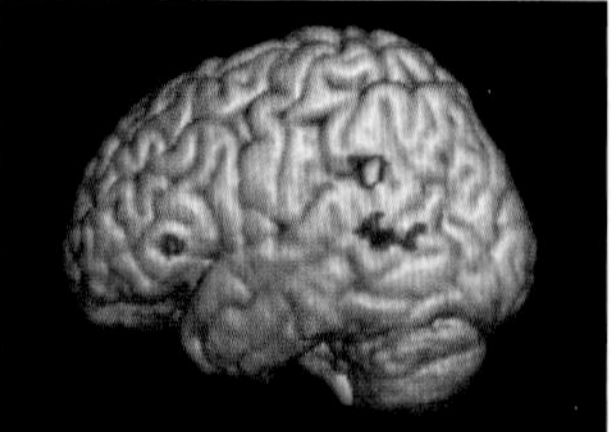

9–18세

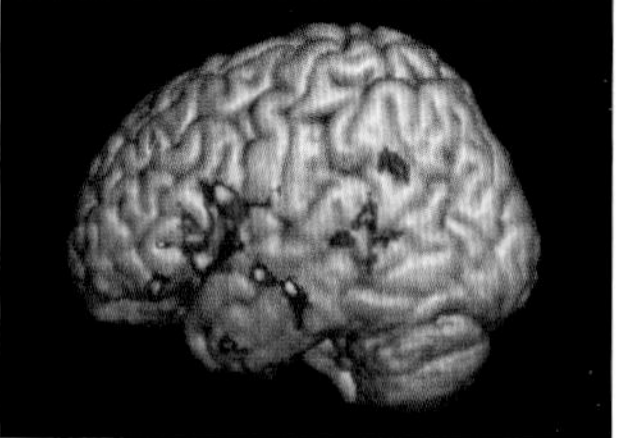

20–23세

읽기 능력의 발달

이 fMRI는 아이들의 읽기 학습이 문자와 음성을 연결하는 뇌 영역에 의존한다는 것을 보여준다(위). 읽기 능력이 발달함에 따라 의미와 연관된 영역(중간부분과 아랫부분)이 더 활동적으로 된다.

읽고 쓸 줄 아는 것이 뇌에 영향을 끼치는 과정

읽고 쓰는 법을 배울 때는 뇌의 다양한 부위에서 새롭고도 복잡한 신경 연결이 형성된다. 그러면 말 소리를 구분하는 능력이 향상되고, 더 폭넓고 다양한 정신적 연결이 촉진되어 상상력이 크게 발달한다. 인물 중심의 소설을 읽는 것 역시 공감 능력을 향상시키는 것으로 나타났다.

실독증

실독증(읽기와 쓰기에 어려움이 있는 뇌의 질환)은 유전자상의 문제에서 생기는 언어 발달 장애이다. 인구의 약 5퍼센트 정도에 영향을 끼친다. 그리고 영어처럼 말하는 음성과 알파벳 글자 사이의 관계가 복잡한 언어에서 가장 분명하다. 음운론적 결핍 가설이라고 알려진 실독증에 대한 한 가지 설명은 실독증 환자는 단어에 함유된 소리를 분석하고 기억할 수 없다는 것이다. 이것 때문에 구어 학습의 속도를 늦추고 읽기를 배울 때 소리를 그에 상응하는 알파벳 철자와 연결시키는 것을 힘들어한다.

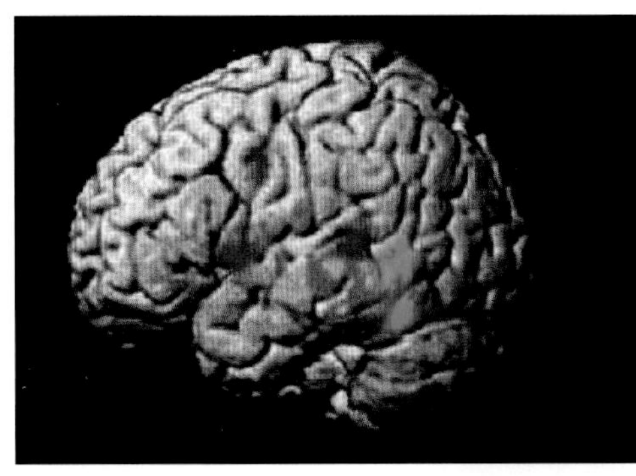

실독증 환자들은 어떻게 다른가
실독증 환자는 단어가 시각적 상징에서 소리로 번역되는 데 관여하는 뇌 영역에서 주로 차이를 보인다(이 fMRI에서 초록색 부분). 연구 결과 실독증 환자들이 정상인보다 이 부분에 회색질이 더 많다는 것을 알아냈다. 그러나 아직 우리는 이 발견의 중요성을 완전히 이해하지 못하는 형편이다.

실독증의 치료

실독증의 치료법은 없다. 그러나 보충 학습과 철자 기억 방법을 찾기 위한 전문가의 도움을 통해 읽기 능력을 향상시킬 수는 있다. 읽는 것이 여전히 느리고 철자를 틀리기 쉽겠지만 오디오북, 철자 검사 프로그램, 그리고 음성 인식 프로그램들이 실독증 환자의 문제점들을 보완하는 데 도움이 될 수 있다.

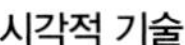

시각적 기술
몇몇 실독증 환자는 색안경을 쓰거나 한쪽 눈에 안대를 쓰면 향상되는 것으로 보이기도 한다.

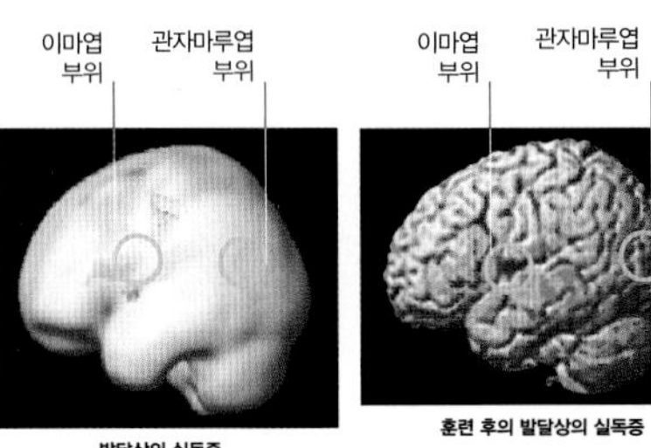

발달상의 실독증

훈련 후의 발달상의 실독증

개선
초기 연구에 따르면 느린 말소리를 듣는 과정이 실독증 환자에게 도움이 된다고 한다. 왼쪽 영상의 원들은 실독증 환자의 뇌에서 중요한 읽기 영역이 비활동적인 것을 나타낸다. 더 세밀한 오른쪽 영상은 훈련 후에 읽기 영역의 활동이 더욱 증가한 것을 나타낸다.

과독증

과독증 어린이는 매우 발달된 읽기 및 쓰기 능력을 보이지만 음성언어를 이해하는 데는 어려움을 겪기도 한다. 그들은 종종 사회적 상호작용에 문제가 있고, 자폐성 장애 증상을 보이기도 한다. 몇몇 과독증 환자들은 2세 이전에 꽤 긴 단어의 철자를 배우며 3세 정도에는 문장 읽는 것을 배운다. 이런 상태에 있는 어느 아이의 뇌 영상을 보면, 아이가 읽기를 할 때 실독증 어린이에게서는 활동이 둔했던 뇌의 영역이 지나치게 활동적으로 나타나는 것을 알 수 있다. 이 점은 과독증이 신경학적으로 실독증과 반대된다는 것을 의미한다.

발달이 너무 빠른 독서가
과독증 어린이들은 아주 어렸을 때부터 글자와 숫자에 매혹되고 읽는 법을 배운다. 그러나 때때로 음성언어를 이해하는 것은 힘들어한다.

언어 차이

특히 영어 사용자들은 읽기를 배울 때 힘들어한다. 영어의 철자 규칙을 통달하기란 매우 어렵기로 악명 높다. 예외가 너무 많아 읽기에 능숙한 사람들은 글을 읽을 때 문자-음성 해독 규칙에만 의존할 수 없다는 것을 잘 안다. 예를 들어 "ice"와 "ink"에서 "i"는 다르게 발음된다. 실독증 환자들은 이런 예외들을 숙달하기 힘들어한다. 그리고 읽고 쓰는 것을 배우는 데도 정상인들보다 수년이나 더 오래 걸린다.

영어를 사용하는 실독증 환자
표준 철자 규칙을 따르지 않는 단어들이 많기 때문에 영어 읽기를 배운다는 것은 힘든 일이다.

이탈리아어를 사용하는 실독증 환자
이탈리아어의 철자 규칙은 덜 복잡하기 때문에 영어 사용자들보다 단어를 더 정확히 인식한다.

실서증

글을 읽는 데는 문제가 없지만 쓰는 데 큰 어려움을 겪는 사람들이 있다. 실서증은 언어 문제 혹은 운동 문제일 수 있다. 언어 문제는 소리를 시각 기호로 바꾸는 데, 운동 문제는 글씨를 쓸 때 필요한 소근육 운동을 실행하거나 자연스러운 진행에 어려움을 겪는 것이다. 두 문제 모두 글씨가 떨리거나 비뚤비뚤하거나 완전히 뭉게진 것처럼 보인다. 일부 글자를 거꾸로 쓰는 것은 아주 어린 아동에게서는 정상이지만, 보통 성인이 되기 한참 전에 사라진다.

거울 문자는
이런 식으로
보입니다!

거울 문자 쓰기
모든 글자가 뒤집힌 거울 문자를 막힘 없이 쓰는 사람은 매우 드물다. 보통 사람에게는 극히 어려운 일이다. 이런 능력은 사실 뇌의 언어 영역이 비정상적으로 구성되어 있기 때문일 수 있다.

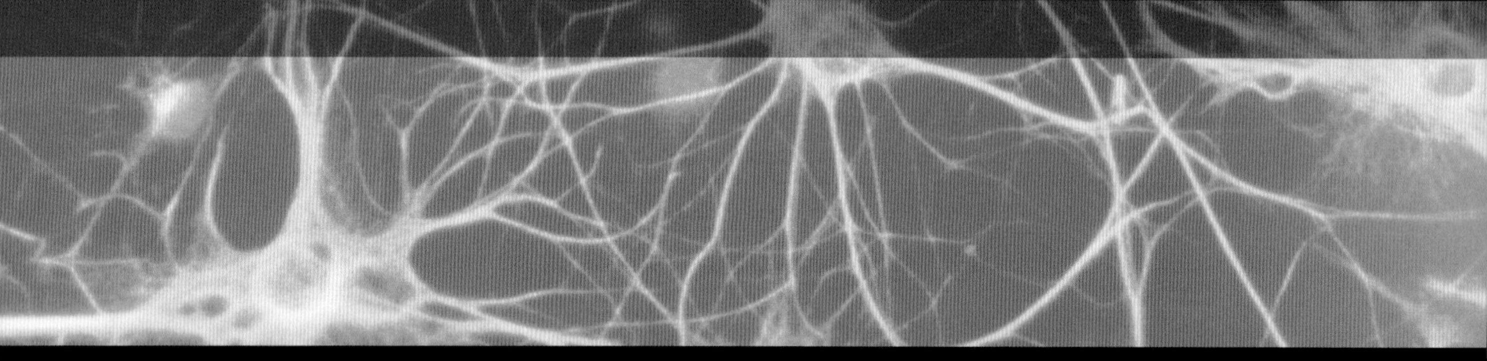

우리가 순간순간 경험하는 일들은 대부분 빠르게 잊힌다. 그리고 그중 아주 소수만이 뇌에 기억으로 저장된다. 우리가 어떤 일을 기억해내면, 맨 처음 그 일을 경험할 때 관여한 뉴런이 활성화된다. 하지만 회상은 과거를 그대로 재현하는 것이 아니라, 재구성하는 것이다. 기억의 일차적 기능은 현재의 행위를 이끌 수 있는 정보를 제공하는 것이다. 이 과정을 효율적으로 수행하기 위해, 보통 도움이 될 만한 경험만 기억으로 남는다. 따라서 과거에 대한 회상은 선택적이고 신뢰성이 떨어진다.

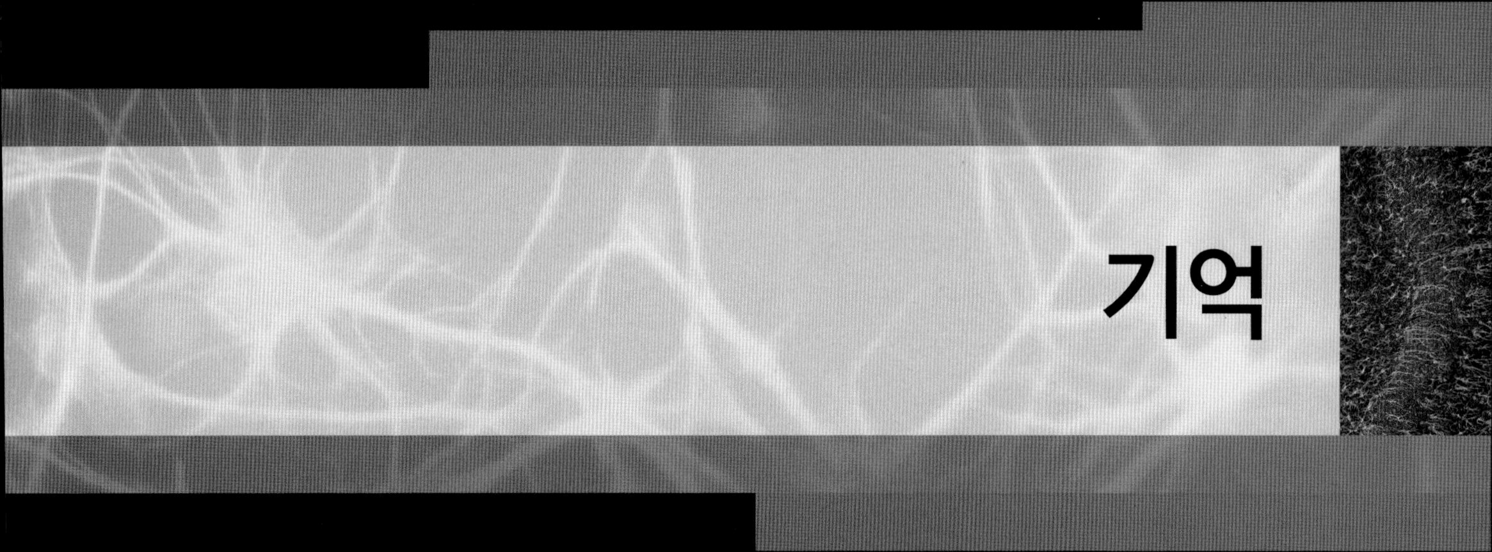

기억

기억의 원리

기억은 다양한 뇌 기능을 가리키는 광범위한 용어다. 그 일련의 과정에서 나타나는 공통점은, 맨 처음 경험한 시점에 관여한 뉴런들을 동시에 활성화시켜 과거의 경험을 재현한다는 것이다.

기억이란 무엇인가?

어떤 시 구절을 떠올리거나 누군가의 얼굴을 떠올리는 것, 아주 오래전에 있었던 일을 희미하게 그려보는 것, 이 모든 것이 기억이다. 또 한동안 잊고 있던 자전거 타는 법을 다시 떠올리는 것, 자동차 열쇠를 거실 테이블에 두었다는 걸 알고 있는 것도 기억이다. 이 모든 행위의 공통점은 학습 과정이 필요하다는 것, 그리고 과거에 했던 일의 전체나 일부를 재구성한다는 것이다.

학습은 특정한 일을 경험할 때 관여한 뉴런들을 변형시켜, 나중에 필요할 때 그것이 단번에 활성화되도록 만드는 과정이다. 학습되어 동시에 활성화된 뉴런은 원래 경험을 '기억'해내고 그것을 재구성한다. 기억이라는 행위는 그 일과 관련된 뉴런이 나중에 더 쉽게 활성화되도록 만들어준다. 따라서 한 사건을 반복해서 재구성하다 보면 점차 더 쉽게 기억할 수 있게 된다.

기억의 과정

기억으로 저장되려면 몇 가지 특징적인 과정을 거쳐야 한다. 선택이 이루어지는 첫 단계에서 정보를 보유하는 단계로 넘어가고, 이어 회상 단계를 거쳐 최종 변경, 혹은 기억 소실 단계로 마무리된다. 단계마다 특징이 있고, 잘못될 가능성도 잠재한다.

기억 단계	의도된 과정	잘못될 경우
선택	뇌는 차후 유용하게 쓰일 것 같은 정보를 골라 저장한다. 나머지 정보는 우리가 깨닫지 못하는 사이에 그냥 버려진다.	중요한 사건이 간과되거나 별로 중요치 않은 사건이 저장된다. 어떤 사람의 이름은 생각나지 않는데 코에 사마귀가 있었단 사실만 떠오르는 경우가 그 예다.
저장	선택된 특정 경험은 기억으로 저장된다. 이 기억은 이미 뇌 속에 있던 비슷한 기억과 연관을 맺게 된다. 이후 한동안 그대로 유지된다.	정보의 '정리 및 보존'이 잘못되거나, 기억 간 연결이 잘못될 수 있다. 새 정보를 저장하지 않아 학습이 곤란하거나 새 정보를 보유하기 힘들어지기도 한다.
상기	현재 일어난 사건이 저장된 기억 중 알맞은 것을 자극해 떠오르게 한다. 그것이 앞으로 할 행동을 이끌어 줄 정보가 된다.	현재 일어난 사건이 단어, 이름, 사건 등 유용한 기억을 자극하지 못한다. 즉 뇌 속에 정보가 있다는 건 알지만 그 내용을 파악하지는 못한다.
변경	기억은 상기될 때마다 새로 얻은 정보에 맞게 조금씩 바뀐다.	변경 과정에서 잘못된 정보를 기억할 수 있다.
망각	정기적으로 갱신되지 않는 한, 각 정보는 기록된 즉시 지워지기 시작한다. 불필요한 정보는 삭제된다.	중요한 정보, 혹은 유용한 정보가 삭제되고 불필요한 정보, 심지어 해가 되는 정보는 그대로 남는다.

마루엽
부분 기억에 관여

꼬리핵
본능적인 기술에 관여

유두체
'일화기억'에 관여

이마엽
'작업기억' 저장

시상
주의력 지배

조가비핵
절차 관련 기술에 관여

편도핵
정서적 기억 저장되

관자엽
일반 지식 저장

해마
경험이 기억으로 변환

소뇌
시간이 경과하면서 조건화된 기억과 특정 사건을 서로 연계시키는 일에 관여

기억 영역
기억은 뇌의 광범위한 부분, 여러 기능과 관계가 있다. 뿌리 깊이 고착된 본능, 사실, 의식적으로 남긴 사실에 관한 지식까지 그 종류도 다양하다. 또 기억 과정에는 뇌 여러 부분이 관여한다.

단기기억과 장기기억

일반적으로 단기기억은 우리가 필요로 하는 기간만큼만 유지된다. 단 한 번 걸어본 전화번호가 그 예다. 이 단기기억은 '작업기억'이라는 과정을 거쳐 기억으로 저장된다. 반면 장기기억은 몇 년, 심지어 길게는 수십 년이 지난 후에도 떠올릴 수 있는 기억이다. 어린 시절 살았던 집 주소도 장기기억에 속한다. 이 극단적인 두 가지 기억 사이에는 중간 정도 기간 동안 유지되는 수많은 기억도 존재한다. 이런 기억은 수개월, 수년 정도 머무르다 잊힌다.

어떤 경험이나 정보가 단기기억이 될지 아니면 장기기억이 될지는 다양한 요소에 의해 결정된다. 내용의 정서적 수준, 참신함, 그것을 다시 떠올리려고 들인 노력의 정도 등 여러 가지가 있다.

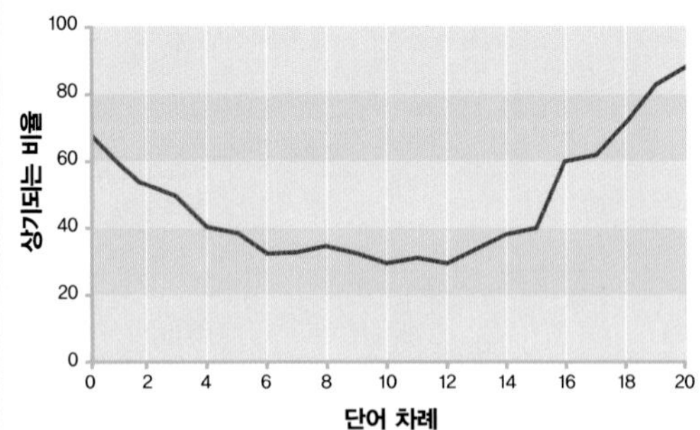

처음과 끝
여러 단어가 있는 목록을 주고 외워보라고 하면, 대부분 중간에 있는 단어들보다 처음과 끝에 있는 단어를 더 잘 외운다. 첫 부분은 주의를 더 많이 집중하기 때문에 내용이 머릿속에 고착되기 쉽고, 끝 부분은 뒤에 다른 단어가 없어 헷갈릴 일이 적기 때문이다.

기억의 종류

기억은 총 5가지로 구성되는데, 그 각각에는 특정한 목적이 있다. 먼저 '일화기억'은 감각, 기분 등 과거의 경험이 재구성된 것을 말한다. 다시 떠올릴 땐 마치 영화처럼 펼쳐지는 기억으로, 당사자의 견해가 들어간 특정 경험이 기록된다. '의미기억'은 비개인적인 기억으로, 사실에 관한 서로 '독립된' 지식으로 구성된다. '작업기억'은 어떤 일을 계속 사용하는 한 충분히 오랫동안 저장되는 정보들로 구성된다. 절차기억, 혹은 '신체기억'은 걷기, 수영하기, 자전거 타기 등 학습된 행위에 관한 기억이다. 마지막, 암묵기억은 우리가 뇌에 저장되어 있는지도 미처 알아채지 못하는 기억이다. 이 기억은 우리의 행동에 아주 미묘하게 영향을 준다. 예를 들어 어떤 사람을 처음 만났는데, 설명하기 힘든 이유로 마음에 안 드는 경우가 있다. 이는 그 사람이 예전에 여러분이 싫어한 누군가를 떠올리게 하는 부분을 가지고 있기 때문이다.

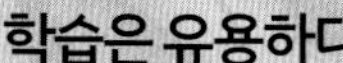

학습은 유용하다

학습은 뇌 다양한 부위에 있는 여러 뉴런 다발 사이에 새로운 연결고리를 형성한다. 이로써 뇌 기능은 강화되고 더 좋은 상태를 유지할 수 있다. 예를 들어 도심 한복판에서 길을 찾아 가는 연습 등 공간적 기술을 익히면 해마 뒷부분이 커지는 것으로 확인됐다. 그와 같은 연결고리가 더 많이 생성될수록 우리는 학습한 내용을 더 쉽게 활용할 수 있다. 또 기억도 더 오래 유지된다.

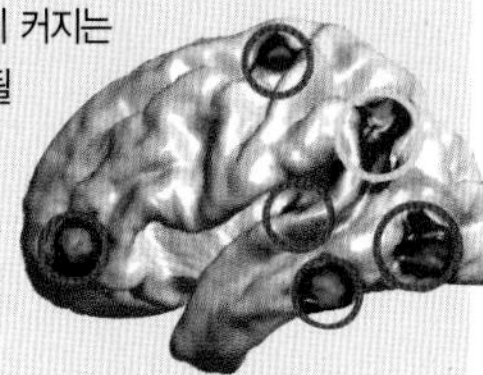

학습하면 커지는 부위

암묵 학습(빨간색)과 명확한 기술(노란색)을 연습할 때 뇌 어떤 부분이 활성화되는지 나타낸 사진이다.

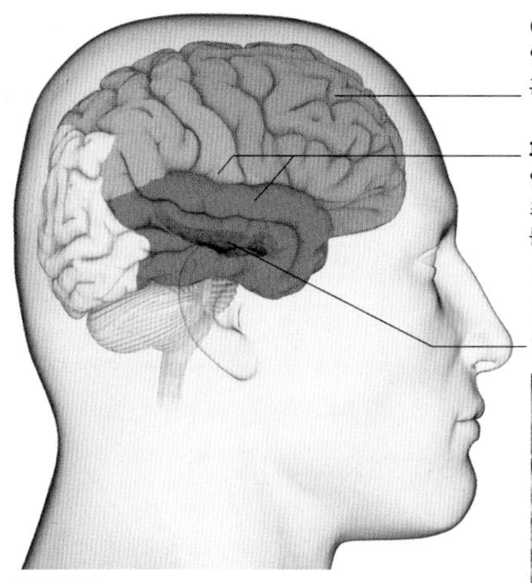

이마엽
일화기억과 실제 삶을 혼동하지 않게 한다.

피질 부위
일화기억은 기억과 관련된 최초 경험이 저장된 뇌 부위를 활성화시킨다.

해마
각 사건이 기억으로 전환되는 곳.

일화기억

일화기억에 관여하는 뇌 영역은, 맨 처음 경험한 일이 어떤 내용인지에 따라 결정된다. 예를 들어 시각적인 정보가 대부분인 기억은 뇌의 시각 영역을 활성화시키고, 누군가의 목소리를 기억해내려 하면 청각 외피가 활성화된다.

이마엽
의미기억을 통해 이마엽이 활성화되면서 저장된 지식 중 현재 행동을 이끌어줄 수 있는 지식을 떠올린다.

관자엽
사실 정보를 암호화해 저장한다. 관자엽의 활성은 곧 사실 정보를 떠올리고 있음을 알 수 있는 지표가 된다.

의미기억

처음엔 개인적인 의미로 받아들인 사실이지만 이후 단순 지식으로 남게 된 사실을 말한다. 예를 들어 사람이 달 표면을 걸었다는 사실은 먼저 개인적 경험으로 받아들여지지만 나중에는 그저 하나의 '지식'으로 남는다.

중앙 집행부
언어적 요소를 포함한 전체 계획이 세워지는 부분

언어정보 메모장
브로카 영역을 "내면의 목소리"로 활용하여 정보를 반복하는 부분

시각정보 메모장
시각피질 영역 근처를 활성화시켜, 앞으로 해야 할 일의 이미지를 유지하는 부분.

중앙 집행부
시각적 요소를 포함한 전체 계획이 세워지는 부분.

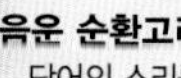

음운 순환고리
단어의 소리를 기억하는 "내면의 귀"

시각피질

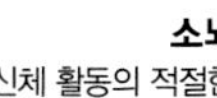

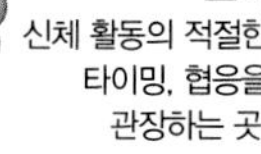

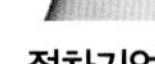

왼쪽 오른쪽

작업기억

이마엽의 한 부분인 중앙 집행부는 행동 계획을 세우고, 뇌 다른 영역에 필요한 정보를 불러낸다. 시각정보와 언어정보가 처리되는 2가지 신경순환고리도 여기 있다. 정보를 잠시 보관했다가 다른 정보가 들어오면 원래의 정보를 지워나간다.

꼬리핵
외모 가꾸기 등 본능적인 행동이 저장되는 곳.

조가비핵
자전거 타는 법 등 학습된 기술이 저장되는 곳.

소뇌
신체 활동의 적절한 타이밍, 협응을 관장하는 곳.

절차기억

신체기억이라고도 불리는 절차기억은 학습된 기술이 일상적인 운동 행위로 자동 수행되도록 한다. 학습해둔 기술은 뇌 피질 아랫부분에 저장되어 있다가 필요할 때 상기된다. 평상시에는 무의식 상태로 머무르는 경우가 대부분이다.

기억 망

기억은 뇌 전체 여러 부분에 저장된다. 기억이 뇌에 저장되는 형태는 복잡하게 얽힌 그물과도 같다. 그물 중간중간에 실이 묶인 곳이 있듯 기억이 저장되는 망도 다른 기억과 만나거나 교차하는 부분이 존재한다. 바로 그 지점에서 어떤 물체, 사람, 사건에 대한 전체적인 기억이 형성되는 것이다.

뇌 전체에 펼쳐진 기억 망

우리가 의식적으로 떠올리는 사건이나 사실을 '서술기억'이라 한다. 이 기억은 해마에 저장되어 있다가 필요할 때 사용하는 것이 보통이지만 뇌 전반에 저장되기도 한다. 이때 기억의 구성 요소, 즉 시각, 소리, 단어, 정서 등은 뇌 전체에 조각조각 흩어진 기억이 맨 처음 저장된 부위에 저장된다. 따라서 우리가 어떤 일을 떠올리려 하면, 그 일을 경험했던 당시에 그것을 기억으로 저장하느라 동원한 주요 뉴런들이 다시 활성화된다. 예를 들어 예전에 키운 개를 떠올린다고 해보자. 개의 색깔을 회상하면 뇌 시각피질 중 '색깔' 영역이 활성화되고, 개와 함께 산책했던 기억을 떠올리면 운동 영역이 재구성된다. 또 개에게 붙여준 이름은 언어 영역에 저장되어 있다.

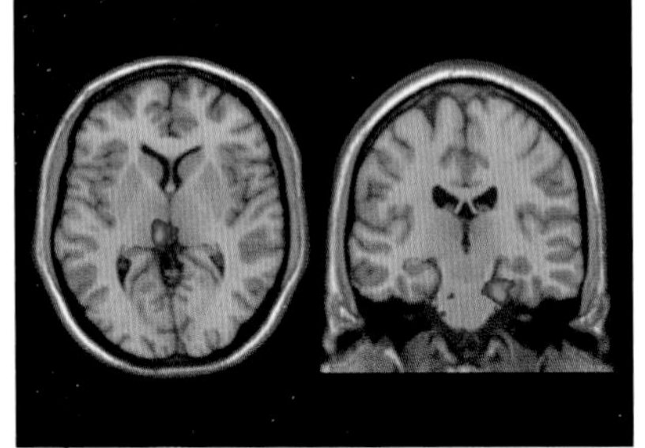

기억의 억제
왼쪽 fMRI 사진에서 파란색 부분은 시상의 감각 영역인 시상침으로, 기억 중에서 감각과 관련된 내용을 회상할 때 활성된다. 오른쪽 사진은 해마가 활성화된 모습이다. 해마의 활성은 기억을 관리하는 데 중요한 역할을 하며, 우리가 특정한 기억을 의식적으로 떠올리려 하면 더욱 강하게 활성화된다.

기억의 여러 단면
저장된 기억이 자극을 받으면 해마는 그와 관련된 뇌 여러 부분을 동시에 자극한다. 예전에 키우던 개를 떠올리면 그 개에 관한 다양한 기억이 떠오르게 되므로 뇌 여러 부분이 동시에 활성화된다. 그러면서 개 밥그릇 등 부수적인 것까지 포함하여 '개'와 연관된 여러 기억이 떠오르는 것이다.

기억의 형성

어떤 경험을 하면 일련의 뉴런이 활성화되면서 최초 자각이 이루어진다. 이런 동시 자극 덕에 미래에 그 기억을 떠올릴 때, 관련 뉴런이 또 한꺼번에 관여한다. 이렇듯 원래의 경험을 재창조하는 경향을 '강화'라 한다. 같은 뉴런이 여러 번 한꺼번에 자극을 받으면 결국 영구히 그러한 특성을 갖게 된다. 즉 한 뉴런이 활성화되면 함께 묶인 다른 뉴런들도 동시에 활성화되는데, 이를 "장기강화"라 한다.

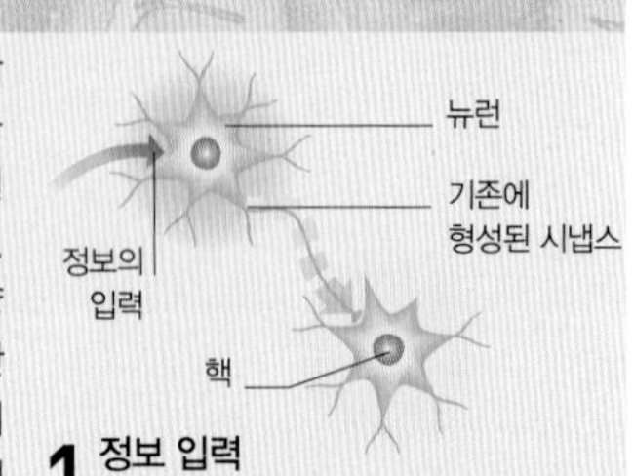

1 정보 입력
외부 자극으로 뉴런 2개가 동시에 활성화되었다. 다음에 둘 중 하나가 자극을 받으면 다른 한쪽도 같이 활성화될 가능성이 크다.

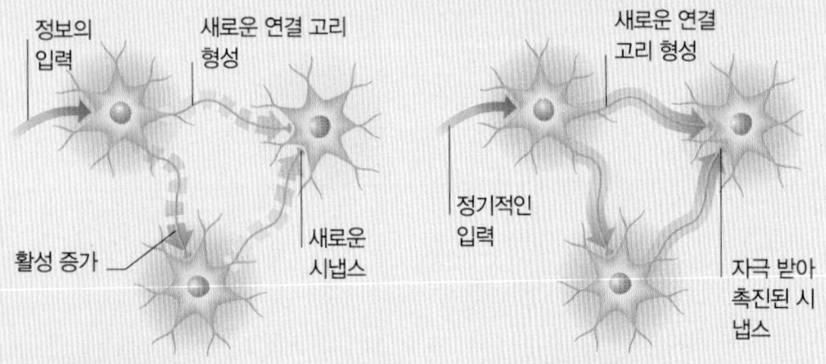

2 회로 형성
새로운 또 하나의 뉴런이 셋째로 자극을 받는다. 맨 처음 자극된 뉴런 중 하나가 활성화되면서 둘째 뉴런을 자극하고, 이어 셋째 뉴런과 연결된다.

3 활성 증가
뉴런 3개가 서로를 감지하게 되면서, 하나가 활성화되면 나머지 2개도 함께 활성화된다.

기억의 분산 저장

기억은 뇌 전체 곳곳에 저장된다. 따라서 어떤 일과 관련된 기억 중 일부가 소실된다 해도 나머지 많은 부분은 그대로 남는다. 이 같은 분산 저장 체계는 장기기억이 파괴되지 않은 상태로 어느 정도 유지되도록 해준다는 장점이 있다. 만약 기억이 뇌의 한 영역에만 저장된다면, 뇌졸중이나 머리를 다치는 등 뇌가 손상을 입는 경우 기억 전체가 사라져버릴 것이다. 기억은 뇌에 외상을 입거나 기능이 퇴화할 경우 소실될 수 있지만 한꺼번에 파괴되는 경우는 드물다. 그렇기 때문에 누군가의 얼굴은 기억하면서도 이름은 떠오르지 않는 일이 가능한 것이다. 몇몇 연구를 통해 기억은 이를 부호화하는 시냅스들이 끊어져도 유지되는 것으로 밝혀졌다. 이는 뉴런 자체가 기억의 어떤 측면을 저장할 수도 있음을 시사한다. 이런 현상을 설명하는 한 가지 이론은 가지돌기(다른 세포들로부터 정보를 받아들이는 뉴런의 가지)를 반복 자극하면 그 민감도가 변한다는 것이다.

인근 뉴런
기억 회로들이 서로 연결되어 뉴런 네트워크 형성
정보 입력
새로운 뉴런을 네트워크 속에 융합

기억 망의 확장
기억 망은 뇌 전체에 있는 기존 뉴런들과 서로 연결되며 확장된다. 새로운 뉴런을 함께 자극시켜 그 연결에 포함시키기도 한다.

기억에 접근하기

처음 겪을 때부터 나중에 다시 떠올려야겠다는 목적을 갖고서 경험하는 일은 다른 일들보다 더욱 강렬한 기억으로 남는다. 이와 관련된 연구 결과도 있다. 16명의 사람들에게 120장의 사진을 보여주고, 어느 것이 실내에서 찍은 것이며 어느 것이 실외에서 찍은 것인지 답해보라고 했다. 그리고 15분이 지난 뒤, 실험 참가자들에게 아까 보여준 사진들에 새로운 사진을 섞어 다시 한번 보여주었다. 그리고 본 기억이 나는지 질문하고 답을 생각하는 동안 뇌 단층촬영을 했다. 그 결과 처음 보는 사진을 접할 땐 해마가 강하게 활성화되지만 앞서 본 사진을 한 번 더 보여주면 해마 활성이 줄어드는 것으로 나타났다. 이는 뇌가 '익숙'하다고 여긴다는 '신호'로 해석할 수 있다(아래 설명 참조).

해마 활성

시간(초)

— 처음 보고 기억한 경우
— 처음 보고 잊어버린 경우
— 반복해서 보고 기억한 경우
— 반복해서 봤지만 잊어버린 경우

해마 활성과 기억의 형성

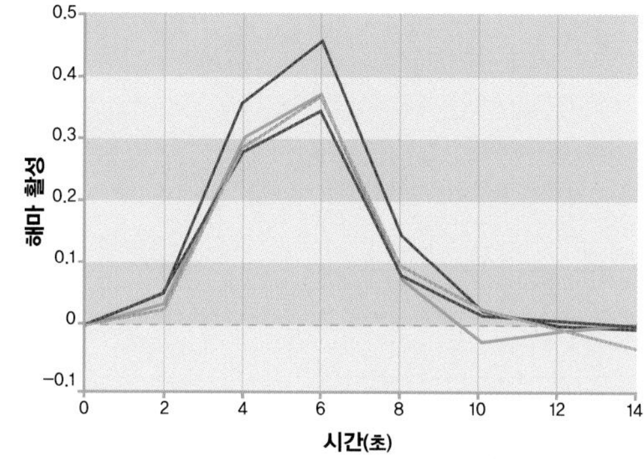

기억으로 저장되는 일들은 맨 처음 경험할 땐 해마 활성이 높게 나타나지만, 두 번째 경험할 땐 활성이 떨어진다. 이런 차이를 통해 다시 떠올린 기억과 처음 본 것, 혹은 잊어버린 것을 구분할 수 있다.

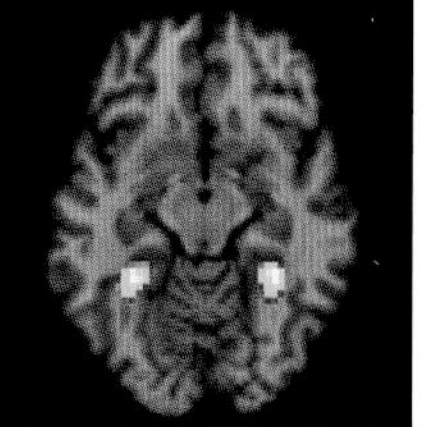

해마 측면 활성

살아가면서 겪은 어떤 사건을 회상하면, 해마와 그 주변 영역(노란색)이 활성화된다. 저장된 기억을 떠올리려 할 때면 해마는 뇌 전반에 흩어져 있는 기억의 여러 요소를 모으느라 분주해진다.

기억 저장 문제

1952년, HM이란 이름의 환자는 간질발작이 심각한 나머지 증상을 완화하기 위해 뇌수술을 받았다. 해마의 상당 부분을 잘라내는 수술이었다. 굳이 해마를 잘라낸 것은 그곳이 발작을 조절하는 부위였기 때문이다. 그런데 수술 후 그는 심각한 기억 장애를 앓아야 했다. HM은 마취에서 깨어난 그 시점부터 의식적 기억을 저장할 수 없었다. 그가 하루하루 겪는 일들은 뇌 속에 남긴 했지만 불과 몇 초, 길어야 몇 분밖에 유지되지 못했다. 어떤 사람을 만나면 그전에도 여러 번 본 사람인데도 전혀 알아보지 못한다. 게다가 HM은 자신이 젊은이에서 80세 노인으로 바로 넘어갔다고 생각했다. 수술을 받은 후 시간이 얼마나 흘렀는지가 그의 머릿속에 제대로 남지 않았기 때문이다. HM의 사례를 통해 우리는 해마가 기억을 저장하는 데 얼마나 중요한 기관인지를 알 수 있다.

소실된 부분

해마는 관자엽 깊숙이 파묻혀 있다. 우리의 경험은 끊임없이 이곳을 통과해서 흘러간다. 그중 일부는 장기강화를 거쳐 기억으로 저장된다. 해마는 그렇게 흘러가는 기억 대부분을 분류하고 저장하는 일을 맡는다.

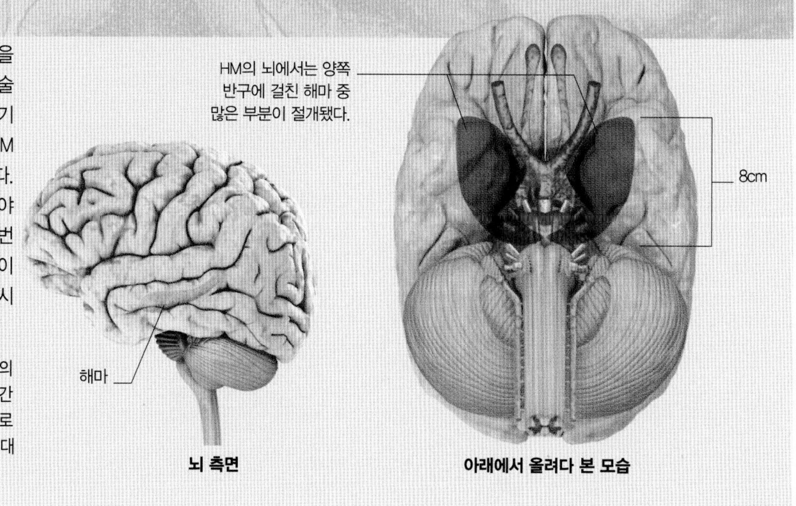

기억의 저장

우리가 경험하는 일은 대부분 흔적이 영구히 남지 않고 그냥 사라진다. 그러나 굉장히 충격적인 기억이라면 뇌 구조를 바꾸면서까지 남게 된다. 그런 경우 뉴런과 뉴런 사이에는 새로운 연결고리가 형성된다. 이런 변화는 나중에 그 일을 다시 회상할 때, 맨 처음 활성화된 뉴런을 다시 자극하여 그 일을 재구성하거나 '상기'하도록 해준다.

뇌의 해부학적 구조와 기억

이례적으로 오랫동안 일어난 사건, 뉴런이 강하게 활성화된 사건만이 기억으로 저장된다. 또 어떤 기억이 강화되어 장기기억으로 변하기까지는 2년 이상의 시간이 걸린다(아래 진행 과정 참조). 그러나 일단 저장된 기억은 평생 보유할 수 있다. 그런 장기기억의 예는 자신의 삶에 관한 기억(일화기억), 비개인적인 사실들(의미기억)을 들 수 있다. 이런 기억들은 의식적으로 ('명료하게') 떠올릴 수 있다는 점에서 '서술기억'이라 부른다. 절차기억과 암묵기억 역시 장기기억이 될 수 있다.

시각연합영역

해마
새로운 기억을 저장하고 저장된 기억을 불러오는 일을 돕는다.

기억의 생성
주로 오래 이어진 경험이나 정서적으로 강렬한 일들이 기억으로 남는다. 그러한 기억은 여러 감각피질 및 해마에 강하게 새겨진다.

체성감각피질

미각연합피질

청각연합피질

편도체

후각피질

장기기억의 형성 과정

0.2초 주의 집중

뇌는 특정 시점에 유입되는 감각정보 중에서 제한된 양만 받아들일 수 있다. 따라서 한꺼번에 여러 사건이 일어나면 그중 일부만 뽑을 수도 있고, 그중 한 사건에만 주의를 집중시킬 수도 있다. 혹은 한 사건에서 여러 가지 정보를 추출하는 경우도 있다. 우리가 어떤 일에 주목하면 그 사건을 기록하는 뉴런은 활성 빈도가 높아지고, 그러면서 더 강렬한 기억으로 남는다. 기억으로 저장될 가능성도 커진다. 뉴런이 더 자주 활성화될수록 다른 뇌세포와의 연결고리도 더 단단해지기 때문이다.

기억에 남을 만한 사건
특정 사건에 주의를 집중시키면 그 일은 기억으로 남을 가능성이 커진다. 마치 카메라가 줌을 당겨 사진을 찍듯이 말이다.

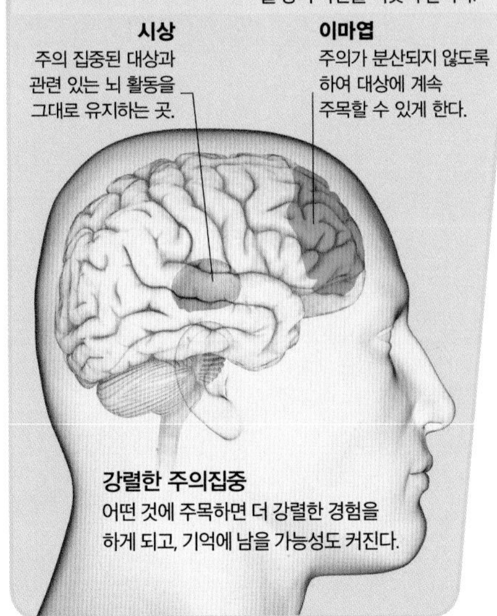

강렬한 주의집중
어떤 것에 주목하면 더 강렬한 경험을 하게 되고, 기억에 남을 가능성도 커진다.

0.25초 감정 발생

아이를 낳는 등 정서적으로 강렬한 일을 겪게 되면, 그 감정이 주의를 더욱 집중시킨다. 따라서 기억으로 저장될 가능성 또한 커진다. 어떤 자극이 일으킨 정서는 먼저 무의식 경로를 따라 처리된 후 편도체로 옮겨진다. 편도체에서는 당사자가 어떤 반응을 해야 할지 깨닫기도 전에 감정적인 반응을 하게 만든다. 이런 본능적인 반응을 '투쟁-도피' 반응이라 한다. 정신적 충격을 준 사건도 편도체에 영구 저장될 수 있다.

정서적 사건
다른 사람과의 상호작용, 기타 정서적 사건은 주의를 "그러모은다." 따라서 저장될 가능성도 커진다.

감정의 처리 경로
편도체는 정보가 처리되는 일련의 경로 속에서 정서가 재생되도록 함으로써, 그 일이 보다 '생생하게 살아 있도록' 만든다. 이는 기억 저장의 시작점이 된다.

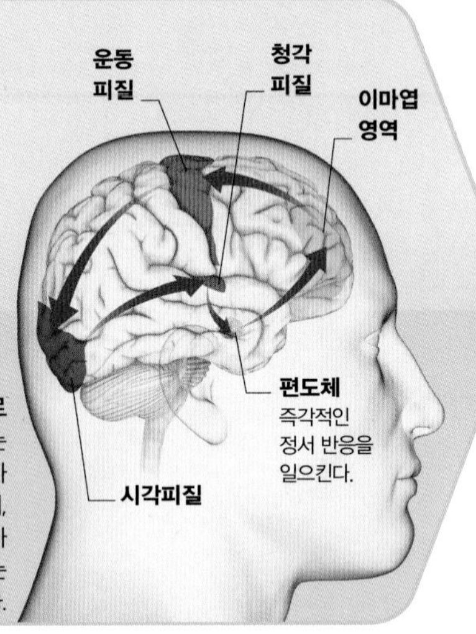

0.2-0.5초 지각

대부분의 기억은 어떤 일에서 겪은 시각, 청각 등 여러 감각 경험으로 구성된다. 당시 느끼는 감각이 강렬할수록 기억으로 남을 가능성도 커진다. '삽화' 기억의 경우, 나중에 회상할 땐 사실에 관한 지식만 남고 감각과 관련된 부분은 지워진 경우가 많다. 예를 들어 어떤 사람이 영국 블랙풀타워를 처음 구경했다면, 이 경험은 탑의 형태 같은 단순한 '사실'로 축소되어 기억될 것이다. 그래서 나중에 그 기억을 떠올리면 뇌 시각 영역에 저장된 시각적 이미지가 희미하게 떠오른다.

맛
맛, 풍경, 냄새 등 감각으로 지각된 정보는 기억의 기본 원료가 된다.

지각의 형성
감각은 관련된 뇌 영역과 결합되어 의식적 지각을 형성한다.

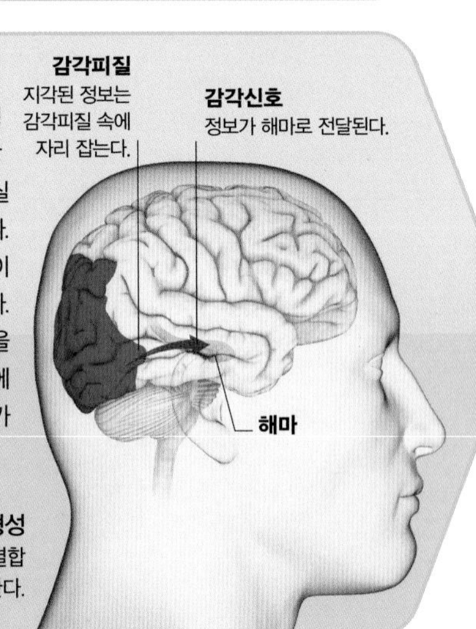

해마 대체 장치

미국 USC의 신경학자들은 인공 해마 장치를 개발했다. 덕분에 언젠가는 치매에 걸리더라도 기억이 사라지는 현상을 막을 수 있을 것이다. 소규모 예비 연구에서 이 장치를 이식받은 사람은 이미지 기억이 40퍼센트 가까이 향상되었다. 연구진은 뇌에 정보가 유입되고 출력되는 양상을 관찰하면서 해마가 어떤 작용을 하는지 파악했고, 그 과정을 하나의 모델로 정립했다. 그런 뒤 뇌 활동과 연계할 수 있는 실리콘칩을 만들어 그 모델을 저장한 후, 해마가 손상된 부위에 칩을 대신 장착했다. 이 칩의 한쪽 면은 뇌 나머지 부분에서 전달된 전기적 활성을 기록하고, 다른 면은 그에 따른 적절한 지시사항을 뇌에 전기신호 형태로 다시 돌려보낸다.

기억 칩
해마가 손상된 부위에 대신 설치하게 만든 칩이다. 이 칩에는 전극이 일렬로 늘어서 있고, 이를 이용해 뇌와 정보를 교환한다.

기억의 위치

장기기억으로 저장될 정보는 먼저 하나로 통합된 후 뇌 곳곳의 여러 뉴런 다발을 통해 저장된다. 그리고 나중에 맨 처음 그 일을 겪었을 때와 동일한 패턴을 경험하게 되면, 이 뉴런 다발들이 모두 함께 활성화된다. 기억의 '총체'는 각 구성 요소들(감각, 정서, 생각 등)로 세분된다. 이 각각의 구성 요소는 그 요소가 맨 처음 생성된 뇌 영역에 저장된다. 예를 들어 시각피질에 있는 뉴런 다발은 시각정보를 저장하고, 편도체에 있는 뉴런은 감정을 저장한다. 이 뉴런 다발들이 동시에 활성화되면서 하나의 기억 전체를 구성하는 것이다.

인상의 지속
어떤 기억은 돌에 새기듯 선명하게 느껴진다. 하지만 실제로 완벽하게 정확하고 완전한 기억은 없다.

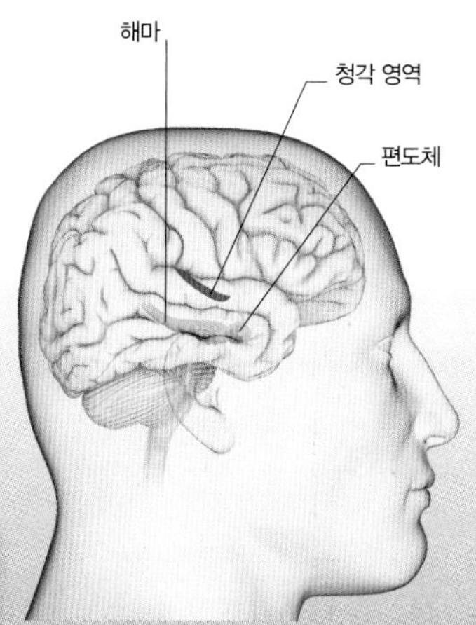

기억 저장소
기억은 맨 처음 생성된 뉴런에 저장된다. 예를 들어 소리는 청각피질에, 정서적 정보는 편도체에 저장된다. 해마는 그 모든 정보를 하나로 모은다.

0.5초 - 10분

작업기억

단기기억이라고도 부르는 작업기억은 마치 화이트보드 위에 쓴 글자와 같다. 계속해서 지우고 다시 쓸 수 있기 때문이다. 즉 어떤 경험을 하면 기억이 생성됐다가 그 경험이 계속 반복되면 '머릿속에 남는다.' 어딘가에 전화할 때, 상대방의 전화번호를 숫자판을 누르는 동안 기억하는 것이 바로 그런 예이다. 작업기억에는 두 가지 신경회로가 관여하는 것으로 알려져 있다(157쪽 참조). 이 회로가 있는 위치는 필요한 일정 시간 동안 정보가 그대로 유지되는 뇌 부위 주변이다. 또한 경로는 특정 사건을 기록하는 감각피질을 거쳐 의식적으로 그 경험을 인식하는 이마엽으로 이어진다. 회로 안팎을 흐르는 정보는 이마엽앞피질에 있는 뉴런이 제어한다.

시각 회로
감각피질과 이마엽앞피질 사이에 있는 순환 경로. 정보를 '생생하게 살아 있는' 상태로 유지한다.

이마엽
이마엽의 일부가 작업기억의 흐름 및 보존을 제어한다.

청각회로

두뇌 활동을 통한 기록
청각정보와 시각정보는 이 2가지 각각 분리된 기억 경로를 따라 순환한다.

10분 - 2년

해마에서의 처리 과정

특별히 깜짝 놀랄 만한 경험은 작업기억에서 따로 '튀어나와' 해마로 옮겨진 후 다음 처리 과정을 거친다. 이런 자극은 뇌 조직 여러 층을 거쳐 이어지는 순환 경로를 따라 이동하며 신경을 활성화한다. 해마에 있는 뉴런은 장기강화(158쪽 참조)라는 과정을 통해 이 정보를 저장한다. 그중 가장 인상 깊은 정보는 그 일이 맨 먼저 기록된 뇌 부위로 '되돌아가 다시 재생'된다. 예를 들어 시각정보는 시각피질로 가서 원래 일어났던 사건을 반복 재생시킨다.

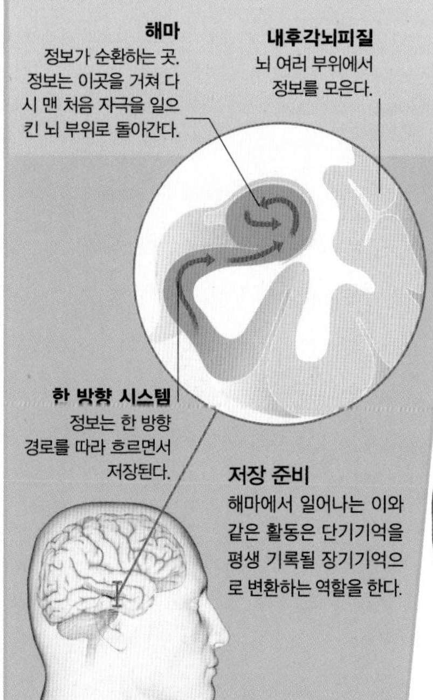

해마
정보가 순환하는 곳. 정보는 이곳을 거쳐 다시 맨 처음 자극을 일으킨 뇌 부위로 돌아간다.

내후각뇌피질
뇌 여러 부위에서 정보를 모은다.

한 방향 시스템
정보는 한 방향 경로를 따라 흐르면서 저장된다.

저장 준비
해마에서 일어나는 이와 같은 활동은 단기기억을 평생 기록될 장기기억으로 변환하는 역할을 한다.

2년 이상

통합

하나의 기억이 뇌 속에 확고히 통합되기까지는 2년 이상이 걸린다. 하지만 그 오랜 시간이 지난 이후에도 변경되거나 소실될 수 있다. 통합 과정이 진행되면 해마와 그 정보가 발생한 피질이 서로 번갈아 가며 활성화되고, 그러면서 일을 저장한다. 이는 새로운 정보가 생기면 해마에 들어와 처리될 수 있도록 여유 공간을 비워주는 역할을 한다. 이러한 해마와 피질의 '대화'는 대부분 우리가 잠자는 동안 일어난다. 수면 단계 중에서도, 안구가 빠르게 움직이는 단계보다는 '고요한' 단계, 즉 뇌파가 서서히 흘러가는 단계에서 주로 일어난다.

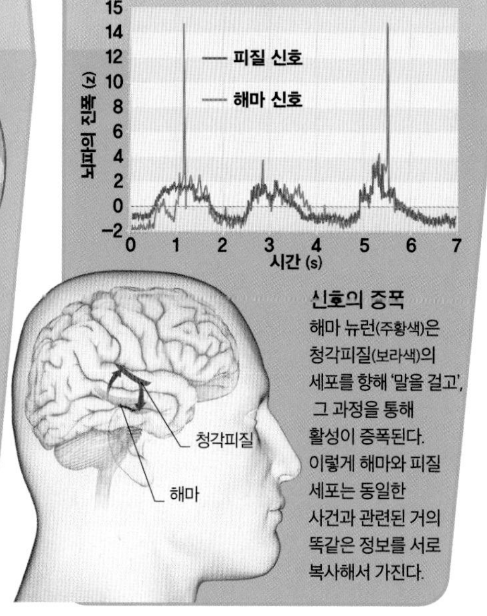

신호의 증폭
해마 뉴런(주황색)은 청각피질(보라색)의 세포를 향해 '말을 걸고', 그 과정을 통해 활성이 증폭된다. 이렇게 해마와 피질 세포는 동일한 사건과 관련된 거의 똑같은 정보를 서로 복사해서 가진다.

회상 및 인식

어떤 사건에 대한 반응으로 활성화된 뉴런의 활동이 '재현'되는 것이 기억이다. 이 과정은 원래 일어난 일과 여러 면에서 비슷한 경험을 할 때 시작된다. 기억은 뇌가 먼저 일어난 사건을 지각하도록 만드는 신호를 증폭시킨다. 하지만 재현된 정보는 처음 사건의 정보와 결코 같지 않다. 그렇다면 우리는 새로 겪은 일과 기억에 저장된 정보의 차이를 깨닫지 못할 것이다.

기억의 특성

어떤 사건을 떠올리는 건 그 일을 다시 경험하는 것과 같다. 그 일 전체가 아닌, 일부를 다시 경험하는 것이다. 설사 추억에 푹 젖는다 해도, 그것을 떠올리게 만든 현재 사건이 일정 부분을 차지한다. 따라서 회상할 때 일어나는 신경 활성은 기억 속 사건이 맨 처음 일어났을 때 나타난 신경의 활성 패턴과 결코 같지 않다. 오히려 현재 겪고 있는 일에서 수집한 정보가 예전 기억 속 정보와 뒤섞인다. 이렇게 혼합된 정보는 기존의 정보와 겹쳐져서 기록된다. 결국 어떤 사건을 떠올리는 것은, 가장 최근에 기억해낸 정보를 상기하는 것이라 볼 수 있다. 기억은 해가 갈수록 조금씩 바뀐다. 그래서 마지막에는 맨 처음 일어난 사건과 머릿속에 저장된 기억이 닮은 데라곤 아주 조금밖에 없을 수도 있다.

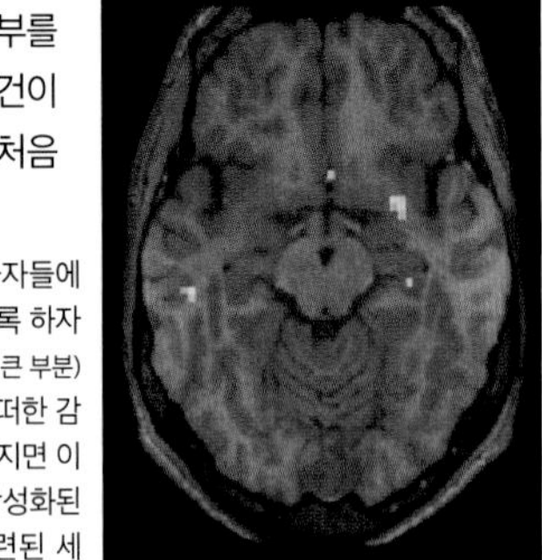

감각 기억
어느 연구에서, 참가자들에게 특정 냄새를 맡도록 하자 후각피질(노란색 가장 큰 부분)이 활성화되었다. 어떠한 감각이든, 자극이 주어지면 이와 같은 방식으로 활성화된다. 뒤이어 그와 관련된 세밀한 기억을 불러낸다.

기억을 돕는 요소들
예전 일에 관한 기억은 실제 그 일을 겪었을 때 발생한 감각과 비슷한 감각을 우연히 접할 때 '확 되살아나는' 경우가 많다. 사진도 그렇게 기억을 일깨우는 요소 중 하나다. 기억을 일으키는 감각이 그 일을 맨 처음 겪었을 때 느낀 감각과 꼭 동일하지 않다 해도, 어느 정도 비슷하기만 하면 충분히 기억을 일깨울 수 있다.

상태에 따라 좌우되는 기억

어떤 마음 상태, 혹은 특정 감각 자극이 주어진 상황에서 무언가를 학습하거나 경험하는 경우, 나중에 그때와 동일한 조건이 주어지면 그 일을 더 빠르게 상기할 수 있다. 예를 들어 해가 쨍쨍한 어느 휴일에 해변에서 책을 읽으며 휴가를 보냈다고 해보자. 집에 돌아온 후 그때의 일은 완전히 잊어버리고 지냈다. 그런데 다음 휴가 때 우연히 또다시 해가 내리쬐는 다른 해변에 갔다면, 아마 예전 기억이 되살아날 것이다. 이와 마찬가지로 어떤 특별한 상황이나 마음 상태일 때 특정 행동이 학습될 수 있다. 이렇게 학습된 정보는 그와 동일한 상황이나 마음 상태가 될 때만 떠오르고, 그 외 상황에선 '망각된 상태'로 남는다. 가끔 우리는 다른 사람이 여러 성격을 가진다는 인상을 받을 때가 있는데, 바로 이런 이유 때문이다.

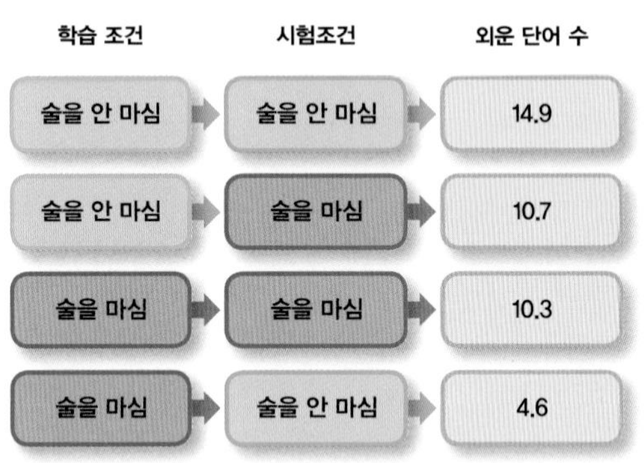

학습 조건	시험조건	외운 단어 수
술을 안 마심	술을 안 마심	14.9
술을 안 마심	술을 마심	10.7
술을 마심	술을 마심	10.3
술을 마심	술을 안 마심	4.6

음주와 기억
무알코올 음료와 알코올 음료를 마신 두 조의 실험자들에게 단어 목록을 외우게 했다. 다시 조건을 바꾸어 암기 시험을 했다. 그 결과 어느 쪽이든 외우기 전에 술을 안 마신 경우가 더 많은 단어를 외우는 것으로 나타났다.

공간 기억

인간의 뇌 구조를 살펴보면, 인간에게 방향 감각과 공간 기억이 얼마나 중요한 것인지 알 수 있다. 두개골의 정수리 아래 있는 마루엽은 그 전체가 신체 각 부위의 '위치를 파악하는' 역할을 한다. 공간에서의 위치 감각도 여기서 제어된다. 해마도 상당 부분이 우리가 눈으로 보는 풍경을 기록하는 기능을 한다. 정보가 기억이라는 지도 위를 움직이고 자리를 잡으면서 기록되는 것이다. 따라서 이 두 부위 중 어느 한쪽이 손상되면 길 찾기 능력에 심각한 영향을 받게 된다. '네비게이션' 영역이라 할 수 있는 해마 부위가 뇌졸중이나 뇌 손상 등으로 망가진 환자는 처음 본 곳에서 길을 찾지 못한다.

미궁에 빠진 상태
미로에서 나오려면 양쪽 해마를 활용해야 한다. 길을 찾지 못하는 사람은 한쪽 해마만 사용한다.

영국 택시 운전사들의 '도로교통 지식'

어떤 사람들은 특정 장소에서 다른 사람들보다 기억력이 더 뛰어나다. 어느 정도 습관과 훈련의 결과다. 특히 복잡한 길을 잘 찾는 데 생계가 좌우되는 사람들은, 길 곳곳의 표지가 될 만한 요소들을 포착하는 능력이 다른 사람보다 뛰어나다. 런던의 택시 운전사들이 그렇다. 이들은 미로처럼 얽힌 런던 골목을 누비고 다니는 것으로 유명하다. 이들은 입사 후 2년의 견습 기간 동안 도로교통 지식을 쌓는다. 이 과정에서 이들의 해마가 커지는데, 마치 근육운동을 해 근육이 커지는 것과 같다.

인간 네비게이션
영국 택시 기사들은 공간 기억이 저장되는 해마 뒷부분이 일반인들보다 더 크다.

데자뷔와 자메뷔

데자뷔(기시감)는 무언가를 몹시 친숙하게 느끼는 것, 혹은 같은 느낌을 받은 적이 있다고 느끼는 것을 의미한다. 이 현상은 새로운 경험이 과거의 비슷한 일에 대한 기억을 일으키면서 발생한다. 회상 과정에서 지금 경험과 과거 기억을 혼동하는 것이다. 머릿속에 떠올린 정보가 과거의 일이란 사실을 인지하지 못해 일어난다. 어느 연구는 데자뷔는 대뇌 변연계가 새로운 상황을 처리하면서 익숙한 상황이라는 잘못된 '표지'를 붙일 때 생긴다고 한다. 반대로, 자메뷔(미시감)는 친숙하게 느껴야 할 상황이 낯설게 느껴지는 현상이다. 어느 날 익숙한 길이 낯설게 느껴지는 경우가 그런 예다. 원래 익숙하게 인식해야 하는 정서적 정보를 갑자기 제대로 인지하지 못하는 것이 원인으로 생각된다.

인식

누군가를 알아보는 과정에는 엄청나게 많은 기억이 동원된다. 그와 관련된 여러 사실이 필요하기 때문이다. 따라서 '아는 사람이네 / 개를 키워 / 지난번에 내 옆을 지나갔지 / 이름은 빌' 하는 식으로 생각이 흘러간다. 동시에, 기억을 토대로 정서적 반응도 일어난다. 그러면서 친숙하다는 느낌을 받는 것이다. 이 모든 과정은 대부분 무의식중에 일어난다. 즉 우리가 상대방을 보자마자 그가 누군지 '알아차리는' 것처럼 느껴진다.

안면인식영역

인식을 관장하는 영역

뇌에서 인식을 담당하는 이 부위는, 상대방의 얼굴을 시각정보로 전달받은 뒤, 표정이나 친숙함 등의 정보를 추출해 처리한다.

정서적 인식

길을 가다 아는 사람을 발견하면 그 정보는 맨 처음 시각피질에서 처리된 다음 다양한 경로로 뇌 전체에 전달된다. 오른쪽 그림에 그 과정이 나와 있다. 그중 한 가지 경로는 대뇌 변연계를 통과하며 친숙함이란 감각을 불러온다. 의식적인 인식과는 다른 감각이다. 이 경로가 차단된 사람은 자신이 상대방을 알고 있다는 사실을 의식적으로 인식하면서도 그가 낯설다는 느낌을 강하게 받는다. 이렇듯 친숙한 감각이 생기지 못하면 가장 가까운 일가친척도 그저 낯선 이로 느껴질 수 있다.

정서적 신호와 감각신호가 결합한다.
피질 경로
변연계 경로
이마엽
새로 들어온 신호와 뇌에 저장되었던 기존 정보를 비교된다.
해마
시각피질

인식 경로

인식 경로

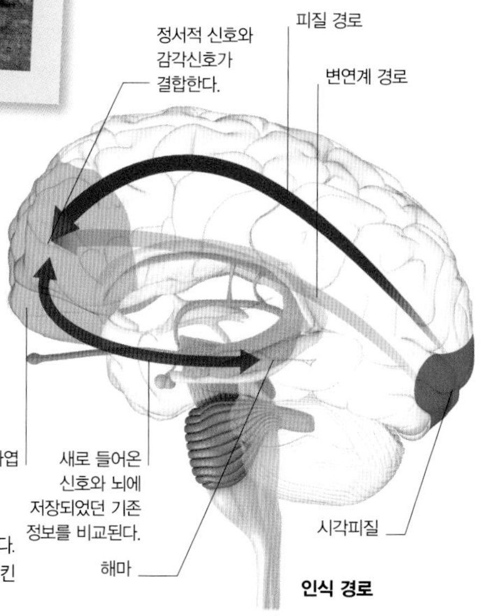

피질 경로는 상대방의 움직임과 태도에 관한 데이터를 처리한다. 다른 경로(보라색)는 상대에 대해 인식하고 있는 지식을 상기시킨다. 또 대뇌 변연계 경로(노란색)은 친숙한 느낌을 발생시킨다.

사람 인식

누군가를 알아보고 그의 이름을 떠올리기까지는 아주 복잡한 절차를 거쳐야 한다. 이 과정은 무의식중에 일어나는 데다 순간적으로 지나가기 때문에 별 무리 없이 해낼 수 있는 일로 생각할 수 있다. 그러나 그중 한 부분이라도 실패하면 결국 상대를 알아보지 못한다.

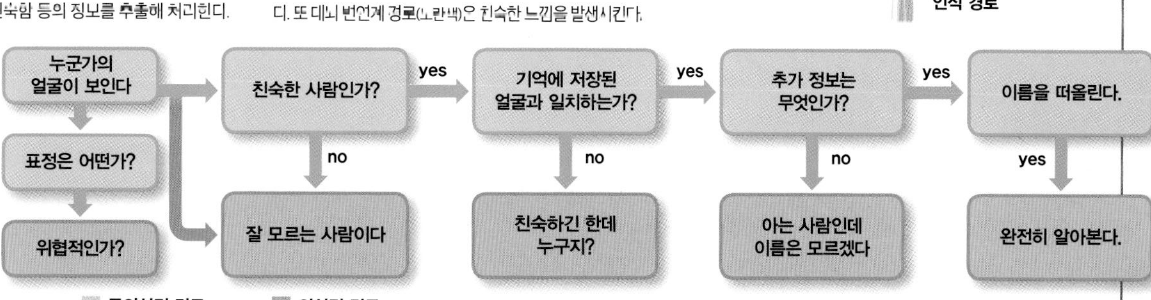

비정상적인 기억

기억력이 '나쁘다'는 말은 흔히 무언가를 잘 잊어버린다는 의미로 쓰인다. 하지만 기억 문제에는 여러 유형이 있다. 선명하지만 틀린 기억, 흐릿한 기억, 충격적인 사건 기억이 불쑥 떠오르는 것 등 다양하다. 심지어 너무 세세한 것까지 모두 기억 나는 경우도 있다.

망각

기억이란 기능은 과거에 일어난 일들이 앞으로의 행동을 이끌도록 하기 위한 것이다. 따라서 과거를 하나도 남김없이 기록하는 것은 그 목표를 달성하는 데 별 도움이 되지 않는다. 경험으로부터 전반적인 정보를 끌어내는 것이 더 중요하다. 예를 들어 자동차 운전을 떠올려보자. 우리는 처음 운전하는 차를 통해 각 페달의 위치를 익힌다. 나중에는 어떤 차를 몰아도 페달이 처음 몬 차와 같은 위치에 있으리라 생각한다. 특정한 차의 정확한 페달 배치, 즉 특정 기억은 사라지고, 페달이라는 부속의 위치, 즉 일반적인 정보만 남는다. 그러므로 특정한 내용을 잊어버리는 건 잘못이 아니다. 오히려 꼭 필요한 과정이다.

잘못된 기억

가끔 우리 뇌는 처음부터 완전히 잘못된 기억을 저장한다. 대부분 그 사건을 잘못 해석하면서 빚어지는 결과다. 어떤 물건을 보면서 무언가와 비슷한 것 같다고 잘못 추정하는 일이 그러한 예다. 즉 기억은 그 물건이 실제로 무엇인지 생각하기보다 예전에 본 어떤 물건을 떠올리는 것이다. 잘못된 기억도 기억처럼 보이지만, 실제로는 기억이 아닌 정보를 떠올리는 것이다. 어떤 사람에게 실제로 일어난 적 없는 일이 마치 일어났다고 설득해버리면, 그는 뇌에 저장된 다른 기억들에서 그와 비슷한 내용을 조각조각 모아 '끼워 맞춘' 뒤 그것이 '실제로 일어난' 기억이라고 여긴다.

확신 기억

올바른 기억(왼쪽)은 기억을 '붙잡는' 해마를 활성화한다. 옳다고 확신하는 기억(오른쪽)은 정확한 회상에 관여하는 영역이 아닌, 친숙함을 일으키는 이마엽 부위를 활성화한다.

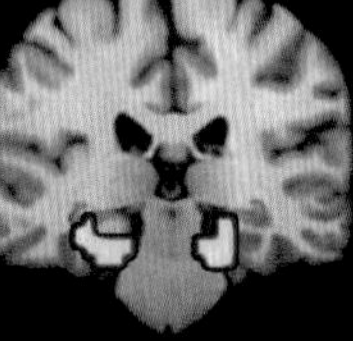

해마 활성

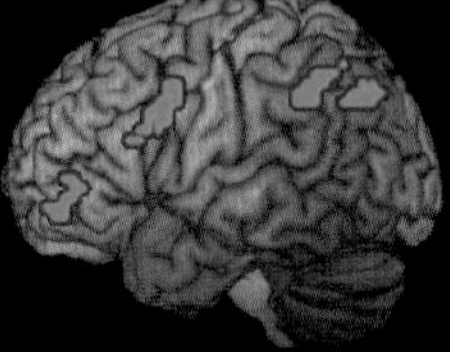

이마엽과 마루엽이 활성된 모습

정신적인 충격과 기억

외상후스트레스장애는 정신적으로 큰 충격을 경험한 사람에게서(241쪽 참조) 나타나는 문제로, 사건이 지난 이후에도 그 기억이 너무 생생히 '되살아나 떠오르는' 상태를 말한다. 이런 기억은 불시에 떠오를 수 있다. 자동차에 불이 붙어 활활 타오르는 소리를 들은 한 군인이 마치 총격전이 벌어지는 전장 한가운데 서 있는 것 같은 기분에 사로잡히는 것도 그런 예이다. 즉 자신이 비슷한 일을 경험하면서 느꼈던 감정이 그대로 되살아나는 것이다. 특히 정서적 측면에서 큰 충격을 받은 경험은 그 특성상 기억으로 남겨질 가능성도 크다. 감정은 경험을 증폭시키기 때문이다. 하지만 강력한 의지가 있다면, 그러한 사건도 '마음속에서 나가도록' 만들 수 있다. 바로 그런 일이 가능하게 하는 기전이 뇌에 존재하는 것으로 보인다. 연구 결과 뇌가 의지를 통해 특정 기억을 차단할 수도 있다는 사실이 밝혀지기도 했다.

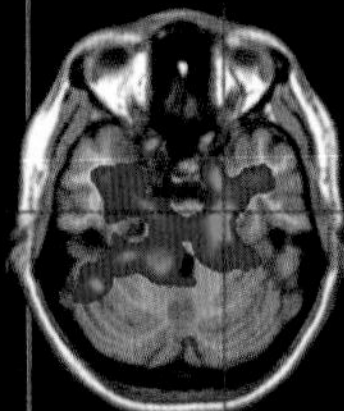

강한 활성 억제가 일어나는 모습

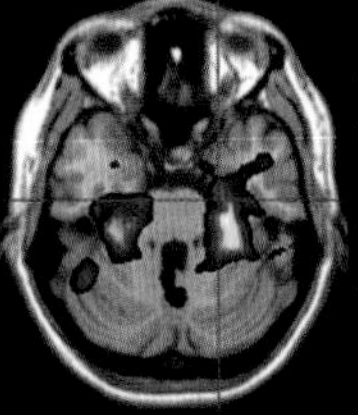

회상이 활발히 일어나는 모습

기억과 뇌의 활성

정서적 기억을 떠올리면 해마와 편도체(감정 담당)가 활성화된다. 반면 기억이 억제되면 이 부분의 활성이 줄어든다. 그러면 기억과 관련하여 감각이 생성되는 뇌 부위도 함께 활성이 약해진다.

슈퍼 기억력

어떤 사람은 자기에게 일어난 일이나 특별히 관심 있는 일을 놀랄 정도로 오랫동안 뚜렷하게 기억한다. 예를 들어 한 미국 여성은 과거에 본 모든 텔레비전 프로그램의 상세한 내용을 떠올릴 수 있었고, 한 호주 여성은 한 살 이후 모든 생일에 무슨 일이 있었는지 기억할 수 있었다. 이런 과잉기억증후군을 나타내는 사람의 뇌를 스캔해보면 종종 이차감각 또는 강박장애를 시사하는 소견이 나타난다. 항상 그런 것은 아니지만, 자폐성 장애와 관련되기도 한다.

세세한 것까지 모조리 기억하는 사람

'자폐적 천재'라고도 불리는 소수의 사람은 아주 세밀한 것까지 기억할 수 있고, 심지어 몇 년이 지난 후에도 그 기억을 완벽히 떠올릴 수 있다. 영국 국회의사당과 템즈강이 등장하는 이 그림은 스티븐 윌트셔란 사람이 그린 작품으로, 그는 불과 며칠 런던을 여행하고 돌아온 뒤 기억을 토대로 이 그림을 그렸다.

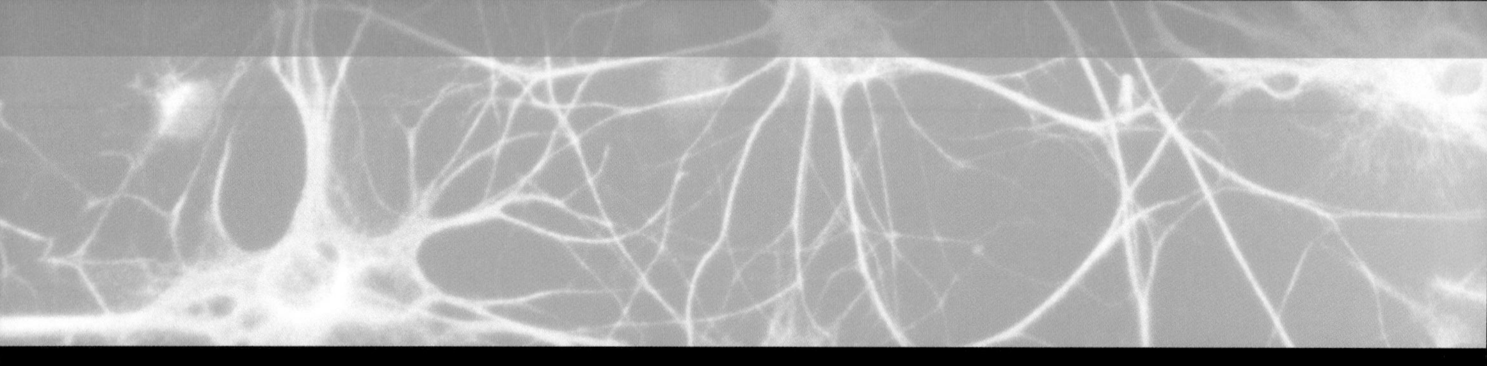

현대와 같은 복잡한 세상을 사는 우리는, 무언가를 결정하려면 수많은 고민을 해야 한다. 우리는 생각을 통해 우리가 앞으로 할 행동이 일으킬 잠재적 결과를 그려볼 수 있다. 이런 과정은 한 가지 이상의 생각을 마음속에 떠올리고 그것을 조작하는 것과도 같다. 생각은 능동적이고, 의식적이고, 주의를 요하는 과정으로, 뇌 여러 부위에서 일어난다. 생각은 창조성, 경험할 일을 미리 상상해서 설명하는 것 등 인간이 지닌 고유한 능력과 경향에 토대가 된다.

사고

지능

'지능'이란 무언를 배우고, 무언가로부터 배우고, 이해하고 주변과 상호작용하는 능력을 가리키는 말이다. 이는 기민한 행동, 유창한 말솜씨, 구체적인 추론과 관념적인 내용에 대한 논증, 감각적 식별, 정서적 민감성, 수적 사고능력, 그리고 사회에 잘 적응하여 기능하는 능력까지 수많은 종류의 기술들을 포괄하는 표현이다.

뇌의 초고속도로

이마엽은 지능과 관련된 가장 중요한 부위로 간주된다. 이마엽이 손상되면 집중력, 판단력 등에 문제가 생긴다. 그러나 이마엽이 손상된다고 해서 항상 지능지수(공간 지각력, 언어 능력, 계산 능력을 검사하여 측정한다)가 떨어지는 것은 아니므로, 틀림없이 뇌의 다른 영역도 지능과 관련이 있다. 연구에 따르면 지능은 계획을 세우고 정보를 처리하는 이마엽과 감각정보를 통합하는 마루엽이 신경의 초고속도로로 연결되는 데 달려 있다. 이런 경로를 통해 바로 사용할 수 있는 데이터가 이마엽에 얼마나 빠른 속도로 전달되는지는 교육에 의해 이마엽 활성이 강화되는 정도만큼이나 지능지수에 큰 영향을 미친다.

마루엽에서 이마엽으로 전해지는 데이터 이동 경로

양쪽 반구 모두에 걸친 마루엽

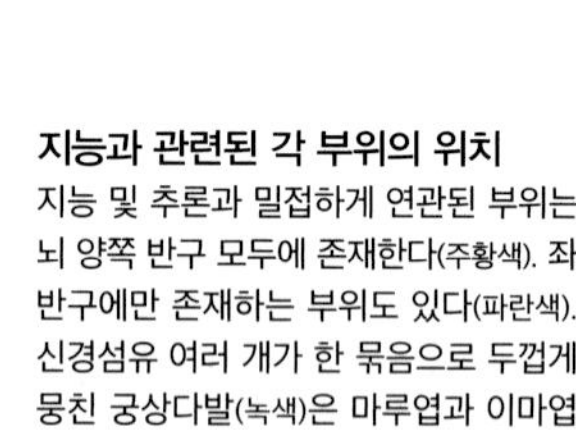

양쪽 반구 모두에 걸친 이마엽 부위

좌반구의 이마엽 부위

좌반구의 마루엽 부위

지능과 관련된 각 부위의 위치
지능 및 추론과 밀접하게 연관된 부위는 뇌 양쪽 반구 모두에 존재한다(주황색). 좌반구에만 존재하는 부위도 있다(파란색). 신경섬유 여러 개가 한 묶음으로 두껍게 뭉친 궁상다발(녹색)은 마루엽과 이마엽 사이에서 신경을 연결한다.

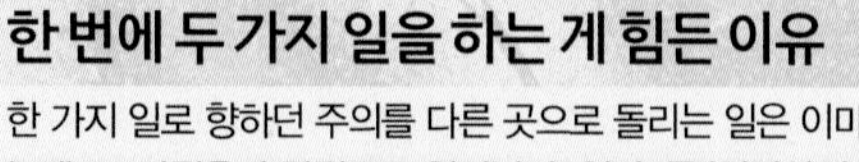

한 번에 두 가지 일을 하는 게 힘든 이유

한 가지 일로 향하던 주의를 다른 곳으로 돌리는 일은 이마엽앞피질이 맡는데, 그 과정은 순간적으로 일어날 수 없다. 즉 '처리상의 시간차'가 생기면서, 뇌는 순간 멈춰버린다. 그뿐 아니라 뇌는 서로 비슷한 두 가지 일을 동시에 하지 못한다. 두 일이 동일한 뉴런을 두고 경쟁하기 때문이다. 연설을 들으면서 단어 공부를 하는 것은 뇌에서 동일한 부분을 활성화하기 때문에 제대로 할 수 없다. 그러나 연설을 들으며 창밖 풍경을 바라보는 건 쉬운 일이다.

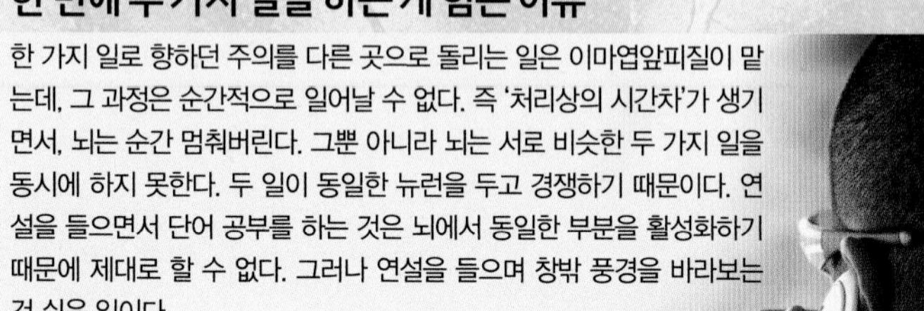

이것저것
뇌가 어떤 일을 처리하다가 그것과 전혀 다른 일을 처리하려면 최소 300밀리초의 시간이 필요하다. 이 '처리상 시간차' 때문에, 운전하면서 통화를 하는 건 굉장히 위험한 일이다.

높은 지능의 어두운 면

지능지수가 높은 것은 일반적으로 장점이지만, 정신 질환과 관련되기도 한다. 지능지수가 높은 사람들의 모임인 멘사 회원들을 연구한 결과, 일반 인구 집단보다 훨씬 높은 비율로 정신적 문제를 겪고 있었다. 이런 관련성의 원인은 분명치 않다. 어쩌면 지능이 종종 창의력과 일치하기 때문인지도 모른다. 창의력은 실제적인 문제보다 추상적 생각과 관련이 있다. 거대한 생각들을 해결하려고 씨름하다 보면 스트레스를 받아 몇몇 정신 질환을 유발할 수 있다. 연구에 따르면 높은 지능지수는 뇌가 지나치게 활성화되어 있다는 신호로, 정신적 불안정성이 나타날 수 있다.

과열된 뇌
일부 연구자는 높은 지능지수를 뇌와 신체가 지나치게 활성화되어 있다는 신호라고 생각한다. 이런 상태는 다양한 질병에 취약할 수 있다.

- 평균 지능지수, 장애 진단
- 높은 지능지수, 장애 진단
- 높은 지능지수, 장애 진단 및 자가 진단

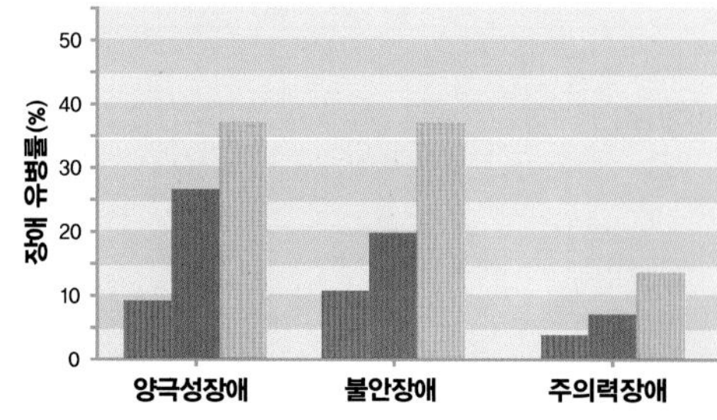

지능에 영향을 주는 요소

지능지수 테스트는 지식의 양적 수준, 특정 기술의 수준이 아닌 전반적인 지능을 측정한다. 평균은 100점 정도로, 대다수 사람이 80·120점 정도의 점수를 얻는다. 높은 지능지수 점수는 사회적, 신체적인 차이와도 상관관계가 있다.

요인	영향
유전자	지능지수와 직접 관련된 유전자는 약 50가지로 추정된다. 그중 정확히 밝혀진 것은 몇 개뿐이다. 서로 떨어져서 자란 일란성 쌍둥이가 전형적인 예다. 이들은 서로 완전히 다른 환경에서 자랐는데도 지능지수가 거의 비슷하다.
뇌 크기	뇌가 다른 사람들보다 큰 사람은 그렇지 않은 동성의 다른 사람보다 지능이 조금 더 높은 것으로 보인다. 그러나 전체적인 머리 크기보다는 추론을 관장하는 뇌 영역의 크기나 그 부분의 신경학적 밀도가 더 큰 영향을 준다.
신호 전달의 효율성	신경학적 신호 전달의 효율성 및 속도는 어떤 행동을 할 때 사용하는 정보의 양을 좌우하는 것으로 보인다. 그러한 요소는 정보를 실제 행동 계획으로 얼마나 잘 통합시킬 수 있는지도 결정한다. 특정 질병에 걸려 이 효율이 떨어지는 경우도 있다.
환경	정상적인 뇌 발달을 위해서는 영유아기에 뇌를 자극하는 사회적 환경이 반드시 제공되어야 한다. 뇌 자극은 아동기 전반에도 중요한 역할을 한다. 특히 언어를 이용한 상호작용은 지능지수 발달에 큰 영향을 준다.

의사결정

지능에는 어떤 일의 장단점을 따져보고 현명한 판단을 내리는 능력도 큰 부분을 차지한다. 무언가를 결정할 일이 생기면 뇌는 맨 처음 그 '목표의 가치'를 평가한다. 즉 결정에 따른 결과로 어떤 보상이 주어질지 생각하는 것이다. 그런 다음 그 보상에서 비용을 제외한 순수 결과인 '결정의 가치'를 평가한다. 그리고 마지막으로, 그 결정을 내릴 경우 미리 예상한 보상이 실제로 주어질 가능성은 어느 정도인지 예측한다. 이는 실제로 나타난 결과와 예상 결과를 비교하여 '예측 오류'를 알아봄으로써 파악할 수 있다. 당면한 문제가 복잡할수록 의사결정에 관여하는 이마엽 부위는 더 넓어진다.

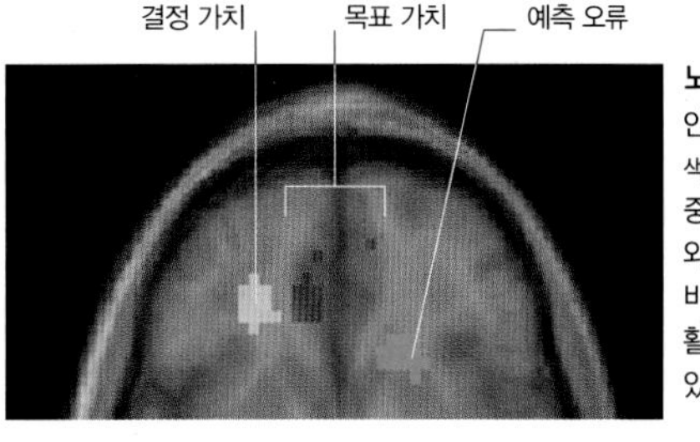

뇌 활성화 지도
안쪽눈확이마엽피질의 활성(붉은색)은 목표 가치와, 눈확이마엽피질 중심부의 활성(노란색)은 결정 가치와 관련이 있다. 또 꼬리핵과 조가비핵의 일부분인 배쪽줄무늬체의 활성(녹색)은 예측 오류와 연관성이 있다.

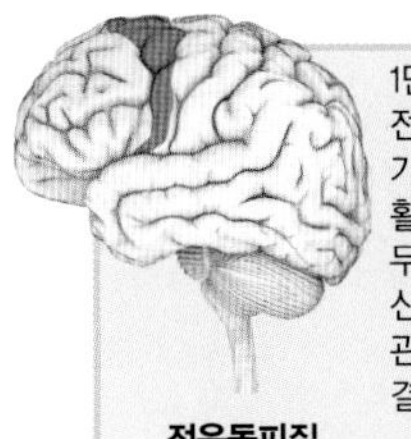

1단계
전운동피질이 가장 먼저 활성화되면서, 무의식적인 신체 움직임에 관한 기본 결정을 내린다.
전운동피질

2단계
간단한 신체 움직임 이상이 필요할 경우, 전운동피질의 활성 영역이 좀더 넓어져 여러 행동을 계획하고 세밀히 다듬는다.
전운동피질

3단계
더욱 복잡한 상황 속에서 어떤 의사결정을 내려야 할 경우, 과거와 현재를 비교하는 이마엽앞 영역이 활성화된다.
가쪽이마엽앞피질

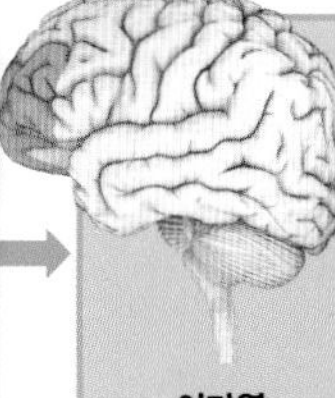

4단계
마지막으로 이마엽 가장 앞부분이 관여하여 그때까지 수집한 모든 정보를 하나로 결합한다. 그리고 통합적인 계획을 세운다.
이마엽

감정의 역할
의사결정과 판단 과정은 감정에 큰 영향을 받는다. 행동을 '움직이는' 것이 바로 감정이기 때문이다. 만약 이 과정이 사라진다면 뇌는 마치 핸들은 있지만 동력은 없는 자동차와 같다. 기분은 의사 결정으로 발생할 결과에 큰 영향을 줄 수 있다. 즉 기쁨, 근심, 그저 그런 기분, 혹은 극심한 감정 상태에서는 추론, 지능 등 더욱 높은 인지 능력이 필요한 일에 관여하는 뇌 영역이 단기적인 영향을 받을 수 있다.

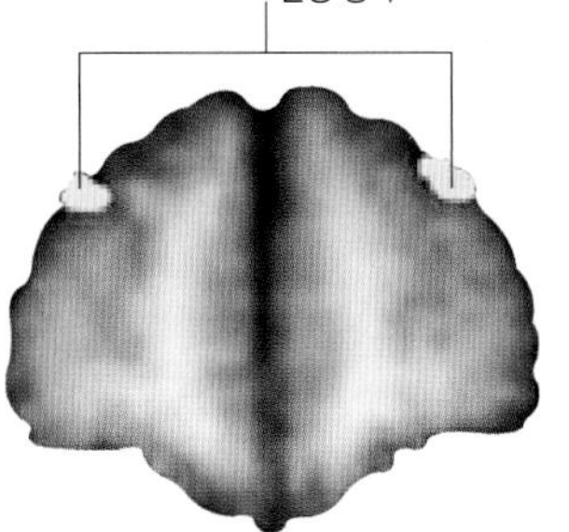

기분
기분이 '썩 좋지 못한' 상태로 어떤 과제를 열심히 수행할 때 촬영한 fMRI 사진이다. 배가쪽이마엽피질이 활성화되었다. 이는 감정을 억누르고 있기 때문에 생긴 결과로 보인다.

의사결정인가, 예측인가?

의식적으로 '의사결정'을 할 때, 우리는 다른 선택을 할 수도 있었다고, 즉 자유의지를 발휘했다고 느낀다. 하지만 실험에 따르면 자발적인 행동을 하겠다는 의식적 의사결정은 의식하지 못하는 사이에 뇌에서 무엇을 할지 계산한 후 적절한 지침을 근육에 보낸 후에야 비로소 내려지는 것으로 나타났다. 결국 '의사결정'이란 사실 스스로 무엇을 할지 아는 순간을 나타낸다고 할 수 있다. 선택이라기보다 예측이다.

수리적 능력과 뇌

숫자 감각은 인간의 뇌에 '내장된' 기능으로 보인다. 생후 6개월짜리 아기도 1개와 2개의 차이를 구분한다. 한 연구에서는 아기들에게 인형 2개를 보여주고 뇌에서 나타나는 반응을 알아보고자 전기적 활성을 기록했다. 그런 다음 차단막을 내려 인형을 잠깐 안 보이게 가렸다가 다시 그중 1개만 보여주었다. 그 결과, 아기들의 뇌 영역 중 성인의 뇌에서 오류를 탐지하는 것으로 알려진 회로와 동일한 부위가 활성화되는 것으로 나타났다. 즉 아주 어린 아기들도 수적 차이를 인식할 수 있는 것이다.

곰인형 검사
2개였던 장난감이 1개로 '바뀌면' 아기의 뇌에서 오류 신호가 나타난다. 아기들도 1개와 2개의 차이를 구분한다.

인형 두 개를 놓아둠

차단막으로 인형을 잠깐 가림

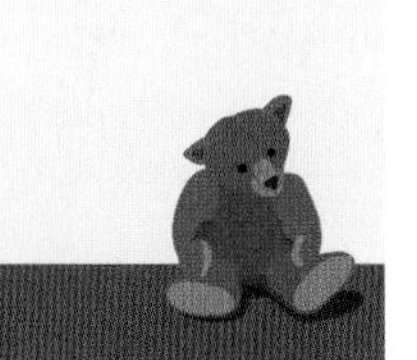
차단막을 치우고 인형을 한 개만 보여줌

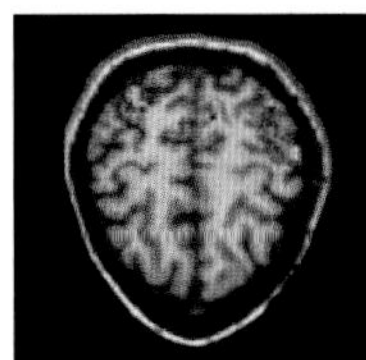

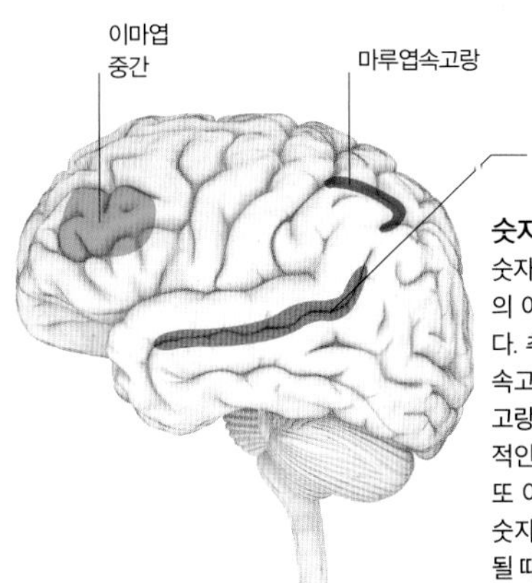

숫자 관련 활동
숫자 관련 활동에는 뇌의 여러 부위가 참여한다. 추정 계산은 마루엽속고랑이 맡고, 위관자고랑은 수의 값을 추상적인 형태로 인식한다. 또 이마엽 중간 영역은 숫자가 틀렸다고 생각될 때 활성화된다.

성인의 뇌 fMRI 스캔 사진

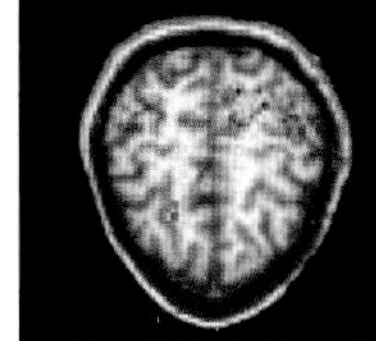
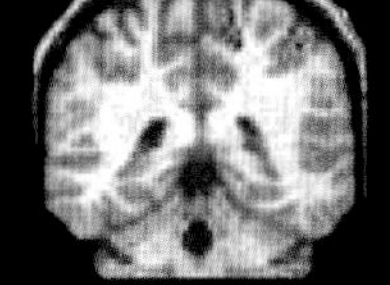
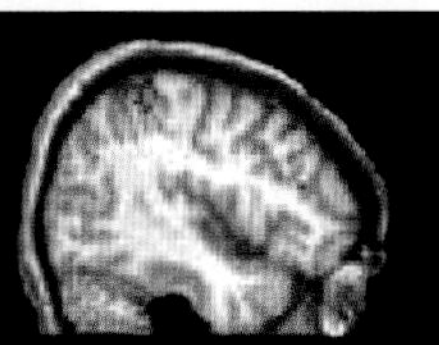

아이의 뇌 fMRI 스캔 사진

수의 차이
아이들은 눈에 보이는 물체의 수가 갑자기 바뀌는 등 수적 오류와 마주하면, 눈으로 본 내상의 수를 추정하는 뇌 부위에 그 변화가 기록된다. 같은 상황에서 성인의 뇌 역시 이 부위가 활성화되며, 동시에 수를 추상적으로 생각하는 부위도 활성화된다. 이는 '대충 추정하는' 능력이 수를 추상적으로 생각하는 능력에 앞서 발달한다는 것을 입증한다. 수적 사고 능력이 발달하면서 뇌는 숫자를 다양한 방식으로 처리하는 능력을 갖게 된다.

창의력과 유머감각

창의력은 알고 있던 것을 바꾸는 능력이다. 주로 새로 얻은 정보가 바탕이 되는 경우가 많으며, 원래 알던 개념이나 아이디어도 포함된다. 창의력을 키우려면 비판적이고 선택적인 능력, 그리고 포괄적인 지능이 필요하다.

창의력이 발산되는 과정

뇌에는 수많은 자극이 끊임없이 들어오지만, 많은 경우 의식되기 전에 걸러진다. 당장 급한 일에 초점을 맞추는 것은 일상생활에 매우 중요하지만, 창의력을 발휘하려면 유용해 보이지 않는 새로운 입력 정보와 기억에 마음을 열어야 한다. 이런 과정을 통해 별로 관계가 없는 것들을 서로 연결할 수 있다. 뇌가 새로운 아이디어를 떠올리기 가장 쉬운 상태는 이완된 채 주의를 기울이거나 편안한 휴식을 취하는 상태로(184쪽 참고), 이때는 특징적으로 알파파가 나타난다(181쪽 참고). 창의력은 정보를 서로 연결하여 뭔가 새로운 것으로 재구성하는 것이다. 휴식 상태에서는 정보가 뇌 속에서 자유롭게 흘러다닐 수 있다. 몇 가지 생각이 하나로 결합되어 새로운 아이디어가 탄생하는 '유레카의 순간'에는 뇌의 활성에 큰 변화가 일어나 관자엽과 앞띠피질이 크게 활성화된다. 그 후 비판적 평가의 시간이 뒤따를 수 있는데, 이때는 휴식 상태에서 이마엽 활성이 중심이 되는 과제 지향적 패턴으로 전환되는 것이 특징이다.

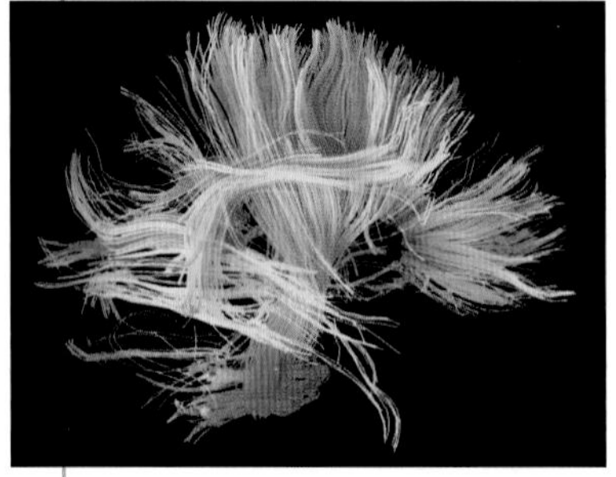

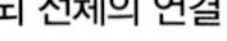

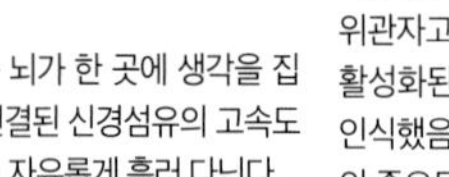

뇌 전체의 연결
위 DTI 스캔에서 보듯 뇌가 한 곳에 생각을 집중하지 않으면 서로 연결된 신경섬유의 고속도로를 따라 정보가 훨씬 자유롭게 흘러 다닌다.

앞띠피질
오른쪽 위관자이랑

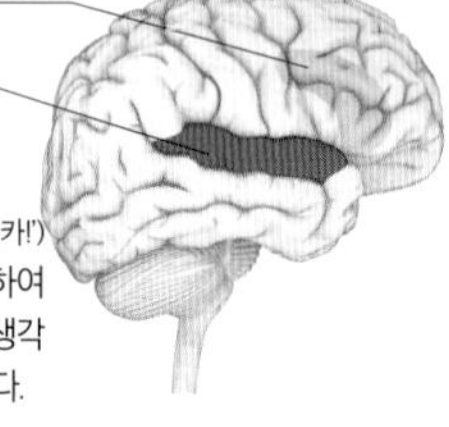

깨달음의 순간
위관자고랑은 무언가 문득 깨닫는 순간('유레카!') 활성화된다. 이는 아이디어를 새롭게 조합하여 인식했음을 의미한다. 뒤이어 새로 떠오른 생각의 중요도를 분석하면 앞띠피질이 활성화된다.

창의적인 사람

누구에게나 창의적인 면이 있지만, 어떤 이들은 자신의 뇌를 필요에 따라 '편안히 쉴 수 있게' 마음대로 조절할 수 있다. 즉 자유자재로 새로운 가능성을 더 많이 수용하고 기발한 아이디어를 만들어낼 수 있다. 하지만 이러한 과정은 뇌가 '받아들일 준비가 되어 있을 때'만 가능하다. 예술가가 이러한 과정의 기본 원리에 특히 정통하다. 예술가들은 기본 지식을 개선하고 변화해 하나로 합칠 수 있다. 예술가는 자신이 보유한 전문적 기술 덕분에 이런 일련의 과정을 무의식적으로 해내고, 새로운 자극을 처리하는 데 더 많은 자원을 활용한다. 창의적인 사람들은 지능지수도 비교적 높다. 게다가 새로운 아이디어가 떠올랐을 때 그것을 재빨리 알아채고 그 아이디어를 엄밀히 조사해 비판적 사고로 평가하는 능력도 가지고 있다. 이런 부수적인 창의적 사고 과정을 거치고도 살아남은 아이디어는, 대부분 뛰어나고 새로운 생각이라는 평가를 받는다.

음악가
음악가들은 악보를 따라 악기를 연주할 때면 이마엽 영역이 활성화되면서 집중력을 유지한다. 즉흥 연주 땐 이런 특징이 나타나지 않았다. 즉 생각이 '자유롭게 떠다니는' 것이다.

별이 빛나는 밤
화가 반 고흐는 수용소에 머무는 동안 <별이 빛나는 밤>을 그렸다. 당시 그는 관자엽 간질과 양극성 장애를 앓고 있던 것으로 추정된다. 모두 우수한 창의력과 연관성이 있는 부위다.

창의력과 정신 이상

창의력은 강렬한 상상력, 서로 연관이 없는 대상을 연계시키는 경향, 다른 이들은 그냥 지나칠 일들에 관심을 보이는 등 정신 이상과도 비슷한 특징이 일부 있다. 하지만 창의력이 뛰어난 사람은 통찰력을 유지한다. 이들은 자기가 상상하는 내용이 실제가 아니란 걸 잘 알고 있으며, 남들과 다른 기묘한 행동을 스스로 통제할 수 있다. 또 그러한 점을 자신의 직업으로 승화시킬 수도 있다.

정신 이상 검사

창의력이 매우 뛰어난 사람들은 정신 이상 검사 점수도 높지만 정신병 진단 기준에 부합하는 경우는 드물다. 이런 사람들의 정신 상태는 정상과 비정상 그 중간쯤이라고 볼 수 있다.

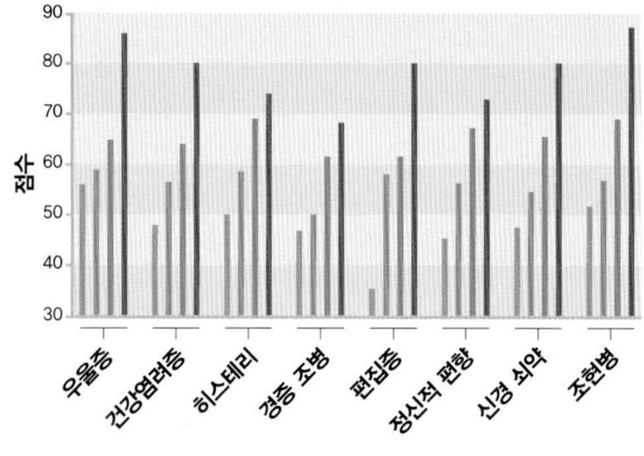

성인 대조군
창의성이 뛰어난 작가
크게 성공한 작가
정신병을 앓는 환자

유머 감각

유머 감각은 대부분 서로 전혀 관계 없는 생각들이 나란히 있을 때 발산된다. 이는 창의성이 발산되는 과정과도 비슷하다. 직장 동료끼리 주고받는 유머가 분위기를 바꾸는 데 어떤 영향을 주는지 조사한 연구들에서는, 직원들은 웃음을 통해 기존에 보유하고 있던 창의력에 '시동'을 거는 것으로 나타났다. 이는 아마도 유머가 사람들의 기분을 바꿔줌으로써 새로운 정보를 더욱 잘 수용하게 만들기 때문인 듯하다. 또 뇌 영상을 활용한 연구에서는 유머가 뇌의 '보상' 회로를 자극하고 동기를 부여하며, 유쾌한 기대감 등을 이끌어내는 도파민 분비량도 증가시키는 것으로 나타났다.

행동 예측

전혀 뜬금없는 결말

유머와 관련이 있는 뇌 부위

위의 만화 중 첫 장면은 행동 예측과 연관된 뇌 부위를 활성화한다. 그런데 다음 장면에서 만화 주인공이 보인 행동은 놀라움이라는 감정과 관련된 부위를 활성화한다. 그처럼 서로 조화되지 않는 결말이 유머의 핵심임을 암시하는 결과다.

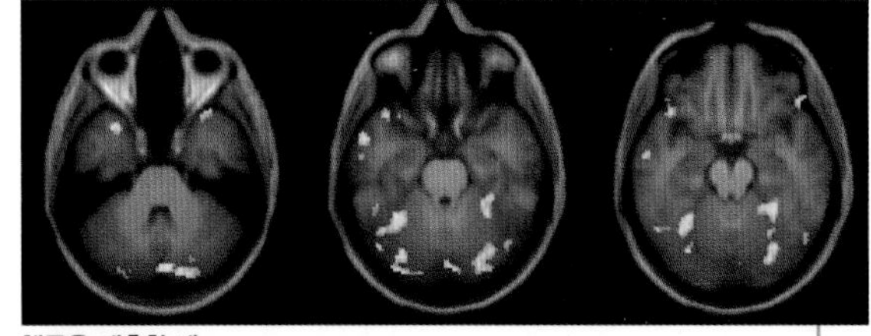

행동을 예측할 때

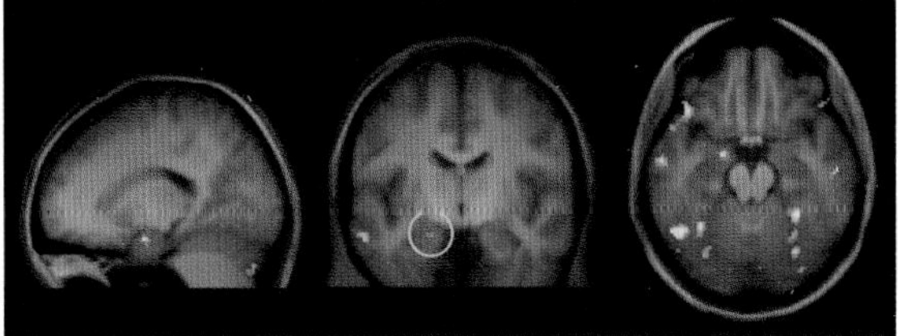

결말을 알았을 때

만화를 볼 때 찍은 뇌 영상

위 fMRI 사진 중 윗줄은 첫 번째 만화를 볼 때 활성화된 뇌 부위다. 관자엽, 마루엽, 소뇌 부위가 활성화되었다. 모두 누군가의 행동을 보고 그 사람이 하는 행동의 의도를 이미 '알고 있을 때' 활성화되는 부위다. 만화 두 번째 장면에서 그 예상이 뒤집히자 편도체 좌측이 활성화되었다(아래 사진, 동그라미). 편도체는 정서적 반응이 있을 때 활성화되는 곳으로, 왼쪽 부위는 특히 유쾌한 기분과 연관되어 있다.

창의력 키우기

우리는 개를 보면 머릿속에선 그것을 '개'로 분류할 뿐 더 자세한 사항은 살피지 않는다. 이런 편집 과정은 이마엽이 관장한다. 몇몇 연구를 통해, 이 영역의 활성이 억제되면 사람들은 자극을 더 '자세히 들여다보게' 된다는 근거가 밝혀졌다. 이마엽 활성을 '끄고' 경두개자기자극술TMS로 검사한 결과, 이마엽 활성이 감소하면 창의적 사고가 발달하는 것으로 나타났다.

TMS 검사

연구 참가자들은 이마엽 활성이 중단되자 창의적으로 그림을 그렸다.

연습

이마엽 활성 중단 전

중단 상태

중단 후

믿음과 미신

우리의 뇌는 주변 세상을 제대로 파악하고자 끊임없이 노력한다. 그래야 거기서 얻은 정보가 우리가 하는 행동을 이끌 수 있기 때문이다. 이때 사용하는 방법 중 하나는 기존에 경험한 일들을 잘 설명할 수 있는 이야기 혹은 아이디어를 만드는 것이다. 그러한 생각의 틀은 유용하게 쓰이지만, 늘 옳은 것은 아니다.

눈에 보이는 것을 믿다

사람에게는 대부분 일종의 믿음 체계가 있다. 이 체계는 각자가 경험하는 일의 틀이 된다. 어떤 사람은 자신이 알아서 깨달은 사실을 믿고, 또 다른 사람은 자기가 경험한 일을 검토하고 스스로 그것을 해석하는 과정에서 어떤 믿음에 당도한다. 일단 하나의 믿음 체계가 형성되고 나면, 이것은 과거에 일어난 일을 설명하는 도구이자 미래를 내다볼 수 있는 '작업 가설'로 작용한다. 예를 들어 이 세상을 어떤 자애롭고 초자연적인 존재가 지배한다고 믿는 사람들은 우연히 혹은 어쩌다 운이 좋아 어떤 일에 성공하면 그것이 바로 그 존재를 입증한다고 "믿는다." 반면 유물론자들이 가진 믿음 체계는 그런 일을 그저 우연으로 해석한다. 무작위로 일어나는 일들 사이에서 어떤 의미를 포착하려는 사람은 다른 이들보다 마법이나 미신과 같은 믿음 체계를 가지는 경우가 많다.

성스러운 빵
불가사의한 쪽으로 사고하는 경향이 있는 사람들이 있다. 그런 이들은 다른 이들보다 이 빵 조각 속에서 '얼굴' 형상을 더 빨리 찾는다. 그리고 이 형상을 '의미 있는' 것으로 해석하는 경우가 많다. 심지어 이를 신이 보낸 메시지로 보기도 한다.

패턴 만들기
패턴을 '알아차리는' 능력은 우리가 세상을 이해하고 적절히 반응하는 데 유용하다. 그런 능력은 사람에 따라 지나치거나 모자랄 수 있다.

자폐성 장애
자폐인들은 종종 일반인은 쉽게 알아채는 패턴도 알아보지 못해서, 정보가 주어졌을 때 무력해진다. 이들은 모든 정보의 중요도가 동일하다고 여긴다.

상상력이 부족한 사람
섬세한 패턴을 알아보지 못하고 현실적인 사고만 하는 경향이 있다. 은유법을 이해하지 못하는 경우 등이 그 예다(아스퍼거증후군 환자 등).

미신
패턴을 지나치게 만들어내는 사람들은 아예 있지도 않는 것을 '본다.' 또는 실제로 전혀 연관 없는 일들을 서로 연결지어 생각한다.

하늘을 나는 돼지
인간의 뇌는 주어진 시각정보를 굉장히 빠른 속도로 파악할 수 있도록 진화해왔다. 그중에서도 얼굴, 사람의 신체, 동물 형상은 우리가 구름 속에서 가장 많이 '발견하는' 축에 속한다.

종교와 뇌

종교적 관습은 대부분 문화적 요소들로 결정된다. 그런데 태어난 후 각각 떨어져 자란 일란성 쌍둥이를 대상으로 한 연구에서, 한 사람이 어떤 종교를 갖거나 영적 초월 현상을 경험하는 데는 양육 조건보다 유전자가 더 크게 관여하는 것으로 나타났다. 영적 초월 현상은 육체 이탈, 기(氣), '어떤 존재가 느껴지는' 것 등 모종의 '기묘한' 경험을 의미한다. 이러한 경험은 관자엽이 일시적으로 과도하게 활성화되는 것과 연관이 있다. 이 부위는 뇌에서 종교적 경험과 큰 관련이 있는 것으로 보이며, 이곳 외에도 그러한 기능을 하는 곳은 광범위하다. 예를 들어 묵상 중인 수녀들을 대상으로 한 연구에서, 연구 참가자들이 강렬한 종교적 경험을 회상할 때 뇌의 여러 부위가 활성화되는 것으로 나타났다. 즉 뇌에 '신의 영역'은 딱 한 곳만 있는 것은 아니다.

세일럼 마녀 재판
강하게 굳어버린 믿음 체계는 사람들이 존재하지도 않는 것을 '보게' 만든다. 1692년에 있었던 세일럼 마녀재판이 그 예로, 광신자들은 그저 평범한 사람들의 행동에서 악마의 증거를 '보았다'고 주장했다.

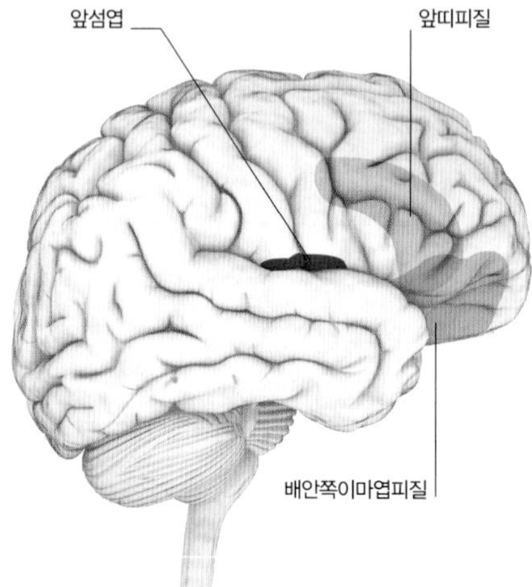

뇌에서 믿음을 관장하는 영역
무언가를 믿을 것인가의 여부는 추론이 아닌 감정 영역의 일부가 활성화되면서 결정된다. 믿음은 보상, 감정, 취향을 결정하는 배안쪽이마엽피질 부위를 활성화시키고, 불신은 반감을 일으키는 뇌 부위인 섬엽에 기록된다.

뇌의 화학적 특성

유난히 패턴을 잘 포착하는 몇몇 사람은 신경전달물질 중 하나인 도파민 농도가 평상시에도 매우 높게 나타난다. 또 신앙이 있는 사람들은 종교를 믿지 않는 사람보다 이치에 맞지 않는 이유를 들며 어떤 글자나 얼굴 형상을 찾는 경향이 있다. 반면 무신론자들은 시각적 '잡음'에 일부 가려질 수는 있지만 실제로 존재하는 얼굴이나 글자도 놓치는 경우가 많다. 한 연구에 따르면 무신론자들에게 도파민 분비량을 늘리는 L-도파라는 약물을 투여하면 숨겨진 패턴을 더 잘 찾아내는 것으로 나타났다.

겹쳐진 얼굴 연구
'다른 사진과 겹쳐진' 얼굴 사진 여러 개를 빠르게 제시했을 때, 신앙이 있는 사람들은 무신론자보다 '진짜' 얼굴을 잘 찾아내는 것으로 나타났다. 반면 무신론자들은 실제 얼굴이 다른 사진과 겹쳐져 제시되면 '진짜' 얼굴을 잘 찾지 못했다.

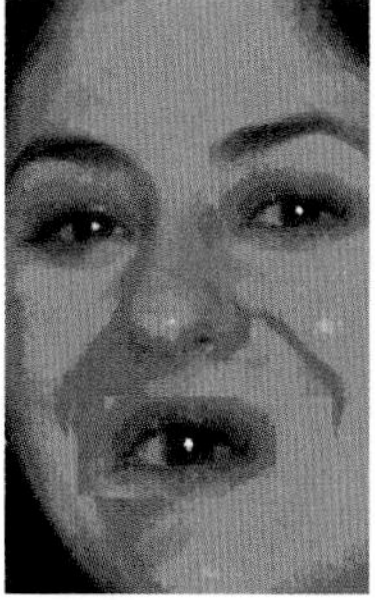
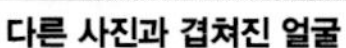
다른 사진과 겹쳐진 얼굴

실제 얼굴

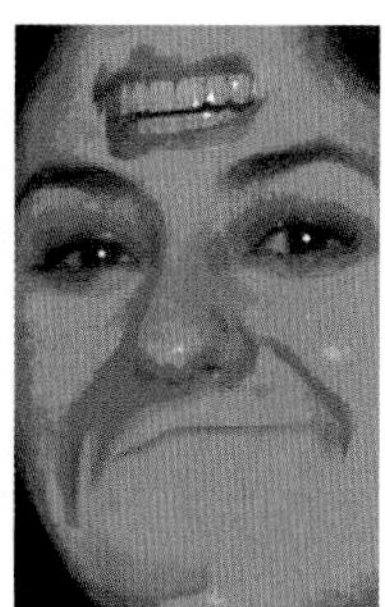
다른 사진과 겹쳐진 얼굴

몇몇 사람만 목격하는 현상

초자연적인 광경을 '목격'했다는 주장은 문화권에 따라 그 대상이 다양하다. 과거에 흔한 대상은 요정이었으나 요즘에는 외계인을 보았다는 주장이 더 흔하다. 외계인에게 납치됐다는 주장은 태양의 복사에너지에서 비롯된 자기장 효과가 클 때 유난히 잦다. 이 복사에너지가 일부 감수성이 예민한 사람들의 관자엽을 약간 마비시켜 그런 환각 증상을 만든다는 주장이 있다.

코팅글리의 요정
이 위조된 사진은 1917년, 짓궂은 두 어린이가 만든 것이다. 수많은 어른은 여기 나온 요정이 실제로 존재한다고 믿었다.

생각에 사로잡힌 뇌

'초자연적' 경험은 분명 뇌의 다양한 부위가 혼란을 겪을 때 발생한다. 특히 환각, 강렬한 공포 등과 같은 정서적 영향 중 대부분은 관자엽이 경미한 발작을 일으키면서 발생하는 것으로 보인다. 관자엽이 혼란에 빠지면 눈에 보이지 않는 존재를 감지한 것 같은 느낌이 들 수 있다. 그런 사람들은 곧잘 유령 혹은 영혼을 느꼈다고 한다. 자기 스스로 자신의 신체를 내다보는 것 같은 착각, 흔히 '유체이탈'이라 알려진 공간과 형체에 대한 왜곡된 사고는 마루엽의 활성 변화와 연관이 있다. 원래 마루엽은 시간과 공간 감각을 안정적으로 유지하는 일을 담당하는 곳이다. 또한 뇌에서 시각, 청각의 처리가 잘못되거나 눈에 보이는 것, 귀로 들리는 것을 정상적으로 해석하지 못할 경우에도 환각 증상이 나타날 수 있다.

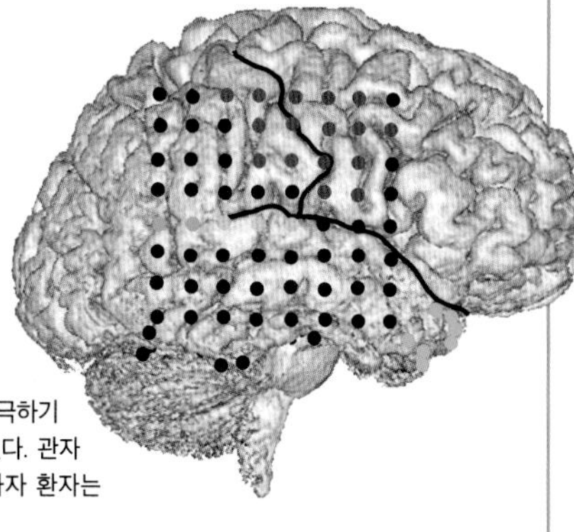

유체이탈 체험
그림에는 간질 환자의 뇌 각 부위를 자극하기 위해 전극이 이식된 위치가 나타나 있다. 관자엽-마루엽 이음부(파란색 점)를 자극하자 환자는 유체이탈을 경험하는 것으로 나타났다.

여인의 형체
기대감은 우리가 보는 것에 큰 영향을 준다. 무언가에 '사로잡히는' 현상은 사람들이 특정 장소에 유령이 출몰할 것이라 예상하는 데서 비롯되는 경우가 많다. 그런 비정상적인 감각이 뇌에 들어와 유령으로 해석되는 것이다.

나는 천리안?

뇌는 과거와 현재에 대한 지식을 이용하여 무슨 일이 일어날지 추측하는 방식으로 끊임없이 가까운 미래를 예측한다. 하지만 때때로 뇌가 예측할 수 없는 일이 무작위적으로 일어난다. 보통 그런 일에는 주의를 기울여 대비하지만, 변화가 너무 빨리 일어나면 의식적으로 무슨 일이 일어났는지 깨닫기 전에 무의식적으로 인지할 수 있다. 이때는 스스로 미래에 일어날 일을 미리 느낀 것 같은 인상을 받는다. 이런 뇌의 '비동기화' 문제는 미신을 믿는 사람에게 더 자주 일어난다.

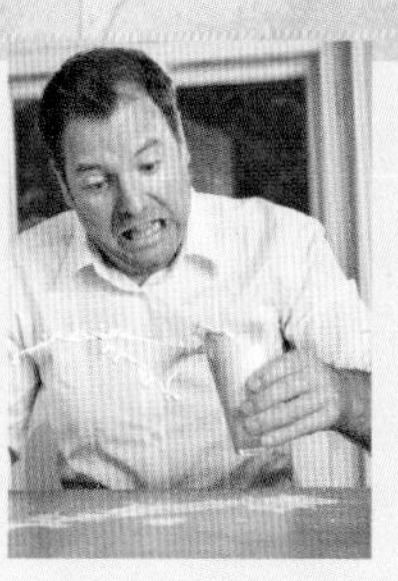

예지력
의식적으로 무슨 일이 일어났는지 파악하기 전에 정서적 반응이 먼저 일어나는 경우 때로는 미래에 일어날 일을 내다본 것 같은 느낌이 들기도 한다.

착각

착각은 어떤 일에 대해 추정했던 내용과 실제로 입력된 감각 데이터가 충돌하면서 발생한다. 그러면 뇌는 정보를 '바로 잡으려고' 노력하고 그 과정에서 혼선이 빚어지는 것이다. 이 과정을 살펴보면 우리 뇌가 하는 작용을 엿볼 수 있다.

예술가의 눈
가운데 그림은 자폐아이자 천재인 다섯 살짜리 꼬마가 말에 대한 개념이 전혀 없는 상태에서 그린 것이다. 건강한 다른 아이들보다 원래 지닌 개념이 그림 그리기라는 행위를 잘못 이끌지 않았음을 알 수 있다.

착각의 종류

뇌는 유입되는 정보를 빠르게 파악할 때 특정한 규칙을 적용한다. 우리는 누군가의 목소리를 들으면서 동시에 입이 움직이는 것을 보면, 지금 귀에 들리는 목소리가 그 사람의 입에서 나오는 것이라 추정한다. 그러나 모든 규칙이 그렇듯, 최선의 결정을 내리도록 해주면서도 간혹 틀리는 경우가 발생한다. 그런 경우 복화술을 한다는 착각에 빠질 수 있다. 착각 수준이 경미한 경우, 즉 인식 초기 단계에 그런 착각이 발생하면 피할 수 없지만, 이후 더 높은 인지 단계에서 발생한 착각은 그리 뚜렷한 영향을 주지 않는다. 강렬한 빛을 보면 잔상이 남는 것처럼, 의식적 사고가 일어나면 뇌 활성이 낮아져 외부 영향을 크게 받지 않기 때문이다. 일단 어떤 목소리가 인형이 아닌 복화술사의 입에서 나온다는 걸 알아차리고 나면, 잠깐 착각한 내용은 신빙성을 잃게 된다. 이런 착각은 의식적, 무의식적 추정 모두에서 비롯될 수 있다. 아이들이 말의 생김새를 어떻게 생각하고 있는지 알아본 연구 결과에서 그 예를 찾아볼 수 있다. 결과를 보면 각각 떨어진 다리 네 개(제일 왼쪽 그림)가 말의 시각적 형태를 지배하는 것을 알 수 있다. 그러나 레오나르도 다빈치와 같은 '전문가'가 생각하는 말의 형태는 훨씬 실제와 유사하다.

화성의 운하

20세기 초 일부 천문학자는 화성에 운하가 있다고 믿었다. 이후 10여 년 동안 사람들은 실제로 화성에서 그 운하가 보인다고 생각했다. 그러나 화성의 대기를 분석한 결과 그곳에 생명체가 사는 것은 불가능하다는 결론이 내려졌고, 그제야 운하의 존재는 '사라졌다.' 운하가 존재할 수 없다는 사실을 받아들이자 눈에서도 보이지 않게 된 것이다.

화성 지도

왜곡된 거울

외부세계에서 제공되는 정보는 뇌에서 눈에 '실제로 보이는' 세계와 끊임없이 비교된다. 신체 나머지 부분에서 느끼는 감각과 신체의 개념 지도를 비교하는 것도 그러한 예다. 이 2가지가 서로 일치하지 않으면 뇌는 외부 정보 중 무언가가 바뀌었다고 간주한다. 심지어 신체가 줄어들었다고 속을 수도 있다. 이렇게 몸이 수축했다는 착각은 팔 근육을 자극한다. 이때 손목에 진동기를 차고 있으면, 실제로 근육이 자극을 받아 진동기가 작동한다. 그러면서 팔다리가 몸의 가장자리를 지나 안으로 들어간다고 느낀다. 그러면 뇌는 몸이 수축했다고 판단한다.

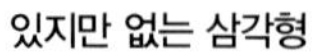

있지만 없는 삼각형
뇌는 실제로 있지 않은 대상도 존재하는 것처럼 생각할 수 있다. 왼쪽 그림의 흰색 삼각형처럼 말이다.

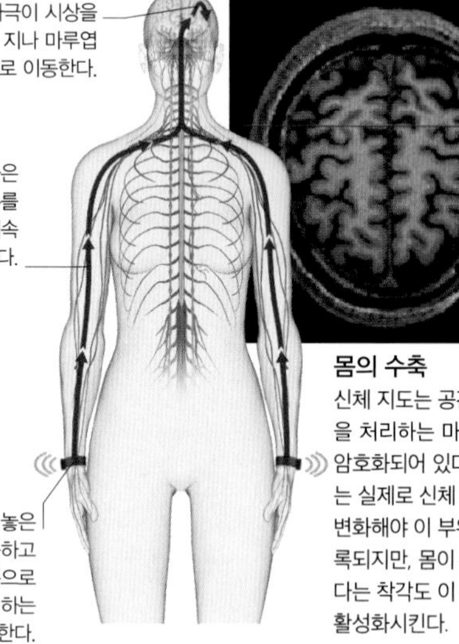

몸의 수축
신체 지도는 공간 감각을 처리하는 마루엽에 암호화되어 있다. 원래는 실제로 신체 형태가 변화해야 이 부위에 기록되지만, 몸이 수축했다는 착각도 이 부위를 활성화시킨다.

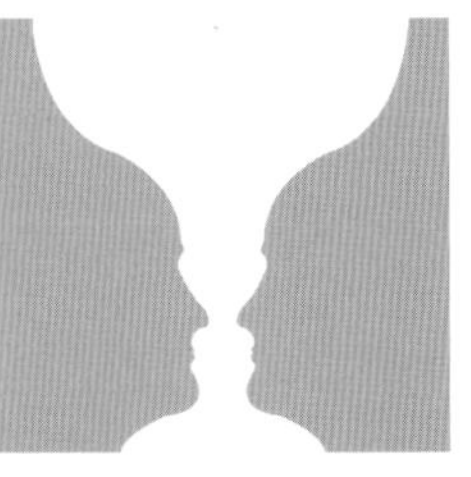

중의적 그림

두 가지 이상이 표현된 그림을 보면 이상한 일이 벌어진다. 뇌로 유입되는 정보는 같지만 눈은 서로 다른 두 가지를 번갈아 보게 된다. 이는 지각이 우리 뇌 속에 이미 존재하는 정보만이 아니라 외부세계에서 입력된 정보를 통해서도 발생하는 능동적인 과정임을 입증하는 증거다. 하나의 그림에서 우리가 두 형상을 번갈아 보는 것은 뇌가 가장 의미 있는 해석을 내리려고 탐색하는 과정에서 나타나는 현상이다. 보통 뇌는 '하나를 둘러싼 무언가가 있으면, 둘러싸인 대상이 중심 물체이고 나머지는 배경이다' 등과 같은 기본 규칙에 따라 재빨리 하나의 답을 얻는다. 하지만 중의적 그림은 이 규칙에 혼란을 가져온다. 왼쪽 꽃병 형상을 보자. 꽃병과 얼굴 중 어느 것이 옳은 모양인지 분간되지 않는다. 결국 뇌는 하나씩 번갈아 인식하고, 우리는 두 형상 모두를 보게 된다. 하지만 절대 두 가지 모양을 동시에 볼 수는 없다.

꽃병과 얼굴
맨 위에 꽃병-얼굴 그림을 보면, 꽃병 가장자리가 서로 마주 보는 두 얼굴로도 보인다. 아래에 있는 그림은 토끼로도 보이고 오리로도 보인다.

아가씨 혹은 노파
오른쪽 그림에서는 젊은 여성과 노파의 형상 중 하나가 먼저 눈에 들어온다. 하지만 일단 다른 형상이 있다는 걸 '보게' 되면, 그 뒤부터 뇌는 두 가지 모두 쉽게 찾을 수 있다.

왜곡에서 비롯된 착각

왜곡에서 비롯되는 착각은 물체의 크기나 길이, 구부러진 정도에 대해 시각적으로 잘못된 인상을 받는 것을 말한다. 주로 뇌가 평상시에 눈으로 보는 것을 이해하고자 '허용'하는 절차가 이 과정에 활용된다. 예를 들어, 뇌는 어떤 물체가 처음 있던 위치보다 멀리 떨어져 있으면 실제로는 크기가 같더라도 크기가 더 작다고 '받아들인다.' 또한 크기가 다른 두 물체가 한 줄에 나란히 있으면, 작은 쪽보다는 큰 쪽에 더 큰 관심을 둔다. 다른 종류의 착각들과 마찬가지로 왜곡 역시 지각 초기 단계보다는 높은 단계에서 발생한다(다음 쪽 참조). 지각 첫 단계, 즉 뇌가 눈에 보이는 대상이 무엇인지 '알아보기' 전에 일어나는 착각은 의식적 사고의 영향을 받지 않으므로 가장 강하게 남는다.

고층건물 착시
같은 사진이지만 오른쪽 건물이 오른쪽으로 기울어 보인다. 뇌가 두 사진을 단일한 풍경으로 취급하기 때문이다. 보통 인접한 고층건물이 평행하게 서 있는 경우 바깥쪽 윤곽선은 원근법에 의해 수렴하는 듯이 보인다. 하지만 윤곽선이 평행한 두 고층건물을 볼 때 뇌는 건물이 위로 갈수록 서로 점점 멀어지는 것으로 인식한다.

원근 착시
사진에서 걸어가고 있는 세 사람은 키가 똑같다. 하지만 뇌는 가장 멀리 있는 사람의 키가 더 크다고 인식한다. 이것은 원근 규칙, 즉 사물이 멀어질수록 크기가 줄어든다는 규칙이 지각 초기 단기에 적용된 결과다.

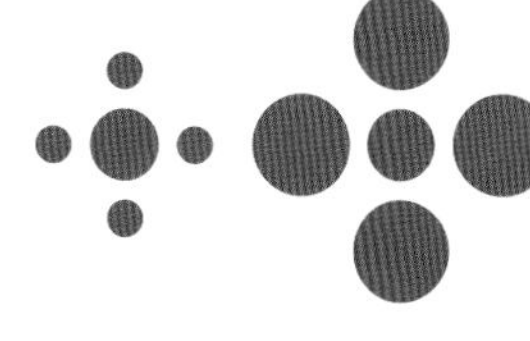

에빙하우스 착시
왼쪽 두 그림에서 가운데 있는 두 원은 크기가 같다. 하지만 그보다 작은 원에 둘러싸여 있는 원이 큰 원에 둘러싸인 원보다 커 보인다.

역설적 착시

어떤 물체는 실제 3차원 세상에서는 불가능한 2차원으로 표현할 수 있다. 역설적 착시는 바로 그러한 이미지를 볼 때 나타나는 현상이다. 인접한 두 모서리가 서로 만난다고 잘못 추정하는 것이 원인인 경우가 많다. 현실적으론 불가능하지만, 그 대표적인 예를 보면 묘하게도 정말 그럴듯해 보여 뇌의 의식 영역은 당황하게 된다. 이중 의미가 있는 그림을 볼 때의 착시 현상처럼, 이 경우에도 뇌는 먼저 한 가지 이미지로 해석한 후 다시 다른 이미지를 해석한다. 그러나 눈에 보이는 두 이미지 중 어떤 것도 이치에 맞지 않으므로, 어느 한쪽이 옳다는 판단을 내리지 못한다. 뇌 PET 연구에 따르면 실제로 불가능한 이미지는 뇌가 지각하는 과정 중 매우 이른 단계에, 즉 의식적 인지가 이루어지기 한참 전에 인식된다. 뇌의 의식 영역과는 달리 무의식 영역은 그러한 이미지 처리에 그리 큰 영향을 주지 않으며 '실제 가능한' 물체만큼 많은 시간을 들여 처리하려고 노력하지도 않는다.

트라이바
펜로즈 삼각형으로도 유명한 이 트라이바는, 원근법을 활용한 그림으로 3차원 막대 세 개가 마치 서로 연결된 것처럼 보인다. 실제 세상에는 존재할 수 없는 형태다.

존재할 수 없는 코끼리
이 그림에 나온 코끼리는 다리가 도대체 몇 개인지 알 수가 없다. 하지만 뇌는 다리 부위에서 '다리' 형태와 분명히 각각 분리되어 있는 발을 서로 맞춰가며 계속 그 수를 확인하려 시도한다.

마우리츠 코르넬리스 에셔

네덜란드 출신 그래픽디자이너인 에셔는 1930년대부터 불가능한 현실 세계를 정교하게 그리기 시작했다. 그는 관찰에 의존하기보다는 자신의 상상력에 여러 가지 정교한 수학 개념을 접목시켜 작품을 완성했다. 그가 그린 이미지는 굉장히 강렬한 느낌을 주면서 보는 사람을 조바심 나게 만든다. 어떤 풍경화는 재치가 넘치지만, 또 다른 작품은 음울한 초현실적 감각이 느껴진다. 몇몇 작품은 실제로는 절대 지을 수 없는 건물을 표현하고 있다.

상대성
오른쪽 그림은 중력이 한쪽 방향이 아닌 세 가지 방향으로 작용하는 세상에서나 가능한 모습을 담고 있다.

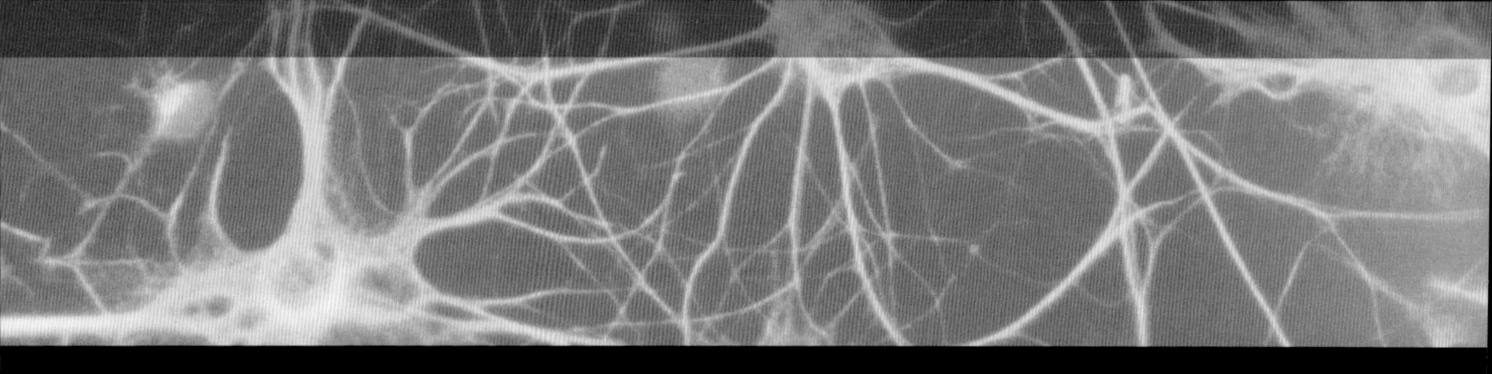

뇌 세포가 일으키는 전기적 자극은 우리의 의식적인 경험과 어떤 관련이 있을까? 또 우리 자신에 대한 감각, 추상적인 사고 및 반영 능력에는 어떤 작용을 할까? 이는 유명한 질문이지만 대답하기 어려운 질문이다. 이 질문에 답하려면 물리적 세계와 정신적 세계 사이에 다리를 놓아야 한다. 신경과학 분야가

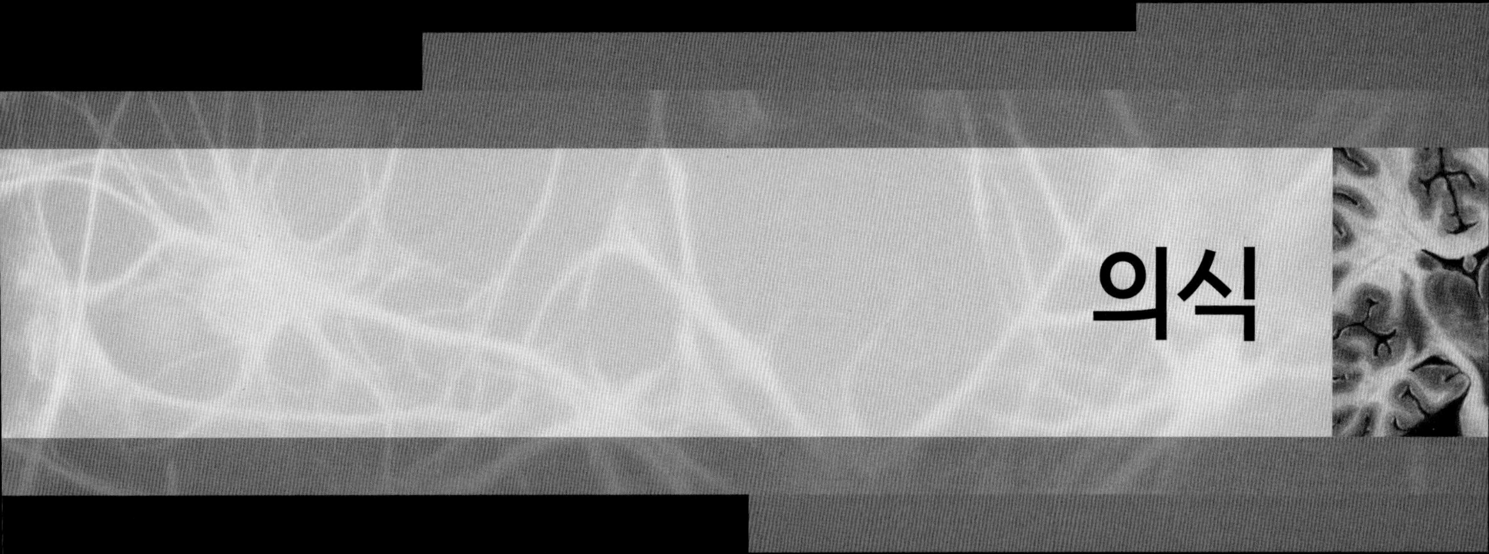

의식

의식이란 무엇인가?

의식은 반드시 필요하다. 의식이 없다면 삶은 아무 의미 없는 것이 되고 만다. 현재 우리는 어떤 종류의 뇌 활동이 의식적인 인식을 일으키는지 알고 있지만, 전혀 실체가 없는 이런 현상이 우리의 신체 기관에서 어떤 과정으로 생겨나는지는 아직 미스터리다.

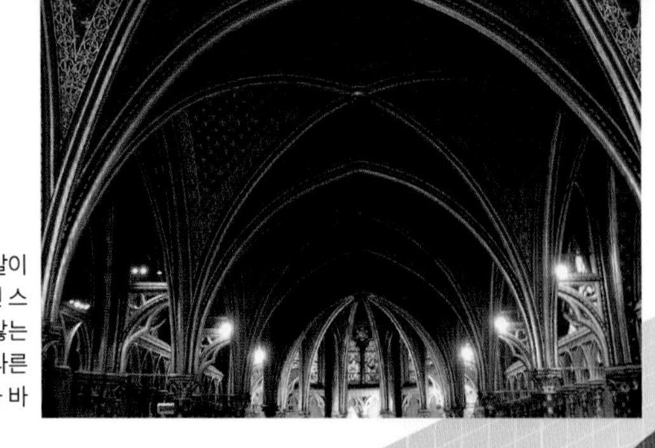

스팬드럴
아치 사이에 생긴 공간을 일컫는 말이다. 만약 아치를 생각하지 않는다면 스팬드럴이라는 부분은 존재하지 않는다. 의식도 이와 마찬가지다. 즉 다른 여러 가지 작용에서 비롯된 결과가 바로 의식이다.

의식의 특성

의식은 무(無)와 같다. 세계를 구성하는 요소 중 생각, 감정, 아이디어는 물리적인 물체와는 전혀 다른 종류다. 우리 마음속에 있는 것들은 어떤 시공간에 자리할 수 없다. 그런 것들도 우리 뇌에서 벌어지는 특정한 물리적 활동에서 비롯되는 건 분명하지만, 그러한 활동 자체가 의식을 형성하는 것인지(일원론자·유물론자 측의 견해), 아니면 뇌 활동이 우리가 '마음'이나 의식이라 말하는 다양한 것들과 연관되어 있는 것인지(이원론자 측 견해)는 알 수 없다. 의식이 단순한 뇌 활동이 아니라면, 물질계는 실제 세계의 한 단면일 뿐이라 해석할 수 있다. 또한 의식은 물질계와는 전혀 다른 규칙이 적용되는 현실의 다른 단면이다.

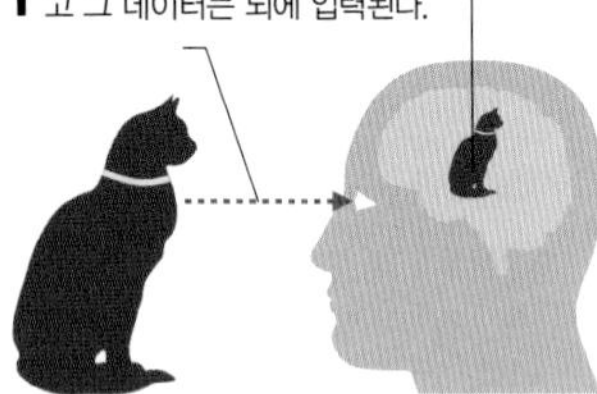

일원주의
의식은 물질계의 한 부분으로, 그와 연관된 뇌 활동과 동일하다. 따라서 무언가를 인지하는 과정이 시작되면 의식도 발생한다. 의식 자체가 어떤 목적을 지닌다기보다는, 오로지 그러한 과정의 결과로만 발생한다고 여겨진다.

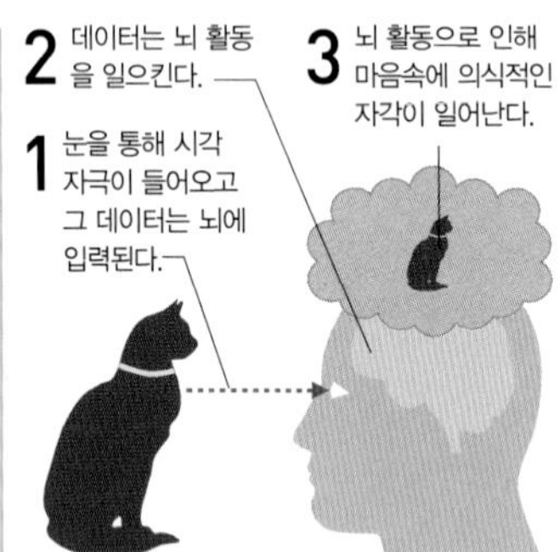

이원론
의식은 물리적인 실체가 아니며 물질계와는 다른 차원에 존재한다고 여긴다. 뇌의 특정 활동이 의식과 관련되어 있지만, 활동 자체가 의식인 것은 아니다. 일부 이원론자들은 연관된 뇌 활동 없이도 의식이 존재할 수 있다고 믿는다.

데카르트와 심신이원론

일반적으로 프랑스의 철학자 르네 데카르트(1596~1650)를 현대 이원론의 창시자로 생각한다. 그는 물질이 마음(감정, 생각, 지각 등)과 분리된 고유한 실체라고 주장했다. 하지만 문제가 있었다. 이렇게 다른 두 가지 '종류'의 실체가 어떻게 서로 상호작용할 수 있다는 말인가? 데카르트는 해결책을 내놓았다. '정신질료'라는 것이 뇌의 중심에 위치한 솔방울샘에 작용하여 신체에 영향을 미친다는 것이다. 그의 해결책을 심신이원론이라고 하는데 현재는 옳다고 인정되지 않는다. 특히 솔방울샘은 호르몬을 조절하는 데 관여한다는 것이 분명히 밝혀져 있다.

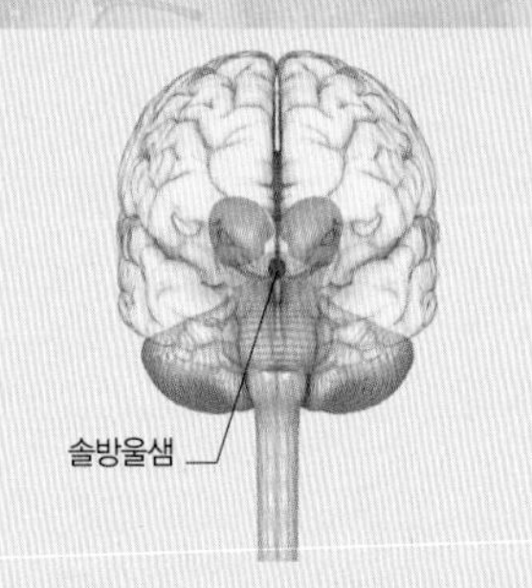

제3의 눈
솔방울샘에서는 수면 주기를 조절하는 멜라토닌이라는 호르몬이 분비된다. 때때로 그 신비로운 역할을 상기시키는 명칭, 즉 제3의 눈이라고 불리기도 한다.

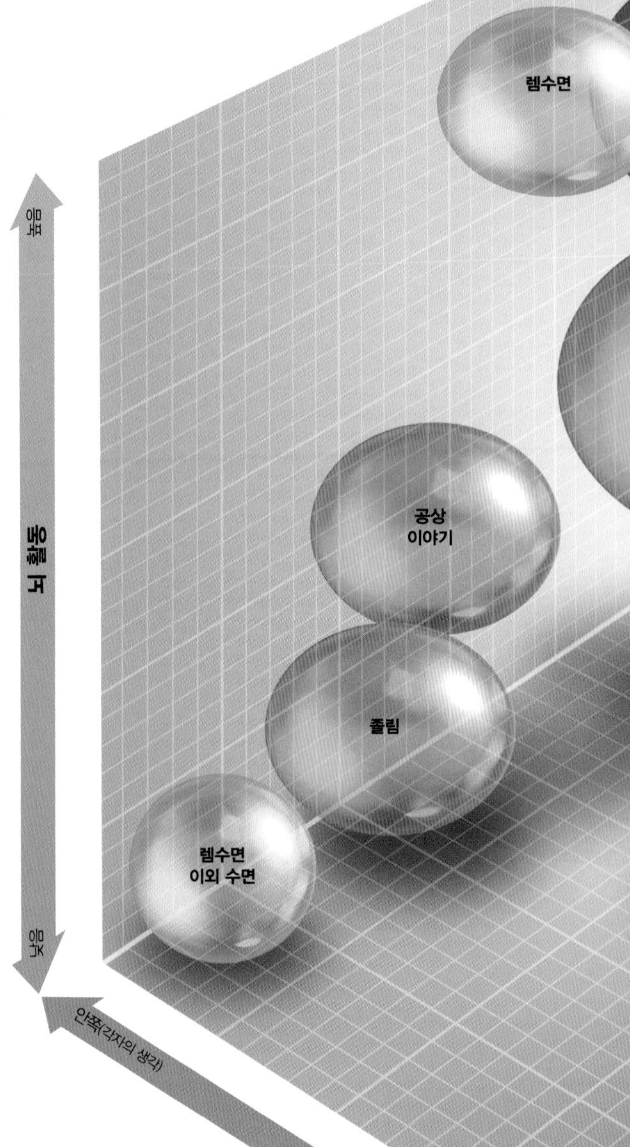

눈으로 들여다본 마음
이 도식은 다양한 마음 상태, 혹은 의식의 여러 방식을 나타낸 것이다. 네모난 틀은 마음 자체를 의미한다. 틀 속에 각각 위치한 마음 상태는 그것과 연관된 신경 활동의 정도 및 주의를 기울인 대상에 대한 초점 방향(외부세계를 향한 것인가, 아니면 각자의 생각을 향한 것인가), 각 마음 상태가 명령한 주의집중 수준에 의해 결정된다.

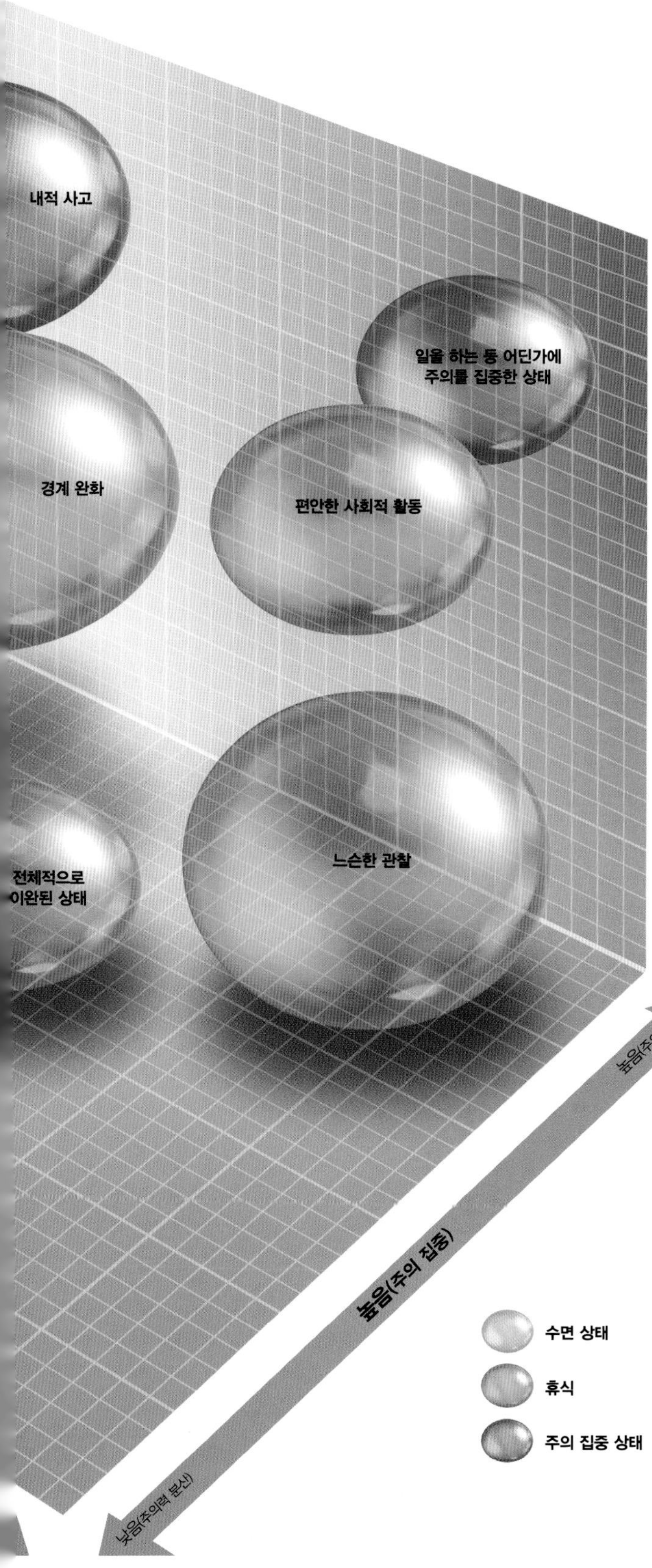

내적 사고
일을 하는 동 어딘가에
주의를 집중한 상태
경계 완화
편안한 사회적 활동
전체적으로
이완된 상태
느슨한 관찰
높음(주의 집중)
높음(주의 집중)
수면 상태
휴식
주의 집중 상태
낮음(주의력 분산)

의식의 종류 및 수준

의식은 정서, 감각, 사고, 지각 등 다양한 형태로 존재한다. 모두 신경 활동, 초점, 주의집중의 수준이 각각 다르다. 신경 활동의 수준은 의식의 강도를 결정한다. 초점의 방향은 외부세계를 향할 수도 있고 각자의 내적 세계(사고에 대해 생각하는 것)를 향할 수도 있다. 또 주의집중은 특정 범위에 포함된 여러 물체를 보느라 느슨해질 수 있고, 오로지 한 가지만 보느라 고착될 수도 있다. 의식을 세 종류의 인식으로 나누는 것도 가능하다. 첫 번째는 순간 인식이다. 뇌가 순간순간 일어나는 사건을 기록하고 반응하지만 기억에 저장하지는 않는 것이다. 두 번째는 의식적 인식으로, 사건이 기억에 기록되고 암호화된다. 세 번째는 자의식(자아에 대한 의식)이다. 사건이 기록되고 기억에 남게 되며 당사자 자신이 그 과정을 인식하고 있다.

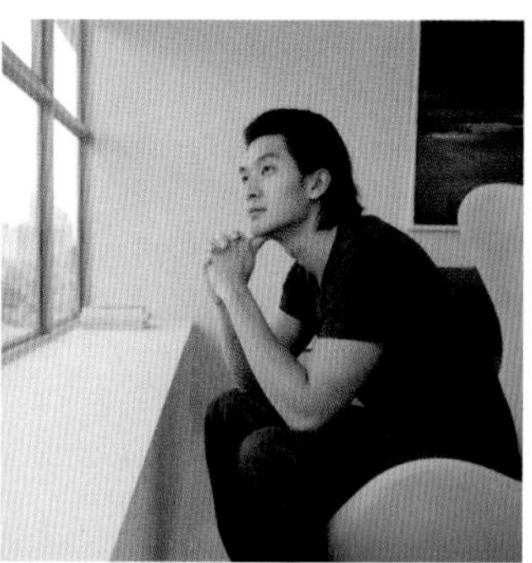

생각하는 사람

단어는 각각이 표현하는 물체를 파악하는 데 사용되는 상징적인 '핸들'이다. 그러나 우리가 하는 생각의 약 25퍼센트는 감각이나 지각 경험에서 비롯된다.

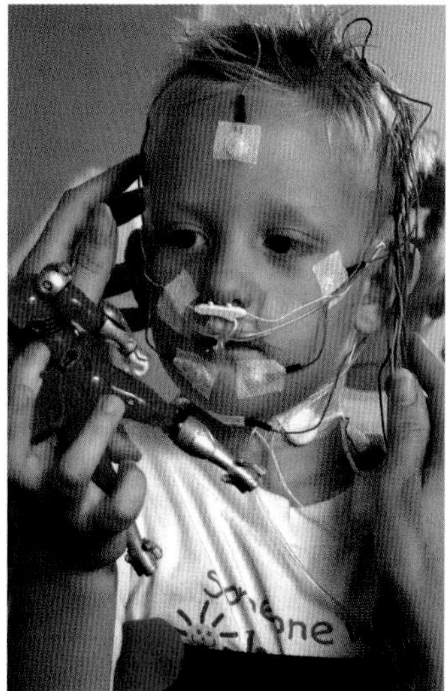

집중

한 물체에 초점을 맞추면 주의의 범위가 좁아져, 초점 범위에 있는 다른 부분은 그냥 무시하게 된다. 왼쪽 어린이는 의학적인 치료를 받고 있는데, 장난감에 주의를 집중하도록 함으로써 치료할 때의 무서움을 줄일 수 있다.

중국어 방

무언가를 '이해'하는 데 필요한 의식을 상징하는 개념으로 철학자 존 설이 제안했다. 이 방에서 중국어와 관련된 사전이나 규칙은 모두 방 안에 있는 남자의 내부에 저장되어 있다. 그는 자신이 가진 자원으로 중국어 질문을 해석하고 답할 수 있지만, 중국어를 하지는 못한다. 즉 누군가가 어떤 질문을 중국어로 써서 제시하면 그는 중국어로 대답할 수 있다. 방 밖에 있는 사람은 안에 있는 사람을 반드시 '이해시켜야' 한다. 존 설은 단지 이러한 방식으로 행동한다고 해서, 그 방식을 이해한다고는 볼 수 없다고 했다. 컴퓨터는 '생각하거나' '이해' 가능한 존재가 아니라는 것이다. 그러나 다른 철학자들은 이해를 비롯해 다른 형태의 의식도 그저 그것을 이해한 것처럼 행동하는 과정에 불과하다고 주장한다.

중국어 서식
방
중국이 회회기 불기능한 사람
메시지 입력
메시지 출력
不在

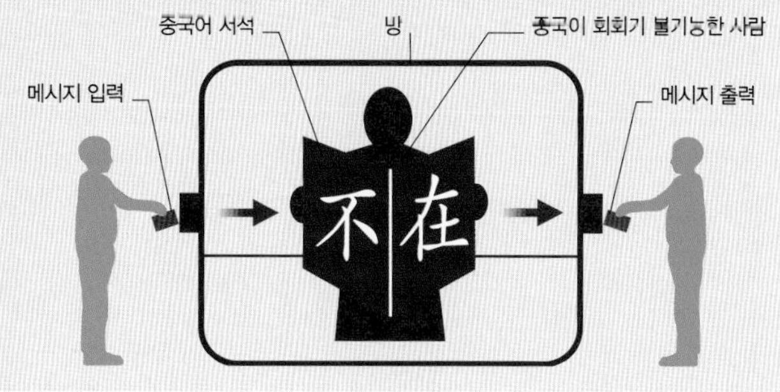

의식의 위치

인간의 의식은 주변 환경과 상호작용하는 모든 측면에서 발생한다. 의식적 인식이 생기는 과정에 뇌가 중심 역할을 한다는 사실은 분명하지만, 그 과정은 아직 밝혀지지 않았다. 뇌 속에서 일어나는 특별한 과정, 뇌 특정 부위에서 일어나는 신경 활동이 다른 곳에서 처리하지 않는 의식 상태와 연관되어 있을 것으로 생각된다. 그러한 과정과 특정 부위만으로 의식의 모든 면이 결정되는 것은 아닐지 몰라도, 반드시 필요한 요소임은 분명해 보인다.

주요 뇌 부위의 해부학적 구조

의식적 인식이 발생하는 과정에는 뇌에서 일어나는 다양한 신경 활동이 관여한다. 피질, 특히 이마엽피질에서 일어나는 신경 활동은 의식적 경험의 발생과 연관이 있다. 하나의 자극이 주어졌을 때 이것이 뇌에 기록된 뒤 의식으로 바뀌기까지는 30밀리초가 걸린다. 자극이 들어오면 먼저 편도체, 시상 등 뇌의 하단부에서 신경 활동이 시작된 뒤 상층부인 피질에서 감각을 처리한다. 이마엽은 주로 경험이 의식으로 바뀔 때에만 활성화되는데, 이를 통해 이 영역이 의식을 발생시키는 데 핵심적 역할을 한다고 파악할 수 있다.

자기 인식
의식을 발생시키려면 뇌가 스스로 자각하는 단계가 필요하다. 즉 자각 과정이 자신의 내면에서 일어나고 있는 일임을 인식해야 하는 것이다. 이를 위해 뇌는 자기에 대한 감각(무의식적 인식과 반대되는 의미)을 발생시켜야 한다. 이런 감각이 없다면 의식도 존재할 수 없다.

뇌 주요 부위
의식 경험을 일으키는 과정에는 뇌 다양한 부위가 관여한다. 이 중 한 부분만으로는 의식을 지속적으로 발생시킬 수 없다. 만약 이 부위 중 한 곳이라도 심하게 손상될 경우, 의식은 제대로 발생하지 못할뿐더러 변형되고 심지어 소실될 수 있다.

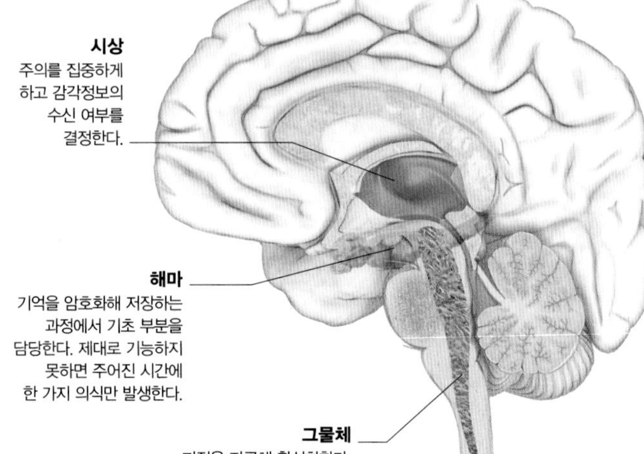

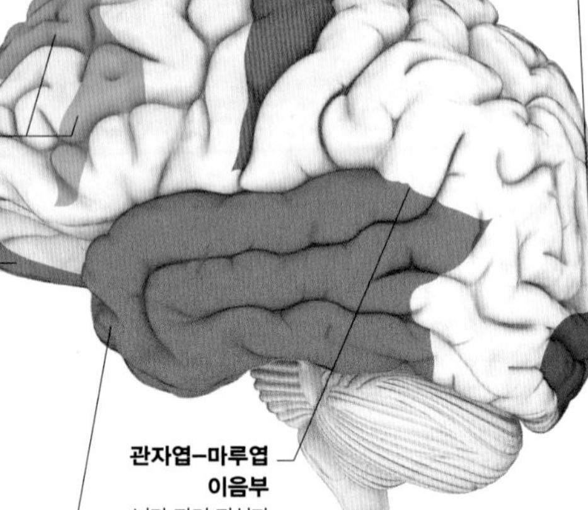

운동피질
자기 자신을 감지하는 데는 신체 인식 과정이 필수적이다(운동피질이 여기에 관여한다). 이는 의식의 형성에도 필요하다.

일차시각피질
이 영역이 관여하지 않을 경우, 시각피질 중 다른 영역이 제대로 기능한다 해도 의식적인 시각 능력이 사라진다.

보완운동영역
계획적인 행동을 연습해봄으로써 무의식적 반응과 구분한다.

등가쪽이마엽앞피질
서로 다른 아이디어와 지각이 이곳에서 하나로 묶인다. 이는 의식 경험에 필요한 과정으로 여겨진다.

눈확이마엽피질
의식적인 감정이 발생하는 곳. 제대로 활성화되지 않을 경우 자극이 주어졌을 때 반사 반응만 나타난다. 또한 아무런 감정 없이 신체 활동을 하게 된다.

관자엽
개인적인 기억과 언어를 관장하는 곳. 이 영역이 제대로 기능하지 못하면 의식이 크게 줄어든다.

관자엽-마루엽 이음부
뇌가 자기 자신과 바깥 세계와의 관계를 고려해 작성한 지도를 저장하고 뇌 여러 영역에서 수집된 정보를 하나로 모으는 곳.

통 속의 뇌

수많은 공상과학 영화나 공포영화에는 육체와 분리되어 통 속에 든 뇌가 등장한다. 철학 분야에서는 현실의 특성에 관한 논쟁을 벌일 때 이를 사고실험의 하나로 종종 이용한다. 이론에 불과한 개념이었으나 기술이 발달해 뇌에 가상현실을 유도해도 몸으로 느끼는 실제 현실과 구분하지 못하는 일도 가능해지면서 부각되었다. 인식하진 못하지만 이미 그러한 일이 가능해져, 현재 우리가 보는 외부세계, 즉 경험하고 있는 세계가 실제 세상이 아닐지도 모르는 일이다.

가상현실
유명한 사고실험 중 하나는, 뇌가 육체와 완전히 분리될 수 있다는 가정 아래 뇌를 슈퍼컴퓨터와 연결해 의식 경험을 자극하는 것이다.

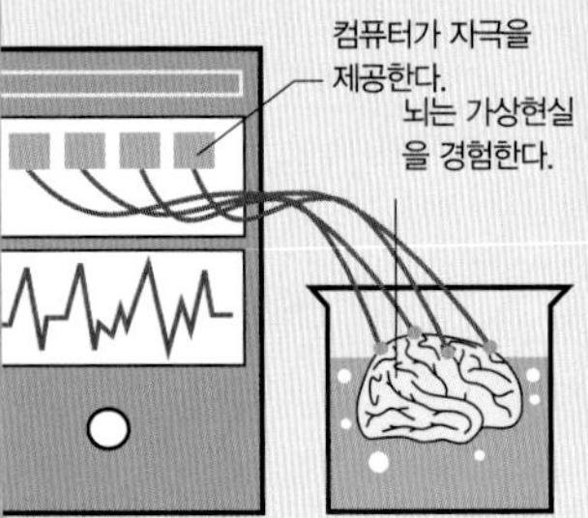

<매트릭스>
1999년 발표된 이 영화에서 인간의 뇌는 매트릭스라는 이름의 거대한 컴퓨터 프로그램과 플러그로 연결되어 있다. 이 컴퓨터가 자극을 제공해 인간의 신체 경험을 만들어낸다.

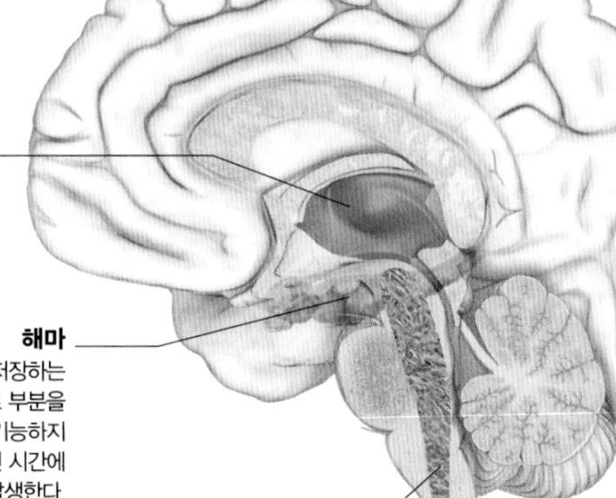

시상
주의를 집중하게 하고 감각정보의 수신 여부를 결정한다.

해마
기억을 암호화해 저장하는 과정에서 기초 부분을 담당한다. 제대로 기능하지 못하면 주어진 시간에 한 가지 의식만 발생한다.

그물체
피질을 자극해 활성화한다. 이 부분이 기능하지 못하면 의식적 인식이 불가능해진다.

의식에 필요한 요건

의식적 인식의 모든 상태에는 그와 연관되어 특정한 패턴을 보이는 뇌 활동이 있다. 예를 들어 어떤 노란색 조각을 보면 뇌 활동에 특정한 패턴이 생겨나고, 연설을 들을 때면 또 다른 패턴이 생겨나는 식이다. 보통 이와 같은 뇌 활동 패턴은 의식과 연관된 신경으로 보내진다. 뇌의 상태가 한 패턴에서 다른 것으로 바뀌면 의식 경험도 함께 바뀐다. 이렇게 의식과 관련이 있는 일련의 과정은 일반적으로 개별 분자나 원자보다는 뇌세포 수준에서 이루어지는 것으로 추정된다. 의식이 발생하도록 하기 위해서는 아래 그림에 나온 4가지 요소가 필요한 것으로 보인다. 물론 훨씬 작은 단위인 원자(양자) 수준에서 의식이 생길 수도 있다. 만약 그렇다면 지금 가정하는 것과는 상당히 다른 규칙이 적용되어야 할 것이다.

시각적 착각

의식적 지각은 내면에서도 생겨날 수 있다. 우리의 뇌는 세계를 이해하기 위해 누락된 정보를 끊임없이 채워 넣는다. 오른쪽 그림에서 첫 세로줄에 나란히 놓인 두 네모 속에 검은 줄이 가운데에서도 이어지고 있는 듯 보일 것이다. 이런 상상 속 자각은 실제 자극이 주어졌을 때 의식적 자각이 일어나면서 시작되는 신경 활성과 유사한 패턴을 통해 일어난다.

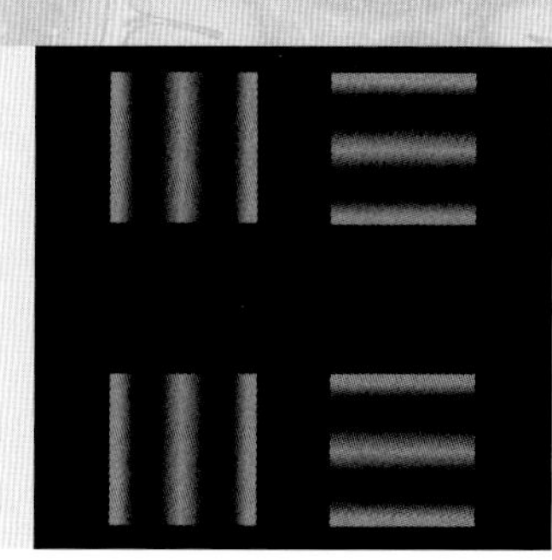

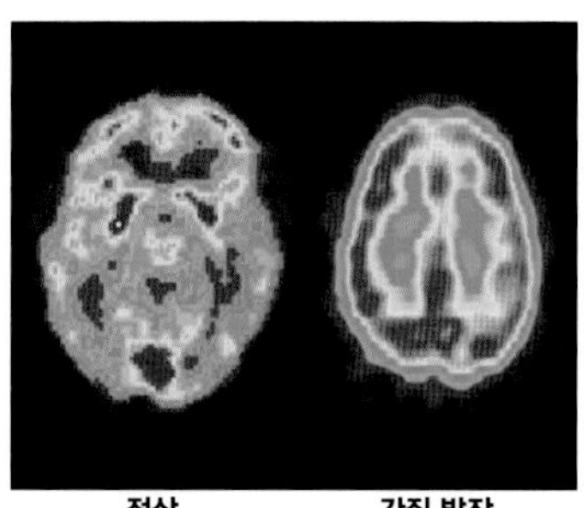

복잡한 정도

의식이 발생하려면 신경 활성이 너무 심하지 않게 적당히 복잡해야 한다. 간질 발작처럼 모든 뉴런이 활성화된다면 의식은 사라진다.

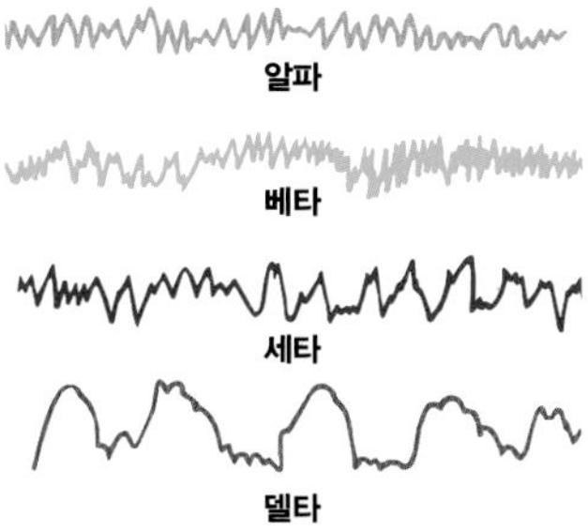

알파

베타

세타

델타

역치 이상의 활성화

베타파가 높은 활성을 보이는 것은 기민성을 나타내고, 델타파가 낮은 활성을 보이는 것은 깊은 수면 상태를 나타낸다.

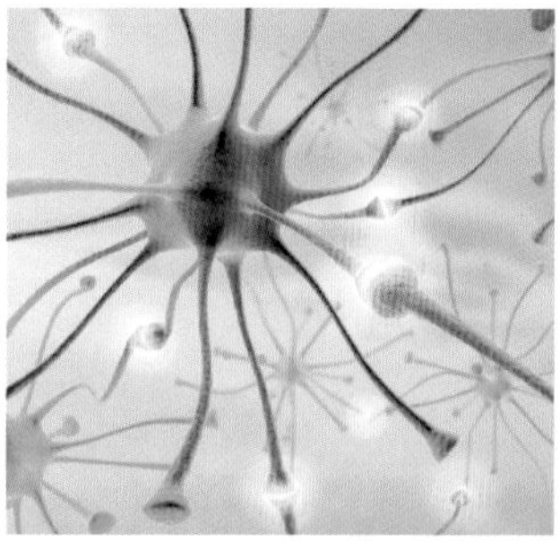

동시 활성

뇌 여러 영역의 여러 세포들이 한번에 활성화되는 것은 따로 떨어진(좌뇌와 우뇌 시각 영역에서 발생한) 지각을 하나의 지각으로 결합하는 것으로 보인다.

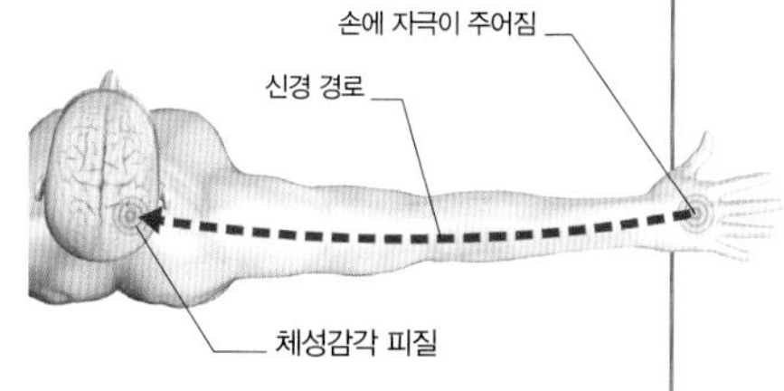

타이밍

무의식적 상태에서 의식적 지각으로 변환하기까지는 0.5초가 걸리지만, 뇌는 우리가 마치 곧바로 인식하는 것처럼 생각하도록 속인다.

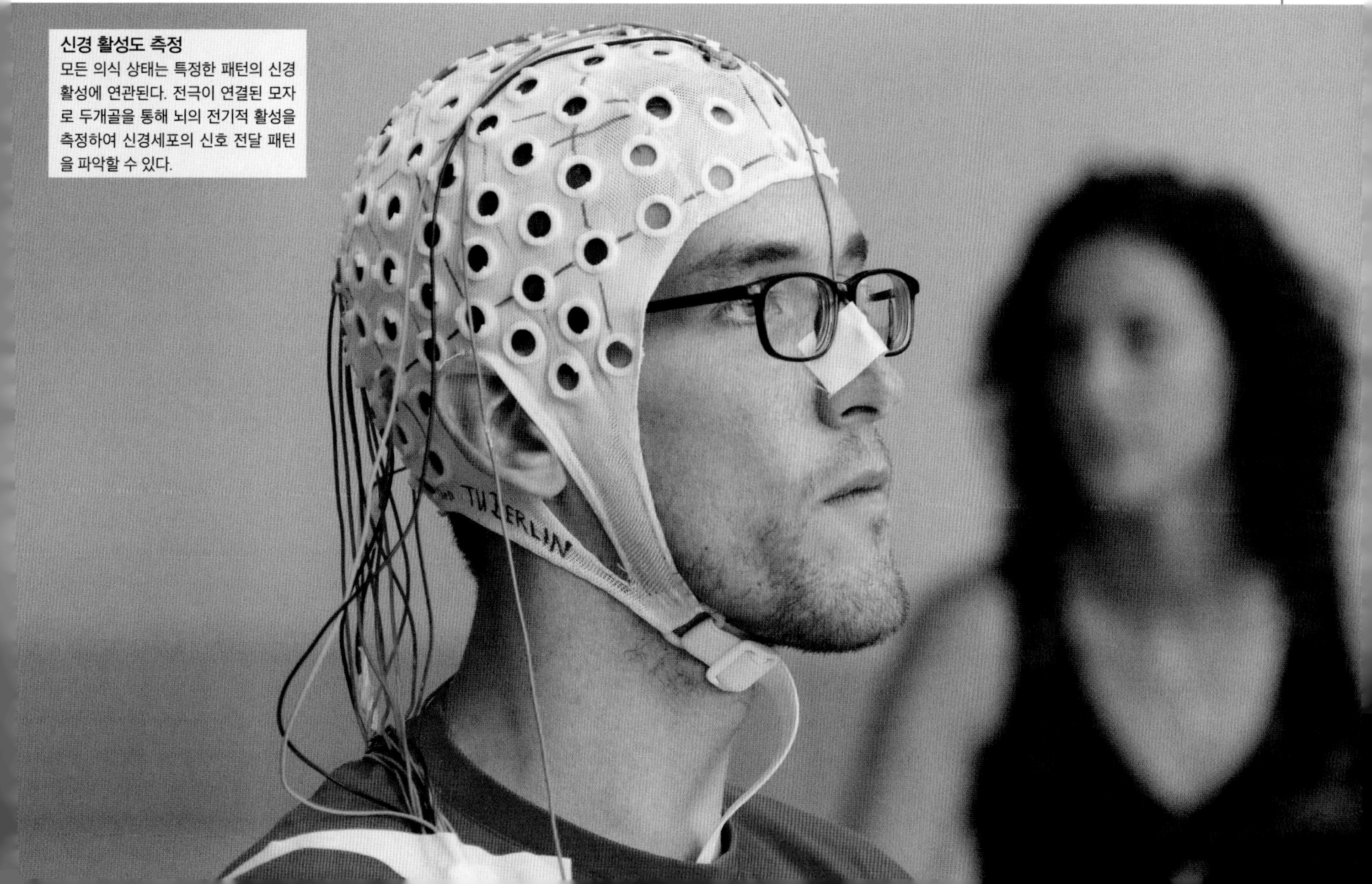

신경 활성도 측정

모든 의식 상태는 특정한 패턴의 신경 활성에 연관된다. 전극이 연결된 모자로 두개골을 통해 뇌의 전기적 활성을 측정하여 신경세포의 신호 전달 패턴을 파악할 수 있다.

주의집중과 의식

주의력은 의식을 통제하고 관리한다. 또한 주변 세계의 특정 부분을 툭 튀어나온 것처럼 부각시키고, 나머지 부분은 좀 뒤로 물러나도록 해준다. 더불어 현재 주변에서 가장 중요한 것을 선별함으로써 그에 대한 뇌의 반응이 증폭되도록 한다.

주의의 종류

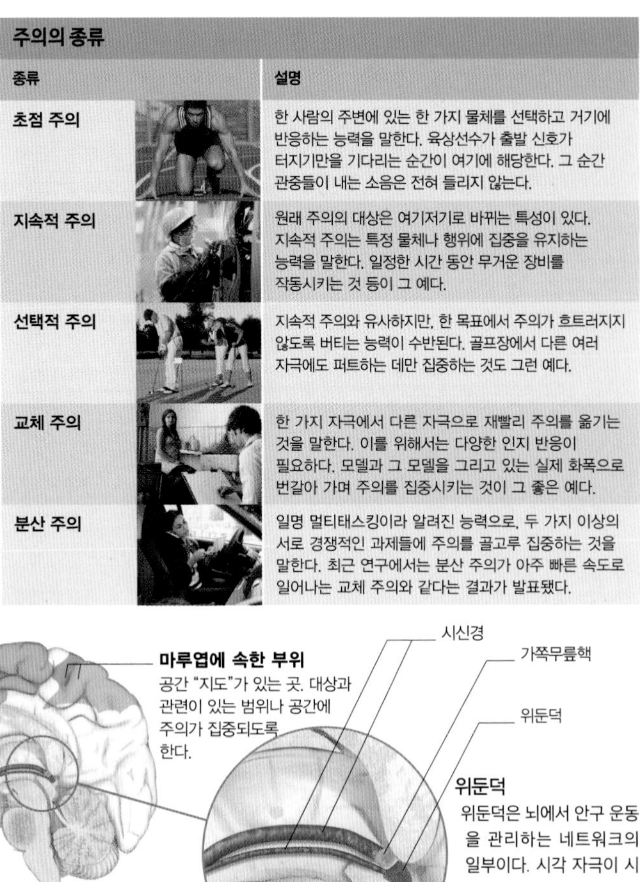

종류	설명
초점 주의	한 사람의 주변에 있는 한 가지 물체를 선택하고 거기에 반응하는 능력을 말한다. 육상선수가 출발 신호가 터지기만을 기다리는 순간이 여기에 해당한다. 그 순간 관중들이 내는 소음은 전혀 들리지 않는다.
지속적 주의	원래 주의의 대상은 여기저기로 바뀌는 특성이 있다. 지속적 주의는 특정 물체나 행위에 집중을 유지하는 능력을 말한다. 일정한 시간 동안 무거운 장비를 작동시키는 것 등이 그 예다.
선택적 주의	지속적 주의와 유사하지만, 한 목표에서 주의가 흐트러지지 않도록 버티는 능력이 수반된다. 골프장에서 다른 여러 자극에도 퍼트하는 데만 집중하는 것도 그런 예다.
교체 주의	한 가지 자극에서 다른 자극으로 재빨리 주의를 옮기는 것을 말한다. 이를 위해서는 다양한 인지 반응이 필요하다. 모델과 그 모델을 그리고 있는 실제 화폭으로 번갈아 가며 주의를 집중시키는 것이 그 좋은 예다.
분산 주의	일명 멀티태스킹이라 알려진 능력으로, 두 가지 이상의 서로 경쟁적인 과제들에 주의를 골고루 집중하는 것을 말한다. 최근 연구에서는 분산 주의가 아주 빠른 속도로 일어나는 교체 주의와 같다는 결과가 발표됐다.

주의력이란 무엇인가?

주의력은 우리에게 주어진 감각정보 중 한 가지를 선택하여 그 감각을 더욱 완전히 혹은 더욱 민감하게 의식할 수 있게 한다. 의식과 주의집중은 서로 밀접하게 연관되어 있어서 무언가에 주의를 기울이면서 의식하지 않기란 거의 불가능하다. 어떤 대상에 뚜렷이 주의를 집중하면 눈, 귀 등 감각기관은 거기서 나오는 자극을 감지하고 그로부터 도출된 정보를 처리한다. 반면 은밀한 주의집중은 감각기관이 자극을 향하지 않은 상태로 자극에 주의를 기울이는 과정이 수반된다. 주의집중은 지속적인 과정처럼 보이지만, 무언가에 초점을 맞추고 있는 것은 사실상 드문 일인 데다 어렵다. 마찬가지로 한 물체로부터 다른 물체로 주의집중 대상을 바꾸는 것도 어려운 일이다. 한 가지 자극에 더 깊이 집중할수록 그로부터 주의를 돌리는 것은 더 어려워지기 때문이다. 결국 우리의 주의를 잡아끄는 사건은 몇 초간 그 외 다른 것은 날려버리는 작용을 하는 것이다.

이마엽
표적에 주의가 계속 집중되도록 유지한다. 이곳에 있는 이미엽안구운동 영역은 눈이 물체나 일정 범위를 둘러보도록 한다.

안구

시신경

마루엽에 속한 부위
공간 "지도"가 있는 곳. 대상과 관련이 있는 범위나 공간에 주의가 집중되도록 한다.

시신경

가쪽무릎핵

위둔덕

위둔덕
위둔덕은 뇌에서 안구 운동을 관리하는 네트워크의 일부이다. 시각 자극이 시신경을 거쳐 이곳에 도착해 이 영역이 활성화되면, 주목할 만한 자극에 반응하는 쪽으로 집중의 대상이 바뀐다.

피질의 관여
이마엽, 마루엽 등 여러 피질 부위가 감각기관으로부터 정보를 받는다. 또한 뭔가 놀라운 일이 생기면 그곳으로 주의를 집중시킨다.

엄청난 집중력
고도로 집중할 때면 다른 것들은 주의집중 대상에서 걸러진다. 따라서 진행 중인 과제는 인지 정보를 최대한도로 활용할 수 있다.

신경학적 기전

예기치 못한 움직임, 커다란 소리 등 잠재적인 중요도가 높은 자극은 모두 뇌에 기록된다. 그러면 감각기관이 해당 자극을 감지하려고 시도한다. 예를 들어 안구는 갑자기 움직임이 감지된 곳을 향해 움직인다. 이런 과정은 뇌 하단 영역에서 자동적으로 일어나며, 그러한 자극 하나만으로 의식의 활성도가 높아지는 것은 아니다. 그러나 주의집중은 특정 자극과 연관된 뉴런 활성을 증대시킨다. 만약 자극의 주체가 사람이라면, 시각 영역의 신경 활성도가 증가하면서 상대방이 어떤 공간 속 어떤 장소에 자리하고 있는지 지켜본다. 얼굴 인식은 편도체에서, 상대방의 의중은 마루엽에서 파악한다. 또 보조운동영역은 상대방에게 어떤 행동을 해야 할지를 결정한다. 이와 같은 영역의 뉴런이 특정 지점 이상으로 흥분될 경우 의식이 '관여하기' 시작한다.

뉴런의 활성

우리가 어떤 생각, 감정, 지각에 주의를 집중하면 뇌의 활성 범위가 폭넓어지고 동시에 활성화되는 부분도 늘어난다. 오른쪽 EEG 연구 결과는 시각 자극에 집중할 때와 무시할 때 나타나는 활성을 보여준다. 왼쪽에서 들어온 자극에 주의를 집중하면 오른쪽 반구가 활성화되고, 오른쪽 방향 자극에 주의를 기울이면 그 반대로 왼쪽이 활성화된다.

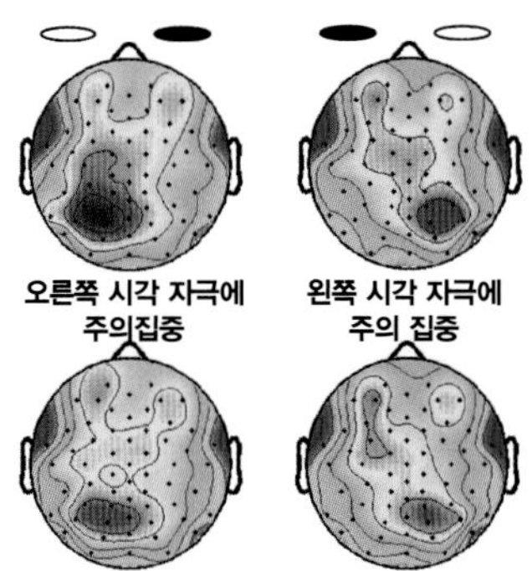

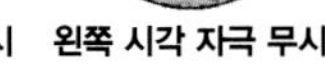

위치에 주의 집중하기

표적이 나타날 위치

이 실험에서는 화면에 뜬 화살표가 그다음 자극이 나타날 지점으로 피실험자의 주의를 이끈다. 피실험자가 화살표가 안내한 지점에 주의를 집중하는 동안 fMRI 촬영을 했다(아래). 그 결과 공간 내 특정 지점에 초점을 맞추는 과정에는 이마엽안구운동영역 및 마루엽피질 부위가 관여하는 것으로 나타났다. 관자엽의 활성화를 볼 때, 뇌가 표적이 나타나면 그 실체를 규명할 준비를 하는 것임을 알 수 있다.

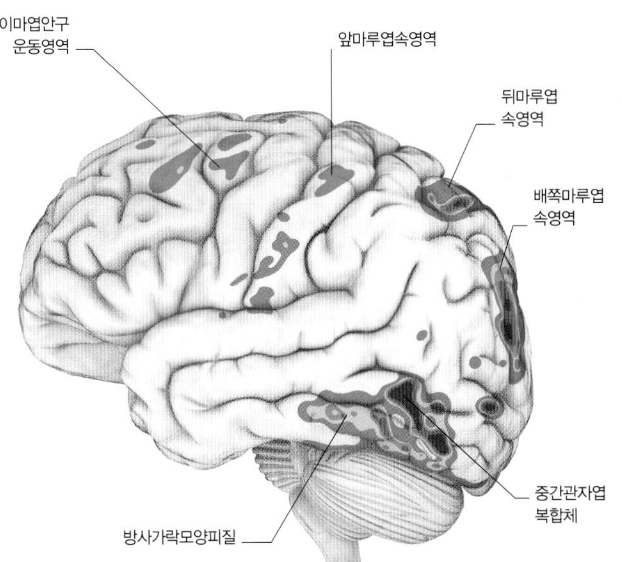

방향에 주의집중하기

표적이 나타날 위치

이 실험에서는 표적이 왼쪽에서 오른쪽으로 계속 움직이도록 한 후 피실험자에게 화살표로 그 방향을 알려준다. 방향을 알려주는 이 같은 단서는 위치 파악과 관련된 이마엽안구운동영역에서 지속적으로 신호가 발생하도록 만든다. 그러나 공간상 방향과 위치를 함께 추정하는 마루엽 부위에서 더 큰 활성이 나타난다. 이 같은 예측은 뇌가 표적이 나타났을 때 반응할 수 있도록 하기 위한 과정이다.

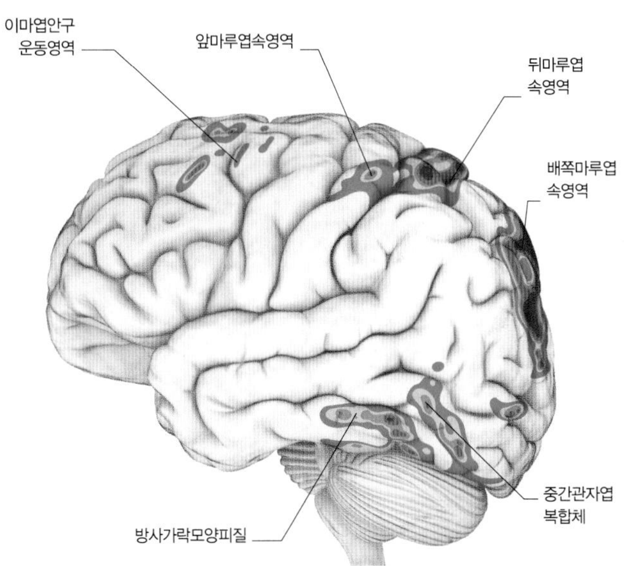

집중력

집중력 장애에는 유명한 ADHD 말고도 다양한 유형이 있으며, 어린이뿐 아니라 성인 ADHD도 있다. 어디엔가 집중하고 주의를 돌리는 능력이 정상에서 벗어나 필요한 기능을 제대로 수행하지 못한다면 장애로 생각할 수 있다. 관심 있는 것에 완전히 마음을 빼앗겨 다른 사람이 말을 거는 것조차 알아차리지 못하는 사람도 강력한 집중력이 필요한 일(예컨대 의학적 영상을 꼼꼼히 확인하여 이상 부위를 찾아내는 것)을 아주 잘 해낼 수 있지만, 매우 사교적인 환경에서는 어딘가 이상하거나 심지어 건방진 사람으로 보일 수 있다. 소위 부주의맹은 어떤 상황의 한 가지 측면에 너무 집중한 나머지 다른 중요한 요소를 완전히 놓치는 현상을 가리킨다. 이런 일은 아주 흔하여 정상으로 간주된다.

카드 속임수

에이스를 14점으로 하면, 그림 속 카드 점수의 총합은 얼마일까? 이런 수학 문제에 주의를 집중하면 평소와 다른 점을 놓칠 수 있다.

총점은 잠시 잊어버리자. 하트의 4가 검은색인 것을 알아차렸는가?

한가한 상태의 뇌

뇌는 뚜렷이 구별되는 몇 가지 상태를 취하는데, 각각의 상태에서는 각기 다른 뉴런들의 네트워크를 사용한다. “휴식 상태 네트워크”는 외부 세계에 완전히 정신을 집중하지 않을 때 활성화된다.

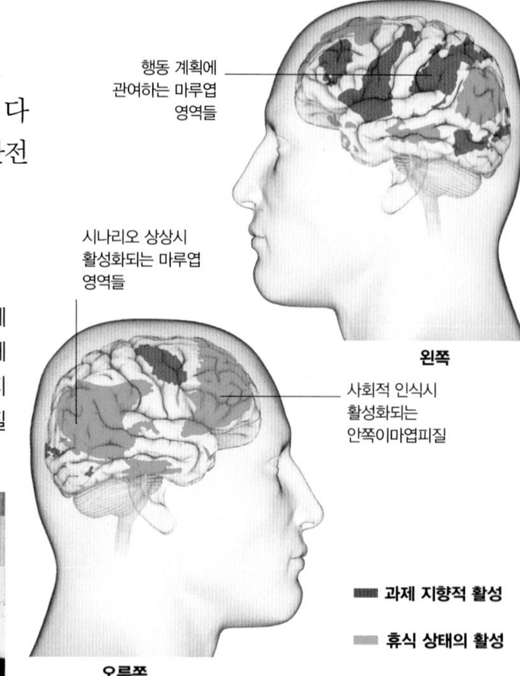

과제와 휴식 상태
이 스캔들은 휴식 및 과제를 수행할 때 등 두 가지 서로 다른 상태에서 뇌의 활성을 보여준다. 녹색은 휴식 상태에서 높은 활성도를 보이는 영역들이다. 어떤 과제에 능동적으로 참여할 때는 보라색 영역들이 활성화되며, 녹색 영역은 비활성화된다.

휴식 상태 네트워크

어떤 과제에 능동적으로 참여하지 않을 때 뇌는 수많은 휴식 상태 중 한 가지를 취한다. 이때 가장 흔하게 활성화되는 것이 초기 상태 네트워크(DMN)이다. 과제를 수행하는 상태에서 뇌는 행동 계획을 세워 감각에 반응하는데, 이런 행동 계획은 실제 행동으로 이어진다. 반면 휴식 상태의 뇌는 행동 계획을 세우기는 하지만 상상 속의 시나리오일 뿐 실행하지는 않는다. 휴식 상태에서는 사회적 반추를 나타내는 가쪽이마엽피질이 활성화되는 반면, 과제 수행 상태에서는 대상을 취급하는 데 적절한 순차적 사고 패턴이 활성화된다.

초기 상태 네트워크 기록하기

DMN의 활성은 모든 사람이 비슷하지만 개인 간 작은 차이가 있는데, 바로 그것이 성격 차이와 일치하는 것 같다. 몇몇 연구자들은EEG를 이용하여 사람들의 DMN 활성을 기록한 후, 그 정보와 성격 사이의 상관관계를 조사하고 있다. 이런 정보를 이용하여 뇌 활성 관련 성격검사를 개발할 수 있을지도 모른다.

DMN과 사회적 인식

DMN에서 활성화되는 뇌 영역들은 사회적 상황, 특히 다른 사람들과 관련된 자기 자신의 상황을 해석해야 할 때 활성화되는 영역들과 매우 비슷하다. 이런 사실은 당장 해결해야 할 정신적 과제가 없을 때 우리는 다른 사람들과의 관계, 사회적 세계에서 우리의 위치 등에 대한 반추 상태로 돌아간다는 점을 시사한다.

휴식

사회적 인식

띠피질

안쪽이마엽앞피질

쐐기앞부분

같은 상태
어떤 사회적 상황 속에서 자기 자신을 상상해 볼 때 활성화되는 뇌 영역은 안쪽이마엽앞피질 띠피질로 휴식 상태에서 활성화되는 영역과 일치한다.

뇌의 자아

초기 상태 네트워크와 관련된 생각들은 주로 자기중심적이며 자기 자신의 서사와 사회적 위계질서에서의 위치에 의해 결정된다. 이 생각들은 종종 반쯤 잊혀진 기억을 끌어오며 감정에 의해 윤색된다. 지그문트 프로이트가 에고(자아)라고 명명한 반쯤 의식적인 정신 상태가 바로 이것이다. 일부 연구자들은 DMN이 기능적으로 프로이트의 에고와 동일하다고 생각한다.

프로이트의 마음이론
프로이트는 뇌에서 일어나는 대부분의 과정이 무의식적이라고 생각했다. 에고는 마음에서 자신과 관련된 부분으로 부분적으로 의식할 수 있다. 마음에서 의식되는 나머지 부분은 사고와 행동을 통제하며, 대략 “과제지향적” 마음 상태와 일치한다.

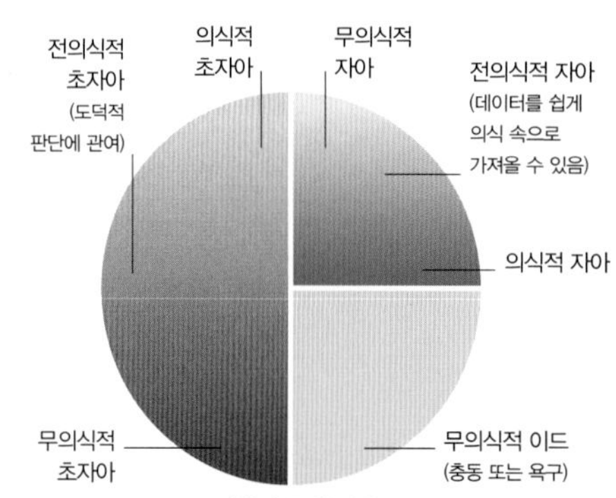

마음의 구성 비율

딴생각하는 뇌

사람들은 깨어 있는 시간의 1/3 정도를 휴식 상태 네트워크에서 보내는 것 같다. 다른 차량이 없는 상태에서 곧게 뻗은 길을 길로 차를 모는 것처럼 힘들지 않은 일을 할 때는 그 비율이 훨씬 높아진다. 한 실험에서는 사람들에게 실험실에 앉은 채 소설을 읽는 것 외에 아무것도 하지 않으면서 딴생각이 들 때마다 보고하게 했다. 사람들은 30분간 보통 한 번에서 세 번 딴생각을 하는 것으로 나타났다.

휴식 상태와 창조성

대부분의 사람들은 외부 세계에서 갑자기 어떤 활동에 참여해야 한다는 신호를 받는 순간 삽시간에 초기 상태에서 과제 수행 상태로 전환한다. 하지만 2가지 상태가 동시에 작동하는 사람도 있다. 이로 인해 초기 상태의 특징인 자유롭게 떠다니면서 산만한 성격을 지닌 생각이 과제지향적 인식과 관련되어 보다 뚜렷한 목표를 지니고 절제된 생각 쪽으로 흘러가 문제의 해결에 도달할 수도 있다. 그러나 2가지 상태 사이의 중첩은 조현병 및 우울증과 관련되기도 한다. 이런 사실로 조현병과 관련된 특이한 사고와 우울증에서 나타나는 집중력 부족을 설명할 수 있을지 모른다.

DMN의 발화
조현병 환자는 물론 가까운 친족들 역시 DMN 관련 영역들 사이의 연결이 훨씬 견고하다. 이 영역들 중 하나가 자극을 받으면 전체 네트워크가 활성화될 가능성이 높다는 뜻이다.

대조군

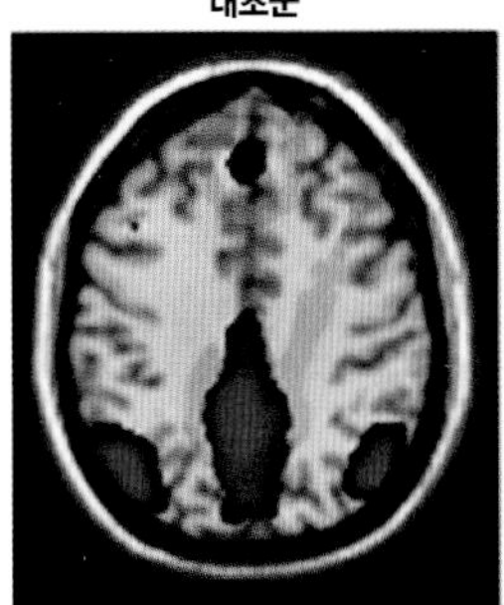

조현병 환자의 친족

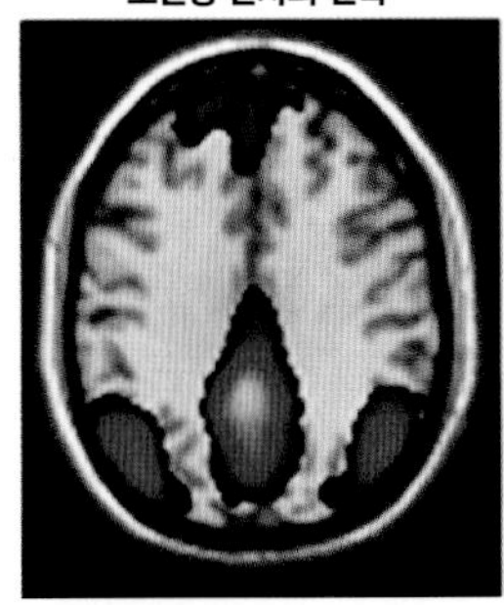

조현병 환자

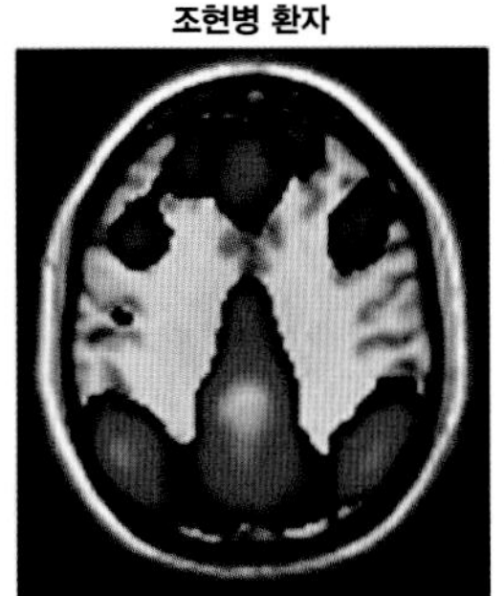

동물의 DMN

DMN은 인간뿐만 아니라 동물에서도 관찰된다. 사실 연구자들은 개와 래트를 포함하여 지금까지 검사한 모든 동물 종에서 DMN을 발견했다. DMN에서 가장 활동적인 뇌 영역들은 사회성이 높은 동물일수록 더 고도로 발달하는 것 같다. 인간은 모든 동물 중 가장 큰 사회적 집단을 형성한 데 걸맞게 "사회적 뇌" 영역도 매우 크다. 모든 사회적 동물은 DMN 덕분에 각자 사회에서 안정적 지위를 확보하고 "주변의 기대에 부응"할 수 있다는 이론도 있다.

자동조종장치
어떤 과제에 능동적으로 참여하지 않을 때 우리 뇌는 바로 휴식 상태로 전환된다. 제2의 천성이 되어 버린 행동을 수행할 때도 마찬가지다. 매 순간의 활동은 자동조종장치에 의해 수행되며, 그동안 의식적인 뇌는 다른 생각을 한다.

의식의 변형

뇌는 광범위한 의식 경험을 일으킬 수 있다. 어떤 상태는 우리가 자각하는 것과 정서가 변형되어 세계 전체가 극적으로 바뀐 것 같은 느낌을 줄 수도 있다. 그와 같이 '변형된 의식 상태'는 오늘날 신경과학 연구에서 주목하는 주제 중 하나다.

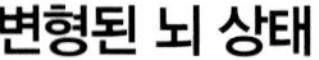

변형된 뇌 상태

정상적으로 깨어 있을 때의 뇌 상태는 인식이 느슨하게 이뤄지는 공상 상태, 무언가에 주의 깊게 주목하는 순간까지 다양하다. 그런데 뇌는 이보다 더욱 광범위한 의식 경험을 만들어낼 수 있다. 때때로 우리는 정상적인 수준보다 더 오래 자는 경우가 있다. 주로 열이 나거나 몸이 지쳤을 때, 혹은 정서적으로 충격적인 일이 일어나는 동안이나 그런 일을 겪은 후 그러하다. 또한 장시간 춤을 추는 등의 특정 의식에 참여할 때, 명상 중일 때, 약을 복용할 때도 뇌 상태가 정상 범위를 벗어날 수 있다.

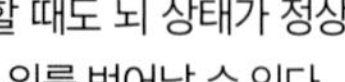

신들린 상태
신들린 상태는 의식이 변형된 상태 중 하나로, 최면, 약물 복용, 의식을 통해 유도될 수 있다. 즐거운 경우도 있지만 무서운 경우도 있다.

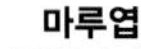

이마엽
변형된 상태에서 비판적인 사고를 줄일 수도 있고, 주의를 집중해야 하는 명상 중에 지나치게 활동적일 수 있다.

마루엽
이곳의 활성이 변형되면 우리는 유체가 이탈된 듯한 느낌을 받는다. 또는 공간 및 시간에 대해 왜곡된 경험을 하게 된다.

뇌들보
두 반구가 서로 정보를 교환하게 하는 부분이다. 더없이 즐거운 상태에서는 두 반구의 활성이 동시에 증가하고, 활성이 한쪽에서 다른 쪽으로 빠른 속도로 바뀌며 일어난다.

관자엽
이 부위의 활성에 혼란이 생기면, 환각, 기(氣) 감지, 보이지 않는 존재가 느껴지는 등 말로 설명할 수 없는 경험을 하게 된다.

시상
이 부위로 입력되는 신호를 차단하면 자기만의 세계에 틀어박힌 듯한 상태가 된다.

그물체
그물체에서 대뇌피질로 가는 신호가 변형되면 이 부위의 활성이 감소한다. 그 결과 편안함, 행복감이 증대된다.

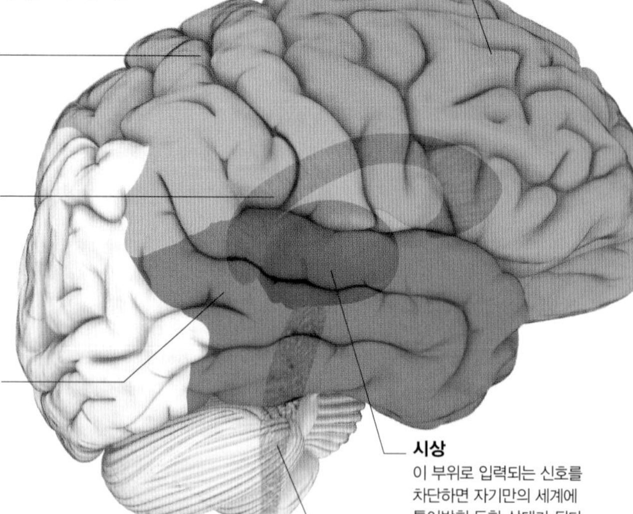

의식 변형에 관여하는 뇌 부위
뇌 상태가 변화하면 매우 기쁜 감정부터 괴로운 기분까지 다양한 결과가 발생한다. 모두 뇌의 뉴런 활성이 다양하게 변화하면서 생기는 결과다. 특히 그러한 과정에 관여하는 부위는 그림과 같다.

분열

의식을 구성하는 요소(감각, 사고, 특정 순간에 생기는 감정)가 한데 묶여 하나로 움직이는 대신 서로 분리되는 경우 혹은 의식적 인식 과정에서 빠지는 경우를 분열 상태라 일컫는다. 변형된 상태 중 여러 가지가 이 분열의 범주에 포함된다. 보통 정신 장애나 행동장애에 분열이란 표현이 자주 사용되지만, 몽상, 주의집중과 같은 정상적인 의식 상태도 분열에 포함될 수 있다. 따라서 의식 상태가 하나의 연속선상에 있다고 보는 것이 보다 정확하다. 그 한쪽 말단은 모든 요소가 밀접하게 통일된 상태, 즉 의식이 하나로 묶인 상태가 있고 반대쪽 끝에는 의식이 분열된 상태인 것이다.

최면

최면은 분열의 한 형태로, 단 한 가지 생각, 감정, 아이디어로 주의가 집중된 상태를 말한다. 최면 상태가 되면 보통 때 정신을 산만하게 하거나 몰두하던 일들에서 벗어날 수 있다. 최면 상태에 빠지는 사람들은 자발적으로 원하는 경우가 많다. 그런 사람들은 최면 암시를 받기 쉬운 상태가 되기 때문에, 금연 등 치료 목적으로 최면을 활용하는 경우가 종종 있다.

하나로 통합 — **보통 때** — **분열된 상태**

일체감, 중요한 의미를 깨닫는 느낌

자기 성찰을 위한 사고가 거의 이루어지지 않는 극도로 편안한 상태

몽상: 곧바로 깨어나 원래대로 돌아올 수 있음.

고도의 기민함, 경계 상태

자아와 분리되거나 현실과 멀어진 상태라는 느낌

마음챙김

뇌 영상 연구 결과 마음챙김 수련을 하는 사람은 편도체가 더 작고 공포, 불안, 충격과 관련된 뇌 부위와의 연결이 감소하는 것으로 나타났다. 또한 사려 깊고 차분한 반응을 유도하는 뇌 부위인 이마엽앞피질의 조직이 더 두꺼워졌다.

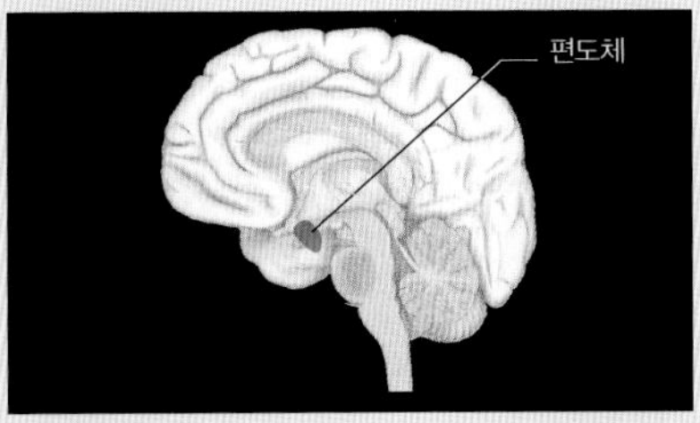

진정 효과
편도체는 위협과 놀람에 대한 정서적 반응을 일으킨다. 마음챙김 수련은 이 부위를 진정시키는 것 같다.

마음챙김 수련
명상은 스쳐 지나가는 생각과 사건에 일일이 주의를 기울이고 지나치게 반응하지 않도록 마음을 훈련하는 것이다. 현재 가장 인기 있는 명상법은 마음챙김이다. 초월 명상, 선, 기타 수련 방법을 통해 성취하려는 목표는 모두 동일하다. 평정심을 유지하고 불안을 극복하는 것이다.

유체이탈
유체이탈은 신체의 내적 표상이 실제 신체와 일치하지 않을 때 발생한다. 꿈속에서는 종종 일어나는 일이지만, 깨어 있을 때 경험할 경우 초자연적인 체험으로 여겨진다. 유체이탈은 보통 잠에서 깨어났지만 뇌가 외부 세계와 제대로 연결되기 전에 나타나며(173쪽 참조) 관자엽-마루엽 이음부의 활성과 관련된다.

임사체험
유체이탈은 종종 환각을 동반하는데, 소위 임사체험과 많은 주요 특징을 공유한다.

집단 무의식

카를 융은 스위스의 정신분석가로 집단 무의식 개념을 발전시켰다. 이것은 인류 발달의 산물인 무의식 중 일부로 모든 사람이 갖고 있으며, 마음이 특정한 상태일 때는 거기 접근할 수 있다는 것이다. 그는 집단 무의식이 어머니, 신, 영웅 등과 같은 '원형'(선천적이고 보편적 인 개념)을 포함하고 있으며, 우리는 신화, 상징, 본능의 형태로 그 영향을 감지한다고 보았다. 그는 집단 무의식을 뇌의 구조에 구현된 일종의 '민족적(집단적) 기억'으로 보았을 것이다.

수면과 꿈

우리는 일생 중 3분의 1을 잠으로 보낸다. 잠자는 동안에도 우리의 뇌는 활성을 유지하면서 여러 가지 중요한 기능을 수행한다. 자는 동안 뇌에서 만들어지는 꿈은 강렬하고 낯선 경험을 해볼 수 있게 한다.

잠잘 때의 뇌

잠이 왜 그토록 중요한지 정확히 아는 사람은 없다. 그에 대한 한 가지 이론은, 수면이 신체가 스스로 회복될 수 있는 '휴식 시간'을 제공해준다는 것이다. 노폐물, 즉 세포 활성화 중 뇌척수액에 쌓인 분해산물을 처리하는 것이 그렇게 하는 방법 중 하나일 것이다. 또 잠을 잘 때는 아무것도 하지 않으므로, 매일 일정 시간 동안은 위험에서 벗어날 수 있게 해준다는 설명도 있다. 세 번째 이론은 뇌가 정보를 분류, 처리, 기억하기 위해 바깥세상과의 소통을 멈출 필요가 있어 잠을 자게 된다는 것이다. 기억의 주요 기능이 실제로 수면 중에 일어나는 것은 확실하지만, 그것이 잠의 일차적 목적인지는 분명치 않다. 수면-기상 주기는 신경전달물질로 조절된다. 이 물질은 뇌 여러 부위에서 작용하며 수면이나 기상을 유도한다. 연구에 따르면, 우리가 깨어 있는 동안 아데노신이라 불리는 화학물질이 혈액에 점차 쌓이면서 졸린 상태를 유도한다고 한다. 반면 잠자는 동안에는 아데노신이 조금씩 분해된다.

수면 문제

5명 중 1명 정도가 수면 문제를 겪는다. 가장 흔한 것은 불면증, 즉 잠들거나 잠든 상태를 유지하는 데 어려움을 겪는 증상이다. 불면증은 GABA 수용체에 결합하는 약물로 치료한다. 기면증은 부적절한 상황에서 갑자기 잠들거나 종일 극도로 지친 듯한 느낌이 드는 수면 장애다. 기면증 환자는 건강한 사람처럼 충분히 숙면해 심신이 회복되었다는 느낌을 경험하지 못하며, 항상 수면 박탈 상태에서 살아간다. 준비할 새도 없이 갑자기 잠들어버릴 때, 이들은 거의 즉시 REM 수면에 돌입하여 생생한 꿈을 꾼다. 몽유병은 다른 수면 기전은 그대로 유지된 채 운동자극 차단 기전만 해제되는 깊은 수면 단계에서 나타난다. 몽유병 환자는 자동차를 운전하는 등 복잡한 행동도 할 수 있지만 무의식 영역에 저장된 행동 계획을 자동으로 따르기 때문에 로봇처럼 어색하게 움직인다

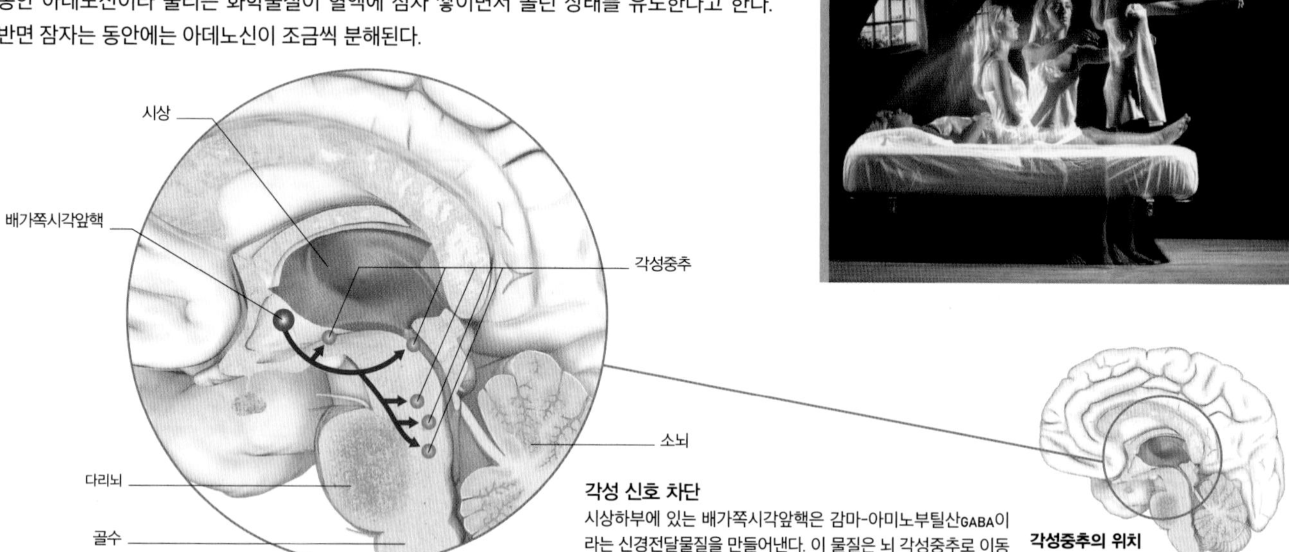

각성 신호 차단
시상하부에 있는 배가쪽시각앞핵은 감마-아미노부티르산GABA이라는 신경전달물질을 만들어낸다. 이 물질은 뇌 각성중추로 이동하여 그곳에서 나오는 신호를 차단시킴으로써 수면을 유도한다.

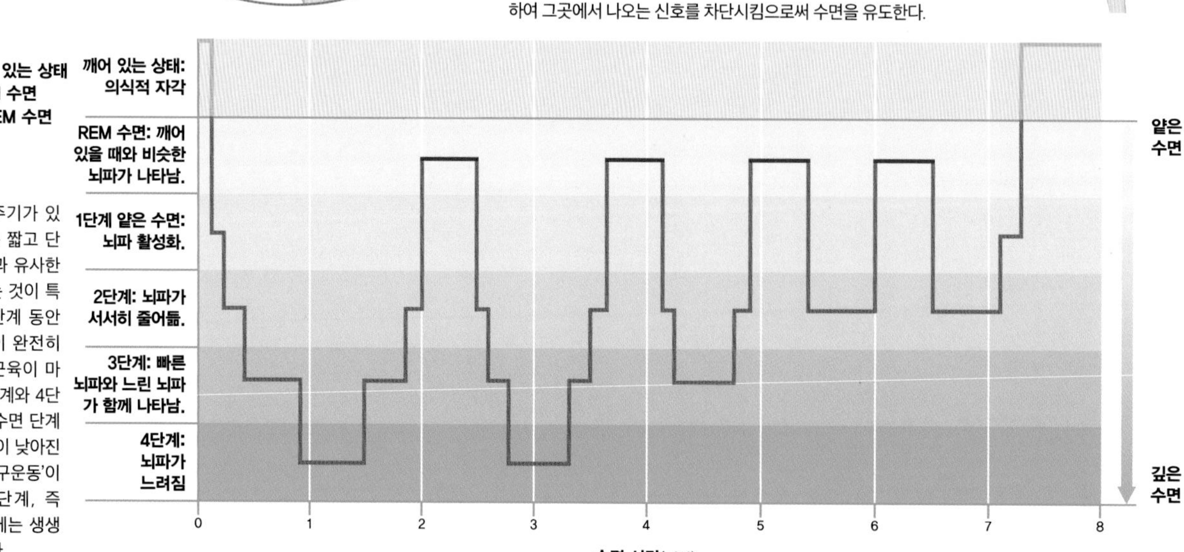

수면 주기
수면에도 주기가 있다. 1단계는 짧고 단편적인, 꿈과 유사한 경험을 하는 것이 특징이다. 2단계 동안에는 의식이 완전히 소실되고 근육이 마비된다. 3단계와 4단계는 깊은 수면 단계로, 뇌 활동이 낮아진다. '급속안구운동'이 일어나는 단계, 즉 REM 수면에는 생생한 꿈을 꾼다.

꿈을 꿀 때의 뇌

꿈에는 두 종류가 있다. 우리가 확실히 인식할 수 없는 깊은 수면 단계에는 격렬한 감정과 터무니없는 내용의 꿈이 자주 등장한다. 이는 대부분 깨자마자 잊어버린다. 이때 뇌는 그리 활발히 움직이지 않지만 정보를 서서히 처리하여 기억으로 저장한다. 한편 REM 수면 단계에는 뇌가 굉장히 활발히 활동하면서 생생하고 강렬한 '가상현실'을 만들어낸다. 어떤 줄거리가 있는 꿈이 대부분이다. 이 단계에서 감각을 처리하는 뇌 부위는 굉장히 활발히 움직인다. 이때는 우리가 하는 경험을 비판적으로 분석하는 영역이 포함된 이마엽 부위가 완전히 활동을 중단하기 때문에, 꿈에선 말도 안 되는 일들이 생겨도 뇌는 그대로 수용한다.

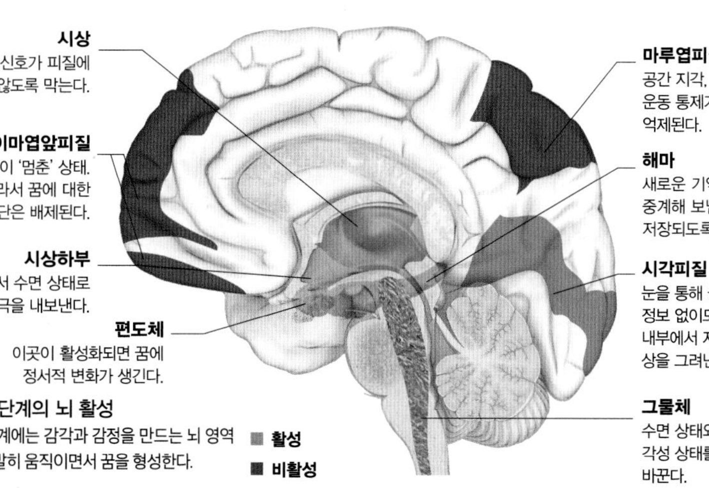

REM 수면 단계의 뇌 활성
REM 수면 단계에는 감각과 감정을 만드는 뇌 영역이 굉장히 활발히 움직이면서 꿈을 형성한다.

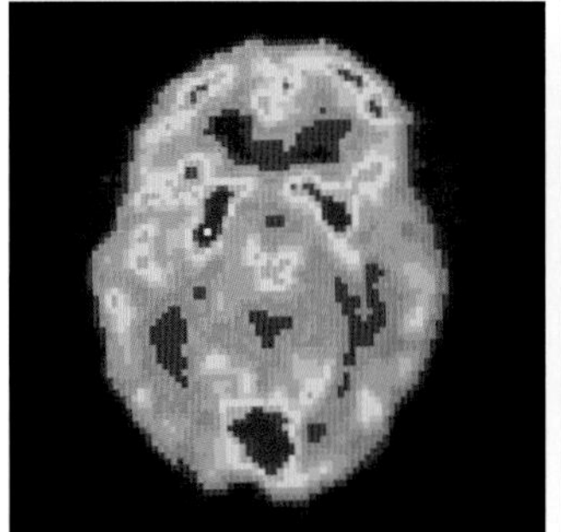

깨어 있을 때
이 PET 스캔은 깨어 있을 때 활성화되는 부위를 나타낸다(빨간색과 노란색 부분). 녹색과 파란색 부분은 활성이 낮은 부분이다.

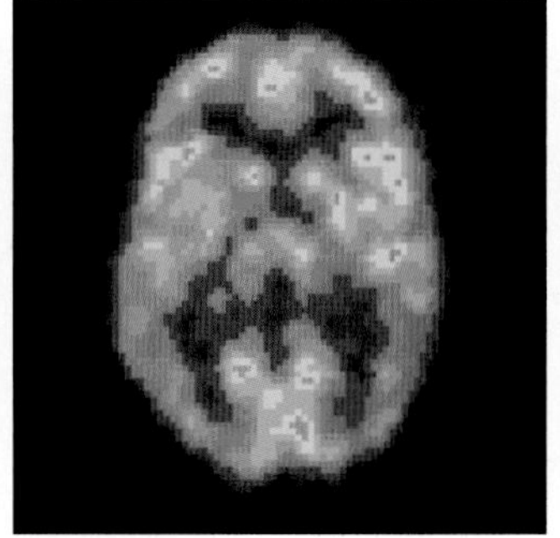

깊은 수면
깊은 수면 단계에 활성이 저하되는 뇌 여러 부위를 나타낸 PET 스캔. 보라색 부분은 가장 활성이 낮은 부위를 나타낸다.

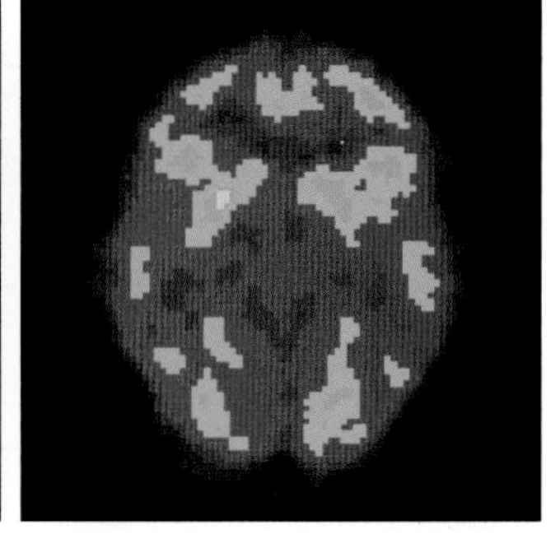

수면제를 먹고 잠들었을 때
대부분의 수면제는 평상시보다 더 깊은 수면을 유도한다. 보라색 영역은 거의 불활성화된 부위를 가리킨다.

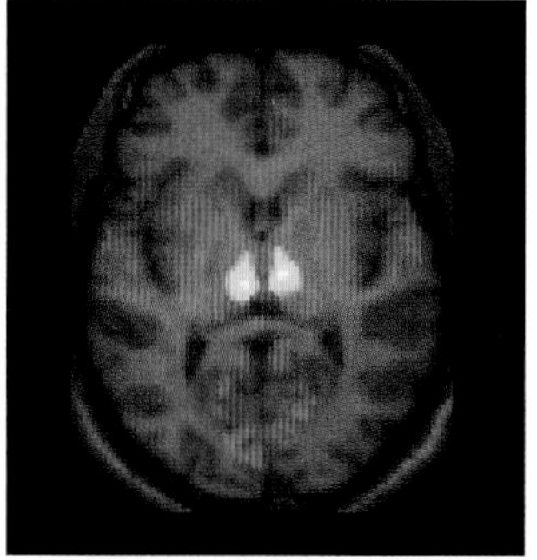

REM 수면
REM 수면 단계에 활성화되는 영역(노란색이 빨간색보다 활성도가 높다)을 나타낸 fMRI 사진이다. 감각이 형성되는 부위도 활성 영역에 포함된다.

잠에서 깰 때와 자각몽

일반적으로 꿈을 꾸다가 깨어 있는 상태로 바뀔 때는 뇌에 몇 가지 변화가 함께 일어난다. 유입 자극을 막던 작용이 사라져 외부의 감각정보가 뇌로 다시 유입되고, 이는 꿈을 형성하기 위해 내부적으로 형성되어 있던 감각을 중단시키고 그보다 우위를 점하게 된다. 운동피질에서 외부로 나가는 신호도 다시 전달됨으로써 우리 몸은 다시 움직일 수 있게 된다. 더불어 이마엽이 활성을 되찾으면서 우리의 의식은 정상 상태로 돌아가고 다시 우리가 누구이며 어디에 있는지 알 수 있게 된다. 또 환상과 현실의 차이도 인식할 수 있다. 자각몽은 잠자는 동안 내부와 외부로 향하는 신호는 계속 억제되면서 이 이마엽 부위만 '깨어날 때' 일어난다. 이마엽이 활성화되어 있으므로 나중에 무슨 꿈을 꾸었는지 더듬어 기억할 수 있다. 또 깨어 있을 때처럼 꿈 속 사건을 경험한다.

천하무적
자각몽을 꾸는 동안에는 행동을 제어할 수 있지만 몽상에 비해 훨씬 더 강렬하고 실제 같이 느껴진다.

수면 마비
운동 자극이 억제된 상태에서 잠을 깨는 것을 수면 마비라 한다. 이 때 몸은 누군가 아래로 짓누르는 것 같은 무서움을 느낀다. 이는 잠자는 사람을 덮친다는 인큐비와 서큐비란 이름의 악마에 관한 미신이 원인이 되는 듯하다.

프로이트와 정신분석학

지그문트 프로이트는 오스트리아의 정신의학자로, 정신분석학을 창시했다. 그는 꿈을 통해 우리가 깨어 있을 때 억눌렀던 감정과 욕구가 드러난다고 보고, 꿈을 '무의식으로 가는 왕도'라 일컬었다. 또 그는 이런 억제된 욕구는 의식이 있는 상태에서 받아들이기엔 너무 충격적인 경우가 많아, 꿈에서도 직접 표출되기보다는 어떤 상징으로 둔갑해 나타난다고 보았다. 프로이트의 꿈 해석은 이 상징을 해독함으로써 당사자의 마음 속에 내재된 진정한 욕구를 찾아내는 것을 목표로 한다.

시간

뇌에서 시간은 일정하게 흐르지 않는다. 무엇을 경험하느냐에 따라 빨라지기도 하고 느려지기도 한다. 뇌는 다양한 방식으로 시간을 측정한다. 낮 시간처럼 긴 시간은 EBB와 호르몬의 흐름을 통해 측정된다. 반면 1000분의 1초 같은 짧은 시간 간격은 뇌에서 일어나는 여러 과정이 수반된다. 뉴런의 진동 양상이 특징적으로 나타난다.

천천히 흐르는 시간
카페인 등 신경을 자극하는 물질은 뇌의 활성 속도를 높여 외부에서 일어나는 사건이 더 많이 기록되도록 한다. 그 결과 우리는 시간이 길게 연장된 것 같은 느낌을 받는다.

주관적인 시간

우리가 느끼는 시간의 흐름(주관적인 시간)은 시계로 측정하는 규칙적인 시간의 흐름(객관적인 시간)과 동일하지 않다. 가장 큰 차이는, 객관적인 시간은 우리가 무엇을 경험하느냐에 따라 빨라지거나 느려질 수 있다는 것이다. 시간이 흐르는 속도는 여러 뉴런 무리의 활성화 및 진동 속도로 해석된다. 즉 활성화되는 속도가 빠를수록 주어진 시간 안에 뇌에 기록되는 사건은 더 많아지고 우리는 시간이 더 길게 지속된다는 느낌을 받는다. 이 같은 뉴런의 활성은 신경전달물질에 의해 통제된다. 흥분성 신경전달물질은 활성화 속도를 높이는 반면 억제성 신경전달물질은 속도를 늦춘다. 젊은 사람들은 흥분성 신경전달물질의 양이 더 많기 때문에 외부에서 일어나는 일에 더 빨리 대처할 수 있다.

쏜살같이 흐르는 시간
파킨슨병 환자에서 나타나는 것처럼 도파민 분비량이 현격히 줄어들 경우, 뇌의 활성 속도가 느려진다. 이 경우 외부세계는 마치 쏜살같이 흐르는 것처럼 느껴진다.

뇌 시계
뇌에는 서로 다른 시간 간격으로 흐르는 다양한 시계가 존재한다. 도파민을 생성하는 신경회로에도 그러한 시계가 하나 있다. 흑색질, 바닥핵, 이마엽앞피질 사이를 흐르는 회로이다. 뇌 속 각각의 시계가 움직이는 주기는 곧 주관적인 시간의 한 단위가 된다.

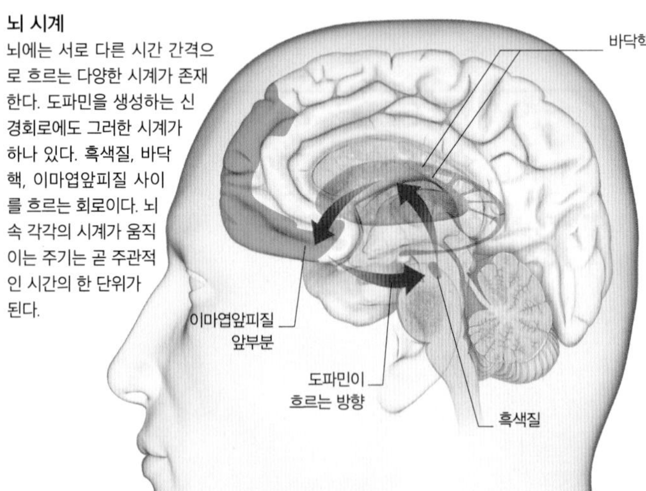

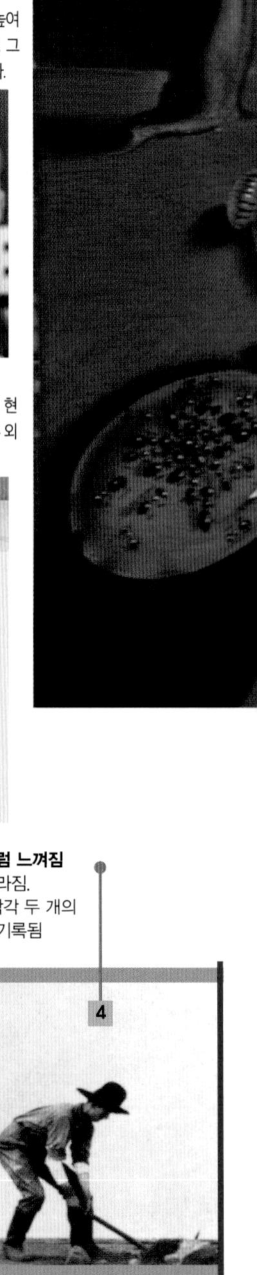

긴장증

긴장증은 조현병의 한 종류를 앓고 있는 환자들에게서 가장 흔히 관찰되는 상태다. 이 경우 환자는 전혀 움직이지 않으며 외부 자극에도 반응하지 않는다. 이들은 며칠 이상 말을 하지 않거나 몸이 경직되기도 하고, 때로는 평상시에는 유지하기도 힘든 기묘한 자세 그대로 멈추기도 한다. 이러한 상태는 도파민의 흐름이 크게 느려지면서 발생한 결과로 보인다. 긴장증이 나타나는 동안 시간 감각은 소실된다고 한다.

시간의 단위
뇌는 시간을 몇 가지 '단위(패킷, 뉴런의 활성 주기)'로 나누며 단위마다 한 가지 사건이 기록된다. 각 단위의 용량은 관련된 뉴런의 활성 속도로 결정된다. 그러나 용량과는 상관없이 뇌는 하나의 단위에 한 가지 사건만 기록할 수 있다. 두 사건이 동시에 발생하면 뇌는 늦게 일어난 쪽을 기록하지 못한다. 어떤 사건은 늘 확실치 않게 느껴진다. 나비 날개가 펄럭이는 것을 볼 때인데, 단위 시간에 여러 차례 펄럭이기 때문이다.

사건의 경험
시계 역할을 하는 뉴런이 0.1초에 해당하는 시간 동안 단 한 번 활성화될 경우, 그동안 여러 일이 벌어지더라도 그중 단 한 가지 사건만 뇌에 기록된다. 또 뉴런 시계가 두 배 속도로 움직일 경우에는 주관적인 시간을 구성하는 시간 '단위'가 두 개 생성되므로 두 사건이 일어나면 모두 기록된다.

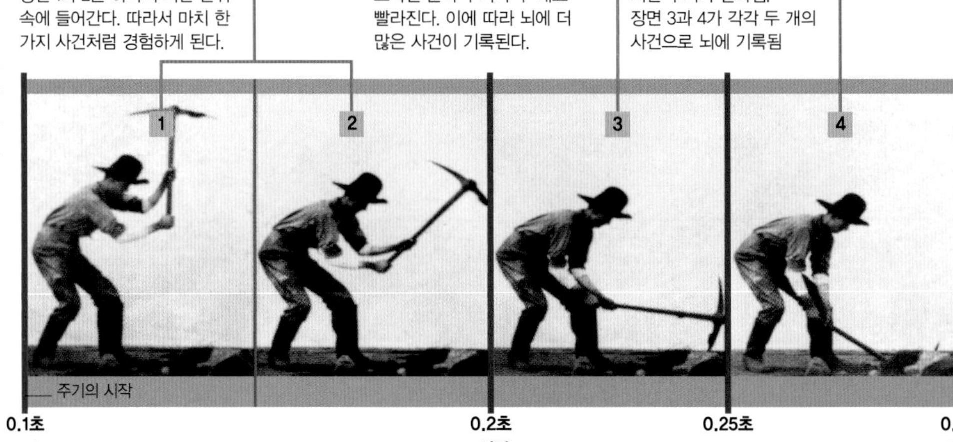

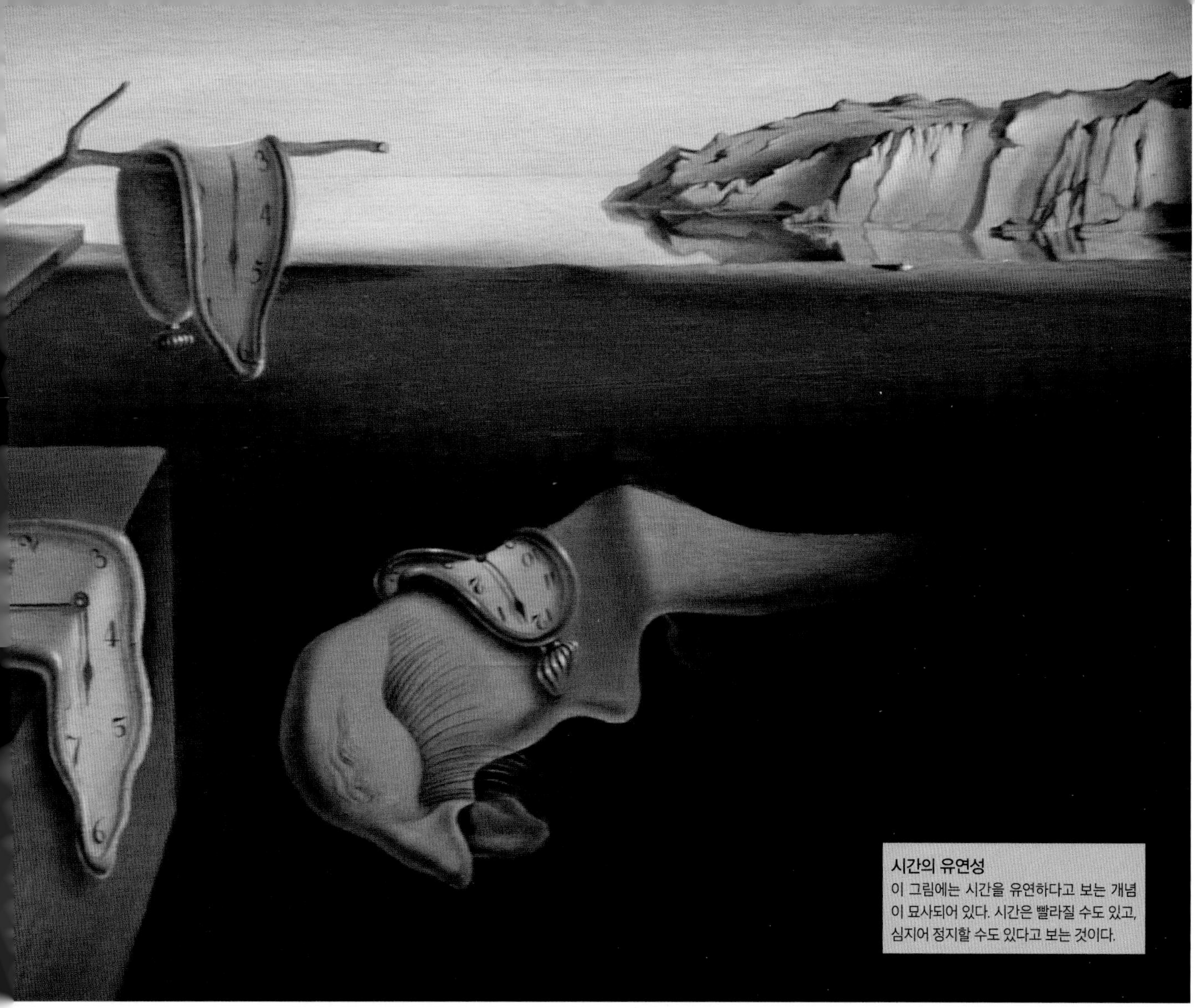

시간의 유연성
이 그림에는 시간을 유연하다고 보는 개념이 묘사되어 있다. 시간은 빨라질 수도 있고, 심지어 정지할 수도 있다고 보는 것이다.

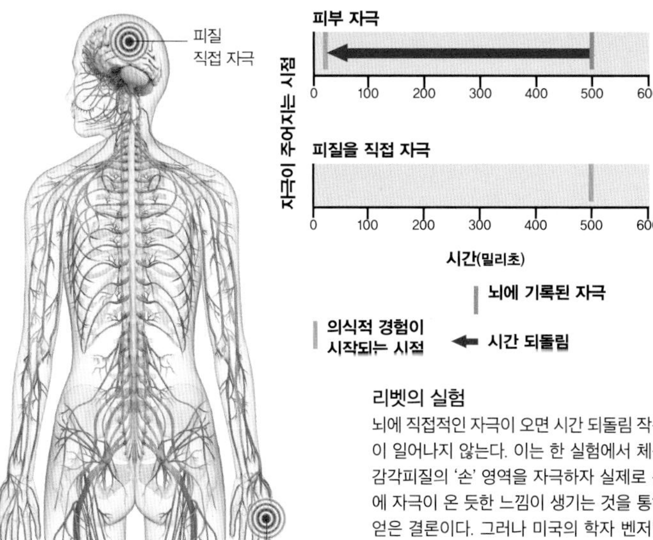

리벳의 실험
뇌에 직접적인 자극이 오면 시간 되돌림 작용이 일어나지 않는다. 이는 한 실험에서 체성감각피질의 '손' 영역을 자극하자 실제로 손에 자극이 온 듯한 느낌이 생기는 것을 통해 얻은 결론이다. 그러나 미국의 학자 벤저민 리벳은 뇌와 손을 동시에 자극하면, 뇌의 자극보다 손의 자극이 더 먼저 느껴진다는 사실을 발견했다.

시간 되돌리기

무의식 상태에서 입력된 감각 자극을 의식적인 지각으로 처리하는 시간은 평균 0.5초다. 그러나 우리는 그런 시간을 인식하지 못한다. 움직이는 물체를 보면, 눈에 보이는 속도로 그 물체가 움직인다 생각하고, 어딘가에 발가락을 찍히면 찍히자마자 곧바로 그 사실을 알아차린다. 이런 착각은 정교한 과정을 통해 일어난다. 자극이 맨 처음 뇌에 입력되면, 의식적 지각이 일어나는 시간을 뒤로 돌리는 것이다. 피질로 입력되는 신호가 그것을 의식적으로 지각하는 데도 그와 동일한 '실제' 시간이 소요된다는 걸 감안하면 이는 불가능해 보인다. 하지만 어떤 방식에 의해 우리는 사건이 좀더 일찍 일어난 것처럼 속는다. 어느 이론은 의식은 수많은 정보가 평행하게 흐르고 있으므로 뇌가 한 신호에서 다른 신호로 건너뛸 수 있고, 그러면서 정보를 수정하고 고쳐 쓸 수 있다고 한다.

0.5초 늦게
주변에서 일어나는 일들은 실제로 일어난 시점보다 0.5초 더 늦게 인식된다. 하지만 우리는 그러한 시간 차이를 알아채지 못한다.

자아와 의식

인간의 뇌는 '자아'라는 생각을 발생시킨다. 자아는 우리가 하는 경험이 온전히 '우리의 것'이 되게 하고, 생각과 의도, 신체, 행동을 서로 연결시킨다. 또 자아는 우리가 스스로의 생각을 검토하고 눈으로 본 것이 행동을 이끄는 데 활용할 수 있게 한다.

자아란 무엇인가?

우리는 세계를 두 가지로 나눈다. 주관적인 내적 세계, 그리고 객관적인 외적 세계가 그것이다. 그 사이의 경계는 그릇과 같아서, 전자는 안에 채우고 후자는 바깥쪽에 있도록 분리한다. 이 그릇이 바로 우리가 자아라 부르는 것이다. 자아를 구성하는 주요 요소는 우리의 생각, 의도, 습관, 우리의 신체 등이다. 변형된 의식 상태(186쪽 참조)를 제외하고 우리 뇌가 기록하는 모든 경험에는 자아감이 포함된다. 하지만 이 자아감은 대부분 무의식 상태로 존재한다. 이 같은 '자아감이 포함된 의식'이야말로 우리가 일반적으로 의식이라 부르는 것이다. 자아감이 의식이 되면 그것을 '자의식'이라 부른다.

의식 수준

자아감은 우리가 하는 경험의 핵심을 이룬다. 그 형태도 여러 가지이고, 다양한 의식 수준에서 나타난다.

자기 성찰	자신의 생각이나 행동을 스스로 생각하는 것. 하나의 행위를 통해 자신이 얻은 성과를 '스스로 의식하는 것'도 한 예이다.
평상시 의식 상태	내 생각이 내게서 나온 것, 즉 내 것임을 느끼고 내 행동이 내 판단에 따른 결과임을 아는 것. 자신의 경험을 보고할 수 있는 상태.
지식	복잡한 행위(자동차 운전 등)를 하면서 환경에 반응하지만, 나중에 물어보면 그 일을 했다는 사실을 잘 기억하지 못하는 것.
무의식	가장 깊이 잠들었을 때 우리 뇌는 외부세계를 인식하지 않는다. 또 자아감을 형성해 무엇이든 경험하는 과정도 중단된다.

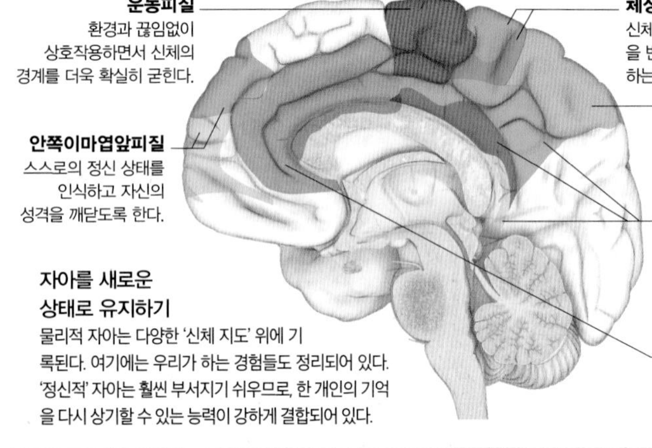

운동피질
환경과 끊임없이 상호작용하면서 신체의 경계를 더욱 확실히 굳힌다.
체성감각피질
신체를 통해 전해진 감각은 그것을 반복해서 신체로 구현하도록 하는 자극제로 작용한다.
마루엽
신체의 '지도' 및 외부 세계와 신체의 관계를 파악한다.
안쪽이마엽앞피질
스스로의 정신 상태를 인식하고 자신의 성격을 깨닫도록 한다.
뒤띠피질
자기 자신과 관련된 기억을 재생하거나 사회적 상호작용을 인식할 때 활성화되며, 신경 네트워크가 초기 모드일 때 매우 중요한 역할을 한다.
앞띠피질
자기 자신의 움직임을 모니터링한다.

자아를 새로운 상태로 유지하기
물리적 자아는 다양한 '신체 지도' 위에 기록된다. 여기에는 우리가 하는 경험들도 정리되어 있다. '정신적' 자아는 훨씬 부서지기 쉬우므로, 한 개인의 기억을 다시 상기할 수 있는 능력이 강하게 결합되어 있다.

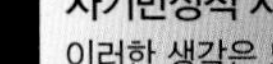

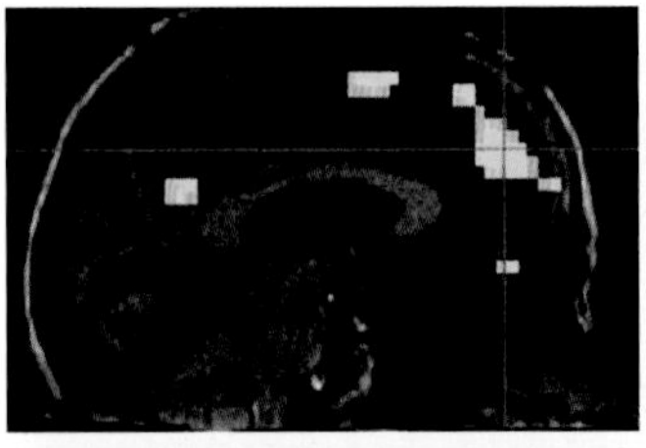
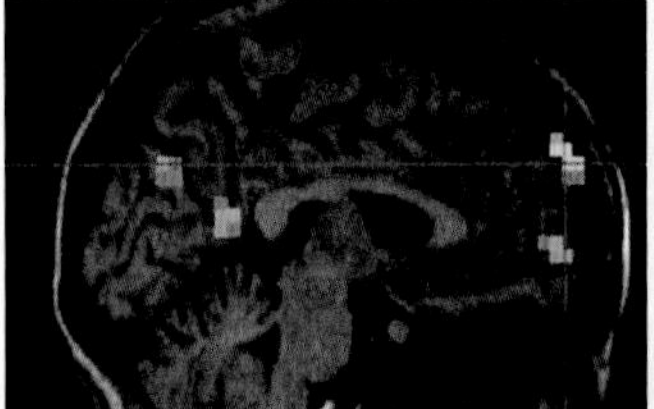
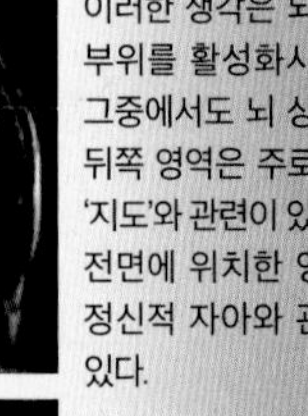
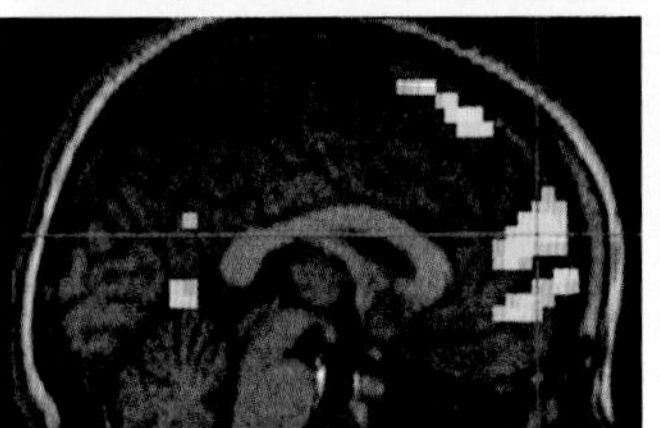
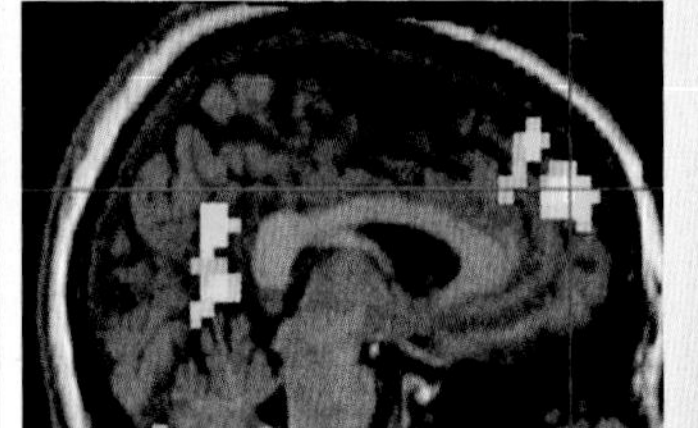

자기반성적 사고
이러한 생각은 뇌 여러 부위를 활성화시킨다. 그중에서도 뇌 상단 및 뒤쪽 영역은 주로 신체 '지도'와 관련이 있고, 뇌 전면에 위치한 영역은 정신적 자아와 관련이 있다.

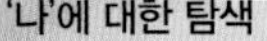

'나'에 대한 탐색
'나'에 대해 알아내려는 노력은 무언가를 볼 때 이용하는 곳 그 자체를 보려고 애쓰는, 불가능한 일이다. 따라서 실제로는 투영된 자아가 생겨나 '나'를 들여다보는 것이다.

작인과 의도

작인은 자신의 행동에 대한 통제감을 의미한다. 우리는 자신의 의식적 사고가 자신의 행동을 결정한다고 느끼지만, 이는 틀린 생각인 듯하다. 벤저민 리벳(아래 참조)의 유명한 실험에서 그 답을 찾을 수 있다. 그는 한 사람의 뇌는 그가 의식적인 결정을 내리기 전, 무의식 상태에서 움직임을 계획하고 실행하기 시작한다는 사실을 발견했다. 우리의 '자기 통제감'과 우리가 내리는 '결정'이 종종 헷갈리는 것도 이 때문이다. 우리가 경험하는 자기 통제감은 주로 우리 스스로 하는 행동이 아닌, 다른 사람이 의도한 행동일 때 그것을 미리 경고해주는 역할을 한다. 우리는 스스로 행위의 주체라고 느끼기 때문에 다른 사람의 의도도 직관으로 알 수 있다. 따라서 그들의 의도를 생각하고 그들이 앞으로 할 행동도 예측할 수 있다.

작인의 진화

우리 자신의 존재에 대한 인식은 진화 과정 중 후반에 생겨난 것으로 보인다. 뇌에서 행위-계획을 담당하는 부분이 의식을 뒷받침하는 부위와 서로 연결되면서 그러한 특징도 생겨난 듯하다.

조현병과 작인

조현병 환자들은 작인에 대한 감각에 이상이 있을 수 있다. 그중 어떤 환자들은 자신이 하는 행동이 다른 사람이 의도한 것이라고 간주하고, 자신이 외부의 힘에 '조종당하고' 있다고 주장한다. 또 어떤 이들은 자신이 태양의 움직임 같은 특정 사건을 '발생시키며' 이는 스스로 하는 행동과 무관하다고 여긴다. 연구 결과 동작의 결과를 예측하는 데 실패한 경우 이런 주체의식의 변화가 나타나는 것으로 밝혀졌다.

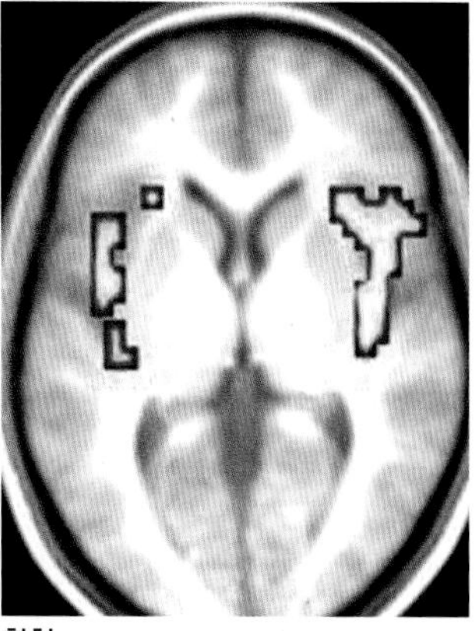

환청

이 fMRI는 환각을 경험 중인 조현병 환자의 뇌 활성을 나타낸다. 오른쪽 대뇌반구의 말하기 영역에서 작은 소리로 말할 때와 비슷한 활성이 나타난다. 이런 활동은 외부에서 들려오는 목소리로 해석되어 주체의식을 왜곡할 수 있다.

자유의지 실험

리벳은 초침이 달린 커다란 시계를 자원자들 앞에 놓은 후, 움직이고 싶을 때 손가락을 움직이되 시계를 보면서 손가락을 움직이기로 '결정'한 정확한 순간을 알려달라고 했다. 그리고 실험 과정 중 내내 뇌의 활동을 모니터링했다. EEG에는 손가락의 움직임을 계획하고 필요한 근육을 움직이도록 신호를 보낼 때 뇌의 무의식적 활동이 그대로 나타났다. 또한 손가락의 움직임이 관찰된 시각과 함께 뇌의 무의식적 활동이 나타난 시각을 기록했다. 실험 결과 손가락을 움직이겠다는 의식적 결정은 뇌에서 근육으로 움직이라는 신호를 내보내고 0.2초 후에야 내려졌다.

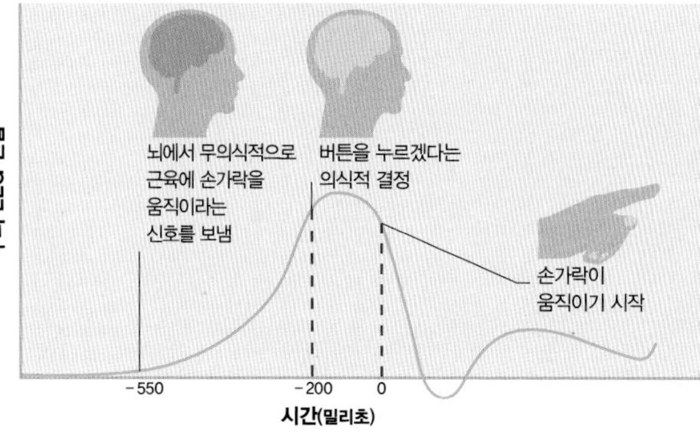

자아의 전위

뇌에는 다양한 '신체 지도'가 있다. 이는 내부적인 물리적 자아를 나타낸다. 맨 처음에 형성된 가장 기본적인 지도는 우리 신체의 위치와 나머지 세계가 시작되는 위치를 알려준다. 그보다 발전된 신체 '지도'는 세계 속에서 우리의 공간적 위치가 어디인지 파악할 수 있게 한다. 보통은 이 내적 지도와 신체는 거의 서로 일치하지만, 잘못되는 경우가 있다. 예를 들어 팔다리 중 한쪽을 잃은 사람은 '환상사지'를 느낀다. 더 이상 존재하지 않는데도 마치 그 부분이 존재하는 것 같이 느끼는 것이다(104쪽 참조). 또 어떤 경우에는 실제로 자기 것이 아닌 다른 사람의 팔다리나 사지를 '자신의 것'이라 느낄 수도 있다.

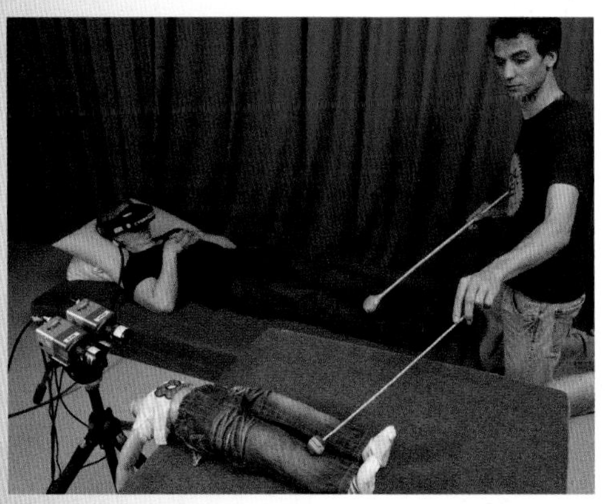

아기의 신체 지도

아기들은 신체 지도가 외부세계로부터 정보를 받아들이기 전까지는, 자신의 신체와 외부 물체를 구분하지 못한다.

가상 신체

사람들이 자신의 신체를 '잃어버리고' 다른 몸속에 있는 것처럼 느끼게 할 수 있다. 이 실험에서 자원자들은 자신의 다리 대신 옆에 놓인 인형 크기의 마네킹 다리를 보여주는 가상현실 헤드셋을 착용했다. 마네킹을 건드리면 피험자는 마네킹의 다리가 자기 다리처럼 느껴진다고 보고했다. 또한 주변 환경에 비해 몸이 작아진 것 같다고도 했다.

자기를 잊는 순간

정상 상태에서 의식적인 활동을 할 때 우리는 항상, 적어도 무의식적으로라도 '자기'를 마음속에서 잊지 않는다. 비유컨대 자기 고유의 내재된 시각으로 세계를 보고, 자기 자신이 주체라는 관념을 배경색으로 삼아 그 위에서 감각과 행동을 채색한다. 하지만 때로는 일시적으로 자기를 잊는 순간이 있다. 예를 들어 '몰입'이나 '통제 상실' 등의 정신 상태에 빠지는 것이다(아래 참조). 이런 상태는 매우 즐거운 동시에 잠재적으로 위험한 경험이 될 수 있다.

몰입	몰입은 매우 즐거운 상태다. 자기 외부의 어떤 것에 완전히 마음을 집중하여 자의식이 없어지는 동시에, 뇌가 현재 하는 일 외에 다른 것들을 스스로 억제 또는 방해하려는 경향이 나타난다. 이때는 사물을 훨씬 강렬하게 인식하며 더 큰 능력을 발휘하는 데 도움이 되기도 한다.
통제 상실	감정을 통제하는 데 실패하는 것 역시 자기를 잊는 순간이라고 할 수 있지만, 몰입과는 달리 심각한 문제를 일으킬 수 있다. 뇌 영상 연구 결과, 스스로의 행동을 모니터링하는 앞띠피질에서 보내는 경고 신호에 이마엽앞영역이 적절히 반응하지 못할 때 사람은 '통제를 상실'하는 것 같다. 앞띠피질은 화가 나는 상황에서 감정의 뇌가 충동적인 행동을 하기 쉽다는 사실을 등록하며, 이에 따라 그런 반응을 억제하는 이마엽앞영역을 활성화한다. 하지만 평상시에도 항상 스트레스를 받거나 피곤하다면 이마엽앞영역이 제대로 반응하지 못하여 감정이 행동으로 표출될 수 있다. 이런 상태에 처한 사람들은 종종 주체가 어디론가 납치당하고, 다른 뭔가가 그 자리를 '점령한' 듯한 느낌을 호소한다.

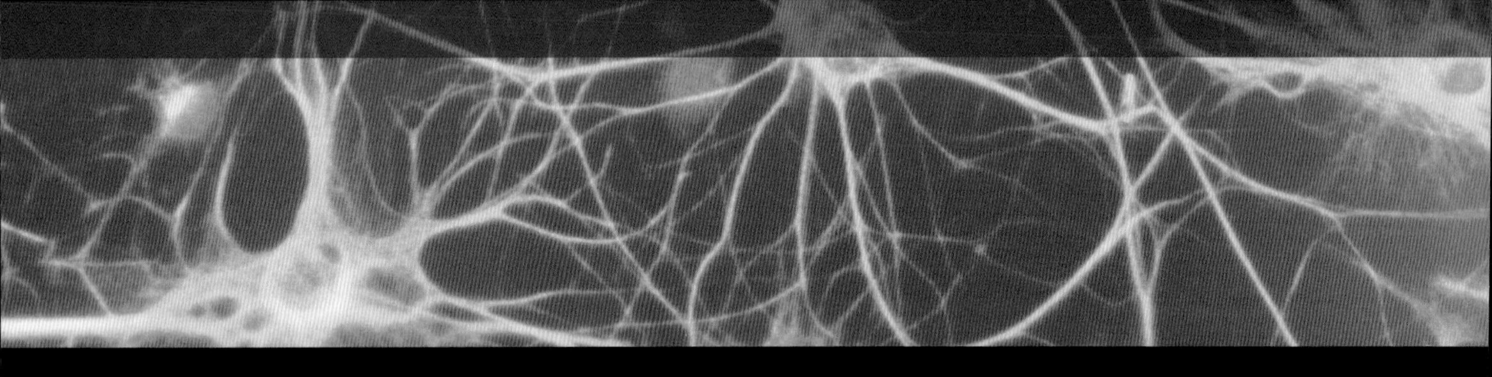

사람의 뇌는 제각기 모두 다르다. 기본적인 구성은 동일하지만, 모두 고유한 유전자 속에 암호화된 명령에 따라 형성되었기 때문이다. 또한 생성 과정에서 주변 환경과 복잡한 상호작용도 일어난다. 우리는 종종 우리 각자의 개성이 성격을 통해 표현된다고 생각하지만, 최근 연구에 따르면 성격은 변하기

개인의 뇌

선천적인 것과 후천적인 것

뇌 기능은 타고나는 특성과 자라면서 획득하는 특성이 더해져서 형성된다. 선천적이라는 말은 개개인의 유전자형에 따라 좌우되는 특성이란 의미다. 즉 부모로부터 물려받은 특정한 유전자 세트가 좌우하는 부분이다. 하지만 한 개인이 평생을 살아가며 노출되는 환경적 요인 역시 뇌 기능에 영향을 주며, 이런 부분은 후천적으로 변형되는 특성이 된다.

유전자와 환경

유전자는 부모에게서 물려받은 정보 단위체로, 개개인이 지닌 여러 신체적 형질(눈 색깔 등)과 연관되어 있다. 세포핵 속에 존재하는 약 2만 개의 유전자를 전부 합쳐 게놈이라고 한다. 유전자는 염색체 속에 존재한다. 건강한 사람은 22쌍의 염색체와 1쌍의 성염색체를 갖는다.
유전자를 구성하는 것이 DNA다(아래 설명 참조). 일부 유전자는 단백질을 형성시켜 어떤 작용을 한다. 하지만 DNA의 99퍼센트는 아무런 유전 정보도 담고 있지 않다. 그중 일부는 유전자 발현을 조절하지만, 나머지 부분은 기능이 전혀 알려져 있지 않으며 때때로 '정크 DNA'라고 불린다.
유전자는 마치 조명 밝기를 조절하는 스위치처럼 작용한다. 즉 활성(발현)을 끄고 켤 수 있으며 강도를 높였다가 낮추는 것도 가능하다. 뇌의 경우 유전자 발현은 신경전달물질의 농도에 영향을 줌으로써 성격, 기억, 지능 등 복잡한 기능에 영향력을 행사한다. 신경전달물질 자체도 유전자 발현에 영향을 준다. 환경적 요인도 유전자의 발현 양상에 영향을 준다. 이에 따라 뇌 기능도 식습관, 지리학적 환경, 사회적 네트워크, 심지어 스트레스 수준과 같은 요소에 의해서도 좌우된다. 화학적 꼬리표가 DNA에 부착되어 유전자 발현에 영향을 미친다. 이런 과정을 후성유전적 변이라고 한다(다음 쪽 참조).

음악적인 뇌
음악에 높은 가치를 두거나 유전적 소질이 있는 가정에서 자랄 경우, '음악적 소질이 있는 뇌'가 형성될 수 있다.

DNA 분자

인체를 구성하는 세포 중 적혈구를 제외한 모든 세포에 핵이 있다. 그리고 그 핵 속에는 DNA 분자가 있다. DNA 분자는 사다리 2개가 서로 꼬인 형태인 이중나선구조로 되어 있다. 나선을 이루는 2개의 DNA 사슬은 서로 염기쌍을 이루어 결합해 있다. 염기는 A, C, G, T로 구성된다. 이 염기쌍은 상대가 정해져 있다(A는 T와, C는 G와 결합한다). 세포는 이렇게 이어진 염기 배열을 해독하여 필요한 단백질을 만든다.

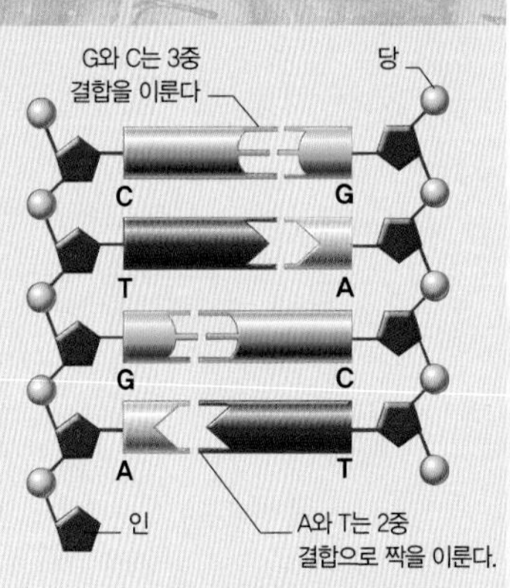

빠른 속력을 타고나는 사람들
신체적 수행 능력의 많은 부분이 마찬가지지만, 단거리 경주 역시 유전적인 영향을 받는다. 예를 들어 인슐린 유사 성장인자IGF는 달리기 선수의 근육 양에 영향을 준다. 그러나 대부분의 단거리 경주 선수들이 유전적인 이점을 타고나지만 그러한 유전자만으로는 충분치 않다. 훈련도 열심히 하고 이기려는 욕구를 강하게 가질 때 비로소 승자가 될 수 있는 것이다.

유전학과 뇌

유전자는 단백질을 만든다. 단백질은 우리 몸에서 다양한 역할을 수행한다. 일부 단백질은 머리카락 등 우리 몸의 구조를 형성하며, 효소와 같은 단백질은 대사과정을 조절한다. 예를 들면, 인간 게놈 중 일부 유전자에는 신경전달물질 중 하나인 세로토닌, 즉 기분을 관장하는 물질의 단백질 분자를 만들 수 있도록 그 암호가 저장되어 있다. 동일한 유전자라도 조금씩 차이가 있고, 그 차이는 해당 유전자의 작용 강도와 관련이 있다. 즉 사람에 따라 조금씩 다른 형태의 세로토닌 유전자를 가지고 있어서, 어떤 사람은 남들보다 세로토닌 분비량이 많은 반면 어떤 이들은 그 양이 적은 편일 수도 있는 것이다. 세로토닌 양이 줄어들면 우울증이나 폭식할 가능성이 크다고 해석할 수 있다. 그 외 다른 신경전달물질도 이와 마찬가지다. 도파민의 경우 결핍되면 위기를 감수하면서까지 행동에 옮기는 경우가 늘어난다. 결론적으로 우리 각자의 유전자형은 뇌의 구조 및 기능에 영향을 줄 수 있고, 최종적으로 우리 행동에 영향을 줄 수 있는 것이다. 유전자가 행동을 변화시키는 또 다른 방법은 후성유전적 변이를 통해서이다. 후성유전적 변이란 유전자 근처에 있는 DNA의 분자적 변화에 의해 유전자 자체가 아니라 유전자 활성 패턴이 달라지는 현상이다. 이런 변화는 다음 세대에 전달될 수도 있다. 정신적 외상을 입으면 뇌세포에 후성유전적 변이가 일어나는데, 이는 아마도 스트레스 호르몬 수치의 상승 때문일 것이다. 어린 시절에 심한 학대를 받고 나중에 자살한 사람들의 경우, 뇌에 작용하는 다양한 유전자에 영향을 미치는 후성유전적 변이가 더 많이 발견되었다. 자녀들 또한 그런 변화를 나타내며, 따라서 다른 사람보다 자살할 가능성이 더 높다. 후성유전적 변이를 되돌릴 방법에 대한 연구는 한창 진행 중이다.

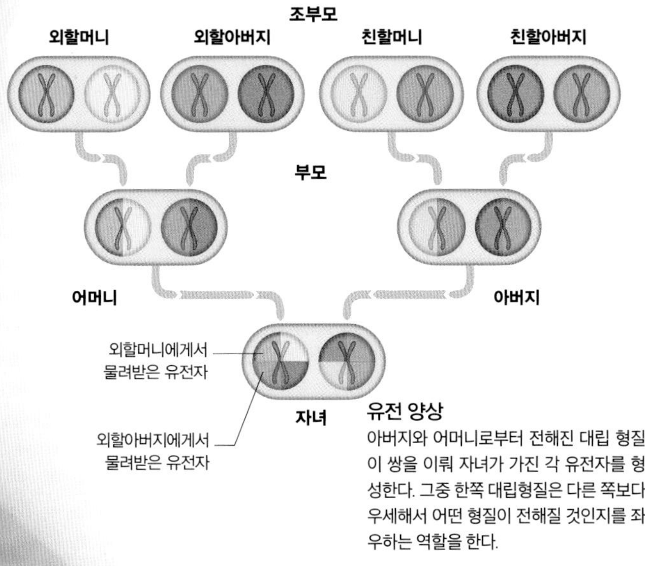

유전 양상
아버지와 어머니로부터 전해진 대립 형질이 쌍을 이뤄 자녀가 가진 각 유전자를 형성한다. 그중 한쪽 대립형질은 다른 쪽보다 우세해서 어떤 형질이 전해질 것인지를 좌우하는 역할을 한다.

가늘고 긴 DNA 분자의 뼈대

세포 복제 중 만들어진 새로운 DNA 가닥

염기쌍

세포복제 중 염기쌍이 바뀌면 돌연변이가 일어난다

돌연변이
유전자란 다름 아닌 연속된 염기쌍이다. 서로 연결된 염기쌍은 DNA라는 사다리에서 수많은 발판에 해당한다(왼쪽 참고). 구아닌(G)은 시토신(C)과, 아데닌(A)은 티민(T) 분자와 결합하여 G-C 및 A-T 염기쌍이 된다. 특정한 유전자에서 염기쌍들이 배열된 순서(서열)는 모든 인간이 비슷하지만, 그렇다고 똑같지는 않다. 인간이 저마다 독특한 이유는 이렇게 염기쌍 서열이 아주 조금씩 다르기 때문이다. 이렇게 작은 차이가 생기는 이유 중 하나는 세포복제 과정에서 오류, 즉 돌연변이가 일어나기 때문이다.

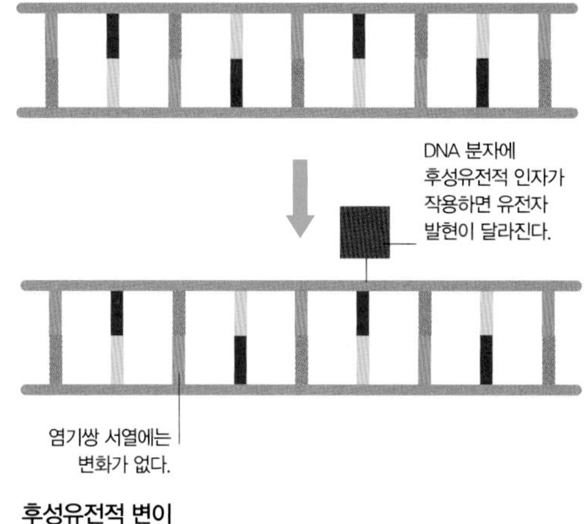

후성유전적 변이
후성유전적 변이에 의해 실제로 염기쌍 자체는 변하지 않으면서도 유전자가 작동하는 방식이 달라진다. 후성유전적 인자는 유전자 바깥에서 유래한 분자로 DNA에 결합한다. 이런 결합이 일어나면 체내에서 한 개 이상의 유전자가 정상적인 방식으로 작동하기가 어려워진다. 후성유전적 인자는 많은 세대에 걸쳐 전해질 수도 있지만, 돌연변이와 달리 결국 사라진다.

뇌의 유연성

뇌는 태어나서 죽을 때까지 절대 변하지 않는다고 믿어졌다. 뇌 세포의 수도 성해진 채 신경회로에 고정되어 있다고 생각했다. 뇌 세포 일부가 소실되거나 뇌 용적이 감소하는 것 정도가 유일한 변화라고 여겨졌다. 그러나 여러 연구를 통해 개개인의 경험과 학습이 뇌 회로의 구조를 바꿀 수 있음이 밝혀졌다. 뉴런의 유연성을 엿볼 수 있는 예가 바로 기억과 학습을 통해 새로운 신경회로가 탄생하는 '장기강화'다(158쪽 참조). 뇌졸중이나 마약 중독을 겪은 후 뇌가 재편성되는 것, 새로운 뇌세포가 형성되는 것(신경발생)도 뇌의 유연성을 나타낸다. 뇌는 스스로 수선하고 평생 성장하고 발전할 수 있는 특별한 능력을 보유한 것으로 보인다.

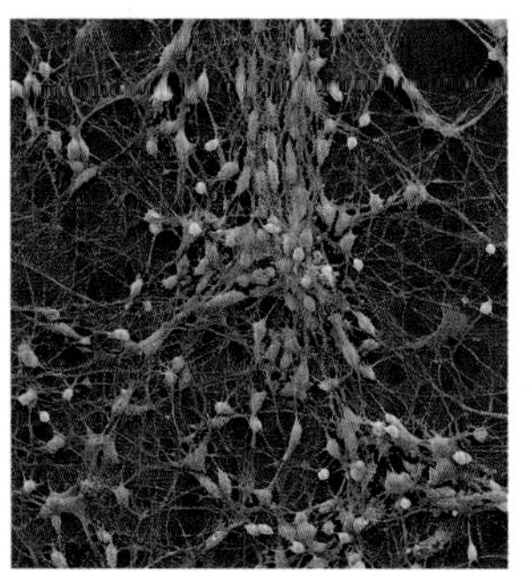

뉴런의 탄생
왼쪽 전자현미경 사진에는 뉴런이 생성되는 전구세포가 나와 있다. 사진에서처럼 전구세포는 간세포 사이에 위치한, 완전히 분화된 세포들이다. 이들은 뉴런을 비롯해 다른 신경세포로 발달해 나간다.

뇌를 변화시키는 요소

모든 사람의 뇌는 서로 다르다. 몇몇 연구에 따르면 성별과 성적 취향에 따라서도 뇌의 해부학적 구조와 기능이 달라지는 것 같다. 오른손잡이와 왼손잡이의 뇌는 서로 다른 방식으로 조직화된다. 심지어 사회적, 문화적인 영향도 뇌가 어떤 과제를 수행하는 방식에 변화를 가져올 수 있다.

수많은 사람 중 한 명
오른쪽 사진에 보이는 사람들을 살펴보자. 생김새가 모두 제각각 다른 것을 볼 수 있다. 뇌도 이와 마찬가지다. 타고난 유전적 차이는 그저 하나의 요인에 불과하다. 살면서 접하는 문화적, 환경적 영향도 큰 영향을 줄 수 있다.

남성과 여성의 뇌

성별에 따른 뇌의 차이를 살펴본 연구들은 논란이 많다. 일부에서는 성별에 따른 뇌의 차이가 생물학적인 요인이 아니라 문화적인 요인에 결정된다고 확신한다. 하지만 많은 연구에서 여성과 남성의 뇌는 해부학적으로 다르다는 사실이 밝혀졌다. 양쪽 대뇌반구를 연결하는 뇌량과 앞맞교차는 여성에서 더 크다. 여성이 감정을 더 잘 알아차리는 이유가 바로 여기에 있을지도 모른다. 감정적인 오른쪽 뇌가 분석적인 왼쪽 뇌에 더 잘 연결되는 것이다. 또한 어쩌면 이런 이유로 감정이 더 쉽게 생각과 말로 전환될 수 있을지도 모른다. 연결되는 영역이 서로 다름을 보여주는 영상 연구는 문화적인 영향을 받을 수도 있지만 성별에 따른 전형적인 차이를 보여주는 것일 수도 있다.

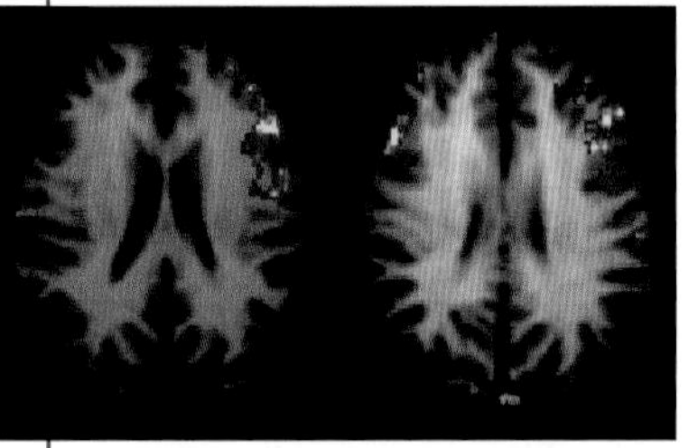

언어에 반응하는 모습
왼쪽 fMRI 사진을 보면, 여성은 언어에 응답할 때 양쪽 뇌가 모두 활성화되는 것을 알 수 있다. 반면 남성의 뇌는 활성이 좌반구에 제한적으로 나타난다(사진에서는 오른쪽 부분).

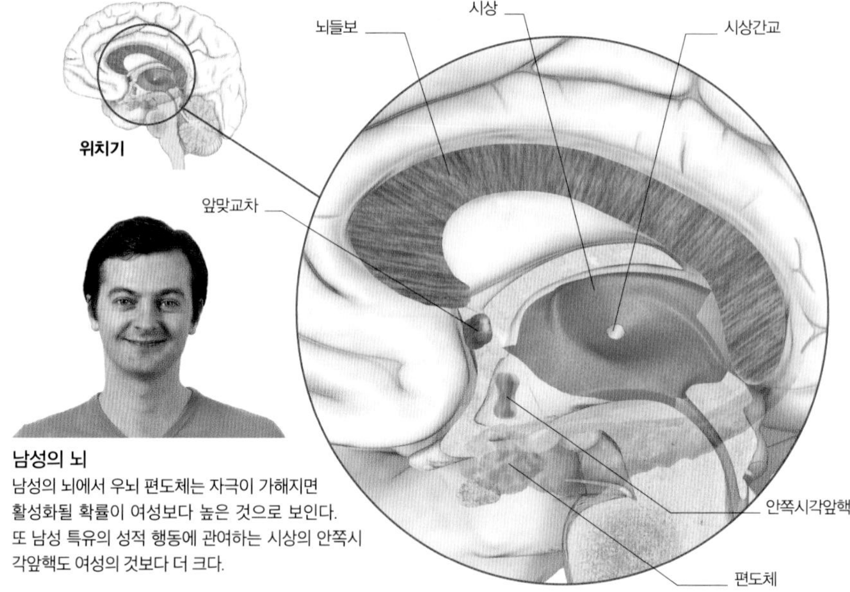

남성의 뇌
남성의 뇌에서 우뇌 편도체는 자극이 가해지면 활성화될 확률이 여성보다 높은 것으로 보인다. 또 남성 특유의 성적 행동에 관여하는 시상의 안쪽시각앞핵도 여성의 것보다 더 크다.

동성애자의 뇌

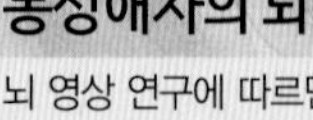

뇌 영상 연구에 따르면 동성애자는 기분, 감정, 불안감, 공격성에 관여하는 중요한 뇌 구조가 자신과 성별이 다른 이성애자의 뇌 구조와 흡사한 양상을 보인다. 이성애자 남성의 경우 뇌 구조가 비대칭으로 우반구가 조금 더 큰 특징이 나타나는데, 동성애자 여성의 뇌도 이와 형태가 비슷하다. 그뿐 아니라 이성애자인 여성과 동성애자 남성의 뇌 구조의 연결성도 서로 비슷한데, 특히 불안감과 관련된 부분이 아주 흡사하다.

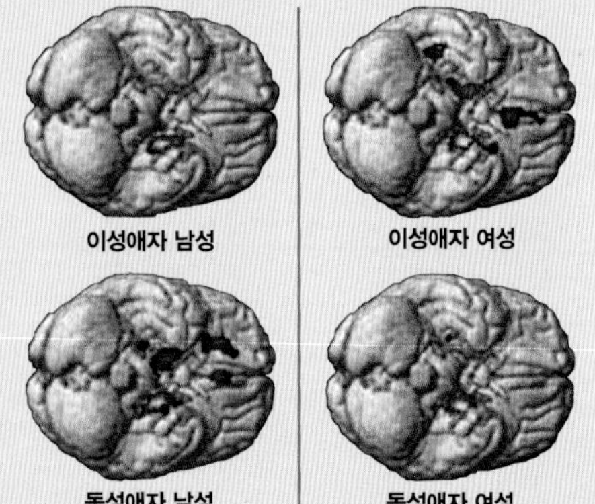

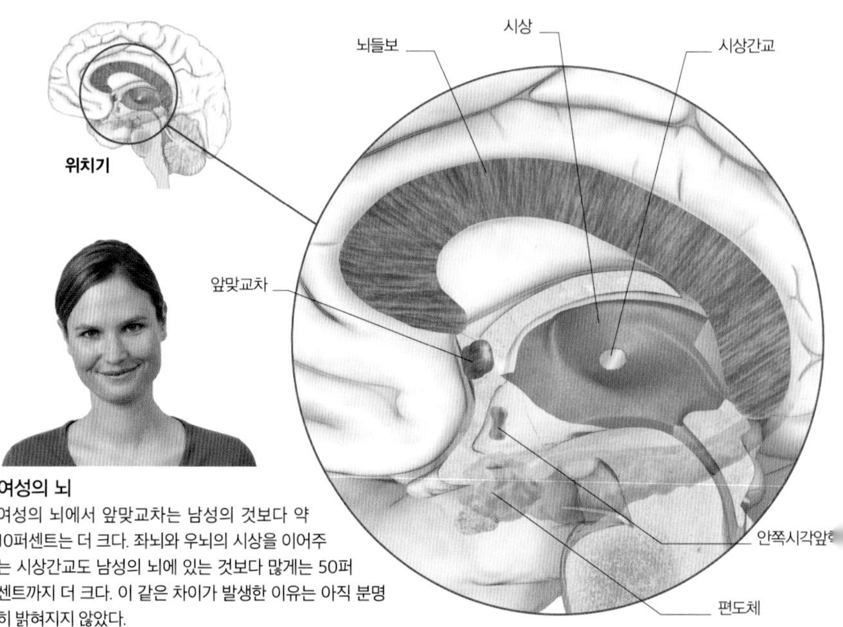

여성의 뇌
여성의 뇌에서 앞맞교차는 남성의 것보다 약 10퍼센트는 더 크다. 좌뇌와 우뇌의 시상을 이어주는 시상간교도 남성의 뇌에 있는 것보다 많게는 50퍼센트까지 더 크다. 이 같은 차이가 발생한 이유는 아직 분명히 밝혀지지 않았다.

왼손이냐, 오른손이냐?

사람의 약 88퍼센트가 오른손잡이다. 즉 자기 이름을 서명하는 등 숙달된 운동 능력이 필요한 과제를 수행할 때 왼손이 아니라 오른손을 사용한다. 석기시대의 도구 등 고고학적 증거에 따르면 이런 양상은 수백만 년 전에도 마찬가지였던 것 같다. 왼손잡이 중 약 70퍼센트는 오른손잡이와 마찬가지로 왼쪽 대뇌반구의 언어 능력이 더 우세하지만, 30퍼센트에서는 언어 능력이 양쪽 대뇌반구에 골고루 분포한다. 뇌의 기능이 이렇게 독특한 사람은 여러가지 생각들을 다른 사람보다 더 쉽게 통합할 수 있을지도 모르지만, 이를 뒷받침하는 증거는 거의 없다.

찰리 채플린

버락 오바마

알베르트 아인슈타인

왼손잡이 명사들
최근에 미국 대통령을 지낸 8명 중 5명을 포함하여 명석하고 재능 있는 사람 중에는 왼손잡이가 많다. 이로 인해 왼손잡이인 사람은 특별한 재능을 타고난다는 생각이 널리 퍼져 있다. 하지만 통계적으로 분석해 볼 때 왼손잡이와 오른손잡이는 지능지수나 다른 인지능력에 일관성 있는 차이를 나타내지 않는다.

가족의 영향

어떤 사람이 평생 스트레스에 대처하는 방식은 적어도 부분적으로는 생애 가장 초기의 경험에 고정되어 있다. 한 연구에서는 잠든 유아에게 성난 목소리를 들려주면서 뇌를 fMRI로 스캔해보았다. 정서적 자극에 반응하는 뇌 부위 두 곳에서 성난 목소리에 자극 받아 뇌가 활성화되었다. 부모들이 자주 싸우는 집에서 자라는 유아는 평화로운 집에서 자라는 유아에 비해 이 부위들이 훨씬 많이 활성화되었다. 이 연구는 어떤 사람이 성난 목소리에 반응하는 정도가 생애 초기에 형성됨을 시사한다.

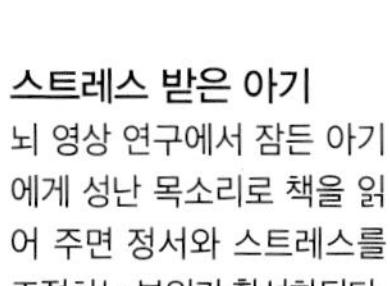
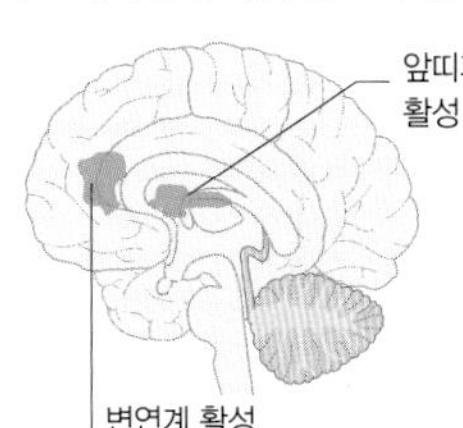

스트레스 받은 아기
뇌 영상 연구에서 잠든 아기에게 성난 목소리로 책을 읽어 주면 정서와 스트레스를 조절하는 부위가 활성화된다.

쌍둥이

출생 후 각기 다른 가정에서 자란 일란성 쌍둥이는 자라서도 외모는 물론 관심사와 성격이 매우 비슷하다. 유전자는 평생 영향을 미치며 종종 환경의 영향을 압도한다. 이란성 쌍둥이를 포함하여 모든 쌍둥이는 태아 시기에 사용할 수 있는 자원을 두고 경쟁을 벌이는데, 자궁 내 태아의 위치에 따라 공급받는 호르몬의 양이 달라질 수 있다. 아들 쌍둥이라면 한 아이가 다른 아이의 테스토스테론 흡수를 부분적으로 차단해 결국 뇌의 남성화 정도가 감소할 수 있다. 성별이 다른 쌍둥이의 딸은 정상보다 많은 테스토스테론에 노출될 수 있다. 태아가 남성이면 모체에서 더 많은 테스토스테론을 분비하기 때문이다. 그런 쌍둥이 소녀들은 딸 쌍둥이보다 '선머슴'처럼 행동할 가능성이 더 크다.

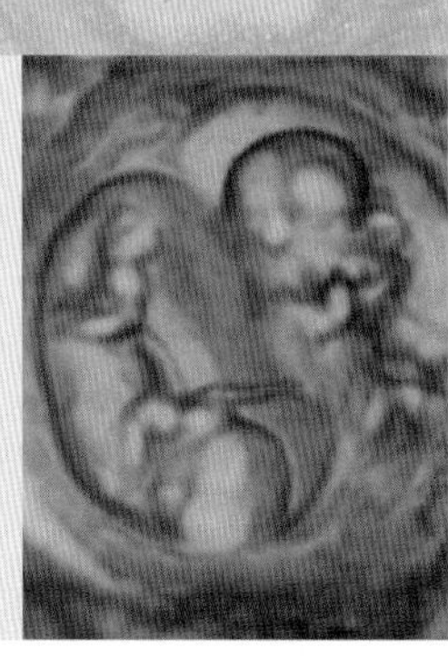

문화적인 영향

여러 연구를 통해 문화적 요인이 뇌의 활동 방식에 영향을 준다는 사실이 밝혀졌다. 미국에서 자란 사람들과 동아시아 지역에서 자란 사람들을 대상으로 한 연구에서는 참가자들에게 어떤 문제를 풀게 하고(아래 그림 참조) 뇌 fMRI 스캔을 촬영했다. 미국의 문화는 개개인을 중요시하는 경향이 있는 반면 동아시아 문화권에서는 가족, 사회를 더 중요시하는 분위기가 지배적이다. 연구 결과, 미국에서 자란 사람들의 뇌는 배경 요소가 들어간 과제를 수행할 때 더 열심히 활성화되었고, 동아시아 사람들은 개별 직선을 판단해야 하는 문제에서 더 많은 고민을 하는 것으로 나타났다. 또 각자가 살아온 문화의 '쾌감대'와 관련된 문제를 풀 때는 뇌 활성이 낮아졌다. 더불어 참가자들이 자신의 문화권을 얼마나 잘 구분해 내는지도 알아보았는데, 그 결과 가장 잘 분간하는 사람일수록 '반대' 문화권과 관련된 과제를 수행할 때 더 강하게 활성화되는 것으로 나타났다.

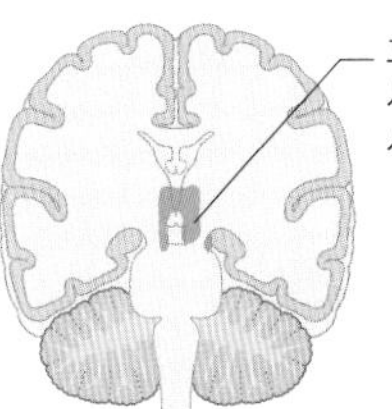

지각 테스트
네모 안에 있는 선 길이는 다른 선과 비교할 경우 달라 보일 수 있다. 뇌가 이 선의 길이를 얼마나 쉽게 판단하는가는 선이 주어진 배경과 문화적 배경에 따라 좌우된다.

절대 비교 과제와 상대 비교 과제
절대 비교는 네모 안 선의 길이를 기준 네모 속 선 길이와 비교하는 것이다. 상대 비교는 주어진 네모 안의 선 길이와 사각형의 크기를 기준 네모의 크기와 비교해서 파악하는 것이다.

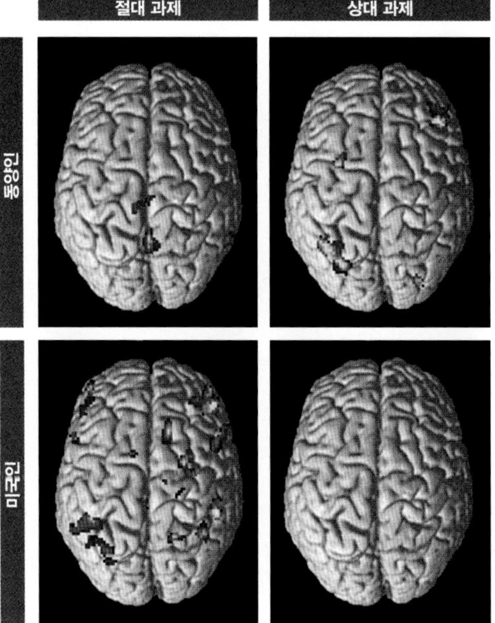

뇌 활성 패턴
동양인의 뇌는 상대적 과제를 할 때 덜 활동하는 반면에 미국인은 절대적 과제를 할 때 뇌의 부담이 적다. 이는 과제가 문화적 규범에 부합할 때 테스트가 더 쉬울 수 있기 때문이다.

성격

성격이란 일반적으로 한 개인이 전형적으로 나타내는 일련의 행동 특성이라 여겨지는 점들이다. 어떤 사람들은 서로 다른 상황이나 시점에서도 동일한 행동을 보이는 반면, 또 어떤 사람들은 그에 따라 행동이 바뀌기도 한다.

학습을 통한 성격 형성

우리의 성격은 모두 유전적으로 정해져 있다. 공격성, 외향성 등이 그 예다. 유전자가 개인의 성격 발달에 큰 영향을 주는 것은 사실이지만, 살아가면서 학습하는 행동 방식도 성격 형성에 큰 몫을 차지한다. 성격은 행동으로 나타나는 반응의 총체라 볼 수 있다. 길러준 사람의 행동이나 텔레비전에서 본 행동을 따라 하며 습득할 수도 있다. 한 가지 행동을 자주 반복하면 자연스레 뇌에 기록된다. 그럴 경우 유전적인 경향만큼이나 당사자의 성격에서 많은 '부분'을 차지하게 된다.

모방 행동
한 사람의 성격으로 자리 잡은 습관 중 많은 부분은, 어릴 때 자신을 돌봐준 어른이 하던 행동을 그대로 따라 하면서 배운 것이다.

성격과 뇌

성격을 구성하는 다양한 특질은 뇌의 특정 활동 패턴과 관련이 있다. 그중 일부는 특정 유전자 또는 특정 유전적 돌연변이의 발현과 관련이 있다. 예를 들어, 흥분성 신경전달물질이 더 많이 생성되는 사람은, 같은 수준의 흥분을 경험하기 위해 커다란 자극을 찾아야 하는 사람들과 달리, 그럴 필요를 덜 느낀다.

뇌의 성격 결정 영역		
외향성	외향적인 사람은 뇌를 각성 상태로 유지하는 신경회로에 자극이 주어지면 활성이 낮게 나타난다(오른쪽 그림 참조). 따라서 활력을 유지하려면, 다른 사람들보다 더 많은 환경적 자극이 필요하다.	앞띠피질, 등가쪽이마엽 앞피질, 시상
공격성	충동적 난폭함과 연관된 유전자를 지닌 사람들은 띠피질 영역의 크기가 비정상적으로 작고 활성도 낮게 나타난다. 이 영역은 행동에 대한 감시감독 및 지도를 관장한다.	띠피질
사회적 행동	사교적인 사람은 친절해 보이는 사람을 보면 내성적인 사람보다 보상을 관장하는 영역인 줄무늬체가 더 강하게 활성화된다. 사람들을 피하는 경향이 있는 사람은 불친절해 보이는 사람을 대할 때 편도체가 더 강하게 활성화된다.	줄무늬체, 편도체
새로운 것의 탐색	새로운 것을 좋아하는 사람들은 오른쪽 두 부위가 더 강하게 연결되어 있다. 뭔가 참신한 경험을 할 때면 해마는 기쁜 감정이 기록되는 부위인 줄무늬체에 신호를 보낸다.	줄무늬체, 해마
협동성	협동성이 우수한 사람들은 자신이 부당한 대우를 받는다고 느낄 때 섬엽 부위의 활성이 증가한다. 반면 협동성이 부족한 사람들은 동일한 상황에서 뇌에 부당한 감정이 기록되지 않는 것으로 볼 때, 이들은 신뢰감이 덜 발달한 것으로 해석할 수 있다.	섬엽
낙관적 성격	낙관적인 성격을 가진 사람들은, 부정적인 생각보다 긍정적인 미래를 상상할 때 편도체와 전두 띠피질의 활성이 증가한다.	띠피질, 편도체

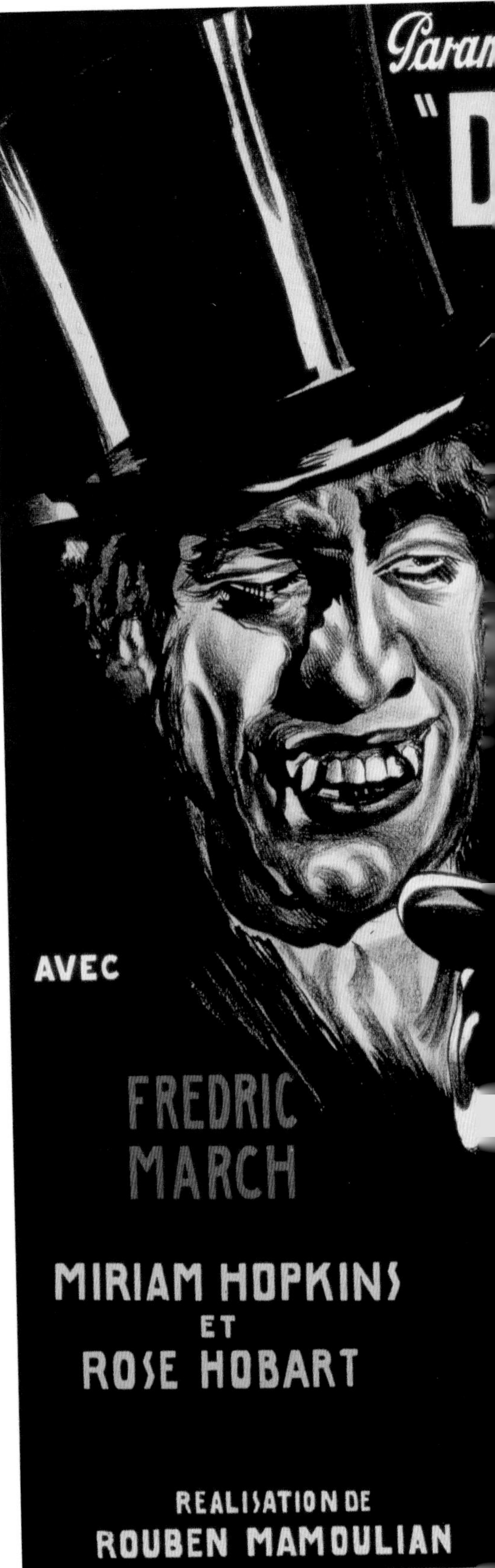

성격 평가

성격 검사는 직무 적성이나 승진 여부를 결정할 때 등 여러 가지 목적으로 활용된다. 어떤 검사는 평가 항목을 표준화하여, 검사 대상자가 자신의 전형적인 행동을 묻는 질문에 답하도록 구성되어 있다. 검사 결과는 개인의 성격 특성을 결정하는 데 사용된다. 한편 성격 유형 검사는 성격에 따라 사람들을 특정 분류로 나눈다. 예를 들어 마이어스-브릭스 유형 검사에서는(아래 및 오른쪽 그림 참조) 한 사람이 나타내는 어떤 특질이 얼마나 지배적인가를 토대로 성격을 분류한다. 또 형질 검사는 사람들을 특정 유형으로 나누기보다는 여러 성격 양상 중 어느 지점에 가까운가를 근거로 특징을 잡아낸다. 투사적 검사에서는 로르샤흐 잉크얼룩검사처럼 사람들에게 이중 자극을 주고 자신의 성격을 스스로 '발견하도록' 한다.

투사적 검사
이 검사는 아무렇게나 생긴 형태를 제시한 뒤 거기서 의미를 찾는 것이다. 그 의미에 각자의 성격 특성이 '투영된다'고 본다.

근심		차분함
불안정	신경증적 성격	안정적
자기 연민		자기만족
사회적		나서기 싫어함
재미 추구	외향적	점잖음
애정이 많음		말수가 적음
상상력이 뛰어남		현실적
독립적	개방적	규칙 준수
다양성 추구		변화를 싫어함
기꺼이 남을 도움		남을 잘 돕지 않음
인정이 많음	친화적	무정함
남을 잘 믿음		의심이 많음
체계적임		혼란스러움
신중함	양심적임	부주의함
우수한 자제력		의지박약

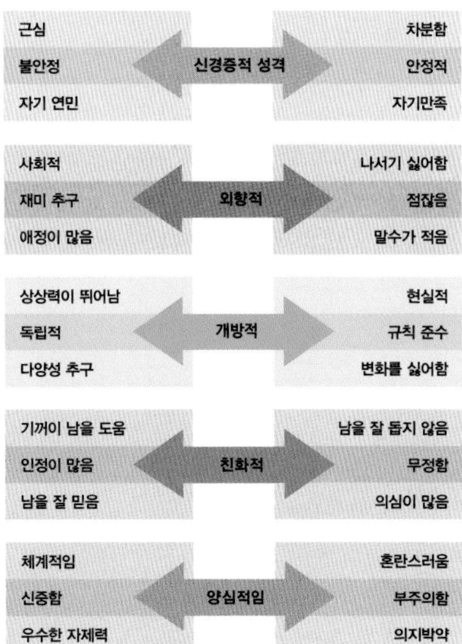

다섯 가지 대분류
특질 검사 모형에 따르면, 개개인이 나타내는 기본적인 성격 차이는 총 다섯 가지 측면으로 요약할 수 있다. 우리는 이 중 어느 쪽이든 한 영역에 해당한다고 보는 것이다.

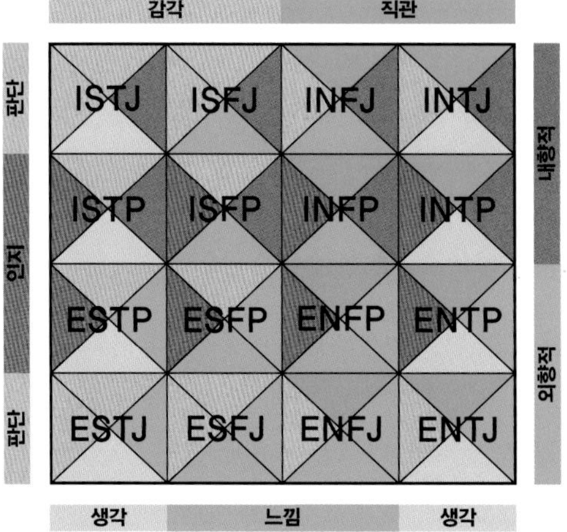

마이어 - 브릭스 지표
이 검사에서는 사람들에게 광범위한 질문을 던지고, 그 대답을 통해 개개인을 16가지 유형 중 하나로 분류한다. 결과의 유효성이 떨어진다는 비판이 많지만, 현재 산업계에서는 성격 검사로 가장 널리 쓰이고 있다.

여러 가지 성격?

마이어-브릭스 검사 같은 성격 유형 검사는 검사 대상자가 어떤 상황에 있는가에 따라 결과가 다르게 나오는 것으로 밝혀졌다. 특질 검사 결과도 검사할 때마다 다른 결과가 나오긴 하지만, 다른 사람의 결과와 비교할 때 '주요' 성격이 유지된다. 하지만 실제로는 우리 모두 한 가지 이상의 성격을 가지고 있다는 증거가 제시되고 있다. 또 여러 가지 성격을 가진 사람도 많다는 것이 확인됐다. 한 사람이 특정 상황에서 끌어냈던 기억이 다른 상황에서는 떠오르지 않을 수 있다. 극단적인 경우 이런 현상은 해리성정체감장애로 이어질 수 있다. 그러나 일반인들은 그저 기분 변화, 기억력의 '갑작스런 고장', 다양한 기술을 사용하는 능력이 오락가락하는 것, 세계관이 바뀌는 것 정도로 나타난다.

지킬 박사와 하이드
공포 영화나 귀신 이야기에는 유난히 성격이 극도로 변화하는, 이른바 '이중인격'을 가진 인물이 자주 등장한다. 그런 이야기 속에는 성격이 불안정한 사람들에 대한 일반인들의 불신이 담겨 있다.

해리성 정체감 장애

극도로 다양한 성격이 완전히 분할된 채로 한 사람에게 존재하는 상태로, 하나의 성격에서 다른 성격으로 급변하는 양상을 보인다. 이때 자신의 이전 상태에 관한 기억은 전혀 남지 않는다. 이들은 각 성격에 따라 다르게 행동할 뿐 아니라, 각각 다른 이름으로 다른 인생을 살기도 한다. 성격별로 기억이 남지 않아 기억이 다른 경우가 많다. 예를 들어 해리성 정체감 장애 환자 중 어떤 이는 다른 성격에서는 절대 용인하지 않는 일들을 성격이 바뀌면 행하기도 한다.

뇌 모니터링 및 자극

이제 뇌의 활성을 외부에서 화면으로 지켜보며 의도적으로 변화시키는 일이 가능하다. 이를 뉴로피드백이라고 한다. 보다 직접적으로 두개골을 통해 전기신호를 전달하거나 뇌 조직 자체에 이식한 전극을 통해 뇌 활성을 자극할 수도 있다.

뉴로피드백

뇌 활성은 각 개인의 느낌과 생각과 감각에 의해 끊임없이 변한다. 뉴로피드백 과정은 뇌 활성 자체를 외부 자극으로 변화시켜 사람이 그것에 반응하도록 하는 것이다. 예를 들어 EEG 센서를 이용하여 사람의 뇌파를 감지할 수 있다. 느긋함이나 불안 등 다양한 마음 상태는 특징적인 파형으로 나타나는데 이를 동적인 시각적 디스플레이로 바꿀 수 있다. 뇌 활성이 EEG에 등록된 후에 특정한 장치로 전송하여 사람이 쉽게 이해하고 조작할 수 있는 형태로 변환할 수 있다. 조작은 하나의 선을 위아래로 올리고 내리는 것처럼 단순할 수도 있고, 보다 복잡한 게임 형태일 수도 있다. 사람은 오로지 뇌만 사용하여 스크린 상에 나타난 정보를 변화시키려고 노력한다. 노력의 결과 역시 화면에 나타나므로 원하는 효과를 달성하기 위해 어떻게 해야 하는지 배울 수 있다. 이런 과정을 계속 반복하면 느긋해지거나 주의를 집중하는 등 원하는 마음 상태에 이르기가 점점 쉬워진다.

음악적 뇌
뉴로피드백은 음악가들이 더 좋은 연주를 하는 정신상태에 도달하는 데도 도움이 될 수 있다. 런던의 왕립음악원 학생들은 이 치료를 한 차례 받은 후 최대 15% 퍼센트까지 연주 능력이 향상되었다.

1단계 EEG(또는 비슷한 뇌 "판독" 장치)로 뇌 속의 신경 활성을 도해화한다. 그 정보를 컴퓨터로 전송한다.

2단계 컴퓨터는 신경 활성 패턴을 스크린에 나타난 물체를 움직이는 것처럼 명확한 목표를 지닌 상호반응형 게임 등 동적 시각적 디스플레이로 변환한다.

3단계 사람은 뇌의 상태를 변화시키는 방법에 의해서만 게임을 진행한다. 기계는 느긋함 등 원하는 마음 상태가 달성될 때의 신경 변화를 등록하고, 게임에서 이기는 것으로 "보상"을 제공한다.

4단계 사람은 게임의 "승리"를 일정한 뇌상태와 연관시킨다. 그 후 이런 과정을 반복하면서 원하는 마음 상태를 보다 쉽게 달성하는 법을 배운다.

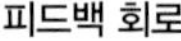

피드백 회로
뉴로피드백 과정을 통해 사람들은 뇌 상태를 변화시키는 법을 배운다. 일단 특수한 장치를 이용하여 방법을 익히고 나면 그 뒤로는 의지에 따라 마음을 변화시키기가 더 쉬워진다.

마인드 컨트롤
EEG는 뉴로피드백에 가장 흔히 사용되는 뇌 "판독" 과정이다. 수십 개의 전극을 두피에 부착하여 뇌에서 발생하는 수많은 뉴런들의 진동을 감지하고 이를 파형으로 전환한다.

전기경련요법

전기경련요법electroconvulsive therapy, ECT은 뉴런이 강하게 자극받아 발작이 일어날 때까지 뇌를 통해 전류를 가하는 방법이다(226쪽 참고). 만성 우울증에서 최후의 수단으로 사용하며, 약물 및 정신치료가 효과가 없을 때도 듣는 경우가 종종 있다. 이 요법이 어떻게 효과를 나타내는지는 완전히 밝혀지지 않았지만 발작이 특정한 뉴런의 발화 잠재력을 재설정하여 민감성을 높이거나 낮추는 것으로 생각된다. ECT에 의해 유도된 발작은 지속 시간이 짧으며 무해한 데다, 경련을 예방하기 위해 근이완제를 사용한다. 하지만 환자들은 치료 후 종종 기억 장애를 호소한다.

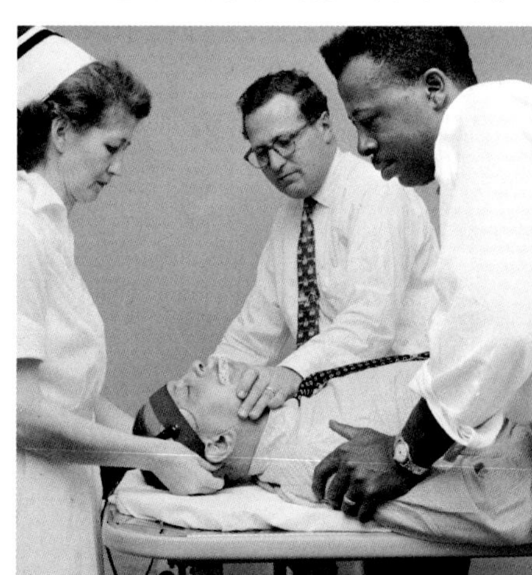

ECT의 역사
ECT는 1950년대에 정신병원에서 널리 사용되었다. 당시에는 기법이 조잡하여 뇌 전체에 걸쳐 발작을 일으켰기 때문에 환자들이 괴로워서 몸부림을 치곤 했다.

경두개 자기자극

경두개 자기자극transcranial magnetic stimulation, TMS은 두개골을 통해 뇌 속으로 자기 펄스를 전달하는 방법이다. 이 펄스는 일시적으로 그 아래 있는 뇌 영역의 정상적인 활성을 방해한다. 특정 영역을 반복 자극하면 뇌 기능에 장기적 변화가 생긴다. 예를 들어 이 방법으로 우울증에서 활성이 떨어진다고 알려진 뇌 영역의 활성을 증가시키거나, 강박장애에서 활성이 과도하다고 알려진 영역의 활성을 감소시킬 수 있다. TMS 반복 시술은 이런 질환을 비롯하여 다양한 질환의 치료법으로 점점 많이 사용되고 있다.

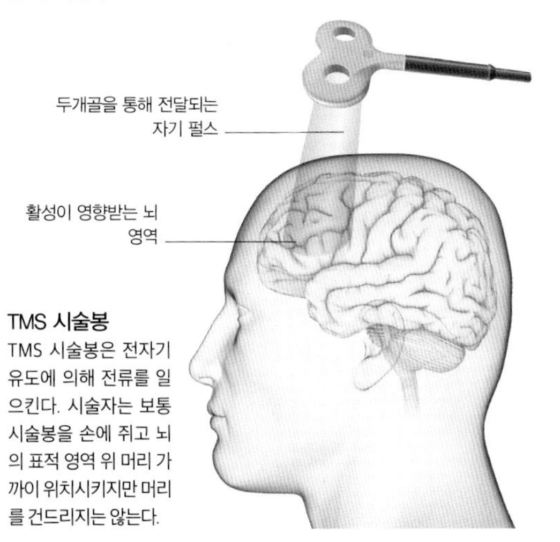

TMS 시술봉
TMS 시술봉은 전자기 유도에 의해 전류를 일으킨다. 시술자는 보통 시술봉을 손에 쥐고 뇌의 표적 영역 위 머리 가까이 위치시키지만 머리를 건드리지는 않는다.

뇌심부자극술

아주 미세한 전극을 외과적인 방법으로 뇌에 삽입해 자극을 주는 것이다. 전극들은 주변의 표적 영역에 전류를 전달하여 반응 속도가 느린 뉴런들을 활성화시키며, 이 뉴런들은 다시 뇌 속의 화학물질을 국소적으로 변화시킨다. 뇌 깊숙이 삽입된 전극들은 아주 가는 전선과 연결되며, 전선들은 두개골에 뚫린 작은 구멍을 통해 외부 장치와 연결된다. 치료하려는 질환에 따라 서로 다른 부위를 자극해야 하므로 환자에 따라 전극의 위치는 크게 다를 수 있다. 때에 따라 전선을 외부 스위치와 연결하여 환자가 필요에 따라 전류를 켜고 끌 수도 있다.

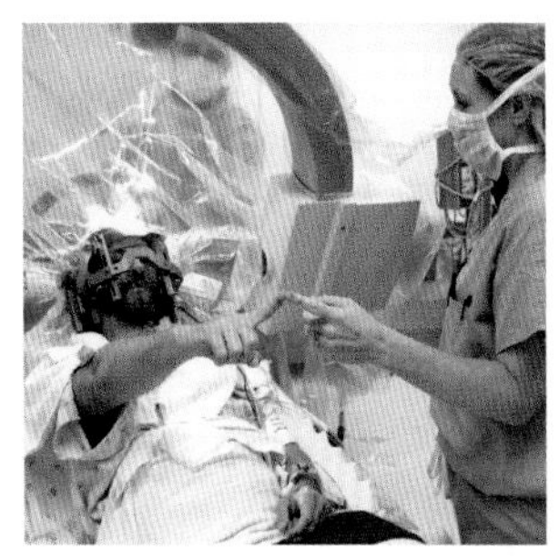

뇌수술
환자는 의식이 있는 상태로 수술 받으면서 주변 의료진과 의사소통한다. 수술팀은 환자의 반응을 보고 정확한 위치에 전극을 위치시킬 수 있다.

뇌졸중의 치료

신경 자극은 뇌졸중에서 회복 중인 환자에게 도움이 될 수 있다. 뇌에서 손상된 영역을 자극하면 주변 뉴런들이 성장하면서 사멸한 세포들의 기능을 대신 수행할 수 있다. 거꾸로 반대쪽 뇌에서 손상된 부위에 해당하는 영역에 억제적 자극을 가할 수도 있다. 이렇게 하면 반대쪽 뇌의 보상 작용에 의해 손상된 부위의 회복이 느려지는 것을 막을 수 있다.

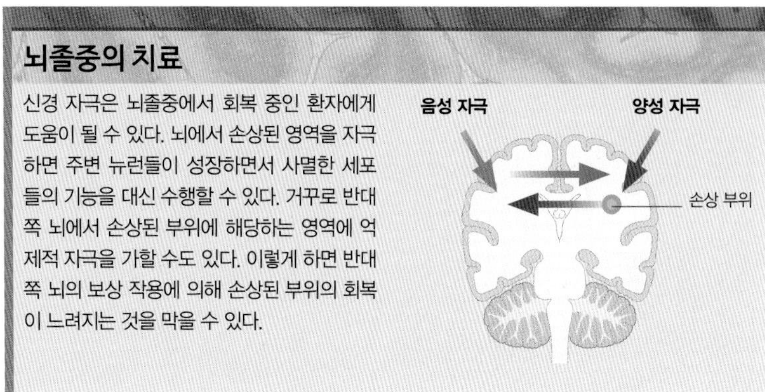

음성 자극 **양성 자극**

손상 부위

경두개 직류자극

경두개 직류자극transcranial direct current stimulation, tDCS은 두피에 위치시킨 전극을 통해 대뇌피질에 미약한 전류를 전달해 선택된 뉴런들을 자극 또는 억제하는 방법이다. 대부분의 사람이 감지하기 어려울 정도로 낮은 2밀리암페어 미만의 전류를 사용한다. 이 방법은 수많은 시험을 통해 안전성과 함께 양극성장애, 만성 통증, 이명, 운동 및 말하기 장애(특히 뇌졸중 후에 나타난) 및 잠재적으로 조현병과 치매 증상을 감소시킬 수 있음이 입증되었다. 또한 건강한 사람의 뇌기능을 증강하여 계산 능력과 창조성을 향상시키고 학습 능력을 촉진할 수 있다.

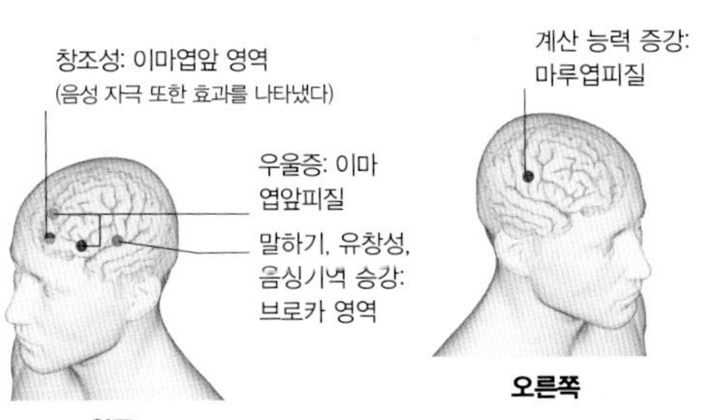

● 음극 자극

● 양극 억제

뇌 영역
tDCS로 서로 다른 뇌 영역을 자극(또는 억제)하면 다양한 효과가 나타난다. 아래는 음극 자극(빨간색) 또는 양극 억제(파란색)시 경험의 변화 또는 특정 기능의 증강이 나타난 영역들이다.

광유전학

광유전학 기술을 이용하면 빛을 이용하여 뇌의 특정 신경경로를 켜고 끌 수 있다. 현재 이 기술은 실험동물에서 뇌의 신경회로 지도를 그리는 데만 이용되지만, 차차 다양한 의학 분야에 사용될 것이다. 첫째 응용 분야는 빛을 감지할 수 없게 된 눈의 망막세포를 복구하는 것이 될 전망이다. 우선 조류(藻類)에서 빛을 감지하는 분자를 분리하여 특정 뇌 세포에 삽입한다. 그 후 광섬유를 뇌에 삽입한다. 광섬유에 불이 켜지면 빛을 감지하는 분자가 삽입된 세포들이 활성화된다. 뉴런의 위치에 따라 이런 자극을 통해 행동을 변화시키고, 새로운 기억과 습관을 형성할 수 있다.

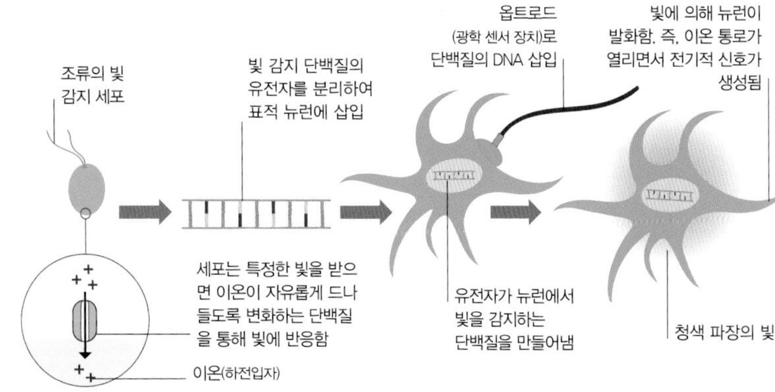

분자 삽입
다양한 방법을 통해 빛을 감지하는 분자를 뇌 세포에 삽입할 수 있다. 가장 흔히 쓰이는 방법은 특정 뉴런을 표적으로 삼는 바이러스를 운반체로 이용하는 것이다.

뇌의 낯선 특징

전체적인 면에서는 인간의 뇌는 모두 굉장히 비슷하다. 그저 크기 면에서 약간 차이가 있을 뿐이다. 그러나 어떤 뇌는 일반적인 상태와 판이하게 다른 특징을 보인다. 이런 신체적 기이함은 행동 방식이나 세계관을 이례적으로 만드는 요인으로 작용하는 경우가 많다.

분할 뇌

뇌들보는 뇌의 두 반구 사이에서 신호를 전달하는 역할을 한다. 그런데 간혹 간질 환자의 발작 증상이 더 퍼지지 않도록 하기 위해 이 조직을 제거해야 할 때가 있다. 이렇게 뇌 양쪽 반구가 분할된 환자들을 대상으로 각 반구에 이미지를 투사하는 실험을 했다. 보통 뇌 양쪽 반구는 뇌들보를 통해 서로 정보를 공유하지만, 이 부분이 없으면 각 부위가 관장하는 이미지만 인식했다. 즉 환자들은 언어중추인 좌뇌가 알고 있는 그림은 구분할 수 있었지만 그 외 다른 그림은 보지 못했다. 그러나 왼손잡이 환자들은(우반구를 지배적으로 사용함) 우뇌에 투사된 물체를 선택할 수 있었다. 하지만 왜 그 물체를 선택했냐고 물으면 대답하지 못했다. 이는 오른손잡이의 경우 우반구에 투영된 정보가 행동에 영향을 줄 수 있을지언정 우반구는 무의식 상태에 있음을 보여주는 결과다.

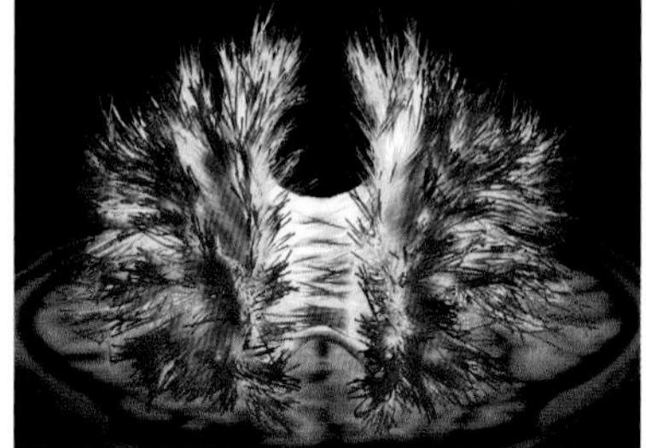

대뇌반구의 연결
위 확산텐서영상에서 좌우 대뇌반구를 연결하는 뇌들보의 신경섬유들이 넓은 띠 모양으로 나타난 것을 뚜렷하게 볼 수 있다

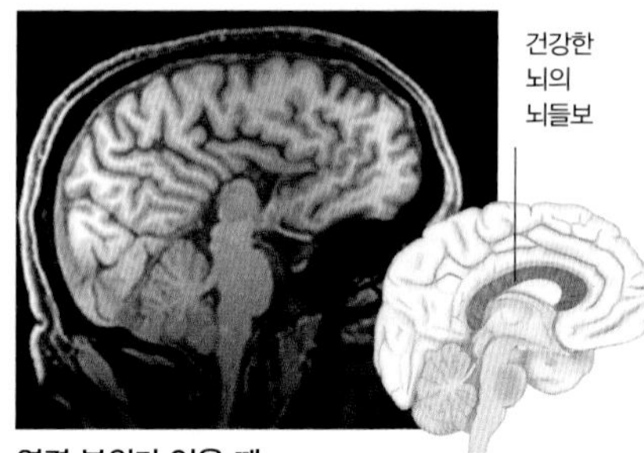

연결 부위가 없을 때
종종 뇌들보가 '뇌들보의 발육 부진'으로 알려진 상태에서 뇌들보가 발달하지 못하는 경우가 있다(위 사진 참조). 이 때문에 뇌의 두 반구가 연결되지 않는다.

뇌들보 상태 확인하기

두 눈을 감고 손바닥이 위를 향하게 한 상태로 양손을 앞으로 내민다. 그리고 다른 사람에게 손가락 끝 중 하나를 건드려 달라고 한다. 자극이 주어지면, 반대쪽 손가락 중 상대방이 건드린 것과 동일한 손가락을 같은 손 엄지로 자극해보라(아래 사진 참조). 뇌 양쪽 반구 사이에 정보가 제대로 전달되고 있다면 눈을 뜨지 않고도 이것을 할 수 있다.

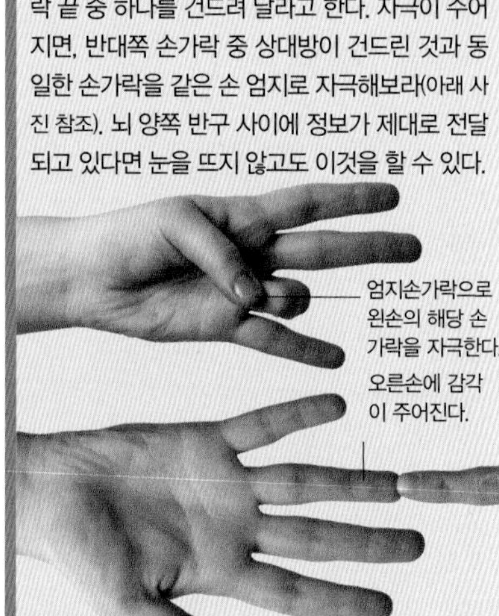

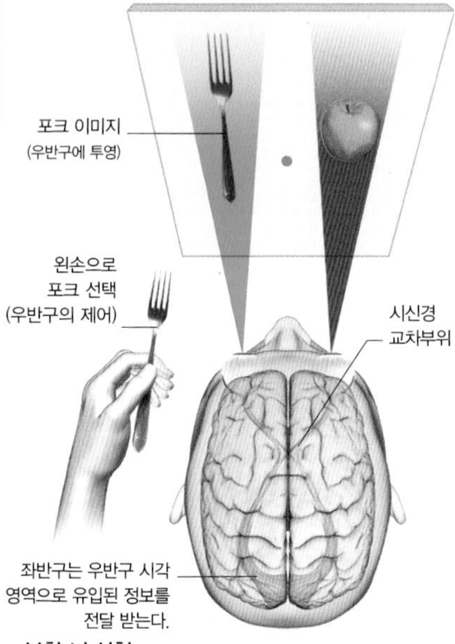

분할 뇌 실험
이 실험에서, 우반구에 투사된 이미지가 왼손의 행동을 이끌어 해당 물체를 선택하게 한다는 결과가 나타났다. 당사자는 그 이미지가 눈에 들어오고 있다는 사실 자체를 인식하지 못하고 오로지 사과만 인식하는 상태에서 포크를 선택한다.

뇌의 불가사의한 특징

뇌 스캔을 통해, 어떤 뇌에는 깜짝 놀랄 정도로 비정상적인 특징이 나타나는 것으로 밝혀졌다. 한쪽 반구가 아예 통째로 없는 경우도 있다. 뇌 반쪽이 없는 상태로 태어날 경우, 이후 삶이 엄청난 여파에 시달릴 수밖에 없다. 그러나 가끔 유아기에 뇌가 굉장히 제한된 형태로 발달했는데도 거의 정상적인 상태로 살아가는 사람들도 있다. 물론 심각한 증상이 몇 가지 있긴 하다.

좌반구가 소실된 상태

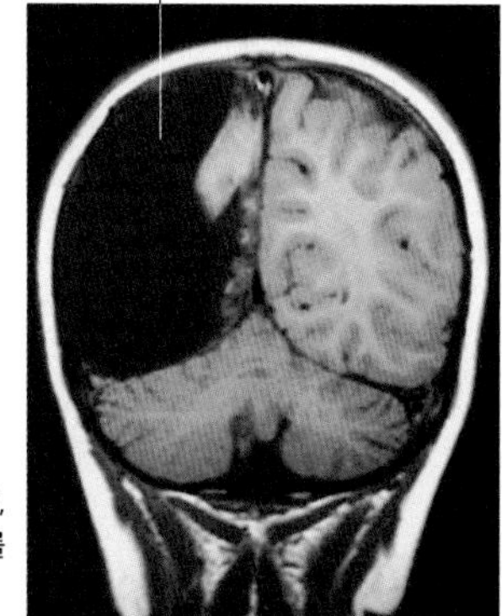

반쪽만 남은 뇌
뇌 반쪽이 사라졌지만, 이 소녀는 2개 국어를 유창히 말할 수 있다.

크기와는 무관하다

사람의 뇌 크기는 큰 차이가 없다. 뇌가 클수록 지능도 높다는 주장은 근거가 미약하다. 한 가지 극단적인 예를 들면, 아일랜드의 작가 조너선 스위프트(1667-1754)가 사망한 직후 뇌의 무게를 달아보니 무려 2,000그램이라는 결과가 나왔다. 한편 1928년 러시아 모스크바 뇌연구소에서는 러시아 유명인들의 뇌를 수집해 구조를 파악하려는 연구를 했다. 여기에는 생리학자 이반 파블로프(1849-1936)의 뇌도 포함되었는데, 그의 뇌 무게는 고작 1517그램이었다.

조너선 스위프트

이반 파블로프

다양한 크기
저명한 석학의 뇌도 크기는 다양하다. 지능지수와 뇌의 크기가 관련이 있는지는 미지수다.

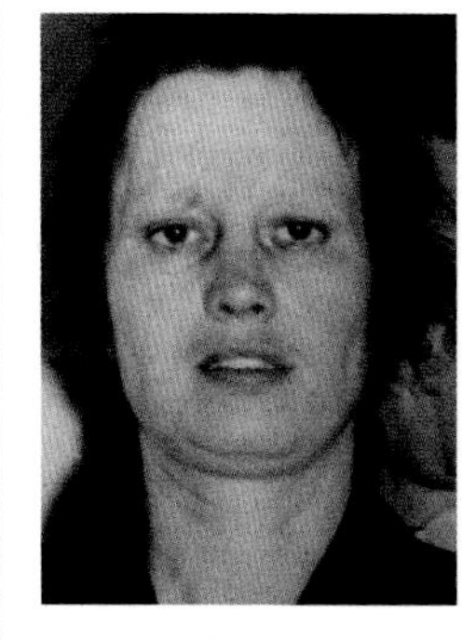

테러리스트의 뇌

울리케 마인호프(1934-1976)는 1970년대 독일에서 온갖 살인, 폭발, 납치 사건을 일으키며 악명을 떨친 바데르-마인호프 갱단의 일원이었다. 경찰에 붙들린 울리케는 감옥에서 자살했다. 그녀가 사망한 후 여러 연구진은 그녀가 생전에 혈관 부종을 앓았고, 치료를 위해 수술을 받던 중 뇌 손상을 입어 그런 폭력적 행동을 한 것이라 주장했다.

살인자의 얼굴
마인호프의 생전 사진은 거의 구하기가 어렵다. 왼쪽 사진은 그녀가 붙잡힌 1972년 당시 촬영한 것이다. 1962년, 그녀는 뇌에 금속 클립을 넣는 수술을 받았고 경찰은 이 덕에 그녀를 체포할 수 있었다.

아인슈타인의 뇌

샌드라 위텔슨 박사는 아인슈타인의 뇌를 다른 사람들의 뇌와 비교 분석했다. 그 결과 그의 뇌는 평균보다 조금 더 넓고, 마루엽을 가로지르는 고랑이 없는 것으로 나타났다. 이 영역은 수학 및 공간적 추론을 관장하는 곳으로, 고랑이 없다는 것은 이곳의 뉴런이 더 쉽게 정보를 교환할 수 있다는 뜻이다. 아인슈타인의 비범한 재능이 어디에서 나온 것인지 알 수 있는 부분이다.

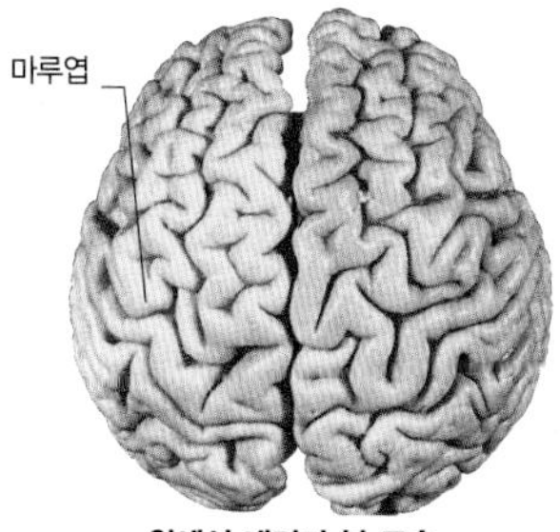

위에서 내려다 본 모습

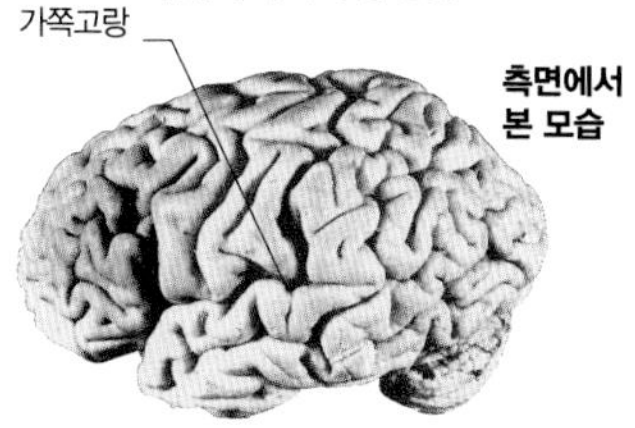

측면에서 본 모습

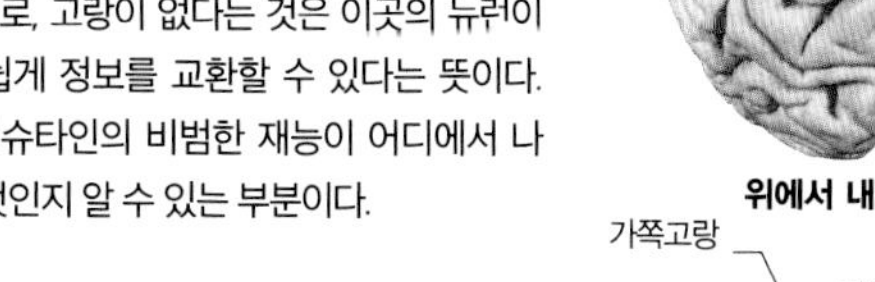

수학적인 뇌?
아인슈타인의 뇌는 일반인의 뇌보다 더 넓다(위 사진). 또 마루엽피질에서 볼 수 있는 가쪽고랑의 일부가 거의 없다.

위대한 업적
알베르트 아인슈타인은 자신의 수학 이론을 따로 떼어서 생각하지 말고 하나의 전체로 보아야 한다고 했다. 그의 색다른 뇌 구조는 그가 위대한 업적을 남길 수 있던 비결을 설명해준다.

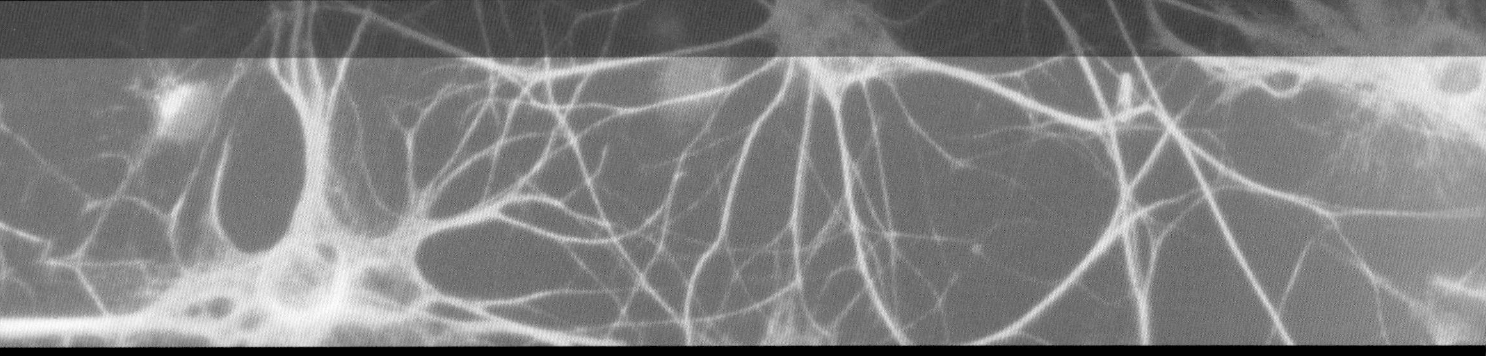

우리의 뇌는 살아가는 내내 변화를 겪는다. 이 변화는 우리의 능력과 행동 방식에 광범위한 영향을 미친다. 태아의 뇌 발달은 임신 후 몇 주가 지났을 때부터 시작되며 그 속도도 굉장히 빨라 1분마다 수십만 개의 뉴런이 새로 추가된다. 그러다 발달 속도가 점차 줄어들고 20대가 되면 거의 완전히 발달한다. 그 이후부터는 거스를 수 없는 퇴행 과정이 자연적으로 시작된다. 더불어 퇴행하는 부분을 보상하기 위해 다양한 기전이 함께 생겨난다.

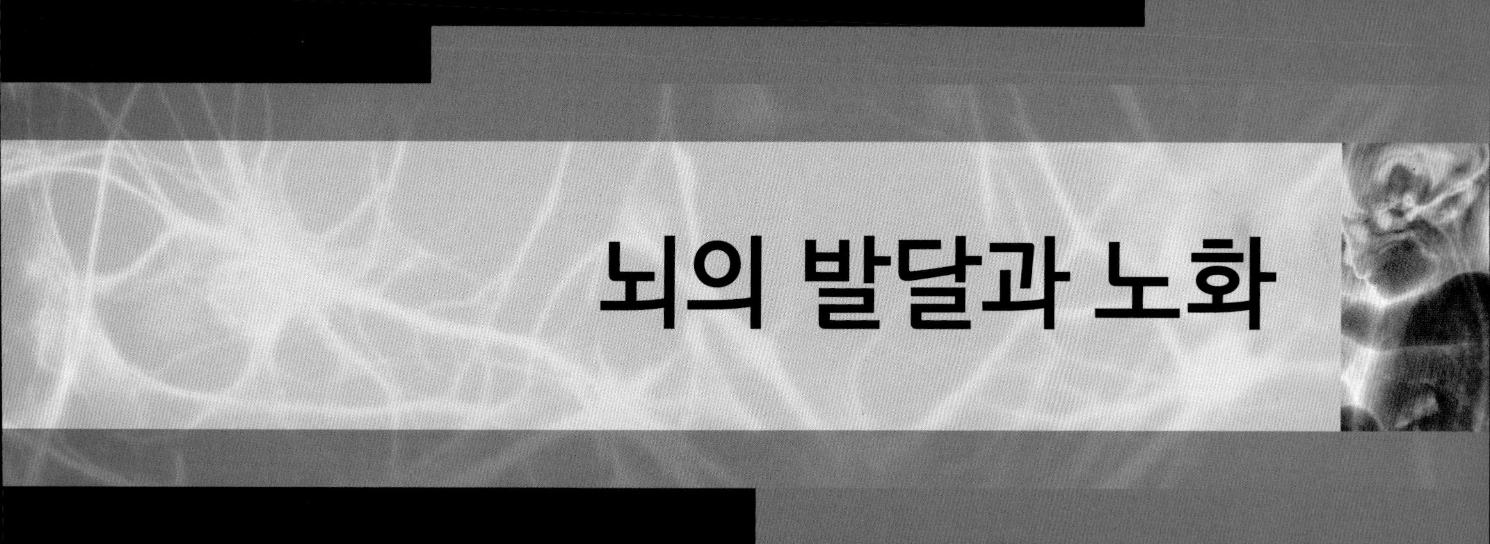
뇌의 발달과 노화

유아의 뇌

인간의 뇌는 발달 중인 배아의 가장 바깥층 조직에서 형성되며, 하나의 장기로 인식할 수 있을 정도가 되기 전에 몇 번의 큰 변형을 거친다. 빠른 세포 성장 기간 후 새로 형성된 뉴런들은 이곳저곳으로 이동하면서 뇌의 다양한 부위를 형성한다. 뇌가 완전히 성숙할 때까지는 20년이 넘게 걸린다.

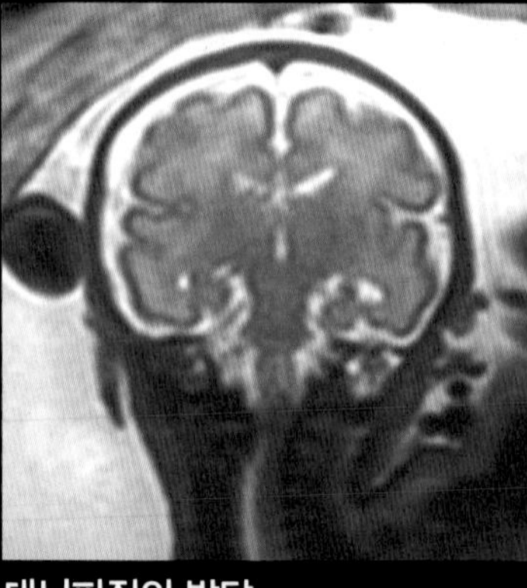

대뇌피질의 발달

대뇌피질은 신경관에서 형성된 세 개의 소포vesicle 중 하나인 전뇌에서 발달한다.
맨 처음 이마엽이 생성되고 이어 마루엽, 그 뒤로 관자엽, 뒤통수엽이 형성된다.

수정에서 출생까지

수정 후 며칠간 배아는 세포들이 아주 작은 공 모양으로 뭉쳐 있는 존재에 불과하다. 뇌와 신경계의 발달은 이 세포들이 분화하여 층을 이루는 약 3주 시점에 시작된다. 가장 바깥의 세포층이 두껍고 평평해지면서 배아의 등을 따라 신경판이라는 구조를 형성한다. 신경판은 점점 넓어지면서 접혀 들어가 액체로 가득 찬 신경관이 되는데, 이것이 뇌와 척수로 발달한다. 뇌는 약 4주경에 신경관 상단이 둥글게 부풀면서 발달하기 시작한다. 동시에 신경관의 아래쪽도 척수를 형성하기 시작한다. 7주 이내에 대뇌피질을 비롯한 뇌의 주요 부위를 육안으로 식별할 수 있다. 이후 뇌는 크기가 커지고 기능이 발달하면서 점점 복잡해진다.

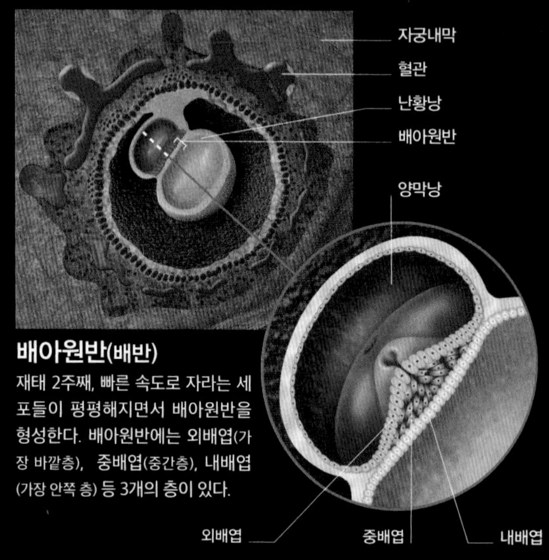

배아원반(배반)

재태 2주째, 빠른 속도로 자라는 세포들이 평평해지면서 배아원반을 형성한다. 배아원반에는 외배엽(가장 바깥층), 중배엽(중간층), 내배엽(가장 안쪽 층) 등 3개의 층이 있다.

배아 발달

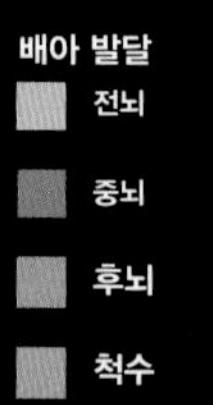

신경관 형성

전뇌 융기부

3주

수정 후 3주 이내에 배아의 등을 따라 신경관이 잘 발달하며, 장차 전뇌를 형성할 융기부가 뚜렷하게 나타난다.

초기 형태의 귀

초기 형태의 눈

신경관

5주

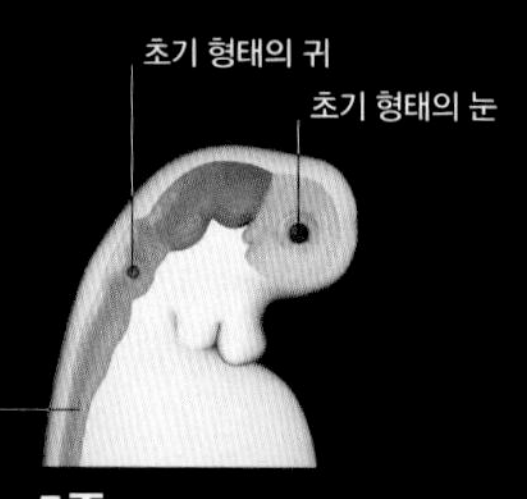

5주째에 접어들면 미래의 전뇌, 중뇌, 후뇌를 뚜렷이 볼 수 있으며, 초기 형태의 눈과 귀가 나타난다. 시신경, 망막 및 홍채가 형성되기 시작한다.

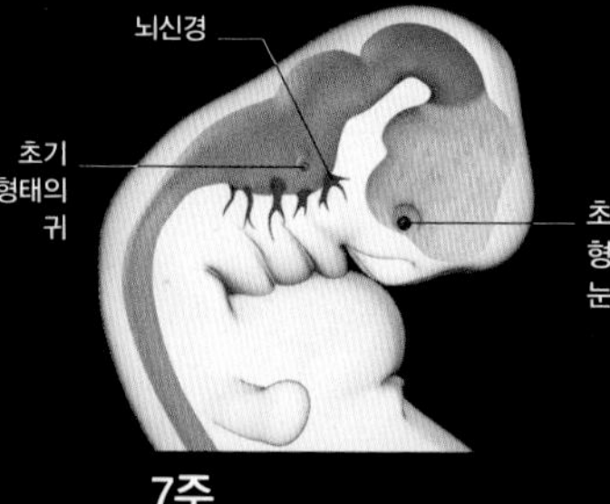

7주

배아의 길이가 2cm 정도 되며 장차 뇌줄기, 소뇌, 대뇌로 발달할 부분이 불룩해지면서 뚜렷이 구분된다. 뇌신경 및 감각 신경도 발달하기 시작한다.

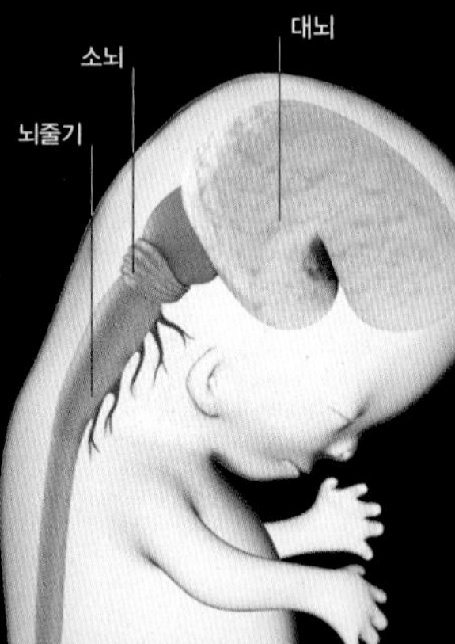

11주

대뇌가 커지고 눈과 귀가 성숙해지면서 제자리를 찾아 이동한다. 태아의 머리는 여전히 다른 신체 부위보다 상대적으로 더 크다. 후뇌는 소뇌와 뇌줄기로 분리된다.

신경관의 형성

신경계가 발달하는 과정에서 가장 중요한 사건은 '신경관 형성'인데, 이 과정은 원시적 척수 조직(척색)이 더 위에 있는 조직에 더 두꺼워지라는 신호를 보내 신경판을 형성하면서 시작된다. 신경판이 안쪽으로 구부러지면서 함몰 부위가 생기는데, 이를 '신경고랑'이라고 한다. 신경고랑 내부의 주름이 서로 만나 하나로 합쳐진 후 따로 분리되어 신경관이 형성된다. 이때 생긴 신경 주름 조직 중 일부는 양쪽으로 뻗어서 신경능선을 형성한다. 신경능선은 나중에 말초신경계로 발달한다.

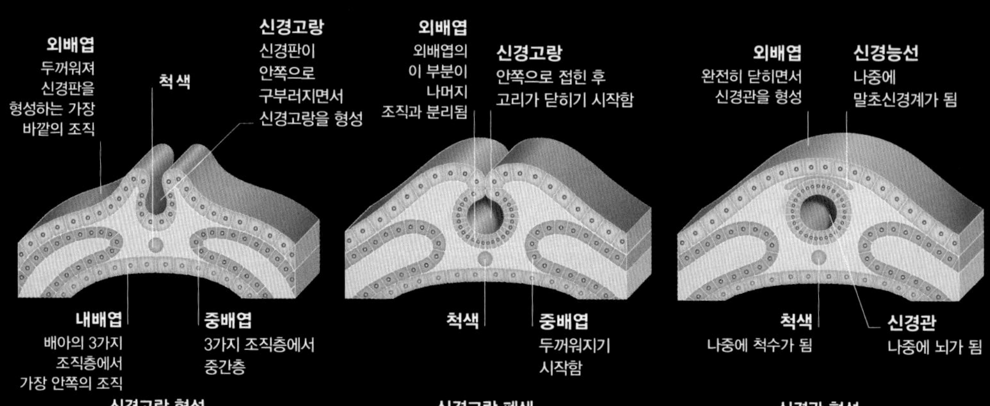

신경 성장 및 가지치기

출생 전에 발달하는 뇌는 전체의 6분의 1에 불과하므로, 생후 첫 3년간의 성장 속도는 놀랄 정도다. 그러나 대부분의 성장은 뉴런 사이를 연결하는 경로가 강화되면서 결합조직에서 일어난다. 3세쯤 되면 이렇게 촘촘한 신경섬유 네트워크에 세포자멸사에 의한 "가지치기"가 일어나야 한다. 가지치기 후 남은 연결은 보다 효율적으로 작동한다. 마치 무선 신호에서 "잡음"을 추출해 내고 간섭이 없어진 상태로 의도된 컨텐츠만 남는 것과 같다.

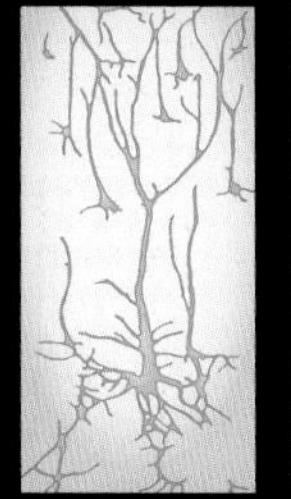
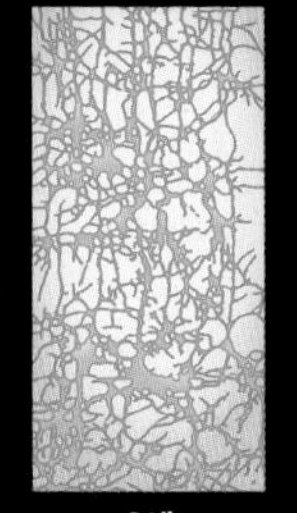
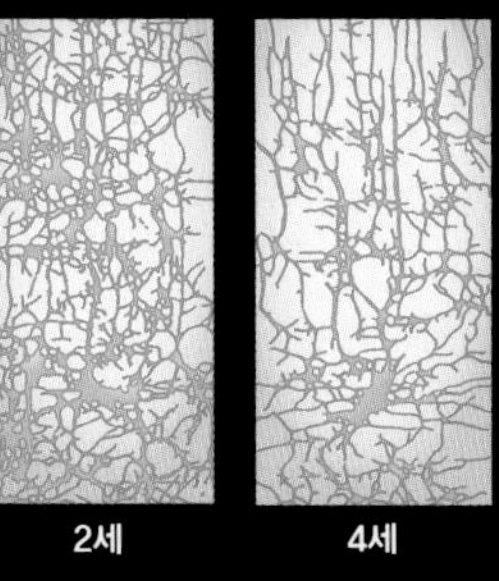
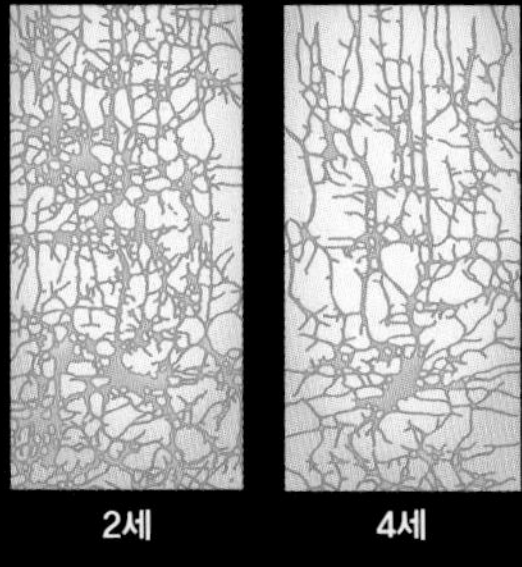

신경 네트워크

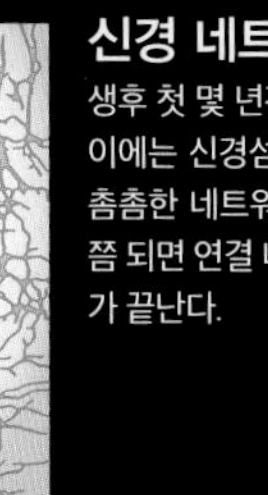

생후 첫 몇 년간 뇌 속의 뉴런들 사이에는 신경섬유가 서로 연결되며 촘촘한 네트워크가 형성된다. 4세쯤 되면 연결 네트워크의 가지치기가 끝난다.

언어 발달

말하기 등 고차원적 기능은 정상적으로 발달하려면 적절한 자극이 필요하다. 유아들은 6개월 정도 되면 옹알이를 시작하는데, 이때는 단순한 자음과 모음이 결합된 음절들을 계속 쏟아낸다. "모성어motherese"는 옹알이에 대해 성인들이 나타내는 만국공통의 반응이다. 노래를 부르듯 의미 없는 말("우쭈쭈")과 단순한 단어를 반복하는 것도 유아의 언어 발달에 도움이 되며 애착 형성을 촉진한다.

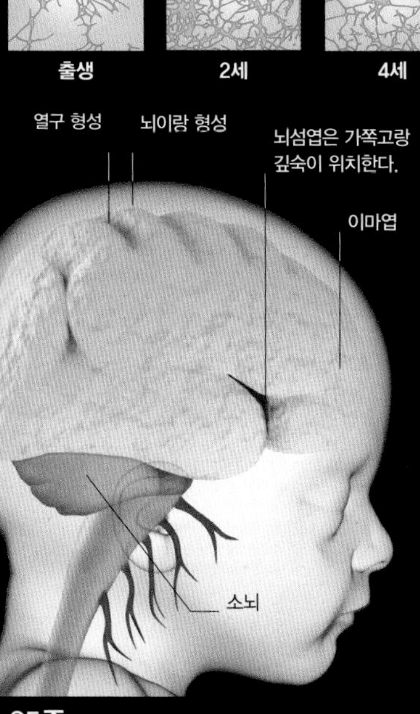

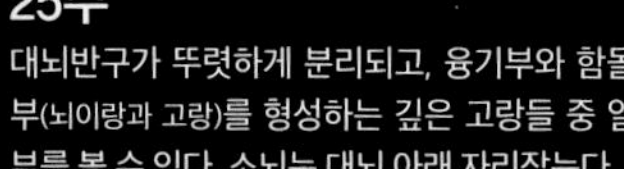

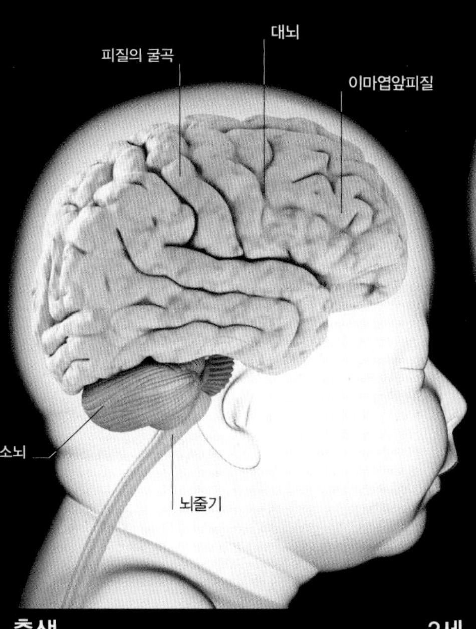

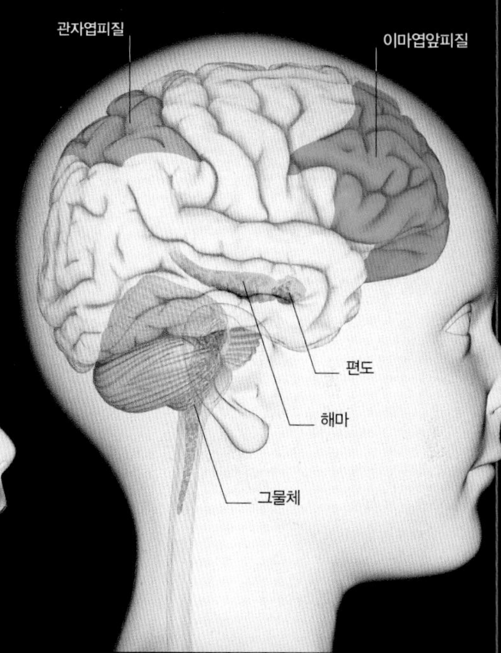

25주

대뇌반구가 뚜렷하게 분리되고, 융기부와 함몰부(뇌이랑과 고랑)를 형성하는 깊은 고랑들 중 일부를 볼 수 있다. 소뇌는 대뇌 아래 자리잡는다.

출생

대뇌는 계속 발달하고, 융기부(뇌이랑)와 갈라진 부분(뇌융선)이 더 복잡해진다. 갓 출생한 아기도 어른만큼 많은 1천억 개의 뉴런을 갖고 태어난다. 대부분은 임신 첫 6개월간 형성되었지만, 아직 완전히 성숙하지 않은 상태다.

3세

이마엽앞 같은 부분은 발달했지만, 연결을 형성 중이거나 아직 수초로 둘러싸이지 않은 많은 부분이 연결되지 않은 상태여서 신호가 일관성 있게 전달되지 않는다. 이로 인해 이마엽의 사고와 판단 능력이 제한된다. 편도체와 해마가 성장하여 기억을 보존할 수 있다.

장소와 얼굴

뇌의 기본적인 기능 청사진은 태어날 때 이미 갖춰져 있다. 예를 들어 뇌 뒤쪽은 눈에서 전달되는 정보를 받을 수 있도록 연결되어 이미 시각적 이미지를 형성하기 시작하며, "좋은" 사건과 "나쁜" 사건을 기억에 등록하는 변연계도 작동한다. 심지어 상당히 세밀한 영역조차 이미 결정되어 있다.

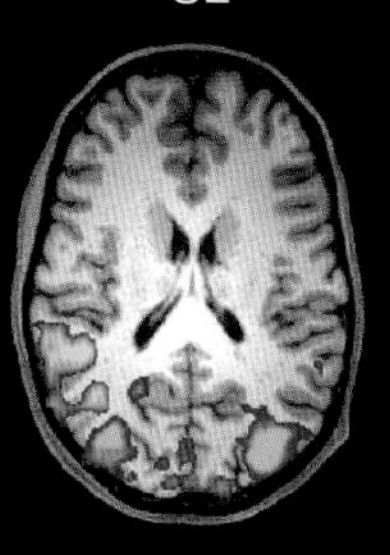
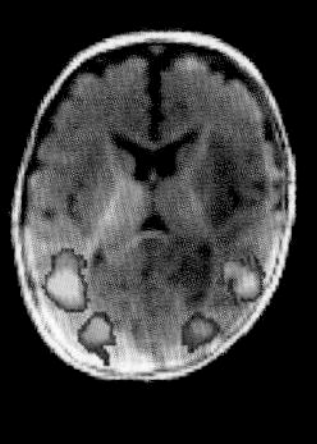

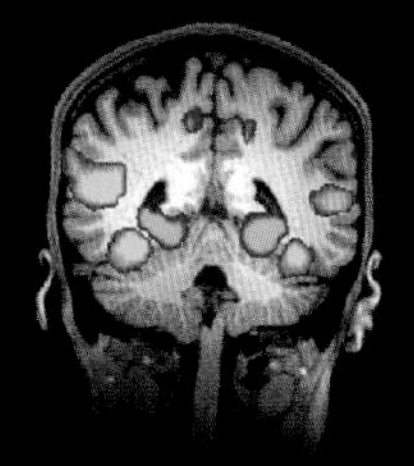
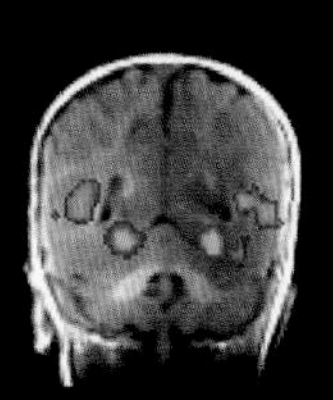

볼 준비가 된 뇌

6개월 된 유아의 뇌 스캔을 보면 이 나이에 이미 성인과 마찬가지로 다양한 뇌 영역에서 사람의 얼굴을 다른 이미지와 구별하여 처리한다는 사실을 알 수 있다.

어린이와 청소년

뇌가 발달한다는 것은 점점 더 많은 신경전달경로를 형성하여 다양한 기능 영역을 서로 연결하는 과정이다. 가장 먼저 완전히 통합되는 것은 지각에 관련된 영역들이며, 곧이어 운동 영역들이 그 뒤를 따른다.

운동 능력

몸을 쓰는 능력은 상당히 이른 시기에 뇌의 지각 및 운동 영역들이 서로 연결되면서 발달한다.

어린이의 뇌

뇌는 아동기와 젊은 성인기 내내 성숙한다. 이 과정은 20대 후반에야 완성된다. 그 사이 다양한 뇌 영역이 서로 연결되어 점점 복잡하고 통합된 행동을 하게 된다. 이런 연결은 뉴런의 축삭이 점점 길어져 다른 뉴런에 도달하면서 일어난다. 또한 지방 성분의 수초가 축삭을 둘러싸는데, 이로 인해 전기적 신호가 훨씬 빨리, 훨씬 일관성 있게 전달된다.

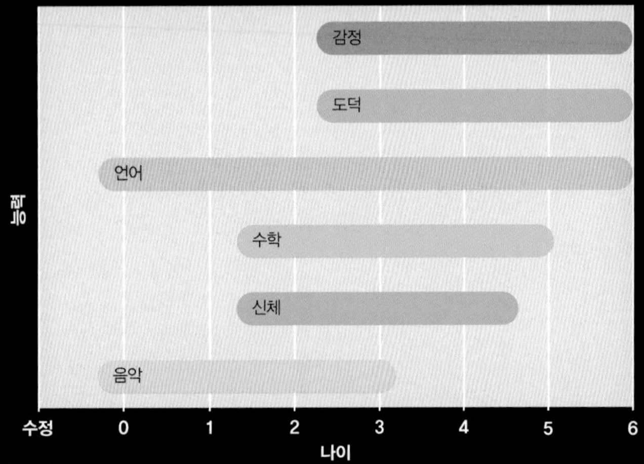

학습 최적기

인간의 능력과 기능은 관련된 뇌 영역이 성숙하면서 함께 발달한다. 발달 일정은 유전적으로 조절된다. 어린이의 뇌가 준비되어 있지 않다면 아무리 가르쳐도 어떤 기능을 습득할 수 없다. 예를 들어, 3세가 되기 전까지 유아는 도덕적 판단을 내릴 수 없다. 그런 판단을 내리는 이마엽앞피질이 완전히 '연결된 상태'가 아니기 때문이다. 그러나 이 영역이 성숙한 후, 어린이는 적절한 자극만 주어지면 관련된 능력을 빠르고 쉽게 학습한다. 학습 최적기를 놓치면 나중에 그 능력을 습득하기 어려워진다.

연결의 변화

과학자들은 7-10세 어린이에서 200장이 넘는 fMRI 스캔을 촬영하여 인간 뇌의 전형적인 성장을 보여주는 도면을 작성했다. 뇌가 성숙하면서 주변부 뇌 영역들을 연결하는 신경섬유들은 감소하는 반면, 변연계와 이마엽앞피질을 연결하는 신경섬유들은 증가하는 것으로 나타났다.

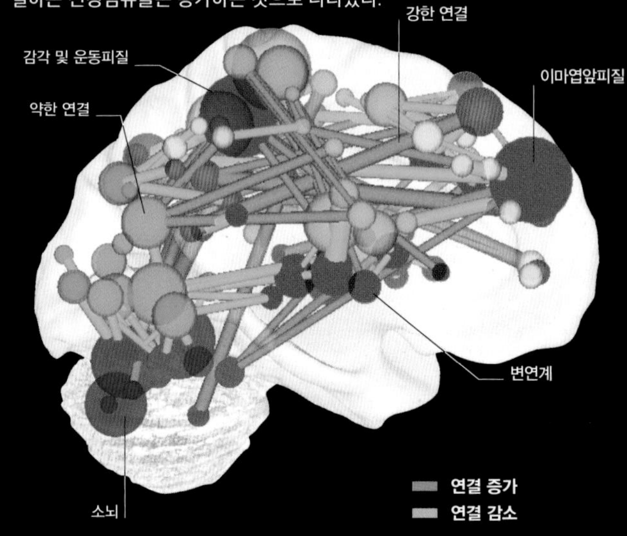

연합

성인처럼 생각하고 행동하려면 뇌 영역들이 '연합'되어야 한다. 이런 연합을 통해 비로소 지각한 것을 완전히 이해하고, 깊이 생각한 후에 행동할 수 있다. 뇌 영역 사이의 연결은 수초화에 의해 좌우된다. 수초화란 뇌 영역 사이를 연결하는 신경전달경로를 지방으로 코팅하여 전기적 신호가 더욱 잘 전달되도록 하는 과정이다.

수초화

이 사진들은 다양한 나이의 평균적인 뇌 연결 정도를 보여준다. 노란색은 완전히 수초화된 부분, 녹색은 부분적으로 수초화된 부분, 파란색은 전혀 수초화되지 않은 부분을 나타낸다.

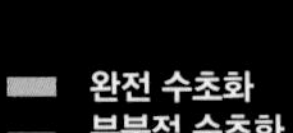

수초화되지 않음

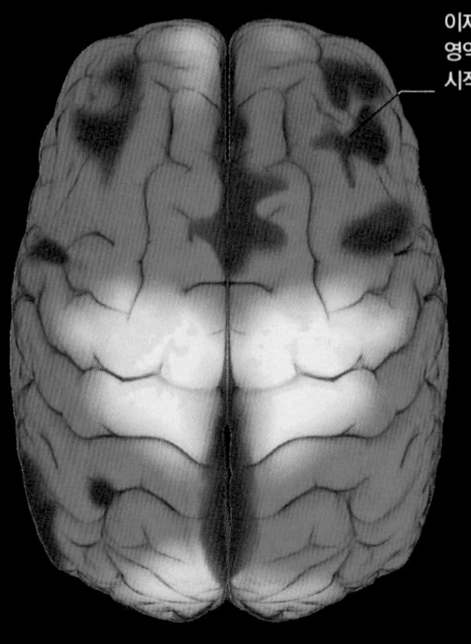

5세

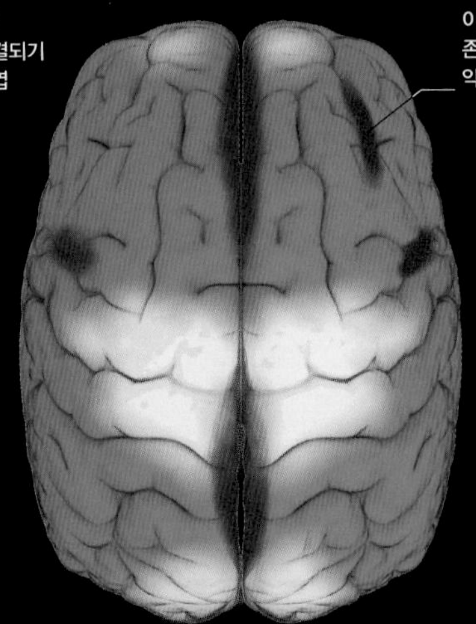

8세

10대의 뇌

사춘기와 초기 성인기 사이에 인간의 뇌에서는 극적인 재구성이 일어난다 이 과정 중에는 종종 충동적이고 반항적인 행동과 급작스러운 성격 변화가 나타난다. 이런 변화를 겪는 동안 10대의 뇌는 특히 취약한 상태다. 쉽게 위험을 감수하거나 비관적인 감정에 빠지는 등의 성격적 특성이 과도하게 나타나 약물남용, 무모하고 범죄적인 행동, 강렬한 불안 또는 우울증 등 사회적 기능을 제대로 수행할 수 없는 상태가 되기도 한다. 많은 경우 이런 문제는 뇌가 성숙하면서 저절로 사라지지만, 때때로 심각한 장기적 정신건강 문제의 시작을 알리는 신호일 수도 있다.

뇌의 변화

10대의 뇌 변화는 남녀 모두 테스토스테론 분비에 따라 일어난다. 이 시기에 남성 호르몬인 테스토스테론은 신경전달경로의 가소성을 크게 증가시켜 뇌는 뉴런 사이에 연결을 맺고 끊기가 쉬워진 상태가 된다. 이에 따라 10대들은 새로운 것을 빨리 배우고, 새로운 습관과 성격을 금방 형성하며 이런 변화가 도움이 되지 않는다면 이내 또 다른 변화가 뒤따른다. 이처럼 10대의 뇌는 불안정하기 때문에 당황스러울 정도로 쉽게 변하며, 위험을 감수하고 반항적인 행동을 나타내는 경향이 있다. 이마엽앞피질은 아직 완전히 발달하지 않은 상태다. 바로 이 때문에 충동성과 함께 급히 의사결정을 내리는 경향이 나타난다고 생각된다. 이런 경향은 운동 기능에 중요한 역할을 하는 바닥핵과도 밀접한 관련이 있다. 양쪽 대뇌반구를 연결하는 신경섬유로, 즉 뇌들보는 두꺼워져서 더 많은 정보를 처리할 수 있게 된다.

사춘기의 정신 질환

ADHD, 행동장애
불안장애
양극성장애
조현병
물질남용
기타 정신 질환

0 5 10 15 20 25

나이

정신건강 위험

사춘기의 뇌에서 일어나는 급격한 변화 때문에 10대는 특히 정신 질환에 취약하다. 사춘기 남녀 5명 중 1명이 성인기까지 계속되는 정신 질환을 겪는다.

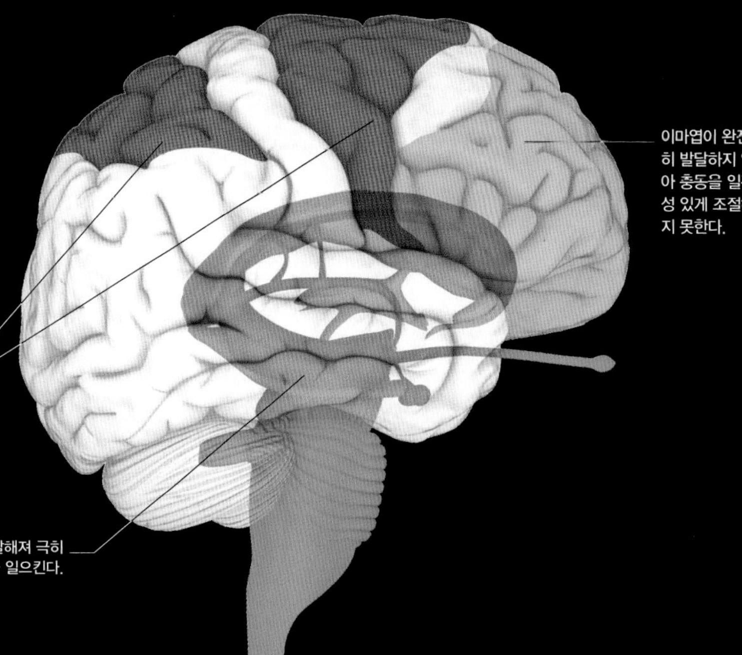

공사중

뇌에서 많은 부위가 한꺼번에 변화를 겪는데, 각각의 변화가 10대에 일시적으로 나타나는 특정한 성향의 원인이 된다.

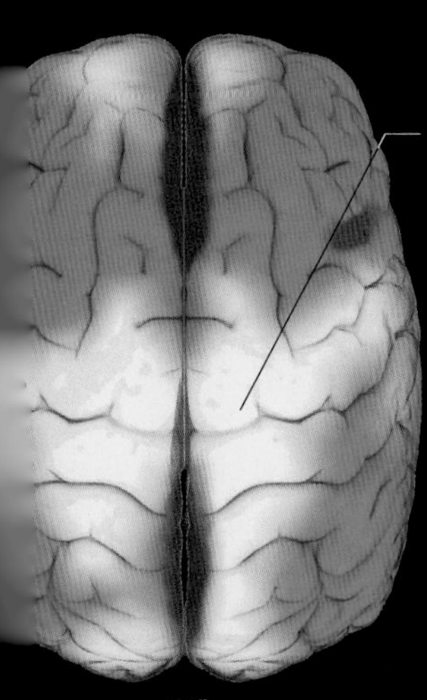

12세

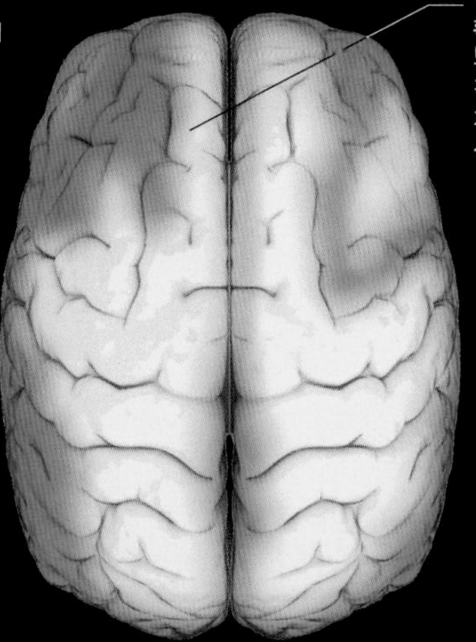

18세

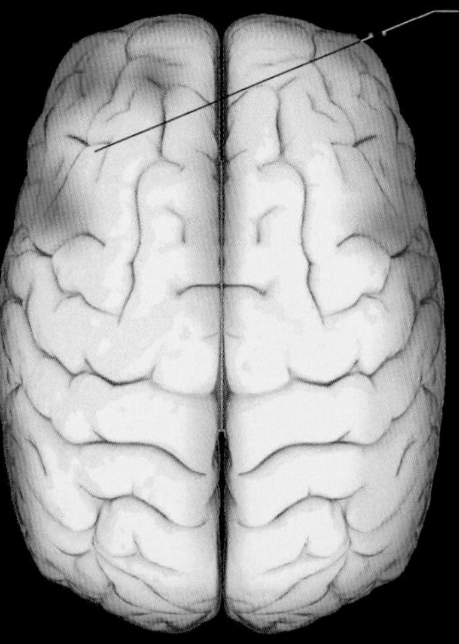

20세

성인의 뇌

뇌는 성숙한 뒤에도 성장을 계속한다. 다른 어떤 장기보다도 성인기에 접어든 뒤까지 변화가 계속된다. 새로운 뇌세포가 계속 생성되고, 뇌의 구조도 삶의 경험에 따라 끊임없이 변한다.

뇌의 성숙

인간의 뇌는 완전히 성숙하기까지 시간이 오래 걸린다. 이마엽앞피질은 완전히 활성화되는 마지막 부위로, 20대 후반에서 30대 초반이 되어야 완전히 수초화된다. 수초화란 수초가 신경 연결을 둘러싸는 현상으로 이렇게 되어야 정보가 신경을 따라 자유롭게 전달될 수 있다. 이마엽앞피질이 완전히 성숙하면 감정적 상황에서 보다 높은 활성을 나타낸다. 십대나 어린이는 감정에 압도당할 수 있지만 이마엽앞피질은 필요한 순간에 감정을 억제하여 보다 사려 깊고 신중한 반응을 유도한다.

뇌량
역시 완전히 발달하여 대뇌반구 사이에 정보가 자유롭게 전달된다.

바닥핵

이마엽앞
피질에서 정보 처리

편도체
감정 처리에 덜 관여

해마
새로운 뇌세포의
생성을 지속시킴

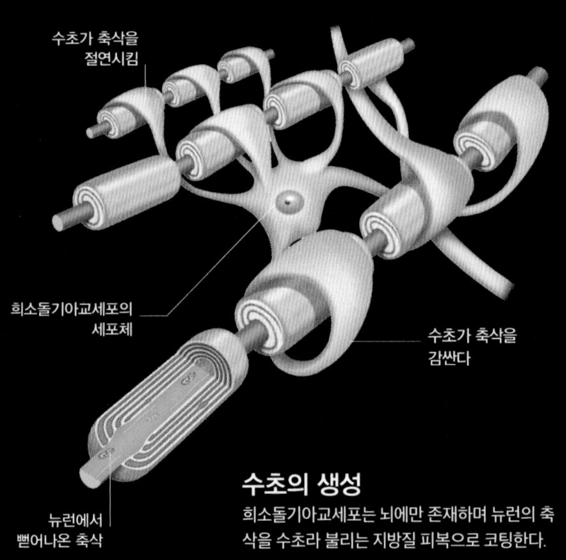

수초의 생성

희소돌기아교세포는 뇌에만 존재하며 뉴런의 축삭을 수초라 불리는 지방질 피복으로 코팅한다.

30세

이마엽앞피질이 완전히 발달하여 실행 기능이 더욱 향상된다. 이는 감정적 정보를 처리할 때 뇌가 편도체에 덜 의존하게 된다는 뜻이다. 청소년기까지도 계속 발달 중이던 뇌의 다른 영역들도 완전히 성숙된다.

신경생성

한때는 성인의 뇌세포 숫자가 생애 초기에 정해져 고정되며, 새로운 것을 기억하거나 배우는 일은 전적으로 기존 뉴런과 그들 사이의 연결의 변화에 의해서만 이루어진다고 생각했다. 이런 식의 재연결이 학습에 중요한 것은 사실이지만, 이제 성인에서도 새로운 뇌세포가 생성되며 실제로 기능에 도움이 된다는 사실이 밝혀졌다. 신경생성은 주로 학습과 기억에 가장 핵심적인 영역인 해마의 치아이랑에서 일어난다. 성인의 해마는 평생에 걸쳐 뉴런의 약 3분의 1이 새로운 뉴런으로 교체된다.

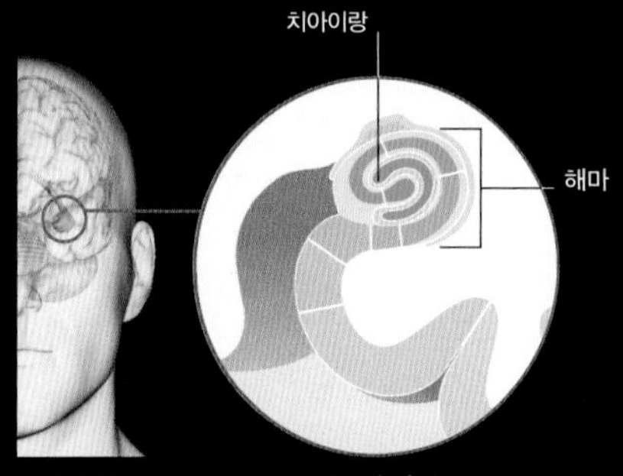

해마의 위치 **해마의 단면**

기억의 생성

해마는 새로운 것을 기억하고 기억한 것을 불러오는 데 핵심적인 역할을 한다. 해마 치아이랑에서는 신경생성이 일어나(다음 쪽) 새로운 정보를 등록하는 데 도움이 된다. 동물에서는 분열 중인 세포에 결합하는 방사성표지자를 뇌에 주사하여 신경생성을 측정한다. 동물이 죽은 뒤 표시된 세포의 숫자를 세 얼마나 많은 세포가 분열했는지 알 수 있다.

고차원적 기능

사람의 뇌는 20대 후반까지 계속 성숙한다. 주된 변화는 이마엽피질처럼 뇌의 고차원적 기능을 수행하는 영역에서 일어난다. 이마엽피질은 점점 더 활성화되면서 뇌의 다른 영역에서 정보를 끌어모아 복잡하고 전체적인 세계관을 형성한다. 그때까지 정서를 담당하는 뇌 영역은 생각과 판단과 행동 절제에 관련된 영역과 불완전하게 연결된다. 이런 영역들 사이의 연결이 안정화되면서 점점 감정적이고 충동적으로 행동하는 대신 조심스럽고 사려 깊게 행동하며 판단력도 향상된다.

노인을 위한 새로운 기억

새로운 뇌세포가 생성되면 새로운 정보를 저장할 수 있지만, 연결 패턴이 변하면서 기존 기억을 교란하기도 한다. 대부분의 기억은 해마에서 형성되며 다른 뇌 영역으로 옮겨져 장기 저장된다. 이 과정에서 기억은 일정 기간 동안 해마와 다른 뇌 영역에 동시에 존재한다. 몇 년이 지나면 해마의 기억은 지워진다. 기억이 완전히 이전될 때까지는 해마에 새로운 세포가 생기면 해마에 저장되어 있던 기억을 담고 있는 연결이 약해질 수 있다. 아주 어렸을 때의 기억을 지니고 있는 사람이 거의 없는 것은 바로 이런 이유 때문일지도 모른다.

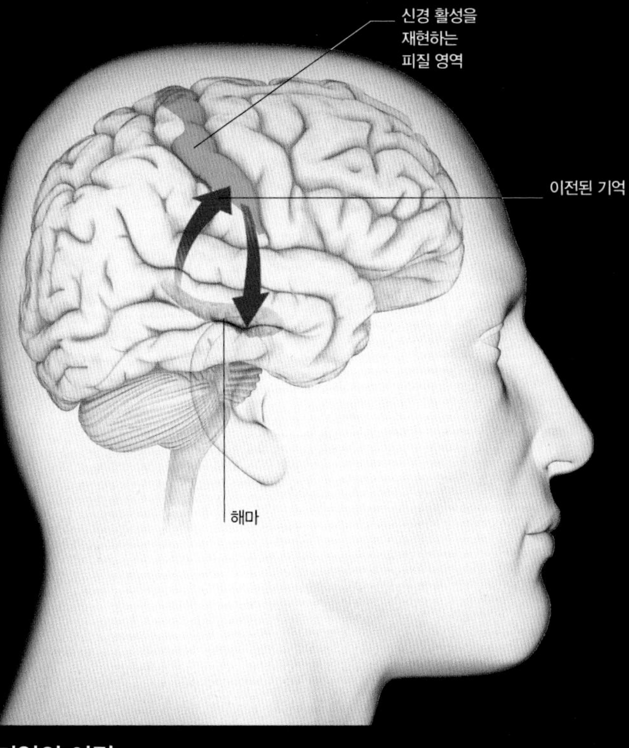

기억의 이전

기억은 처음에 해마에서 신경활성패턴의 형태로 형성됐다가 이후 대뇌피질에 그대로 이전된다(160-161쪽 참고).

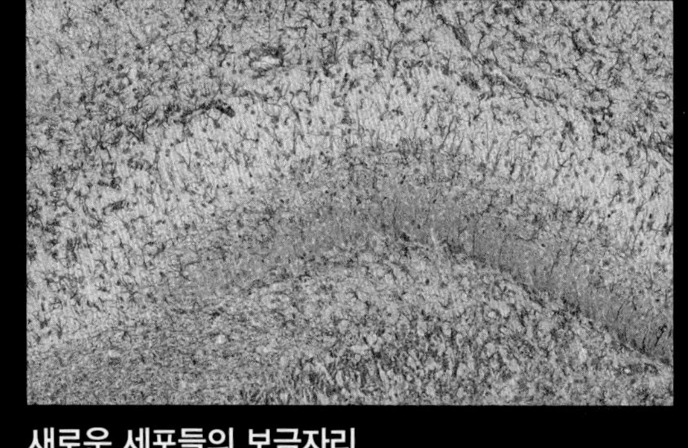

새로운 세포들의 보금자리

위 광학현미경 사진은 해마의 단면을 확대한 것이다. 특수 염색을 통해 치아이랑의 신경세포들을 보여준다. 치아이랑은 새로운 뉴런이 만들어지는 곳이다.

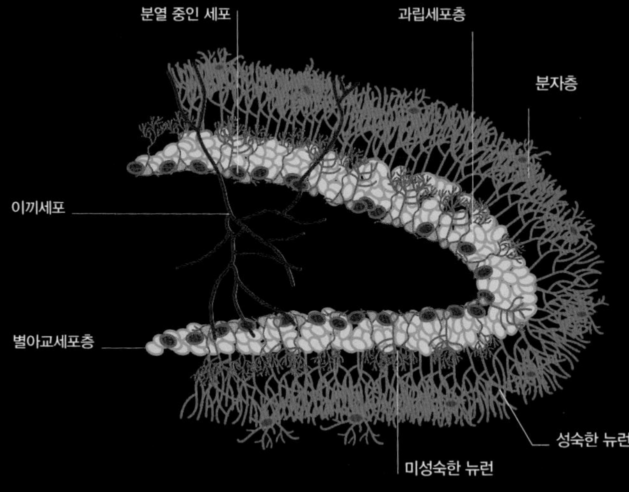

치아이랑 세포

성인에서 새로운 뉴런은 뇌의 2가지 영역에서만 만들어진다. 첫째는 후각피질(이마엽피질 중 후각에 관련된 부분)이며, 두 번째는 해마의 일부인 치아이랑이다. 치아이랑에서 만들어지는 뉴런이 훨씬 많다. 치아이랑의 별아교세포는 뉴런 생성 과정을 촉진하는 단백질을 생산한다. 분열한 세포들은 치아이랑의 과립층을 거쳐 분자층으로 올라가면서 점점 성숙해진다.

부모됨

사녀를 갖는다는 것은 많은 성인의 삶에서 가장 큰 사건이며 행동의 근본적인 변화를 유발한다. 남성이든 여성이든 이런 행동의 변화에는 뇌의 변화가 동반된다. 남성과 여성 모두 호르몬, 특히 프로락틴과 옥시토신의 수치가 상승한다. 또한 경고 신호(편도체 등) 및 행동과 관련된 뇌 영역이 예민해져서 운다든지 표정이 변하는 등 자녀가 보내는 신호에 민감해진다. 남성의 경우 테스토스테론 수치는 떨어지고 프로락틴 수치는 올라가 뇌가 일시적으로 여성의 뇌와 비슷해진다.

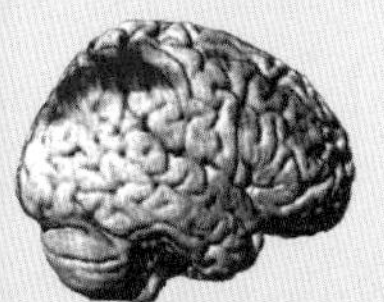

우반구

좌반구

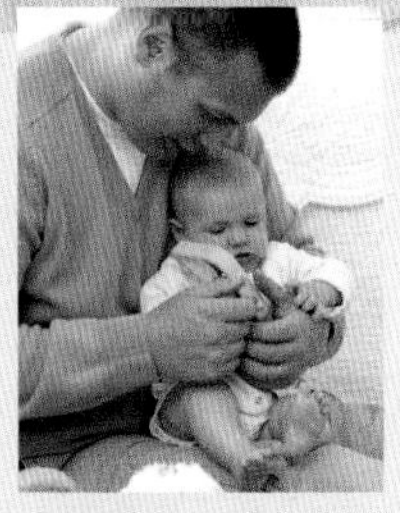

뇌의 변화

연구에 따르면 부모가 된 사람의 뇌는 신경생성의 광풍이 한바탕 휩쓸고 지나가는 것과 같다. MRI 연구 결과 새로 엄마가 된 여성의 뇌는 피질 두께가 증가했다(왼쪽 스캔, 빨간색).

아기를 보면

부모의 뇌는 다른 아이보다 자기 아기의 얼굴을 보았을 때 훨씬 강력한 반응을 보인다. 엄마들의 경우, 반응의 강도는 엄마와 아기의 애착 정도에 상관관계가 있다. 이런 경향은 특히 편도체에서 두드러진다. 산후 우울증을 겪은 엄마는 자녀에게 강한 애착을 느끼는 엄마보다 편도체 반응이 약하다. 영상 연구 결과 모든 성인은 갓난아기의 얼굴을 보았을 때 특정한 반응을 나타낸다. 정서에 관련된 뇌 영역인 눈확이마엽피질의 특정 부분이 활성화되는데, 이런 반응은 성인의 얼굴을 볼 때는 나타나지 않는다. 이처럼 특징적인 반응은 남녀 관계없이, 부모인 사람과 부모가 아닌 사람에게 공통으로 나타난다. 이런 사실은 우리가 진화 과정에서 우리 생물종에 속한 유아에게 정서적 애착을 느끼도록 조건화되었음을 시사한다.

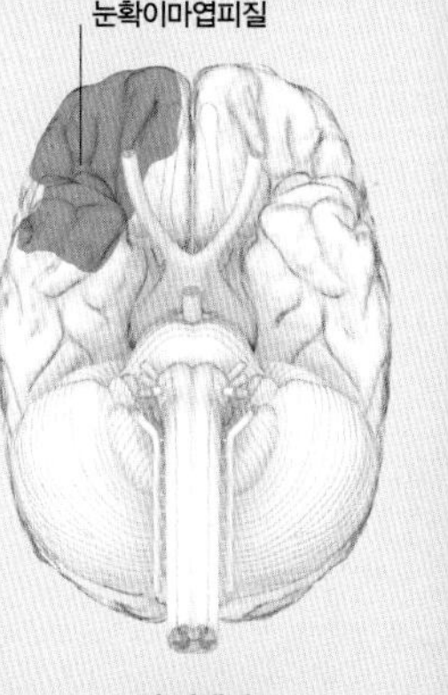

뇌 아랫면

뇌의 노화

전통적으로 노화란 뇌와 신체가 퇴행하기 시작하는 것이라고 생각해왔다. 뉴런의 수가 줄어들고 남아 있는 뉴런도 전기적 자극이 더욱 천천히 전달된다는 점에서 이는 옳은 설명이라 할 수 있다. 전달 속도가 느려지면 사고 과정도 함께 느려지고, 기억력에도 문제가 생긴다. 또 반사 작용도 제대로 이뤄지지 않아 균형 감각 및 운동에 지장을 줄 수 있다.

자연 퇴화

과거에는 50세 이상 사는 사람이 드물었기 때문에, 그 이후 시기의 뇌를 사용하는 과정도 발달하지 못했다. 인류 역사와 진화에서 뇌의 노화라는 것은 비교적 새롭게 등장한 현상이라 할 수 있다. 뇌와 신경계의 자연 퇴화는 질병으로 시작되는 것이 아니다. 그러므로 뇌의 특정 활성 패턴이 변화하면서 발생하는 치매와 혼동해서는 안 된다. 최근 연구 결과에 따르면 뇌의 뉴런은 대부분 사망할 때까지 건강한 상태를 유지하지만 뇌 용적과 크기는 20세부터 90세까지 약 5-10퍼센트 줄어든다고 한다. 그뿐 아니라 뇌의 위상적 특성도 변화한다. 즉 고랑 부위가 넓어지고 신경섬유가 엉킨 부분, 신경반이 형성되는 것이다. 그러나 이런 변화가 어떤 작용을 하는지는 확실히 밝혀진 것이 없다. 이 현상은 건강한 사람이나 알츠하이머에 걸린 사람 모두에게서 발견된다.

수초의 퇴화

수초는 뉴런의 축삭돌기를 감싼 절연체로, 세포와 세포 사이의 효과적인 정보 교류에 필요한 부분이다. 단백질이 주성분인 이 수초는 나이가 들면서 점차 퇴화하고, 그 결과 뇌의 신경회로 효율이 떨어지고 균형감각과 기억력에 문제가 생긴다. 왼쪽 그림에서 파란색과 보라색 부분은 떨어져 나온 수초 조각이 피질에서 나와 척수 쪽으로 가는 모습이다. 녹색은 퇴화되지 않은 부분이다.

나이와 신경 흥분도

신경전달물질 중 도파민은 흥분과 빠른 의사결정을 촉진하는 역할을 한다. 뇌 영상 연구에 따르면, 나이가 들수록 신경회로에서 도파민 활성이 감소하는 것으로 나타났다. 도파민은 긴장을 찾아다니고 위험을 감수하는 특성과 연관되기 때문에, 행동 변화로 나타날 수 있다. 노인이 젊은이보다 조용한 삶을 더 선호하는 이유는 도파민의 양이 감소했기 때문으로 보인다.

크리스마스의 설렘
선물 상자를 여는 일은 아이들에게 매우 흥분되는 일이다. 하지만 노인은 그다지 설레지 않는다. 아마도 어떤 '보상(선물)'이 있을 때 생성되는 도파민의 영향력이 나이가 들수록 줄기 때문으로 보인다.

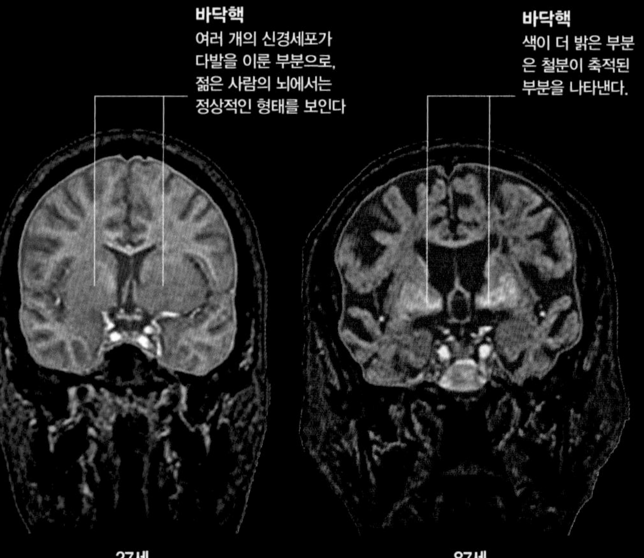

바닥핵

이 두 장의 MRI 사진은 젊은 사람과 나이 든 사람의 뇌에서 나타나는 결정적 차이를 보여준다. 특히 협응 운동에 핵심 역할을 하는 바닥핵에 차이가 생긴다는 것을 알 수 있다.

거미막밑공간
28세인 사람의 뇌 사진으로, 거미막밑공간의 크기가 정상적인 수준이다.

거미막밑공간
전 생애에 걸쳐 뇌세포가 줄어들면서 뇌의 크기가 줄어들면 이 부분은 더 커진다.

27세

87세

거미막밑공간

뇌 바깥쪽 가장자리 주변에 있는 거미막밑공간은 뇌출혈이 일어날 수 있는 공간으로 알려져 있다(229쪽 참조). 뇌가 노화되면서 이 부분은 더 커지는데, 이는 뇌 전체 용적이 감소했다는 것을 의미한다.

노화의 긍정적 측면

뇌는 노화에 따른 변화를 보상할 수 있다. 또한 두뇌 기능은 나이가 들면서 더 향상될 수도 있다. 45-50세 연령군의 관자엽과 이마엽에서는 수초가 더 증가하는데, 이는 이들의 지식 관리가 더 용이해질 수 있음을 의미한다. 또한 지식에 관한 여러 연구를 통해, 뇌 기능이 우수한 노인의 경우 젊은층 및 자신보다 뇌 기능이 떨어지는 다른 노인들보다 양쪽 반구를 모두 사용하거나 그들과 다른 쪽 반구를 사용하는 것으로 나타났다. 이는 뇌가 노화로 쇠퇴하는 기능을 보완하여 사고 및 기억의 처리 과정을 더 강화하기 위해 마련한 방식으로 해석할 수 있다.

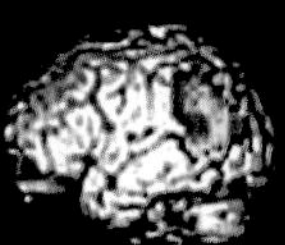

젊은층(좌반구) 젊은층(우반구)

뇌 활성 비교

한 연구에서는 젊은이와 노인에게 문장 이해도를 측정할 수 있는 문제를 주고, 푸는 동안 fMRI로 뇌 사진을 촬영해 비교 분석했다. 그 결과 나이 든 사람들은 뇌에서 언어를 관장하는 부분에 결함이 있고, 이를 보상하기 위해 다른 부위를 동원함으로써 우수한 이해도를 나타내는 것으로 밝혀졌다.

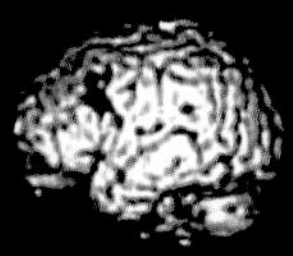

노인(좌반구)

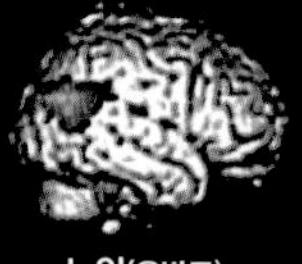

노인(우반구)

단백질 축적

어느 연구에서는 80대 노인 중 기억력 검사 결과가 매우 우수한 5명을 대상으로, 비슷한 연령대의 '보편적인' 뇌 기능을 보이는 사람들과 뇌 활성을 비교해 보았다. 그 결과 전자의 경우 '타우'라 불리는 단백질 덩어리가 뇌에 축적된 양이 후자보다 적었다. 타우 단백질은 점점 커지면서 결국에는 뇌세포를 죽게 만드는 것으로 보인다.

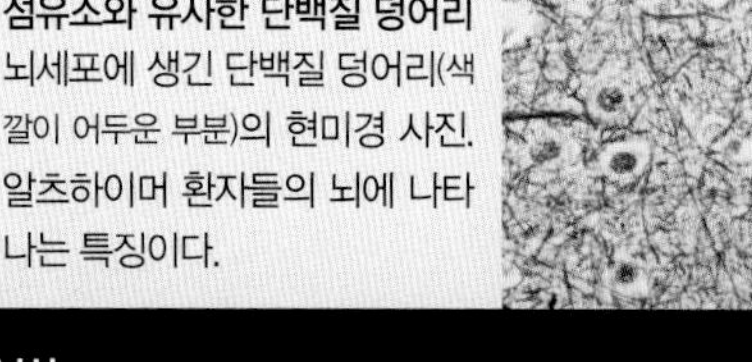

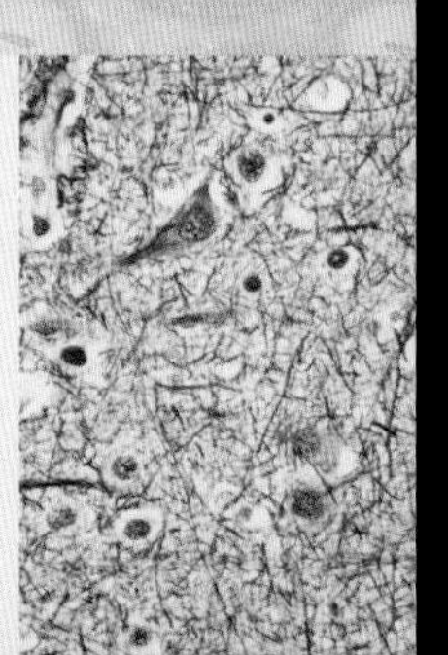

섬유소와 유사한 단백질 덩어리 뇌세포에 생긴 단백질 덩어리(색깔이 어두운 부분)의 현미경 사진. 알츠하이머 환자들의 뇌에 나타나는 특징이다.

뇌를 젊게 유지하기

뇌의 노화에 관한 최신 연구 결과에 따르면, 규칙적인 운동 등 생활 방식과 관련된 요소들을 조절하면 뇌 기능의 퇴화 속도를 늦출 수 있다고 한다. 또한 음식 섭취량을 줄이면 혈액의 당 농도가 낮아져서 역시나 뇌의 노화 속도를 늦추는 작용을 하는 것으로 밝혀졌다. 혈액 속 당 성분이 단백질을 손상하는 작용을 하기 때문이다. 1형 당뇨병이 있는 사람처럼 혈당이 높은 사람은 당뇨병이 없는 일반인보다 뇌의 노화 징후가 더 많이 나타난다.

운동

휴식

건강한 식습관

두뇌 운동

건강한 생활의 장점

여러 생활 요소가 신경 조직의 성장을 자극하는 것으로 밝혀졌다. 특히 빨리 걷기 같은 가벼운 유산소 운동, 규칙적인 수면 습관, 건강한 식습관, 두뇌 운동은 뇌의 노화 속도를 늦추고 기억력 감퇴 등 노화에 수반되는 여러 문제를 예방하는 데 도움이 된다.

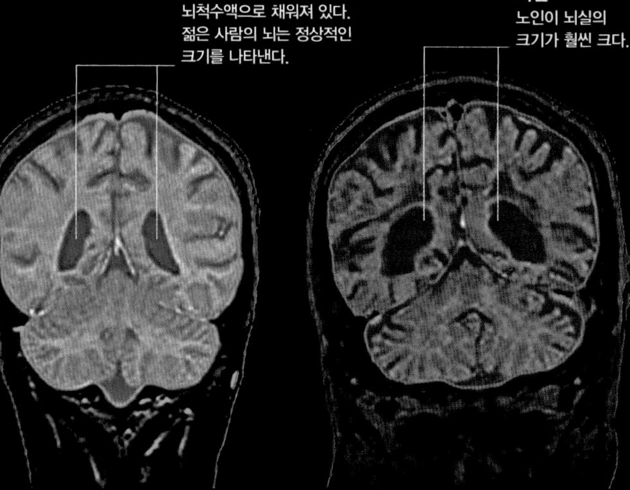

이 비어 있는 공간은 뇌척수액으로 채워져 있다. 젊은 사람의 뇌는 정상적인 크기를 나타낸다.

노인이 뇌실의 크기가 훨씬 크다.

회색질과 정보를 교환하는 경로로, 현재 좋은 상태를 보이고 있다.

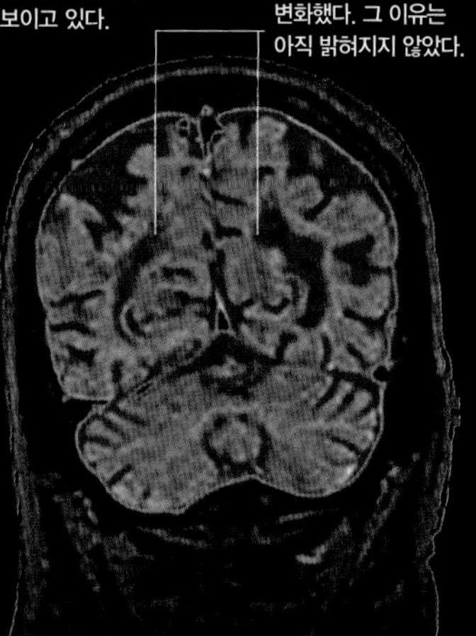

백색질 내 신경로
노화가 진행되면서 이 부분의 형태가 변화했다. 그 이유는 아직 밝혀지지 않았다.
87세

뇌실

뇌척수액으로 채워진 뇌실은 뇌의 손상을 막고 호르몬을 운반하는 등 여러 기능을 수행한다. 나이가 들면 회색질이 전체적으로 줄어들고, 그 결과 뇌실이 더욱 커진다.

백색질 내 신경로

백색질은 주로 뉴런을 지탱하는 데 필요한 아교세포들로 구성되어 있다. 뇌가 노화되면 이 아교세포의 수가 줄어들고, 뉴런 기능의 효율성도 함께 줄어든다.

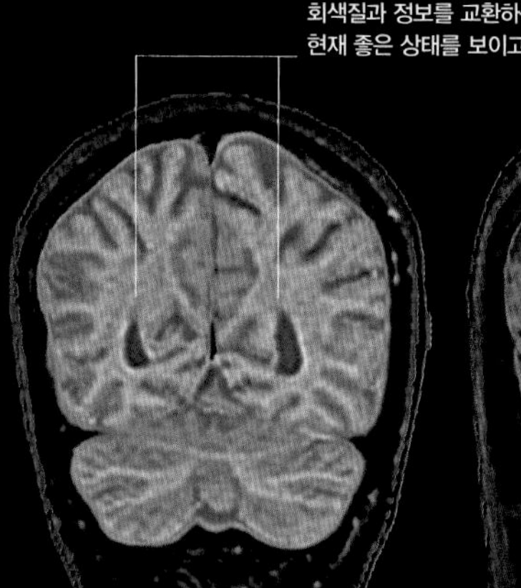

뇌의 미래

뇌의 작용 양상, 변화, 기능 강화 방식에 대해 점점 많은 내용이 발견되면서, 인공두뇌를 개발하는 일은 그저 소설 속에서나 볼 수 있는 일에서 벗어나 점차 현실로 다가오고 있다. 이미 우리 주변에서 생각 읽기, 사고 조절, 인공지능과 관련된 기술이 등장하고 있고, 매일 더 정교하게 다듬어지고 있다.

뇌-기계 인터페이스

우리가 어떤 생각을 할 때 뇌는 전기신호를 생성한다. 과학자들은 이 전기신호를 센서로 잡아낸 후 이를 다른 전자기기에 무선 방식으로 보내는 기술을 발명했다. 즉 생각만으로 다른 물체를 움직이거나 변형할 수 있게 된 것이다. 이 분야에서 행해지는 연구는 대부분 신경계가 손상된 사람들이 마비된 팔다리를 대신해 사용할 수 있는 장치를 개발하는 데 중점을 두었다. 여기에 쓰이는 기술 중에는 컴퓨터게임 분야에서 사고력으로 게임을 할 수 있도록 개발한 기술들을 도입한 것도 있다.

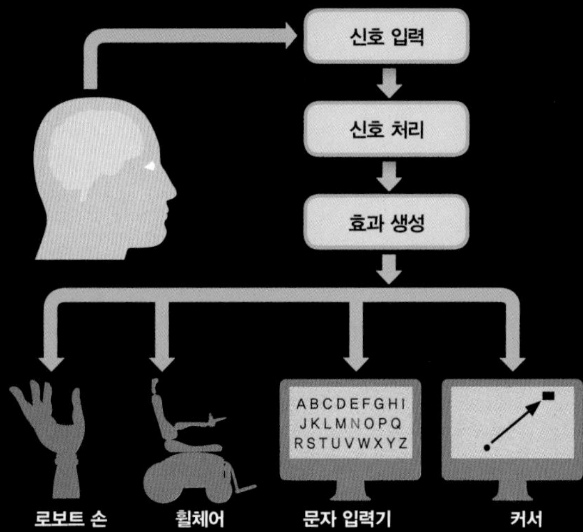

다시 움직이다

마인드컨트롤 기술을 이용하면 단지 생각만으로 인공 팔다리, 휠체어, 컴퓨터 등의 장치를 사용할 수 있다. 뇌에서 전달된 신호를 수신한 후 분석 및 기록하여 각 장치에 작동 지침을 전달한다.

유용한 로봇

현대의 로봇은 다양한 기능을 수행하도록 설계된다. 최근 로봇은 요리, 집안일, 병원 보조, 전장 임무 등을 수행하며, 심지어 귀엽고 활기찬 반려동물 노릇까지 한다.

휴머노이드 로봇

홍콩의 한 로봇공학 회사에서 개발한 소피아는 걷고, 적절한 표정을 지으면서 말하고, 강의와 인터뷰를 하는 등 다양한 기능을 갖추고 있다. 심지어 사우디아라비아에서는 소피아에게 시민권을 부여하기도 했다.

생각 읽기 기술

fMRI로 볼 수 있는 신경의 활성 '장면'은 그 사람이 무엇을 보고 있는지, 또 어느 정도까지는 그가 무슨 생각을 하고 있는지가 담겨 있는 정확한 설명서라 할 수 있다. 이를 실제로 실현하기 위해, 한 사람이 특정한 이미지를 보는 동안 fMRI 스캔을 촬영하고 그 결과를 정교한 컴퓨터 소프트웨어로 분석할 수 있다. 뇌의 활성 패턴을 눈으로 볼 수 있는 '정보로 판독하는' 것이다. 이와 같은 '독심술'이 가능한 이유는 시각피질에 위치한 뉴런은 특정 자극에만 반응하기 때문이다. 수평선, 혹은 수직선이 그러한 자극의 예로, 이때 나타나는 뉴런의 활성 패턴을 해독하면 뉴런이 기록 중인 시각 자극이 무엇인지 파악할 수 있다.

표정 재현하기

캐나다의 과학자들은 사람들에게 다양한 표정을 보여주면서 그들의 EEG 뇌 스캔을 분석하여 컴퓨터에 입력함으로써 사람이 본 표정을 재현했다.

거짓말 탐지기

독심술이 상대방이 바라보고 있는 대상을 알아내는 데만 사용되는 것은 아니다. 뇌 스캔을 활용한 연구들에 따르면, 사람은 거짓말을 하면 뇌에서 진실을 말할 때와는 다른 신경 활성 패턴이 발생한다. 이 결과를 토대로, 뇌의 활성을 fMRI로 포착해 분석하는 '거짓말 탐지기'가 개발됐다. 아직 계속 개량되고 있지만 이 기술은 정확도가 90퍼센트가 넘는 것으로 알려져 있다. 심장 박동과 혈압을 동시에 기록하는 원리의 거짓말탐지기보다 정확도가 훨씬 높다.

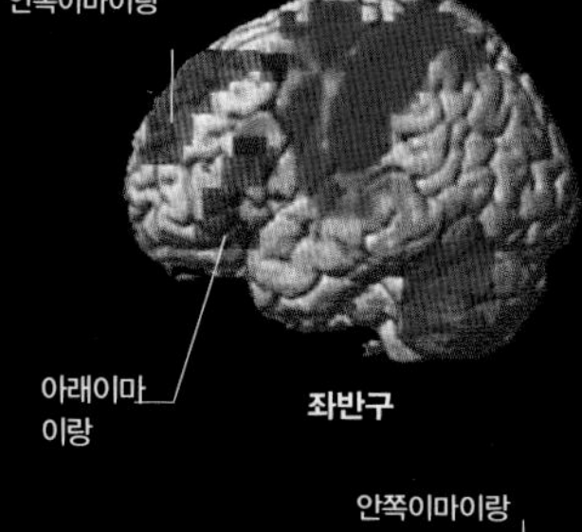

진실은 드러난다

누군가 진실을 말하거나 거짓말을 할 때면, 뇌의 각기 다른 영역이 활성화된다. 오른쪽 그림에서 붉은색 부위는 거짓말을 할 때 활성화되는 부위이고, 파란색 영역은 진실을 말할 때 활성하는 부분이다.

인공지능

과학자들은 지난 수십 년 동안 생물체가 아니면서 지능을 갖는 장치를 개발하려고 노력해왔다. 그 결과 인간의 뇌와 동등한, 때로는 오히려 성능이 더 뛰어난 컴퓨터 프로그램을 개발하는 데 성공했다. 그 예가 체스게임 프로그램으로, 전 세계 최고의 체스 선수와도 겨룰 수 있는 수준에 이르렀다. 그러나 인간의 뇌처럼 유연하고, 그렇기 때문에 '실제' 세상의 특징인 끊임없이 변화하는 환경에서도 운영 가능한 시스템을 개발하는 것은 어렵다는 것이 입증되었다. 이 난제를 해결하기 위해, 인공지능 연구에 주력하는 사람들은 최근 한층 진보된 컴퓨터 프로그램 개발에 역점을 두고 있다. 엄청난 계산 능력에 의존하지 않고, 다소 불안정하더라도 '전인적인' 혹은 '직관적인' 판단을 빠르게 내릴 수 있는 그런 프로그램을 개발하는 것이 이들의 목표다.

바둑 챔피언

딥마인드의 알파고는 2017년 '바둑의 미래 서밋'에서 세계 최고수인 커제를 꺾었다. 바둑은 체스보다 훨씬 복잡하다.

불쾌한 골짜기

로봇을 인간의 형상과 비슷하게 만들수록 사람들은 점점 불편한 감정을 느낀다. 소피아 같은 로봇은 소위 '불쾌한 골짜기'라는 현상을 일으킨다. 기계에 관한 그래프를 그려보자. 가로축은 기계가 얼마나 실제 사람을 닮았는지, 세로축은 그 기계에 대해 사람들이 얼마나 편안하게 느끼는지를 측정한 수치다. '불쾌한 골짜기'란 이 그래프가 갑자기 뚝 떨어지는 현상을 가리킨다. 기계인 로봇은 사람에게 전혀 신경을 쓰지 않지만, 사람은 다르다. 어떤 장치가 사람을 닮았지만 '어딘가 맞지 않는다'고 느끼는 순간 마음이 불편해지는 것이다.

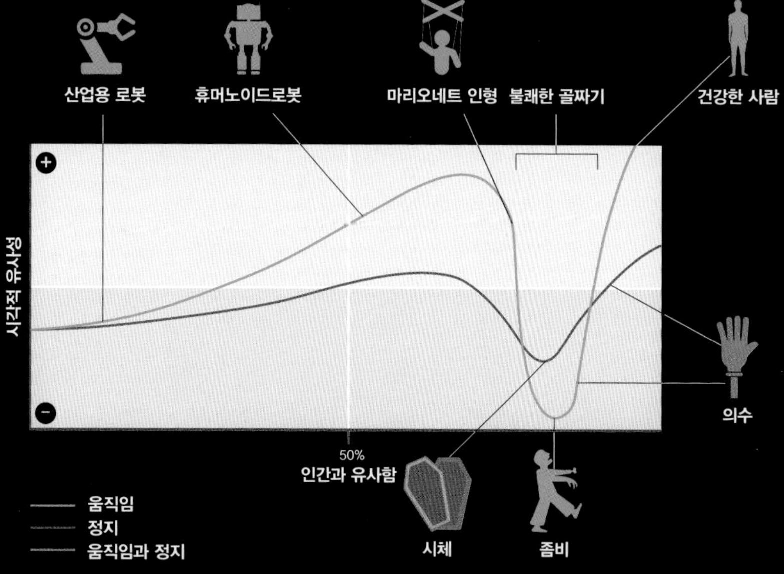

괴물인가 기계인가?

이 그래프는 휴머노이드 로봇이 더욱 기능적인 외관을 지닌 산업용 로봇보다 사람들에게 더 친숙하지만, 사람과 점점 비슷해지다가 갑자기 친숙도가 떨어지는 전환점이 있음을 보여준다. 이것이 바로 '불쾌한 골짜기'다.

최신 기술

최근 생명공학 기술이 발달하면서, 망가진 팔다리를 사람의 생각으로 조종할 수 있는 인공 팔다리로 교체하는 일도 가능해졌다. 뇌가 제어하는 것과 거의 동일한 수준의 통제가 가능해진 것이다. 그밖에 뇌에 전기 뇌 조정기를 삽입해 뇌 기능을 바꾸는 것도 가능하다. 생체공학 기술로 탄생한 눈 등 인공 감각기관은 이미 시험 중에 있고, 추가 메모리나 인공 해마 등 뇌 일부를 대신하는 기술도 탄생이 얼마 남지 않았다.

뇌 탐침

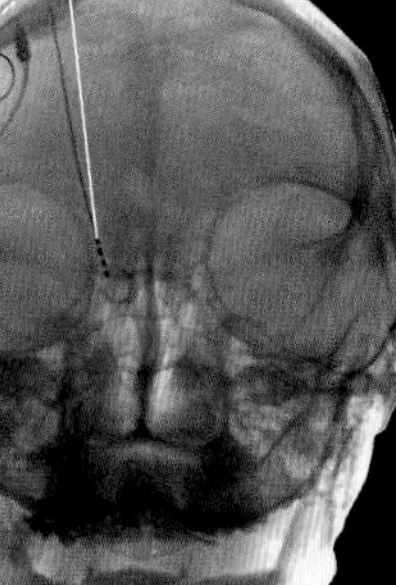

왼쪽 엑스선 사진에는 뇌에 삽입한 전극이 나와 있다. '뇌심부자극술'이라 불리는 기술이 적용되었다.

생체공학 눈

눈 자체의 건강 상태 때문에 시력을 잃은 사람들(시각을 관장하는 뇌 부위에 손상을 입어 실명한 것과는 차이가 있다)은 인공 눈 덕분에 곧 다시 시력을 찾을 수 있을 것으로 보인다. 현재 '생체공학'적 눈의 프로토타입이 개발되었기 때문이다. 이 눈은 사람의 안와(눈구멍) 뒤쪽에 컴퓨터 칩을 장치하고 이를 안경에 설치된 작은 비디오 카메라와 연결한 구조로 되어 있다. 카메라에 포착된 이미지는 눈에 설치된 칩으로 송신되고, 이는 다시 전기적 신호로 변환된 후 시신경을 통해 뇌의 시각피질로 전달된다.

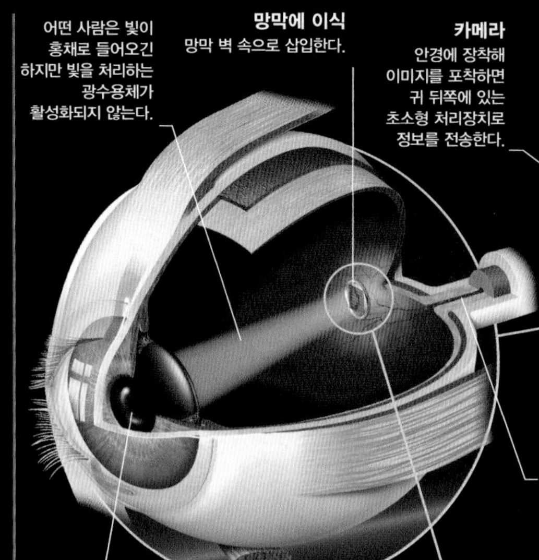

윤리와 기술의 대립

생명공학 기술이 발달하면서 윤리적 딜레마가 등장했다. 특히 뇌 관련 기술이 민감하다. 사람들은 대부분 뇌에서 생성되는 사고, 감정, 욕구가 우리 "자신"을 구성하는 중추 요소라 여기기 때문이다. 줄기세포(여러 종류의 세포로 변할 수 있는 미성숙한 상태의 체세포)를 이용해 손상된 뉴런을 복구할 날이 찾아올지도 모른다. 의학계에서는 줄기세포 사용이 뜨거운 논란거리다. 초기에는 줄기세포를 태아에게서만 얻을 수 있었지만, 현재 다른 방식으로도 얻을 수 있게 되었다.

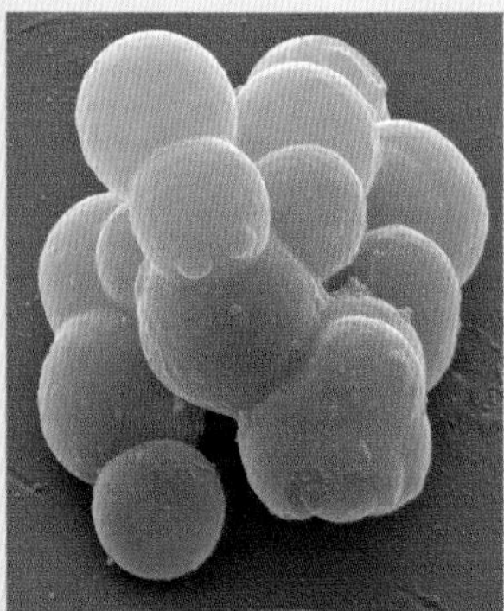

줄기세포

현재 왼쪽 사진과 같은 줄기세포는 탯줄로 흐르는 혈류를 통해서도 채취할 수 있게 되었다. 이전까지는 태아에게서 얻었고 이는 엄청난 윤리적 논란을 불러일으켰다.

나노 로봇

이 초소형 로봇은 언젠가 우리 신체를 더 강력하게 개선하고 우리를 더 똑똑하게 해줄 것이다. 또 질병을 이길 수 있게 해줌으로써 우리의 인생에 더많은 선택권을 줄 수도 있다.

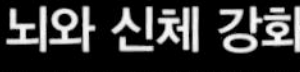

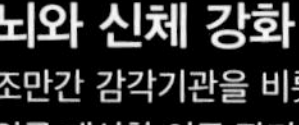

뇌와 신체 강화

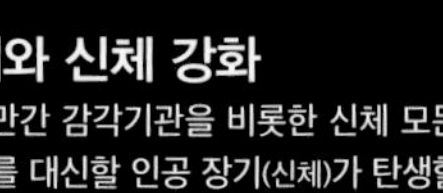

조만간 감각기관을 비롯한 신체 모든 부위를 대신할 인공 장기(신체)가 탄생할 것으로 보인다. 아직 개발 중이지만 위 그림에 나온 미주신경 자극장치는 임상에서 널리 사용되고 있다.

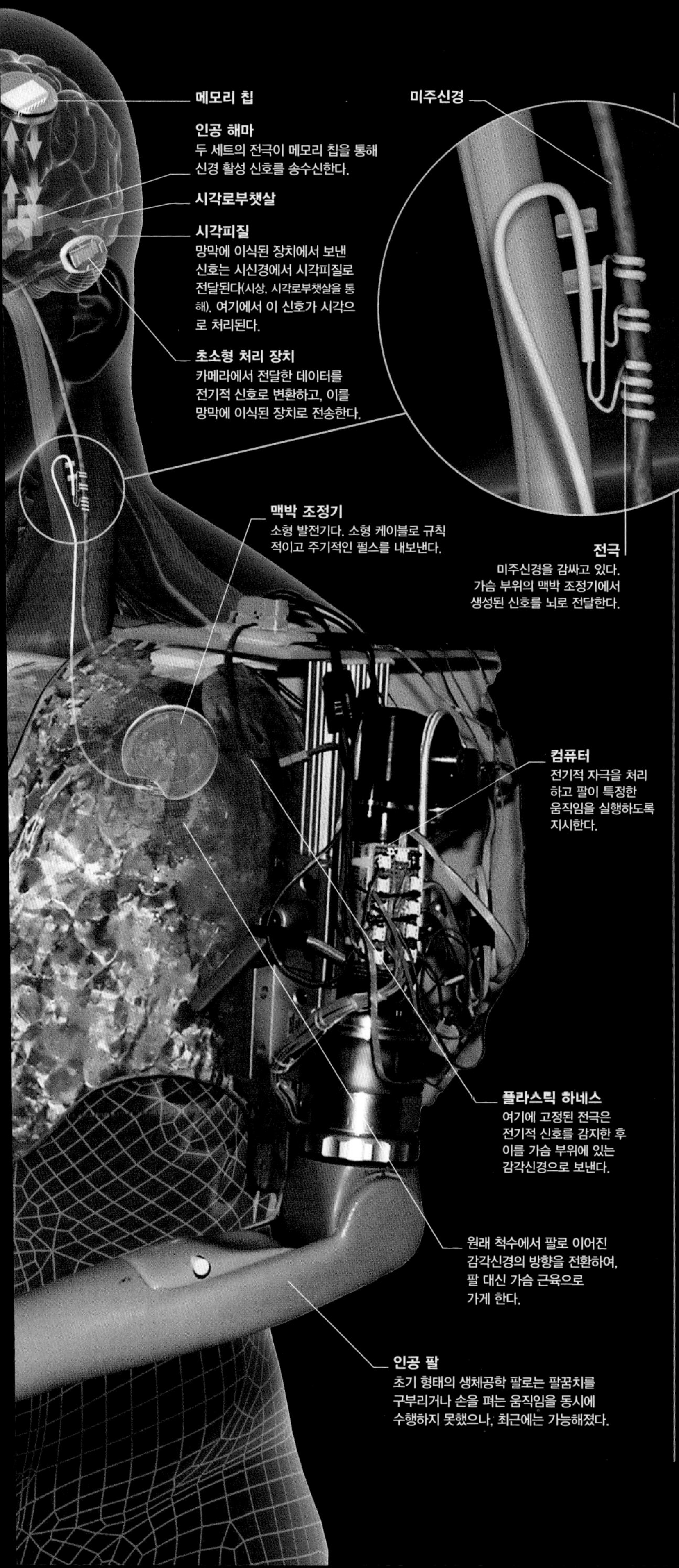

메모리 칩

인공 해마
두 세트의 전극이 메모리 칩을 통해 신경 활성 신호를 송수신한다.

시각로부챗살

시각피질
망막에 이식된 장치에서 보낸 신호는 시신경에서 시각피질로 전달된다(시상, 시각로부챗살을 통해). 여기에서 이 신호가 시각으로 처리된다.

초소형 처리 장치
카메라에서 전달한 데이터를 전기적 신호로 변환하고, 이를 망막에 이식된 장치로 전송한다.

미주신경

맥박 조정기
소형 발전기다. 소형 케이블로 규칙적이고 주기적인 펄스를 내보낸다.

전극
미주신경을 감싸고 있다. 가슴 부위의 맥박 조정기에서 생성된 신호를 뇌로 전달한다.

컴퓨터
전기적 자극을 처리하고 팔이 특정한 움직임을 실행하도록 지시한다.

플라스틱 하네스
여기에 고정된 전극은 전기적 신호를 감지한 후 이를 가슴 부위에 있는 감각신경으로 보낸다.

원래 척수에서 팔로 이어진 감각신경의 방향을 전환하여, 팔 대신 가슴 근육으로 가게 한다.

인공 팔
초기 형태의 생체공학 팔로는 팔꿈치를 구부리거나 손을 펴는 움직임을 동시에 수행하지 못했으나, 최근에는 가능해졌다.

미주신경 자극

미주신경은 뇌관에서 나와 다양한 내부 장기로 이어지는 뇌신경으로, 뇌의 각성 상태를 매개하는 중요한 역할을 담당한다. 만성 간질 및 중증 우울증 등 뇌 기능 장애는 많은 수가 이 미주신경을 자극하는 기술 덕분에 많은 도움을 받고 있다. 먼저 리튬 배터리로 전원을 공급받는 디스크 형태의 소형 발전기를 가슴 부위에 이식한다. 여기서 나오는 규칙적이고 주기적인 펄스는 케이블을 통해 좌측 미주신경으로 전달된다(우측 미주신경은 심장과 곧바로 연결된다). 이 전기적 신호의 빈도와 강도는 증상 정도에 따라 바뀔 수 있다.

생체공학 팔

생각만으로 움직일 수 있는 생체공학 팔은 이미 사용되고 있다. 현재 개발 중인 미래형 모델은 실물과 더 비슷하고 더 세밀한 기능을 갖춘 형태가 될 것으로 보인다. 현재 사용되는 인공 팔은 뇌에서 나오는 운동신경을 통해 전해지는 신호가 팔로 가는 대신 전극을 향하도록 그 방향을 전환한다. 이 전극은 팔에 설치된, 컴퓨터로 작동되는 모터로 신호를 전달하게 된다. 그럼 센서는 감각정보의 일부를 뇌로 돌려보내고, 이로써 이 장치의 사용자는 팔에 가해지는 온도와 압력 모두를 인식할 수 있다.

미래

생명공학의 엄청난 발전은, 인간다움이란 무엇인가라는 심오한 의문을 낳았다. 기술이 인간의 뇌에 영향을 준다는 주장은 특히 사실에 가깝다고 볼 수 있다. 신체 모든 기관 중에서 우리가 그 특성을 가장 많이 밝혀낸 곳이 바로 뇌이기 때문이다. 그밖에 많이 제기되는 문제를 뽑아 정리해보면 다음과 같다:

의문	답
기술이 현재와 같은 속도로 발전할 경우, 인간의 뇌 기능은 어떻게 변할 것인가?	'사고' 장치는 우리가 사고력만으로 세상을 제어할 수 있게 해준다. 또 합성 뇌 '모듈'은 기능을 제대로 하지 못하는 뇌 대신 사용될 것이다. 기분 조절을 관장하는 뇌 영역을 직접 자극하여 의식적으로 기분을 조절할 수 있다.
그러한 변화는, 원래 그 기능이 인간에게 주는 의미 자체를 변화시키지 않을까? 수용해도 되는 것일까?	불완전하지만 그러한 변화 중 많은 수가 이미 존재하며 수용 가능성이 상당히 큰 것으로 입증되었다. '생체공학' 기술로 탄생한 팔다리, 뇌 조율기, 심지어 아직 초기 단계인 인공 해마까지 다양하다.
아직도 풀어야 할 주요한 기술적 문제에는 어떤 것이 있는가?	가장 큰 문제는 각 기능의 할당이다. 지난 10여 년간 크게 발전한 것은 사실이지만, 뇌 여러 부위의 복잡한 연결 방식은 아직도 거의 드러나지 않은 상태다.
기계가 의식을 가질 수 있을까?	아니라고 할 근거는 없는 것 같다. 기술적인 부분은 사실 궁극적인 문제가 되지 못한다. 오히려 인간의 의식이 인간이 아닌 형체를 통해 구현되는 것과 관련된 윤리적 의미가 더 중요한 문제로 작용한다.

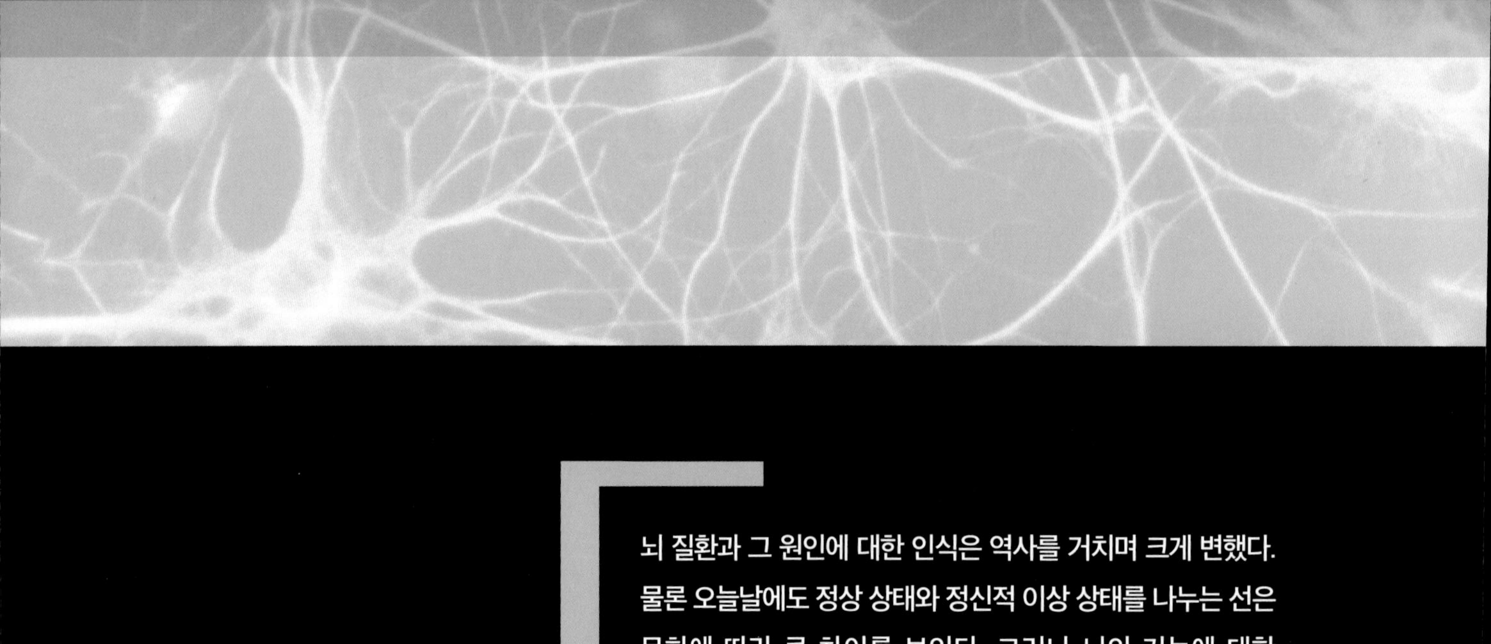

뇌 질환과 그 원인에 대한 인식은 역사를 거치며 크게 변했다. 물론 오늘날에도 정상 상태와 정신적 이상 상태를 나누는 선은 문화에 따라 큰 차이를 보인다. 그러나 뇌의 기능에 대한 우리의 지식이 빠른 속도로 발전하고 있는 만큼 뇌의 이상에

뇌 질환

질병 상태의 뇌

마음의 상태는 모두 신경 작용으로 구성되어 뇌와 직접적인 관련이 있다. 이러한 작용은 최근에야 발견되었다. 최첨단의 영상 검사 기법을 활용하여 이러한 작용과 과정을 직접 눈으로 확인하게 된 것이다. 그 결과 정신 질환은 신경학적인 뇌 질환이라는 것이 점차 밝혀지고 있다.

구마의식
이 의식은 살아 있는 사람에게 깃들어 있는 나쁜 영혼, 귀신을 쫓기 위해 치러진 의식이다. 정신 질환은 사람에게 악령이 깃들어서 발생한다고 믿은 중세 시대에는 구마의식이 매우 흔했다.

정신 질환에 대한 과거의 이론들

4가지 체액
히포크라테스는 혈액, 점액, 황담즙, 흑담즙이라는 4가지의 체액이 균형을 이루지 못하면 질병이 생긴다는 이론을 확립했다.

정신 질환은 보통 마음, 즉 육체를 제외한 영혼의 병으로 보는 경우가 많았다. 중세 시대에는 악령이 사람에게 들어와서 우울증을 일으키거나 정신 이상을 일으킨다고 생각했다. 정신 질환의 다른 이론에는 '4가지 체액'의 불균형이 원인이라는 것이 있었다. 이 이론은 4가지 체액에 의해 한 사람의 기분이나 건강 상태가 결정되며 다양한 '기운'의 부침 또는 억제가 결정된다는 것이었다. 일례로, 19세기의 의사 프란츠 메스머는 그 기운이 억제되면 정신 이상을 비롯한 여러 질병을 일으킬 수 있는 '동물자기'를 발견했다고 생각했다. 그는 이 자기력의 흐름을 최면술로 바르게 조절해주면 질병이 치료된다고 믿었다. 지그문트 프로이트(189쪽 참고)는 무의식 개념으로 유명해졌으며 욕구를 억압하면 신경증이 발생한다고 믿었다. 그는 무의식적인 억압을 의식으로 끌어내는 이론을 바탕으로 정신분석법을 개발했다.

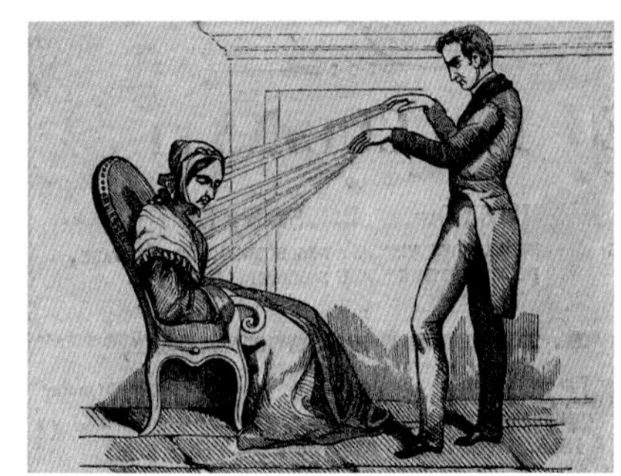

치유의 에너지
'메스머요법 치료사'는 불안증에 걸린 환자를 최면으로 치료했다. 당시에 그들은 동물자기를 사용한다고 믿었다.

정신병은 무엇인가?

일반적으로 정신병은 주변의 다른 사람들이 경험하고 살아가는 세상과 확연히 다른 세상을 경험하고 있다고 주장하거나 그들의 행동이 사회적으로 용납되기 어려울 때 진단된다. 정신병을 겪는 사람은 성격이 오락가락해 진단하기가 무척 어렵다. 그러나 정신 질환의 유무에 따라 범죄에 책임을 물을 수도 있고, 어떤 일을 하기에 적합한지, 혹은 정부의 지원을 받을 자격이 있는지를 결정하기 때문에 표준 진단은 중요하다. 의학계에서는 치료를 하기 전에 반드시 진단을 해야 한다. 정신 장애에 대해 가장 일반적으로 참조하는 안내서는 미국 정신과협회에서 발행한 《정신 질환 및 통계 편람》DSM이다.

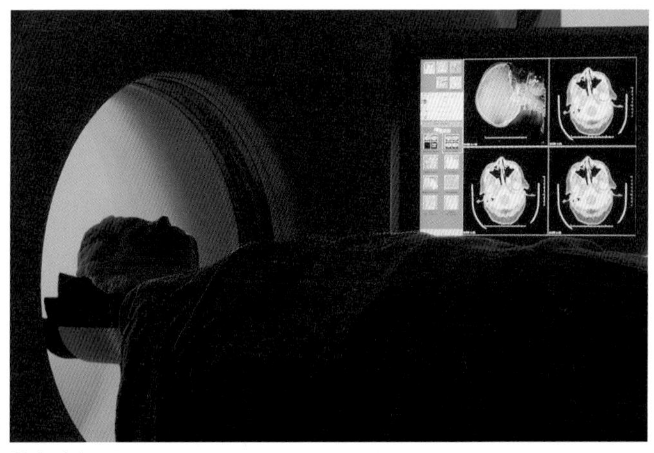

첨단 진단 도구
정신 질환 중 일부는 뇌 영상 검사로 진단할 수 있다. CT나 MRI는 뇌 종양을 찾거나 손상 부위를 찾는 데 매우 유용한 검사법이다. 기능적 뇌영상 기법을 이용하면 간질 등에서 보이는 이상한 뇌 활성화 유형을 찾아낼 수 있다.

정신 질환의 진단

DSM 초판은 1952년, 제2차 세계대전 중 미군이 수행한 연구의 영향을 받아 출간되었다. 현재 DSM-5는 14년간의 연구 끝에 2013년에 출간되었다. DSM-5에는 일부 정신 질환에 대한 새로운 진단 및 분류 기준이 수록되었다. 예를 들어 아스퍼거증후군은 이제 독립적인 진단명이 아니라 자폐스펙트럼장애의 일부로 분류된다. 그러나 이 매뉴얼이 뇌과학 연구 분야의 발전을 충분히 반영하여 개정되었는지에 대해서는 논란이 있다. 아직도 정신 질환의 진단은 뇌 영상이나 생물학적 표지자가 아니라 거의 전적으로 행동 검사를 근거로 내려진다. 이렇게 정신 질환에 신경과학적으로 접근하지 못했기 때문에 미국에서 가장 큰 정신의학 연구기관인 국립보건원은 DSM-5를 거부하기도 했다.

우울증의 뇌 영상

뇌 영상은 불안 및 우울증 등의 정신 질환을 진단하는 데 도움이 될 수 있다. 한 가지 방법은 EEG를 사용하여 전기적 활성 이상을 밝혀내는 것이다. 예를 들어 오른쪽 아래 뇌 지도에서 주황색 영역에서는 느린 뇌파 활성이 과도하게 나타난다. 이런 패턴은 우울증과 관련된다.

정상적인 뇌
뇌의 앞쪽
뇌의 뒤쪽

신체 장애

정신 질환은 그로 인한 환자의 행동 및 경험이 뇌의 신경 활성 패턴에 따라 발생한다는 점에서 생리학적 문제라 할 수 있다. 그중 신체 장애로 분류되는 것은 뇌 손상과 명확히 관련된 경우에 한한다.

발달상의 문제 뇌가 성장 중인 시기에는 산소 결핍 등 주변 환경 및 외부 공격에 매우 민감하다. 출생 전후에 그러한 문제가 발생할 경우 영구적인 손상이 초래될 수 있다.

외상성 사고 등 외부 충격으로 뇌가 손상되거나 뇌졸중, 동맥류 등으로 '대뇌'가 손상된 경우에 해당한다.

퇴행성 신체 다른 장기와 마찬가지로 뇌도 퇴행한다. 뇌가 퇴행할 경우 기억 손실, 인지 장애, 심각한 경우 치매로 이어질 수 있다.

질병의 원인

정신 장애는 두부 손상과 같은 물리적 손상이나 뇌가 퇴행하여 정상 기능이 손상되면서 발생할 수 있다. 또 어떤 질환은 유전자가 '잘못되거나' 임신 기간이나 영유아기에 발생한 발달상의 문제가 원인이 될 수 있다. 그러나 정신 질환은 대부분 그 원인을 추적할 수 없으며 단순히 '기능' 문제라고 확정할 수도 없다. 뇌 기능 장애는 뇌의 기능이 비정상적이라는 특징이 있긴 하지만, 그 기능 이상이 정신 질환의 원인인지, 증상에 영향을 주었는지 명확히 파악하기가 힘든 경우가 많다.

여러 원인

아래 도식에 나와 있듯이 대부분의 정신 질환은 그 원인이 복합적이다. 한 가지 특정 요인으로 질환이 발생하는 경우는 매우 드물기 때문에, 각 질환의 원인은 변동 가능성을 내포하고 있다. 뇌에 대한 정보가 늘어날수록, 정신 질환의 정확한 원인도 변경될 수 있기 때문이다.

퇴행성 질환
- 알츠하이머병

퇴행성 질환 / 발달장애 / 유전 질환
- 파킨슨병
- 운동신경질환

손상, 외상, 감염성 질환
- 간질
- 뇌수막염
- 뇌염
- 뇌출혈
- 뇌수종
- 크로이츠펠트-야콥병
- 뇌농양
- 혼수상태
- 전신마비
- 뇌성마비

손상, 외상, 감염성 질환 / 퇴행성 질환
- 다발경색치매
- 뇌졸중
- 뇌종양

- 다발성 경화증
- 망상장애
- 우울증
- 자폐스펙트럼
- 발달지연
- 중독

발달장애 / 유전 질환
- 발작수면(기면증)
- 다운증후군
- 헌팅턴병
- 신경관결손

발달장애 / 유전 질환 / 기능성 질환
- 투렛증후군
- 인격장애
- 불안장애
- 섭식장애
- 계절성 정서장애
- 강박장애
- 조현병
- 신체화장애

손상, 외상, 감염성 질환 / 기능성 질환
- 만성피로증후군
- 양극성장애
- 외상후 스트레스증후군

기능성 질환
- 주의력결핍 과잉행동장애
- 뮌하우젠증후군
- 공포증
- 품행장애
- 신체이형장애
- 건강염려증

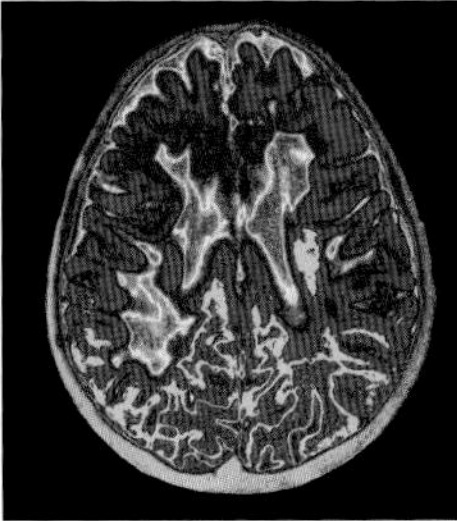

다발성경화증
분홍색으로 보이는 곳이 신경섬유 표면의 수초가 떨어져나간 병변 부위다. 퇴행성 변화의 결과로 발생하며 유전적 취약, 외부 충격에 의한 손상이 변화를 촉진하는 경우도 있다.

집합, 그리고 연속성

뇌에 발생하는 장애 중 대부분은 예전부터 각각 개별적인 문제로 간주되었다. 그러나 이제는 서로 연관성이 있는 것으로 여겨지고 있다. 예를 들어 자폐인은 다른 사람의 사고 과정을 이해하지 못하는 것이 가장 큰 문제다. 이 핵심 증상 속에는 서로 중첩되는 3가지 행동 '세트'들이 모여 하나의 증상 집합을 이루고 있다. 과거에는 그런 한 묶음의 행동들이 각각 다른 문제로 생각되었지만, 한 질환의 핵심 증상과 관련된 경우가 많아, 문제의 유전적 기반이 동일하다는 것을 알 수 있게 되었다. 정신병의 경우 다른 사람의 생각을 과잉 해석하는 것이 핵심적인 특징인데, 이것 역시 서로 중첩되는 여러 행동을 종합할 수 있는 핵심 증상이라 할 수 있다.

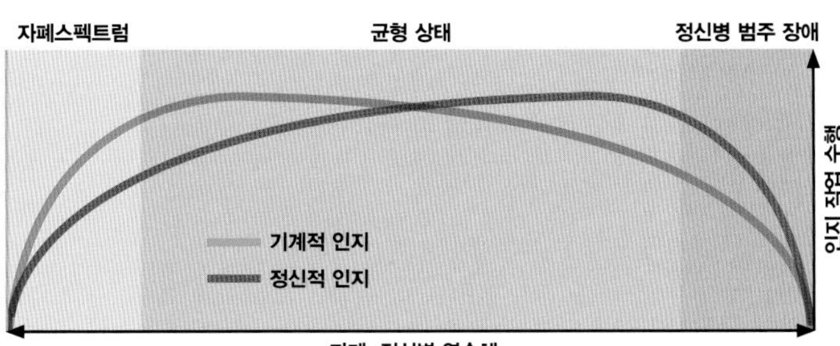

서로 상반되는 문제일까?
자폐 장애와 정신병 범주(스펙트럼) 장애는 각각 전혀 다른 증상을 보이지만, 실제로는 서로 관련이 있다. 두 질환에서 나타나는 각 증상은, 그 중간에 위치한 정상 행동 범위(위 그림 참조)에서 하나로 중첩되는 부분이 있다.

양극성 우울증
단극성 우울증
조현병
정신병 범주 장애

정신병 범주 장애의 핵심
심리적으로 과도한 인지 및 행동, 다른 이의 생각에 대한 지나친 과민성(망상의 관점에서)

제한적인 관심사, 반복 행동
사회적 상호관계 곤란
언어, 의사소통 문제
자폐스펙트럼

자폐스펙트럼의 중심
심리적으로 불충분한 특성, 즉 다른 이의 사고 과정을 이해하거나 그것을 자신의 관점에 비추어 보는 능력에 문제 발생

행동 장애 모음
그림에는 정신병 스펙트럼과 자폐스펙트럼장애에서 나타나는 행동 모음이 각각 따로 표시되어 있다. 스펙트럼의 중심에는 공통 행동이 들어간다.

두통과 편두통

두통은 흔히 볼 수 있는 증상이지만, 그 바탕이 되는 기전은 정확히 알려져 있지 않다. 뇌에는 통증을 감지할 수 있는 신경 수용체가 없다. 따라서 두통은 많은 경우 뇌수막이나 혈관, 두부나(와) 목 부위 근육이 긴장하면서 통증 수용체를 자극하고, 뇌 감각피질에 자극이 전달되어 발생하는 것으로 생각된다. 그러나 편두통 같은 특정한 두통의 경우, 뉴런의 과잉 활성으로 통증이 발생해 뇌의 감각피질에 영향을 주는 것으로 보인다.

긴장성 두통

스트레스성 두통으로도 알려진 긴장성 두통은 가장 흔하게 발생하는 두통에 속한다.

통증이 규칙적으로 되풀이되며, 박동성 형태로 나타날 수 있다. 이마 부분에서 발생하나 더 넓은 범위에서 발생할 수도 있다. 통증 발생시 목 근육 당김, 눈 뒤쪽의 압박감, 머리 주변부 당김 증상이 동반되기도 한다. 긴장성 두통은 보통 스트레스로 목과 두피 근육이 긴장하면서 발생한다. 이 부위 근육이 긴장하면서 주변부 통증 수용체를 자극하고 감각피질로 '통증 자극'을 보내는 것으로 보인다.

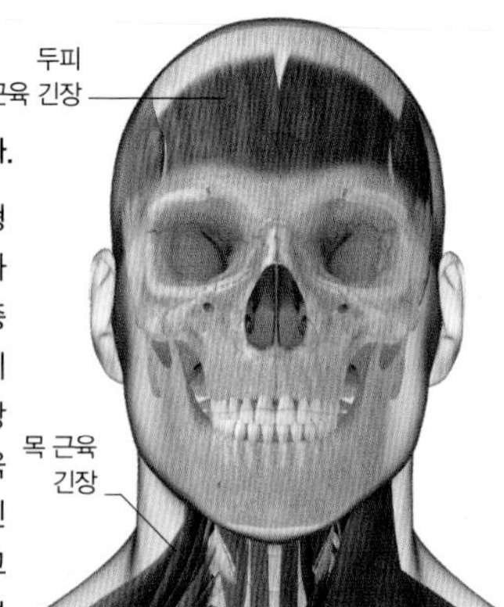

근육 긴장
근육이 긴장하면서 두피와 목에 있는 통증 수용체에 자극이 전달되고, 이는 긴장성 두통으로 이어진다.

군집성 두통

비교적 짧고 강렬한 통증이 한 곳에 밀집되어 나타나는 두통으로, 굉장히 극심한 통증을 유발하는 경우가 많다.

군집성 두통이 발생하면 하루에 여러 차례 통증이 찾아온다(보통 한 번에서 네 번). 한 차례 발생한 후에는 다음 발병까지 일시적인 진정 상태가 된다. 군집성 두통은 주로 몇 주에서 두 달 정도 지속될 수 있으며, 수개월에서 수년까지 다양하다. 종종 그 기간이 뚜렷하지 않은 사람도 있다. 군집성 두통의 원인은 알려져 있지 않다. 다만 시상하부에 위치한 신경세포 활성이 비정상적으로 나타나는 것과 연관이 있다는 몇 가지 증거가 밝혀진 바 있다.

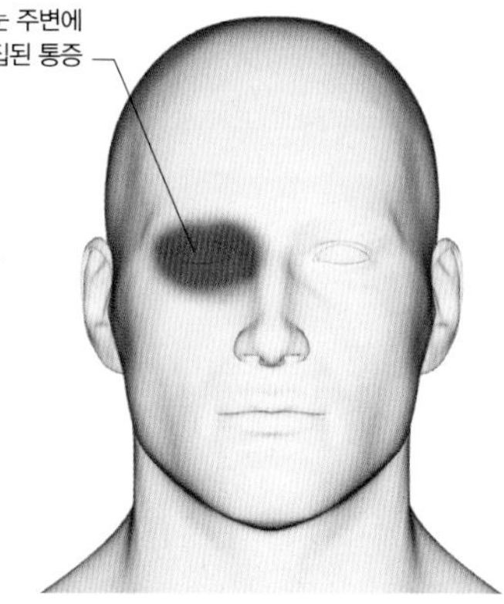

통증 부위
군집성 두통은 보통 두부 한쪽 눈 주변에 발생한다. 이로 인해 눈물이 흐르거나 벌겋게 열이 달아오를 수 있다.

편두통

강렬한 박동성 두통이 특징인 편두통은 몸을 움직이면 증상이 더 악화된다. 감각 이상 및 구역질 증상이 동반되는 경우가 종종 있다.

편두통은 보통 이마나 머리 한쪽에 발생한다. 그러나 경우에 따라 발병 기간 동안 통증 부위가 바뀌기도 한다.

편두통은 고전적 편두통과 일반 편두통 두 종류로 구분된다. 고전적 편두통은 발병 경고 차원에서 전조가 선행하는 두통을 말한다. 불이 번쩍이는 것처럼 보이는 등의 시력 이상을 비롯해 몸이 굳은 느낌, 욱신거림, 마비, 말하기 힘듦, 신체 협응 능력 저하와 같은 것이 바로 전조다. 일반 편두통은 이런 전구 증상이 나타나지 않는다. 두 종류의 공통점은 전구 증상, 즉 발병 초기 단계에 집중력 부족, 기분 변화, 피곤함, 과도한 에너지 발산과 같은 특징이 나타난다는 것이다. 일반 편두통에서는 이 전조 증상 이후 두통이 찾아오고, 고전적 편두통은 이후 전조로 이어진 후 두통이 따라오는 순서로 진행된다. 두통은 몸을 움직일수록 악화되고, 구역질이나 구토, 소리, 빛, 특정 냄새에 대한 민감도가 커지는 증상이 나타난다. 그다음 피곤함, 초점 곤란, 집중력 부족, 민감도가 증가한 상태로 유지되는 등의 후구 증상이 따르는 경우가 많다.

원인 및 발병 유인

편두통이 발생하는 원인은 알려져 있지 않지만, 최근 연구 결과에서는 뉴런 활성이 급증하면서 뇌 몇몇 부분을 휩쓸며 영향을 주고, 이것이 결국 감각피질을 자극해 통증 감각으로 이어지는 것으로 추정했다. 이와 함께 편두통을 촉발하는 수많은 외부 인자도 규명되었다. 그러한 인자들은 불규칙한 식습관, 특정 식품, 탈수 등 섭식 관련 요인과 피곤함, 호르몬 변화 같은 신체적 요인, 스트레스나 충격 같은 정서적 요인, 날씨 변화, 통풍이 원활치 못한 장소 등 환경적 요인으로 나눌 수 있다.

감각피질
대뇌피질
시상
뇌줄기(뇌줄기)

편두통의 발생 기전
편두통을 일으키는 신경 경로는 아직 밝혀지지 않았다. 하지만 뇌줄기, 시상, 감각피질에서 신경 활성이 급증하는 것과 연관된 것으로 추정된다.

뇌의 활성도가 감소한 부위

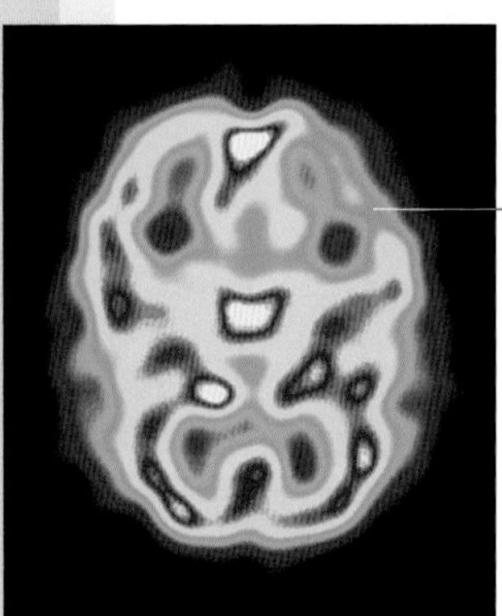

편두통 증상 발현시
왼쪽의 단일광자방출단층촬영SPECT 사진은 편두통 증상이 생겼을 때 뇌의 활성도가 서로 다르게 나타나는 것을 보여준다. 사진에서 빨간색과 노란색은 활성도가 높음을, 녹색과 파란색은 활성도가 낮음을 나타낸다.

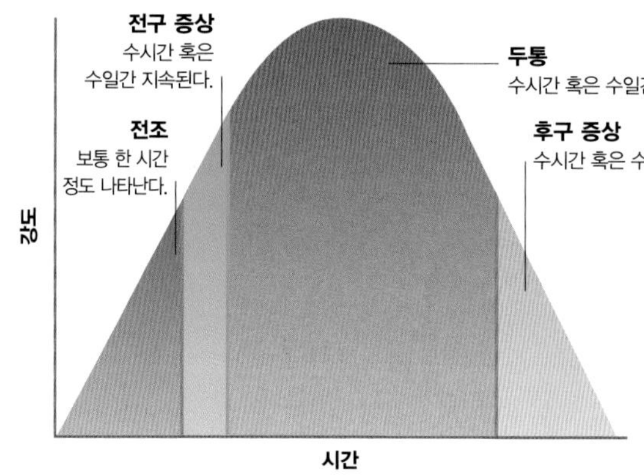

편두통의 시간별 경과
고전적 편두통은 크게 네 단계로 구성된다. 각 단계에서 나타나는 증상 강도와 지속 시간은 다양하다. 전조가 맨 처음 나타난 뒤 전구 증상이 나타나는데, 이는 일종의 경고 증상으로 시각 이상, 비정상적 감각, 협응 능력 저하, 말하기 어려움 등이 나타난다. 이후 두통이 발생하고 후구 증상으로 넘어간다.

만성피로증후군

'근육통성 뇌척수염'이라고도 불리는 만성피로증후군은, 복합 증상으로 인해 극도의 피로감이 오랜 시간 이어지는 상태를 말한다.

만성피로증후군의 원인은 밝혀지지 않았다. 바이러스 감염, 정서적 스트레스가 지속된 후 발생할 가능성이 있긴 하지만, 발병의 원인이 되는 특정 요인이 없다. 가장 기본적인 증상은 극도의 피로감이 지속되는 것으로, 최소 수개월 동안 이어진다.

그 외 다른 증상은 종류가 다양하다. 그중 가장 흔히 나타나는 증상으로는 집중력 저하, 단기 기억력 감퇴, 근육 및 관절 통증, 몸이 좋지 않은 느낌, 조금만 힘을 써도 극히 피곤해지는 현상 등을 들 수 있다. 만성피로증후군은 우울증이나 불안 증상과도 연관된 경우가 많지만, 이 두 가지가 원인인지 결과인지는 확실히 알 수 없다.

진단은 증상이 나타난 후 내려지는 경우가 대부분이며, 다른 질병과 구분하기 위해 다양한 검사 및 정신의학적 평가가 실시될 수 있다. 장기 질환에 속하지만 일정 기간 증상이 나타나지 않을 수 있으며, 발병 후 자연스레 사라지기도 한다.

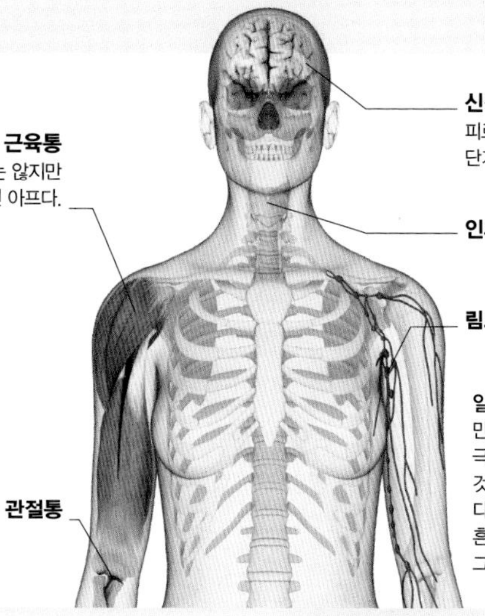

일반적인 증상
만성피로증후군의 주요 증상은 극도의 피로감이 오래 지속되는 것이다. 그밖에도 사람마다 다양한 증상이 동반되며, 그중 흔히 볼 수 있는 증상은 왼쪽 그림과 같다.

두부 손상

두부 손상은 머리를 살짝 부딪쳐 그 영향이 장기적으로 지속되지 않는 것부터, 외상으로 뇌가 손상되어 위독한 상태에 이르는 것까지 그 정도가 다양하다.

두부 손상은 폐쇄성, 즉 두개골이 부서지거나 개방되지 않은 상태와 두개골 파손으로 뇌가 노출된 상태로 구분된다. 폐쇄성 두부 손상은 뇌에 간접적인 영향을 줄 수 있다. 예를 들어 싸우다가 머리를 세게 맞았지만 두개골이 골절되지 않았다면, 두개골이 안쪽에 있는 뇌를 내리칠 수 있어 타격을 받은 바로 그 지점에 뇌 손상이 발생할 수 있다. 아니면 타격을 받은 곳과 반대편에 뇌 손상이 발생하기도 한다(이를 '반충 손상'이라 한다). 외부에서 날카로운 물체가 가격해 뇌가 강한 타격을 받는 바람에 두개골이 골절된 경우 개방형 두부 손상이 발생한다. 자상 등의 경우 외부 물체가 뇌를 관통할 수도 있다.

영향

두부 손상은 혈관 파열로 이어져 뇌출혈을 일으킨다. 경미한 손상은 주로 타박상 등 가벼운 증상이 단기적으로 나타난다. 그러나 종종 손상 정도가 비교적 약한데도 일시적으로 뇌 기능에 혼란이 발생하기도 한다(뇌진탕). 특히 가벼운 손상으로 의식불명 상태가 될 수도 있으며, 정신의 혼미함, 어지러움, 흐릿한 시각 등의 증상이 수일간 지속될 수 있다. 또한 뇌진탕 후 기억상실증이 올 수 있다. 뇌진탕이 반복되면 감지될 수 있는 정도의 뇌 손상이 발생할 수 있으며, 이는 펀치드렁크증후군으로 이어질 수 있다. 이 경우 인지능력 손상, 진행성 기억상실증, 파킨슨병, 신체 떨림, 간질과 같은 증상이 나타난다.

뇌가 심각하게 손상되면 무의식 상태, 즉 혼수상태가 되거나 생명이 위독해질 가능성이 크다. 생명에 지장이 없더라도 그러한 뇌 손상이 주는 영향은 증상의 심각도, 손상 위치에 따라 매우 광범위하게 나타난다. 주요 영향은 허약, 마비, 기억력 및 집중력 저하, 지능 저하 등이다. 성격이 변할 수도 있다. 이런 영향은 장기적으로 지속될 수 있으며, 영구히 남을 수 있다.

두개골 골절
오른쪽 3차원 CT 사진을 보면 두개골이 다중골절 상태임을 알 수 있다. 심하게 움푹 들어간 부위 두 곳과 두개골이 부서진 곳도 볼 수 있다. 이런 두부 손상은 대부분 끝이 뭉툭한 물체가 두개골을 강하게 내리쳤을 때 발생하며, 뇌 손상을 야기하거나 심한 경우 사망으로 이어질 수 있다.

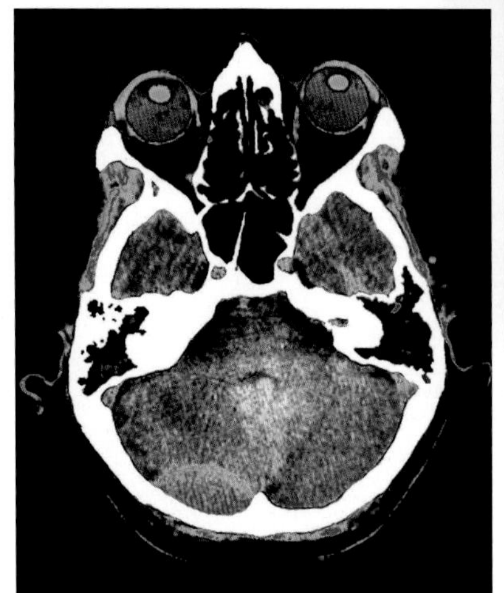

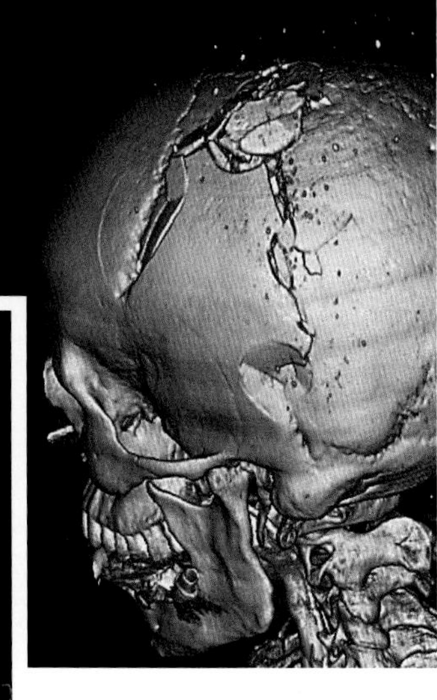

혈종
왼쪽 CT 사진에는 커다란 경질막외혈종이 주황색으로 표시되어 있다. 두부 손상으로 피가 혈관 밖으로 흘러나와 굳어서 혈종이 된 것이다. 치료를 받지 않으면 혈종이 뇌를 압박해 뇌 손상이 사망으로 이어질 수 있다.

움직이고 있을 때

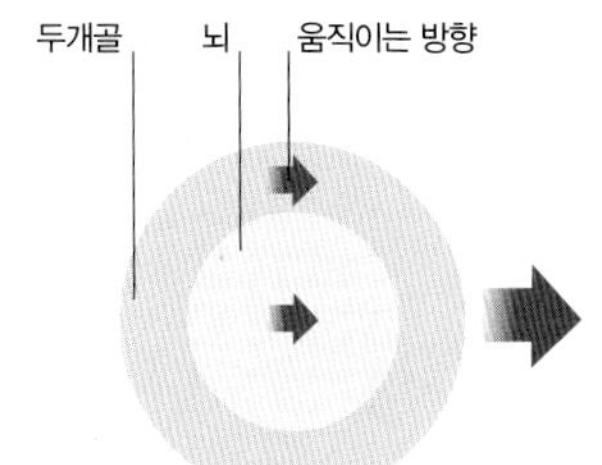

1 자동차를 운전 중인 상태 등 사람이 빠르게 움직이고 있을 때, 두개골과 뇌는 폐쇄 상태에서 신체와 동일한 속도로 이동한다.

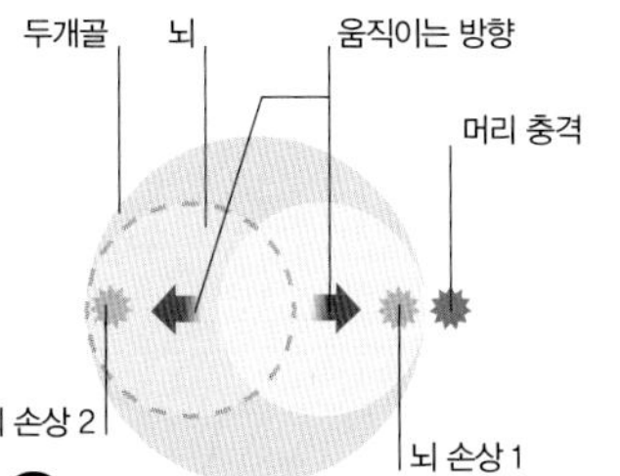

2 그러다 정면충돌로 갑자기 움직임이 멈추면, 뇌는 두개골 앞면에 부딪힌다. 이후 두개골 뒷면으로 다시 튕길 경우 반충 손상이 발생한다.

가만히 서 있을 때

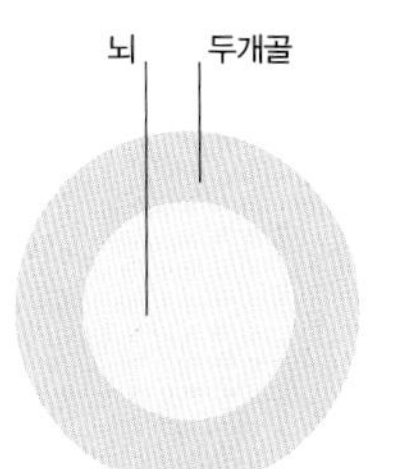

1 가만히 정지해 있을 때는 두개골과 뇌도 움직임이 없다.

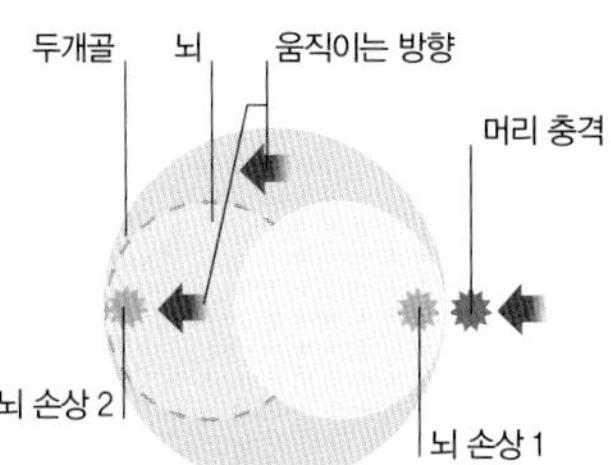

2 갑자기 머리가 어딘가에 부딪히면, 두개골 앞면은 안쪽 뇌를 힘이 가해진 방향과 반대 방향으로 밀어낸다. 이렇게 밀린 뇌는 두개골 뒷면에 부딪히고, 반충 손상이 발생한다.

간질

간질은 뇌 기능 장애의 하나로, 반복적인 발작, 의식 변형과 같은 증상이 나타난다.

정상인의 뇌에서는 잘 통제된 상태에서 신경 활성이 일어나지만, 간질 발작을 일으키는 환자의 경우 뉴런이 비정상적인 방식으로 활성화되어 뇌의 정상 기능 수행에 혼란을 일으킨다. 간질의 특징적인 증상이 발작이긴 하지만, 간질이 없는 사람도 발작 증상을 보일 수 있다.

간질 발작의 발생 기전은 정확히 밝혀지지 않았다. 다만 뇌의 화학적 균형이 깨지는 것과 연관된 것으로 생각된다. 정상인의 뇌에서는 신경전달물질 중 하나인 감마아미노부틸산(GABA)이 뉴런의 활성을 저해하여 뇌의 활성 조절을 돕는다. 그런데 GABA의 농도를 조절하는 효소의 양이 비정상적으로 존재하여 이 GABA의 농도가 지나치게 낮아질 경우, 뉴런 활성이 제대로 저해되지 않아 뇌에 자극이 계속해서 전달된다. 이로 인해 발작이 발생하는 것이다. 간질이 발생하는 원인은 여러 가지가 있지만, 원인이 불분명한 경우가 많다. 일부 환자에서는 유전적 요인이 작용하고, 또 어떤 환자는 뇌 손상, 출생 시 외상, 수막염, 뇌염, 뇌졸중, 뇌종양, 약물이나 알코올 남용이 원인이 된다.

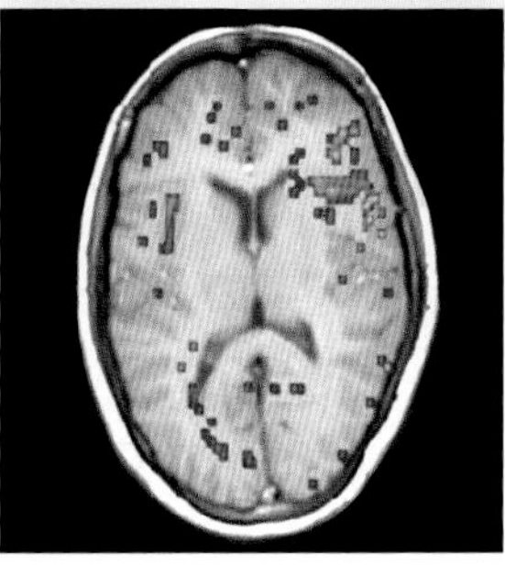

발작
간질 환자의 뇌 단층 촬영 사진. 주황색 점들이 여러 개 모여 있는 커다란 구역이 간질 발작 원인 영역으로, 오른쪽 전두엽에 집중되어 있다.

지금까지 많은 연구진이 간질 발작을 촉발하는 특정 인자를 규명했다. 스트레스, 수면 부족, 발열, 섬광 자극, 코카인, 암페타민, 엑스터시, 아편 같은 약물이 그에 속한다. 또 일부 여성 환자의 경우 발작이 생리 기간이 시작되기 전에 더 많이 발생하기도 한다. 간질 발작은 크게 전신 발작 및 부분 발작으로 나뉜다(아래 표 참조). 발작은 뇌 한쪽 영역에서 시작하는데, 이때 반흔 조직이 생기거나 뇌 구조에 이상이 생길 수 있다. 이후 발작은 뇌 전체로 확산된다.

일부 환자는 간질 발작이 시작되기 전 전조가 나타나기도 한다. 이상한 냄새나 맛이 느껴지는 것, 나쁜 예감, 기시감, 가상현실을 사는 것 같은 기분 등이 그러한 징후에 속한다. 한편 발작은 대부분 알아서 멈추지만, 때에 따라 지속되거나 한 차례 발작이 일어난 후 미처 회복되기 전 다시 발작이 찾아오는 경우가 있다. 이를 간질 지속증이라 부르며 즉시 의학적 조치를 받아야 한다.

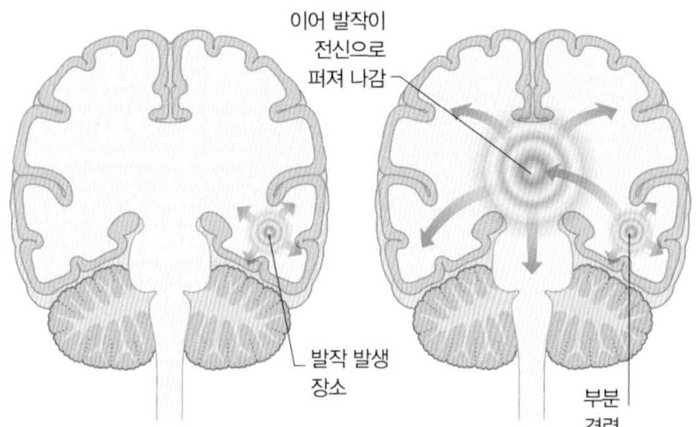

부분적 간질 발작
부분적 발작의 경우, 경련이 뇌 일부 영역에서만 시작되어 그 영향도 일부분에 그친다(왼쪽 그림). 경우에 따라 부분 발작으로 시작한 뒤 전신으로 퍼져나갈 수도 있다(오른쪽 그림).

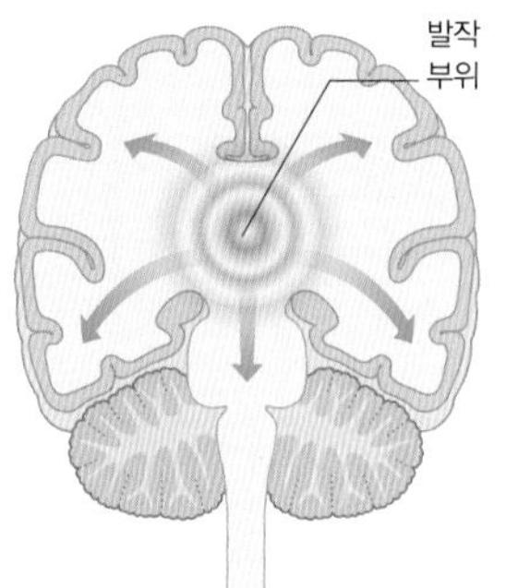

전신 간질 발작
전신 발작의 경우 뇌 거의 전 부위, 혹은 뇌 전체가 뉴런의 비정상적 활성에 영향을 받는다.

간질 지속증

간질 지속증은 간질 발작이 오랫동안 이어지거나, 발작이 한 차례 발생한 후 의식을 채 회복하기도 전에 다음 발작이 연달아 발생함으로써, 생명을 위태롭게 하는 질환이다. 정확한 진단법으로 확정된 것은 없지만, 일반적으로 단일 발작이 30분 이상 지속되는 경우 혹은 연속 발작이 30분 이상 지속되는 경우로 정의한다. 평소 간질이 있는 환자의 경우 항간질제를 제대로 복용하지 않을 때 간질 지속증이 가장 흔하게 발생한다. 또 뇌종양, 뇌부종, 뇌 손상, 뇌혈관장애(뇌졸중 등), 대사 장애, 약물 남용도 원인으로 작용한다. 간질 지속증은 정맥 투여용 약물을 통한 즉각 치료로 발작을 제어하지 않을 경우 장기적인 장애가 남거나 죽음에 이를 수 있는 중증 질환이다.

발작의 종류

간질 발작은 크게 2가지 유형으로 나눌 수 있다. 부분 발작 및 전신 발작이 그것으로, 뉴런의 비정상적 활성에 뇌가 얼마만큼 영향을 받는지에 따라 결정된다.

부분 발작
비정상적 뉴런 활성이 뇌의 비교적 작은 부위에 제한적으로 나타난다. 부분 발작은 다시 단순 부분 발작 및 복합 부분 발작으로 구분된다.

단순 부분 발작 일측성 경련, 마비, 욱신거림과 함께 팔, 다리, 얼굴 근육 경직, 보이는 것, 미각, 냄새의 환각 반응, 급작스럽게 강렬한 정서 변화와 같은 증상이 나타난다. 발작이 진행되는 동안 환자는 의식을 그대로 유지한다.

복합 부분 경련 환자는 혼란스러운 상태에 빠져 반응을 보이지 않으며, 괴상하고 뚜렷한 목적이 없는 움직임을 반복할 수 있다. 통증이 없는데도 소리를 지르거나 울부짖기도 한다. 의식은 그대로 있지만, 발작이 끝난 후 대부분 그에 관해 기억하지 못한다.

전신 발작
뉴런의 비정상적 활성이 뇌 대부분, 혹은 전체에 영향을 준다. 아래와 같이 6가지로 분류할 수 있다.

강직성 발작 근육이 갑자기 굳어 환자가 균형을 잃고 넘어지는 경우가 많다. 이때 주로 뒤로 넘어진다. 강직성 발작은 경고 징후 없이 발생하는 경향이 있으며, 환자는 발작 후 빨리 회복된다.

간대성 발작 사지나 몸통에 쥐가 내리거나 경련이 일어난다는 점에서 근간대성 발작과 매우 유사하다. 간대성 발작은 주로 2분 정도 지속된다. 발작시 의식을 잃는 환자도 있다.

근간대성 발작 잠에서 깨자마자 발생하는 경우가 대부분이다. 팔, 다리, 몸에 당기는 느낌이 들거나 쥐가 내린다. 발작은 1초도 채 지속되지 않지만, 때때로 단시간 내에 발작이 여러 차례 발생할 수 있다. 근간대성 발작은 단독으로 발병하거나, 강직-간대성 발작 등 다른 발작을 수반할 수 있다.

탈력 발작 '무긴장성 발작'으로도 불린다. 발작이 일어나면 근육이 갑자기 이완되어 축 처진다. 이로 인해 균형을 잃고 앞으로 쓰러지는 경우가 많다. 긴장성 발작처럼 탈력 발작도 경고 징후 없이 발생하며 짧게 끝난다. 발작 후 환자는 바르게 회복된다.

강직-간대성 발작 '대발작'이라 불리기도 하는 이 발작은 먼저 몸을 경직시킨 후 통제 불가능한 수준으로 쥐가 내리거나 경련이 발생한다. 발작 환자는 의식을 잃으며 방광 조절력을 잃는 경우도 종종 있다. 발작 시작 후 몇 분이 지나면 자연스레 멈추며, 이후 환자는 나른함, 혼란스러움을 느낄 수 있다.

실신 발작 '소발작'이라고도 불리며, 주로 어린이에서 발상한다. 발작이 일어나면 환자는 주변을 인식하지 못하며 허공을 멍하니 응시하는 모습을 보인다. 약 30초 이하로 끝나며, 하루에 여러 차례 발생할 수 있다.

수막염

수막염이란 수막에 염증이 생기는 질환이다. 수막은 뇌와 척수를 덮고 있는 막으로, 종종 바이러스나 세균에 감염되어 수막염이 발생할 수 있다.

일반적으로 수막염은 신체 어느 곳에서부터 혈류를 타고 이동해온 감염원에 의해 발생한다. 때에 따라 개방형 두부 손상이 발생하여 수막이 직접 감염되는 경우도 있다. 수막염은 라임병, 뇌염, 결핵, 렙토스피라병 등 여러 질환과 함께 복합적으로 발생할 수 있다. 바이러스성 수막염은 단순 헤르페스 바이러스, 천연두 바이러스 등에 감염되어 나타난다. 이 경우 증상이 비교적 경미하며, 감기 증상과 유사하다.

수막염을 일으키는 세균
오른쪽 현미경 사진에는 수막구균 세포 5개가 보인다. 각각은 세균성 수막염의 가장 일반적인 원인균으로 작용한다.

드물지만 바이러스성 수막염으로 신체 쇠약 혹은 마비, 말하기 힘듦, 시각 이상, 발작, 혼수상태 등 심각한 증상이 나타나기도 한다. 한편 세균성 수막염은 바이러스로 인한 수막염보다는 흔히 발생하지 않지만, 증상은 더 심각하고 치명적일 수 있다. 감염 세균의 종류는 다양하지만 주로 수막구균이나 폐렴구균 감염이 원인이 된다. 증상은 감염 후 몇 시간 이내에 빠르게 진전되며, 발열, 목 뻣뻣함, 극심한 두통, 구역질, 구토, 빛에 대한 비정상적인 민감성, 의식 착란, 어지러움 등의 증상과 함께 때때로 발작이 나타나거나 의식을 잃을 수도 있다. 수막구균성 수막염의 경우 세균이 혈액 내에서 증식하므로 피부에 붉고 보라색을 띠는 발진이 나타난다. 해당 부위를 눌렀을 때 색이 하얘지지 않는 것이 특징이다. 세균성 수막염은 치료를 받지 않고 내버려 둘 경우 세균이 뇌척수액에 침투해 면역 반응을 유발하고, 그 결과 두개골 내부 압력이 증가하여 뇌 손상으로 이어질 위험이 있다.

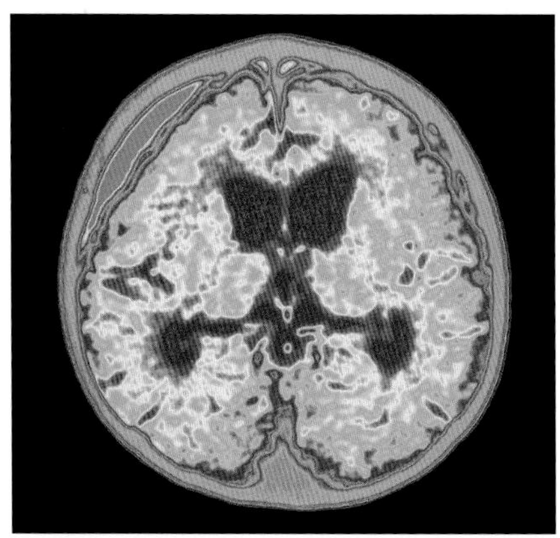

수막염으로 인한 뇌농양
위의 MRI 사진은 한 아기의 뇌를 촬영한 것으로, 경질막과 거미막 사이로 수막염에 의해 생긴 농양이 보인다(사진 왼쪽 윗부분 주황색).

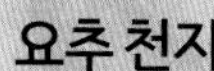

두개골
경질막
거미막
연질막

수막
수막은 제일 바깥쪽의 경질막, 중간의 거미막, 가장 안쪽인 연질막으로 구성된다.

뇌 조직
수막염에 걸려도 뇌는 직접 영향을 받지 않는다. 하지만 수막구균이 혈류를 통해 확산될 경우 뇌도 감염될 수 있다.

감염 부위
수막염은 보통 신체 어딘가로 유입된 세균이나 바이러스(드문 경우 곰팡이)가 확산되면서 감염된다. 일부 경우 감염원인 세균이 패혈증을 유발하기도 하는데, 이는 뇌를 비롯한 신체 다른 장기에 영향을 주어 치명적일 수 있다.

요추 천자

요추 천자는 속이 비어 있는 바늘을 등 아랫부분에서부터 거미막 아래 공간으로 주입해 뇌척수액 샘플을 얻는 과정을 말한다. 이 방법을 통해 체내에 약물을 투여하거나 특정한 사진 촬영에 필요한 염료 등 다른 물질을 주입하기도 한다. 이렇게 채취한 뇌척수액은 수막염이나 다발성경화증 등 그 외 신경계 관련 질환을 진단하는 데 쓰인다. 시술은 국소마취 후 실시되며 15분가량 소요된다. 시술 후 별다른 후유증은 없지만 때때로 두통이 발생할 수 있다.

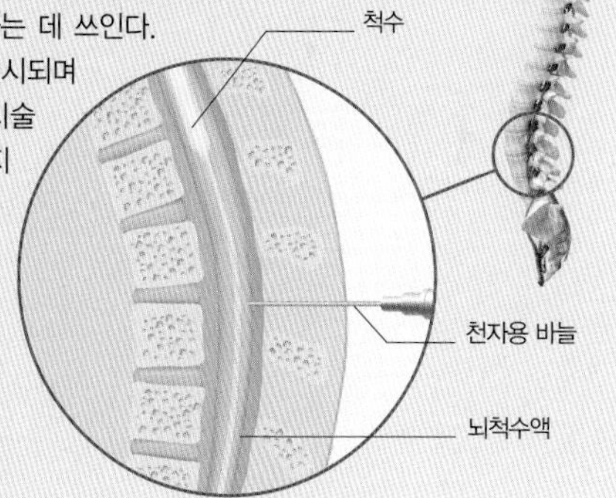

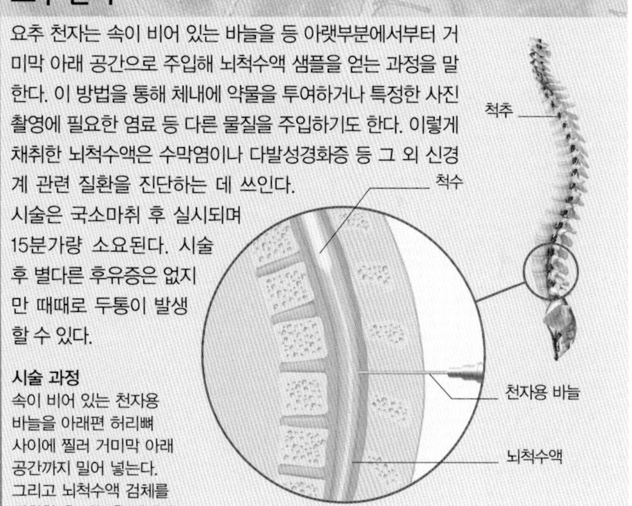

시술 과정
속이 비어 있는 천자용 바늘을 아래편 허리뼈 사이에 찔러 거미막 아래 공간까지 밀어 넣는다. 그리고 뇌척수액 검체를 채취한 후 바늘을 빼낸다.

뇌염

뇌염은 뇌에 염증이 생기는 질환이다. 주로 바이러스 감염으로 발생하나, 자가면역반응이 원인이 되기도 한다.

뇌염은 드물게 나타나는 질환으로, 경미한 수준부터 발병을 거의 알아채는 수준, 생명에 지장을 줄 수 있는 상태까지 증상이 다양하다.

특정 종류의 바이러스만이 중추신경계를 침투하여 신경에 영향을 주고 뇌염을 일으킬 수 있다. 단순 헤르페스바이러스(감기몸살의 원인), 천연두바이러스, 홍역바이러스가 바로 그러한 종류에 속한다. 때에 따라 뇌염은 수막염을 일으키는 원인이 되기도 한다. 감염시에는 대부분 뇌가 그 영향을 받기 전 면역계가 차단한다. 그러나 면역계가 제대로 작동하지 못할 경우 뇌염으로 진전될 위험성은 더 커진다. 일단 뇌염이 발병하면 뇌부종이 초래되며, 뇌의 일부가 두개골에 눌리면서 손상될 수 있다. 드물지만 자가면역반응이 뇌염의 원인이 되기도 한다. 즉 면역 체계가 뇌를 공격해 염증과 뇌 손상을 일으키는 것이다.

뇌염 증상이 경미하면 대부분 미열과 두통 증상만 보인다. 중증인 경우에는 구역질, 구토, 신체 쇠약, 협응 능력 소실, 마비, 빛에 대한 비정상적 민감도, 실어증 혹은 언어 기능 저하, 기억 상실, 목적 없는 행동, 목과 등 부위의 뻣뻣함, 나른함, 의식 착란, 발작, 혼수상태 등이 나타날 수 있다. 굉장히 심각한 뇌염일 경우에는 영구적인 뇌 손상으로 이어지거나 목숨을 잃을 가능성도 있다.

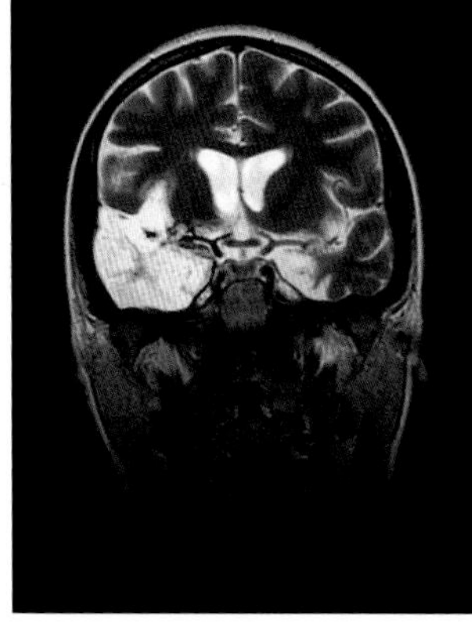

바이러스성 뇌염
왼쪽의 MRI 사진에서, 관자엽 부위에 커다란 이상 부위가 관찰된다(주황색 부분). 이는 바이러스성 뇌염을 일으키는 흔한 바이러스 중 하나인 단순 헤르페스바이러스 감염으로 인해 생긴 결과다.

뇌농양

뇌농양은 염증이 생긴 조직 주변에 고름이 모여 큰 덩어리를 형성하는 것이다. 뇌 내부나 표면에 생길 수도 있으며, 한 번에 여러 개가 생기기도 한다.

뇌농양은 세균 감염으로 발생할 수 있지만 드문 경우 곰팡이나 기생충 감염으로도 나타날 수 있다. 특히 곰팡이나 기생충 감염은 면역체계가 약화된 경우에만 뇌농양을 일으킨다. HIV/AIDS 환자, 화학요법을 받는 환자, 면역억제제를 복용 중인 환자 등이 그런 예에 속한다.
뇌농양은 뇌를 관통하는 손상, 혹은 치아 농양, 중이염, 부비동염, 폐렴 등 신체 어딘가에서 유입된 감염원이 확산됨으로써 일어난다. 또한 멸균되지 않은 주사기로 약이 투여될 때 감염되는 경우도 있다.

증상 및 영향

일단 농양이 형성되면 그 주변 조직에도 염증이 확산되고, 이는 뇌부종 및 두개골 내부 압력 증가로 이어질 수 있다. 증상은 수일에서 수주에 걸쳐 나타나는데, 그 기간은 감염 부위에 따라 다르다. 가장 일반적인 증상은 두통, 발열, 구역질, 구토, 목의 경직, 나른함, 의식 착란, 발작이다. 그밖에도 말을 제대로 못하고 시각 이상이 나타나거나 사지가 허약해지는 등의 증상도 나타날 수 있다.
뇌농양은 감염원을 규명할 수 있는 스캔 및 검사를 통해 최종 진단이 내려진다. 치료하지 않을 경우, 뇌농양으로 무의식 상태, 코마(238쪽 참조)가 발생할 수 있다. 또 뇌의 영구 손상으로 이어질 수 있으며, 간혹 목숨을 잃을 수 있다. 감염 부위를 제거하고 뇌부종을 줄이기 위해 약물치료가 실시된다. 그러나 농양의 크기가 커서 다량의 고름을 뽑아내야 할 경우 개두술(두개골의 일부를 떼어내는 수술)이 실시되기도 한다.

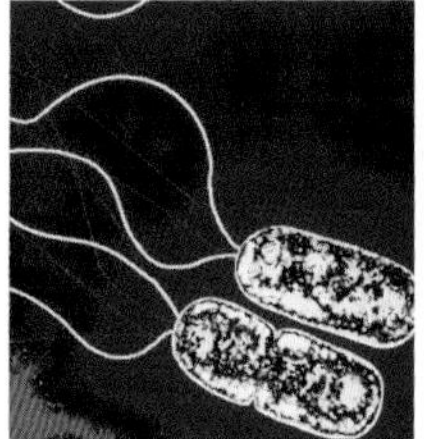

감염성 세균
뇌농양은 다양한 세균 감염이 원인이다. 그중 가장 일반적인 원인균은 녹농균(왼쪽), 연쇄구균(오른쪽)이다.

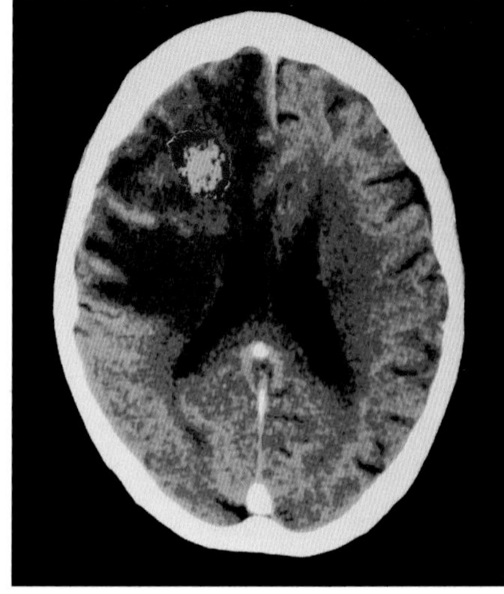

뇌 조직에 생긴 농양
위의 컴퓨터단층촬영 사진은 에이즈 환자의 뇌 사진으로, 커다란 농양이 보인다(주황색 부분). HIV 감염자, 또는 AIDS 환자처럼 면역 체계가 제대로 기능하지 못하는 사람들은 특히 농양 형성에 취약하다.

일과성 허혈발작

일과성 허혈발작은 뇌 일부분에 혈액 공급이 원활히 이루어지지 않아 뇌 기능이 일시적으로 중단되는 질환이다.

'미니 뇌졸중'이라고도 불리는 일과성 허혈발작(TIA)은, 혈액이 응고되면서 뇌에 혈액을 공급하는 동맥을 일시적으로 차단하는 것이 가장 큰 원인으로 작용한다. 또 죽상동맥경화증(동맥 내벽에 지방이 축적되는 질환)이 원인이 되기도 한다. TIA 발생에 영향을 주는 위험 인자는 다양하며, 특히 당뇨병, 심장 발작 병력이 있는 경우, 혈액 내 지방 함량이 높은 경우, 고혈압, 흡연 등을 들 수 있다.
증상은 대부분 발병 후 갑자기 나타나며 혈액 흐름이 차단된 부위가 어디인지에 따라 다양한 증상이 나타난다. 주로 나타나는 증상은 한쪽 눈의 시력 이상 및 시력 상실, 말하기 어려움, 다른 사람의 말을 이해하지 못함, 의식 착란, 감각 마비, 신체 한쪽의 쇠약 혹은 마비, 협응 기능 소실, 어지럼증, 짧은 의식불명 상태 등이다. 이러한 증상이 24시간 이상 지속될 경우에는 뇌졸중으로 분류된다. 또한 TIA가 나타난 환자는 뇌졸중 위험도가 높다.
TIA 치료에서는 뇌졸중 예방을 주요 목표로 삼는다. 이를 위해 동맥내막 절제술(죽상동맥 경화증이 발생한 동맥 내벽을 제거하는 시술)을 받거나 항응고제, 혹은 아스피린을 처방한다. 그밖에 위험 요인을 치료하는 것도 중요하며, 반드시 금연해야 한다.

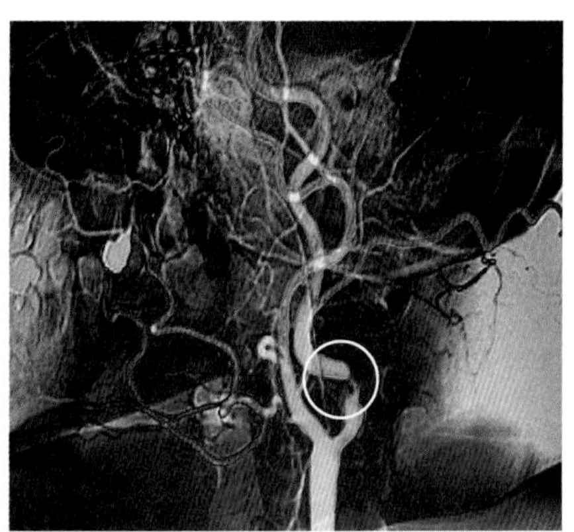

좁은 경동맥
이 엑스선 사진은 목의 경동맥이 좁아지는 영역(동그라미)을 보여준다. 여기에 색전이 일시적으로 머무르면 TIA가 발생할 수 있다.

1 일시적 혈액 차단
경동맥 등 뇌로 혈액을 공급하는 동맥이 색전(체내 어딘가에서 생긴 혈액 응고물)이나 혈전(동맥 자체에 생긴 혈액 응고물)으로 인해 일시적으로 차단된다. 이는 뇌로 전달되는 산소와 영양분을 막고, 결국 TIA 증상이 나타난다.

2 방해 물질 분산
혈류가 혈관을 막고 있던 물질을 부수면서 뇌로 가는 혈액 흐름이 재개된다. 산소와 영양분이 다시 뇌에 전달되면 TIA 증상은 사라진다. 일시적 허혈 발작은 재발하는 경향이 있으며, 한 번 이상 발생시 뇌졸중 발생 위험도 커진다.

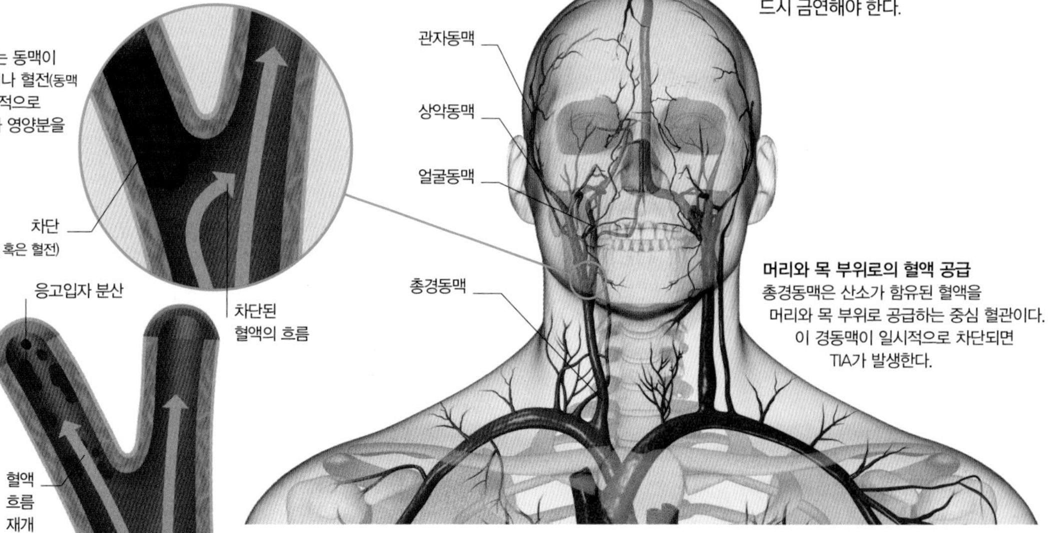

머리와 목 부위로의 혈액 공급
총경동맥은 산소가 함유된 혈액을 머리와 목 부위로 공급하는 중심 혈관이다. 이 경동맥이 일시적으로 차단되면 TIA가 발생한다.

뇌졸중

혈액이 뇌에 제대로 공급되지 않아 뇌 일부가 손상되는 질환이다.

뇌졸중은 뇌로 가는 혈액 공급이 중단되면서 생기는 질환이다. 원인은 뇌동맥 차단(허혈발작), 동맥 파열로 뇌 속에 혈액 유입(출혈성 뇌졸중), 뇌 속에 있는 혈관으로부터 혈액이 유출되는 현상(동맥류가 파열되는 등), 혹은 뇌 거미막 아랫부분에서 발생한 출혈(아래 오른쪽 그림 참조) 등이다. 뇌졸중 위험 인자로는 연령, 고혈압, 죽상동맥 경화증, 흡연, 당뇨병, 심장 판막 손상, 과거나 최근에 심장 발작 병력이 있는 경우, 혈중 지방 함량이 높은 경우, 특정 부정맥, 겸상 적혈구성 빈혈을 들 수 있다.

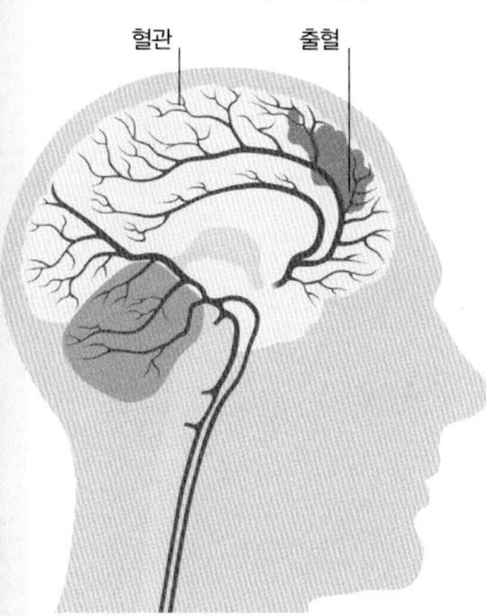

증상 및 영향

증상은 갑자기 전개되며 혈액이 차단된 부위에 따라 다양하게 나타난다. 일반적인 증상은 갑작스러운 두통, 감각 마비, 신체 쇠약 혹은 마비, 시력 이상, 말하기 어려움, 다른 사람의 말을 이해하지 못함, 의식 착란, 협응 능력 소실, 어지럼증 등이다. 심각할 경우 의식을 잃거나 혼수상태에 빠지며, 사망에 이를 수 있다.

치료는 뇌졸중 원인에 따라 달라진다. 혈액이 응고된 경우 항응고제를 투여하고, 출혈성 뇌졸중은 수술이 필요하다. 사망으로 이어지지 않았다 해도, 뇌졸중 발생 시 장기적인 장애나 신체 기능 손상이 발생할 수 있다. 이로 인해 재활 치료(물리치료, 언어치료 등)가 필요할 수 있다.

출혈성 뇌졸중
혈관이 파열되어 뇌로 혈액이 유입되면서 발생하는 뇌졸중이다. 가장 큰 영향을 주는 위험인자는 고혈압이다. 혈압이 상승하면 혈관이 파열될 가능성이 커지기 때문이다.

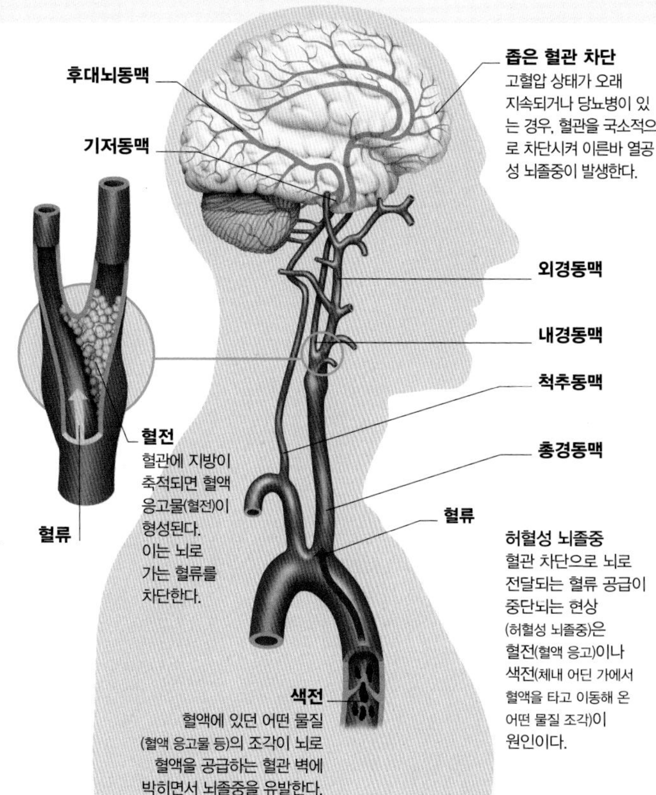

좁은 혈관 차단
고혈압 상태가 오래 지속되거나 당뇨병이 있는 경우, 혈관을 국소적으로 차단시켜 이른바 열공성 뇌졸중이 발생한다.

허혈성 뇌졸중
혈관 차단으로 뇌로 전달되는 혈류 공급이 중단되는 현상(허혈성 뇌졸중)은 혈전(혈액 응고)이나 색전(체내 어딘 가에서 혈액을 타고 이동해 온 어떤 물질 조각)이 원인이다.

경질막밑출혈

혈관이 파열될 경우, 뇌를 감싸는 두 개의 외부 막 사이에 혈액이 침투할 수 있다.

경질막밑출혈의 가장 일반적인 원인은 두부 손상이다. 특히 노년층은 경미한 손상으로도 출혈이 발생할 수 있다.

급성 경질막밑출혈은 두부 손상 후 출혈이 빠르게 발생한다(수분 이내). 반면 만성 경질막밑출혈은 수일 내지는 몇 주에 걸쳐 혈액이 천천히 침투한다. 막 사이에 침투한 혈액은 두개골 내부에서 응고되어 뇌 조직을 압박하고 특정 증상을 유발한다. 증상 종류는 다양하며 출혈이 발생한 부위에 따라 변동이 심하다. 주로 나타나는 증상은 두통, 신체 한쪽 마비, 의식 착란, 나른함, 발작 등이다. 심각할 경우 의식을 잃거나 혼수상태에 빠질 수 있다. 또 출혈의 크기나 위치에 따라 장기적인 영향이 남을 수 있다. 중증 경질막밑출혈의 경우 생명이 위태로울 수 있다.

경질막밑출혈 진단은 주로 뇌 스캔(CT나 MRI)를 통해 이루어진다. 두개골 골절이 의심될 경우 일반 방사선 촬영도 함께 시행한다. 출혈 정도가 크지 않은 경우에는 체내에서 제거되므로 치료하지 않아도 된다. 그러나 대부분은 수술을 요한다.

경질막밑혈종
왼쪽 사진에서 주황색 부분이 경질막밑혈종이다. 경질막 아래에서 출혈이 일어나 혈액이 침투한 후 단단한 덩어리가 된 것이다.

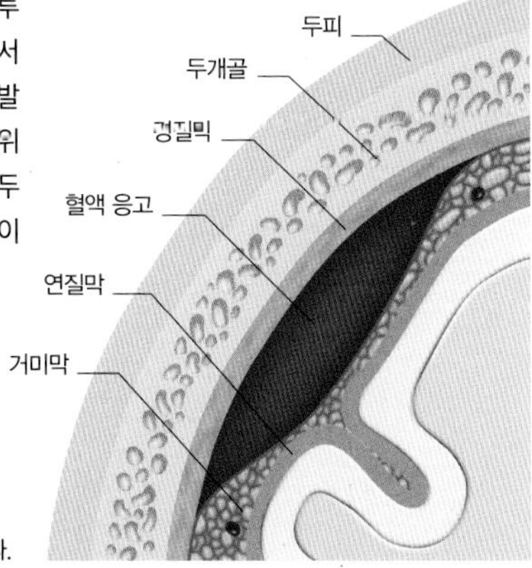

경질막밑출혈 부위
경질막밑출혈은 경질막(총 3개 층으로 이루어진 수막에서 제일 바깥쪽 막)과 거미막(수막 중간층) 사이 공간에 혈액이 침투하는 것을 말한다.

거미막밑출혈

뇌를 감싸고 있는 두 외막 사이 공간에 출혈이 발생하는 것을 일컫는다.

거미막밑출혈은 딸기동맥류의 파열, 혹은 드물지만 기형적인 동정맥이 파열하면서 발생한다. 위험인자는 고혈압이며, 증상은 경고 징후 없이 갑자기 발생해 빠른 속도로 전개되는 경우가 많다(수분 이내). 일부 환자는 완전히 회복되지만 일부는 장애가 남거나 사망한다. 또한 출혈시 뇌동맥은 혈액 손실을 줄이려고 수축하는데, 이로 인해 뇌 일부로 가는 혈액 공급량이 줄어들고 뇌졸중이 유발될 수 있다.

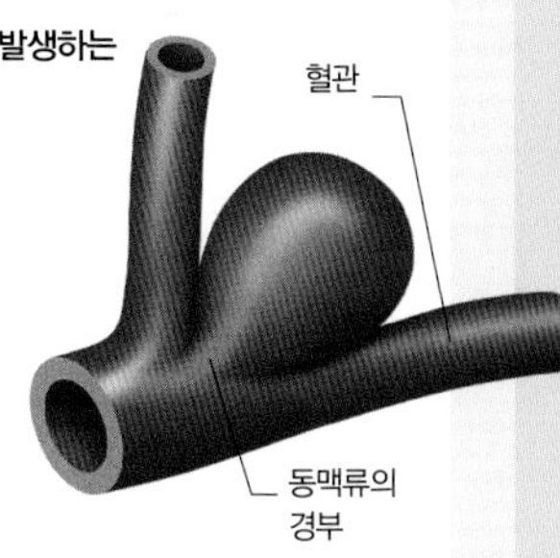

딸기 동맥류
딸기 동맥류는 혈관 중 느슨한 부위가 팽창되면서 형성된다. 태어날 때부터 존재하는 경우가 대부분이다.

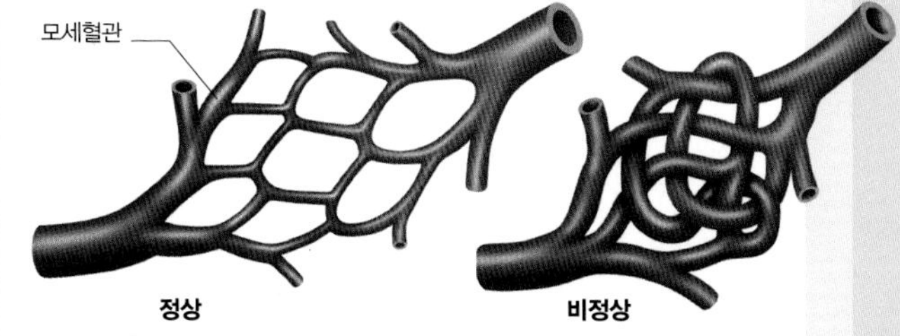

동정맥 기형
뇌 표면에 위치한 혈관들이 비정상적으로 엉키는 현상으로, 태어날 때부터 존재한다. 이런 기형적인 동정맥은 쉽게 파열되어 거미막밑 출혈을 일으킨다.

뇌종양

뇌 내부, 혹은 뇌를 둘러싼 수막이나 척수에 양성 종양이나 악성 종양이 형성되는 질환이다.

뇌종양은 먼저 뇌 자체에서 원발 종양이 형성된 후 이것이 악성이 되거나 양성이 된다. 원발 종양은 다양한 종류의 뇌세포에서부터 발생하며 발생 부위도 다양하지만, 성인의 경우 대뇌 정면에서부터 3분의 2 지점에 가장 많이 발생한다. 이차 종양은 체내 어딘가에서 생긴 악성 암세포가 확산되면서(전이) 발생한다. 폐, 피부, 신장, 유방, 대장에서 전이하는 경우가 가장 많다. 종종 이차 종양이 자연적으로 발생하는 경우가 있는데, 대부분 원인이 불명확하다. 드물지만 유전적 요인이 종양 발생과 연관된 경우도 있다.

형성된 종양은 뇌 조직 주변부를 압박하고 두개골 내부 압력을 상승시킨다. 따라서 증상은 종양의 크기 및 발생 부위에 따라 다양하다. 일반적인 증상으로는 극심하고 지속적인 두통, 시야가 흐릿해지는 등 감각 이상, 말하기 어려움, 어지럼증, 근육 약화, 신체 협응 기능 저하, 두뇌 기능 손상, 행동 혹은 성격 변화, 발작 등이다. 치료하지 않으면 목숨을 잃을 수 있다.

뇌종양 진단은 뇌 스캔 및 신경학적 검사를 통해 이루어진다. 치료는 수술로 종양을 제거하거나(제거가 가능한 경우) 방사선 요법, 혹은 화학요법을 실시한다. 때때로 뇌부종을 줄이기 위해 약물을 투여하기도 한다.

수막종
위의 현미경 사진은 수막종의 한 부분이다. 수막종은 양성 종양의 일종으로, 뇌와 척수를 감싸고 있는 수막에서 발생한다.

뇌하수체 종양

뇌하수체는 뇌 하단에 끼워져 있는 콩만 한 구조로, 신경섬유줄기를 통해 바로 위에 있는 시상과 연결된다. 뇌하수체 종양은 비교적 드물게 발생하며 양성 종양인 경우가 대부분이다. 그러나 그 영향은 광범위하다. 이곳에 발생한 종양은 주변 신경을 압박하는데, 특히 뇌하수체 바로 위를 지나는 시신경을 압박하여 시력 이상, 두통 등의 증상을 유발한다. 또 호르몬 생성량이 줄어들거나 과도해지는 원인이 될 수 있다.

전대뇌 동맥

시신경 압박

뇌하수체 종양
종양이 시신경을 압박한다.

뇌하수체
호르몬 생성량을 줄이거나 늘린다.

두개골

뇌하수체

치매

뇌 기능이 전반적으로 약해지고 기억력에 문제가 생기며 의식 착란, 행동 변화가 특징으로 나타나는 질환이다.

치매는 뇌 조직이 미세한 손상을 입고, 이것이 뇌의 기능 쇠퇴로 이어지는 것이 원인이다. 여러 가지 질환이 치매로 이어질 수 있는데, 그중 몇 가지는 다음 쪽에 나와 있다. 가장 흔히 치매로 이어지는 질환은 알츠하이머병이다. 그밖에 혈관성 치매는 혈액 공급이 줄어들거나 차단되어 뇌세포가 사멸하면서 발생하는 치매다. 이는 뇌졸중으로 갑자기 나타나거나 경미한 뇌졸중이 연속으로 일어나면서 점진적으로 발생할 수 있다. 또 다른 종류, 레비소체 치매의 경우 뇌세포에 레비소체라는 작고 둥근 구조가 생기면서 주변 뇌조직의 기능을 쇠퇴시킨다. 그 외 에이즈 등 신경학적 결손과 관련된 질환, 베르니케-코르사코프증후군, 크로이츠펠트-야콥병(다음 쪽 참조), 파킨슨병(234쪽 참조), 헌팅턴병(234쪽 참조), 두부 손상, 뇌종양(윗부분 참조), 뇌염(227쪽 참조) 등도 원인이 될 수 있다. 드물지만 비타민이나 호르몬 결핍으로도 발생할 수 있으며, 특정 약물의 부작용으로도 나타난다. 또 간혹 유전적 돌연변이가 원인이 되는 경우도 있다.

증상 및 영향

치매의 특징적 증상은 진행성 기억 손실, 의식 착란, 방향감각 장애다. 또 환자는 불규칙적이며 주변 사람을 당황하게 하는 행동과 함께 성격 변화, 편집증, 우울증, 망상, 비정상적인 흥분, 근심을 나타낸다. 기억 손실이나 이상한 행동에 대해 어떤 이유를 들며 설명하려 하기도 한다. 증상이 전개될수록 치매 환자는 다른 사람이나 주변에서 일어나는 일들에 무관심해지며, 자기 관리나 개인 위생을 지키는 일에도 소홀해진다.

드물지만 치매의 원인이 치료 가능한 경우도 있다. 약물 부작용이나 비타민 결핍이 원인이 된 경우가 그러하다. 그러나 일반적으로는 치료법이 없다. 대부분 진행성이며 환자는 요양시설에서 종일 간호를 받아야 한다. 약물치료로 뇌 기능 손상 속도를 늦추고 행동적 증상을 개선시킬 수는 있다.

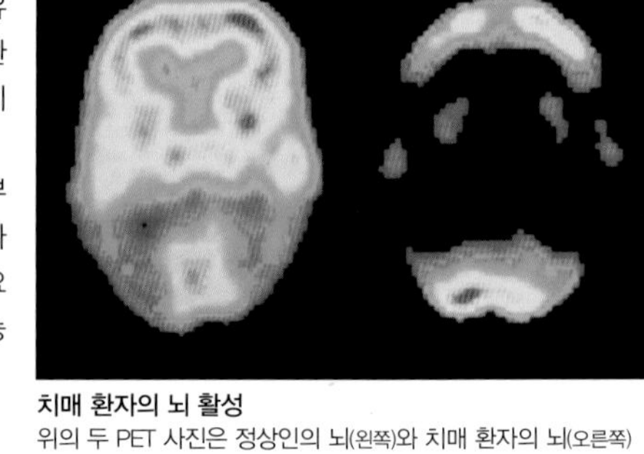

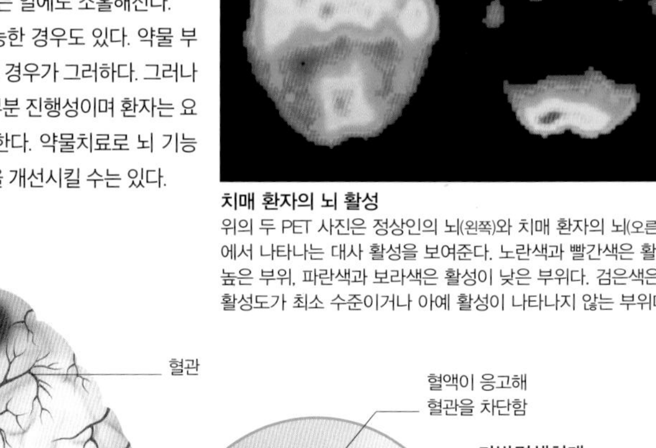

치매 환자의 뇌 활성
위의 두 PET 사진은 정상인의 뇌(왼쪽)와 치매 환자의 뇌(오른쪽)에서 나타나는 대사 활성을 보여준다. 노란색과 빨간색은 활성이 높은 부위, 파란색과 보라색은 활성이 낮은 부위다. 검은색은 활성도가 최소 수준이거나 아예 활성이 나타나지 않는 부위다.

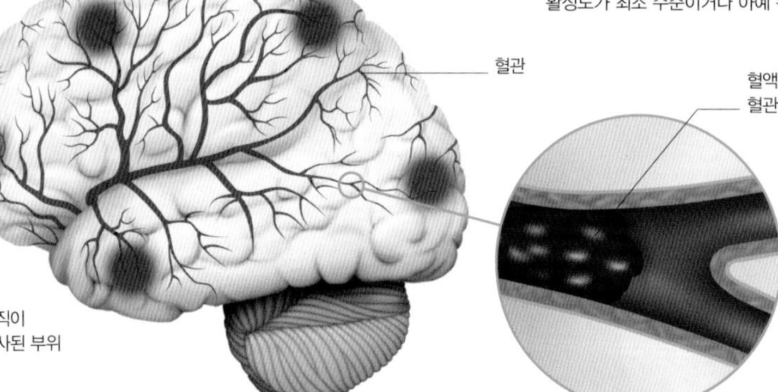

다발경색치매
다발경색치매는 뇌로 혈액을 공급하는 혈관이 단계적으로 차단될 때 발생한다. 대부분 혈액 응고가 원인이 된다. 혈관을 막은 각 응고물은 산소가 함유된 혈액이 뇌 작은 부위까지 도달하지 못하는 원인이 되고, 이는 해당 부위의 괴사(경색)로 이어진다.

알츠하이머병

치매의 가장 흔한 원인이 되는 질병으로, 플라크(판)가 형성되어 뇌를 손상해 뇌가 점차 퇴행하는 것이 특징이다.

알츠하이머병이 60세 이전에 발생하는 경우는 드물다. 60세가 지나면 발생 가능성이 점차 커진다. 이 질환은 대부분 규명할 수 없는 원인으로 발생한다. 몇 가지 유전자에 돌연변이가 생기는 것과도 연관성이 있지만, 알츠하이머병이 초기에 발병하는 드문 경우(60세 이전)에는 특히 유전적인 요인이 강하게 작용하는 경우가 많다. 60세 이후 발병하는 경우에는 혈액 단백질의 일종인 아포리포단백질 E를 생성하는 유전자에 돌연변이가 생기는 것과 관련이 있다. 이 유전자에 돌연변이가 생기면 베타 아밀로이드라는 단백질이 뇌에 축적되면서 하나의 플라크(판)를 형성하고, 결국 뉴런이 괴사한다. 신경전달물질인 아세틸콜린의 양이 감소하는 것도 알츠하이머병과 관련이 있다. 또 칼슘 이온이 뉴런으로 유입되는 과정을 제어하는 기전에 문제가 발생하여 과량의 칼슘이 신경으로 유입되고, 이로 인해 다른 뉴런에서 전해온 자극을 받지 못하는 것도 원인으로 보인다.

알츠하이머병의 증상은 사람마다 다양하다. 진행 과정은 보통 세 단계로 나눌 수 있다(왼쪽 표 참조).

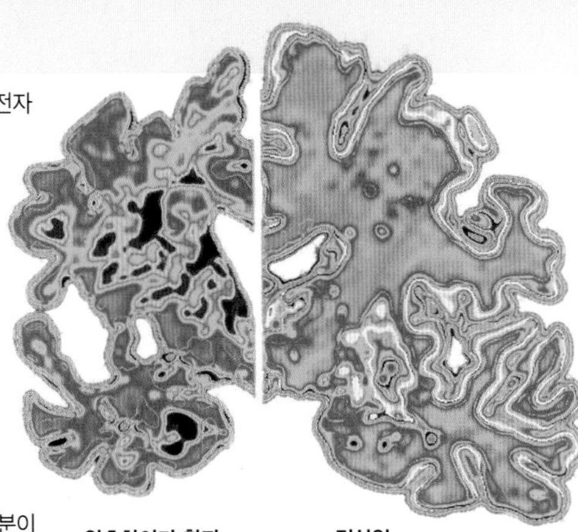

알츠하이머 환자 **정상인**

해부학적 변화
위의 뇌 수직 단면 사진은 알츠하이머병으로 조직이 손실되고 표면에 주름이 많아진 뇌와 정상인의 뇌를 비교한 것이다.

알츠하이머병 진행 단계

알츠하이머병의 증상 및 진행 단계는 사람마다 다양하게 나타난다. 그러나 질병이 점차 진행되면서 증상은 점점 더 심각해지고 뇌의 더 많은 부분이 손상된다는 공통점이 있다. 일부 환자는 일정 기간 증상이 호전되는 양상을 보이기도 한다. 일반적으로 알츠하이머병은 크게 세 단계로 나누어 진행된다.

진행 단계	증상
1단계	기억력이 크게 감소하고, 이런 문제가 근심과 우울증을 유발할 수 있다. 그러나 기억력 감퇴는 정상적인 노화의 특징이며 이 자체만으로는 알츠하이머병 여부를 판단할 수 없다.
2단계	심각한 수준의 기억상실 증상이 나타난다. 특히 최근 일에 대해 기억하지 못하며 시간 및/또는 장소를 혼동한다. 집중력 감소, 언어상실증(상황에 맞는 단어를 찾지 못함), 기분이 쉽게 바뀜, 성격 변화 등의 증상도 함께 나타난다.
3단계	3단계가 되면 의식 착란이 심각한 수준에 이른다. 또한 망각, 환각 등 정신병 증상도 나타날 수 있다. 비정상적인 반사작용이 나타나고 요실금 증상이 동반될 수 있다.

진단은 증상을 통해 내려지는 경우가 대부분이며, 그와 함께 뇌 사진 촬영, 혈액 검사, 신경정신학적 검사가 실시된다.

치료

알츠하이머병의 치료는 퇴행 속도를 늦추는 것을 목표로 한다. 하지만 질병의 진행 과정을 완전히 멈출 수는 없으며, 결국에는 요양시설에서 수용 치료를 받아야 한다. 알츠하이머병 초기 및 중기에는 진행 속도를 늦추는 데 아세틸콜린 가수분해효소 억제제를 사용할 수 있으며, 후기에는 '메만틴'이라는 약물을 투여한다.

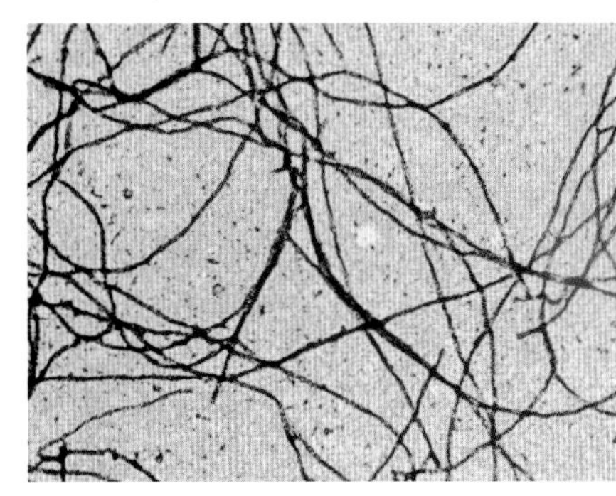

단백질 섬유
알츠하이머병은 단백질 섬유가 서로 엉켜 큰 덩어리를 형성하는 것과 연관된 경우가 많다(오른쪽 현미경 사진). 이러한 덩어리는 플라크(판) 형성으로 이어질 수 있기 때문이다.

크로이츠펠트-야콥병

치매는 비정상적인 프리온 단백질에 의해서도 발생할 수 있다. 이 단백질은 뇌에 축적되어 광범위한 조직을 파괴한다.

프리온이란 뇌에서 자연적으로 생성되는 단백질이며, 그 기능은 알려져 있지 않다. 그런데 이 단백질에 비정상적인 문제가 생기면 뇌 속에 덩어리를 형성하고 뇌 조직을 파괴한다. 조직이 파괴되면서 구멍이 남게 되고, 뇌 조직은 마치 스펀지 같은 형태가 된다. 이로 인해 신경학적으로 다양한 기능 이상 및 치매가 발생하고 마침내 사망에 이른다. 크로이츠펠트-야콥병(CJD)은 크게 네 종류로 나뉜다. 산발성 CJD, 유전성 CJD, 의인성 CJD, 변종CJD가 그것으로, 특히 마지막 것은 소해면상뇌증(BSE) 감염으로 발생한다.

CJD 발병 초기에는 증상으로 기억 상실, 기분 변화, 무관심함 등이 나타난다. 이후 서툶, 의식 착란, 불안정함, 언어 문제 등으로 이어진다. 최종 단계로 갈수록 근육에 제어 불가능한 경련이 일어나고 사지가 뻣뻣해진다. 또 시각 이상, 요실금, 진행성 치매, 빌직, 마비가 나타나며 결국 목숨을 잃게 된다.

변종 CJD와 광우병

크로이트펠트-야콥병은 원래 잘 알려지지 않은 질병이었으나 지난 1990년대, 일부 사람들이 소해면상뇌증 BSE, 흔히 광우병이라 부르는 병에 걸린 소고기를 먹고 변종 CJD에 걸리면서 세간의 이목이 집중됐다. 초기에는 BSE가 인간에게 전염되지 않는다고 여겨졌지만 이 사건으로 그것은 틀린 생각이란 것이 입증됐다. 이에 따라 광우병에 걸린 소의 고기가 사람이 섭취하는 식품에 유입되지 않도록 하기 위한 엄격한 조치가 마련되었다. 그 결과 2000년에는 영국에서 발생한 변종 CJD 사망자가 28명이었으나 2008년에는 1명으로 줄어들었다.

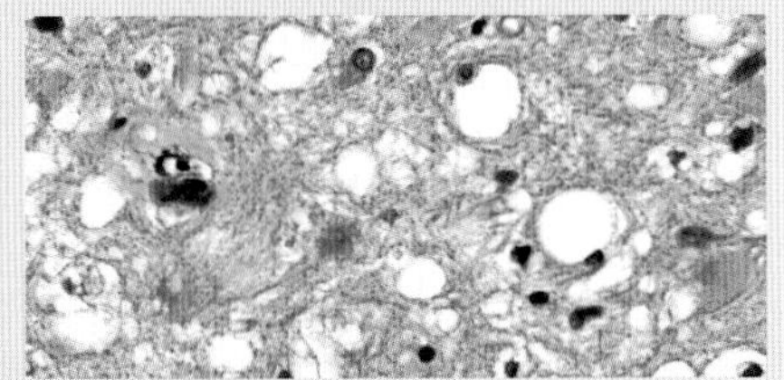

CJD 환자의 뇌 조직
위의 현미경 사진은 변종 CJD에 걸린 환자의 뇌 피질 조직이다. CJD에서 나타나는 특징인 스펀지 같은 형태를 볼 수 있다. 이는 뉴런이 소실되면서 생긴 결과다.

CJD의 종류

크로이츠펠트-야콥병은 크게 4가지 종류로 나뉜다. 원칙적으로는 병의 원인에 따라 분류되지만, 각 종류마다 발병 연령, 발병 기간 등 다른 차이점도 나타난다.

CJD의 종류	특징
산발성 CJD	고전적 CJD 혹은 자연 발생적 CJD로도 불리며, CJD에서 가장 많이 나타나는 형태다. 주로 50세 이상에서 발생하며 질병은 빠른 속도로 진행된다(수개월 내).
유전성 CJD	유전자 변이로 발생하는 CJD로 가족 간에 유전된다. 보통 20세에서 60세 사이에 발병하며 발병 기간은 2~10년까지로 긴 편이다.
의인성 CJD	뇌수술, 기타 호르몬 치료 등 의학적 시술 도중에 혈액, 조직이 오염되거나 감염자와 접촉한 물질이 옮겨오면서 발생한다. CJD 중에서는 드문 형태다.
변종 CJD	BSE에 걸린 고기 섭취 후 발생한 CJD를 일컫는다. 일반적으로 1년 정도 진행된 후 사망으로 이어진다. 감염된 고기가 유통되지 않도록 하는 조치가 마련되어 있으므로, 드물게 나타나는 질병이 되었다.

뇌수술

뇌수술은 신경외과학 중에서도 특수한 분야에 해당한다. 뇌 혹은 수막(뇌척수막)을 대상으로 하는 수술은 두개골을 열어 실시되며, 드문 경우 코나 비강을 통해서도 실시된다.

뇌수술의 활용

다양한 질병 치료에 뇌수술이 활용될 수 있다. 뇌나 수막에 생긴 종양, 출혈, 혈종, 뇌수종으로 인한 두개골 내부 압력 증가, 머리에 상처가 생기는 등 뇌의 외상성 손상, 동맥류 등 혈관 문제, 뇌 농양 등이 그 예에 속한다. 흔하지 않지만 약물치료시 효과가 나타나지 않는 중증 간질 환자에게도 뇌수술이 실시되며, 생체 표본을 획득하려는 목적으로 시행되기도 한다. 특히 고도의 경험을 요하는 뇌심부자극술은 뇌 내부에 전극을 설치하는 시술로, 파킨슨병(234쪽 참조), 투렛증후군(243쪽 참조) 환자의 운동 장애를 치료하는 데 쓰인다.

정위적 뇌수술

심부 뇌 자극술에서는 먼저 환자의 두피에 틀을 고정시킨다. 이 틀은 수술의가 전극을 이식할 지점을 정확하게 찾을 수 있게 한다.

경비 수술

조직 침투 부분이 가장 적은 것이 특징인 경비 수술은, 내시경(관 형태)을 콧속에 넣어 뇌 기저 부분에 도달하도록 한다. 의사는 이 내시경을 통해 시술 부위를 볼 수 있으며, 수술 장비도 내시경이 지나간 경로를 따라 주입하여 시술에 사용할 수 있다. 경비 수술은 주로 시상하부나 뇌 기저 부분 수막에 생긴 종양 제거에 쓰인다. 외부 흉터가 남지 않고 입원 기간도 짧으며, 전통적인 수술법에 비해 시술 후 통증도 적다.

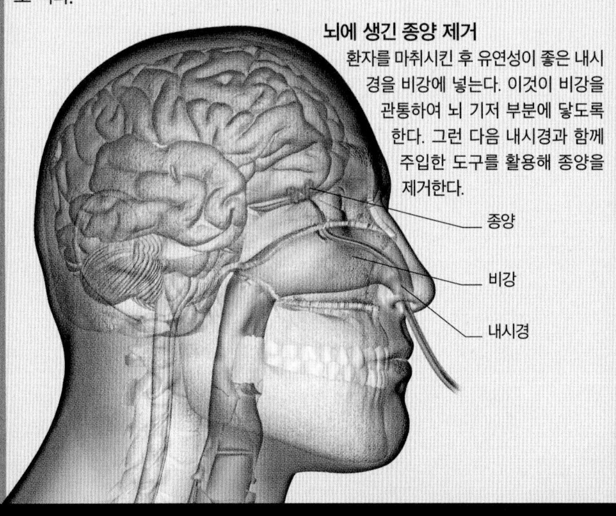

뇌에 생긴 종양 제거

환자를 마취시킨 후 유연성이 좋은 내시경을 비강에 넣는다. 이것이 비강을 관통하여 뇌 기저 부분에 닿도록 한다. 그런 다음 내시경과 함께 주입한 도구를 활용해 종양을 제거한다.

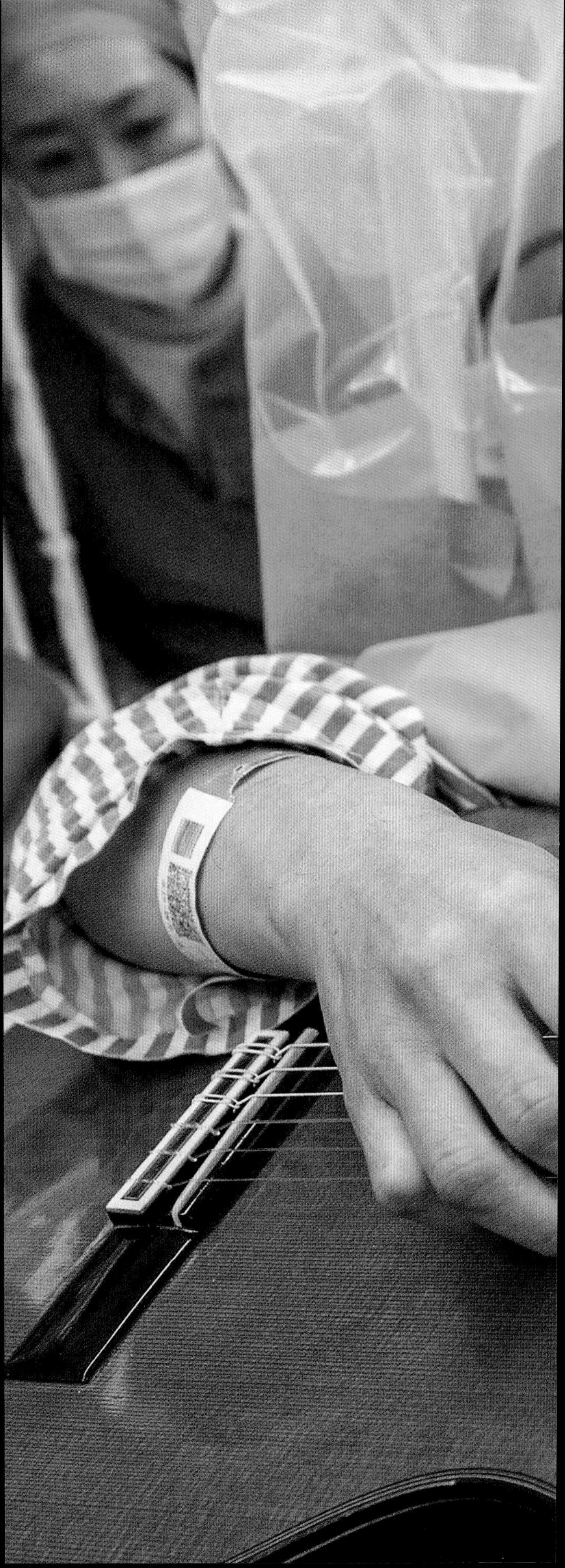

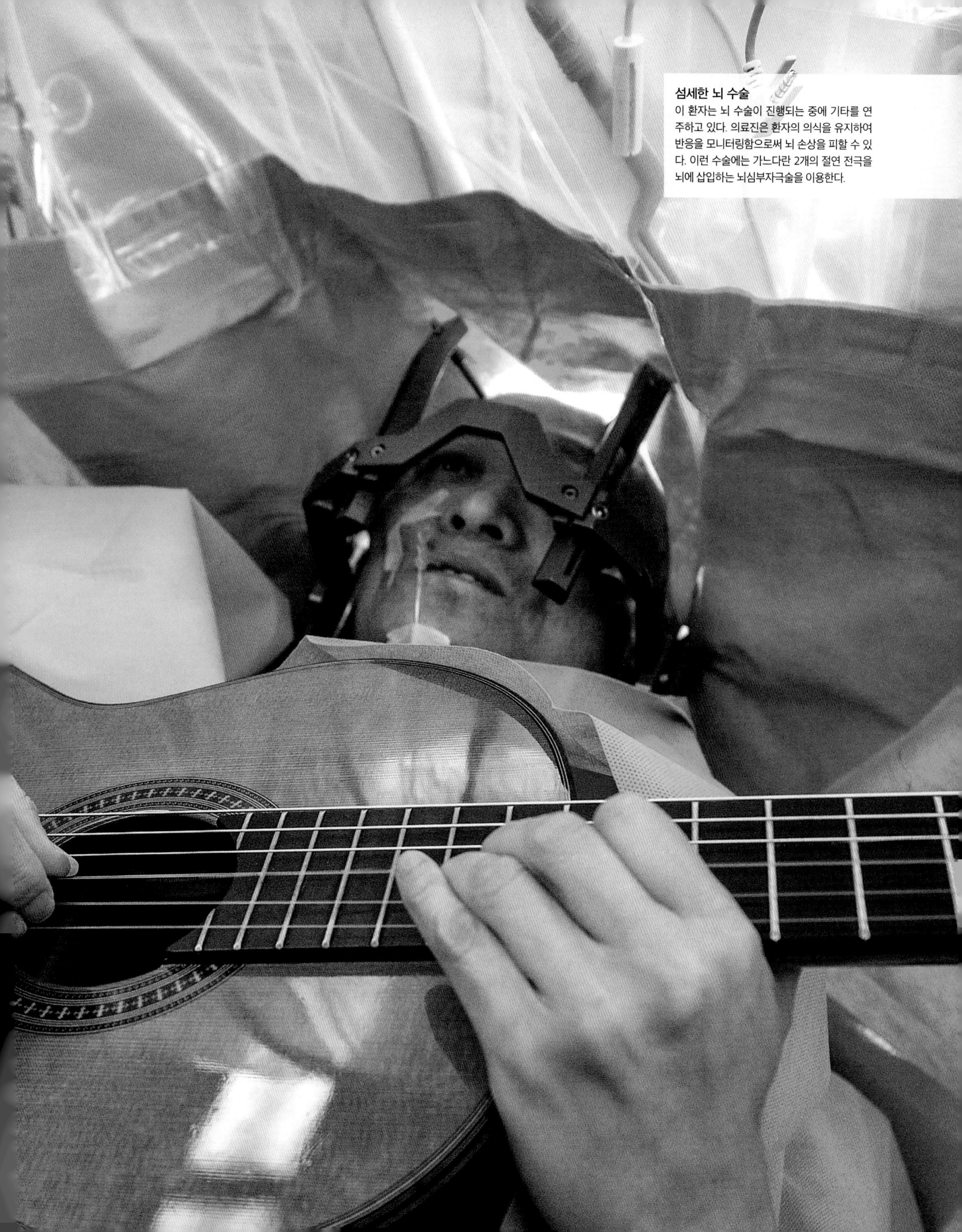

섬세한 뇌 수술
이 환자는 뇌 수술이 진행되는 중에 기타를 연주하고 있다. 의료진은 환자의 의식을 유지하여 반응을 모니터링함으로써 뇌 손상을 피할 수 있다. 이런 수술에는 가느다란 2개의 절연 전극을 뇌에 삽입하는 뇌심부자극술을 이용한다.

파킨슨병

진행성 뇌 질환의 하나로, 신체 떨림, 근육 경직, 운동 장애, 균형 맞추기 어려움 등의 증상이 나타난다.

파킨슨병은 중뇌에 위치한 흑색질 핵 세포가 퇴화하면서 발생한다. 원래 이들 세포는 근육 및 운동 제어를 돕는 신경전달물질인 도파민을 생성한다. 이 세포에 문제가 생기면서 도파민 생성량이 줄어드는데, 이는 파킨슨병의 특징인 운동 장애로 이어진다.

대부분 근본 원인은 밝혀지지 않았다. 매우 드물지만 특정 유전자의 변이가 파킨슨병과 연관된 것으로 드러난 경우가 있다. 증상은 대부분 천천히(수개월 혹은 수년) 나타나며, 손과 팔, 다리의 떨림으로 시작된다. 이런 떨림은 가만히 있을 때 더 심해진다. 질병이 전개되면서 자발적인 움직임을 시작하는 데 어려움이 생기며, 걸을 때 발을 질질 끌게 된다. 즉 첫 번째 발걸음을 옮기기가 어렵고 원래 자연스레 움직여야 할 팔 움직임이 제한적으로 이루어지거나 아예 중단된다. 또 근육은 경직되고 글씨는 크기가 작고 읽기 힘든 형태가 되며, 자세가 구부정해진다. 표정도 소실될 수 있다. 발병 후기에는 발음이 곤란하고 음식 삼키기가 어려워지며 우울증이 발생할 수 있다. 대부분 지능은 영향을 받지 않지만 도파민 결핍으로 치매 증상이 나타나기도 한다.

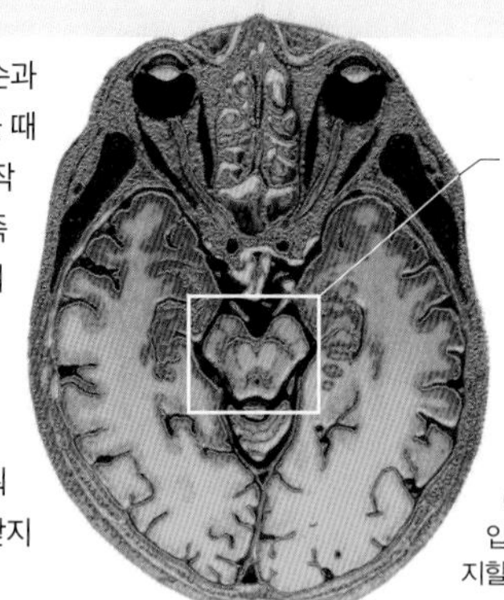

뇌 심부의 모습
왼쪽 MRI 사진은 뇌 평면도로, 흑색질의 위치가 나와 있다. 흑색질은 중뇌에 위치한 기저핵의 일부분이다. 여기에 아주 작은 전극을 삽입하여 뉴런의 활성을 유지할 수 있다.

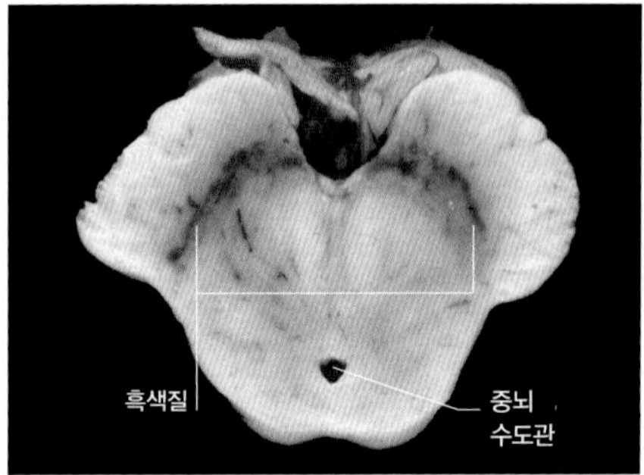

건강한 뇌
정상인의 흑색질을 나타낸 위의 뇌 조직 평면도를 보면, 흑색질을 나타내는 어두운 부분이 뚜렷하다.

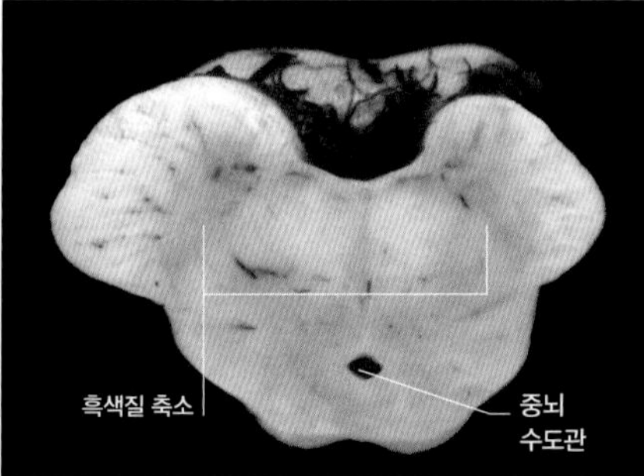

비정상적인 뇌
위의 뇌 조직은 파킨슨병 환자의 뇌 단면도다. 흑색질의 어두운 부분이 확연히 감소한 것을 볼 수 있다.

파킨슨증

'파킨슨증'은 운동 이상(신체 떨림, 근육 강직, 운동 둔화 등)이 증상으로 나타나는 모든 질환을 가리킨다. 도파민 생성량 감소로 인해 발생하는 파킨슨병 증상도 그러한 운동 이상에 속한다. 파킨슨병은 파킨슨증을 일으키는 가장 흔한 원인이긴 하지만, 파킨슨증을 겪고 있는 모든 환자가 파킨슨병을 겪는 것은 아니다. 뇌졸중, 뇌염, 수막염, 두부 손상, 제초제 및 살충제에 장기 노출, 기타 퇴행성 신경질환, 항정신성 약물 등 특정 약물 역시 파킨슨증의 원인으로 작용한다.

헌팅턴병(헌팅턴무도병)

드물게 나타나는 유전병의 일종으로, 뉴런이 퇴행하여 경련 등 통제 불가능한 움직임 및 치매로 이어지는 질병이다.

헌팅턴병의 근본 원인은 단일 유전자에서 한 무리의 DNA 염기쌍이 여러 번 반복되어 나타나는 것이다. 이러한 비정상적 유전자는 헌팅턴 단백질이라는 비정상적인 단백질을 생성하고, 이는 신경세포에 축적되어 바닥핵과 대뇌피질에 위치한 대뇌의 퇴행으로 이어진다.

영향

일반적으로 35세에서 50세 사이에 증상이 나타나기 시작한다. 때때로 어린 시절부터 나타나기도 한다. 초기 증상은 무도병(경련을 동반한 빠르고 통제 불가능한 움직임), 운동 둔화, 불수의적인 얼굴 찡그림 및 경련 등이다. 이후 언어 장애, 음식 삼키기 어려움, 우울증, 감정 둔화 치매 증상을 보인다. 특히 치매는 집중력 결여, 기억력 손실, 성격 및 기분 변화(공격적이거나 반사회적인 행동 등)의 형태로 나타난다. 일반적으로 서서히 진행되며 최초 발병 후 10-30년 후 사망하게 된다. 헌팅턴병의 진단은 증상을 통해 이루어지며, 그와 더불어 뇌 사진 촬영, 유전적 검사(비정상적인 유전자 상태 확인), 신경정신학적 검사도 함께 실시된다.

치료 방법은 아직 밝혀지지 않았다. 다만 증상 완화를 위해 약물치료가 실시된다. 신체적, 정신적인 활동을 유지하라는 권고도 주어진다.

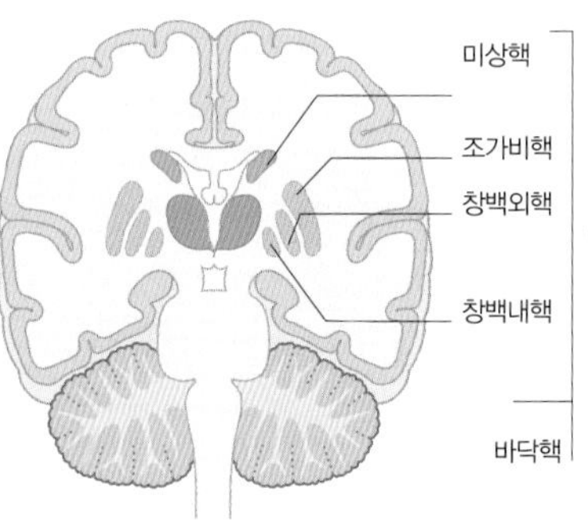

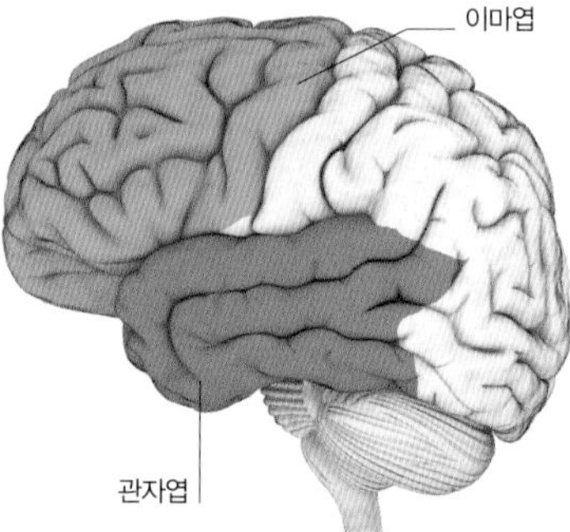

헌팅턴병 발생 부위
헌팅턴병은 바닥핵에 위치한 뉴런의 퇴화를 유발한다(주로 꼬리핵, 조가비핵, 창백핵의 뉴런). 또한 이마엽과 관자엽의 퇴화와도 관련이 있다.

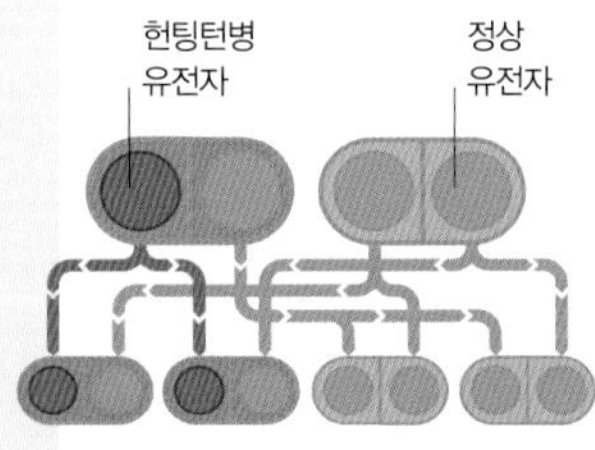

유전 양상
헌팅턴병은 상염색체 우성유전 질환이다. 즉 부모 중 한쪽이 문제의 유전자를 보유하고 있으면, 이들의 자녀는 그 유전자를 물려받아 성인이 된 후 헌팅턴병이 생길 가능성이 각각 2분의 1이 된다는 뜻이다.

A C T G T T C A G C A G C A G

CAG가 3번 반복됨

유전자 문제
헌팅턴병은 4번 염색체의 DNA 서열에 비정상적인 문제가 생길 때 발생한다. 즉 해당 DNA에서 CAG가 여러 번 반복되는 것이 원인이다. 발병 여부는 CAG의 반복 횟수에 따라 결정된다(오른쪽 표 참조).

헌팅턴병과 CAG 반복 횟수

반복 횟수	영향
0 – 15	유해한 영향 없음. 헌팅턴 단백질이 정상적으로 기능함.
16 – 39	헌팅턴병이 생길 가능성이 있음.
40 – 59	헌팅턴 단백질이 비정상적으로 기능함. 성인기에 헌팅턴병이 생김.
60회 이상	헌팅턴 단백질이 비정상적으로 기능함. 유년기에 헌팅턴병이 생김.

시력
흐릿하거나 상이 겹쳐 보임, 시야에 중심이 없음.

협응 기능
협응 능력 손상, 균형감각 소실

근육
사지 허약, 마비

운동 조절
운동신경 경로에 플라크(판)가 쌓이면서 운동에 영향을 줌.

방광
괄약근 조절력 소실로 요실금 발생.

감각
감각 둔화, 욱신거림 및/또는 통증

움직임
근육에 힘이 없는 느낌, 협응 능력 약화, 자세가 불안정해 걷기가 힘듦.

다발성경화증의 일반적인 증상
다발성경화증의 증상은 사람마다 크게 다양하게 나타난다. 왼쪽 그림은 가장 일반적인 증상 중 몇 가지를 나타낸 것이다.

다발성경화증

진행성 질환의 일종인 다발성경화증은 뇌와 척수의 뉴런을 둘러싼 수초를 파괴한다.

다발성경화증MS은 면역체계가 뉴런을 감싸는 절연체인 수초 생성 세포를 파괴하는 자가면역질환으로 생각된다. 수초가 파괴된 부위에는 손상된 조직이 단단한(경화된) 플라크(판)를 형성하고, 뉴런은 퇴화한다. 그 결과 신경자극의 전달에 문제가 생기거나 전달이 차단된다. 이와 같은 자가 면역 반응의 원인은 알려지지 않았지만, 유전적·환경적 영향 및/또는 감염원에 의한 영향이 있을 것으로 추정된다.

다발성경화증의 발병 과정 및 증상은 사람마다 다양하다. 일반적인 증상(왼쪽 그림 참조)과 더불어 기억력 감퇴, 불안, 우울증 같은 정신적 변화도 발생할 수 있다. 다발성경화증의 가장 흔한 유형은 재발-완화성 다발성경화증으로, 점차 악화되는 증상이 찾아온 후(재발) 일정 기간 상태가 호전되는 특징을 보인다. 진행성 다발성경화증의 경우 완화되는 기간이 없으며 증상이 계속 악화된다. 대부분의 경우 재발-완화성 다발성경화증이 진행성 다발성경화증이 된다.

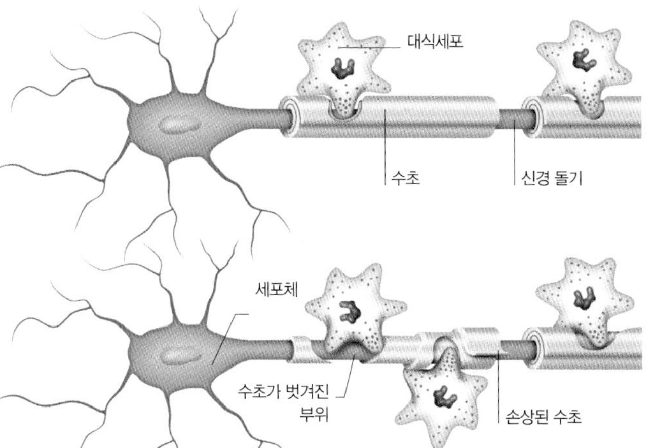

초기 단계
다발성경화증 초기 단계에는 신경 돌기를 둘러싼 지방질의 수초가 손상된다. 백혈구의 일종인 대식세포가 손상된 부위를 제거하면 신경돌기를 따라 수초가 벗겨진 부분이 생겨나고 이는 신경자극 전달에 방해가 된다.

후기 단계
문제가 심화되면서 수초의 손상 부위가 점차 거지고 영향을 받는 신경 부위도 넓어진다. 이로 인해 증상도 악화된다. 수초가 벗겨진 부위에는 딱딱한(경화된) 조각이 형성되고 결국 신경 퇴화로 이어진다.

운동신경원병

운동신경이 점차 퇴행하면서 발생하는 질환으로, 근육 쇠약 및 쇠퇴로 이어진다.

대부분 운동신경원질환MND의 원인은 알려져 있지 않다. 다만 유전적 요인이 질환에 걸릴 가능성을 결정하는 데 중요한 역할을 하는 것으로 보인다. MND 중에서 드물게 발생하는 종류의 경우 유전된다. MND는 상위운동뉴런(운동피질이나 뇌줄기에서 시작된 신경) 및/또는 하위운동뉴런(중추신경계에서 근육을 잇는 축수 및 뇌줄기의 뉴런)에 영향을 줄 수 있다. 상위운동뉴런이 손상될 경우 경직, 근육 쇠약, 과도한 반사작용이 나타난다. 또 하위운동뉴런이 손상되면 근육 약화, 마비, 골격근 위축과 같은 증상이 나타난다.

일부 환자의 경우 근육에 나타나는 증상과 함께 성격 변화, 우울증이 발생하기도 한다. 그러나 지능, 시력, 청력은 영향을 받지 않는다.

MND에는 여러 가지 종류가 있으며, 그중 가장 흔히 나타나는 것은 근위축성축삭경화증(루게릭병) 및 진행성연수위축증을 들 수 있다. 이 두 가지 모두 상위, 하위 운동뉴런에 영향을 준다.

척수신경

척수

후각
후각에 위치한 뉴런은 신체 주변에서 유입된 감각 정보를 수령한다.

외측각
이곳의 뉴런은 신체 내부 장기와 신호를 주고받는다. 이 외측각은 척수 중 일부에서만 존재한다.

전각
이곳의 뉴런은 운동신경섬유를 근골격계로 보내 둘이 접촉하도록 한다.

척수의 신경관
척수에 있는 신경섬유는 하나로 묶여 각각 하나의 경로를 이룬다. 묶이는 기준은 각 신경섬유가 전달하는 자극의 종류 및 방향이다. MND는 하위운동뉴런 중 척수 전각 부분에 영향을 준다.

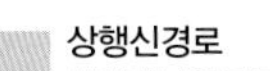

상행신경로
신체에서 전달된 감각신호를 뇌로 전달하는 신경섬유.

하행신경로
뇌에서 전달된 운동신호를 몸통 및 사지의 골격근으로 보냄.

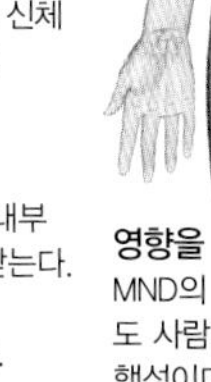

입과 목
음식물 삼키기가 어려움, 발음 및 씹기 곤란

목
목 주위 근육이 약해져 머리가 앞으로 쉽게 기울어진다.

가슴 및 횡격막
호흡 관련 근육이 약해지면서 숨쉬기가 어려워진다.

다리 및 팔 근육
다리, 팔, 손 근육이 약해지고 뻣뻣해진다. 때때로 경련이 일어나거나 쥐가 난다. 결국 걷지 못한다.

영향을 받는 부위
MND의 영향은 특정 질병에 따라 다르게 나타나며 같은 병이라 해도 사람마다 다양하게 나타날 수 있다. 그러나 대부분 질병은 진행성이며 결국 사망으로 이어진다. 왼쪽 그림은 주요 질병에서 나타나는 기본적인 영향을 표시한 것이다.

스티븐 호킹
유명한 이론물리학자이자 우주론자인 스티븐 호킹은 2018년 76세의 나이로 세상을 떠났다. 운동신경원병을 앓으면서 그 나이까지 생존한 사람은 거의 없다. 호킹은 생애 마지막 순간까지 명석함을 유지하며 왕성하게 활동했다.

마비

근육 기능이 손상되면서 운동 조절력이 부분적으로 혹은 완전히 소실되는 현상을 말한다. 신경이나 근육에 이상이 생겼을 때 이러한 증상이 나타난다.

마비의 영향을 받는 범위는 작은 단일 근육부터 신체 근육 대부분에 이르기까지 다양하다. 특히 반신마비(편마비)의 경우 양쪽 다리에 마비가 오며, 때에 따라 몸통도 마비될 수 있다. 또 사지마비는 팔다리 네 부분과 몸통이 마비되는 것을 일컫는다. 이러한 마비 증상은 '이완성(근육을 느슨하게 만듦)' 마비, 혹은 '경련성(근육 경직을 야기한다는 점에서)' 마비로도 분류된다.

운동피질, 혹은 운동피질에서부터 축수 및 말초신경을 거쳐 근육으로 이어지는 운동신경경로가 손상되거나 이상이 생길 경우 마비가 발생할 수 있다. 또 근육 이상, 중증 근육무력증(신경과 근육 사이 연결부위에 이상이 생기는 질환)도 원인으로 작용한다. 마비가 발생한 부위는 때때로 감각이 사라진다.

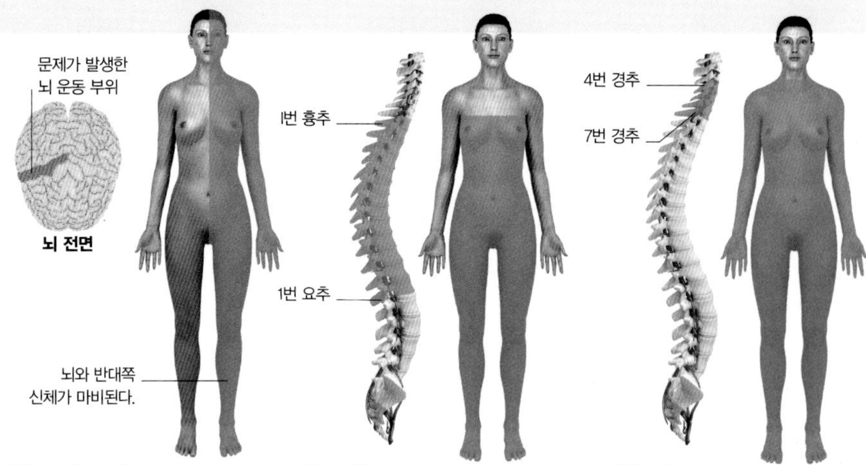

반신마비(편마비)
뇌 운동영역이 손상되면 손상된 뇌 부위의 반대쪽 신체 절반이 마비된다.

양측 마비
척추 중간 혹은 하부가 손상되면서 양쪽 다리와 몸통 일부가 마비된다.

사지 마비
목 하부의 운동신경이 손상되면 사지마비가 나타난다. 목에서 더 위쪽 부분이 손상되면 거의 사망으로 이어진다.

다운증후군

21번 3염색체증으로도 불리는 다운증후군은 염색체 이상 질환으로 정신적·육체적 발달 모두에 영향을 준다.

염색체 이상 질환 중 가장 흔히 나타나는 다운증후군은 21번 염색체가 하나 더 존재하는 것이 주요 원인이다. 이에 따라 다운증후군 환자는 염색체가 총 46개가 아닌 47개이다. 그 밖에도 21번 염색체의 일부가 분리되어 다른 염색체에 붙는 것도 원인이 된다. '전좌'라 불리는 이 과정이 일어나면 세포에 염색체 수는 정상이지만 21번 염색체의 크기는 비정상적으로 작아진다. 매우 드물지만 인체 세포 중 일부는 염색체를 47개 갖고 나머지는 46개를 갖는 '모자이크 현상'으로 다운증후군이 발생하기도 한다. 이러한 이상 현상이 다운증후군의 정신적, 신체적 특징으로 어떻게 이어지는지는 아직 정확히 밝혀지지 않았다.

대부분 염색체 이상이 발생하는 확실한 원인은 알려지지 않았다. 다만 어머니의 나이가 위험인자로 작용하는 것으로 보인다. 30대 초반이 지나 임신할 경우 다운증후군 발생 위험도가 크게 높아진다. 아버지의 나이도 위험 요소인데, 50세 이상일 경우 마찬가지로 위험도가 증가한다. 또 다운증후군이 있거나 21번 염색체에 이상이 있는 자녀를 낳은 적 있는 부모는 다시 임신할 경우 다운증후군이 있는 아이를 낳을 가능성이 커진다.

정상 염색체 한 벌
위 사진의 핵형(염색체 한 세트 전체를 나타낸 것)은 정상인 남성이 가진 염색체 한 벌을 나타낸 것이다. 22쌍의 상염색체와 한 쌍의 성염색체(X와 Y) 등 총 46개의 염색체로 구성된다.

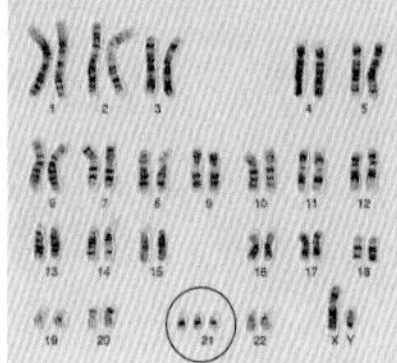

21번 3염색체증
위 사진은 어느 다운증후군 남성의 유전자 전체를 핵형으로 나타낸 것이다. 21번 염색체가 일반인처럼 2개가 아닌 3개(따라서 '3염색체증'이라 불린다)임을 알 수 있다. 이는 다운증후군 환자들에서 특징적으로 나타나는 증상의 원인으로 작용한다.

증상

증상의 중증도는 사람마다 굉장히 다양하다. 일반적인 증상으로는 운동 기능 및 언어 능력의 발달 둔화, 학습 곤란을 들 수 있다. 신체적 증상으로는 얼굴이 작고 위쪽으로 경사진 눈, 두꺼운 혀, 작은 손, 손바닥에 수평 방향의 긴 주름이 잡힘, 키가 작은 것 등이 나타난다. 이와 함께 다운증후군 환자는 심장병(선천적으로 심장 이상이 있는 경우가 많다), 청력 문제, 갑상선 기능 저하, 장이 좁아지는 현상, 백혈병, 호흡기 및 귀 감염증 등 다양한 질환에 걸릴 위험이 크다. 성인 환자의 경우 백내장 같은 안과 질환에 걸릴 가능성이 크다. 또 노인 환자는 알츠하이머병에 걸릴 가능성이 커진다. 다운증후군 환자들은 정상인보다 평균수명이 짧지만 일부 환자는 오래 생존하기도 한다.

검사

의사는 다운증후군 자녀를 낳을 위험이 보통보다 높은 임산부에게 양수천자를 권한다. 양수천자는 염색체 이상과 기타 유전 질환을 알아내는 진단적 검사다. 산모의 배를 바늘로 찔러 자궁에 도달한 후 소량의 양수를 흡인한다. 이렇게 채취한 양수를 분석한다. 양수천자는 보통 임신 14주에서 20주 사이에 시행한다. 300명 중 1명꼴로 유산할 위험도 존재한다. 자궁 감염, 양수파열 또는 조기에 분만이 유도되는 경우 유산할 수 있다. 매우 드물지만 바늘이 태아를 건드릴 수도 있다. 따라서 양수천자를 할 때는 초음파를 이용하여 바늘이 태아를 건드리지 않도록 세심히 주의해야 한다. 바늘이 피부를 찌를 때, 그리고 자궁을 뚫고 들어갈 때 산모는 날카로운 통증을 느낄 수 있다. 검사 후 복통이 생길 수 있으며, 검사 부위에서 소량의 양수가 새어 나오기도 한다. 양수천자 후 부모는 예를 들어 이분척추가 있는 태아를 자궁 내에서 수술하는 등 후속 조치를 할 수 있으며, 특별히 주의할 필요가 있는 자녀를 맞이할 계획을 세울 수도 있다. 만삭이 되기 전에 유산을 선택할 수도 있다.

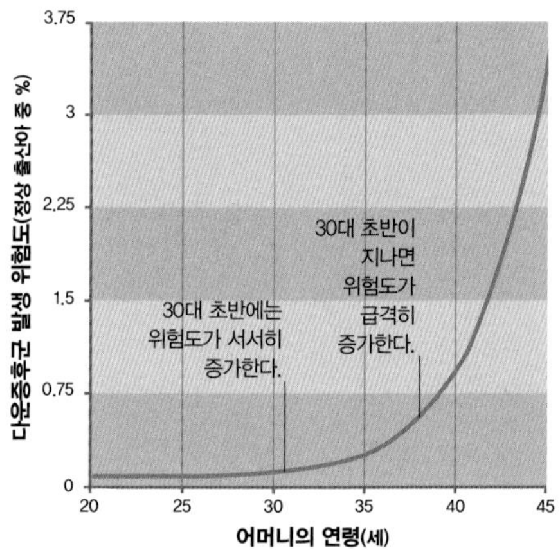

어머니의 나이와 다운증후군의 관계
다운증후군이 있는 아이를 낳을 위험은 어머니의 나이와 관련이 있다. 30대 초반에는 위험도가 서서히 증가하다가 그 이후에는 급속히 증가한다.

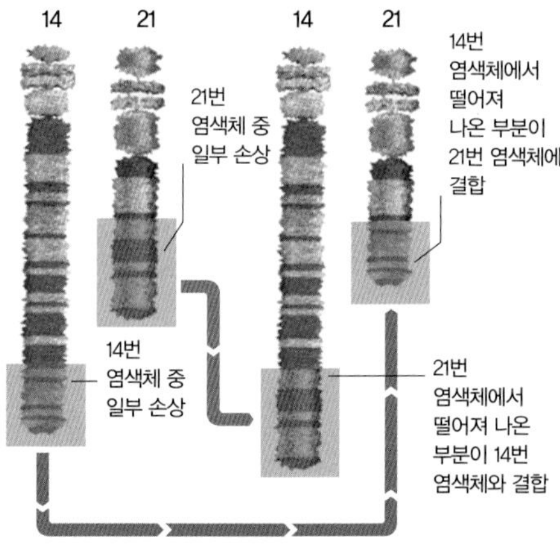

균형 전좌
다운증후군은 염색체 전좌로 발생할 수 있다. 즉 21번 염색체의 일부가 분리되어 다른 염색체와 결합하는 것이다. 균형 전좌는 21번 이외에 다른 염색체도 일부가 분리되어 21번 염색체에서 떨어져 나간 부위에 결합하는 현상을 말한다.

뇌성마비의 종류

뇌성마비는 운동 이상의 유형에 따라 크게 4종류로 나눌 수 있다. 분류된 것 외에 다른 증상도 나타날 수 있다.

종류	특징
경련성 뇌성마비	과도한 반사 반응, 근육이 팽팽하고 뻣뻣해지면서 약해짐에 따라 움직임이 곤란해진다.
무정위운동형 뇌성마비	불수의적인 뒤틀림 현상, 특히 얼굴, 팔, 몸통에서 주로 나타남, 자세를 유지하기 어렵다.
운동실조성 뇌성마비	균형 유지가 어려움, 손과 발의 흔들거림, 언어 곤란.
혼합 뇌성마비	위 유형에서 나타나는 증상이 복합적으로 나타남, 근 긴장도가 높아지고 불수의운동이 나타나는 경우가 많다.

뇌성마비

뇌 손상이나 뇌가 정상적으로 발달하지 못해 운동 및 자세에 이상이 생기는 일련의 기능 이상을 뇌성마비라 지칭한다.

뇌성마비를 일으키는 원인은 다양하지만, 대부분 정확히 밝혀지지 않았다. 일반적으로는 출생 전후 뇌가 손상되면서 발생한다. 그러한 손상의 원인으로는 지나친 조산, 출산 전후 태아의 산소 결핍(저산소증), 뇌수종(아래 설명 참조), 모체의 감염증이 태아로 전염, 모체와 태아의 혈액이 서로 부적합하여 발생하는 용혈성 질환 등을 들 수 있다. 출생 후에는 뇌염 및 수막염 같은 감염증, 두부 손상, 뇌출혈이 뇌성마비의 원인으로 작용할 수 있다.

뇌성마비는 운동 및 자세의 이상 증상과 함께 그로 인한 문제의 원인이 되며(걷기, 말하기, 음식 섭취 곤란), 그밖에도 시력 및 청력 이상, 간질 등 다양한 질환을 발생시키기도 한다. 때에 따라 학습장애를 유발하는 경우도 있다. 증상의 중증도는 사람마다 다양하며, 약간의 기능 둔화에서부터 중증 장애까지 그 정도에도 큰 차이가 있다.

뇌성마비의 정확한 치료법은 없지만 물리치료, 작업치료, 언어치료 등을 실시한다. 또 근육의 경련을 통제하고 관절 운동성 증가를 위해 약물치료가 실시될 수 있다. 근육의 비정상적 발달로 생긴 기형 부분은 수술의 도움을 받을 수 있다. 한편 뇌성마비는 진행성 질환이 아니다.

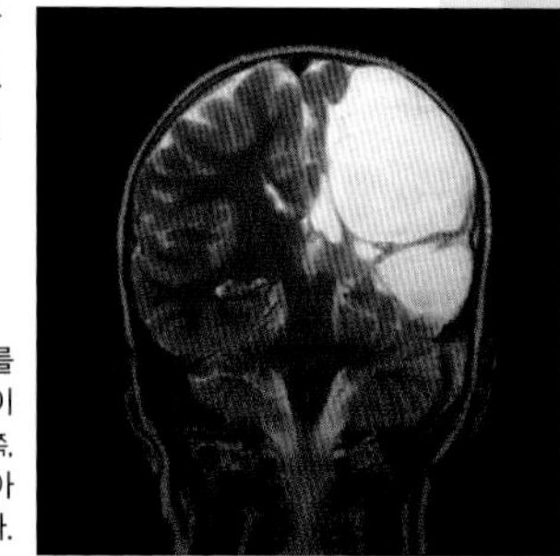

뇌 손상
오른쪽 MRI 사진은 뇌성마비를 겪는 한 아동의 머리를 찍은 것이다. 비정상적인 뇌 조직(뇌 왼쪽, 사진에서는 오른쪽)으로 인해 이 아동의 오른쪽에 마비가 발생했다.

수두증(물뇌증)

흔히 뇌에 물이 차는 것으로 알려진 뇌수종은 뇌척수액이 두개골 내부에 과잉 축적되는 질환이다.

뇌수종은 뇌척수액이 지나치게 많이 생성되거나 정상적으로 배출되지 않을 때 발생한다. 이렇게 남은 뇌척수액은 두개골 내부에 축적되어 뇌를 압박하고, 결국 뇌 손상을 일으킬 수 있다. 이러한 상태는 태어날 때부터 나타날 수 있으며, 신경관 결손 등 다른 질환과 연관된 경우가 많다. 뇌수종의 주요 증상은 머리 크기가 비정상적으로 큰 것으로, 빠른 속도로 계속 커지는 것이 특징이다. 치료를 받지 않을 경우 뇌가 심각한 손상을 입을 수 있으며, 그 결과 뇌성마비를 비롯한 신체적, 정신적 문제가 발생하거나 사망에 이를 수 있다.

생애 후반기에 발생한 뇌수종은 두부 손상, 뇌출혈, 감염증, 뇌종양이 원인으로 작용한다. 이 경우 해당 원인이 제거되면 수종도 함께 사라진다.

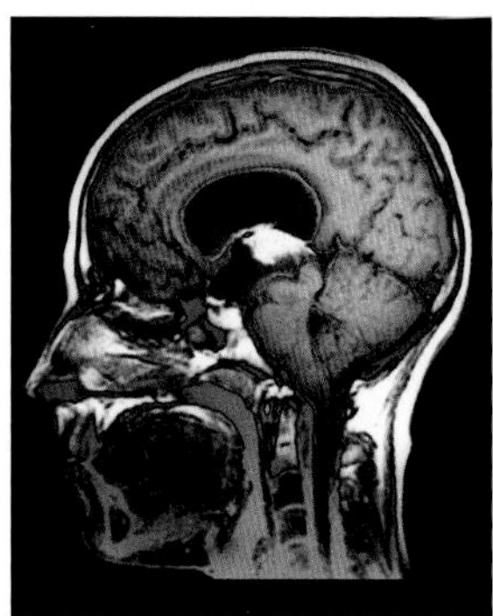

비대해진 뇌실
위의 MRI 사진은 뇌 중심부를 촬영한 것으로, 뇌수종으로 인해 뇌실(뇌 중앙부의 검은색 부분)이 비대해진 것을 볼 수 있다. 이렇게 비정상적으로 축적된 뇌척수액은 뇌를 압박한다.

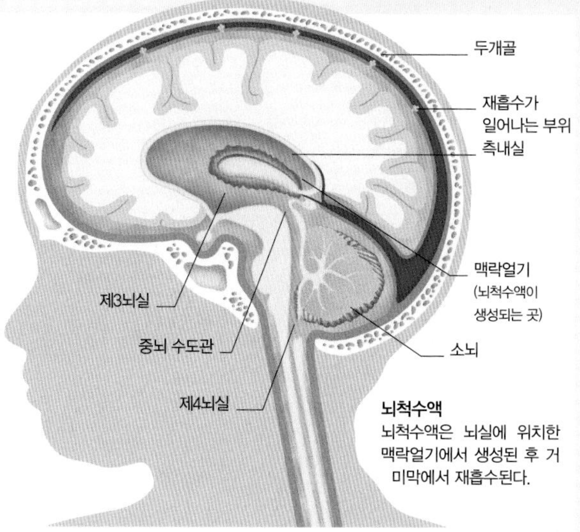

뇌척수액
뇌척수액은 뇌실에 위치한 맥락얼기에서 생성된 후 거미막에서 재흡수된다.

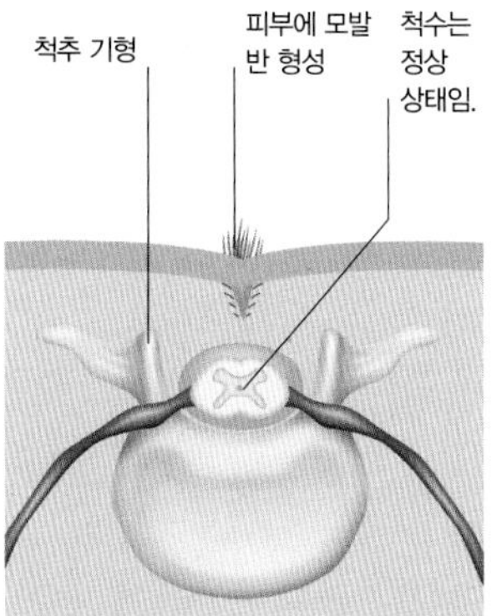

잠재성 이분척추
척추가 하나 이상 기형으로 형성되는 것이 잠재성 이분척추의 유일한 문제다. 즉 척추는 아무런 영향을 받지 않는다. 그 결과 척추 아랫부분에 털 뭉치, 움푹 들어간 곳, 지방 덩어리가 형성될 수 있다.

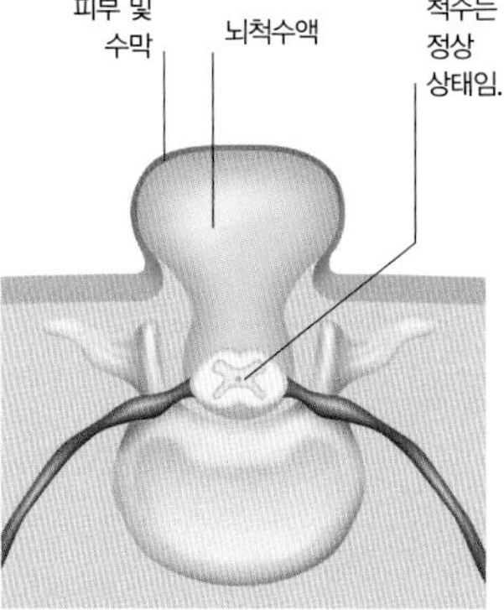

수막류
기형적으로 형성된 척추 사이로 수막이 돌출하고 그 부위에 뇌척수액으로 가득 찬 낭이 형성된 것을 지칭한다. 이 경우 척수는 영향을 받지 않는다.

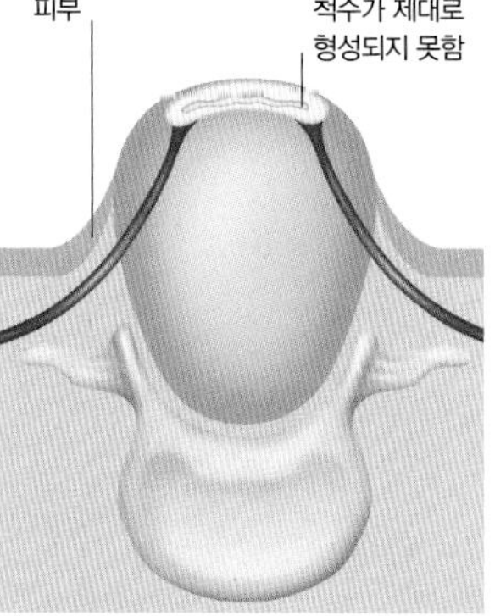

척수 수막류
척추 갈림증 중 가장 심각한 형태에 해당하는 것으로, 척수가 제대로 형성되지 못하고 뇌척수액이 든 낭에 갇혀 있다. 그 상태로 피부에 틈이 생기면 그곳으로 돌출된다.

신경관결손증

신경관이 제대로 형성되지 않을 경우, 뇌와 척수에 여러 발달 장애가 발생한다.

신경관은 배아 뒷면을 따라 이어진 곳으로 이후 뇌, 척수, 수막으로 발달하는 부위다. 신경관 결손의 원인은 알려져 있지 않지만 가족력 및 임신 중 복용한 항경련제가 영향을 주는 것으로 보인다. 또 임신 초기 엽산 결핍도 신경관 결손과 연관성이 있는 것으로 생각된다.

신경관 결손의 가장 흔한 유형은 무뇌증과 척추 갈림증이다. 무뇌증은 뇌가 완전히 사라지는 것으로 사망으로 직결된다. 또 척추 갈림증은 척추가 척수를 감싼 상태에서 완전히 닫히지 않는 것을 말한다. 이 척추 갈림증이 심각할 경우 척추 수막류라 불린다. 이는 척수가 기형이라는 의미로, 다리 마비 및 방광 조절력 상실을 유발할 수 있다.

발작수면(기면증)

신경학적 질환의 일종으로, 만성 졸음 및 낮 동안 갑작스럽게 잠이 드는 현상이 반복되는 것이 특징이다.

이와 같은 상태는 하이포크레틴(오렉신이라고도 불림)이란 단백질 농도가 비정상적으로 낮아 생기는 것으로 생각된다. 시상하부에서 생성되는 단백질인 하이포크레틴은 졸음 및 각성 상태 조절을 돕는다. 기면증을 겪는 사람들은 이 세포가 손상되어 있다. 손상의 원인은 밝혀지지 않았으나, 감염에 의한 자가면역반응인 것으로 추정된다. 가족력이 나타나는 경향이 있어 유전적 요인도 관여할 것으로 생각된다.

주요 증상은 극도의 졸림과 통제할 수 없이 잠에 빠지는 현상이다. 기면증 환자는 어느 때 어느 장소에서도 아무런 사전 징후 없이 잠이 들곤 한다. 그밖에도 깨어 있을 때 근긴장도가 갑자기 소실되며(허탈발작) 잠이 들기 전이나 잠에서 깬 직후 환각을 경험하기도 한다.

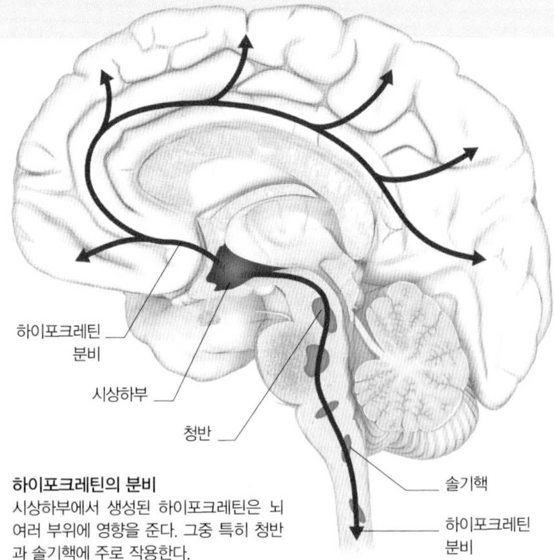

하이포크레틴의 분비
시상하부에서 생성된 하이포크레틴은 뇌 여러 부위에 영향을 준다. 그중 특히 청반과 솔기핵에 주로 작용한다.

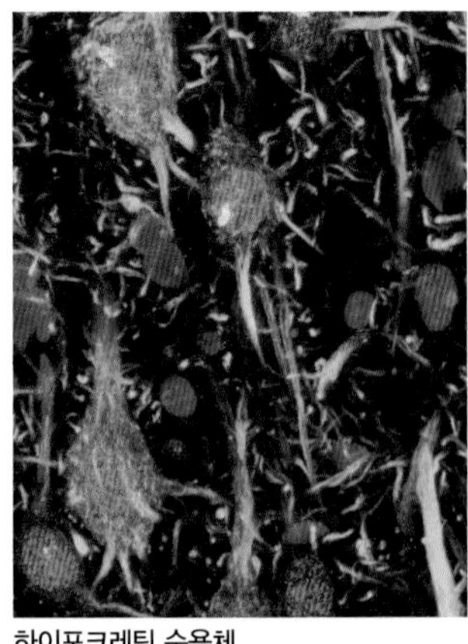

하이포크레틴 수용체
광학현미경으로 뇌 조직을 관찰한 위의 사진에서, 하이포크레틴 수용체(빨간색)를 지닌 뉴런이 다수 존재하는 것을 볼 수 있다.

코마

의식이 없는 상태를 일컫는 말로, 외부나 외부에서 주어진 자극에 반응을 보이지 않는다.

코마 상태는 대뇌변연계 및 뇌줄기 등 의식 유지 혹은 의식적 활동에 관여하는 뇌 일부분이 손상되거나 혼란을 겪을 때 발생한다. 다양한 문제로 코마에 빠질 수 있지만, 주요 원인으로는 두부 손상, 뇌 산소 공급량 부족, 심장 발작이나 뇌졸중, 뇌염이나 수막염 등과 같은 감염증, 일산화탄소나 약물 남용 등의 독소, 지나치게 높거나 낮은 상태가 지속되는 혈당 수치, 당뇨 등을 들 수 있다.

증상

코마는 그 중증도가 다양하게 나타난다. 심각성이 덜한 경우에는 환자가 특정 자극에 반응하거나 자발적으로 약간의 움직임을 보일 수 있다. 지속적 식물 상태라 불리는 상태일 경우 수면-기상 주기가 존재한다. 이 경우 눈과 사지가 움직이고 심지어 말을 하기도 하지만 어떠한 자극에도 반응을 보이지 않는다. 깊은 혼수상태에 빠진 경우에도 역시 어떠한 자극에도 반응을 보이지 않으며 움직임도 전혀 없다. 다만 눈 깜빡임, 호흡 등 자율성 반응은 그대로 유지된다. 뇌줄기 하부가 손상되어 상태가 심각할 경우 호흡 등 생명 유지에 필수적인 기능이 영향을 받거나 사라져 생명 유지 장치를 필요로 하게 된다. 뇌줄기 기능 전체가 비가역적으로 소실되면 뇌사로 분류된다.

무의식 및 자극에 반응을 보이지 않는 상태가 지속될 경우로 코마로 진단한다. 상태 확인 후에는 응급조치가 필요하며, 즉각 치료해야 한다.

1 의식 소리, 빛, 통증, 소재감(이름, 날짜, 시각 및/또는 위치를 묻는 질문에 즉각 대답함)과 같은 자극에 정상적으로 반응한다.

2 혼란 주변을 감지하고 있지만 갈피를 잡지 못한다(소리, 빛, 통증, 소재감을 상실한다).

3 의식 착란 소재감을 상실하고 안절부절못하며 흥분 상태를 보인다. 집중력이 현저히 줄어든다. 환각이나 망상 증상을 보일 수 있다.

4 둔감 상태 졸린 상태로 주변에 관심을 거의 가지지 않는다. 자극에 매우 느리게 반응한다.

5 의식 혼미 자발적인 활동을 거의 혹은 아예 보이지 않는 상태로, 수면 상태에 가깝다. 통증 자극에만 반응하며(자극을 피함) 얼굴을 찡그리는 게 전부다.

6 혼수상태 깨어나지 못하고 통증 자극을 비롯한 어떤 자극에도 반응하지 않는다. 구역 반사도 나타나지 않으며 동공은 빛에도 반응하지 않는다.

의식의 단계
의식의 단계를 분류하는 방법은 여러 가지가 있다. 위의 표는 그중 한 가지를 나타낸 것이다. 코마도 특정 척도를 적용해 평가할 수 있는데, 그중 가장 흔히 쓰이는 것이 글래스고 혼수 척도다.

뇌사

뇌사는 뇌 기능, 특히 뇌줄기의 기능이 비가역적으로 중단되는 것을 일컫는다. 뇌줄기는 호흡, 심장 박동 등 생명 유지에 필요한 기능을 유지한다. 따라서 뇌줄기가 활성을 나타내지 않으면 생명 유지 장치 없이는 이러한 기능을 제대로 수행하지 못하는 심각한 결과가 초래된다. 이러한 비가역적 증상이 나타나면 뇌사로 판정된다. 뇌사 판정시에는 확인을 위해 두 명의 숙련된 전문의가 일련의 검사를 한다. 자극에 대한 반응 확인, 뇌줄기가 제어하는 기능 점검, 생명 유지 장치가 없을 경우의 호흡 기능 확인 등이 그것이다. 두 의사가 뇌줄기 및 뇌 기능이 돌이킬 수 없이 소실되었다는 사실에 동의할 경우에만 뇌사 진단이 확정된다.

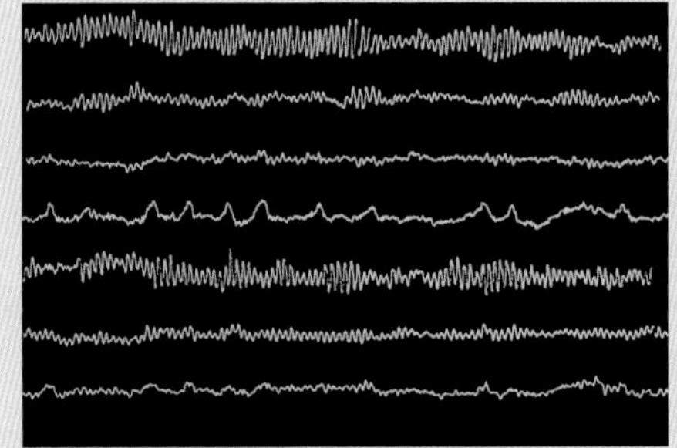

정상 EEG
뇌 활성은 EEG를 통해 평가할 수 있다. EEG는 두피에 전극을 붙이고 다른 쪽 끝을 기계와 연결한 후 뇌의 전기적 활성 정도를 기록하는 검사다.

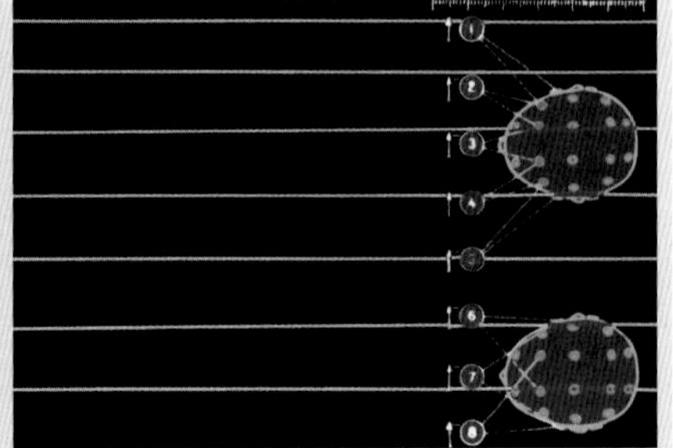

활성을 보이지 않음
EEG는 뇌사 판정시에도 활용된다. EEG 신호가 위의 사진처럼 수평선을 나타내면 뇌에 활성이 없다는 것을 의미한다. 이는 뇌사 진단 기준에 포함된다.

우울증

극심한 슬픔, 절망, 삶에 대한 의욕상실이 지속되는 상태로, 일상생활에 지장을 주는 질환이다.

많은 경우 우울증은 뚜렷한 원인 없이 발생한다. 신체 질환, 호르몬 문제, 임신 기간 중이나(산전 우울증) 출산 후(산후 우울증)의 호르몬 변화, 사별 등 살면서 겪은 고통스러운 기억 등 수많은 요인이 우울증을 유발할 수 있다. 경구 피임약 등 특정 약물의 부작용으로 발생하기도 한다. 우울증은 여성에게 더 많이 발생하며, 유전되는 경향이 있다. 또한 다양한 유전자 변이와도 연관성이 있는 것으로 보인다.

우울증 환자의 뇌에서 여러 생물학적 이상이 발견된 바 있다. 신경전달물질의 하나인 세로토닌 농도 감소, 모노아민 산화효소 농도 증가, 해마(기분 및 기억과 관련된 뇌 부위) 세포의 소실, 편도체 및 이마엽앞피질 중 일부분의 비정상적인 신경 활성 등이 그것이다. 그러나 그와 같은 생물학적 문제가 우울증으로 이어지는 기전은 알려지지 않았다.

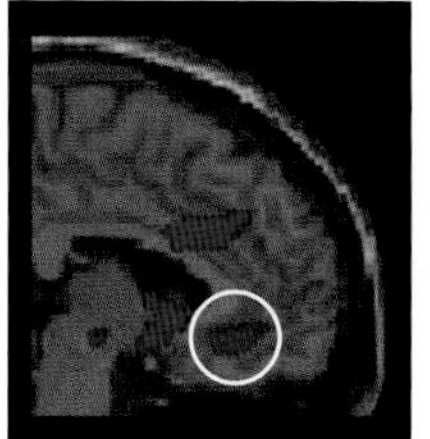
치료 전

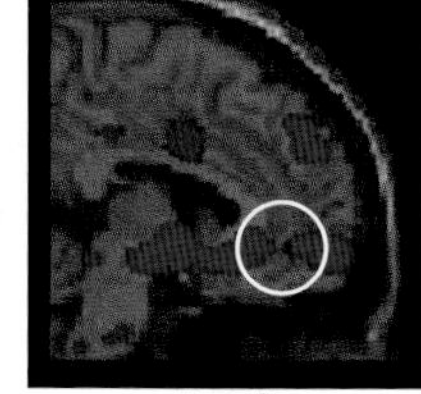
치료 후

뇌심부자극술
위의 PET 사진 중 왼쪽은 우울증 환자의 뇌 사진으로, 띠피질(동그라미 부분)이 과잉 활성되었다. 이 환자에게 6주간 뇌심부자극술을 실시한 후 찍은 사진(오른쪽 사진)은 띠피질의 활성이 줄어든 것으로 나타난다. 우울증 증상도 개선됐다.

계절성 정동장애

계절성 정동장애SAD는 우울증의 한 종류로, 계절에 따라 기분이 변화하는 것이 특징이다. 원인은 밝혀지지 않았으나, 낮의 길이가 변화하면서 기분에 영향을 주는 뇌의 화학적 특성이 변화하는 것과 관련이 있는 것으로 보인다. 일반적으로 겨울철에 발병하며 우울증, 피로감, 의욕 부족, 당분과 탄수화물이 많이 든 음식에 대한 갈망, 체중 증가, 불안 및 화를 잘 냄, 사회적 활동 회피와 같은 증상이 나타난다. 이러한 증상은 봄이 오면 자연스레 사라진다. SAD는 매일 광선치료(햇빛과 유사한 빛이 비치는 특별한 상자 앞에 앉아 있는 것)를 실시하거나 항우울제 등으로 치료할 수 있다.

증상 및 치료

우울증 증상은 사람마다 크게 다양하게 나타나며 중증도도 그만큼 다양하다. 환자 대부분에게서 나타나는 증상으로는 거의 항상 불행한 기분, 삶에 대한 의욕이나 재미 상실, 문제에 대처하지 못하고 의사결정을 잘 내리지 못함, 집중력 감퇴, 지속적인 피로감, 흥분, 식욕과 체중 변화, 수면 패턴이 깨짐, 성관계에 무관심해짐, 자신감 결여, 화를 잘 냄, 자살을 고민하거나 시도하는 것 등을 들 수 있다. 일부 환자들은 우울한 증상('울증 삽화')과 극도로 행복한 상태('조증 삽화')가 번갈아 나타나는데, 이를 양극성장애라 부른다(아래 설명 참조). 우울증은 대부분 상담 치료, 항우울제 복용, 혹은 이 2가지 모두를 적용해 치료한다. 심부뇌자극술을 통한 실험적 치료도 현재 연구 중이다.

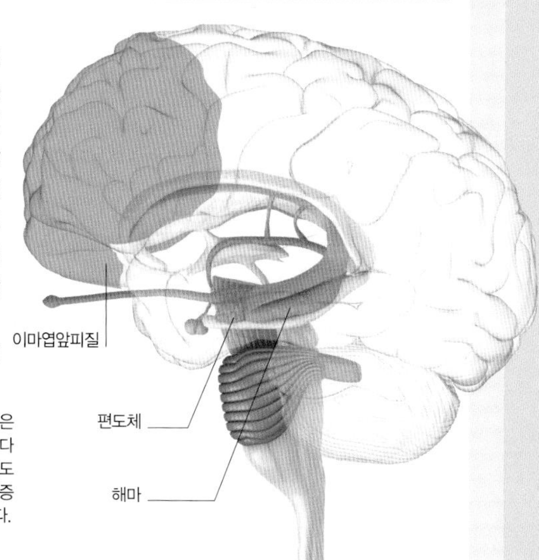

뇌 부위
우울증의 생물학적 요인은 완전히 밝혀지지 않았다. 다만 이마엽앞피질, 해마, 편도체 등 뇌 여러 부위가 우울증에 관여하는 것으로 보인다.

양극성장애

양극성장애는 우울한 상태와 조증 상태로 기분이 크게 변하는 것이 특징인 기분 장애다.

양극성장애(흔히 조울증으로 불림)의 정확한 원인은 밝혀지지 않았지만, 생화학적, 유전적, 환경적 요인이 복합되어 나타난 결과로 추정된다. 특히 노르에피네프린, 세로토닌, 도파민 등 뇌의 특정 신경전달물질도 작용하는 것으로 보인다. 양극성장애는 유전되는 경향이 있으며 유전자가 큰 영향을 준다. 그러나 삶의 주요 사건 등 환경적 요인 역시 양극성장애를 유발한다.

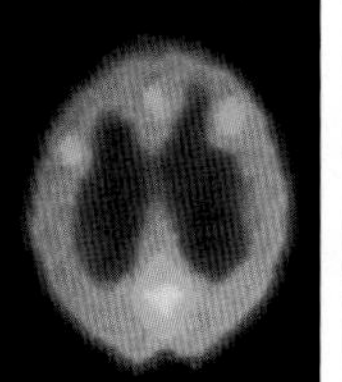

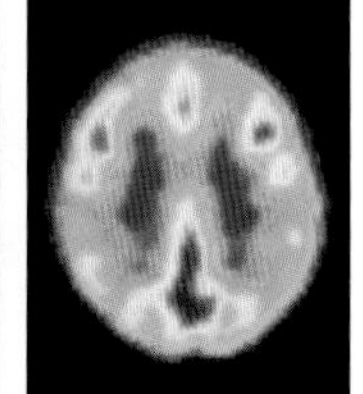

양극성장애 환자의 뇌 활성
위의 PET 사진은 정상적인 상태(왼쪽)일 때와 조증 상태일 때 뇌 활성(오른쪽)을 비교한 것이다. 오른쪽의 뇌 활성이 증가한 것을 볼 수 있다.

증상

일반적으로 우울증과 조증이 번갈아 나타난다. 각 상태가 지속되는 기간은 일정치 않다. 이처럼 기분이 변화하지 않을 때는 기분이나 행동이 정상인과 동일하다. 우울 상태의 증상으로는 절망감, 쉽게 잠들지 못함, 식욕 및 체중 변화, 피로감, 삶에 대한 의욕 상실 등을 들 수 있다. 자살 시도를 하는 경우도 있다. 또 조증 상태의 증상으로는 극도의 낙관주의, 에너지 수준 및 충동과 활동성 증가, 팽만한 자존감, 경쟁심, 위험을 감수하는 행동 등이 나타난다.

창의성과 양극성장애

전기 연구를 통해, 양극성장애가 일반인보다 성공한 예술가들 사이에서 더 흔히 발생하는 질환이라는 사실이 밝혀졌다. 또 일부 예술가는 조증 상태를 창조력을 끌어내는 자극으로 활용했다고 한다. 예를 들어 독일인 작곡가 로베르트 슈만은 아래 그래프에 나와 있는 것과 같이, 조증이 나타난 횟수와 그가 작곡한 음악의 곡 수에 연관성이 있다. 그는 조증 상태일 때 가장 많은 음악을 작곡했고, 우울증 상태일 때 음악을 가장 적게 만들었다. 그러나 그가 작곡한 작품의 질은 이런 기분 변화에 영향을 받지 않았다.

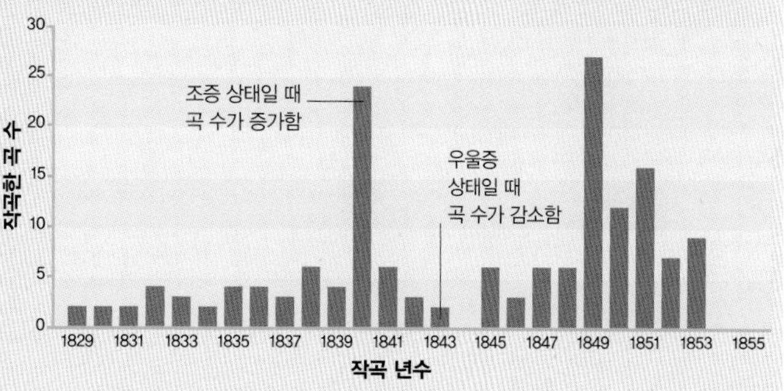

불안장애

불안장애는 불안한 감정 및/또는 혼란스러운 감정이 일상생활에 지장을 줄 정도로 빈번히 발생하는 여러 장애를 통틀어 일컫는 말이다.

스트레스를 받는 상황에서 긴장, 염려, 당황스러움을 일시적으로 느끼는 것은 지극히 정상적이며 적절한 반응이라 할 수 있다. 그러나 평범한 상황에서 불안감을 자주 느껴 정상적인 활동에 방해가 될 경우에는 장애의 일종으로 분류된다. 갑상선 질환이나 약물 남용 등 지속적인 불안을 야기하는 뚜렷한 신체적 요인이 존재하는 경우도 있으며, 때에 따라서는 가까운 사람과의 사별 등 인생에서 일어날 수 있는 스트레스 상황에 의해 전반적인 불안감이 발생한다. 대부분 불안장애의 원인은 명확하지 않다. 다만 가족 중에 불안장애를 겪은 사람이 있을 경우 유전될 가능성이 크다. 불안장애와 관련된 뇌 기전 역시 정확히 밝혀지지 않았으나, 이마엽 혹은 대뇌변연계에서 신경전달물질이 제대로 분비되지 않는 현상과 관련이 있을 것으로 추정된다.

그 원인이 무엇이든, 불안장애는 신체의 정상적인 스트레스 대응 기능, 즉 이른바 '투쟁 혹은 도주 반응'에 문제를 일으킨다. 불안장애 환자들은 스트레스 반응을 멈추지 못하거나 부적절한 시점에 스트레스 반응을 나타낸다.

불안장애에는 몇 가지 형태가 있다. 가장 흔히 나타나는 전반적 불안장애는 부적절할 정도로 과도한 근심이 최소 6개월 이상 지속된다. 또 공황장애는 강렬한 근심이나 공포가 예기치 못한 상태에서 갑자기 몰아닥치는 양상을 보인다.

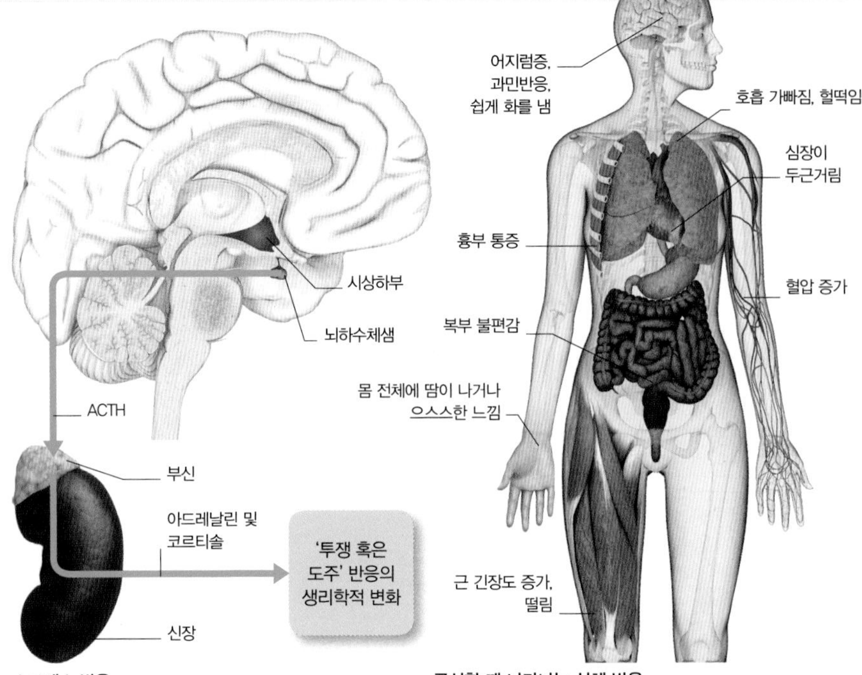

스트레스 반응
스트레스가 발생하면 그에 대한 반응으로, 시상하부가 뇌하수체샘을 자극해 부신피질자극호르몬ACTH을 생성하게 한다. 생성된 ACTH는 다시 부신의 아드레날린 및 코르티솔 생성을 자극한다. 이렇게 만들어진 호르몬들은 '투쟁 혹은 도주' 반응을 일으킨다.

근심할 때 나타나는 신체 반응
'투쟁 혹은 도주' 반응이 활성화되면 신체 전반에 그 영향이 나타난다. 원래 이런 반응은 스트레스 요인이 사라지면 함께 중단되지만, 불안장애는 그러한 반응이 중단되지 않거나 과민해지는 양상을 보인다.

거미공포증
공포증 중 흔한 것에 속한다. 이러한 공포증을 가진 환자는 전혀 그럴 만한 가능성이 없는데도, 거미를 만날까 봐 극도로 불안해한다.

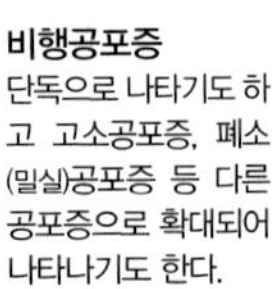

비행공포증
단독으로 나타나기도 하고 고소공포증, 폐소(밀실)공포증 등 다른 공포증으로 확대되어 나타나기도 한다.

군중공포증
군중공포증은 질병에 걸릴 것 같은 두려움, 사람들에게 짓밟힐 것 같은 두려움과 관련이 있다.

고소공포증
높은 곳을 두려워하는 증상은 높이가 높은 곳에서 나타나는 전반적인 공포를 일컫는다. 고층 빌딩처럼 개방되어 있지 않은 공간에서도 이러한 공포증이 나타난다.

공포증

공포증은 오래 지속될 경우 하나의 장애로 간주된다. 특정 대상, 활동, 상황에 대한 공포감으로 비정상적인 공포감은 일상생활에 영향을 준다.

공포증에는 여러 가지 형태가 있는데, 크게는 두 가지로 분류된다. 단순 공포증과 복합 공포증이 그것이다. 단순 공포증은 거미(거미 공포증), 막힌 공간 폐소공포증 등 특정 물체나 상황에 공포를 느끼는 것이다. 복합 공포증은 그보다 침투력이 강하고 더 많은 것에 불안을 느끼는 것이다. 예를 들어 광장공포증을 들 수 있는데, 이는 군중이나 공공장소, 혹은 비행기, 버스, 그 외 대중교통 수단 이용을 두려워하는 것이다. 집과 같은 안전한 장소에서 나가지 못하고 두려워하는 것도 광장공포증에 포함된다. 또 사회 공포증(대인공포증, 사회불안장애로도 불림)은 사람들과 접하거나 무언가를 수행해야 하는 상황(대중 연설 등)에서 극도의 두려움을 느끼는 것이다. 사람들 앞에서 창피를 당하거나 모욕을 당할 것 같은 공포감을 느끼기 때문이다.

원인 및 영향

공포증의 원인은 정확히 밝혀지지 않았다. 일부 공포증은 유전되는 것으로 보이며, 아이들은 부모로부터 특정한 공포감을 배우기도 한다. 또 어떤 경우에는 정신적 충격을 준 사건이나 상황 때문에 공포증이 생긴다.

공포증의 주요 증상은 공포를 느끼는 대상이나 상황에 직면했을 때 통제할 수 없는 강렬한 불안을 느끼는 것이다. 대상 물체나 상황에 대해 예상하거나 우연히 마주치기만 해도 불안감이 생긴다. 증상이 심할 경우 발한, 가슴 두근거림, 호흡곤란, 신체 떨림과 같은 공황 발작 증상을 보인다. 그러한 대상이나 상황을 피하려는 열망도 강해서, 극단적인 경우 이야기조차 하지 않으려 한다. 이러한 특성은 일상생활에 심각한 영향을 준다. 때때로 공포증이 있는 사람은 불안감을 없애기 위해 약물이나 알코올을 섭취하는 경우가 있다.

자주 볼 수 있는 공포증

명칭	설명
벼락공포증	천둥과 번개에 대한 두려움
암공포증	암에 대한 두려움
폐소(밀실)공포증	막힌 공간에 대한 두려움
개공포증	개에 대한 두려움
세균공포증	세균 오염에 대한 두려움
시체(사망)공포증	죽음, 혹은 죽은 대상에 대한 두려움
질병공포증	특정 질병에 걸릴 것을 향한 두려움
어둠(야간)공포증	어두움에 대한 두려움
뱀공포증	뱀에 대한 두려움
첨단공포증	주사, 혹은 치료용 바늘에 대한 두려움

외상후스트레스장애

잔인한 테러, 자연재해, 강간이나 폭력, 심각한 부상, 혹은 전쟁 등의 끔찍한 사건을 목격하거나 경험한 사람들에게서 심각한 불안반응이 발생할 수 있다.

외상후스트레스장애PTSD를 유발하는 외부적인 원인은 외상 경험이다. 이 외상으로 인해 기억, 스트레스에 대한 반응, 감정 표출을 관장하는 뇌의 일부분에 장애가 발생한다. 기억과 감정에 관련된 편도체는 우리가 외상에 대한 사건을 떠올릴 때 과활성화되지만 이와는 반대로 이마엽앞피질은 이런 두려움을 일으키는 자극에 대한 반응이 무디다. 그러므로 정신적 외상에 대한 기억으로 인해 이마엽앞피질이 편도체를 억제하지 못할 때 결국 심각한 불안 반응이 발생한다. 그리고 시상도 불안 반응과 연관이 있을 수 있다. 유전적으로 시상이 큰 사람은 끔찍한 기억에 과민 반응을 보이기 때문에 남들보다 쉽게 PTSD를 경험할 수 있다.

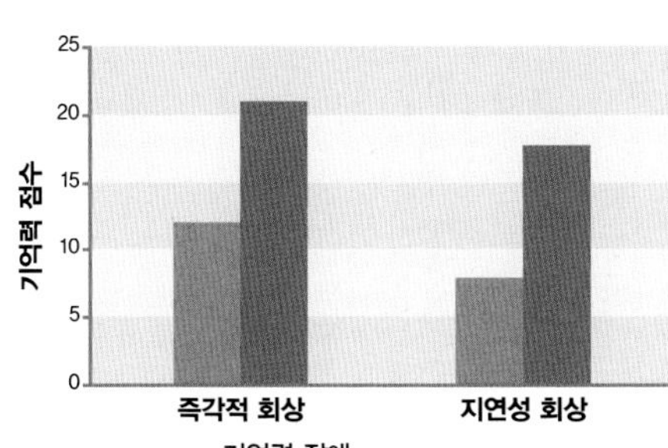

기억력 장애
PTSD 환자들과 대조군을 대상으로 문장을 읽은 후 바로 기억하는 검사와 시간이 지난 후 기억하는 검사를 진행한 결과, PTSD 환자들은 두 검사에서 모두 점수가 낮았다.

증상과 치료

PTSD와 관련된 증상은 외상을 겪은 뒤 바로 나타날 수도 있고 몇 개월 후에도 나타나지 않을 수 있다. 증상으로는 외상 당시와 동일한 두려움을 느끼는 악몽 혹은 갑작스러운 기억, 심리적인 마비, 과거에 즐겨 했던 행동에서 더는 즐거움을 찾을 수 없는 것을 비롯하여 기억 장애, 과잉 각성과 과도한 놀람 반응, 수면 장애, 신경과민 등이 있다.

전쟁신경증

전쟁에 대한 스트레스 반응인 전쟁신경증은 제1차 세계대전 때 알려졌다. 오늘날에는 '전쟁신경증'이란 용어는 '전쟁스트레스반응'으로 분류되며 탈진과 과잉 각성 같은 신체적, 정신적 증상들이 비교적 짧게 나타나는 특징이 있다. 만약 이런 증상이 장기간에 걸쳐서 발생한다면 보통 PTSD로 분류한다.

강박장애

강박장애OCD 환자들은 불안을 야기하는 생각들을 반복하며(하거나) 발생한 불안을 떨쳐버리기 위해 특정 행동이나 의식을 반복적으로 해야 한다는 충동을 느낀다.

OCD의 명확한 원인은 알려지지 않았지만, 일반적으로 다양한 요인이 결합하여 발생한다고 알려져 있으며 사람들마다 다른 증상을 보인다. OCD는 일부 증례에서 가족력을 지니는 것으로 볼 때 유전적 성향이 있으리라 생각되며, 어린 시절에 감염됐던 연쇄상구균과 연관이 있을 것이라고 생각되기도 한다. 뇌영상 연구에 따르면 신경전달물질인 세로토닌과 관련된 시상, 눈확이마엽피질, 꼬리핵, 사이의 연결회로에 이상이 생긴다는 사실이 밝혀졌다. 덧붙여 사람의 성격도 한 가지 요인이 될 수 있는데 예를 들면, 완벽주의자에게 OCD가 나타날 가능성이 훨씬 높다.

증상

OCD의 전형적인 증상은 집착 혹은 강박성을 보이거나 두 가지 모두를 보이는 것이며, 10대나 막 성년이 된 시기에 나타난다. 본의 아니게 반복적으로 발생하는 생각, 감정, 상상을 집착이라고 하는데, 이로 인해 불안이 발생한다. 예를 들어 먼지를 과도하게 두려워하는 사람은 오염이 될까 봐 밖에 나가는 것을 두려워한다. 그리고 불안을 피하려고 특정 행동을 반복적으로 수행해야 하는 것을 강박이라고 한다. 예를 들면, 문이나 자물쇠를 수시로 확인하는 행동을 말한다. 이런 증상을 가지고 있는 사람은 자신들이 가진 집착 그리고 (또는) 강박이 지나치다는 사실은 인지하고 있지만 조절할 수 없다.

진단과 예후

2주 동안 거의 매일 증상이 나타나 정상적인 생활을 할 수 없을 만큼 심각하면 OCD로 진단한다. 대부분의 증상은 치료 가능하지만 스트레스를 받을 경우 다시 나타나기도 한다. 아주 미세한 전극을 뇌에 삽입하여 그 활성을 조절하는 뇌심부자극술은 이 질병에 유망한 새로운 치료법이다.

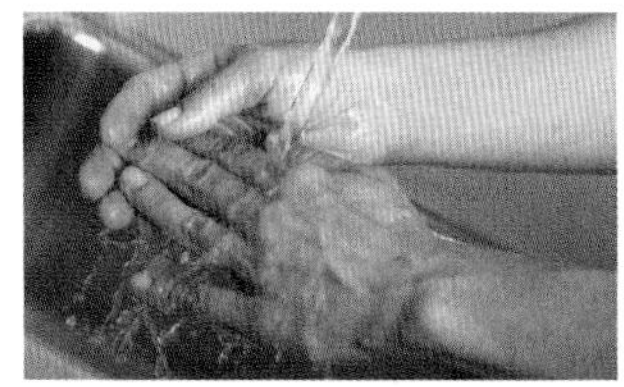

강박 증세
강박 증상을 가지고 있는 사람들은 반복적으로 특정 행동을 해야만 한다고 느낀다. 예를 들면 수시로 손을 씻는 행동을 들 수 있다.

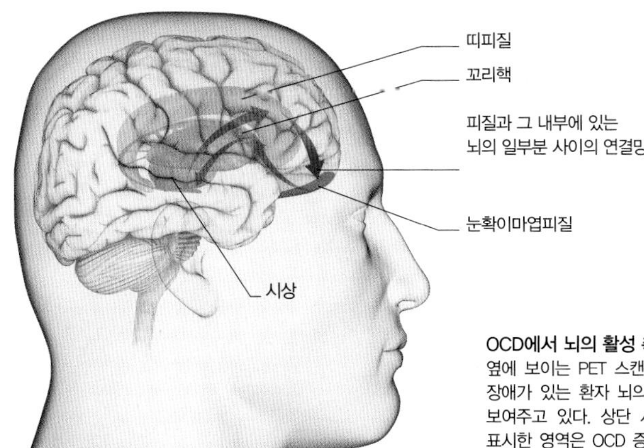

OCD 장애가 있는 뇌 회로
눈확이마엽피질과 그 내부에 있는 뇌의 일부분 사이에서의 연결 회로에 이상이 생겨 OCD 장애를 일으킬 수 있다.

OCD에서 뇌의 활성 측정
옆에 보이는 PET 스캔은 OCD 장애가 있는 환자 뇌의 활성을 보여주고 있다. 상단 사진에서 표시한 영역은 OCD 증상이 심해질 때 활성이 증가되는 부위를 보여주며 하단 사진에서 표시한 증상이 심해질 때 활성이 감소되는 부위를 보여주고 있다.

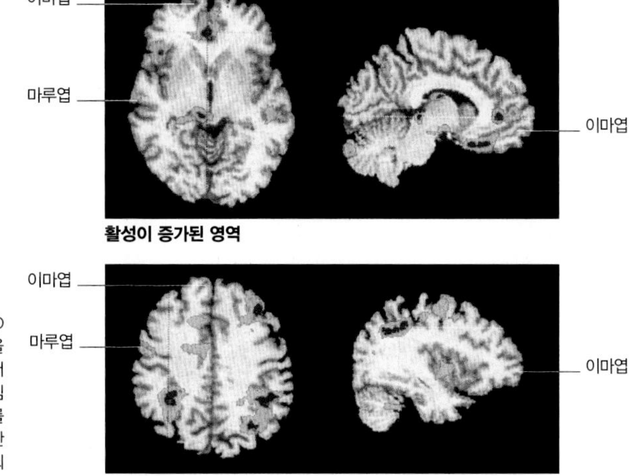

신체추형장애(신체이형장애)

신체추형장애BDD란 스스로 자신의 외모에 결함이 있다고 과도하게 걱정하며 자신의 신체상에 대한 편견으로 고통스러워 하는 정신 질환이다.

신체추형장애의 원인은 정확하게 밝혀지지 않았지만, 아마도 세로토닌과 관련된 복합적 요인에 의해 발생하는 것으로 보인다. 신체추형장애는 섭식장애, 강박장애, 전반적인 불안장애 등과 함께 발생하기도 하지만 신체추형장애와 이 질환들 사이에서의 관계에 대해서 정확하게 밝혀진 바는 없다.

사람들은 대부분 자신의 외모에 대해 완전히 만족하지 않는다. 그러나 신체추형장애를 가지고 있는 사람은 자신의 외모 중 한 가지 이상에 불만족 이상의 강박감을 가지고 있다. 신체추형장애의 전형적인 징후로는 다음과 같은 것들이 있다. 사진 찍는 것을 거부하고, 옷이나 화장으로 결점을 가리려고 하며, 수시로 거울로 외모를 확인한다. 다른 사람과 자신의 외모를 비교하며 자신을 안심시키는 말을 한다. 스스로 결점이라고 생각되는 부분을 자주 만지고 그 부위를 매끄럽게 만들기 위해 피부를 잡아당기는 등의 행동을 하기도 한다. 게다가, 결점으로 인해 주위 사람들의 시선을 의식하거나 불안해하며 심지어 알려지는 것이 두려워 사회 활동을 피하기도 한다. 이런 장애를 가진 사람들 중 일부는 자신이 생각하는 결점을 없애기 위해 의학적 치료나 수술을 받기도 한다.

진단

신체추형장애는 정신 감정으로 진단해야 한다. 외모에 대한 집착이 심각한 고통을 유발하며 일상생활을 하기 어려울 정도가 되어야 이 질환으로 진단된다.

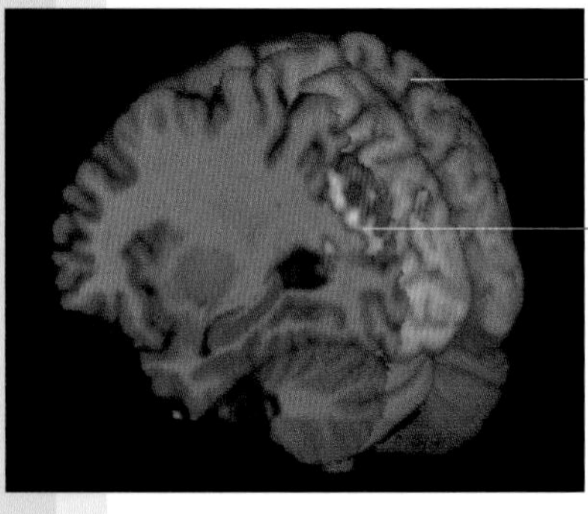

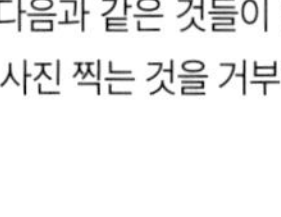

신체추형장애 환자 뇌의 활성 측정
일반적으로 얼굴을 바라볼 때 정상인들은 오른쪽 뇌를 사용한다. 하지만 신체추형장애 환자들을 연구한 결과, 옆의 사진에서 보듯이 이들은 왼쪽 뇌만을 사용한다는 흥미로운 사실을 밝혔다.

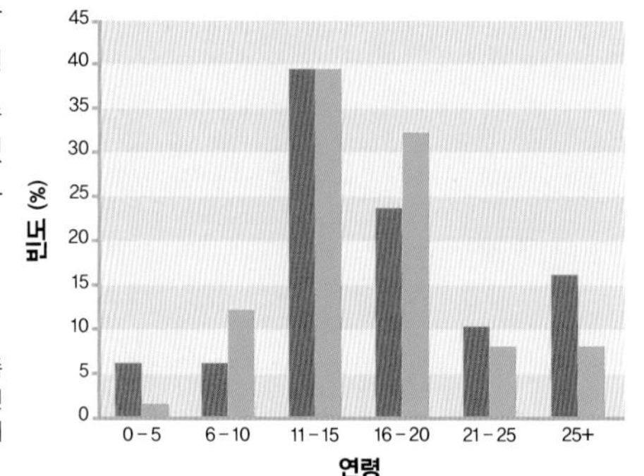

발병 연령
신체추형장애는 대부분 사춘기나 막 성년이 된 시기에 처음으로 나타난다. 옆의 그래프에서 볼 수 있듯이 남녀 모두 전체 사례의 40% 정도가 11–15세 사이에 처음 발병한다.

신체화장애

신체화장애는 만성적인 심리적 문제가 원인이며 환자는 신체적인 증상을 호소하지만 몸에서는 뚜렷한 원인을 찾을 수 없다.

이 질환을 가지고 있는 사람은 보통 몇 년에 걸쳐 여러 가지 신체적 증상을 호소한다. 이런 증상들은 의지와는 상관없이 발생하며 일상생활을 할 수 없을 정도로 심각하지만 신체적으로 이런 증상들에 대한 원인을 찾을 길이 없다.

증상은 다양한데 특히 소화계, 신경계, 생식기 계통에서 주로 나타난다. 만약 증상이 마비처럼 수의적 중추신경계와 관련이 있다면 우선 과거 히스테리로 불렸던 전환장애의 가능성을 고려해야 한다.

신체화장애의 원인은 명확하지 않다. 몇몇 사례에서 이 질환이 불안과 우울증 등과 같은 질환과 연관되어 발생했다고 보고하였지만 다른 정신 질환과의 명확한 관계는 밝혀지지 않았다.

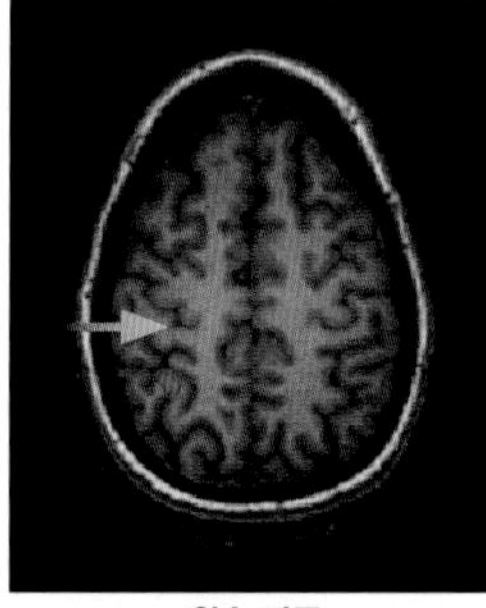

왼손 자극

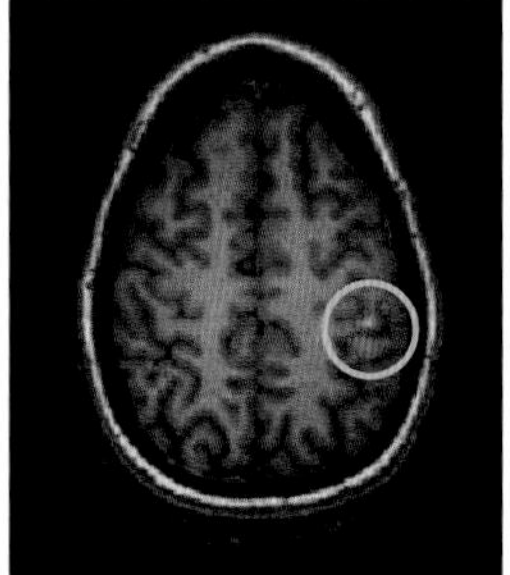

오른손 자극

뇌 활성
신체화 장애와 관련된 몇몇 사례에서 특이적인 유형의 뇌 활성이 발견되었다. 옆에 사진은 왼손의 감각을 잃은 사람의 MRI 스캔이다(옆의 MRI 스캔에서 오른쪽 뇌는 왼쪽에 위치한다). 왼손을 자극했을 때 우반구에 위치한 몸감각피질의 뇌 활성(화살표로 표시된 부분)이 없는 것을 알 수 있다. 반면에 감각이 살아 있는 오른손을 자극하면 일반적으로 볼 수 있는 뇌 활성(원으로 표시된 부분)이 일어난다.

히스테리

'히스테리'라는 단어는 자궁과 관련된 질환이란 뜻을 지니고 있는 그리스어 'hysterikos'에 어원을 두고 있다. 프로이트는 히스테리를 스트레스로부터 자신을 보호하려는 잠재의식이라고 정의했다. 이 '히스테리'란 단어는 정신과학에서는 더는 사용되지 않지만 여전히 일상에서는 통제할 수 없을 정도로 감정이 과도한 상태를 나타날 때 사용하곤 한다.

히스테리 입증
최면으로 환자에 히스테리를 일으켜 연구했던 프랑스의 신경학자인 장 마르탱 샤르코는 히스테리를 유전성 신경학적 질환이라고 믿었다.

건강염려증

건강염려증(침울증, 심기증)은 자신이 심각한 병을 갖고 있다고 과도하고 비현실적으로 걱정하는 것이 특징인 질환이다.

건강염려증 환자는 사소한 증상에도 비정상적인 반응을 보인다. 예를 들면, 기침이나 두통과 같은 가벼운 증상에도 심기증 환자들은 폐암이나 뇌종양 같은 심각한 병을 걱정한다. 가벼운 건강염려증 환자들의 경우에는 계속 걱정만 하지만 심각한 환자들의 경우에는 검사를 받으러 병원에 자주 드나들기 때문에 정상적인 생활을 지속할 수 없다. 심지어 검사결과가 음성으로 나왔어도 환자 스스로 심각한 병에 걸렸다고 확신하여 다른 의학적 견해를 요구하는 경우도 있다. 그리고 특정 병명을 들은 후 그 병에 걸렸다고 믿는 사람들도 있다. 예를 들면, 어떤 사람이 알츠하이머병에 대해 듣고 난 후에 자신의 순간적인 건망증 증상이 알츠하이머병이라고 생각하는 경우도 있다. 그리고 건강염려증을 겪는 사람들 대부분은 우울증, 강박장애, 공포증, 전반적 불안장애 등과 같은 정신 질환도 함께 겪고 있다.

뮌하우젠증후군

병원중독증후군이라고도 하는 뮌하우젠증후군은 반복적으로 병원 치료를 받기 위해 증상을 허위로 만드는 희귀한 정신 질환이다.

뮌하우젠증후군을 겪는 사람들은 건강염려증을 겪는 사람들과는 다르게 가지고 있는 증상들이 거짓이라는 사실을 인지하고 있다. 이들은 금전적인 이득보다는 의료인들의 관심을 끌어 검사 및 치료를 받기 위해 증상을 속인다. 의사를 속일 만큼 의학 지식이 풍부하며 가짜 증상에 부합되는 설명과 그럴듯한 증상을 만들어내기 때문에 뮌하우젠증후군을 진단하기는 쉽지 않다. 그리고 증상을 속일 뿐 아니라, 검사 결과를 조작하기 위해 검사용 소변에 피를 넣기도 하며 자해를 하거나 일부러 독을 먹어 증상을 만들기도 한다. 일반적으로 이런 사람들은 여러 병원에 다니며 같은 증상으로 수 차례 병원에 찾아가기도 한다.

이외에 다른 사람에게 증상을 만들거나 악화시키는 대리뮌하우젠증후군MSBP이나 조작및유도질병FII도 있다. 이 증후군은 주로 아이를 가진 부모에게서 나타나는데 아이의 증상을 악화시키거나 가짜 증상을 만든다.

앞에서 언급했듯이 진단이 어렵기 때문에 신체적 질환을 배제하기 위해 다양한 검사를 해야 한다. 이 검사에서 신체 질환을 찾을 수 없으면 정신과적 평가를 통해 뮌하우젠증후군인지 확인한다.

꾀병
많은 사람이 살아가는 동안 꾀병을 부리곤 하는데 그중 대부분은 학교나 회사에 가기 싫다는 간단한 이유에서 꾀병을 부린다. 하지만 극소수는 병적인 문제를 가지고 있다. 옆의 그림은 꾀병을 분류하는 방법을 요약한 것이다.

비병리적
일반적으로 여기에 속한 부류는 주의를 끌거나 회피하기 위한 수단으로 사용하며 가벼운 증상을 호소한다. 산발적으로 발생하며 금전적인 이득을 목적으로 두지 않는다.

병리적
비병리적 부류와는 달리 병리적 부류는 반복적으로 이런 일을 벌이며 주로 보상처럼 금전적인 이득을 노린다.

가병(사병)
동정이나 보상을 얻기 위해 증상을 과장하거나 가짜 증상을 만들어낸다. 이 자체로는 장애로 볼 수 없지만 정신적인 문제가 있음을 보여준다.

인위적 장애
인위적 장애를 가진 사람은 동정과 보살핌을 받고 관심을 끌 목적으로 가짜 증상을 만들어낸다. 인위적 장애의 심각한 형태로는 뮌하우젠증후군이 있다.

투렛증후군

투렛증후군은 신경학적 장애로 갑자기 특정 행동(행동틱)을 반복하며 소음이나 단어(음성틱)를 내뱉는다.

대부분의 사례에서 투렛증후군은 가족력이 있으며 유전적 요인들과 관련되어 있다는 사실만 알려졌을 뿐 아직 관련 유전자와 유전되는 방법에 대해서는 밝혀지지 않았다. 또한 투렛증후군 중 일부 증례에서는 유전자와의 관련성을 찾을 수 없다. 다양한 뇌의 비정상적인 활동을 동반하여 바닥핵, 시상, 이마엽의 기능 이상과 신경전달물질인 세로토닌, 도파민, 노르에피네프린의 이상 등이 나타나지만 투렛증후군과의 인과관계에 대해서는 아직 밝혀진 바가 없다. 환경적인 요인 역시 투렛증후군의 발병에 중요한 역할을 할 수 있다.

증상과 영향

투렛증후군의 특징적인 증상으로는 눈을 깜박이고, 안면 경련을 일으키고, 어깨를 으쓱하거나 머리를 갑자기 움직이는 등의 행동틱과 단어를 반복하거나 겪는 소리를 내는 음성틱이 있다.

무의식중에 욕을 하는 증상(강박적 외설증)은 잘 알려졌지만 드물게 나타나는 증상이다. 그리고 우울증이나 불안장애와 같은 정신 질환도 발생할 수 있다. 이런 증상들은 어린 시절에 처음 나타나며 청소년기에 악화되고, 이 시기가 지나면 완화되는 것이 일반적이지만 일부 환자들에서는 성년이 될 때까지 계속 악화되고 지속되는 경우도 있다.

진단

투렛증후군은 행동틱과 음성틱으로 명확한 진단을 내릴 수 있지만 이 틱들이 건강 상태, 약, 다른 요소에 의한 것이 아님을 밝혀야 한다. 그리고 이 틱들은 거의 매일 하루에 몇 번씩 혹은 간헐적이지만 1년 이상 발생해야 한다.

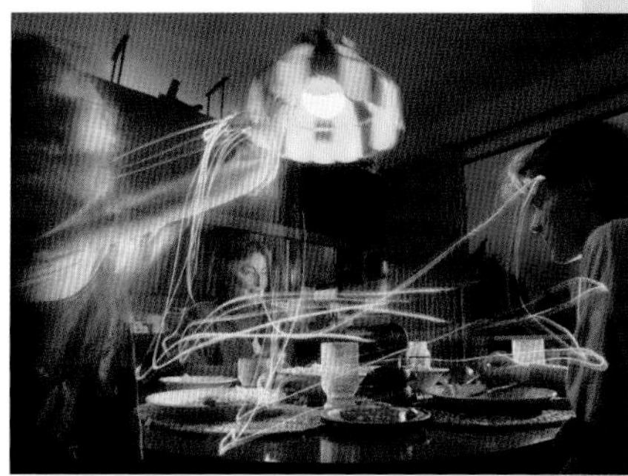

투렛증후군의 행동틱
위의 사진은 카메라의 노출을 길게 하여 찍은 것으로 투렛증후군의 특징인 행동틱을 보여준다. 왼쪽에 있는 사람은 투렛증후군을 겪고 있으며 손가락으로 조명을 만지는 행동을 하고 있다.

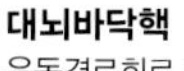

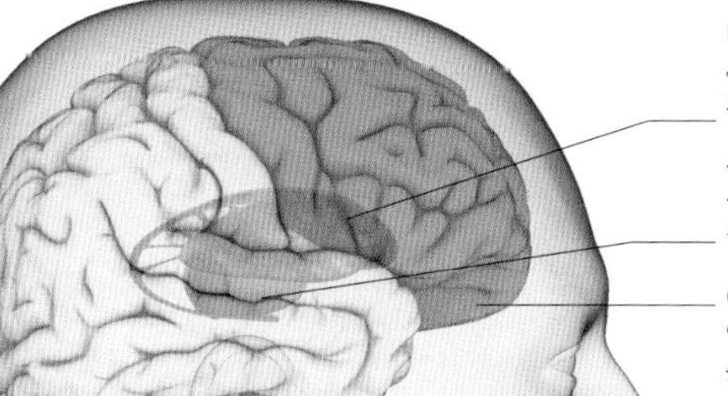

대뇌바닥핵
운동경로회로 작동에 관여한다.

시상
신경자극을 걸러내며 피질로 전달한다.

이마엽
일련의 행동들에 대해 중요한 역할을 한다.

관련된 뇌 부위들
투렛증후군을 겪는 사람들의 뇌를 연구한 결과 바닥핵, 시상, 이마엽을 비롯한 뇌의 특정 부위에 이상이 있음을 밝혀냈다. 하지만 이들 부위가 장애의 원인이 되는 이상인지 아니면 장애로 인해 발생한 결과인지는 정확하게 밝혀지지 않았다.

실험단계에 있는 치료법

대부분의 투렛증후군 환자들은 생활하면서 증상을 다루는 법을 배우며, 치료를 따로 받지 않는다. 하지만 심각한 증상을 가진 경우나 불안이나 집착 같은 다른 문제가 나타나는 경우에는 약물을 포함한 치료가 많은 도움이 된다. 드물지만 다른 치료법이 듣지 않는 매우 심각한 경우에는 뇌심부자극술을 사용하지만 이 수술법은 실험적인 방법이기 때문에 위험부담보다 얻는 것이 더 많을지는 알 수 없다.

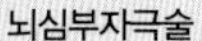

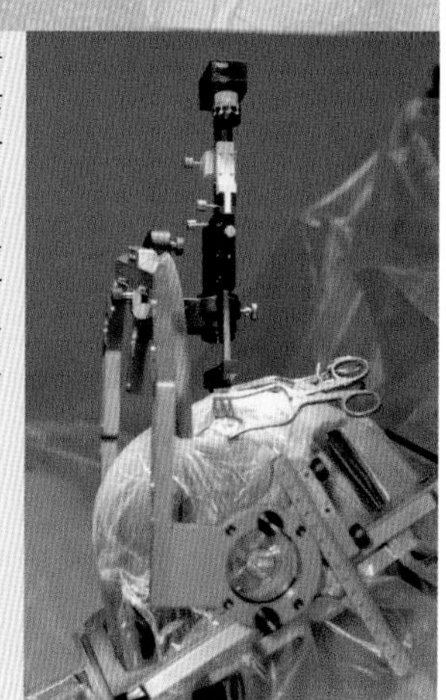

뇌심부자극술
이 수술법은 뇌 박동조율기라는 기기를 뇌에 이식하는 방법(우측 사진 참조)으로 뇌의 특정 부위에 전기적인 충격을 줘서 행동을 제어하는 데 도움을 준다.

조현병

심각한 정신 질환인 조현병은 사고, 현실 인식, 감정 표현, 사회적 관계, 행동의 왜곡이 특징이다.

사람들이 생각하는 것과는 달리, 조현병은 '다중인격'과는 거리가 멀며 현실과 가상을 구별할 수 없는 정신병의 일종이다.

조현병의 원인에 대해 정확하게 알려진 바는 없지만 유전적인 요인과 환경적인 요인이 복합적으로 작용한다고 여겨진다. 조현병은 유전되기 때문에 가까운 친척 중 이 장애를 겪는 사람이 있으면, 걸릴 위험이 높다. 그러나 유전적 감수성만으로는 모든 조현병의 발생을 설명하기엔 충분치 않으며, 따라서 반드시 환경적인 요인도 고려해야 한다. 여기서 말하는 환경적 요인으로는 출생 전 영양실조나 감염, 스트레스를 많이 받는 생활 및 대마초 흡입 등이 포함된다. 모든 항정신성 약품은 도파민 수용체를 차단하기 때문에 체내 도파민 수치를 높인다. 이 체내 도파민 분비를 유도하는 약물들을 사용하면 조현병을 야기할 수 있다. 낮은 수치의 글루탐산염 수용체와 해마, 이마엽, 관자엽과 같은 특정 뇌 부위에서의 회색질 감소를 비롯한 뇌에 생기는 다양한 이상들을 조현병 환자들에게서 찾아볼 수 있다.

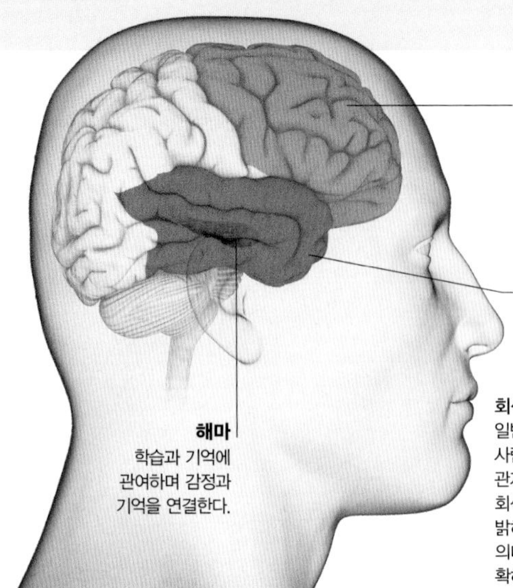

이마엽
집중하고 계획을 세우고 동기를 부여하고 결정하는 등의 실행 기능에 관여한다.

관자엽
청각정보를 통합하여 전달한다.

해마
학습과 기억에 관여하며 감정과 기억을 연결한다.

회색질 감소
일반적으로 조현병을 겪는 사람들은 보통 사람들보다 관자엽, 해마, 이마엽에 있는 회색질이 감소했다는 사실을 밝혀냈지만 이것이 어떠한 의미를 가지고 있는지는 명확하지 않다.

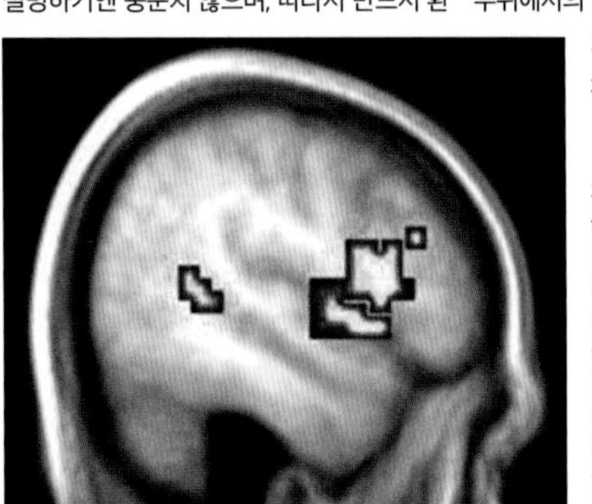

환청
fMRI 스캔으로 환청을 듣는 동안 정상적으로 말할 때 활성화하는 좌반구의 언어 주관 영역보다 우반구의 언어 관련 영역의 활성이 증가되는 것을 확인할 수 있다. 이런 연구로 환청으로 들리는 말이 왜 모욕적으로 들리는지 그리고 환자들은 이런 말들이 외부에서 들린다고 생각하는지를 설명할 수 있게 되었다.

하지만 조현병에서 이런 이상들이 의미하는 바가 무엇인지는 밝혀지지 않았다.

증상과 치료법

조현병의 증상은 다양한 형태로 나타난다(왼쪽 표 참조). 일반적으로 증상은 남성의 경우 막 성년이 된 시기나 늦은 사춘기에 나타나며 여성의 경우는 남자보다 4-5년 늦게 나타난다. 개인에 따라 다양한 증상이 나타날 수 있으며 심각한 정도도 다양하다. 일반적인 증상으로는 망상, 환각, 특히 환청, 무질서하며 일관성 없는 말(말비빔 현상으로 알려져 있다.), 감정 결핍이나 슬픈 소식에 즐거움을 느끼는 것 같은 부적절한 감정 표현, 체계적이지 못한 생각, 덜렁거림, 무의식적이거나 반복적인 행동, 사회적 고립, 개인 건강이나 위생 소홀, 무반응적인(긴장적인) 행동 등이 있다.

이런 증상을 통해 조현병을 진단할 수 있는데, 우선 정확한 진단을 위해 이상 행동을 야기하는 다른 요인을 배제하기 위해 검사를 시행한다. 조현병은 약물로 치료할 수 있는데 보통 5명 중 1명은 완치되지만 나머지는 평생 조현병을 겪어야 한다.

조현병 형태

형태	설명
편집형 조현병	망상(특히, 피해망상)과 환각 증상을 가지고 있지만 생각, 말, 감정 표현은 비교적 정상적이다.
붕괴형 조현병	생각과 말이 혼란스럽고 일관성이 없으며 감정 표현이 없거나 부적절하다. 행동이 체계적이지 못하기 때문에 요리를 하거나 씻는 등의 일상생활에 곤란을 겪는다.
긴장형 조현병	주위 환경에 대한 반응이 부족하며 특정 자세를 장시간 유지하는 특징이 있다. 몇몇 사례에서 독특한 자세나 목적 없는 행동을 취하거나 우연히 들은 단어를 반복적으로 말하는 증상도 보고된 바 있다.
미분류형 조현병	망상형, 혼란형, 긴장형 조현병에 해당하는 증상들의 일부를 가지고 있지만 한 가지 형태로 명확하게 분류할 수 없다.
잔류형 조현병	조현병 증상을 가지고 있지만 조현병 진단을 받았을 당시보다 증상이 현저히 좋아진 상태이다.

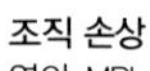

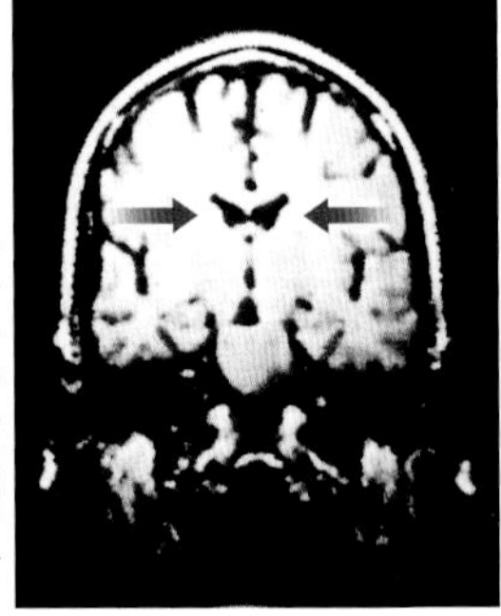

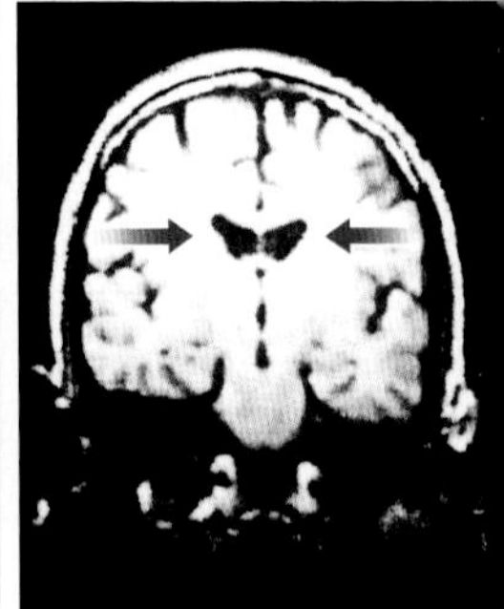

조직 손상
옆의 MRI 스캔은 쌍둥이의 뇌 사진으로 뇌 안의 심실(화살표 참조)을 비교하고 있다. 오른쪽은 조현병이 걸린 쌍둥이의 심실로 왼쪽의 심실과 비교해봤을 때 뇌 조직의 손실이 커지고 있음을 알 수 있다.

망상장애

이 질환은 다른 정신 질환과는 관련성이 없이 비이성적이며 지속적인 망상을 지속하는 것이 특징이다.

망상장애에서 발생하는 망상은 현실적으로 가능하기 때문에 '괴이하지 않게' 느껴진다. 망상장애를 겪는 사람들은 이런 망상과 행동을 제외하면 정상적인 생활을 할 수 있지만 망상에 집착을 하면 일상생활은 불가능하게 된다. 이 망상장애의 원인은 알려지지 않았지만 망상장애나 조현병을 가진 가족들 사이에서 흔히 발생한다. 사회적으로 분리된 사람들에게 빈번하게 나타나는 경향이 있으며 스트레스로 인해 나타난 사례들도 보고된 바 있다. 망상장애에는 시기망상(애인이나 남편 혹은 부인이 외도한다는 망상), 피해망상(누군가가 자기를 괴롭히거나 해치려 하고 있다는 믿음), 애정망상(누군가가 자신을 사랑한다고 있다는 믿음으로 주로 유명인사가 대상), 과대망상(자신이 가지고 있는 부, 권력, 재능, 지식 등을 실제보다 과대평가함), 신체망상(스스로 신체적 결함이나 건강상 문제가 있다는 망상), 혼합망상(위의 망상 중 2가지 이상의 증상을 가지고 있음) 등으로 분류된다.

드클레랑보증후군
애정망상으로 알려진 드클레랑보증후군은 망상장애의 일종으로 매우 드물다. 이 증후군을 겪는 사람은 다른 사람이 자신을 사랑한다고 굳게 믿는다. 영국의 소설가인 이언 매큐언의 《인듀어링 러브》가 이 증후군을 중심 소재로 다뤘다.

중독증

중독증이란 어떤 것에 너무 의존한 나머지 특정 기간 동안 이것 없이 살아가기 어렵거나 불가능한 상태를 의미한다.

어떤 것에 중독되는 것은 가능하지만 일단 중독되면 그것을 통제하기란 쉽지 않다. 여기서 중독이 되는 대상은 물질이 될 수도 행동이 될 수도 있다.

중독성 있는 물질이나 행동은 즐거운 경험을 하는 것과 동일한 방법으로 반응하는데, 뇌에 영향을 줘 신경전달물질인 도파민 수치를 증가시켜 쾌락을 느끼게 만든다. 중독증에도 유전적인 요인과 환경적인 요인이 중요하게 작용한다. 예를 들면, 마약이나 알코올 중독자가 있는 집안에서 자란 아이들의 경우 중독자가 될 가능성이 크다.

중독 증상은 중독성 있는 물질이나 행동으로 쉽게 진단할 수 있지만 모든 중독에서 살펴볼 수 있는 일반적인 증상들이 있다. 대표적인 증상으로는 신체적, 정신적으로 발생하는 금단 증상과 내성이 있는데 이로 인해 중독 물질이나 행동에 대한 욕구가 더욱 커지며, 신체적 건강이나 정신적 건강, 혹은 다른 사람들과의 관계에 좋지 않다는 사실을 알고 있어도 중독 물질을 계속 복용하거나 행동을 한다.

대립 형질 1

니코틴 분자가 단백질과 느슨하게 결합한다.

대립 형질 1에 의해 발현하는 단백질

대립 형질 2

니코틴 분자는 단백질과 정상적으로 결합한다.

대립 형질 2에 의해 발현하는 단백질

대립 형질 3

니코틴 분자는 단백질과 단단하게 결합한다.

대립 형질 3에 의해 발현하는 단백질

유전자와 니코틴 중독

지금까지의 연구 결과, 몇몇 중독 사례에서 유전적인 요인이 작용한다는 사실을 밝혀냈다. 어떤 사람들이 가지고 있는 특정 유전자의 대립 형질이 만드는 단백질은 니코틴과 느슨하게만 결합한다. 다른 사람들이 가지는 대립 형질들이 만드는 단백질은 니코틴과 정상적으로 결합하거나 정상보다 단단하게 결합한다. 이렇게 니코틴과 체내 단백질이 결합하는 정도가 니코틴의 체내 효과를 좌우하며 중독의 감수성과 관련이 있다.

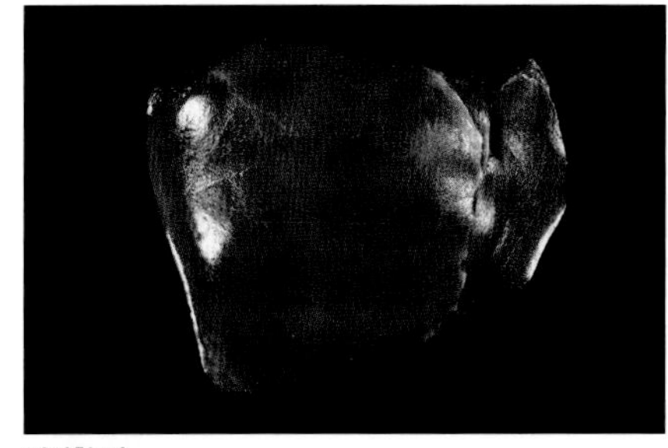

건강한 간

일반적인 건강한 간은 검붉은 색이며 혹이나 반흔조직이 없어 겉면은 매끄러우며 변색된 부분이 없다.

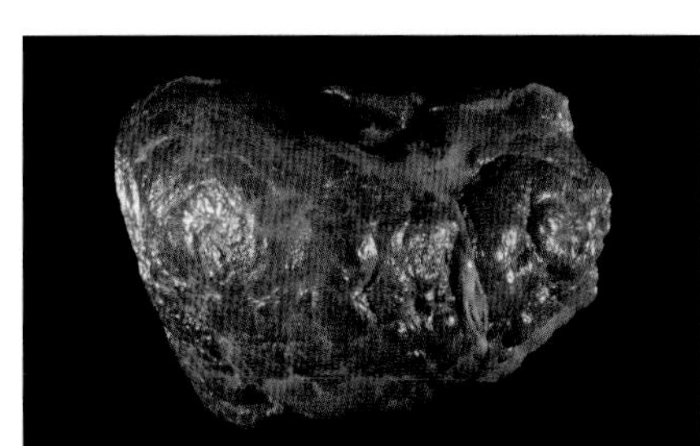

간경변

반흔 조직이 넓게 퍼져 있고, 표면은 울퉁불퉁하며 전반적으로 변색되었다. 간경변은 알코올 중독으로 인한 합병증 중 하나다.

인격장애

습관적인 행동, 사고 유형이 반복적으로 일상생활에서 문제를 야기하는 일련의 질환이다.

인격장애의 원인은 밝혀지지는 않았지만 유전적인 요인과 환경적인 요인이 복합적으로 작용하고 있다고 여겨진다. 인격장애를 일으키는 위험 요소로는 장애나 다른 정신병과 관련된 가족력, 어린 시절의 학대, 결손 가정 출신, 행동 장애(248쪽 참조) 등을 들 수 있다.

인격장애의 형태(아래 표 참조)는 매우 다양하지만 일반적으로 상황에 상관없이 사고와 행동에서 융통성이 없다. 인격장애의 증상들은 사춘기나 막 성년이 된 시기에 나타나며 증상의 심각한 정도도 사람에 따라 다르게 나타난다. 인격장애를 겪는 사람은 스스로가 행동이나 사고 패턴이 부적절하다는 것을 인지하지 못하지만 인간관계, 사회관계, 업무관계에서 문제가 있다는 것은 인식하고 있으며 이런 문제들로 인해 고통스러워 한다. 인격장애의 형태에 따라 증상을 분류할 수 있다.

인격장애의 분류

인격장애는 사고의 형태와 행동 증상에 따라 A군, B군, C군의 3가지 집단으로 분류된다.

A군 이 그룹에 속한 인격장애는 특이하거나 별난 행동과 사고를 보여준다.

편집성인격장애 편집성인격장애를 겪는 사람들은 다른 사람들을 의심하고 불신한다. 그리고 다른 사람들이 자기를 해치려 한다고 믿으며 적대적이며 정서적으로 고립되어 있다.

분열성인격장애 이 장애를 겪는 사람들은 사회관계에 무관심하며 내성적이고 혼자 있는 것을 좋아하고 감정 표출을 하지 않는다. 그리고 이들은 일반적인 사교적 신호를 인식할 수 없다.

분열형인격장애 이 장애를 겪는 사람들은 사회적 · 정서적으로 고립되어 있으며 '마술적' 사고(자신의 생각이 다른 사람들에게 영향을 미칠 수 있다는 믿음)와 같이 행동이나 사고가 기이하다.

B군 이 그룹에 속한 인격장애는 과장되거나, 변덕스럽거나, 아니면 지나치게 감정적인 사고와 행동을 보여준다.

반사회적인격장애 과거에 사회병증이라고 불린 이 장애를 겪는 사람들은 다른 사람들의 감정, 권리, 안전을 고의로 무시하며 거짓말이나 도둑질, 혹은 공격적인 행동을 보여주기도 한다.

경계성인격장애 정체성 문제를 겪고 혼자 있는 것을 두려워하며 인간관계가 불안하다. 이들은 충동적으로 행동하거나 위험한 행동을 하며 상태가 불안정하게 보이는 경향이 있다.

히스테리성인격장애 히스테리성 형태는 매우 감정적이며 끊임없이 관심을 받고 싶어 한다. 그리고 다른 사람의 의견에 매우 민감하고 외모에 신경을 많이 쓴다.

자기애적인격장애 이 장애를 겪는 사람들은 다른 사람보다 우월하다고 생각하지만 그것을 인정받고 싶어 한다. 성취에 대해 과장이 심하며 다른 사람에 대한 공감이 부족하다.

C군 이 그룹에 속한 인격장애는 분노나 두려움에 대한 독특한 양상을 가지고 있으며 생각이나 행동을 표출하는 것을 꺼린다.

회피인격장애 회피인격장애를 가진 사람들은 대인 관계에서 불안함을 느끼며 다른 사람의 비판이나 거부를 지나치게 두려워한다. 그리고 이들은 사회생활에서 소심하며 수줍음을 많이 타기 때문에 사회적 고립을 야기할 수 있다.

의존인격장애 이 의존성 인격장애에 속한 사람들은 극도로 의존적이며 다른 사람들에게 순종적이다. 혼자서는 일상의 일들을 처리할 수 없으며 대인 관계가 반드시 필요하다.

강박인격장애 이 장애를 가지고 있는 사람들은 규칙과 도덕을 엄격하게 따지기 때문에 융통성이 없고 통제하길 원하며 완벽주의자 성향을 가지고 있다. 이 장애는 불안장애인 OCD와 동일한 질환은 아니다.

먹기장애

먹기장애는 음식 및/또는 몸무게에 집착하는 것으로 섭식행동의 장애가 특징적이다.

먹기장애의 원인은 명확하게 밝혀지지 않았지만, 생물학적 요소, 유전적 요소, 정신적 요소, 사회적 요소의 복합적인 작용에 기인한다고 알려져 있다. 날씬해야 한다는 사회적 압력의 영향도 원인 요소이다. 몸에 대한 걱정, 낮은 자존감, 우울증도 먹기장애와 관련된다.

먹기장애의 유형

먹기장애는 사춘기 소녀와 젊은 여성에게서 주로 나타나지만 나이든 여성과 남성에게서 발생하기도 한다. 먹기장애로는 신경성식욕부진, 신경성거식증, 폭식증 등이 있다.

신경성식욕부진은 단식으로 인한 과도한 체중 감소가 특징이다. 대부분의 환자가 살이 찌거나 몸무게가 느는 것에 두려움을 가지고 있다. 그리고 평균 무게보다 더 빼려는 행동과 저체중에 대한 심각성을 무시하는 특징을 보이는데, 이 때문에 치명적일 수 있다.

신경성거식증은 폭식 후에 체중 증가를 막기 위해 스스로 구토를 하거나, 변비약이나 이뇨제를 복용하거나, 지나친 운동을 하거나 단식을 하는 등 보상적 행동을 반복하는 것이 특징이다. 신경성거식증은 전해액의 불균형으로 인해 심장에 치명적일 수 있다.

폭식증은 신경성거식증과 비슷하지만 폭식에 대응하여 보상적 행동을 하지 않는 것이 특징이며 비만의 원인이 될 수 있다.

신체질량지수

신체질량지수BMI는 사람이 적정 체중 내에 있는지 확인하는 그림으로 신경성 식욕부진증을 겪는 성인의 경우 신체질량지수는 17.5 이하가 나온다.

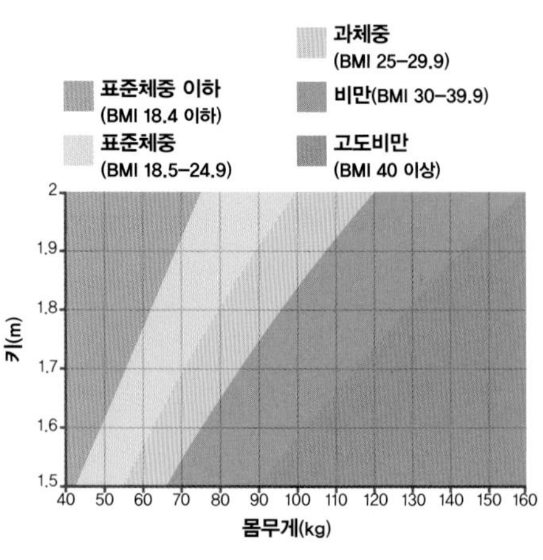

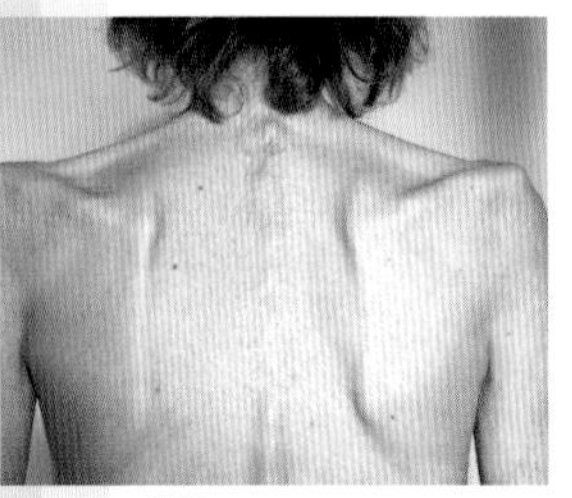

쇠약
신경성식욕부진으로 인한 과도한 체중 감소는 특징적인 신체 조직의 쇠약을 초래한다.

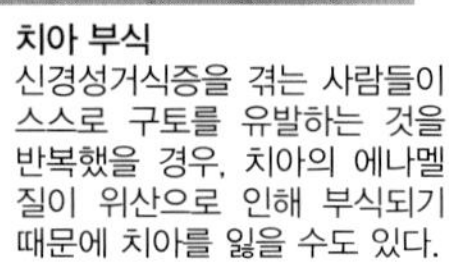

치아 부식
신경성거식증을 겪는 사람들이 스스로 구토를 유발하는 것을 반복했을 경우, 치아의 에나멜질이 위산으로 인해 부식되기 때문에 치아를 잃을 수도 있다.

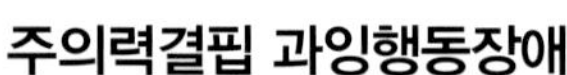

머리카락
얇고 건조해지며 잘 끊어진다. 탈모의 원인이 되기도 한다.

뇌와 신경계
피로, 실신, 우울증, 침울함, 기억 손상 및 집중력 저하로 이어진다.

심장과 혈액 순환
저혈압, 심박수 저하, 두근거림, 심부전을 유발한다.

근육, 관절, 뼈
근육은 약해지고, 관절은 붓고, 뼈는 얇아져 골절(골다공증)되기 쉬워진다.

신장
신장 결석, 신부전증을 유발한다.

혈액과 체액
빈혈, 체액 내의 전해액 저하를 유발한다.

장
장이 붓고 변비가 발생한다.

호르몬
성충동이 줄고 쉽게 추위를 탄다. 여성의 경우, 생리불순과 임신 문제로 이어진다.

피부와 손톱
피부가 건조해지고 몸 전체에 솜털이 자라며, 손톱이 쉽게 부러지고 멍이 쉽게 든다.

신경성식욕부진이 신체에 미치는 영향
신경성식욕부진은 체중 감소가 가장 두드러진 특징이지만 다른 많은 영향도 줄 수 있으며 때로는 심각한 결과를 초래하기도 한다.

뇌와 신경계
어지럼증, 우울증, 자존감 저하를 유발하며 흔히 자신의 식습관이 비정상적이라는 것을 인지한다.

입과 치아
입이 붓고, 볼에 통증을 느끼며 잇몸병이 생기고 치아가 민감해지며 부식하고 잃기도 한다.

목과 식도
목에 따끔거리는 통증과 식도에 염증이 생기며 파열되기도 한다.

심장과 혈액 순환
저혈압, 불규칙하거나 느린 심박수, 심근질환, 심부전을 유발한다.

혈액과 체액
빈혈, 체액 내의 전해질 저하 및 탈수를 유발한다.

위
통증이 생기고 부으며 소화 작용이 느려지며 위궤양이 생기고 파열로 이어진다.

장
장운동이 불규칙해지며 장이 부어 통증이 발생하고 변비와 설사를 유발한다.

피부
피부가 건조해 진다.

근육
근육이 약해진다.

호르몬
월경 주기가 불규칙해지거나 지연되기도 한다.

신경성거식증이 신체에 미치는 영향
신경성거식증은 신경성식욕부진보다 외형적으로 미치는 영향이 적으며 이 질환을 겪는 사람은 평균 체중을 유지한다. 그러나 반복적인 폭식과 보상적 행동으로 신체에 곳곳에 영향을 미친다.

주의력결핍 과잉행동장애

ADHD로 잘 알려진 이 질환은 아동기에 가장 흔히 나타나는 행동 장애 중 하나다.

ADHD는 집중하기 어렵고(거나) 활동이 과한 상태가 지속적으로 유지되는 것이 특징이다. 흔히 아동기에 흔하지만 성인 때까지 지속되기도 한다. 대부분 사례에서 이 질환이 유전되는 것을 확인할 수 있었기 때문에 근본적인 원인을 다양한 유전자로 생각하고 있다. 그러나 이 유전적 성향은 출산 전 특정 독소(니코틴과 알코올) 노출, 출산 전이나 유년기에 뇌 손상, 알레르기가 있는 음식 섭취 등의 다른 요인에 의해서 영향을 받을 수 있다. 유아기의 문제로 인해 아이들이 ADHD를 일으킨다는 증거는 없지만 증상의 강도와 아이의 극복책에 영향을 미칠 수 있다. ADHD를 겪는 아이들에게서 뇌 이상을 발견할 수 있는데 여기에는 도파민 수치 저하도 포함된다. 이때, 리탈린을 사용하면 뇌의 도파민 수치를 올릴 수 있어서 증상을 완화할 수 있다. 보통 증상은 아동기에 시작되며 학교에 들어갈 나이에 심해질 수 있다. ADHD로 인해 다양한 문제가 생길 수 있어 친구를 사귀는 데 문제를 겪을 수 있으며 자아 존중감 저하나 불안, 혹은 우울증도 생길 수 있다.

ADHD의 종류
ADHD는 표출되는 행동에 따라서 3가지로 구분된다.

주의력 결핍 주의를 기울이는 시간이 짧고, 집중을 거의 할 수 없고, 가르치는 것이 어려우며 행동을 자주 바꾸는 것 등이 있다.

과잉행동/충동성 가만히 있지 못하고 행동을 과도하게 하며, 무의식적으로 행동하고, 막말하며, 상대방의 말을 여러 차례 방해하는 경향이 있다.

혼합형 두 유형의 특징을 모두 가지고 있어서 주의를 기울이는 시간이 짧고, 활동을 과도하게 하며, 무의식적으로 행동하는 등의 증상을 보인다.

발달지연

일반적으로 아기나 어린아이가 나이에 맞게 성취해야 하는 능력이나 기술을 습득하지 못한 상태를 말한다.

생후 2-3년은 아이의 발달에 매우 중요한 시기로, 일반적으로 이 시기에 아이들은 기본적인 신체적, 정신적, 사회적, 언어적 기술을 습득한다. 아이의 발달은 신체적 기능 발달, 시력/청력/언어/정신 발달, 사회 및 정서 발달 등을 비롯한 여러 분야로 평가할 수 있다.

전반적 혹은 특정 영역 발달지연

발달지연은 다양한 정보로 나타날 수 있으며, 하나 혹은 그 이상의 발달 영역에 영향을 줄 수 있다. 전반적 발달지연은 대부분의 발달 영역에 문제가 생긴 것이며 다양한 요인으로 발생할 수 있는데, 심각한 청각 혹은 시각 장애, 뇌 손상, 학습장애, 다운증후군, 심장병/근육병/영양 장애처럼 장기간에 걸친 심각한 병, 신체적/감정적/정신적 자극 결핍 등이 관여한다.

혼자서 걷기
도움 없이 걸을 수 있는지를 확인하는 것은 발달 상황을 평가하는 대표적인 측정 대상이다. 일반적으로 정상적인 아이들은 생후 10개월에서 19개월 사이에 걸을 수 있다.

특정 영역에서만 발달지연이 발생하기도 한다. 움직임과 걸음마 발달 영역에서의 발달지연은 매우 흔한데 주로 아이들이 성장하면 증상이 완화된다. 하지만 근이영양증, 뇌성마비, 신경관결손증(237쪽 참조) 같은 질환이 원인일 경우 증상이 심해질 수 있다. 언어발달과 관련된 발달지연의 경우에는 자극 결핍, 청각 장애, 그리고 드물지만 자폐성 장애를 비롯한 다양한 원인이 있을 수 있다. 뇌성마비 등의 질환으로 말하는 데 관련된 근육에 문제가 생긴 경우에도 이 영역에서의 발달지연이 나타난다.

진단과 치료법

발달지연과 관련된 증상은 흔히 부모들이 맨 처음 발견하지만 병원에서 발달 과정을 검사하는 과정에서 발견하기도 한다. 증상이 의심된다면 발달 평가를 받은 후 전문가와 상의해야 한다. 그리고 치료법은 발달지연의 심각도와 유형에 따라 달라지며 안경이나 보청기 같은 보조기구, 언어 치료와 같은 치료법, 교육적인 도움도 받을 수 있다.

낙서와 그림 그리기
정상적으로 아이들은 생후 1세가 되면 낙서하는 것을 좋아하며 3세 정도가 되면 직선을 그릴 수 있게 된다.

자전거 타기
세발자전거의 페달을 밟을 수 있는 능력은 운동 기능과 신체 발달을 알려주는 척도가 될 수 있다. 일반적으로 이 능력은 2세에서 3세 사이에 발달한다.

아동 발달 단계

나이: 0, 1, 2, 3, 4, 5

신체/운동 기능

아이들은 태어날 때부터 움켜쥐는 등의 기본적인 반사 작용을 가지고 있다. 시행착오를 겪은 아이들은 다른 신체적 기능을 습득하여 운동협응을 발달시킨다. 처음에 아기는 몸과 머리 가누는 방법을 배운 후, 기고, 서고, 걷는 신체적 기능을 발달시킨다.

- 머리를 45도 정도 들 수 있다.
- 혼자서 걸을 수 있다.
- 한 발로 깡충깡충 뛸 수 있다.
- 다리로 몸을 지탱할 수 있다.
- 구를 수 있다.
- 혼자서 계단에 오를 수 있다.
- 물건을 이용하여 일어설 수 있다.
- 1초 동안 한 발로 균형을 잡을 수 있다.
- 혼자서 앉을 수 있다.
- 세발자전거의 페달을 밟을 수 있다.
- 기어갈 수 있다.
- 공을 찰 수 있다.
- 튕겨나온 공을 잡을 수 있다.

시각/손의 숙련

갓 태어난 아기는 1미터 정도 안에 있는 물체만을 정확하게 인식할 수 있다. 시야는 계속 좋아지는데 생후 6개월이 지나면 몇 미터 안에 있는 물체도 정확하게 인식할 수 있게 된다. 시야가 발달하면서 운동 능력도 계속 발달하며, 손의 숙련을 비롯하여 손과 눈의 동작을 일치시키는 능력을 개발하게 된다.

- 양손을 맞잡을 수 있다.
- 원을 그릴 수 있다.
- 낙서를 좋아한다.
- 발을 가지고 장난을 친다.
- 직선을 그릴 수 있다.
- 네모를 그릴 수 있다.
- 소리를 내는 물체에 손을 내밀 수 있다.
- 작은 물체를 잡을 수 있다.
- 엄지손가락과 다른 손가락을 사용하여 물체를 잡을 수 있다.
- 사람을 그릴 수 있다.

사회성과 언어

생후 몇 주가 지나면, 아기는 소리가 나는 곳을 향해 몸을 움직일 수 있으며 스스로 소리를 내고 웃을 수 있게 된다. 아기들이 언어를 듣기 시작하면서 단어와 물체를 연상하기 시작하는데 생후 9개월이 지나면 부모를 향해 '어마'와 '아바'와 같은 말을 할 수 있게 된다. 그리고 의사소통하는 능력이 발달하기 때문에 사회성도 빠르게 발달한다.

- 컵에 있는 물을 마실 수 있다.
- 밤에 오줌을 가릴 수 있다.
- 스스로 웃을 수 있다.
- 낮에 오줌을 가릴 수 있다.
- '엄마'와 '아바'라고 발음할 수 있다.
- 이름과 성을 인지할 수 있다.
- 소리를 낼 수 있다.
- 두 가지 단어를 조합하여 말할 수 있다.
- 혼자서 옷을 입을 수 있다.
- 단어들을 배우기 시작한다.
- 완벽한 문장으로 말을 할 수 있다.

0 2 4 6 8 10 12 14 16 18 20 22 24 26 28 30 32 34 36 38 40 42 44 46 48 50 52 54 56 58 60
나이(개월)

학습장애

학습장애란 정보를 이해하고, 기억하고, 사용하고 응답하는 데 문제가 있는 상태를 말한다.

'학습장애'란 단어가 의미하는 바에 대해서는 다양한 의견이 있지만 일반적으로 발달지연과 비슷한 개념이다. 그리고 읽기와 쓰기에 대한 장애에 대해서는 학습 곤란이란 단어를 사용하기도 한다.

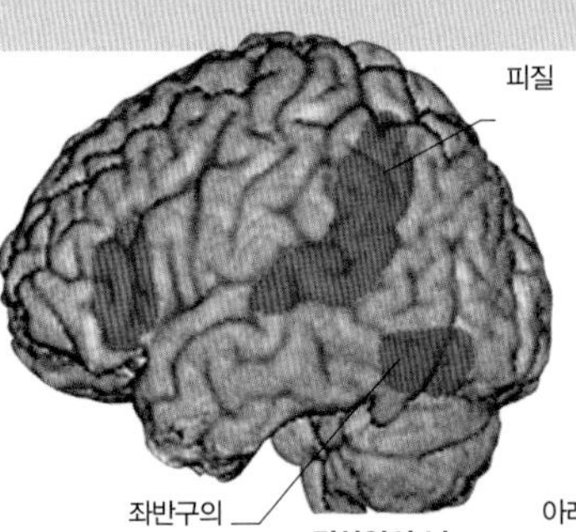

좌반구의 아래이마이랑

읽기장애 환자의 뇌

읽기장애
왼쪽 사진은 일반 사람이 독서할 때 뇌의 활성 부위(왼쪽)와 읽기장애를 겪는 사람이 독서할 때 뇌의 활성 부위(오른쪽)를 보여준다. 읽기장애를 겪는 사람의 뇌를 보면 좌반구의 아래이마이랑 부분만 사용하는 반면에 일반 사람은 뇌의 다른 부분도 사용함을 알 수 있다.

종류

학습장애는 흔히 전반적 학습장애와 특정 영역 학습장애로 구분할 수 있다. 전반적 학습장애는 거의 모든 지적 능력에 문제가 있는 상태로 발달지연을 야기한다. 그리고 일부 환자는 지능이 평균 이하일 뿐 아니라 행동 장애와 신체 발달 장애가 발견되며 운동 기능과 협조에 장애가 있을 수도 있다. 있다. 특정 영역에서의 학습장애(하단 표 참조)는 정신 기능과 관련된 몇몇 영역에 국한되어 문제가 발생하며 대부분 지능과 관련된 장애를 보이지 않는다.

학습장애를 겪는 사람들에게는 ADHD(246쪽 참조), 자폐성 장애, 간질(226쪽 참조)과 같은 다른 질환이 있을 수 있다.

원인

학습장애의 원인은 다양하며 윌리엄스증후군과 같은 유전적 이상이나 다운증후군(236쪽 참조) 및 유약엑스 증후군(하단 참조)과 같은 염색체 이상이 원인이 될 수 있다. 이 밖에 자궁 안에 있을 때 알코올이나 마약류와 같은 독소에 노출되거나, 산소가 부족하거나, 조산 및 난산이거나, 혹은 어린 시절에 머리를 다치거나, 영양실조에 걸리거나, 납과 같은 환경 독소 등에 노출됨으로써 출생 전이나 출생시 뇌 발달에 문제가 생길 수 있다.

학습장애가 의심되면 발달 평가를 수행해야 하며 청력, 시력, 건강 및 유전자 검사를 진행하여 학습 곤란을 일으키는 원인을 찾아야 한다.

계산장애
산수를 하는 데 장애가 있는 계산장애는 숫자와 관련된 읽기 장애라고 할 수 있다. 학교 초기에 발견되는 질환으로 숫자로 더하기와 뺄셈과 같은 계산 문제 해결에 어려움이 있다.

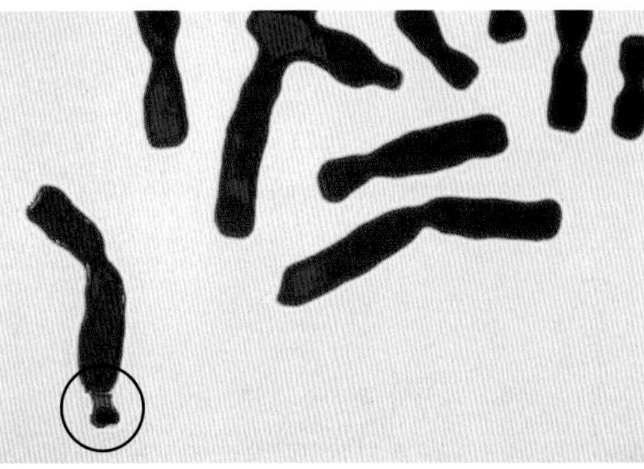

유약X증후군
이 증후군은 남자아이들에게 생기며 심각한 학습장애를 유발하는 주요 원인으로 X염색체의 말단 부위(원으로 표시된 부분)가 끊어져서 생기는 질환이다.

일반적인 특정영역 학습장애

종류	설명
읽기장애	읽고(거나) 쓰는 것을 배우는 능력에 장애가 있는 질환으로 읽기와 쓰기가 약하며 사건들을 날짜순으로 나열하고 생각을 순서대로 정리하는 데 어려움이 있다.
계산장애	계산을 수행하고 양이나 복잡한 수학적 개념을 배우며 뒤섞여 있는 수를 나열하는 데 어려움이 있다.
음치증	음치라고 알려진 이 질환은 청각에는 이상이 없지만 악보, 리듬, 음색을 인지하지 못하거나 이것들을 재현하지 못하는 특징을 가지고 있다.
협동운동장애	세밀한 동작들을 정확하게 수행할 수 없는 상태로 사물을 정확하게 위치시키는 공간 관계를 인지하는 데 어려움이 있다.
단순언어장애	말하기와 듣기와 관련된 신체적 장애와 전반적 발단지연이 있지 않지만 구두로 표현하거나 이해하는 데 어려움이 있다.

행동장애(행실병)

행동장애란 청소년기나 사춘기에 나타나며, 반복적이고 지속적으로 반사회적 행동을 하려는 경향을 보이는 특징이 있다.

행동장애는 유전적 요인, 가정의 불화나 폭력, 돌봄 소홀, 학대, 왕따와 같은 다양한 원인으로 발생할 위험성이 높아진다. 학습장애(위의 글 참조), ADHD(246쪽 참조), 우울증과 같은 정신건강 문제들도 역시 행동장애를 유발할 수 있다. 행동장애를 가지고 있는 아이들은 상과 벌에 대해 비정상적인 반응을 하는 경향이 있다.

증상과 영향

증상은 개인마다 차이가 있지만 공격적인 행동, 육체적 학대, 절도, 거짓말, 기물 훼손, 무단결석 등의 규칙 위반이 공통된 증상이다. 일부에서는 알코올이나 약물을 남용하기도 한다. 많은 아이가 일시적으로 반사회적이거나 파괴적인 행동을 하지만 행동장애를 겪는 아이들은 수개월 이상에 걸쳐 이런 행동들을 반복적으로 한다. 이런 행동이 반복되면 결국 친구를 사귀는 것이 힘들어지고, 자기 자신을 싫어하게 되며 학교에도 잘 나오지 않게 된다.

아이의 행동 양상에 근거하여 정신과적 평가를 통해 행동 장애를 진단할 수 있다.

행동장애를 치료하는 것은 매우 어렵지만 인지행동치료 등 대화를 사용한 치료법이 효과적이며 부모도 치료에 동참하는 것이 중요하다.

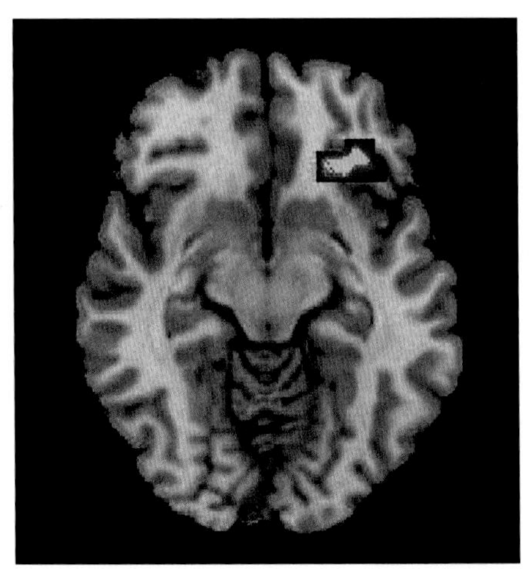

감소된 뇌활성
활동장애를 가진 아이들에게서 어떤 일에 대해 보상이 주어졌을 때 우반구에 위치한 눈확이마엽피질의 활성이 감소한 것(fMRI 스캔에서 주황색 부분)을 관찰할 수 있다. 이를 통해 활동장애에서는 상벌에 대해 정상과는 다른 반응을 보이는 것을 확인할 수 있다.

자폐스펙트럼장애

자폐스펙트럼장애는 일종의 발달장애로 의사소통, 사회적 관계, 반복적인 행동에 문제가 있는 질환이다.

자폐스펙트럼장애에는 여러 가지 종류가 있지만 전형적인 자폐증인 자폐성 장애와 고기능 자폐성 장애가 가장 잘 알려져 있다.

자폐성 장애는 주로 생후 3년이 되기 전에 나타나며 사회적 기능, 의사소통 장애, 행동 제약 등 주요 3가지 발달 영역에서 장애를 야기한다. 일반적인 증상으로는 자폐아들은 자기 이름에 대한 반응이나 자기를 부르는 말에 대해 반응이 늦고, 시선을 피하며 신체 접촉을 싫어한다. 그리고 말이 늦으며 비정상적인 어투나 억양으로 말하고, 얼굴이나 목소리와 같은 '사교적 신호'에 대해 비정상적인 반응을 한다. 흔들리는 움직임을 반복하고, 자기만의 순서나 방법에 변화가 생기면 불안해하며, 소리·빛·촉감에 몹시 민감한 반응을 보인다. 자폐아의 반 정도는 학습장애를 보이며 어떤 아이들은 발작을 하기도 한다. 그러나 이런 아이 중 암기나 나이보다 높은 독서 수준과 같이 한 분야에 매우 뛰어난 능력을 보여주는 사례도 있으며, 드물지만 수학 분야처럼 특정 분야에서 특출한 능력을 보여주는 사례(서번트증후군)도 있다.

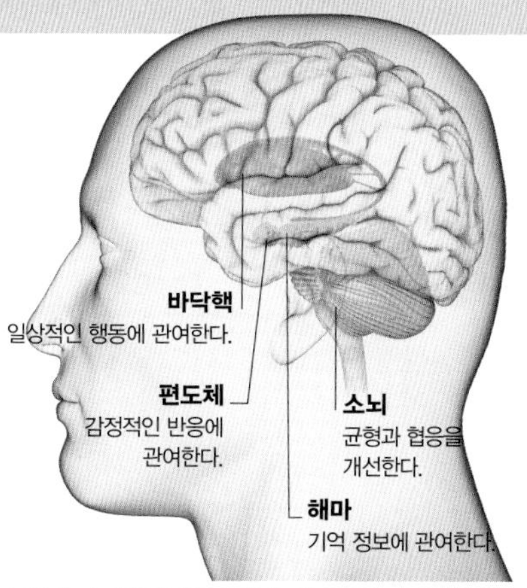

뇌에서 자폐성 장애의 영향을 받는 부분
자폐성 장애는 뇌의 여러 부분에 걸쳐서 발생하는 이상과 관련이 있지만 아직 이들 사이의 인과관계를 밝혀내지 못했다.

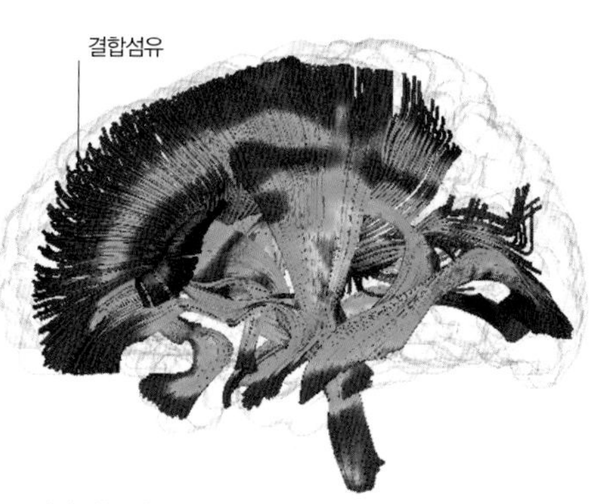

질서 있는 연결
위 확산텐서영상은 6개월된 건강한 유아의 뇌에서 각 부위를 연결하는 조직이 질서 있는 경로를 이룬 모습을 뚜렷하게 보여준다. 자폐인의 뇌에서는 이런 신경섬유들이 무질서한 모습을 나타낸다.

고기능 자폐아동들은 자폐성 장애와 비슷한 증상을 겪지만 덜 심각하다. 이 증상을 겪는 아이들은 대부분 평균이나 평균보다 약간 지능이 좋으며, 정상인과 같은 속도로 언어 능력도 발달하지만, 흥밋거리가 거의 없으며 또래 친구들과 사회적으로 의사소통하는 것이 어렵고 행동에 있어 융통성이 없다. 자폐스펙트럼장애에 대한 치유법이 없기에 환자의 잠재력을 키울 수 있는 교육을 치료 대신 사용한다.

자폐스펙트럼장애 중 매우 드문 형태

종류	설명
레트장애	이 자폐스펙트럼장애는 거의 여성에게만 나타나며 유전자 하나가 변형된 것이 원인이다. 일반적으로 한동안 정상 발달 과정을 보이지만 생후 6개월과 18개월 사이에 자폐성 장애와 비슷한 증상이 나타나기 시작한다. 일단 증상이 나타나면 발달이 퇴행하면서 사회에 대한 접촉을 끊고 부모에게도 반응하지 않는다. 증상이 악화되면 말을 할 수 없을 뿐 아니라 발에 대한 협응도 잃게 되며, 손을 씻는 듯한 행동을 반복하고 갑자기 웃거나 울며 감정을 표출할 때도 있다.
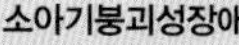 소아기붕괴성장애	매우 드물게 나타나는 질환으로 주로 남성에게 나타난다. 레트장애와 마찬가지로 자폐성 장애와 비슷한 증상이 나오기 전까지 일정 기간 정상인처럼 발달하며 일단 나타나면 퇴행하기 시작한다. 증상은 일반적으로 3세나 4세 사이에 나타나지만 2세 정도에 나타나는 경우도 있다. 과거에 습득했던 사회적 기능, 의사소통 기능, 운동 기능을 모두 상실할 뿐 아니라 소변이나 대변을 가릴 수 없게 되며, 반복적이며 정형화된 행동 양상을 보이고, 발작이 일어나고, 지적 장애를 초래하기도 한다.

얼굴에 대한 반응
옆 MRI 스캔의 노란색과 빨간색은 얼굴을 봤을 때 뇌에서 반응하는 부분을 가리킨다. 일반적으로 관자엽(빨간원)의 방사가락모양이랑 부분이 반응하지만 자폐인의 뇌에서는 해당 반응을 찾을 수 없다.

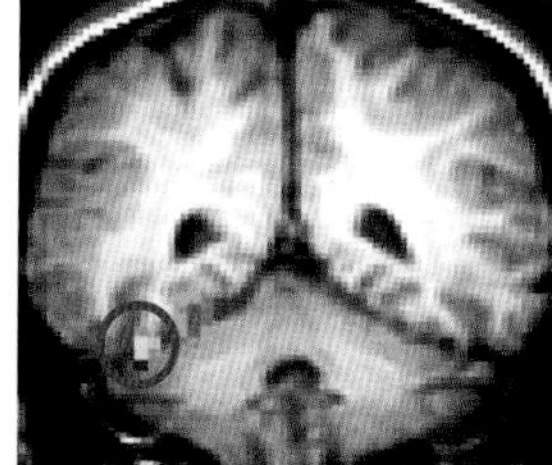
정상적인 뇌

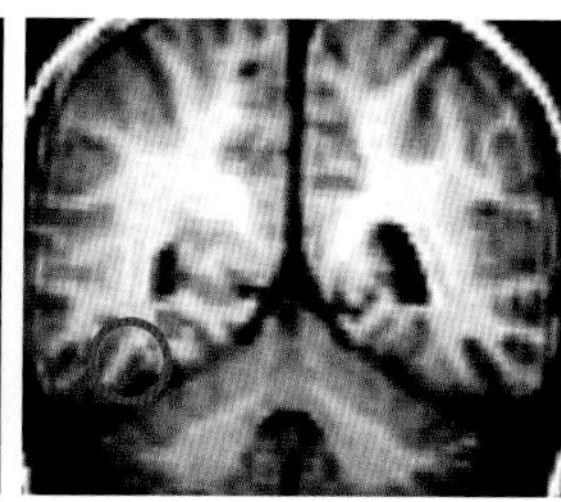
자폐인의 뇌

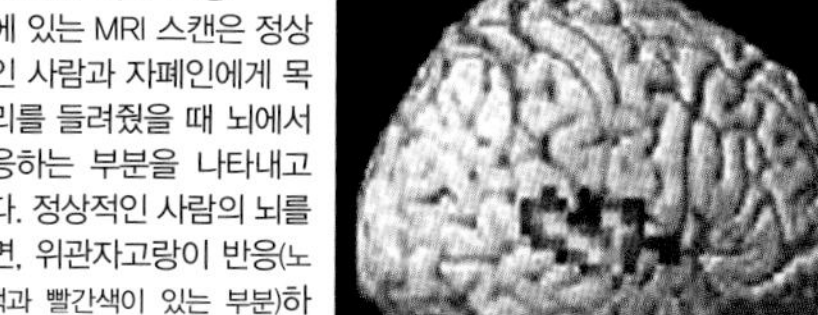

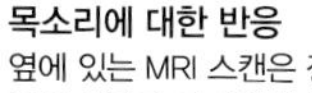

목소리에 대한 반응
옆에 있는 MRI 스캔은 정상적인 사람과 자폐인에게 목소리를 들려줬을 때 뇌에서 반응하는 부분을 나타내고 있다. 정상적인 사람의 뇌를 보면, 위관자고랑이 반응(노란색과 빨간색이 있는 부분)하는 반면 자폐인의 뇌에는 이떤 반응도 나타나지 않는다.

정상적인 뇌

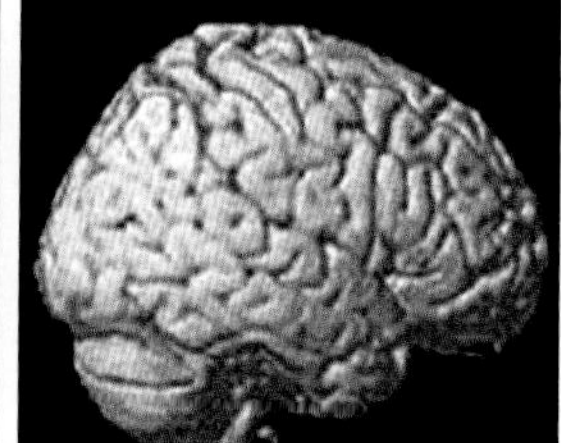
자폐인의 뇌

템플 그랜딘

템플 그랜딘은 비교적 기능 수준이 높은 자폐성 장애를 겪었으며 자폐가 어떤 것인가를 생생하게 서술한 작가이기도 하다. 1947년, 미국에서 태어난 그랜딘은 3세 때 자폐성 장애 진단을 받았다. 진단 후, 교육을 받은 그녀는 일반 학교에 다니기 시작했지만 일반 학생들과 다른 점 때문에 놀림을 받아야 했다. 이런 학교 생활 속에서도 대학교를 졸업한 그녀는 자기와 같은 질환을 겪는 사람들을 후원했을 뿐 아니라 동물과학과 동물복지 분야 연구로 이름을 알리기 시작했다. 동물복지 분야에서 그녀는 자기가 가진 자폐, 자극 과민증, 독특한 시각적인 사고 과정을 살려 동물들이 스트레스에 얼마나 취약한지 발견했다. 그리고 어린 시절의 경험을 살려 조기 특수교육과 자폐에 대한 교육을 후원하였으며 자폐아동들이 새로운 삶을 살 수 있도록 도왔다. 자폐성 장애로 인해 그녀의 삶은 얼룩이 졌지만 템플 그랜딘은 모든 자폐스펙트럼장애를 치료하는 것이 능사는 아니라고 말했다.

독특한 통찰
템플 그랜딘은 동물의 마음을 이해하는 능력이 있으며 자신의 통찰력을 이용하여 동물의 삶을 개선한 것으로 유명하다. 현재 그녀는 자폐스펙트럼장애를 겪는 사람들이 세상에서 더 편안하게 살아갈 수 있도록 돕는 일을 한다.

용어 설명

가

가소성plasticity 뇌가 구조 및 기능을 변화시키는 능력.

가지돌기dendrite 뉴런의 세포체에서 뻗어나온 가지. 다른 뉴런에서 보낸 신호를 전달받는다.

가쪽(측면)lateral 가장자리쪽.

가쪽무릎핵lateral geniculate nucleus(LGN) 시각 경로에서 중간 연결점으로 작용하는 시상의 신경핵.

감각질qualia 통증이나 따뜻함을 느끼거나 색깔을 볼 때처럼 감각 기관을 자극할 때 생기는 의식적, 주관적 감각.

감마아미노부티르산gamma aminobutyric acid (GABA) 뇌의 주요 억제성 신경전달물질.

거대세포성magnocellular 크기가 큰 망막 신경절 세포에서 피질 시각영역에 이르는 경로. 움직임에 민감하다.

거미막arachnoid membrane 세 층의 수막(뇌를 덮는 조직층) 중 가운데 층.

게슈윈트 영역Geschwind's territory 언어와 관련된 뇌 영역.

경두개자기자극술transcranial magnetic stimulation(TMS) 보통 두피에 접촉시킨 막대에서 자기장을 생성하여 뇌의 전기적 활성에 영향을 미치는 방법.

경질막dura mater 뇌와 머리뼈를 나누는 세 가지 층 가운데 맨 위층(뇌막 참고).

계산불능증acalculia 신경학적 손상으로 인해 숫자 계산을 수행할 수 없는 증상.

고랑sulcus 뇌 표면에서 골짜기처럼 길게 움푹 들어간 부분(이랑의 반대).

고유감각proprioception 공간 내 신체의 균형 및 자세에 관련된 감각 정보.

공감각synaesthaesia 자극에 반응하여 두 가지 이상의 감각을 '혼합'하여 경험하는 것. 공감각이 있는 사람은 어떤 형태를 보면서 맛을 느낀다거나 어떤 소리를 들으면서 뭔가를 보는 경험 등을 한다.

관상coronal 어깨에 평행하게 뇌를 수직으로 '절단'하는 방향.

관자엽(측두엽)temporal lobe 머리의 양쪽 측면에 해당하는 대뇌피질의 일부. 듣기, 언어 및 기억에 연관된다.

교감신경계sympathetic nervous system 자율신경계의 한 부분으로, 자극에 반응하여 심박수를 올리는 등 다양한 작용을 한다(부교감신경계 참고).

구심성afferent 중심 쪽으로 다가가거나 들어감(원심성 참고).

궁상다발arcuate fasciculus 브로카 영역과 베르니케 영역을 연결하는 신경섬유로.

그물체reticular formation 뇌줄기 내에 존재하는 복잡한 영역. 각성, 감각, 운동 기능 및 심박동과 호흡 등 생명 유지 기능에 영향을 미치는 다양한 신경핵들이 서로 연결되어 있다.

근적외선 분광법near-infrared spectroscopy (NIRS) 대뇌 조직의 근적외선 반사를 측정하여 뇌의 다양한 산소 수준(신경 활성 표지자)을 보여주는 기능적 영상 촬영 기법.

글루탐산염glutamate 뇌에서 가장 흔한 흥분성 신경전달물질.

급속안구운동rapid eye movement(REM) 수면 단계 중 하나로, 안구가 급속히 움직이며 생생한 꿈을 꾸는 것이 특징이다.

기능적 영상functional imaging 신경 활성을 측정하여 시각적 이미지로 나타내는 일련의 기법.

기능적 자기공명영상functional magnetic resonance imaging(fMRI) 자기공명영상으로 신경 활성과 관련된 혈류 특성의 변화를 측정하는 뇌 영상 촬영 기법(자기공명영상 참고).

기억상실증amnesia 기억 결손을 가리키는 일반적인 용어.

길항제antagonist 수용체를 차단 또는 수용체 활성화를 억제하는 분자.

꼬리쪽(미측)caudal 꼬리쪽 방향('뒤쪽' 참고).

꼬리핵caudate nucleus 줄무늬체의 한 부분.

나

난독증dyslexia 다른 지능 문제가 전혀 없으면서 읽고 쓰기를 배우는 데 어려움을 겪는 증상.

내후각피질entorhinal cortex 정보가 해마로 들어가는 주된 경로.

노르에피네프린norepinephrine 흥분성 신경전달물질. 노르아드레날린이라고도 한다(아드레날린 참고).

뇌들보(뇌량)corpus callosum 뇌의 좌우 반구를 연결하는 두꺼운 띠 모양의 신경 조직. 좌우 반구 사이에 정보를 전달한다.

뇌들보절개술commissurotomy 뇌량을 수술적으로 절단하는 것.

뇌섬엽insula 관자엽과 이마엽 사이의 깊은 틈새에 존재하는 뇌 영역으로, 뇌섬엽피질이라고도 한다.

뇌수막(뇌막)meninges 뇌와 머리뼈 사이에 존재하는 세 층의 보호 조직.

뇌신경cranial nerves 뇌줄기에서 유래하는 12쌍의 신경. 냄새에 관한 정보를 뇌로 전달하는 후각신경, 시각에 관한 데이터를 전달하는 시신경 등이 포함된다.

뇌실ventricle 뇌 속에서 뇌척수액을 포함하는 공간.

뇌염encephalitis 뇌의 염증.

뇌자도magnetoencephalography(MEG) 뇌 활성의 빠른 변화를 민감하게 포착하는 비침습적 기능적 뇌 영상 촬영 기법. 기록 장치SQUIDS는 피질의 신경 활성에 관련된 미세한 자기 변동을 측정하여 시각적 형태로 나타낸다.

뇌전도electroencephalograph(EEG) 두피에 전극을 연결하여 그 아래에서 발생하는 뇌파를 감지하는 방식으로 뇌의 전기적 활성을 그래프로 기록한 것.

뇌전증epilepsy 반복적 발작을 일으키는 것이 특징인 질병.

뇌줄기brainstem 척수로 이어지는 뇌의 아랫부분.

뇌진탕concussion 보통 머리에 충격을 받아 일시적으로 의식이 소실되는 형태의 뇌 외상.

뇌척수액cerebrospinal fluid(CSF) 뇌실 안에 들어있는 체액으로 뇌에 영양분을 공급하며 뇌에서 노폐물을 제거한다.

뇌파brainwaves 뉴런의 규칙적인 진동(발화). 서로 다른 속도로 발화하는 것은 서로 다른 정신적 상태를 나타낸다(뇌전도 참고).

뇌하수체pituitary gland 시상하부의 신경핵. 옥시토신을 비롯한 호르몬들을 분비한다.

뇌활fornix 활처럼 휘어진 띠 모양의 신경 조직. 한쪽 끝의 해마로부터 다른 쪽 끝의 유두체까지 변연계 전체에 신호를 전달한다.

뉴런neuron 전기적 신호를 생성하고 다른 뇌세포에 전달하는 뇌세포. 신경세포라고도 한다.

다

다리뇌pons 마름뇌의 일부. 소뇌 앞에 있다.

단기기억short-term memory 제한적인 정보가 수초에서 수분간 저장되는 기억 단계(작업기억 참고).

단일광자방출단층촬영single photon emission computed tomography(SPECT) 뇌 속의 방사성 추적자에서 특정 에너지를 지닌 단일 광자 방출을 측정하여 신경 활성을 측정하는 영상 촬영 기법.

대뇌 반구cerebral hemispheres 공을 절반으로 자른 듯한 모습으로 뇌를 이루는 2개의 부분.

대뇌cerebrum 소뇌 및 뇌줄기를 제외한 뇌의 주된 부분.

대뇌피질cerebral cortex 대뇌 반구 표면의 주름진 '회색' 부분.

대발작grand mal 발작 참고.

도파민dopamine 동기와 강력한 쾌락적 기대를 일으키는 신경전달물질.

독서불능증alexia 신경학적 손상으로 인해 글자를 읽을 수 없는 증상. 실독증이라고도 한다.

뒤뿔dorsal horn 척수의 뒤쪽(단면에서)으로 신경섬유, 특히 통각을 전달하는 신경섬유들이 척수에 합류하여 뇌 쪽으로 올라간다.

뒤쪽posterior 뒤쪽 또는 뒤쪽을 향함. '꼬리쪽'이라고도 한다.

뒤통수엽(후두엽)occipital lobe 대뇌의 뒤쪽 부분. 주로 시각 정보의 처리에 관여한다.

등가쪽이마엽앞피질dorsolateral prefrontal cortex 계획, 조직 및 기타 다양한 인지적 실행기능과 관련된 이마엽의 영역.

등쪽(배측)dorsal 등 또는 등쪽.

등쪽경로dorsal route 시각계에서 시각피질과 마루엽을 연결하는 신경 경로. '어디' 또는 '얼마나' 경로라고도 한다(배쪽경로 참고).

띠피질cingulate cortex 세로틈새의 양측을 형성하는 피질 영역. 바로 아래에 있는 변연계와 피질영역에 밀접하게 연관되어 있으며, '하향' 및 '상향' 정보를 통합하여 행동을 이끌어 낸다.

마

마루엽parietal lobe 대뇌피질에서 후상방에 위치한 영역. 공간적 계산, 신체 방향 및 주의 집중에 관여한다.

마름뇌hindbrain 척수와 연결된 뇌의 뒷부분. 소뇌, 다리뇌, 숨뇌로 이루어졌다.

마음mind 뇌에서 일어나는 일련의 과정에서 생겨나는 생각, 감정, 믿음, 의도 등.

막대세포rod 망막의 외곽에 존재하는 감각 뉴런. 낮은 조도의 빛에 민감하여 야간시에 특화되어 있다.

말이집myelin 일부 뉴런의 축삭을 감싸 주변에서 절연시키는 지방성 물질.

말초신경계peripheral nervous system(NS) 신경계의 일부. 뇌와 척수 바깥에 있는 모든 신경 및 뉴런을 포함한다.

망막retina 안구에서 광민감 세포들이 모여 있는 부분. 뇌의 시각영역에 전기적 신호를 보내 시각적 이미지를 처리한다.

망막중심오목fovea 망막의 중심부. 원뿔세포가 밀집하여 분포한다. 망막이 사물을 가장 또렷하게 볼 수 있는 영역이다.

망상delusion 잘못임을 드러내는 증거를 제시해도 쉽게 없어지지 않는 그릇된 믿음.

맹시blindsight 시각피질의 손상으로 인해 실명했음에도 불구하고 시각적 자극에 반응하는 능력.

머리뼈cranium 두개골.

머리뼈우묵cranial fossa 뇌가 들어 있는 머리뼈 속의 다양한 그릇 모양 공간. 뒷머리뼈우묵에는 뇌줄기 및 소뇌가 들어 있다.

멜라토닌melatonin 수면-각성 주기를 조절하는 데 관여하는 호르몬. 솔방울샘에서 생산된다.

명시적 기억explicit memory 의식적으로 인출하여 보고할 수 있는 기억.

명칭실어증anomia 일상적인 물건의 이름을 기억하지 못하는 증상.

모이랑(각회)angular gyrus 관자엽 및 뒤통수엽에 인접한 마루엽 신피질의 이랑 중 하나. 공간 내 신체의 자세에 관여하며 소리와 의미를 연결한다.

몸감각피질somatosensory cortex 통증이나 촉각 등 신체 감각에 관한 정보를 받아들이고 처리하는 데 관련된 뇌 영역.

무정위 운동증athetosis 일부 뇌전증에서 근육이 느리고 불수의적이며 뒤틀리는 움직임을 나타내는 증상.

미각피질gustatory cortex 미각을 처리하는 뇌 영역.

바

바닥핵(기저핵)basal ganglia 줄무늬체 및 담창구를 포함하여 앞뇌 기저부에 존재하는 일련의 핵. 주로 동작을 선택하고 매개하는 데 관여한다.

반구hemisphere 공을 절반으로 자른 듯한 모습으로 뇌를 이루는 2개의 부분 중 하나.

반마비hemiplegia 신체의 좌우 절반이 마비된 상태.

반사reflex 척수에 있는 뉴런에 의해 조절되는 불수의적 움직임.

발작seizure 정상 신경 활성의 단절. 대발작 시에는 광범위한 신경 발화가 동시에 일어나 의식을 잃게 된다.

발작수면narcolepsy 조절할 수 없을 정도로 잠이 쏟아지는 것이 특징인 질병.

방사가락모양이랑fusiform gyrus 관자엽 아래쪽 피질이 길게 부풀어 오른 부위. 사물과 사람의 얼굴을 인식하는 데 중요하다(배쪽경로 참고).

배안쪽이마엽앞피질ventromedial prefrontal cortex 이마엽앞피질의 일부. 가정과 판단에 관여한다.

배쪽(복측)ventral 전하방 표면 쪽(동물의 배와 같이).

배쪽경로ventral route 시각계에서 시각피질과 관자엽을 연결하는 신경 경로. 물체와 얼굴의 인식에 관여한다.

배쪽뒤판부ventral tegmental area(VTA) 뇌의 보상 시스템에서 핵심적인 부분에 해당하는 일군의 도파민 함유 뉴런들.

백색질white matter 다른 뉴런에 신호를 전달하는 축삭이 밀집된 뇌 조직. 색깔이 흰색에 가까워 세포체와 구별된다. 백색질은 전반적으로 피질을 구성하는 회백질보다 아래쪽에 존재한다.

베르니케 영역 Wernicke's area 관자엽 내에 있는 주요 언어 영역. 이해에 관여한다. 대부분의 사람에서 왼쪽 대뇌 반구의 마루엽 인접부에 존재한다.

변연계limbic system 피질의 안쪽 경계를 따라 존재하는 일련의 뇌 구조물. 감정, 기억 및 의식 매개에 필수적인 역할을 한다.

별아교세포층astrocyte 뇌세포에 영양과 절연을 제공하는 지지세포의 일종.

병변lesion 손상 또는 세포사가 일어난 부위.

보조운동피질supplementary motor cortex 운동피질 앞쪽에 있는 영역으로, 현재 감각에 따르기보다 기억에 의한 행동 등 내적으로 통제되는 행동을 계획하는 데 관여한다.

부교감신경계parasympathetic nervous system 자율신경계의 한 부분. 신체의 에너지 보전에 관련된다. 교감신경계를 억제한다.

브로드만 영역 Brodmann areas 현미경적으로 뚜렷하게 구분되는 피질 영역. 신경학자인 코르비니안 브로드만이 규명했다.

브로카 영역 Broca's area 이마엽의 뇌 영역으로, 유창하게 말하는 능력과 관련된다.

사

사건관련전위event-related potential(ERP) 주어진 자극에 대한 반응으로 생성된 신경의 활동. EEG에 의해 기록된다.

사이뇌(간뇌)diencephalon 시상 및 이를 둘러싼 부위를 포함하는 뇌 영역.

사이신경세포interneuron 구심성 뉴런과 원심성 뉴런을 연결하는 '다리' 뉴런.

상행그물체ascending reticular formation 그물체의 일부. 각성 및 수면 주기에 관여한다.

상향식bottom-up 보통 사고, 상상 또는 기대에 관련된 뇌 영역이 아니라 일차 감각 뇌 영역으로부터 상대적으로 '가공되지 않은' 정보가 전달되는 것을 가리킨다.

생존가survival value 신체 또는 행동의 특성이 개체의 생존 및 번식 가능성에 기여하는 정도.

선조피질striate cortex 시각피질의 일부. 세포들이 육안적으로 뚜렷한 줄을 이루어 늘어선 것이 특징이다(단면에서).

세로토닌serotonin 기분, 식욕 및 감각 지각 등 다양한 기능을 조절하는 신경전달물질.

세로틈새longitudinal fissure 두 개의 대뇌 반구 사이를 가르는 깊은 열구. 세로고랑이라고도 한다.

세포체cell body 뉴런의 중심 구조. 체세포라고도 한다.

소뇌cerebellum 대뇌 뒷편에 있으며 자세, 균형 및 협응 조절에 관여하는 '작은 뇌'.

소뇌다리cerebellar peduncles 소뇌의 일부가 짧게 연장된 부분. 소뇌를 뇌줄기에 연결한다.

소세포성parvocellular 망막의 좁은 영역에서 피질의 시각영역에 이르는 신경 경로. 색깔과 형태에 민감하다.

솔기핵raphe nuclei 세로토닌을 분비하는 뇌줄기의 신경핵. 정신적 기능에 광범위한 영향을 미친다.

솔방울샘(송과선)pineal gland 시상 근처에 위치한 완두콩 크기의 분비샘. 수면-각성 주기를 조절하는 멜라토닌을 분비한다.

숨뇌medulla 연수 또는 수뇌라고도 한다. 다리뇌와 척수 사이에 위치한 뇌줄기의 일부. 호흡 및 심박동 등 신체의 생명 유지 과정에 관여한다.

시각교차optic chiasm 각각의 안구에서 유래한 시신경이 교차(반대편으로 넘어감)하는 지점(신경교차 참고).

시각피질visual cortex 뒤통수엽의 표면. 시각정보를 처리한다.

시냅스(신경세포 접합부)synapse 두 개의 뉴런 사이의 공간. 신경전달물질에 의해 연결된다.

시상sagittal 뇌를 수직 전후방으로 절단하는 평면. 정중 시상, 즉 중앙 평면은 뇌를 좌우 대뇌 반구로 나눈다.

시상thalamus 뇌줄기와 대뇌 사이에 위치한 한 쌍의 큰 회색질 덩어리로, 뇌로 흘러드는 감각정보의 핵심 중계소 역할을 한다.

시상하부hypothalamus 음식을 먹고 물을 마시며 다양한 호르몬을 분비하는 등 많은 신체 기능을 조절하는 신경핵들이 모여 있는 곳.

시신경optic nerve 망막 신경절 세포에서 뇌의 주요 부위로 신호를 전달하여 처리하는 신경섬유 다발.

신경계nervous system 뇌에 연결되어 전신으로 뻗은 신경세포들. 중추신경계(CNS)와 말초신경계(PNS)로 구분한다.

신경교차decussation 시신경 교차처럼 신경섬유들이 엇갈려 서로 반대쪽으로 넘어가는 현상.

신경생성neurogenesis 뇌 속에서 새로운 뉴런이 만들어지는 것.

신경아교세포glial cells 뇌에서 다양한 '집안 살림' 기능을 수행하여 뉴런을 뒷받침하는 뇌 세포. 신경아교라고도 함. 뉴런 사이의 신호 전달을 매개할 가능성도 있다.

신경전달물질neurotransmitter 뉴런이 분비하는 화학물질. 신경세포접합부를 가로질러 신호를 전달한다.

신경절ganglion 상호 반응하는 신경핵들이 모여 있는 곳. 망막의 광민감 세포들을 일컫기도 한다.

신경핵nucleus 특수한 기능을 지닌 신경세포의 모임 또는 집합.

신피질neocortex 뇌의 주름진 바깥층. 대뇌피질이라고도 한다.

실서증agraphia 신경학적 손상으로 인해 글씨를 쓸 수 없는 증상.

실조ataxia 균형과 협응적 동작에 어려움을 겪는 신경학적 증상.

실행증apraxia 말하기를 포함하여 협응적 동작 수행 능력을 부분적 또는 전부 상실하는 것.

아

아드레날린 및 노르아드레날린adrenaline and noradrenaline 부신에서 분비되는 호르몬이자 신경전달물질(에피네프린 및 노르에피네프린 참고).

아래둔덕inferior colliculi 중간뇌의 주요 신경핵. 청각 경로에 관여한다.

아래쪽inferior 아래 또는 어떤 것보다 밑에 있음을 가리킨다.

아세틸콜린acetylcholine 학습 및 기억, 그리고 운동신경에서 내장근육으로 메시지를 보내는 데 중요한 역할을 하는 신경전달물질.

아편opium 양귀비 씨앗에서 얻은 약물로 강렬한 도취감, 진통 및 이완 작용을 일으킨다.

안드로겐androgens 남성의 성적 성숙 및 전형적인 남성적 행동 특성과 연관된 스테로이드 성호르몬(테스토스테론 포함).

암묵기억implicit memory 의식적으로 인출할 수는 없지만 특별한 능력이나 조치를 통해, 또는 어떤 사건에 연결되어 의식할 수 없는 감정의 형태로 활성화되는 기억. 공을 사용한 경기를 하거나 신발 끈을 묶는 등의 신체적 기술을 배우는 데는 암묵적 기억이 바탕이 된다(절차기억 참고).

앞뇌forebrain 소뇌, 시상 및 시상하부를 포함하는 뇌의 주된 부분.

앞쪽anterior 전방 또는 앞쪽을 향함.

양극성장애bipolar disorder 갑작스러운 기분 변화가 특징인 질병.

양전자방출단층촬영positron emission tomography(PET) 특정 신경 활성과 관련된 소량의 방사성 화학물질의 위치와 농도를 검출하여 살아 있는 피험자의 뇌기능을 측정하는 기능적 영상 촬영 기법.

양측성bilateral 신체의 양측, 예를 들어 양쪽 대뇌 반구.

억제성 신경전달물질inhibitory neurotransmitter 뉴런의 발화를 억제하는 신경전달물질(흥분성 신경전달물질 참고).

얼굴인식불능증prosopagnosia 얼굴을 인식하지 못하는 증상.

에피네프린epinephrine 아드레날린 및 노르아드레날린 참고.

엔돌핀endorphins 뇌에서 생산하는 일련의 화학물질들. 아편과 비슷한 효과를 나타낸다.

엔세팔린encephalin 엔돌핀의 한 종류.

연수myelencephalon 숨뇌 참고.

연접전 뉴런presynaptic neuron 신경전달물질을 방출하여 시냅스 건너 다른 뉴런에 신호를 전달하는 뉴런(연접후 뉴런 참고).

연접후 뉴런postsynaptic neuron 다른 뉴런에서 메시지를 받는 뉴런(연접전 뉴런 참고).

연질막pia matter 뇌막의 가장 안쪽 층. 뇌의 표면을 덮은 얇은 탄력성 조직.

연합영역association areas 서로 다른 유형의 정보를 통합하여 '전체적' 경험을 형성하는 뇌 영역.

엽lobe 뇌에서 기능별로 구분되는 4가지 주요 영역 중 하나(뒤통수엽, 관자엽, 마루엽, 이마엽).

옥시토신oxytocin 사회적 애착에 관여하는 신경전달물질.

와우cochlea 내이의 뼈 속에 있는 나선형 관. 털세포가 있어 소리를 전달한다.

우울증depression 흔한 질병으로, 기분과 활력 수준이 만성적으로 심하게 떨어지는 것이 특징이다.

운동 뉴런motor neuron 근육을 파고들어 근육 수축 또는 신장을 일으키는 뉴런.

운동앞피질premotor cortex 이마엽피질의 일부. 움직임의 계획에 관여함.

운동피질motor cortex 직접적 또는 간접적으로 근육에 신호를 보내는 뉴런들이 존재하는 뇌 영역. 머리띠처럼 뇌 전체를 빙 둘러 뻗어 있다.

원뿔세포cone 망막에서 색깔을 감지하는 수용체 세포. 주로 낮에 사물을 볼 때 사용한다.

원심성efferent 중심에서 멀어짐(구심성 참고).

위둔덕superior colliculi 쌍을 이루어 존재하는 중뇌의 신경핵으로, 시각정보 전달에 관여한다.

위쪽(상방)superior 위 또는 위쪽을 향함.

유두체mamillary bodies 감정 및 기억에 관련된 변연계의 작은 신경핵.

이랑gyrus 뇌 표면에서 솟아오른 조직.

이마엽frontal lobe 뇌의 앞쪽 영역. 사고, 판단, 계획, 의사 결정 및 의식적 감정에 관여한다.

이마엽앞피질prefrontal cortex 이마엽 피질의 맨 앞부분 뇌 영역. 계획 수립 및 기타 고위 수준의 인지에 관여한다.

인지cognition 지각, 생각, 학습 및 정보 기억 등 뇌에서 일어나는 의식적 및 무의식적 과정.

일차피질primary cortex 일차시각피질처럼 장기들로부터 들어오는 감각 정보를 처음 받아들이는 뇌 영역.

일측성unilateral 신체의 한쪽(양측성 참고).

입쪽(문측)rostral 신체의 앞쪽 또는 앞쪽을 향함('앞쪽' 참고).

자

자기공명영상magnetic resonance imaging (MRI) 뇌 구조의 고해상도 영상을 제공하는 뇌 영상 촬영 기법.

자율신경계autonomic nervous system(ANS) 내장 기관의 활동을 조절하는 말초신경계의 요소. 교감 신경계와 부교감 신경계로 구성된다.

작업기억working memory 정보가 잊히기 전까지 신경을 통해 전달이 활성화된 형태로 존재하거나 장기기억으로 저장되어 '마음속에 머무는' 과정.

작용제agonist 수용체에 결합하여 세포를 자극하는 분자(길항제 참고). 작용제는 종종 자연적으로 존재하는 신경전달물질의 효과와 비슷한 화학물질이다.

장기기억long-term memory 기억의 최종 단계. 정보 저장이 수시간에서 평생에 이를 수 있다.

장기시냅스강화long-term potentiation (LTP) 이전에 함께 발화했던 뉴런과 이후로도 함께 발화할 가능성이 높아지는 쪽으로 일어나는 뉴런 내부의 변화.

재섭취re-uptake 신경세포접합부에서 과도한 신경전달물질을 제거하는 기전. 수송체 세포가 신경전달물질을 원래 분비했던 축삭 말단부로 돌려보내는 과정.

전향 기억상실증anterograde amnesia 뇌손상, 특히 뇌진탕 후에 일어난 일들에 대한 기억을 상실하는 것.

절차기억procedural memory 암묵적 기억의 한 형태. 자전거를 타는 것처럼 학습된 움직임과 관련된다.

정신병psychosis 현실을 제대로 인식하지 못하는 정신질환.

정신쇠약psychasthenia 부정적 자극에 감수성이 높아져 만성 불안을 겪는 상태.

정신작용psychoactive 뇌 기능을 변화시킨다는 뜻으로, 보통 약물을 지칭한다.

정신치료psychotherapy 의학적 방법이 아니라 심리적 방법을 이용하여 정신질환을 치료하는 것.

조가비핵putamen 기저핵의 일부인 줄무늬체의 한 부분. 주로 움직임의 조절과 절차적 학습에 관여한다.

조현병schizophrenia 간헐적 정신병을 일으키는 것이 특징인 질병.

종뇌(끝뇌)telencephalon 뇌에서 가장 큰 부분(대뇌 및 앞뇌 참고).

주의력결핍 과잉행동장애attention deficit hyperactivity disorder(ADHD) 주의력 집중 시간이 짧고 종종 부적절하게 활력이 넘치거나 열광적인 행동을 하는 것이 특징인 학습 및 행동 문제 증후군. 보통 초기 아동기에 처음 나타난다.

줄무늬체striatum 기저핵 속의 구조물로 꼬리핵과 조가비핵으로 이루어진다.

중간뇌midbrain 중뇌 참고.

중뇌mesencephalon 앞뇌와 뇌줄기 사이의 뇌 영역. 안구 운동, 신체 움직임 및 소리 듣기에 관여하며, '중간뇌'라고도 함. 기저핵이 여기 포함된다.

중심틈새central fissure 중심고랑과 같은 말. 뇌를 가로지르는 길고 깊은 틈새로 마루엽과 이마엽을 나눈다.

중추신경계central nervous system(CNS) 뇌 및 척수.

지능지수intelligence quotient(IQ) 사람의 상대적 지능을 나타내는 다양한 검사를 근거로 산정한 점수.

진동oscillations 뉴런의 규칙적인 발화.

질병인식불능증 anosognosia 신경학적 손상으로 인해 마비 또는 실명 등 자신의 신체적 결손을 알지 못하는 증상.

차

착각 illusion 종종 무의식적으로 뇌에서 일어나는 과정에 의해 나타나는 잘못된 지각 또는 감각의 왜곡.

창백핵(담창구) globus pallidus 기저핵의 일부. 동작 조절에 관련된다(바닥핵 참고).

청각피질 auditory cortex 소리에 관련된 정보를 받아들이거나 처리하는 뇌 영역.

축삭 axon 뉴런의 일부가 실처럼 길게 연장된 것. 다른 세포에 전기적 신호를 전달한다. 대부분의 뉴런은 오직 한 개의 축삭만을 가진다.

측좌핵 nucleus accumbens 동기 및 보상에 관련된 정보를 처리하는 변연계의 신경핵.

치매 dementia 고령 또는 뇌 손상이 누적되어 생긴 변성으로 인한 뇌 기능의 상실.

치아이랑 dentate gyrus 해마의 일부. 내후각피질에서 보낸 신호를 전달받는 신경세포들이 모여 있다.

카

카그라스 망상 Capgras' delusion 매우 드문 증후군으로, 가까운 친구나 배우자가 모습이 똑같은 다른 사람으로 바꿔치기 되었다고 믿는 증상. 정서적 인식에 관련된 신경 경로가 손상되어 생긴다고 생각된다.

컴퓨터단층촬영 computed tomography(CT) 낮은 수준의 X선을 이용하여 뇌 및 신체 영상을 생성하는 스캔 기법.

코르사코프증후군 Korsakoff's syndrome 만성 알코올중독과 관련된 뇌 질환. 섬망, 불면증, 환각 및 장기적 기억상실증 등의 증상이 나타난다.

코타르증후군 Cotard's syndrome 자신이 죽었다고 믿고 살 썩는 냄새가 난다거나 피부 위에 구더기가 기어다니는 느낌이 난다고 주장하는 희귀 질병.

콜린성 시스템 cholinergic system 신경전달물질인 아세틸콜린에 의해 활성화되는 신경 경로.

타

통각반응 nociceptive 통증 또는 유해 자극에 대한 반응.

틈새 fissure 뇌 표면의 깊은 열구, 즉 고랑.

파

파킨슨병 Parkinson's disease 떨림과 동작 느려짐을 특징으로 하는 질병. 도파민 생산 세포의 변성이 원인이라고 생각된다.

펩티드 peptides 신경전달물질 또는 호르몬 기능을 나타내는 아미노산의 사슬.

편도체 amygdala 감정 형성에 결정적인 역할을 하는 관자엽 변연계 내의 핵.

피개 tegmentum 중뇌의 후하방에 해당하는 부분.

피라미드 뉴런 pyramidal neuron 피질, 해마 및 편도체에 존재하는 흥분성 뉴런. 독특한 삼각형의 세포체를 지닌다.

피질 cortex 대뇌피질 참고.

하

하루주기리듬 circadian rhythm 약 24시간 동안 지속되는 행동 또는 생리학적 변화 주기.

해마 hippocampus 양측 관자엽 안에 존재하는 변연계의 일부. 공간 탐색 및 장기기억의 등록과 인출에 핵심적인 역할을 한다.

혈액-뇌 장벽 blood-brain barrier 뇌를 촘촘하게 둘러싼 세포 네트워크. 독성 분자가 들어오는 것을 막는다.

호르몬 hormones 내분비샘에서 분비되는 화학적 전령 물질. 표적 세포의 활성을 조절한다. 성적 발달, 대사, 성장 및 기타 다양한 생리적 과정에 관여한다.

환각 hallucination 아무런 감각 자극이 없는데도 생기는 거짓 지각.

환각제 psychedelic 지각, 사고 및 감정을 왜곡하는 약물.

환상사지 phantom limb 없어진 팔다리(보통 절단술 후)를 계속 신체의 일부로 경험하는 현상.

활동전위 action potential 뉴런이 생성하는 짧은 전류 펄스. 이웃 세포에 전파될 수 있다.

회색질 grey matter 뇌 피질처럼 세포체가 밀집하여 어두운 색으로 보이는 뇌 조직.

후각상실증 anosmia 냄새를 맡지 못하는 증상.

후각신경/후각계 olfactory nerve/system 냄새를 유발하는 분자에 반응하는 신경/신체 계통.

후뇌 rhombencephalon 마름뇌 참고.

흥분성 신경전달물질 excitatory neurotransmitter 뉴런의 발화를 촉진하는 신경전달물질(억제성 신경전달물질 참고).

찾아보기

가

라

마

바

사

아

자

차

카

타

파

하

도판 저작권

For the third edition, DK would like to thank Dharini Ganesh for editorial assistance, Pooja Pipil and Garima Agarwal for design assistance, Helen Peters for compiling the index, and Jamie Ambrose for proof-reading.

The publisher would like to thank the following for their kind permission to reproduce their photographs:

(Key: a-above; b-below/bottom; c-centre; f-far; l-left; r-right; t-top)

Edward H. Adelson: 87cr; **Alamy Images:** Alan Dawson Photography 146bl, Alan Graf / Image Source Salsa 173br, allOver photography 45tr, Bubbles Photolibrary 186cr, Mary Evans Picture Library 174br, Photo by M. Flynn / © Salvador Dali, Gala-Salvador Dali Foundation, DACS, London 2009 191t, Paul Hakimata 200tl, Barrie Harwood 202cr, Hipix 10bc, Kirsty McLaren 130c, Mira 44bc, 115cr, Robin Nelson 179c, Old Visuals 92cra, Photogenix 122tl, Pictorial Press 200-201, Stephanie Pilick / dpa picture alliance archive 181b, Simon Reddy 116t, Supapixx 153tr, Tetra Images 123tl, vario images GmbH & Co. KG 190cr; ZUMA Press, Inc. 135br; **Arionauro Cartuns:** 171cr; **Helen Dr Jason J.S. Barton:** 85cr; **George Bartzokis, M.D, UCLA Neuropsychiatric Hospital and Semel Institute:** 214cl; **Dr Theodore W Berger, University of Southern California:** 161tl; **Blackwell Publishing:** European Journal of Neuroscience Vol 25, Issue 3, pp863-871, Renate Wehrle et al, Functional microstates within human REM sleep: first evidence from fMRI of a thalamocortical network specific for phasic REM periods. © 2007 John Wiley & Sons / Image courtesy Renate Wehrle 189fcr; **© EPFL / Blue Brain Project:** 74cb, 75c, Thierry Parel 75cr; **The Bridgeman Art Library:** Archives Charmet 8ftl, 10cl, Bibliothèque de l'Institut de France 7tl, The Detroit Institute of Arts, USA / Founders Society purchase with Mr & Mrs Bert L. Smokler & Mr & Mrs Lawrence A. Fleischman funds 189bc, Maas Gallery, London 134c, Peabody Essex Museum, Salem, Massachusetts, USA 172bl, Royal Library, Windsor 174tr; **Vergleichende Lokalisationslehre der Grosshirnrinde, Dr K Brodmann:** 1909, publ: Verlag von Johann Ambrosius Barth, Leipzig 67bc; **Dr Peter Brugger:** 173tr; **Caltech Brain Imaging Center:** J. Michael Tyszka & Lynn K. Paul 204ca; **Center for Brain Training (www.centerforbrain.com):** 222bl; **Copyright Clearance Center - Rightslink:** Brain 2008 131(12):3169-3177; doi:10.1093 / brain / awn251, Iris E. C. Sommer et al, Auditory verbal hallucinations predominantly activate the right inferior frontal area. Reprinted by permission of Oxford University Press 193cra, Brain Lang 80: 296-313, 2002, Murray Grossman et al, Sentence processing strategies in healthy seniors with poor comprehension: an fMRI study (c) 2002 with permission from Elsevier 215tl, Brain Vol 125, No 8, 1808-1814, Aug 2002, Sterling C. Johnson et al, Neural correlates of self-reflection (c) 2002. Reprinted with permission of Oxford University Press 192bl, Brain, Vol. 122, No. 2, 209-217, Feb 1999, Noam Sobel et al, Blind smell: brain activation induced by an undetected air-borne chemical © 1999 by permission of Oxford University Press 98bl, Current Biology, Vol. 13, December 16, 2003, Nouchine Hadjikhani and Beatrice de Gelder, Seeing Fearful Body Expressions Activates the Fusiform Cortex and Amygdala, 2201-2205, Fig. 1, © 2003, with permission from Elsevier Science Ltd. 144br, Int J Dev Neurosci. 2005 Apr-May;23(2-3):125-41, Robert Schultz, Developmental deficits in social perception in autism: the role of the amygdala and fusiform face area © 2005, with permission from Elsevier 249cr, International Journal of Psychophysiology, V63, No 2 Feb 2007 p214-220, Michael J Wright & Robin C. Jackson, Brain regions concerned with perceptual skills in tennis, An fMRI study (c) 2007 with permission from Elsevier 121, Journal of Neurophysiology 96: 2830-2839, 2006; doi:10.1152 / jn.00628.2006, Arthur Wingfield & Murray Grossman, Language and the Aging Brain: Patterns of Neural Compensation Revealed by Functional Brain Imaging © 2006 The American Physiological Society 215, Journal of Neurophysiology Vol 82 No 3 Sept 1999 1610-1614, 128cl, Journal of Neuroscience, Aug 27, 2008 Vol 28 p8655-8657, Duerden & Laverdure-Dupont, Practice makes cortex, (c) The Society of Neuroscience 157tr, Journal of Neuroscience, May 28, 2008, 28(22):5623-5630. Todd A. Hare et al, Dissociating the Role of the Orbitofrontal Cortex and the Striatum in the Computation of Goal Values and Prediction Errors © 2008. Printed with permission from The Society for Neuroscience 169t, Journal of Neuroscience, Nov 7, 2007, 12190-12197; Hongkeun Kim, Trusting our memories: Dissociating the Neural Correlates of Confidence in Veridical versus Illusory Memories, © 2007, Society for Neuroscience 164c, Michael
S Beauchamp & Tony Ro; Adapted with permission from Figure 1, Neural Substrates of Sound-Touch Synesthesia after a Thalamic Lesion; Journal of Neuroscience 2008 28:13696-13702 78bl, The Journal of Neuroscience, December 7, 2005 • 25(49):11489 –11493, Peter Kirsch et al, Oxytocin Modulates Neural Circuitry for Social Cognition and Fear in Humans 127tc, Reprinted from The Lancet, Volume 359, Issue 9305, Page 473, 9 February 2002, Half a Brain, Johannes Borgstein & Caroline Grootendorst, © 2002, with permission from Elsevier 205tr, Nature 373, 607-609 (Feb 16, 1995), Bennett A. Shaywitz et al Yale, Sex differences in the functional organization of the brain for language. Reprinted by permission from Macmillan Publishers Ltd 198cl, Nature 415, 1026-1029 (28 Feb 2002), Antoni Rodriguez-Fornells et al Brain potential and functional MRI evidence for how to handle two languages with one brain © 2002. Reprinted by permission of Macmillan Publishers Ltd 149tr, Nature 419, 269-270 (Sept 19, 2002), Olaf Blanke et al, Neuropsychology: Stimulating illusory own-body perceptions (c) 2002. Reprinted by permission from Macmillan Publishers Ltd 173cr, Nature Neuroscience 7, 801-802 (18 July 2004) | doi:10.1038 / nn1291, Hélène Gervais et al, Abnormal cortical voice processing in autism © 2004 Reprinted by permission from Macmillan Publishers Ltd / image courtesy Mônica Zilbovicius 249crb, Nature Neuroscience Vol 10, 1 Jan 2007 p119 Figure 3, Yee Joon Kim et al, Attention induces synchronization-based response in steady-state visual evoked potentials © 2007. Reprinted by permission from Macmillan Publishers Ltd. 183tr, Nature Reviews Neuroscience 4, 37-48, Jan 2003 | doi:10.1038 / nrn1009; Arthur W. Toga & Paul M Thompson, Mapping brain asymmetry © 2003. Reprinted by permission from Macmillan Publishers Ltd / image courtesy Dr Arthur W. Toga, Laboratory of Neuro Imaging at UCLA 57cr, Nature Reviews Neuroscience 7, 406-413 (May 2006) | doi:10.1038 / nrn1907, Usha Goswami, Neuroscience and education: from research to practice? © 2006. Reprinted by permission from Macmillan Publishers Ltd / courtesy Dr Guinevere Eden, Georgetown University, Washinton DC 248t, redrawn by DK courtesy Nature Reviews Neuroscience 3, 201-215 (March 2002), Maurizio Corbetta & Gordon L. Shulman, Control of goal-directed and stimulus-driven attention in the brain © 2002 Reprinted by permission from Macmillan Publishers Ltd. 183cb, NeuroImage 15: 302-317, 2002 Murray Grossman et al, Age-related changes in working memory during sentence comprehension: an fMRI study (c) 2002 with permission from Elsevier 215ftl, Neuron 6 March 2013, 77(5): 980-991, fig 6; Charles E. Schroeder et al, "Mechanisms Underlying Selective Neuronal Tracking of Attended Speech at a Cocktail Party" © 2013 with permission from Elsevier (http: // dx.doi.org / 10.1016 / j.neuron.2012.12.037) 92tr, Neuron Vol 42 Issue 4, 27 May 2004, p687-695, Jay A. Gottfried et al, Remembrance of Odors Past: Human Olfactory Cortex in Cross-Modal Recognition Memory; with permission from Elsevier 162tr, Neuron, Vol 42, Issue 2, 335-346, Apr 22, 2004, Christian Keysers et al, A Touching Sight (c) 2004 with permission from Elsevier 122bl, Neuron, vol 45 issue 5, 651-660, 3 March 2005, Helen S. Mayberg et al Deep Brain Stimulation for Treatment-Resistant Depression (c) 2005 with permission from Elsevier Science & Technology Journals 239cl, Neuron, Vol 49, Issue 6, 16 Mar 2006, p917-927, Nicholas B Turke-Browne, Do-Joon Yi & Marvin M. Chun, Linking Implicit and Explicit Memory: Common Encoding Factors and Shared Representations © 2006 with permission from Elsevier 159crb, Psychiatric Times Vol XXII No 7, May 31, 2005, Dean Keith Simonton, PhD, Are Genius and Madness Related: Contemporary Answers to an Ancient Question, (c) 2005 CMPMedica, reproduced with permission of CMPMedica 170br, Science 2010: 329 (5997): 1358-1361 "Prediction of Individual Brain Maturity Using fMRI", fig. 2, Nico U.F. Dosenbach et al (c) 2010 The American Association for the Advancement of Science - Reprinted with permission from AAAS 210cr, Science Feb 20, 2004; © 2004 The American Association for the Advancement of Science, T. Singer, B. Seymour, J. O'Doherty, H. Kaube, R.J. Dolan, C.D. Frith, Empathy for Pain involves the affective but not sensory components of pain 138br, Science, 13 July 2007, Vol 317. No. 5835, pp.215-219, fig 2, Brendan E. Depue et al, Prefrontal regions orchestrate suppression of emotional memories via a two-phase process. Reprinted with permission from AAAS 158cl, Science, Oct 10, 2003, Vol 302, No 5643 p290-292, Naomi I. Eisenberger et al, Does Rejection Hurt? An fMRI Study of Social Exclusion © 2003 The American Association for the Advancement of Science 139tl, Science, Vol 264, Issue 5162, 1102-1105 (c) 1994 by American Association for the Advancement of Science / H. Damasio, T. Grabowski, R. Frank, A.M. Galaburda & A.R. Damasio, "The return of Phineas Gage: clues about the brain from the skull of a famous patient" / Dept of Image Analysis Facility, University of Iowa 141cr, Trends in Cognitive Sciences, Vol 11 Issue 4, Apr 2007 p158-167 Naotsugu Tsuchiya & Ralph Adolphs, Emotion & consciousness © 2007 Elsevier Ltd / image: Ralph Adolphs 128tr; **Corbis:** Alinari Archives 6tl, Steve Allen 39bc, The Art Archive 8tl, 8cb, Bettmann 6tc, 6tr, 7tc, 8tc, 8bl, 8bc, 9ca, 9br, 11tr, 75br, 136cl, 136c, 136fcl, 173cra, 187br, 204-205, 205cra, Blend Images 215c, Bloomimage 186bl, Keith Brofsky 144tr, Fabio Cardoso 157c, Peter Carlsson / Etsa 96br, Christophe Boisvieux 118bl, Gianni Dagli Orti 85bl, Kevin Dodge 140l, Ecoscene / Angela Hampton 39cr, EPA 186tl, 190t, 248cla, ER Productions 222cr, Fancy / Veer 159tc, Peter M. Fisher 179tr, Robert Garvey 134tl, Rune Hellestad 196cl, Hulton Collection 99cr, Hutchings Stock Photography 104c, Image 100 157bl, Tracy Kahn 168c, Ed Kashi 151tr, Helen King 183cr, 183cr (Man using computer), Elisa Lazo de Valdez 180tl, Walter Lockwood 182cra, Tim McGuire 39t, MedicalRF.com 9tr, Mediscan 199cr, Moodboard 38br, 123tr, 157br, 182cr, Greg Newton 186fbr, Tim Pannell 186br, PoodlesRock 7tr, Premium Stock 157cr, Louie Psihoyos 99bl, Radius Images 185b, Redlink 182tr, Reuters 196-197, Lynda Richardson 159cl, Chuck Savage 138bc, 198tr, Ken Seet 135t, Sunset Boulevard 57t, Sygma 84br, 180bc, Tim Tadder 38tr, 39bl, William Taufic 172tl, 184c, 189br, TempSport 118-119, Thinkstock 38c, Visuals Unlimited 213tr, Franco Vogt 193c, Zefa 101br, 182ftr, 186bc, 192r, 214cr; **Luc De Nil, PhD:** & Kroll, R. (2000). Nieuwe inzichten in de rol van de hersenen tijdens het stotteren van volwassenen aan de hand van recent onderzoek met Positron Emission Tomography (PET). Signaal 32, 13-20. 149cr; **Dr Jean Decety:** Neuropsychologia, Vol 46, Issue 11, Sep 2008, 2607-2614, Jean Decety, Kalina J. Michalska & Yoko Akitsuki, Who caused the pain? An fMRI investigation of empathy and intentionality in children. © 2008 with permission from Elsevier. 140tr; **Dr José Delgado :** 10bl; **Brendan E. Depue:** 164b; **DACS (Design And Artists Copyright Society):** 191; **Dorling Kindersley:** Bethany Dawn 138clb, Colin Keates / Courtesy of the Natural History Museum, London 49cr; **Dreamstime.com:** Sean Pavone 175cl; Photoeuphoria 152tl; **Henrik Ehrsson et al:** Neural substrate of body size: illusory feeling of shrinking of the waist; PLoS Biol 3(12): e412, 2005 174cr; **© 2012 The M.C. Escher Company - Holland. All rights reserved. www.mcescher.com:** 175br; **Henrik Ehrsson et al:** Staffan Larsson 193bl; **Explore-At-Bristol:** 87c; **eyevine:** 11cl; **Dr Anthony Feinstein, Professor of Psychiatry, University of Toronto:** 242crb; **Professor John Gabrieli:** Stanford Report, Tuesday February 25, 2003, Remediation training improves reading ability of dyslexic children 153clb; **Getty Images:** AFP 145t, 202bl, The Asahi Shimbun 216bl, Assembly 187t, John W. Banagan 240fbl, Blend Images 247t, The Bridgeman Art Library / National Portrait Gallery, London 205cla, Maren Caruso 100cr, Pratik Chorge / Hindustan Times 216r, Comstock Images 134tr, Digital Vision 144tc, Elementallmaging 116-117, 153cr, 170bl, 185cr, Gazimal 182crb, Tim Graham 162br, Louis Grandadam 153cr, Hulton Archive 11bl, 93cr, 129b, 160-161 (girls icecream), 162-163t, 190b, 201tr, 202br, 205c, 222tl, 222tr, 242bl, International Rescue 105, Lifestock 144cb, Tanya Little 184br, Don Mason 135cb, Victoria Pearson 215tr, Peter Ginter 243t, Hulton Archive /Stringer 199fcl, Photo and Co 127cra, Photodisc 215cr, 241cr, Popperfoto 241tr, Louie Psihoyos 239tr, Purestock 215tc, Juergen Richter 175tr, Charlie Schuck 162bl, Chad Slattery 131, Henrik Sorensen 189bl, Sozaijiten / Datacraft 247cr, Tom Stoddart 119br, David Sutherland 191b, Time & Life Pictures 8crb, VCG 217bl, Bruno Vincent 235bc; WireImage 240clb, Elis Years 240bl; **Jordan Grafman PhD:** 141tl; **Dr Hunter Hoffman, U.W.:** 109t, 109c, 109cr; **Courtesy of the Laboratory of Neuro Imaging at UCLA and Martinos Center for Biomedical Imaging at MGH, Consortium of the Human Connectome Project - www.humanconnectomeproject.org ; Courtesy of the Laboratory of Neuro Imaging at UCLA and Martinos Center for Biomedical Imaging at MGH, Consortium of the Human Connectome Project - www.humanconnectomeproject.org ; Courtesy of the Laboratory of Neuro Imaging at UCLA and Martinos Center for Biomedical Imaging at MGH, Consortium of the Human Connectome Project - www.humanconnectomeproject.org ; :** 74r; **Imprint Academic:** The Volitional Brain: Towards a neuroscience of free will, Ed Benjamin Libet, Anthony Freeman & Keith Sutherland © 1999 / Cover illustration by Nicholas Gilbert Scott, Cover design by J.K.B. Sutherland 11cr; **Photographic Unit, The Institute of Psychiatry, London:** 247cl; **iStockphoto.com:** 175c, Jens Carsten Rosemann 85t, Kiyoshi Takahase Segundo 181cr; **Frances Kelly :** Lorna Selfe 174tc; **Pilyoung Kim et al:** Fig. 1 from "The Plasticity of Human Maternal Brain: Longitudinal Changes in Brain Anatomy During the Early Postpartum Period", Behavioural Neuroscience 2010, Vol 124, No. 5 695-700 (c) 2010 American Psychological Association DOI: 10.1037 / a0020884 213bl; **© 2008 Little et al. This is an open-access article distributed under the terms of the Creative Commons Attribution License, which permits unrestricted use, distribution, and reproduction in any medium, provided the original author and source are credited (see http://creativecommons.org/licenses/by/2.5/).; :** Little AC, Jones BC, Waitt C, Tiddeman BP, Feinberg DR, et al. (2008) Symmetry Is Related to Sexual Dimorphism in Faces: Data Across Culture and Species. PLoS ONE 3(5): e2106. doi:10.1371 / journal.pone.0002106 134bl; **Ian Loxley / TORRO / The Cloud Appreciation Society:** 172-173t; **Library of Congress, Washington, D.C.:** Official White House photo by Pete Souza. 199cl, Orren Jack Turner, Princeton, N.J. 199c; **Mairéad MacSweeney:** Brain. 2002 Jul;125(Pt 7):1583-93, B Woll, R Campbell, PK McGuire, AS David, SC Williams, J Suckling, GA Calvert, MJ Brammer; Neural systems underlying British Sign Language & audio-visual English processing in native users © 2002. Reprinted by permission of Oxford University Press 78cl; **Rogier B. Mars:** Rogier B. Mars, Franz-Xaver Neubert, MaryAnn P. Noonan, Jerome Sallet, Ivan Toni and Matthew F. S. Rushworth, On the relationship between the 'default mode network''and the 'social brain'; Front. Hum. Neurosci., 21 June 2012 | doi: 10.3389 / fnhum.2012.00189 184bl; **Mediscan:** 246tl; **Pierre Metivier:** 178tc; **Massachusetts Institute of Technology (MIT):** Ben Deen / Rebecca Saxe / Department of Brain and Cognitive Sciences and the McGovern Institute, MIT / Nat Comm 8, Article number: 13995 (2017) 209bc; **MIT Press Journals:** Journal of Cognitive Neuroscience Nov 2006, Vol 18, No 11, p1789-1798, Angela Bartolo et al, Humor Comprehension and Appreciation: A FMRI study, © 2006 Massachusetts Institute of Technology 171crb, Journal of Cognitive Neuroscience, Fall 1997, V9; No 5 p664-686, D. Bavelier et al, Sentence reading: a functional MRI study at 4 Tesla, © 1997 Massachusetts Institute of Technology 146br; **The National Gallery, London:** Applied Vision Research Unit / Professor Alastair Gale, Dr David Wooding, Dr Mark Mugglestone & Kevin Purdy with support of Derby University / Telling Time exhibition at National Gallery 86-87; **The Natural History Museum, London:** 103cr; **Neuramatix (www.neuramatix.com):** 75bl;**Oregon Brain Aging Study, Portland VAMC and Oregon Health & Science University:** 214-215b; **Oxford University Press:** 78; **Professor Eraldo Paulesu:** 153cla; **Pearson Asset Library:** Pearson Education Ltd / Jules Selmes 122br; **Pearson Group:** © 1991 Pearson Assessment. Reproduced with permission. 85br; **Jack Pettigrew, FRS:** 87br; **(c) Philips:** Philips Design concept dress 'Bubelle' 129cl, 129c; **Photolibrary:** David M. Dennis 8t; **PLoS Biology:** Cantlon JF, Brannon EM, Carter EJ, Pelphrey KA (2006) Functional Imaging of Numerical Processing in Adults and 4-y-Old Children. PLoS Biol 4(5): e125 doi:10.1371 / journal.pbio.0040125 169b, Gross L (2006) Evolution of Neonatal Imitation. PLoS Biol 4(9): e311, Sept 5, 2006 doi:10.1371 / journal.pbio.0040311. © 2006 Public Library of Science 11br; **PNAS, Proceedings of the National Academy of Sciences:** Based on Fig. 4 from https: // doi.org / 10.1073 / pnas.0903627106 147bc, Based on Fig. 3.from https: // doi.org / 10.1073 / pnas.0402680101 Copyright (2004) National Academy of Sciences, U.S.A. 210-211b, 103, 15623-15628, Oct 17 2006, Jordan Grafman et al, Human fronto–mesolimbic networks guide decisions about charitable donation © 2006 National Academy of Sciences, USA 141tc, June 16, 2008 (DOI: 10.1073 / pnas.0801566105) Ivanka Savic & Per Lindström, PET and MRI show differences in cerebral asymmetry and functional connectivity between homo- and heterosexual subjects © 2008 National Academy of Sciences, USA 198bl, March 19, 2002 V99, No 6 4115-4120, Jeremy R. Gray et al, Integration of emotion & cognition in the lateral prefrontal cortex © 2002 National Academy of Sciences, USA 169c, Vol 105 no. 39 15106-15111, Sept 30, 2008, Jean-Claude Dreher et al, Age-related changes in midbrain dopaminergic regulation of the human reward system, © 2008 National Academy of Sciences, USA 130bl; **Press Association Images:** 182b, **Public Health Image Library:** Sherif Zaki, MD, PhD; Wun-Ju Shieh, MD, PhD, MPH 231b; **Marcus E. Raichle, Department of Radiology, Washington University School of Medicine, St. Louis, Missouri:** 148bl; **The Random House Group Ltd:** Vintage Books, Ian McEwan, Enduring Love, 2004 244br; **Courtesy of the Rehabilitation Institute of Chicago:** 218-219b; **M. Reisert:** University Medical Center Freiburg; based on the algorithm in M. Reisert et al, Global fiber reconstruction becomes practical, NeuroImage Volume 54, Issue 2, 15 January 2011 pages 955-962 (http: // www.ncbi.nlm.nih.gov / pubmed / 20854913) 204cl; **Courtesy of Professor Katya Rubia:** based on data published in the American Journal of Psychiatry, 2009; 166: 83-94 248b; **Kosha Ruparel & Daniel Langleben, University of Pennsylvania:** 217cra; Rex by Shutterstock: Imaginechina 232-233; **Science Photo Library:** 12c, 14, 16, 17, 18, 19, 20, 21, 22, 23, 24, 25, 26, 27, 28, 29, 30, 31, 32, 33, 34, 35, 51r, 113cl, 125r, 126cl, 174cl, 215cl, 228tr, 238bc, AJ Photo / Hop American 193cla, Anatomical Travelogue 177r, Tom Barrick, Chris Clark, SGHMS 13tr, 75cla, Dr Lewis Baxter 239bl, David Becker 81tl, Tim Beddow 244cl, Juergen Berger 218bl, Biophoto Associates 68bc, Dr Goran Bredberg 90br, BSIP VEM 238br, BSIP, Asteier-Chru, Lille 232cl, BSIP, Ducloux 96cl, BSIP, SEEMME 12br, Oscar Burriel 188cr, 187bc, Scott Camazine 12bc, CNRI 230l, 245tr, 245cr, Custom Medical Stock Photo 248cl, Thomas Deerinck, Ncmir 59, 68fbl, 126bc, 155r, Steven Needell 141crb, 141br, Department of Nuclear Medicine, Charing Cross Hospital 224bl, Eye of Science 71c, 197bc, 218bc, Don Fawcett 111r, 119tl, Simon Fraser 146tr, 237t, Simon Fraser / Royal Victoria Infirmary, Newcastle Upon Tyne 9tc, 207r, Dr David Furness, Keele University
69bl, GJLP 7bl, Pascal Goetgheluck 104br, Steve Gschmeissner 58l, 61cr, 68bl, 96t, 107bl, C.J. Guerin, PhD, MRC Toxicology Unit 57br, 60l, 63cr, 65cr, 238t, Dr M O Habert, Pitie-Salpetriere, ISM 181cl, Prof J J Hauw 234cl, Innerspace Imaging 9bl, 9-241 (sidebar), ISM 46, Nancy Kedersha 4-5, 8-256 (sidebar), 36-37, 50-51, 76-77, 110-111, 124-125, 132-133, 142-143, 154-155, 166-167, 176-177, 194-195, 206-207, 220-221, Nancy Kedersha / UCLA 68cl, James King-Holmes 91c, 109b, Mehau Kulyk 223cl, 227tr, Living Art Enterprises, LCC 12bl, 44br, 126br, Dr Kari Lounatmaa 227tl, 228tc, Dr John Mazziotta Et Al / Neurology 12tr, 93cl, Duncan Shaw 100tl, Medi-mation 232b, MIT AI Lab / Surgical Planning Lab / Brigham & Women's Hospital 10br, Hank Morgan 12cr, 181fcl, 189cl, 189cr, 189fcl, John Greim 112cr, Paul Parker 81br, Prof. P. Motta / Dept. of Anatomy / University 'La Sapienza', Rome 81bl, 91tr, National Institutes of Health 230r, National Library of Medicine 9cr, Susumu Nishinaga 94br, David Parker 77r, Alfred Pasieka 61cl, 80t, 133r, 135bc, 167r, 231t, 234t, Pasieka 170cla, Alain Pol, ISM 47, Dr Huntington Potter 231cr, C. Pouedras 58cr, Philippe Psaila 7br, 107tl, John Reader 100tr, Jean-Claude Revy ISM 12cl, Sovereign, ISM 6bl, 6bc, 6br, 13cra, 13c, 37r, 62l, 64t, 208t, Dr Linda Stannard 228tl, Andrew Syred 195r, Sheila Terry 102l, 153cb, Alexander Tsiaras 7bc, 13br, US National Library of Medicine 10tr, Wellcome Dept. of Cognitive Neurology 57bl, 127cr, 143r, 241br, Professor Tony Wright 91bc, Dr John Zajicek 71cr, 221r, Zephyr 13cr, 57bc, 119crb, 218tl, 225cra, 225cb, 227br, 228cl, 229bl, 237c; **seeingwithsound.com:** Peter B L Meijer 89br; **Roger Shepard:** Adapted from L'egs-istential Quandry, 1974, pen and ink; Published in artist's book, Mind Sights, 1990 W.H. Freeman 175bc; **Society for Neuroscience:** Fig. 8 / Nemrodov et al., "The Neural Dynamics of Facial Identity Processing: Insights from EEG-Based Pattern Analysis and Image Reconstruction" 217tc; **Stephen Wiltshire Gallery, London:** Stephen Wiltshire, Aerial view of Houses of Parliament and Westminster Abbey, 23 June 2008 164-165; **© 2009 Michael J Tarr:** 83cra; **Taylor & Francis Books (UK):** Riddoch MJ, Humphreys GW. Birmingham Object Recognition Battery (BORB). Lawrence Erlbaum Associates, 1993 85crb; **The Art Archive:** Musée Condé Chantilly / Gianni Dagli OrtiAA 11tl; **Thanks to Flickr user Reigh LeBlanc for the use of this image:** 69bc; **TopFoto.co.uk:** 173bl, Imageworks 83bl; **Peter Turkeltaub, MD, PhD:** 152cr; **UCLA Health:** 203t; **Dept of Neurology, University Hospital of Geneva :** paper, ref: Seeck et al (1998) Electroeneph 226t; **University of California, Los Angeles:** 242tl; **Dr Katy Vincent, University of Oxford:** 108c; **Image: Tor Wager:** from H. Kober et al, Neuroimage 2008 Aug 15;42(2): 998-1031, Functional grouping and cortical-subcortical interactions in emotion: a meta-analysis of neuroimaging studies, fig. 7 (http: // www.ncbi.nlm.nih.gov / pubmed / 18579414) 127cla; **Wellcome Images:** 222cra, Wellcome Photo Library 91br, Wessex Reg. Genetics Centre 236bl, 236bc; **Susan Whitfield-Gabrieli, McGovern Institute for Brain Research at MIT:** 185cl; **Wikimedia Commons:** Thomasbg 243br, Van Gogh, Starry Night, MoMA, New York 170-171t; **Wikipedia:** 10c, Histologie du Systeme Nerveux de l'Homme et des Vertebretes, Vols 1 & 2, A. Maloine. Paris 1911 9c, Sternberg, Robert J. (1986). "A triangular theory of love", Psychological Review 93 (2): 119–135, doi:10.1037 / 0033-295X.93.2.119 134ca; **John Wiley & Sons Ltd:** Chris Frith, Making up the Mind – How the brain creates our mental world, 2007 Blackwell Publishing © 2007 John Wiley & Sons Ltd / image courtesy Chiara Portas 13bc, Psychological Science, Vol 19 Issue 1, p12-17, Trey Hedden et al, Cultural Influences on Neural Substrates of Attentional Control, © 2009 Association of Psychological Science 199br, **David Williams, University of Rochester:** 81tr; **Dr Daniel R. Winberger:** 244cb; **Adapted with permission of S.F. Witelson:** Reprinted from The Lancet, Vol 353 Issue 9170, p2150, (19 June 1999), Sandra F. Witelson et al, The exceptional brain of Albert Einstein, (c) 1999 with permission from Elsevier & S.F. Witelson 205br; **Rosalie Winard / Temple Grandin:** 249br, **Jason Wolff, PhD, UNC:** 249tr; **Professor Michael J Wright:** International Journal of Psychophysiology, V63, No 2 Feb 2007 p214-220, Michael J. Wright & Robin C. Jackson, Brain regions concerned with perceptual skills in tennis, An fMRI study © 2007 with permission from Elsevier 121t; **Professor Semir Zeki:** 128br

Front & Back Endpapers: **Science Photo Library:** Innerspace Imaging

For further information see: **www.dkimages.com**

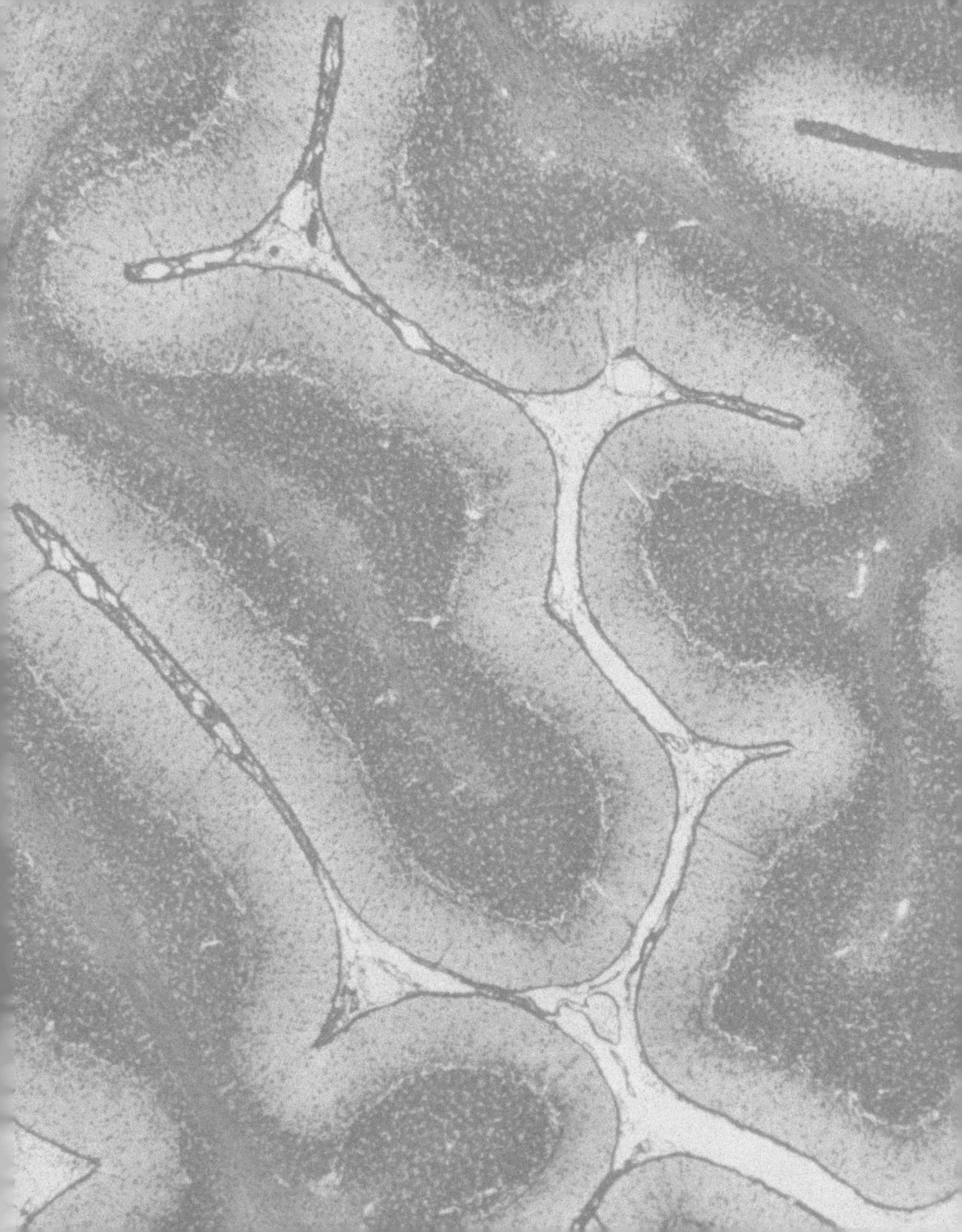